라즈베리 파이로 배우는
컴퓨터 아키텍처:

라즈베리 파이 제작자가 알려주는
컴퓨터 동작 원리와 시스템 디자인

라즈베리 파이로 배우는
컴퓨터 아키텍처:

라즈베리 파이 제작자가 알려주는
컴퓨터 동작 원리와 시스템 디자인

지은이 에반 업튼, 제프 듄트만, 랄프 로버츠, 팀 맘토라, 벤 에버라드

옮긴이 임지순

펴낸이 박찬규 엮은이 이대엽 디자인 북누리 표지디자인 아로와 & 아로와나

펴낸곳 위키북스 전화 031-955-3658, 3659 팩스 031-955-3660

주소 경기도 파주시 문발로 115 세종출판벤처타운 311호

가격 32,000 페이지 512 책규격 188 x 240mm

초판 발행 2017년 11월 30일

ISBN 979-11-5839-087-7 (93500)

등록번호 제406-2006-000036호 등록일자 2006년 05월 19일

홈페이지 wikibook.co.kr 전자우편 wikibook@wikibook.co.kr

이 도서의 국립중앙도서관 출판시도서목록 CIP는
서지정보유통지원시스템 홈페이지(http://seoji.nl.go.kr)와
국가자료공동목록시스템(http://www.nl.go.kr/kolisnet)에서 이용하실 수 있습니다.
CIP제어번호 CIP2017030865

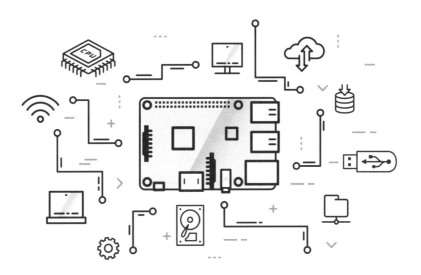

라즈베리 파이로 배우는
컴퓨터
아키텍처

라즈베리 파이
제작자가 알려주는
컴퓨터 동작 원리와
시스템 디자인

에반 업튼, 제프 듄트만, 랄프 로버츠,
팀 맴토라, 벤 에버라드 지음
/
임지순 옮김

WILEY   위키북스

01장

새로운 컴퓨터의 등장

02장

다시 보는 컴퓨터 개론

03장

——

전자 메모리

04장

ARM 프로세서와
단일 칩 시스템

05장

프로그래밍

06장

―――

비휘발성 메모리

07장

유무선 이더넷

08장

운영체제

11장

오디오

12장

입출력

들어가며

10살 때, 학교의 선생님 한분이 나를 컴퓨터 앞에 앉혔다. 아, 지나친 상상은 금물이다. 필자를 컴퓨터 프로그래밍의 신비에 매료시킨 역사적인 순간에 대해 이야기하려는 것이 아니다. 컴퓨터는 약 30분 동안 나의 취미, 장래 희망, 공부 취향 등을 물어본 뒤 진로에 대한 진단을 내놓았다. 진단 결과는 '반도체 칩 설계자'였다.

내가 진짜 원했던 건 컴퓨터 게임 프로그래머였고(아 물론, 그 전에 우주 비행사가 더 간절했다) 그래서 이 진단 결과는 좀 당혹스러웠던 것이 사실이다. 당시 내 주변의 누구도 10살짜리 어린이가 반도체 설계의 길을 걷기 위해 어떻게 해야 할지 조언할 사람이 없었다. 이후 몇 년 동안 나는 학교에서 수학과 과학을 열심히 공부하고, 집에서는 BBC 마이크로와 코모도어 아미가(Commodore Amiga)로 프로그래밍(게임)을 공부해서 공학도의 길을 걸어갔다. 운이 좋은 덕택에 목적에 가까운 길을 걸어오긴 했지만 18살이 되어 케임브리지에 진학하기 전까지는 내 지식에 어떤 부족한 부분이 있는지 깨닫지 못했다.

케임브리지

케임브리지는 컴퓨터 과학의 역사, 특히 실용/응용 컴퓨팅의 역사에서 특별한 위치에 있는 학교다. 1930년대 후반, 케임브리지 대학의 젊은 학자 앨런 튜링(Alan Turing)은 정지 문제(이 컴퓨터 프로그램이 과연 끝나거나 멈출 것인가?)가 계산 불가능하다는 것을 증명했다. 본질적으로 다른 임의의 컴퓨터 프로그램을 분석하고 프로그램이 중단되는지 여부를 결정하는 컴퓨터 프로그램을 작성할 수는 없다는 증명이었다. 동시에, 알론조 처치(Alonzo Church)는 튜링과 독립적으로 일하면서 같은 결과를 얻어 그들의 증명은 처치-튜링 이론으로 불리게 됐다. 하지만 처치가 재귀 함수에 기초한 순수한 수학적 접근 방식을 취한 반면 튜링의 증명형 계산은 튜링 기계(Turing machine)로 알려진 순차 조작의 관점을 취했다. 튜링 기계에는 무한 테이프를 위아래로 움직이는 단순한 메커니즘, 기호 읽기, 응답을 통한 내부 상태 및 이동 방향 변경, 새 기호 쓰기 등이 포함돼 있다. 이러한 종류의 기계는 대부분 단일 목적에 특화돼 있었지만 튜링은 범용 기계의 개념을 도입했다. 범용 기계는 다른 특수 기계의 동작을 모방하기 위해 테이프에 작성된 명령을 설정할 수 있다. 이것은 이제 일반적인 개념이 된, 프로그래밍이 가능한 컴퓨터의 첫 번째 모습이었다.

제2차 세계대전이 발발한 후 튜링은 블레츨리 파크(Bletchley Park)에서 연합군의 암호 해독 프로젝트에서 핵심적인 역할을 하게 된다. 블레츨리 파크에서 튜링은 팀원 중 한명으로서(베네딕트 컴버비치가 나오는 영화의 내용을 그대로 믿어서는 안 된다) 전기 기계적 봄베(bombe)가 탑재된 특수 목적용 하드웨어를 개발하고, 이를 통해 독일의 이니그마 암호를 깨는 과정을 자동화했다. 그러나 이 기계들 중 어떤 것도 튜링의 독창적인 사고 실험에 포함된 '유한 상태 자동 기계 + 무한 테이프' 아키텍처를 사용하지 않았다. 이 아키텍처는 실제 구현보다 수학 분석에 더 적합하다는 것이 밝혀졌다. 심지어 순수 전자식 기계인 콜로서스(Colossus)조차도 범용 프로그래밍 기능을 갖추지 못했다. 그럼에도 암호 해독, 레이더 및 포격을 위한 대형 전자체계, 진공관을 이용한 디지털 논리 회로 구현 등의 경험은 전쟁이 끝난 후 당대의 엔지니어들에게 혁신적인 것으로 입증됐다.

이러한 엔지니어 중 한 명이었던 케임브리지 대학 수학 연구실의 모리스 윌크스(Maurice Wilkes)는 전자 지연 저장 자동 계산기(Electronic Delay Storage Automatic Calculator), 즉 에드삭(EDSAC)의 개발을 시작했다. 1949년 처음 구동된 에드삭은 500kHz의 클럭 속도, 두 개의 온도 조절 수조에 담긴 32개의 수은 지연선과 총 2킬로바이트에 달하는 휘발성 저장 장치를 갖췄다. 프로그램과 데이터는 종이 테이프에서 읽고 쓸 수 있었다. 당시 미국과 영국의 많은 학술 기관에서는 경쟁적으로 각자 '최초의' 범용 디지털 컴퓨터의 개발을 주도하고 싶어했다. 에드삭은 개발팀 외부에서 '최초의' 범용 컴퓨터로 인지된 초기 사례 중 하나다. 다른 분야의 학계에서 자신들의 분야를 위한 프로그램을 컴퓨터에 요청해서 수행하는, 컴퓨팅 서비스의 개념이 가능해진 덕분이기도 하다. 에드삭 다음에는 에드삭 II와 타이탄(Titan)이 이어서 개발됐다. 대학이 자체 컴퓨터를 처음부터 만들지 않고 상용 공급 업체에서 컴퓨터를 구입하기 시작한 것은 1960년대 중반 이후부터다. 이러한 케임브리지의 역사는 심지어 컴퓨터 학과의 현재 이름에도 반영돼 있다. 케임브리지에는 컴퓨터 과학 교수가 없다. 윌크스의 수학 실험실의 직계 후손인 컴퓨터 실험실이 있을 뿐이다.

케임브리지는 컴퓨터 공학의 실용적인 요소에 중점을 두고 첨단 기술 신생 기업을 위한 비옥한 토대를 마련했으며, 많은 사람들이 컴퓨터 실험실, 엔지니어링 학과 또는 다양한 수학 및 과학 분야에서 파생되어 (심지어 수학자도 해킹을 할 줄 알았다) 공학 계열의 인재를 찾는 다국적 기업을 위한 인재의 풀장이 됐다. 케임브리지 클러스터(Cambridge Cluster), 케임브리지 현상(Cambridge Phenomenon) 또는 실리콘 펜(Silicon Fen)이라고도 불리는 이 대학 주변의 기업 네트워크는 실리콘 밸리 외부에 있는 몇 안 되는 진정한 기술 클러스터 중 하나다. 나에게 반도체 칩 설계의 진로를 권장한 BBC 마이크로컴퓨터 역시 케임브리지의 제품이었고, 그 영원한 경쟁자인 싱클레어 스펙트럼(Sinclair Spectrum)도 케임브리지에서 나왔다. 스마트폰과 라즈베리 파이는 케임브리지 기반의 칩 회사인 ARM이 설계한 여러 프로세서를 통해 구동되고 있다. EDSAC 이후 70년이 지났지만 케임브리지는 여전히 영국의 첨단 기술의 고향이다.

이 책에 대해

내가 받은 무분별한 컴퓨팅 교육에서 가장 커다란 구멍 중 하나는 컴퓨터가 어떻게 작동하는지에 대한 개념에 대한 부분이었다. 베이직(BASIC)에서 어셈블리어로 진도를 나갔음에도 나는 베이직의 추상화 수준에서 개념이 굳은 상태였다. 당시 쓰던 컴퓨터 아미가(Amiga)의 하드웨어를 조작해서 화면의 이미지를 움직일 수는 있었지만 나만의 컴퓨터를 만들려면 어떻게 할지는 몰랐다. 이후 나는 10년에 걸쳐 학위를 따고, 학계에서 업계로 넘어가 브로드컴(미국의 반도체 회사지만 스타트업 및 인력 풀 확보를 위해 케임브리지에 위치하고 있다)에서 입사하게 됐다. 'microelectronic chip designer(미세전기 칩 디자이너)'라고 쓰인 명함을 갖게 된 것이다(실제로는 'ASIC 디자이너'라고 불리는 것이 일반적이다). 나는 브로드컴에서 일하는 동안 BBC 마이크로컴퓨터 및 초기 ARM 프로세스의 아키텍트인 소피 윌슨(Sophie Wilson)을 비롯해 이 분야의 여러 뛰어난 실무자들과 함께 일하고 배우는 특권을 누렸다. 브로드컴 3D 그래픽 하드웨어 엔지니어링 팀의 팀 맴토라(Tim Mamtora)는 이 책에서 그래픽 처리 장치(GPU)에 대한 장을 저술하기도 했다.

내가 이 책을 쓴 주된 목표는 내가 18살 때 궁금해했던 '어떻게 작동하는가'에 대한 해답을 담는 것이다. 학부 1학년 학생 또는 이 분야에 관심이 많은 중고등학생이 읽을 수 있는 수준으로, CPU에서 RAM, 영구 저장장치, 네트워크, 인터페이스까지 현대 컴퓨팅 시스템의 각 주요 구성 요소를 이 책에서 설명했다. 최신 컴퓨터 기술에 대한 논의와 함께 컴퓨터의 역사에 대한 맥락도 함께 담기 위해 노력했다. 이 책의 소재 대부분이 1949년에 윌크스의 EDSAC 엔지니어링 팀과 관련돼 있다는 점은 흥미로운 부분이다. 이 책을 끝까지 읽으면 컴퓨터의 작동 원리에 대한 기본적인 원리를 상당히 이해할 수 있을 것이다. 소프트웨어 엔지니어를 희망하거나 자신의 컴퓨터를 설계할 생각이 없더라도 충분히 가치 있는 지식을 얻을 수 있을 것이라고 생각한다. 예를 들어, 캐시가 무엇인지 모른다면 작업 세트(working set)가 캐시보다 커지거나 캐시의 연관성을 소진하도록 버퍼를 정렬할 때 프로그램의 성능이 급격히 떨어지는 것에 놀랄 것이다. 또한 이더넷의 작동 방식에 대해 전혀 모른다면 데이터 센터에 적합한 네트워크를 구축하는 데 어려움을 겪을 것이다.

이 책에서 다루지 않는 부분에 대해서도 짚고 넘어갈 필요가 있다. 이 책에서 다루는 모든 주제를 본문 내에 상세한 기술 참고서 수준으로 수록하고 있지는 않다. 캐시, CPU 파이프라인, 컴파일러, 네트워크 스택 설계는 각기 한 권 이상의 책으로 쓸 수 있을 만한 소재다. 이 책에서는 각각을 자세히 다루는 대신, 각 주제에 대한 입문서와 추가 학습을 위한 제안 사항을 수록했으며 주로 범용 컴퓨터(즉 PC)의 아키텍처와 관련된 내용을 다뤘다. 특수한 용도로 주로 쓰이는 디지털 신호 처리(digital signal processing, DSP) 및 FPGA(Field Programmable Gate Array) 같은 주제는 제한적으로만 다뤘다. 마지막으로, 뛰어난 컴퓨터 아키텍처의 핵심인 정량적 의사결정 프로세스에 대해 일부 내용을 할애했다. 즉, 액세스 시간에 대해 캐시 크기를 어떻게 조정할 것인지, 한 하위 시스템이 다른 구성 요소의 캐시에 연관된 액세스를 허용할지 여부 등을 다룰 것이다. 하지만 이 책을 읽고 아키텍트와 같은 사고방식을 갖출 수는 없다. 고급 독자에게는 헤네시와 패터슨(Hennessy and Patterson)이 쓴 《Computer Architecture: A Quantitative Approach》를 추천한다.

변곡점

개인적으로 지난 몇 년 동안 유용하다고 생각한 몇 가지 원칙을 이 지면을 통해 공유하고자 한다.

다른 여러 분야와 마찬가지로 컴퓨터 아키텍처에도 수확 체감의 법칙(law of diminishing return)이 있다. 물론 기본적인 CPU 성능, 전력 소비 측면의 CPU 성능, 저장 밀도, 트랜지스터 크기, 네트워크 대역폭 등을 바탕으로 특정 순간에 수행할 수 있는 일의 양에 대한 이론적인 한계가 있다. 그러나 이론적인 한계에 도달하기 훨씬 전에도 투입한 자원의 증가에 따라 수익 증가가 줄어드는 경우가 종종 있다. 자원을 투입할수록 점진적인 개선이 점점 더 어려워지고, 비용 및 일정이 크게 증가한다. 개발 노력, 시스템 복잡성(즉 버그에 대한 취약성) 또는 성능에 대한 비용 지출을 그래프로 나타내면 곡선이 어느 지점에서 급격히 위를 향한다. 이 변곡점의 왼쪽에서는 성능이 투입한 자원에 대해 예측 가능한 방식으로 반응한다(거의 선형적이다). 변곡점의 오른쪽으로 가면 성능은 근본적인 기술적 한계에 의해 만들어진 '벽'에 점근적으로 접근해서 자원을 투입해도 성능의 증가는 미미해진다.

성능을 타협할 수 없는 상황도 있다. 예를 들어, 아폴로 달 탐사 프로젝트는 세계 경제 GDP의 수 %를 투자해서 '변곡점'의 오른쪽에 있는 공학의 정수를 일군 놀라운 사례인 동시에, 대중이 항공우주 기술의 성숙도에 대해 오해하게 만들었다. 그 당시로부터 50년이 지난 지금에야 로켓 공학, 항공우주공학, 재료과학의 점진적인 진보 덕에 '변곡점 내에서' 우주 탐사 개발이 가능해졌으며, 적정한 비용으로 달 탐사도 가능해졌다. 그럼에도 변곡점을 정확히 파악할 수 있는 팀이 간단하고 보수적으로 설계한 시스템을 시기적절하게 시장에 내놓는 작업을 빠르게 반복할 때 거대 규모의 개발 프로젝트보다 더 성공하는 경향이 높은 편이다.

나의 아키텍처에 대한 접근 방식은 '보수주의'와 '반복'이 그 핵심을 이룬다. 현재까지 출시된 3개 세대의 라즈베리 파이 칩은 정확히 동일한 시스템 인프라, 메모리 컨트롤러, 멀티미디어를 사용하며, ARM 코어에만 국한된 변경 사항, 소수의 버그 수정 및 클록 속도 향상 부분에만 차이가 있다. 여기에는 타협점을 찾는 과정이 필요하다. 나를 비롯한 엔지니어는 열정을 갖고 한계에 도전하고 싶어 한다. 반면 훌륭한 아키텍트의 임무는 급진적인 변화와 관련된 위험에 정확하게 비용을 할당하고, 이를 예상되는 이익과 비교하는 것이다.

재단의 설립

우리가 2008년에 처음 라즈베리 파이 재단을 설립한 목적은 케임브리지에서 컴퓨터 과학을 공부하는 학생들의 수가 급감하는 문제를 풀어내기 위해서였다. 실제로 우리는 케임브리지를 비롯한 여러 곳에서 컴퓨터 공학도 인구 회복의 고무적인 징표를 보고 있으며, 학과 지원자 수는 1990년대 후반의 닷컴 붐이 최고조에 달했던 때보다 많아졌다.

아마도 이러한 변화의 가장 두드러진 측면은 새로운 세대의 젊은이들이 1980년대보다 훨씬 더 하드웨어에 관심이 있다는 점이다. 사람들은 이제 어셈블리어 루틴을 작성해서 화면에서 움직이는 애니메이션을 만드는 것에 예전처럼 흥미를 느끼지 않지만 바닥에서 로봇을 움직이는 것에는 굉장히 흥미를 느낀다. 우리 세대가 20대 중반에 자랑스럽게 만들었던 제어 및 센싱 프로젝트를 이제 12세 아이들이 만들어낸다. 나의 희망은 어린 학생들이 나와 같은 BBC 마이크로컴퓨터 세대와 만나는 자리에서, 이 책이 훌륭한 반도체 칩 설계자를 꿈꾸는 학생들의 여정과 함께하고 길잡이가 되는 것이다.

— 에반 업튼, 2016년 5월 케임브리지에서

# 1장

새로운 컴퓨터의 등장

오랜 격언인 '작은 고추가 맵다'는 라즈베리 파이에 딱 어울리는 표현이다. 라즈베리 파이는 컴퓨터 아키텍처 발전의 정점에 있는 단일 시스템 칩(SoC, System-on-a-Chip)이 이룬 성과이며, SoC는 수많은 기능을 작은 패키지에 집적화한 반도체 기술의 산물이다. SoC가 처음 만들어진 이후로 시간이 꽤 지났지만 라즈베리 파이는 SoC를 통해 학생과 성인 모두가 쉽게 이용할 수 있는 작고 강력한 컴퓨터를 만들었고 가격 또한 매우 낮췄다.

'싱글 보드 컴퓨터'의 일종인 라즈베리 파이는 신용카드 정도의 크기에 전자 회로를 집적해서 작은 크기에도 불구하고 훌륭한 수준의 사양을 제공한다. 또한 갖가지 매혹적인 장치를 만들고 제어할 수 있는 재미와 가능성을 품고 있다. 크기가 작은 덕택에 어디에든 끼워넣을 수 있는 것이다. 라즈베리 파이는 기존 컴퓨터에 없는 이식성과 연결성을 가지고 있으며, 이를 통해 다양한 시도를 할 수 있다. 그리고 이러한 시도 하나하나는 새로운 영감을 불러일으킬 것이다!

이 정도면 흥미가 일지 않는가? 라즈베리 파이와 함께 컴퓨터 아키텍처의 세계를 여행해 보자.

이번 장에서는 라즈베리 파이의 역사와 원래 목적을 시작으로, 이제 대세가 된 라즈베리 파이 시리즈를 소개하겠다. 라즈베리 파이 개발의 역사 또한 다룰 것이며, 라즈베리 파이의 개념을 처음 창안하고 이를 현실로 만든 라즈베리 파이 재단(Raspberry Pi Foundation)의 선구자들 역시 소개할 것이다. 그리고 작은 컴퓨터가 다른 큰 컴퓨터에 비해 가지는 장점을 살펴보겠다. 먼저 라즈베리 파이 보드를 살펴보자.

새콤한 라즈베리의 변신

컴퓨터 기술이 크게 발전하면서 임베디드 리눅스 세계로의 진입 장벽을 낮추는 것이 하나의 화두가 됐고 라즈베리 파이 역시 이를 혁신하기 위한 목적으로 처음 만들어졌다. 진입 장벽은 가격과 복잡성이었다. 라즈베리 파이는 저렴한 가격으로 가격 문제를 해결했고, SoC를 사용해 회로 복잡성을 크게 줄임으로써 부피를 작게 만들 수 있었다.

이러한 라즈베리 파이의 개발은 영국의 한 자선 단체로부터 시작됐다.

영국과 웨일즈 자선 위원회에 등록된 단체인 라즈베리 파이 재단은 2009년 케임브리지셔의 칼데콧(Caldecote)에서 처음 문을 열었다. 이 재단은 학교에서 컴퓨터 과학 연구를 촉진하기 위한 목적으로 설립됐다. 재단의 사업을 추진한 주요 구성원은 에반 업튼(Eben Upton), 롭 멀린스(Rob Mullins), 잭 랑(Jack Lang), 앨런 마이크로프트(Alan Mycroft)였다. 케임브리지 대학의 컴퓨터 학과에서는 학과 지원자의 수가 감소하고 있으며 신입생의 기술 수준이 낮다는 문제를 계속 지적해 왔다. 그들은 결국 학교에서 기본적인 기술을 가르치고, 학생들이 컴퓨팅와 프로그래밍에 재미를 붙이기 위해서는 작고 저렴한 컴퓨터가 필요하다는 결론에 도달했다.

케임브리지 컴퓨터 연구소(Cambridge Computer Laboratory)와 브로드컴(Broadcom)이 재단을 적극적으로 지원했으며, 특히 브로드컴에서 제조하는 Broadcom 2835(또는 2836) SoC를 탑재함으로써 지금의 라즈베리 파이가 탄생할 수 있었다. 이번 장의 뒷부분에서 라즈베리 파이의 심장이라고 할 수 있는 브로드컴 SoC에 대해 더 자세히 다루겠다.

라즈베리 파이의 창시자는 작고 저렴한 컴퓨터의 필요성을 확인했고, 이를 실현했다. 2012년에 출시된 라즈베리 파이 모델 B의 가격은 약 25파운드(한화로 약 3만 6천 원)의 가격으로 출시됐다. 이 모델의 놀라운 가격 대 성능비가 널리 알려진 덕에 첫날 판매량은 10만 대를 훌쩍 넘어섰다. 그리고 2년이 안 되어 총합 2백만 개 이상의 보드가 판매됐다.

2014년 후반에는 라즈베리 파이 모델 B+를 성공적으로 출시했으며, 상당한 양을 판매하고 대중에 보급했다. 2015년에는 4코어 ARM 프로세서 및 추가 온보드 메모리가 장착된 라즈베리 파이 2 모델 B를 출시했고, 출시 2주만에 50만 대 이상을 판매했다. 2015년 11월에는 4파운드(한화로 약 6천 원)대 가격의 소형 시리즈인 라즈베리 파이 제로를 출시했으며, 출시 즉시 첫 생산 수량이 매진됐다.

2016년에는 Raspberry Pi Model 3 모델 B가 출시됐다. 1.2GHz 64비트 쿼드코어 ARMv8 CPU, 1GB RAM에 Wi-Fi 및 블루투스 모듈까지 내장돼 있다! 그러면서도 가격은 이전의 모델 B와 마찬가지로 저렴하다.

라즈베리 파이 재단의 초기 창립자는 아래와 같다.

- 에반 업튼(Eben Upton)

- 롭 멀린스(Rob Mullins)

- 잭 랑(Jack Lang)

- 앨런 마이크로프트(Alan Mycroft)

- 피트 로마스(Pete Lomas)

- 데이빗 브라벤(David Braben)

재단은 현재 두 개의 조직으로 나뉘어 운영되고 있다.

- 개발 및 영업 조직인 라즈베리 파이 유한 회사. CEO는 에반 업튼.

- 자선 및 교육 사업 조직인 라즈베리 파이 재단.

라즈베리 파이 재단의 웹사이트(www.raspberrypi.org, 그림 1-1)에 들어가 보면 라즈베리 파이를 있게 한 원동력이 무엇인지 알 수 있다. 회사 소개에 있는 아래 내용을 참조하자.

"2006년, 케임브리지 대학의 컴퓨터 연구실에 있던 에반 업튼, 롭 멀린스, 잭 랑, 앨런 마이크로프트는 컴퓨터 학과에 지원하는 학생의 수가 계속 줄어들고 기술 수준이 떨어져가는 상황에 대한 우려 속에서 작고 저렴한 컴퓨터에 대한 아이디어를 구상했습니다. 1990년대에는 대다수의 신입생이 이미 취미를 통해 많은 프로그래밍 경험을 쌓고 면접을 봤지만 2000년대에는 상황이 매우 달라졌습니다. 대부분의 신입생이 가진 경험은 약간의 웹 디자인 정도가 전부였습니다."

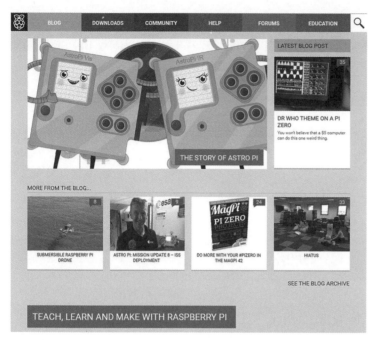

그림 1-1 라즈베리 파이 공식 웹사이트

결과적으로 창립자의 목표는 '컴퓨터, 컴퓨터 과학 및 관련 분야에서 성인과 어린이 교육을 발전시키는 것'이 됐다.

이 목표를 이루기 위해 만들어진 것이 지난 10년(1990년대) 동안 나왔던 고전적인 컴퓨터를 모방하도록 고안된 라즈베리 파이였다. 라즈베리 파이는 프로그래밍이 가능하면서 가격도 저렴한 컴퓨터로서 학생들에게 영감을 주는 '촉매제' 역할을 하기 위한 도구였다.

라즈베리 파이는 재단의 목표, 즉 학생들에 대한 컴퓨터 교육을 향상시키기 위한 노력의 일환이다. 그런데 라즈베리 파이가 출시되고 예상치 못한 일이 일어났다. 학생이 아닌 성인들이 라즈베리 파이를 흥미롭게 보기 시작한 것이다. 메이커, 아티스트를 비롯해서 세대를 초월한 많은 사람들이 라즈베리 파이를 사용하기 시작했고 그 결과 수백만 대가 판매됐다.

라즈베리 파이의 강력한 성능과 작은 크기가 많은 사람들을 흥분시키고 영감을 불어넣어 주지만 라즈베리 파이가 성공을 거둔 진짜 이유는 저렴한 가격과 개발의 자유도 덕분이다. 임베디드 리눅스는 공부하기가 너무 어려운 분야였지만, 라즈베리 파이 덕분에 적은 비용으로 쉽게 학습이 가능해진 것이다. 덕택에 영국의 학교에서 지속적인 컴퓨터 교육은 점차 기초 과정으로 확대되고 있다.

단일 칩 시스템

SoC 또는 단일 칩 시스템(system-on-a-chip)은 컴퓨터를 비롯한 여러 전자 시스템의 주요 구성 요소가 하나의 칩에 결합돼 있는 집적 회로(IC)다. SoC에는 중앙 처리 장치(CPU), 그래픽 처리 장치(GPU) 및 다양한 디지털, 아날로그 및 혼합 신호 회로가 내장돼 있다.

SoC는 라즈베리 파이의 고밀도 컴퓨팅을 가능하게 하는 원천과도 같다. 그림 1-2는 라즈베리 파이 2 모델 B에 탑재된 브로드컴 칩의 모습이다. SoC는 컴퓨터 아키텍처의 진일보를 이룬 기술로서 신용카드 정도 크기의 컴퓨터가 훨씬 큰 데스크톱 컴퓨터의 기능을 능가할 수 있는 혁신을 가능케 한다. 8장 '운영체제'에서 작지만 강력한 이 칩에 대해 자세히 다룰 예정이다.

그림 1-2 라즈베리 파이 2 모델 B의 브로드컴 칩

라즈베리 파이는 브로드컴이 설계하고 제조하는 칩을 탑재하고 있다. 초기 모델 및 4파운드(한화로 약 6천 원)짜리 라즈베리 파이 제로는 브로드컴의 BCM2835를 탑재하고 있고, 라즈베리 파이 2는 BCM2836을, 라즈베리 파이 3은 BCM2837를 탑재하고 있다. BCM2835와 BCM2836의 가장 큰 차이점은 BCM2835에서는 단일 코어 CPU를, BCM2836에서는 4코어 프로세서를 사용한다는 점이며 그 밖에는 본질적으로 아키텍처가 동일하다.

브로드컴 SoC가 지원하는 저수준 구성 요소, 주변장치 및 프로토콜은 아래와 같다.

- **CPU**: 운영체제 제어하에 데이터 처리를 수행한다(라즈베리 파이 2와 3은 4코어 프로세서를, 그 전의 모델은 단일 코어 CPU를 탑재하고 있다).
- **GPU**: 운영체제의 그래픽 처리를 지원한다.
- **메모리**: CPU 및 GPU 작동을 위한 레지스터, 부트스트랩 소프트웨어 및 운영체제를 로딩하는 데 사용되는 작은 프로그램을 담는 저장 공간으로 구성된다.
- **타이머**: 소프트웨어 스케줄링, 동기화 등에 쓰인다.
- **인터럽트 컨트롤러**: 운영체제는 인터럽트를 통해 모든 컴퓨터 자원을 제어하고, CPU가 새로운 명령을 수행할 준비가 됐는지 확인할 수 있다(자세한 내용은 8장 참조).
- **범용 입출력(GPIO)**: GPIO 핀의 연결, 입력, 출력 및 대체 모드를 제어해서 라즈베리 파이가 회로, 장치, 기계 등을 관리할 수 있게 한다. 라즈베리 파이를 임베디드 제어 시스템으로 사용할 수 있는 것은 GPIO 덕분이다.

- **USB**: USB 서비스를 제어하고 입력 및 출력을 위한 범용 직렬 버스 프로토콜을 제공한다. 그 덕택에 모든 종류의 주변장치를 라즈베리 파이의 USB 포트에 연결할 수 있다.

- **PCM/I2S**: 디지털 오디오를 스피커 및 헤드폰과 같은 아날로그 사운드로 변환하는 PCM(Pulse Code Modulation) 기능을 지원하며, 오디오 장치 연결을 위한 상위 수준의 표준인 I2S(Inter-IC Sound, Integrated Interchip Sound 또는 IIS라고도 함)도 지원한다.

- **직접 메모리 액세스(DMA) 컨트롤러**: DMA 제어는 더 빠른 속도와 효율성을 위해 입출력 장치가 CPU를 우회해서 주 메모리에 데이터 디렉터리를 보내거나 받는 것을 허용한다.

- **I2C 마스터**: 저속 주변장치 칩을 제어 프로세서 및 마이크로컨트롤러에 연결하기 위해 종종 사용되는 집적회로 간 데이터 송수신 프로토콜을 지원한다.

- **I2C/SPI(Serial Peripheral Interface) 슬레이브**: 외부 칩 및 센서가 라즈베리 파이를 제어하거나 특정 방식으로 응답하게 할 수 있는 프로토콜도 탑재하고 있다. 예를 들어, 모터의 센서가 모터 발열을 감지하면 컨트롤러 칩이 라즈베리 파이에 신호를 보내 모터 속도를 줄이거나 멈추게 할 수 있다.

- **SPI 인터페이스**: 직렬 인터페이스의 일종으로, GPIO 핀을 통해 액세스할 수 있으며 다양한 칩 선택 핀을 사용해 여러 가지 호환 장치를 데이지 체인 방식으로 연결할 수 있다.

- **펄스 폭 변조(PWM)**: 디지털 신호로부터 아날로그 파형을 생성하는 방법을 지원한다.

- **범용 비동기 송수신 장치(UART0, UART1)**: 서로 다른 장치 간의 직렬 통신에 사용되는 프로토콜이다.

신용카드 크기의 컴퓨터가 가진 능력

라즈베리 파이는 데스크톱 PC에 비해 얼마나 강력할까? 물론 1세대 개인용 컴퓨터에 비하면 훨씬 더 많은 계산 기능, 메모리 및 저장소를 갖추고 있다. 하지만 오늘날의 데스크톱 컴퓨터 및 노트북과 비교했을 때 라즈베리 파이가 더 뛰어난 속도, 디스플레이, 전원 관리 및 하드디스크 용량을 가질 수는 없다.

하지만 라즈베리 파이에 적절한 주변장치를 연결하면 이러한 단점을 쉽게 극복할 수 있다. 대용량 하드디스크, 42인치 HDMI 화면, 고급 사운드 시스템 등을 추가하는 것이 가능하다. 주변장치를 라즈베리 파이의 USB 소켓이나 다른 인터페이스를 통해 연결하기만 하면 된다. 라즈베리 파이의 이더넷 잭에 랜선을 연결하거나 무선 USB 동글을 USB 포트에 꽂으면 네트워크 연결도 가능해진다.

그림 1-3과 같이 라즈베리 파이에 주변장치를 연결하면 기존 컴퓨터가 가진 대부분의 기능을 추가할 수 있으며, 범용 컴퓨터에 비해 다음과 같은 장점도 가질 수 있다.

- 가격이 정말로 싸다. 소비자가가 25파운드(한화로 약 3만 6천 원)에 불과하며, 라즈베리 파이 제로의 경우 4파운드(한화로 약 6천 원)에 불과하다.

- 정말 작다. 신용카드나 그 이하의 크기다.

- 새 SD 또는 microSD 카드를 삽입하기만 하면 운영체제를 몇 초 만에 교체할 수 있다.

- 가격이 몇 배나 더 비싼 기존 컴퓨터보다 더 많은 인터페이스, 통신 프로토콜 및 기타 기능을 구비하고 있다.

- 일반적인 컴퓨터에는 없는 GPIO 핀(그림 1-4 참조)을 가지고 있으며, 이를 이용해 실제 장치를 제어할 수 있다.

그림 1-3 라즈베리 파이 2 모델 B에 주변장치를 연결한 모습

그림 1-4 GPIO 핀을 사용하면 현실 세계의 장치를 제어할 수 있다.

라즈베리 파이의 역할

라즈베리 파이는 다양한 프로젝트에서 두뇌 역할을 할 수 있다. 다음 목록은 인터넷에 공개된 수천 개의 프로젝트에서 무작위로 추출한 몇 가지 라즈베리 파이 활용 예시를 보여준다. 이 목록을 참조해서 어떤 프로젝트를 할지 영감을 얻을 수도 있다.

- 홈 오토메이션
- 미디어 센터
- 웨어러블 컴퓨터
- 드론 컨트롤러
- 이메일 서버
- 웹캠 컨트롤러
- 햄 라디오 에코링크 서버 및 JT65 터미널
- 저속 촬영 사진기
- 비트코인 채굴기
- 홈 시큐리티
- 기상 관측
- 로봇 컨트롤러
- 웹 서버
- GPS 추적기
- 커피 메이커
- 전기 모터 컨트롤러
- 게임 컨트롤러
- 차량용 온보드 컴퓨터

위 목록은 라즈베리 파이를 이용할 수 있는 분야의 극히 일부에 지나지 않는다. 이 책에서 모든 응용 분야를 소개할 수는 없지만, 자신만의 아이디어를 구상하는 데 필요한 정보를 소개할 것이다. 각자의 관심사, 상상력, 야심을 통해 새로운 아이디어를 떠올리고, 라즈베리 파이를 통해 이를 실현해 보자.

라즈베리 파이 보드 소개

이번 절에서는 라즈베리 파이 보드의 기능, 구성 요소 및 레이아웃을 소개하겠다. 다양한 모델이 있지만 여기서는 라즈베리 파이 2를 중심으로 설명한다. 라즈베리 파이 보드를 살펴보기 전에 이번 절의 내용을 잘 읽을 것을 권장한다. 이것은 여행 전에 지도를 살펴야 하는 것과 같은 이치다. 보드의 중요한 부분이 어디에 있고 어떻게 작동하는지 파악하고 나면 보드를 더 잘 이해할 수 있고, 상상력을 발휘해서 프로젝트를 진행하기에도 수월할 것이다.

기준에 되는 모델은 라즈베리 파이 2 모델 B다(2 시리즈 및 3 시리즈에는 A 모델이 없다). 라즈베리 파이 모델 2를 소개한 후 더 빠른 프로세서, 내장 Wi-Fi 및 블루투스를 포함하는 라즈베리 파이 3 모델을 비롯한 다른 버전을 살펴보겠다.

각자 가지고 있는 보드를 보며 비교하고 싶다면 그림 1-5와 같이 GPIO 핀이 좌측 상단으로 가도록 보드를 놓자.

GPIO 핀

보드 상단에 있는 GPIO 핀은 라즈베리 파이를 실제 세계와 연결하는 마법과도 같은 역할을 한다. 라즈베리 파이를 프로그래밍하면 이 핀을 통해 모든 종류의 외부 장치를 제어하는 것이 가능하다. 12장 '입출력'에서 라즈베리 파이를 프로그래밍하고, 입출력을 이해하고 다양한 장치를 제어하는 자세한 방법을 소개하겠다. 우선 GPIO 핀을 대략 살펴보며 간단하면서도 강력한 성능에 대해 살펴보자.

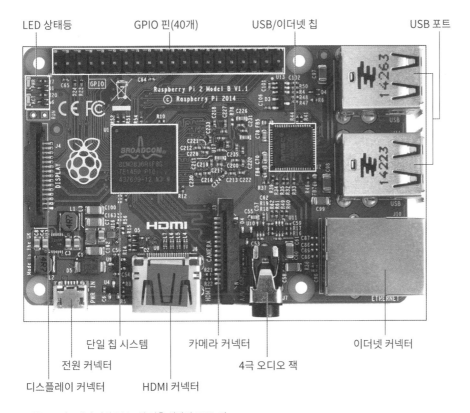

그림 1-5 라즈베리 파이 2 보드와 좌측 상단의 GPIO 핀

초인종, 전구, 모형 항공기 제어 장치, 잔디깎이, 로봇, 온도 조절 장치, 커피포트 및 온갖 모터와 같은 실제 세계의 장치를 일반적인 컴퓨터에 연결해서 명령을 수행하게 하는 것은 어려운 일이다. 하지만 라즈베리 파이는 GPIO를 통해 실제 세계의 객체를 깔끔하게 제어할 수 있다. 이것이 GPIO 핀을 강조해야 하는 이유다. 기존의 컴퓨터가 할 수 없는 일을 가능하게 하기 때문이다.

알아두기

라즈베리 파이가 실제 세계의 장치와 연동할 수 있는 유일한 컴퓨터는 아니다. 일반적인 컴퓨터로는 연동이 불가능하지만, 임베디드 컴퓨터는 이러한 역할이 가능하다.

라즈베리 파이 2에는 총 40개의 GPIO 핀이 있으며, 20개가 한 행을 이루고 2행으로 구성돼 있다. 아래쪽 행의 핀(왼쪽에서 오른쪽)은 홀수 번호, 즉 1, 3, 5, 7, 9, 11, 13, 15, 17, 19, 21, 23, 25, 27, 29, 31, 33, 35, 37, 39의 번호를 가지고 있다. 위쪽 행의 핀은 짝수 번호, 즉 2, 4, 6, 8, 10, 12, 14, 16, 18, 20, 22, 24, 26, 28, 30, 32, 34, 36, 38, 40의 번호를 가지고 있다.

중요한 것은 프로그래밍을 통해 이러한 핀을 제어할 수 있다는 점이다. 심지어 전원 핀을 제외한 다른 핀의 레이아웃 설정을 수정하는 것도 가능하다!

여기에 간단한 외부 회로를 추가하면 라즈베리 파이로 온갖 기기를 켜거나 끌 수 있게 된다. 또한 라즈베리 파이가 다른 기기의 입력을 감지하고 이에 따라 응답할 수도 있다. 라즈베리 파이는 무선, 즉 블루투스 또는 인터넷과 통신이 가능하기 때문에 입출력 가능한 범위는 더욱 넓어진다. 일부 확장 모듈을 추가하면 전 세계 어디서든 장치나 프로그램 등을 제어할 수 있는 것이다.

알아두기

GPIO 핀의 여러 작동 모드에 대해 알아보려면 12장을 참조하자. 대부분의 핀은 입력, 출력 또는 6개의 특수 모드 중 하나의 기능을 가질 수 있다.

상태 LED

상태 LED(Light-Emitting Diode)는 GPIO 핀의 왼쪽 하단에 위치한다. 라즈베리 파이 2를 기준으로, 위쪽 LED에는 PWR(전원)이라는 표시가, 아래쪽 LED에는 ACT(활동)라는 표시가 돼 있다. PWR은 빨간색으로, ACT는 초록색으로 점등된다.

보드에 (마이크로 USB를 통해) 전원이 공급될 때마다 PWR 표시등이 빨간색으로 빛나는 것을 볼 수 있다. ACT LED는 마이크로 SD 카드가 사용 가능한 상태를 나타내며, 라즈베리 파이가 SD 카드에 액세스할 때 점등된다.

라즈베리 파이 1 모델 B+는 LED 상태 표시등이 보드의 반대쪽에 위치한다는 점을 제외하고 라즈베리 파이 2 모델 B와 동일하게 배열돼 있다. B+ 이전에는 총 5개의 LED가 있었다.

- ACT(활동, 초록색): SD 카드가 삽입돼 있으며 사용 가능한 상태.

- PWR(전원, 빨간색): 전원이 연결된 상태.

- FDX(전이중 LAN, 초록색): 전이중 랜(LAN; local area network)이 연결된 상태.

- LNK(링크, 초록색 점멸): 랜을 통해 데이터 전송이 일어나고 있음을 표시.

- 100(노란색): 100-Mbit/s 랜이 연결되어 데이터 전송이 일어나고 있음을 표시(기본 LNK는 10-Mbit LAN 네트워크에 해당).

모델 B+에서는 마지막 세 LED의 기능이 이더넷 잭 가까이 옮겨지고 FDX와 100이 하나의 LED로 합쳐졌다. 따라서 이더넷 잭 쪽이 녹색으로 깜빡이면 10-Mbits/s 네트워크가, 초록색이나 노란색으로 유지되면 100-Mbits/s 네트워크 연결이 이뤄졌다는 의미로 읽을 수 있다.

알아두기
실제로 모든 라즈베리 파이에는 5개의 상태 표시등이 있다. 라즈베리 파이 모델 1 B+ 및 라즈베리 파이 2에는 보드 가장 자리에 2개의 LED(PWR 및 ACT)가 있으며, 네트워크 표시 LED는 이더넷 잭의 일부로 보드 반대편에 위치한다.

상태 LED는 라즈베리 파이의 부팅 과정에서 보드의 상태를 잘 나타낸다. 그 과정은 아래와 같다.

1. 마이크로 USB 커넥터를 꽂으면(별도의 전원 스위치가 없음) PWR LED가 빨간색으로 켜져 전원이 공급되고 있음을 나타낸다. PWR LED는 전원이 연결돼 있는 한 켜진 상태를 유지한다.

2. ACT LED가 녹색으로 몇 번 깜박거리면 SD 카드가 꽂혀 있고 읽을 수 있는 상태라는 의미다. 부팅 후 SD 카드를 읽을 때마다 이 녹색 표시등이 깜박인다.

3. 부팅 과정에서 네트워크가 연결돼 있는 경우 이더넷 잭(모델 B+ 이후 제품) 오른쪽의 녹색 표시등이 켜진다. 네트워크에 데이터 송수신이 발생할 때마다 표시등이 점멸한다. 10Mbps급 네트워크에서는 왼쪽 LED가 초록색으로 점멸하고 100Mbps 네트워크에 연결돼 있으면 노란색으로 점등된다.

이처럼 상태 LED를 통해 보드에 전원이 공급되고 SD 카드가 작동하며 네트워크가 활성화됐는지 한눈에 확인할 수 있다.

USB 포트

라즈베리 파이 2 모델 B 보드의 오른쪽에는 그림 1-6과 같이 4개의 USB 2.0 포트가 있다.

이더넷 소켓

USB 포트

그림 1-6 USB 2.0 포트 및 이더넷 커넥터

USB 포트(정확한 표현은 사실 리셉터클(receptacle)이다)를 이용하면 키보드, 마우스, 대용량 하드디스크 등을 라즈베리 파이에 연결할 수 있다.

이더넷 연결

대부분의 라즈베리 파이 작업에는 로컬 네트워크 및 인터넷 연결이 모두 필요하다. 라즈베리 파이의 운영체제 및 펌웨어를 업그레이드하려면 인터넷에 연결돼 있어야 한다. 네트워크는 프로그램을 다운로드하고 설치하고, 웹 서핑을 하고, 라즈베리 파이를 미디어 센터로 사용하는 등 여러 가지 용도로 필요하다.

라즈베리 파이에 네트워크를 연결하는 방법은 두 가지가 있다. 첫 번째 방법은 오른쪽 아래 모서리에 있는 이더넷 소켓을 사용하는 유선 연결이다(보드의 방향은 그림 1-5와 같다). 이더넷 소켓의 모양은 그림 1-6과 같다.

두 번째 연결 방법은 USB 포트를 사용하는 방법이다. 무선 USB 동글, 또는 USB-이더넷 어댑터를 사용할 수 있다. 특히 후자의 방법을 사용하면 라즈베리 파이를 둘 이상의 네트워크에 연결할 수 있다. 이렇게 하면 라즈베리 파이가 인터넷과 로컬 네트워크 양쪽에 연결되는 서버 구성이 가능하다. 예를 들어,

라즈비안(Raspbian)을 사용한다면 라즈베리 파이를 고전적인 LAMP(리눅스, 아파치, MySQL, PHP 서버) 서버로 전환할 수 있다. 라즈베리 파이가 대형 서버와 동일한 소프트웨어를 통해 데이터베이스 백엔드 등으로 웹 사이트를 제공할 수도 있다.

무선 USB 동글을 사용하면 라즈베리 파이의 휴대성이 좋아진다는 장점도 있다. 특히 외부 배터리로 전원을 공급하면 어디서나 휴대가 가능하다. 최근에는 무선 인터넷 활용이 가능한 장소가 계속 늘어나고 있으므로 이러한 휴대성이 더욱 빛을 발한다.

오디오 출력

보드 하단에는 3.5mm 오디오 입출력 잭이 있다(그림 1-7 참조). 헤드폰, 컴퓨터 사운드 카드, 스피커 등 오디오 입력을 재생하는 모든 장치를 연결하는 것이 가능하다.

알아두기
모델 A 및 모델 B에는 이 기능 대신 비디오 및 오디오용으로 별도의 커넥터를 가지고 있다.

라즈베리 파이 보드의 오디오 잭에 들어가는 플러그는 4극 플러그, 즉 3개의 링이 있는 플러그다. 하지만 헤드폰 및 컴퓨터 스피커에서 흔히 볼 수 있는 표준 3극 미니 플러그도 사용 가능하다.

알아두기
'극'은 플러그의 전도체를 구성하는 링과 팁을 통칭한다. 즉, 4극 플러그에는 하나의 팁과 3개의 링이 있으며, 3극 플러그에는 하나의 팁과 2개의 링이 있다.

모델 B+ 이후의 제품에 탑재된 잭은 그림 1-7과 같은 모양을 가지고 있으며, 잭의 배선은 그림 1-8과 같다.

그림 1-7 오디오 출력 소켓

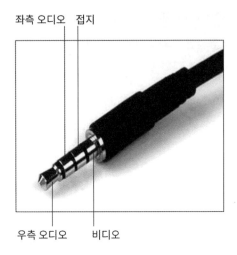

좌측 오디오 접지

우측 오디오 비디오

그림 1-8 오디오 소켓 커넥터

사실 음질에 있어서 라즈베리 파이는 확연한 제약이 있다. 라즈베리 파이의 오디오 출력 해상도는 11비트이며, 보통 좋은 음질을 원한다면 16비트 정도는 필요하다. 뒤에서 설명할 HDMI(High-Definition Multimedia Interface) 커넥터가 출력하는 오디오 음질은 그래도 나은 편이지만 이를 활용하려면 좋은 스피커가 연결된 HDMI 장치(대화면 TV 등)가 필요하다.

하지만 걱정할 것 없다. 라즈베리 파이의 전원과 마찬가지로 음향에 대해서도 해결책이 있다. 예를 들어, 에이다프루트(Adafruit)에서 저렴한 가격으로 판매하는 USB 오디오 어댑터를 라즈베리 파이에 적용할 수도 있다. 이 어댑터를 통해 오디오 출력 음질이 향상될 수 있고, 마이크 입력도 가능해진다. 즉, 라즈베리 파이를 레코더로 사용하거나 음성 인식에 활용할 수 있는 것이다. 라즈베리 파이를 위해 특별히 고안된 다양한 컴퓨터 사운드 보드도 있다.

I^2S 인터페이스로 외부 DAC(Digital-to-Analogue Converter)를 연결해서 고품질의 오디오를 출력하는 방법도 있는데, 이에 대해서는 11장 '오디오'에서 다룰 예정이다.

컴포지트 비디오

앞절에서 소개한 3.5mm 소켓은 구형 컴포지트 비디오 연결에도 사용할 수 있다.

라즈베리 파이가 부팅할 때 컴포지트 비디오 장치가 연결되면 올바른 해상도를 자동으로 감지한다. 보통 디스플레이가 정상적으로 나타나지만 때로는 잘못된 해상도로 출력되기도 한다.

HDMI 기기가 디스플레이의 대세가 됐다는 점에서 비춰볼 때 컴포지트 비디오 출력이 낮은 기술로 보일 수도 있지만 낮은 기술은 라즈베리 파이 재단의 설립자 에반 업튼이 소개한 설계 철학에 잘 어울리는 요소다. 그는 라즈베리 파이를 이렇게 표현한다. '라즈베리 파이는 1980년대 정신을 계승하는 저렴한 리눅스 PC 장치이며, TV를 컴퓨터로 탈바꿈하는 장치이기도 하다. 라즈베리 파이를 기존의 TV에 연결하고 마우스, 키보드를 꽂고 전원과 저장 장치, 운영체제를 갖추면 TV가 PC로 변모하는 것이다.'

CSI 카메라 모듈 커넥터

라즈베리 파이 전용 카메라 모듈은 16파운드(한화로 약 2만 3천 원) 정도의 가격에 5MP(메가픽셀) 해상도의 정지 화상, 1080P 고화질 동영상을 촬영할 수 있다. 그림 1-9의 카메라 직렬 인터페이스(Camera Serial Interface, CSI) 커넥터(HDMI 소켓과 3.5mm 오디오 소켓 사이에 위치)를 통해 라즈베리 파이에 카메라 모듈을 꽂을 수 있다.

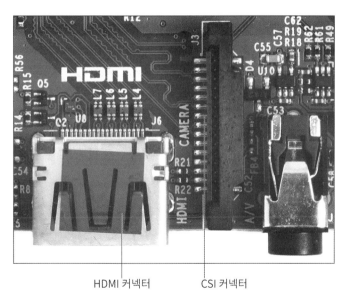

HDMI 커넥터   CSI 커넥터

그림 1-9 CSI 및 HDMI 커넥터

CSI에 꽂는 카메라 모듈 케이블은 15개의 선을 포함한 플랫 케이블로 이뤄져 있다. 케이블을 연결하고 카메라 모듈을 작동시키는 작업은 조금 까다로운 편이다. 자세한 방법을 소개하는 영상을 라즈베리 파이 웹사이트에서 확인할 수 있다[1].

---

1   https://www.raspberrypi.org/help/camera-module-setup/

케이블이 소켓에 제대로 연결되기만 하면 카메라는 잘 작동할 것이다. 프로그래밍을 통해 저속 사진, 모션 트리거 또는 비디오 촬영과 같은 작업이 가능하도록 구현할 수 있다.

HDMI

라즈베리 파이의 다채로운 그래픽 사용자 인터페이스(GUI)를 보여주는 가장 좋은 방법은 대형 디스플레이를 연결하는 방법이다. 디스플레이를 사용하면 웹 서핑, 비디오 감상, 게임 등 일반적인 컴퓨터가 할 수 있는 모든 작업을 라즈베리 파이로도 할 수 있다. 그리고 좋은 화질을 원한다면 HDMI를 사용하는 것이 좋다.

HDMI(High-Definition Multimedia Interface)는 HDMI 호환 디스플레이 컨트롤러(즉, 라즈베리 파이)와 HDMI 호환 모니터, 프로젝터, 디지털 TV 또는 디지털 오디오 장치 간에 비디오 및 오디오를 전송할 수 있게 하는 규약이다.

HDMI의 영상 품질은 컴포지트 비디오보다 뛰어나다. 눈의 피로감도 훨씬 적고, 컴포지트 비디오의 노이즈나 왜곡도 거의 없으며 높은 해상도의 영상을 출력할 수 있다.

라즈베리 파이 모델 B의 HDMI 커넥터는 보드의 아래쪽 가장자리 중앙에 위치한다(그림 1-5, 그림 1-9 참조).

마이크로 USB 전원

마이크로 USB 전원 커넥터는 그림 1-10과 같이 라즈베리 파이 보드의 왼쪽 하단에 위치한다.

그림 1-10 전원용 마이크로 USB 커넥터

마이크로 USB 어댑터는 라즈베리 파이 보드에 전원을 공급하며, 대부분의 안드로이드 스마트폰과 같은 마이크로 USB 규격으로서 호환 가능한 케이블 및 어댑터를 구하기가 굉장히 쉽다. 사용자가 저렴한 주변기기를 활용할 수 있도록 고민한 라즈베리 파이 재단의 배려를 보여주는 대목이다.

자동차 전원 어댑터를 이용해 시가 잭을 마이크로 USB 충전 포트로 변환하면 자동차에서도 라즈베리 파이에 전원을 공급할 수 있다.

마이크로 USB를 통해 모델 B가 공급받는 전원의 정격은 약 1A, 5VDC이다. 모델 B+에는 대체로 1.5A 전류 공급을 권장하는데, USB 포트를 통해 연결한 외부 장치가 전류를 많이 소모하게 되면 2A 전류를 공급하는 편이 더 안전하다. 라즈베리 파이 2는 최소 2.4A 이상의 전류를 공급해야 한다.

라즈베리 파이에는 별도의 전원 버튼이 없다는 점을 기억하자(가격을 낮추기 위한 전략 중 하나다). 마이크로 USB 커넥터를 꽂거나 뽑기만 하면 전원을 켜고 끌 수 있다. 물론 납땜을 통해 라즈베리 파이에 전원 버튼을 만들 수도 있다.

SD 카드

라즈베리 파이에 전원을 연결하면 내부 메모리에 저장된 코드(부트로더)가 SD 또는 마이크로 SD 슬롯(그림 1-11 참조)에 SD 카드가 꽂혀 있는지 있는지 확인하고 SD 카드 내의 코드를 RAM에 적재할 준비를 하게 된다. 꽂혀 있는 카드가 없거나 카드에 정보가 없으면(비어 있거나 카드 메모리가 손상된 경우) 라즈베리 파이의 부팅이 정상적으로 이뤄지지 않는다. 자세한 내용은 8장을 참조하자.

그림 1-11 라즈베리 파이 2 뒷면에 위치한 마이크로 SD 슬롯

주의
라즈베리 파이에 전원이 연결돼 있는 동안 SD 카드를 넣거나 빼서는 안 된다. SD 카드가 손상되어 데이터와 프로그램이 손실될 수 있다.

초창기 라즈베리 파이는 4GB SD 카드를 최소 사양으로 권장했고, 일반적으로 사용자들은 권장 사양으로 8GB를 사용했다. 최근에는 많은 사람들이 32GB 카드를 사용하고 있으며 128GB 카드를 사용하는 사람도 있다. 하지만 라즈비안 운영체제를 사용한다면 32GB보다 큰 카드는 파티셔닝이 필수다.

물론 외부 전원 공급 장치를 사용한다면 USB 포트 중 하나에 외장 메모리를 연결해서 사용해도 된다. 1테라바이트짜리를 사용하면 넉넉할 것이다. 하지만 부팅을 위해서는 여전히 SD 카드가 필요하다.

DSI 디스플레이 연결

SD 카드 슬롯 오른쪽, 보드 상단에는 DSI(Display Serial Interface) 디스플레이 커넥터가 있다. DSI 커넥터에는 전선 15개가 내장된 플랫 케이블이 연결되며, LCD(liquid crystal display) 스크린을 구동할 수 있다(그림 1-12 참조).

그림 1-12 DSI 디스플레이 연결

장착용 구멍

사소해 보이는 부분일 수도 있지만 모델 B+ 이후의 제품에는 네 개의 장착용 구멍이 있다. 모델 B에는 두 개가 있다. 장착용 구멍은 라즈베리 파이를 상자 또는 케이스 안에 넣어서 고정할 때 유용하게 쓰인다.

각 장착용 구멍은 전기적으로 절연돼 있으므로 이 구멍을 통해 라즈베리 파이에 4개의 스탠드를 세우고 나사를 조이면 안전하게 고정하고 사용할 수 있다.

메인 칩

보드 왼쪽 중앙에는 두 개의 대형 칩이 있다(그림 1-13 참조). 둘 중에서 큰 칩은 브로드컴 BCM2835 (라즈베리 파이), BCM2836(라즈베리 파이 2), BCM2037(라즈베리 파이 3) 중 하나다. 다른 하나의 칩은 네트워킹을 위한 이더넷 프로토콜을 탑재하고 있다. 이 단일 칩 시스템에 대한 자세한 정보는 12장에서 다룰 예정이다.

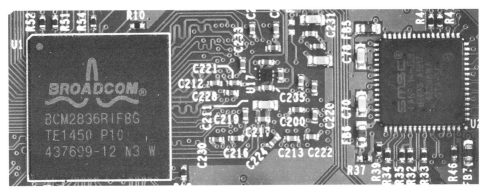

그림 1-13 SoC 및 USB/이더넷 칩

라즈베리 파이의 미래

라즈베리 파이 재단은 설립 초기부터 '합리적인 가격의 접근 가능한 하드웨어를 제공함으로써 컴퓨터 과학 교육을 부흥시키는 것'이라는 목표를 고수했다. 이제 전 세계적으로 라즈베리 파이가 학교를 비롯한 여러 기관의 교육 도구로 광범위하게 채택됐으므로 재단의 설립 목적을 달성한 셈이다.

결국 이 목표에서 중요한 것은 젊은이들의 열정과 영감, 이를 현실화하는 실험 및 프로젝트 과정에서 배우는 교훈이다. 이는 새로운 세대의 컴퓨터 전문가가 탄생하는 과정이다.

라즈베리 파이의 여파는 교육에 그치지 않았다. 새로운 세대가 아닌 기성 세대의 '성인'들도 라즈베리 파이의 가치를 재발견했다. 수백만 명이 라즈베리 파이를 열정적으로 탐구하고 제어 기능을 사용해 다양한 프로젝트를 구축했다. '마이크로컴퓨터'라는 용어의 정의를 진짜 마이크로하게 변모시킨 이 작은 컴퓨터로부터 배울 수 있는 것은 너무나 많다. 기성 세대 역시 학습에 참여함으로써 자녀들을 위한 모범을 보이고 있는 셈이다.

결국, 라즈베리 파이는 젊은 세대의 학생들에게 영감을 불어넣을 뿐 아니라, 기성 세대에게도 열정을 다시 불어넣고 컴퓨터 활용을 촉진시켰다.

앞으로는 어떤 일이 일어날까? 변화를 이끌고 있는 큰 흐름, 사물 인터넷이 이미 우리의 삶을 바꾸고 있다. 라즈베리 파이를 냉장고에, 자동차에, 그리고 그 밖의 생각할 수 있는 모든 장치에 무선으로 연결할 수 있게 될 것이다. 사람들은 자동화를 현실화하는 수단으로써 라즈베리 파이를 계속 채택하고 적용할 것이다. 재단은 새로운 모델이 출시될 때마다 라즈베리 파이에 대한 수요가 늘어나는 것을 느끼고 있다.

향후 몇 년 동안 컴퓨터 아키텍처는 계속해서 기능을 확장하면서 크기는 축소될 것이다. 라즈베리 파이 재단은 10GB의 빠른 메모리와 1테라바이트의 SSD를 갖춘 15GHz 24코어 CPU를 탑재한 USB 스틱 크기의 장치를 모두 SoC에 탑재할 계획이다.

이러한 차세대 제품이 라즈베리 로고를 달고 출시된 날이 머지 않았다. 미래는 코 앞에 있다.

2장

다시 보는 컴퓨터 개론

컴퓨터는 계산을 하기 위해 탄생했지만 계산기가 아니다. 계산기는 오랜 옛날부터 인류의 곁에 있어 왔다. 주판은 기원전 600년 경에 페르시아인이 사용한 것으로 알려져 있으며, 아마 그 전부터 쓰여 왔을 것이다. 계산자의 기원이라 할 수 있는 '네이피어의 뼈'는 1617년 존 네이피어에 의해 고안됐다. 최초의 기계식 계산기인 '파스칼린'은 1642년에 당시 19세였던 블레이즈 파스칼(Blaise Pascal)이 발명한 것이다. 그 후에도 디지털 계산기가 기계식, 아날로그식 계산기를 역사의 뒤안길로 밀어넣기 전까지 정교한 기계식 계산기가 계속 발전돼 왔다.

단순한 계산을 벗어난 프로그래밍의 아이디어를 처음 고안한 사람으로 알려진 사람이 바로 찰스 배비지(Charles Babbage)다. 그가 1837년에 고안한 '분석 엔진'은 너무 복잡했고 본인도 그것을 만들 예산이 없어 당시에는 실제로 만들 수 없었지만, 1888년에 그의 아들이 축약된 형태의 분석 엔진을 실제로 구현할 수 있었다. 현대적인 컴퓨터는 1930년대에 와서야 그 개념이 정립됐다. 앨런 튜링은 1936년에 완전한 프로그래밍이 가능한 컴퓨터의 이론적 토대를 마련했다. 콘라트 추제(Konrad Zuse)는 1942년에 Z3 머신이라는 이름의 프로그래밍 가능한 전기 기계 컴퓨터를 구축해서 이진수 부호화 및 부동 소수점 숫자를 구현했다. 추제의 기계는 훗날 튜링의 범용 컴퓨팅 원칙을 구현할 수 있는 '튜링 완전(Turing complete)' 기계인 것으로 입증됐다.

추제가 Z3을 만든 이유는 독일 공군의 전투기 설계에 대한 통계 분석을 수행하기 위해서였다. 제2차 세계대전은 디지털 컴퓨터의 개발을 크게 가속화했다. 포탄의 궤도를 계산하고, 핵무기 개발에 필요한 복삽한 수학을 처리해야 했기 때문이다. 1944년까지 블레슐리 파크(Bletchley Park)의 콜로서스(Colossus) 컴퓨터는 독일, 이탈리아 및 일본의 전시 암호 해독을 매일같이 수행했다.

컴퓨터의 모든 계산이 더하기나 곱하기처럼 단일 단계로 수행 가능한 것은 아니다. 일부 계산에는 제한 조건에 도달할 때까지 순서대로 실행되는 반복 조작이 필요하다. 굉장히 복잡한 계산 중에는 계산기가 자신의 작업과 결과를 검사해서 작업이 완료됐는지, 또는 일부 작업을 반복해야 하는지, 또는 새 작업을 수행해야 하는지를 결정해야 하는 것도 있다. 바로 이 지점에서 프로그래밍의 개념이 도입되며, 계산기가 컴퓨터로써의 역할을 하게 되는 것이다.

간단하게 표현하자면 컴퓨터는 계산기가 아니다. 컴퓨터는 레시피를 따른다.

컴퓨터와 요리사의 비유

관점을 바꿔 보면 인간은 계산기를 쓰기 오래 전부터 '컴퓨팅'을 해 왔다. 호모 사피엔스는 한 세대에서 다음 세대로 지식을 구두로 전달할 수 있는 능력을 통해 다른 영장류를 크게 추월했다. 이렇게 전달된 지식의 대부분은 본질적으로 '방법'에 대한 것이었다. 돌을 어떻게 갈아서 도끼로 만드는지와 같은 내용이 대부분이었다. 단계별로 지침을 수행한다는 개념은 인간 일상의 자연스러운 일부가 됐고, 그럼에도 사람들은 대부분 스스로 그것을 자각하지 못한다. 라면보다 복잡한 요리를 만들 때 스스로 어떻게 요리하는지 관찰해 보자. 스스로 어떻게 일하는지 지켜보면 단순히 요리만 하는 것이 아니라 '컴퓨팅'을 하고 있을 것이다.

재료가 곧 데이터

모든 레시피는 재료 목록으로 시작한다. 재료 목록에는 재료의 이름과 양이 구체적으로 기입돼 있다. 예를 들어, 프랑스 요리인 '까레 다뇽 도르도네즈(carré d' agneau dordonnaise)'의 재료 목록은 아래와 같다.

양갈비 2대

후두 ⅓컵

작은 양파 1개

간 파테 13온스

빵가루 ½컵

파슬리 2큰술

소금 1작은술

레몬주스 2큰술

잘게 간 흑후추 ½작은술

요리의 목표는 이러한 재료를 결합하고 가공해서 냉장고에 이미 존재하지 않는 것을 만드는 것이다. 컴퓨팅으로 눈을 돌리면, 재료에 해당하는 텍스트, 숫자, 이미지, 기호, 사진, 비디오 등의 요소가 있다. 컴퓨터 프로그램은 이러한 성분을 결합하고 처리해서 PDF 문서, 웹 페이지, 전자책 또는 파워포인트 프레젠테이션 등을 만드는 것이다.

레시피는 재료를 까레 다뇽 도르도네즈로 가공하기 위한 단계별 지침에 해당한다. 아주 추상적이고 간단한 레시피도 있긴 하지만 대부분의 레시피는 아래와 같이 매우 명확하게 정해진 요리 순서를 기술하고 있다.

1. 양갈비에서 뼈를 제거한다.
2. 고기에서 지방 부분을 제거한다.
3. 호두를 잘게 다진다.
4. 양파를 간다.
5. 간 파테가 부드러워질 때까지 젓는다.
6. 호두와 양파를 파테에 넣는다.
7. 빵가루와 파슬리를 함께 넣는다.
8. 소금, 레몬주스 및 흑후추로 간을 한다.

위의 예는 전체 레시피의 일부에 해당한다. 사실, 호두를 다지기 전에 양파를 갈아도 상관없다. 이처럼 순서에 상관없이 요리해도 되는 경우도 많지만 순서가 매우 중요한 경우도 많다. 이를테면, 호두를 다지기 전에 다진 호두를 파이에 넣을 수는 없다.

레시피와 마찬가지로, 컴퓨터 프로그램은 일련의 단계별 지침으로 구성돼 있으며, 데이터로 어떠한 동작을 수행하고 모든 단계를 수행한 후에 일시 중지하거나 완전히 중지하는 식으로 구성돼 있다. 라즈베리 파이에서도 터미널 창에서 '스크립트'라는 간단한 프로그램을 실행할 수 있으며, 프로그램의 속성대로 작업이 끝나면 중지된다. 스크립트를 실행하면 '레시피'의 각 단계가 수행되는 것을 화면에서 확인할 수도 있다.

워드 프로세서처럼 복잡한 프로그램에서는 레시피가 하나의 순차적인 구성을 따르지 않으므로 작업 수행의 각 단계가 화면에 표시되지는 않는다. 워드 프로세서는 그보다 카페의 요리사에 더 가까운 개념으로 봐야 한다. 카운터에서 점심 특선을 주문하면 요리사는 고개를 끄덕이며 주방으로 이동해서 조리를 할 것이다. 조리가 끝나면 요리사가 창구를 통해 카운터에 요리를 전달하고 다음 주문을 기다릴 것이다. 마찬가지로, 워드 프로세서도 메뉴에서 명령을 입력하거나 선택하지 않으면 카운터에서 기다리는 요리사처럼 아무 동작도 수행하지 않을 것이다. 문자를 입력하면 워드 프로세서는 입력받은 문자를 현재 문서와 통합한 다음 다른 문자를 기다린다. 수행 중인 단계를 화면에서 볼 수 있는지 여부에 관계없이 문자를 입력할 때마다 워드 프로세서는 무수한 목록에 해당하는 일련의 동작을 수행하는 것이다.

기본 동작

조리법과 컴퓨터 프로그램의 공통점 중 하나는 하나하나의 단계에 여러 개의 단계가 포함될 수 있다는 점이다. 예를 들어, 양파 갈기 단계는 몇 가지 작은 단계를 통해 이뤄진다. 먼저 양파를 한 손에 잡고, 다른 손으로 강판을 잡아서 양파를 강판에 대고 문지른다. 강판에 갈려 떨어진 양파는 그릇 안으로 떨어지게 한다.

레시피에서는 이러한 내부 단계를 매번 명시하지 않는다. 요리를 좀 할 줄 아는 사람들 대부분은 양파를 가는 방법을 알기 때문에 자세한 지침을 제공할 필요가 없다. 그러나 실제로 양파를 가는 사람들은 레시피에 단계가 명시적으로 쓰여 있는지 아닌지에 상관없이 단계별로 조리를 수행한다. 이미 양파를 가는 방법을 알고 있기 때문이다.

바로 이 점이 중요하다. 레시피에는 수많은 이름의 조리 단계가 명명돼 있다. 반면 요리 전문가는 이미 요리법을 알기 때문에, 껍질을 벗기고, 갈고, 섞고, 접고, 볶고, 자르고, 깎고, 끓이고, 굽는 다양한 조리법을 설명 없이 수행할 수 있다. 이러한 조리 동작 중 일부는 보편적인 것일 수도 있고, '아세루라티'처럼 희귀한 이름을 가지고 있어서 자세히 풀어서 설명해야 하는 경우도 있다. 이를테면, '아세루라티' 대신 '식초나 레몬 주스를 넣어서 소스에 신 맛을 첨가한다'라고 설명할 수도 있는 것이다.

컴퓨터는 요리사와 마찬가지로 비교적 단순한 동작으로 구성된 목록을 이해한다. 이러한 단순한 동작의 조합은 더 크고 복잡한 동작으로 이어지며, 결국 완전하게 동작하는 프로그램이 된다. 컴퓨터가 이해할 수 있는 간단하고 기본적인 동작 단계는 '기계어 명령'이라고 불린다. 기계어 명령을 조합하면 서브프로그램, 함수 또는 프로시저라고 하는 좀 더 복잡한 동작이 된다. 기계어 명령의 예는 아래와 같다.

```
MOV PlaceB, PlaceA
```

MOV 명령은 한 위치에서 다른 위치로 데이터를 이동한다. 기계어 명령을 조합하면 많은 작업을 수행하는 함수가 될 수 있다. 함수 하나를 예로 들어 보자.

```
capitalize(streetname)
```

capitalize() 함수는 이름 그대로('capitalize'는 '대문자화'라는 의미)의 동작을 수행한다. 함수의 인수, 즉 입력 데이터에 해당하는 'streetname'은 함수가 호출되기 이전에 특정한 데이터를 할당받은 문자열 변수다. 이 함수는 대문자화에 대한 표준 규칙에 따라 streetname 변수에 담긴 단어를 대문자로 변환한다. 예를 들면, 입력 데이터가 'garden of the gods road'였다면 capitalize() 함수가 'Garden of the Gods Road'라는 문자열을 출력한다. capitalize() 함수 안에는 문자를 처리하는 수십, 또는 수백 가지 기계어 명령이 있을 수 있다.

계획을 따르는 상자

여기까지 요리 레시피의 은유를 통해 컴퓨터 프로그램을 표현할 수 있었다. 어쩌면 조금 무리해서 은유한 것일 수도 있다. 컴퓨터는 실제로 조리법을 따르는 요리사와 비슷한 면이 있지만 요리사는 즉흥적인 조리를 하기도 하고, 이상한 조리법을 시도하고 때로는 요리를 엉망으로 만들기도 한다. 하지만 컴퓨터는 명령하지 않은 즉흥적인 동작을 수행하지 않으며, 컴퓨터가 결과를 엉망으로 만드는 것은 사용자가 엉망으로 지시를 내렸을 때만 가능하다. 실제로 컴퓨터를 더 잘 표현하는 은유는 작가 테드 넬슨(Ted Nelson)이 표현한 '계획을 따르는 상자'다. 그는 컴퓨터가 하나의 상자이며, 상자 안에는 계획, 계획을 따르는 기계와 계획이 적용되는 데이터가 담겨 있다고 표현했다.

하는 것과 아는 것

컴퓨터에 대한 또 하나의 은유가 있다. 프로그램이란 컴퓨터가 '하는 것', 데이터란 컴퓨터가 '아는 것'이라는 표현이다(톰 스완(Tom Swan)의 표현을 빌렸다). 여기서 무엇인가를 '하는' 부분은 컴퓨터의 중앙 처리 장치(CPU)에 해당한다. 그리고 무엇인가를 '아는' 부분은 컴퓨터의 '메모리'에 해당한다. '아는 것', 곧 기억하기 위해 컴퓨터는 숫자, 문자 및 논리 상태를 이진 숫자 표기법으로 부호화하며, 이 방법은 고트프리드 라이프니츠(Gottfried Leibniz)가 1679년에 고안한 방법이다. 하지만 오늘날의 컴퓨터가 사용하는 수학과 논리에 이진수를 사용하도록 체계화된 것은 1937년에 와서야 클로드 섀넌(Claude Shannon)에 의해 이뤄졌다. 그가 정립한 체계에서 1 또는 0을 표현하는 이진수는 '비트'라는 이름을 가지며, 이는 더 이상 쪼갤 수 없는 단위이며 컴퓨터에서 전기적인 '켜기/끄기' 상태를 표현한다.

오늘날 CPU와 메모리는 모두 실리콘 칩 위에 새겨진 수많은 트랜지스터로 만들어져 있다(여기서 트랜지스터란 반도체로 만들어진 일종의 전기 스위치로 이해하면 된다). 하지만 이는 비교적 최근의 모습이다. 실리콘 칩이 나오기 전에 컴퓨터는 개별 트랜지스터의 조합, 또는 심지어 진공관의 조합으로 만들어졌다(추제 Z3 기계는 전기 기계식 릴레이를 사용했다).

초기의 컴퓨터는 어떤 조합으로 만들어졌느냐와 관계없이 그림 2-1과 같은 구조를 따랐다. 중앙 제어 콘솔은 여러 가지 하위 시스템을 모니터링했으며, 각 하위 시스템은 일반적으로 별도의 캐비닛에 담겨 있었다. 그리고 CPU, 천공 테이프 또는 자기 테이프 저장 장치와 두 개의 다른 메모리 장치가 있었다. 메모리 장치 중 하나는 컴퓨터 프로그램을 구성하는 일련의 기계어 명령을 담고 있었으며, 다른 하나의 메모리 유닛은 프로그램이 조작한 데이터를 담고 있었다. 1944년 하버드 대학에서 개발한 초창기 전기 기계 컴퓨터 마크 I이 데이터와 명령을 별도로 저장했기 때문에 이러한 구조를 하버드 아키텍처라고도 한다.

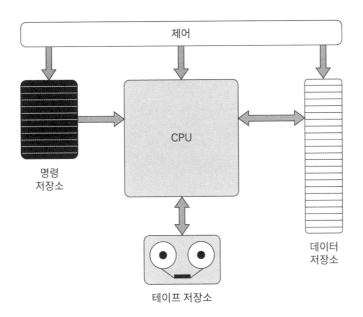

그림 2-1 폰 노이만 이전의 컴퓨터

마크 I의 데이터 메모리와 명령 메모리는 물리적으로 분리됐을 뿐만 아니라 구조 자체도 달랐다. 데이터 메모리는 진공관, 또는 형광 스크린 상의 점, 심지어 수은 기둥을 통과하는 음향 펄스로 이뤄져 있었다(3장에서 더 자세한 내용을 확인할 수 있다). 반면 초기의 명령 메모리는 터미널 바의 한 지점에서 다른 지점으로 연결할 수 있는 여러 행의 기계식 스위치와 전선으로 구성돼 있었다. 기술자는 프로그램을 실행하기 전에 스위치 또는 전선을 사용해 각 기계어 명령을 손수 설정해야 했다(예상할 수 있듯이 초기의 프로그램에는 기계어 명령이 그리 많지 않았다).

프로그램이 곧 데이터

다방면에 있어서 천재였던 존 폰 노이만(John Von Neumann)은 수학에서 유체 역학에 이르기까지 여러 분야에서 업적을 남겼지만 그의 업적이 가장 빛을 발하는 것은 컴퓨터 분야일 것이다. 그는 프로그램이 곧 데이터이며, 동일한 메모리 주소 공간을 사용해 데이터와 동일한 메모리 시스템에 프로그램을 저장하는 구조를 고안했다. 컴퓨터가 데이터 메모리에서 기계어 명령을 읽도록 설계를 변경하는 작업이 필요했지만, 이 작업이 완료됨과 함께 컴퓨팅의 개념은 영원히 바뀌었다. 단일 스위치 패널을 통해 입력한 명령은 데이터 메모리에 하나씩 저장됐고, 일단 저장된 명령은 천공 테이프로 출력될 수 있었기 때문에 실행할 때마다 손으로 입력할 필요가 없어졌다.

폰 노이만의 통찰력은 컴퓨팅을 크게 단순화했으며, 이는 1950년대에 컴퓨터 성능의 폭발적인 발전으로 직결됐다. 그림 2-2는 최신 컴퓨터의 작동 방식을 간략하게 나타낸 것이다. 이 그림은 특정 모델이나 컴퓨터 제품군에 관계없이 적용될 수 있으며, 이 책의 후반부에서 설명할 고급 기능을 많이 생략한 것이다.

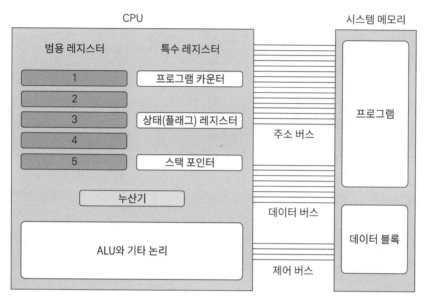

그림 2-2 단순화된 현대식 컴퓨터

메모리

간단하게 표현하자면 시스템 메모리는 데이터 저장 구획을 모아 놓은 긴 행이다. 행의 각 위치에는 숫자로 구성된 고유 주소가 있다. 모든 위치가 가지는 크기는 동일하다. 현대의 컴퓨터에서는 일반적으로 8비트, 즉 바이트의 크기를 가진다(그림 2-3 참조). 그러나 컴퓨터는 시스템 메모리에서 데이터를 여러 바이트 단위로 읽는다. 라즈베리 파이 같은 32비트 시스템은 한 번에 32비트의 메모리(즉, 4바이트에 해당하며 일반적으로 이를 '워드(word)' 라는 단위로 부른다)를 읽으며, 대부분의 내부 연산 역시 32비트 단위로 수행한다. 데스크톱 및 노트북 컴퓨터는 보통 64비트 시스템으로, 한 번에 64비트(8바이트)를 읽을 수 있다. 참고로 대부분의 현대 컴퓨터는 속도 저하의 가능성에도 불구하고 단일 바이트 또는 2바이트(하프 워드) 연산을 수행할 수 있다. 그러나 컴퓨터의 '비트화(bitness)'는 개별 메모리 위치의 크기가 아니라 내부 데이터 워드 및 연산의 크기에 해당한다.

메모리 주소	메모리 위치의 데이터
0000:	256
0001:	71
0002:	65535
0003:	0
0004:	4044
0005:	42
0006:	0
0007:	0
0008:	16938407

그림 2-3 메모리의 위치와 그 주소

메모리 주소는 0부터 시작하며 숫자 순서로 정렬된다. 첫 번째 메모리 위치가 1이 아닌 0이라는 점이 혼동을 줄 수도 있지만, 수학에서 수직선이 0으로 시작한다는 점을 생각해 보자. 메모리 주소 역시 첫 위치가 0으로 시작하는 것이 수학적으로 훨씬 해석하기 쉽다.

CPU는 메모리 주소를 사용해 읽을 데이터 및 쓸 데이터를 찾는다. CPU는 기계어 명령을 사용해 시스템 메모리의 지정된 주소에서 데이터 워드를 인출(fetch)하며, 연산 또는 테스트를 위해 이 데이터 워드를 레지스터에 배치한다. 그리고 다른 기계어 명령을 사용해 레지스터에 저장된 값을 시스템 메모리에 쓴다.

앞에서 언급했듯이 컴퓨터 프로그램 자체는 시스템 메모리에 일련의 데이터로 저장된다. 각 명령어는 일반적으로 단일 데이터 워드로 이뤄져 있다. 프로그램 파일과 데이터 파일의 차이점은 전적으로 CPU가 파일의 데이터를 해석하는 방법에 있다.

메모리는 매우 복잡한 주제이기에 3장에서 심도 있게 다룰 예정이다.

레지스터

모든 CPU에는 특정 개수로 제한된 레지스터라는 저장 위치가 있다. 레지스터는 CPU의 실리콘 내에 있으며, 기계어 명령을 실행하는 디지털 로직으로 둘러싸여 있다. 각 레지스터는 하나의 값을 보유한다. 일부 레지스터 중에는 지정된 용도가 없고 여러 가지 종류의 용도를 할당받을 수 있는 것도 있다. 이러한 범용 레지스터(general-purpose register)는 이름이 붙여져 있거나 번호가 매겨져 있다. 그 밖의 레지스터는 CPU 내에서 특정한 작업을 한다. 레지스터 중 일부는 특정 기계어 명령이 실행될 때만 특정 작업을 수행하지만 일반 기계어 명령이 실행되면 범용 레지스터와 같이 CPU가 값을 처리할 수 있는 일종의 실리콘 주머니로 사용되기 때문에 범용과 특수 목적 레지스터의 중간에 있다고 할 수 있다. 레지스터에 값을 쓰고 읽는 작업은 다른 유형의 메모리, 특히 컴퓨터 주 회로 기판의 외부에 있는 메모리에 접근하는 작업보다 빠르다.

특수 목적용 레지스터에는 여러 종류가 있으며, 대표적인 종류로는 다음과 같은 레지스터가 있다.

- **프로그램 카운터**: 프로그램 카운터 레지스터는 실행을 위해 메모리에서 가져올 다음 기계어 명령의 주소를 담는다. 컴퓨터 프로그램의 뼈대를 유지하는 역할로도 볼 수 있다.

- **상태**: 상태 레지스터(플래그 레지스터라고도 함)는 단일 비트 또는 비트 그룹으로 나뉜 값을 담는다. 각 비트 또는 그룹은 CPU가 방금 수행한 작업의 상태로 업데이트된다. CPU가 두 레지스터의 값을 비교하면 단일 비트 '같음' 플래그는 1(값이 동일) 또는 0(값이 다름)으로 설정된다. 이렇게 하면 비교 다음에 오는 명령어가 비교의 결과를 참조할 수 있다.

- **스택 포인터**: 스택 포인터는 LIFO(Last In First Out) 스택이라고 하는 자료구조가 저장된 메모리의 주소를 담는다. 스택은 CPU 작동의 기본 구조다. 이에 대해서는 4장의 'CPU 내부' 절에서 더 자세히 설명하겠다.

- **누산기**: 누산기는 산술 및 논리 연산의 결과를 담는 레지스터다(누산기라는 이름은 초창기 컴퓨터에서 계산하는 동안의 중간 값을 누적하는 데 주로 사용됐기 때문에 붙은 명칭이다). 현대 컴퓨터에서는 산술 결과를 단일 레지스터에만 저장할 수 없는 경우가 많기 때문에 누산기의 역할이 여러 범용 레지스터로 분산됐다. 그러나 일부 구형 기계어 명령은 단일 레지스터가 연산 결과를 저장한다고 가정하므로 지금도 누산기라는 명칭을 쓰고 있다.

초기 라즈베리 파이의 핵심인 ARM11 프로세서에는 일반적인 프로그램에 사용할 수 있는 총 16개의 레지스터가 있으며, 그중 3개가 특수 레지스터에 해당한다. 여기에 추가로 2개의 레지스터가 상태 레지스터의 역할을 한다. 이에 대해서는 3장에서 더 자세히 알아보자.

레지스터는 CPU 내부에서 값을 저장하기 때문에 그 속도가 매우 빠르다. CPU의 레지스터가 많을수록 중간 결과를 저장하기 위해 시스템 메모리에 액세스해야 하는 횟수가 줄어든다. 컴퓨팅의 보편적인 규칙 중 하나가 바로 '메모리 액세스는 느리다'는 것이다. 최근 몇 년 동안 많은 엔지니어의 노력을 통해 특정 양의 작업을 수행하기 위해 시스템 메모리에 액세스해야 하는 횟수가 줄어들었다.

시스템 버스

컴퓨팅의 근본적인 도전 과제 중 하나는 가능한 한 빨리 시스템 메모리와 CPU가 서로 값을 주고받는 것이다. 데이터 값은 특정 숫자로 이뤄진 주소의 메모리에 저장된다. 메모리의 값에 액세스하려면 CPU가 메모리의 값 주소를 메모리 시스템에 제시해야 한다. 그러면 값이 메모리에서 복사되어 CPU로 다시 전송된다.

CPU와 메모리 사이에는 시스템 버스(system bus)라고 하는 통로가 있다. 1비트의 정보를 전달하는 라인(line)이라는 전기 전도체가 병렬로 배치되어 시스템 버스를 구성한다. 버스 라인의 수는 컴퓨터의 종류와 사용하는 칩에 따라 달라진다. 시스템 버스에는 세 가지가 있다.

- 메모리 주소
- 데이터 값
- CPU와 시스템 메모리가 버스의 데이터 전송을 조절하게 하는 제어 신호

간단히 말해서 CPU는 메모리 위치의 주소를 버스에 배치한다. 또한 제어 라인에 하나 이상의 신호를 배치해서 메모리 전자 장치에 주소의 읽기 또는 쓰기 여부를 알린다. 그다음으로는 CPU가 지정된 메모리 위치에 기록될 버스에 값을 배치하거나, 시스템 메모리가 버스의 지정된 주소에 값을 배치해서 CPU로 다시 전송되기를 기다린다.

컴퓨터 프로그램 및 프로그램 데이터는 메모리의 다른 위치에 저장되지만 CPU가 이를 해석하는 방법을 제외하고는 데이터 워드와 기계어 명령 간에는 차이가 없다. 이러한 이유로 '데이터 값'이라는 용어는 데이터와 명령을 모두 포함한다. 앞으로 이어질 두 개의 장에서 이에 대해 더 자세히 알아보겠다.

명령 집합

세상에는 다양한 CPU 모델이 있다. 각 CPU는 메모리와 컴퓨터 시스템의 다른 부분과 대화하기 위한 고유한 방법을 가지고 있다. CPU 모델을 가장 명확하게 구분하는 요소는 CPU가 수행할 수 있는 개별 연산의 종류다. 이는 기계어 명령의 집합이며, 줄여서 명령 집합(instruction set)이라고 한다.

명령 집합은 CPU 제품군마다 다르다. 인텔 CPU는 이러한 제품군 중 하나이며, ARM 역시 CPU 제품군의 일부다. 대부분의 개별 CPU는 하나의 명령 집합만을 인식한다. 라즈베리 파이의 ARM11 프로세서에는 사실 두 개의 명령어 세트가 있지만, 그중 하나만이 실제로 사용된다(이에 대해서는 4장에서 더 자세히 설명하겠다).

명령 집합의 기계어 명령은 기능에 따라 몇 가지 그룹으로 분류할 수 있다. 메모리 또는 레지스터 간에 데이터를 이동시키는 명령, 산술 계산을 수행하는 명령, 논리 연산을 수행하는 명령, 상태 비트를 판독하거나 제어 비트를 설정하는 명령 등이 있다. 초기 CPU는 12개 정도의 기계어 명령을 가지고 있었다. 현대의 CPU 중에는 100개 이상을 가진 것도 있다.

CPU 명령 집합에 대한 개념을 알아두는 것은 도움이 되지만, 각 명령을 모두 암기할 필요는 없다. 프로그래머가 기계어 명령을 직접 써서 프로그램을 작성하는 경우는 거의 없다(가끔씩 기계어 프로그래밍이 필요한 상황도 있지만 매우 드문 경우다). 대신 프로그래머는 인간의 언어와 유사한 '실행문(action statement)'의 목록을 작성한다. 이러한 실행문의 목록은 '컴파일러(compiler)' 또는 '인터프리터(interpreter)'라는 다른 프로그램에 의해 기계어 명령의 목록으로 변환된다. 컴파일러와 인터프리터에 대해서는 5장에서 훨씬 더 자세히 다루겠다.

전압, 숫자, 의미

사람들은 컴퓨터가 실제로 문자를 다루지 않는다는 이야기를 많이 한다. 사실이다. 컴퓨터는 숫자를 다룬다. 그런데 엄밀히 말하면 그것조차도 사실이 아니다. 실제 CPU의 실리콘 내부로 들어가면 컴퓨터는 전압만을 다룬다. 작동하는 컴퓨터 칩 내부에서는 2개의 전압 레벨 사이에서 앞뒤로 변하는 전기 활동이 폭풍처럼 휘몰아친다. 2개의 전압 레벨 중 한 레벨은 전압이 0이며(0V), 다른 하나는 그보다 높은 전압으로 정확한 전압의 크기는 컴퓨터마다 다를 수 있다. 5V, 3V일 수도 있고, 3.6V, 또는 모바일 컴퓨터나 라즈베리 파이처럼 1.2V 이하일 수도 있다. 하나의 컴퓨터 안에서는 고정된 전압값이 쓰이지만, 컴퓨터가 다르면 얼마든지 달라질 수 있다. 여기서는 일단 기준으로 3V를 사용한다고 가정하자.

컴퓨터가 숫자를 다루는 것은 사실이지만, 정확히는 숫자를 전압 레벨로 변환해서 다룬다. 0V 전압은 0, 3V의 전압은 1에 해당한다. 컴퓨터 칩 회로에는 2개의 전압 레벨만 쓰이기 때문에 실제로는 컴퓨터가 0과 1의 두 숫자만 이해할 수 있다. 겨우 2개? 많다고는 할 수 없을 것 같다. 0과 1만 가지고 무엇을 할 수 있을까?

모든 것이 가능하다.

이진수: 1과 0으로 세기

인간은 0, 1, 2, 3, 4, 5, 6, 7, 8, 9의 10가지 숫자를 이해한다. 이 10가지 숫자만 가지고도 고도의 복잡한 수학 연산을 할 수 있고, 무한히 큰 수를 표현할 수 있다. 0을 80개 쓰고 그 앞에 1을 붙이면 관측 가능한 전체 우주의 원자 수를 근사할 수 있다. 다시 말하자면, 몇 개의 숫자를 사용하는가는 중요한 것이 아니다. 숫자를 어떻게 배열하고, 어떤 의미를 부여하는가가 중요한 것이다.

우리가 어렸을 때부터 배워온 십진수 표기법의 '숫자'는 '수'와는 다른 것으로, 수 표기법에서는 각 자리의 숫자에 들어가는 기호에 해당한다. 여러 자리의 숫자는 십진수 표기법의 숫자가 자리 단위로 정렬돼 있으며, 각 자리의 배수는 오른쪽 자리의 배수에 10을 곱한 것이다. 예를 들어, 십진수 72,905에서 각 자리는 그 값이 전체적으로 몇 번이나 존재하는지 알려주는 '기수', 그리고 자리에 해당하는 '배수'를 가지고 있다. 72,905라는 수에는 7만, 2천, 9백, 0십, 5가 있다.

그림 2-4를 보면 더 쉽게 이해할 수 있을 것이다.

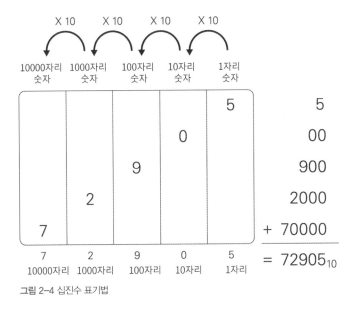

그림 2-4 십진수 표기법

우리는 10의 제곱 관점에서 생각하는 데 익숙하고, 10이 아닌 다른 수의 제곱으로 각 열을 상상하는 것이 이상하게 느껴진다. 하지만 10이 아닌 다른 수의 제곱을 사용하는 표기법은 컴퓨팅을 이해하는 데 필수적이다. 각 자리의 배수가 오른쪽 자리의 배수인 10배 대신에 2배라면 어떻게 될까? 일, 십, 백, 천, 만 대신 1, 2, 4, 8, 16이 각 자리를 대표하게 될 것이다. 그렇다면 이러한 수 표기법에는 몇 개의 숫자가 필요할까?

두 개가 필요하다. 즉, 0과 1이 필요하다. 즉, 10의 배수를 사용하는 십진수 표기법 대신 2의 배수를 사용하는 이진수 표기법을 사용한다. 그림 2-5에서 이진수 11010를 해석하는 예를 볼 수 있다. 11010에는 1개의 16, 1개의 8, 0개의 4, 1개의 2, 0개의 1이 있다(2진수 표기법에서는 쉼표를 사용하지 않는다).

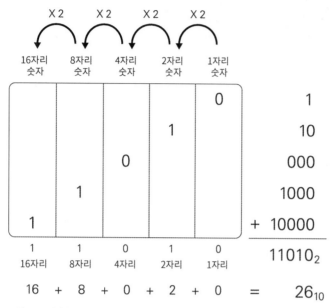

그림 2-5 이진수 계산법

2에서 9까지의 숫자가 없는 수가 굉장히 어색해 보이겠지만 이는 실제로 사용 가능한 수다. 이진수의 값이 십진수로 어떻게 표현되는지 보려면 $16 + 8 + 0 + 2 + 0 = 26$과 같이 모든 열의 기수와 배수를 곱해서 더하면 된다. 이진수 11010과 십진수 26은 같은 값이다. 다른 표기법으로 표현해서 다르게 보이지만 정확하게 동일한 수다. 여기서 아주 오래된 농담을 인용하자면 세상에는 10종류의 사람이 있다. 이진수를 이해하는 사람과 그렇지 않은 사람이다.

숫자 표기법 체계의 각 자리 배수는 수 체계의 기본이다. 자리의 배수가 10이면 십진수 체계가 된다. 자리의 배수가 2이면 이진수 체계가 된다(그림에서 아래첨자로 쓰인 작은 수는 옆의 수가 몇 진수 체계로 표시됐는지를 나타낸다). 이론적으로 진법 체계에서는 어떤 자연수라도 배수로 쓰일 수 있다. 즉, 3진수, 4진수, 8진수, 11진수, 16진수 등이 모두 가능하다. 하지만 한 가지 문제가 있다. 다음 절에서 이 문제에 대해 알아보자.

숫자가 부족해

인류의 뿌리깊은 십진수 표기법은 10자리 숫자를 사용한다. 이진수는 두 자리의 숫자를 사용한다. 8진수는 8자리 숫자를 사용한다. 16진수는 16자리를 사용하는데, 문제는 우리가 쓰는 숫자가 10개 뿐이라는 점이다. 우리가 가진 숫자는 0에서 9까지가 전부다. 다른 여섯 개 숫자를 어떻게 표시할까?

인류가 한 손에 8개의 손가락을 가지고 있었다면, 의심의 여지 없이 인류는 16개의 숫자를 만들었을 것이다. 사실, 모두가 동의하기만 한다면 다른 여섯 숫자에 아무 기호나 사용해도 된다. @, %, *, &, #, $ 등을 사용할 수도 있을 것이다. 그런데 순서도 정해야 한다. @, % 등의 기호에는 보편적으로 정의된 순서가 없다. &는 * 앞에 와야 할까? 오로지 자판이 기준이 돼야 할 것이다. 합의된 약속이 없으면 혼란이 초래될 것이다. 그러니 16진수의 나머지 여섯 숫자를 나타내기 위해서는 합의된 순서를 가진 여섯 개의 기호인 A, B, C, D, E, F를 사용하도록 하자. 우리의 익숙한 십진수 표기법으로 10을 셀 때는 아래와 같은 방법을 사용했다.

   1, 2, 3, 4, 5, 6, 7, 8, 9, 10

확장된 숫자 기호로 16을 세려면 아래와 같은 방법을 사용할 것이다.

   1, 2, 3, 4, 5, 6, 7, 8, 9, A, B, C, D, E, F, 10

이 같은 체계에서 숫자 A는 십진수 10을 나타내며, B는 십진수 11을 나타내며, C는 십진수 12를 나타낸다. 몇 진법을 사용하든 상관없이 같은 값임에 분명하다. 진법의 차이는 값의 차이가 아니라 표기법의 차이일 뿐이다. 16진법은 현대 컴퓨터를 이해하는 데 매우 중요한 표기법이다.

세기와 매기기, 그리고 0

설명을 계속하기에 앞서, 컴퓨터 세상의 별난 특징 하나를 짚고 넘어가자. 어릴 때 우리는 수를 1부터 세도록 배웠다. 하지만 컴퓨터 세계에서는 수를 0부터 센다. 컴퓨터가 사람이라면 메모리 위치를 셀 때 첫 번째 메모리 위치에서 시작하면서 '0, 1, 2, 3, 4, 5 …'라고 말할 것이다. 뭔가 이상한가? 사실 여기에는 오해가 있다. 이와 같이 메모리 위치를 세는 것은 계산 작업이 아니다. 이는 번호를 매기는 작업에 가깝다. 수학의 직선이 0에서 시작되는 것처럼 컴퓨터 과학의 번호 매기기도 0에서 시작된다. 즉 다시 말하자면, 컴퓨터가 사람이라면 '0에서 5까지 번호가 매겨진 6개의 메모리 위치가 있다'라고 말할 것이다. 이를 세면 얼마나 많은 개체가 존재하는지 알 수 있다(이 예에서는 6이 될 것이다). 번호를 붙이면 이름과 순서가 모두 부여된다. 첫 번째 메모리 위치는 '위치 0'이라고 부를 수 있다. 첫 번째 메모리 위치에 '위치 0'이라는 이름을 부여하면 두 번째 위치의 이름은 당연히 '위치 1'이 될 것이다.

이처럼 0에서부터 번호로 매겨지는 메모리 위치를 '주소(address)'라고 부른다. 주소 공간의 첫 번째 주소는 항상 0이다.

이진법을 간소화하기 위한 16진법

16진수 표기법은 십진법, 이진법과 마찬가지로 진법의 일종이다. 각 자리의 배수는 오른쪽에 있는 자리의 배수의 16배에 해당하는 배수를 가진다. 16진법은 10진법에 쓰는 숫자와 문자를 함께 사용해서 수를 표기하기 때문에 수가 이상하게 보일 수도 있지만 표기법의 원리 자체는 십진수, 이진수와 동일하다. 자리가 올라갈수록 배수의 값 역시 빠르게 증가하며, 다섯 번째 자리의 배수는 십진수로 65,536에 해당한다.

이를 잘 보여주는 것이 그림 2-6이다. 16진수 3C0A9는 십진수 245,929와 동일하다. 두 수 모두 이진수 111100000010101001과 동일하다. 16진수 표기법이 중요한 이유가 바로 여기에 있다.

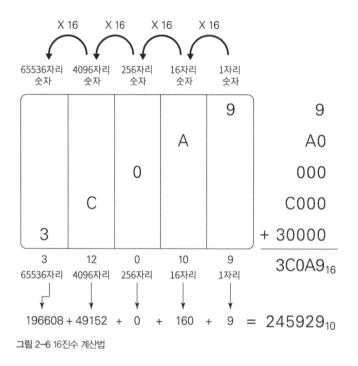

그림 2-6 16진수 계산법

다시 물어보자. 16진법은 왜 존재할까? 컴퓨터는 실제로 16진수를 사용하지 않는다. 컴퓨터는 전압 레벨로 변환된 이진수와 시간적 정보를 사용한다. 하지만 'HEX'(16진수의 축약어)는 1과 0으로 이뤄진 긴 이진수를 해석하는 데 어려움을 겪는 모든 사람이 사용할 수 있다. 이는 일종의 속기법으로, 이진수를 훨씬 더 접근하기 쉬운 형태로 표현할 수 있다. 이진수 111100000010101001과 16진수 3C0A9는 같은 값이다. 어느 쪽이 쓰기 편할까?

그림 2-7은 16진수의 사용법을 약식으로 요약하고 있으며, 이진수도 시스템 버스 같은 전기 전도체에 일련의 서로 다른 전압 레벨로 표시돼 있다. 표시된 시스템 버스는 16비트 폭을 가진다. 시스템 버스의 각 라인은 회로 기판 위의 패턴 또는 칩 내부의 미세한 배선일 수 있으며, 각 라인은 두 개의 전압 중 하나의 상태를 가진다. 숫자 1은 버스 라인에서의 3V 판독값을 나타낸다. 숫자 0은 버스 라인의 0V 판독값을 나타낸다.

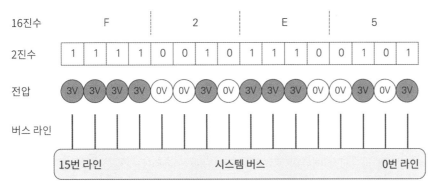

그림 2-7 버스 라인, 전압, 이진수 비트와 16진수 숫자

16진수 형식의 각 숫자는 0에서 15까지의 값을 나타낼 수 있다. 15까지의 값을 나타내는 데는 4비트가 필요하다. 따라서 16진수의 각 숫자는 4개의 이진수로 구성된다.

어떤 값만을 보고 그 값이 몇 진법으로 표현된 것인지 알 수는 없다. 숫자 11은 이진수일 수도 있고, 십진수 또는 16진수일 수도 있다. 세 가지 값은 물론 다르지만 11을 구성하는 숫자는 정확하게 똑같다. 주어진 수의 진법을 명시적으로 지정하기 위해 아래와 같은 규칙이 사용된다.

- 이진수는 값 뒤에 문자 b 또는 B를 붙인다. 예: 011010B

- 이진수 값 앞에 0b011010처럼 접두사 0b를 붙인다.

- 이진수 값 앞에 접두사 %를 표시할 수도 있다. 예: %011010

- 16진수는 값 뒤에 문자 h 또는 H를 붙인다. 예: F2E5H

- 16진수 값 앞에 접두사 $나 0x를 붙이기도 한다. 예: $F2E5나 0xF2E5.

서적 및 문서와 같은 인쇄물에서는 $F2E5_{16}$과 같이 아래첨자로 진법을 표시하는 경우가 많다. 하지만 아래첨자는 프로그래밍에 사용하기 어렵기 때문에 위에서 언급한 규칙을 주로 사용하며 이를 인쇄물에서도 많이 사용한다.

이진수와 16진법 연산 방법

이진수와 16진수는 표기법의 일종일 뿐이며, 모든 연산 방법을 적용할 수 있다. 이진수와 16진수로도 덧셈, 뺄셈, 곱셈, 나눗셈을 할 수 있으며, 종이와 펜으로도 할 수 있다. 방법은 동일하다. 몇 가지 계산 방법만 기억하면 된다. 이진수에서는 1 + 1 = 10을 기억하고, 16진수에서는 A + 2 = C나 A + C = 16(십진수 16이 아니다. 16진수 16은 십진수 22다) 정도만 알고 있으면 된다. 자리를 올리고 내리는 방식 역시 십진수와 동일하다. 종이 위에다 16진수로 길게 나눗셈을 하는 것은 꽤 난해하긴 하지만 불가능하진 않다.

모두 가능한 계산이고, 하다 보면 머리도 좋아지겠지만 세상 모든 컴퓨터에 그래픽 인터페이스가 달린 계산기가 있다는 점을 생각하면 시간을 아끼는 방법은 아닌 것 같다. 이제부터는 이진수나 16진수 계산을 손으로 하지 않는다고 가정하겠다. 그 대신 소프트웨어 계산기로 십진수 외의 연산을 하는 방법에 익숙해지기를 바란다. 라즈베리 파이의 라즈비안 운영체제에서 사용하는 계산기는 갤큘레이터(Galculator)라고 한다. 시작 메뉴의 보조 프로그램(Accessories) 그룹에서 찾을 수 있다. 아직 운영체제가 무엇인지 잘 모르겠다면(라즈비안은 윈도우나 OS X처럼 수많은 운영체제 중 하나일 뿐이다) 일단 고민을 멈추고 다음 내용을 읽어나가자. 다음 절에서 운영체제에 대해 다루겠다.

기본적으로 갤큘레이터는 십진수로 계산한다. 갤큘레이터로 다른 진법을 계산하려면 먼저 보기(View)를 선택한 다음 과학(Scientific) 모드를 선택하자. 16진수 A ~ F의 키가 회색으로 표시될 것이다. 여기서 진법을 변경하려면 주 메뉴에서 계산기(Calculator)를 선택한 다음 풀다운 메뉴에서 진법 수(Number bases)를 선택하자(그림 2–8). 원하는 진법의 라디오 버튼을 클릭하자(갤큘레이터도 8진수를 지원하지만 8진수는 점점 덜 사용되는 추세이므로 여기서는 더 이상 언급하지 않는다). 이진수를 선택하면 0과 1을 제외한 모든 숫자가 회색으로 표시된다. 16진수를 선택하면 모든 숫자가 활성화된다.

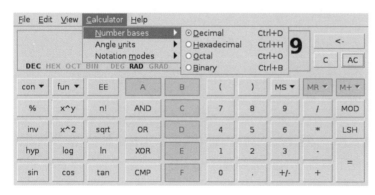

그림 2–8 갤큘레이터에서 진법 바꾸기

과학 모드에서 진법을 선택하고 계산하면 갤큘레이터는 십진법으로 계산할 때와 마찬가지로 각 진법에 대한 계산을 수행할 것이다.

팁

입력한 값을 다른 진법의 값으로 변환하려면 원래 진법 상태에서 값을 입력한 다음 계산기(Calculator) → 진법 수 (Number bases)를 선택하고 값을 변환할 진법의 라디오 버튼을 클릭하자. 원래의 값이 바뀐 진법에 맞는 값으로 바로 바뀔 것이다.

상자의 주인, 운영체제

현대의 CPU 실리콘에는 어마어마한 양의 디지털 기계가 집적돼 있다. 하지만 이 기계들은 완전히 스스로 움직일 수 없다. 공장에는 관리자가 필요하며, CPU 및 메모리 시스템을 공장에 비유한다면 공장 관리자에 해당하는 것이 바로 운영체제(Operating System, OS)다. 컴퓨터 역사에 걸쳐 수천 가지의 운영체제가 등장해 왔지만 이 글을 쓰는 시점에는 윈도우(Windows), 리눅스(Linux), 안드로이드(Android), OS X 및 iOS 같은 몇 가지 운영체제가 대부분의 시장을 점유하고 있다. 이러한 OS 중 무에서 태어난 것은 없다. 윈도우는 IBM의 OS/2와 VAX VMS라는 구형 거대 메인프레임 운영체제에 그 뿌리를 두고 있다. 그 밖의 대부분의 운영체제는 1960년대 후반 벨 연구소 (Bell Labs)가 만든 또 하나의 큰 시스템 OS인 유닉스(Unix)에 뿌리를 두고 있다.

운영체제 역시 프로그램이며, 다른 모든 프로그램과 마찬가지로 궁극적으로 일련의 기계어 명령으로 이뤄져 있다. 워드 프로세서 및 비디오 게임과 달리 운영체제에는 컴퓨터 시스템을 관리할 수 있는 특수 기능이 있다. 이러한 권한 중 상당수는 운영체제에서만 사용하도록 설계된 특수한 기계어 명령에 의존한다. 운영체제는 컴퓨터의 부트로더에 의해 제어되는 부팅 프로세스를 통해 먼저 로드되고 실행된다. 이 부트로더는 저장소에서 메모리로 운영체제를 가져온 후 실행하는 특수 프로그램이다. OS가 로드되고 설정이 마무리되면 컴퓨터는 '일할 수 있는 상태'가 되며 OS는 시스템 관리를 시작한다.

운영체제의 역할

운영체제를 상위 수준에서 정의하면 '컴퓨터 사용자와 컴퓨터 하드웨어 사이에서 사용자가 다른 사용자나 컴퓨터 작동 자체를 방해하지 않고 컴퓨터의 다양한 자원을 사용할 수 있도록 하는 프로그램'이라고 할 수 있다. 운영체제의 주요 역할은 아래와 같다.

- **프로세스 관리**: OS는 스스로의 필요와 사용자의 요구에 따라 개별적인 스레드를 실행한다. 스레드를 실행하는 동안 CPU에 각 스레드의 실행 시간을 할당한다. CPU에 여러 개의 코어가 있으면 각 코어에 프로세스를 분산한다(뒤에서 더 자세히 다룰 예정).

- **메모리 관리**: OS는 실행 중인 프로세스에 메모리를 할당하며, 대부분의 경우 다른 프로세스의 간섭으로부터 보호되는 별도의 메모리 공간으로 할당한다. 운영체제는 가상 메모리라는 기술을 통해 프로그램에 더 많은 메모리가 필요할 때 사용량이 가장 석은 프로세스 메모리를 디스크에 쓰게 함으로써 실세보나 많은 메모리를 사용할 수 있다(3장에서 자세하게 다룰 예정).

- **파일 관리**: OS는 디스크 및 기타 대용량 저장 장치에 파일 저장 공간을 할당하고, 파일에서 데이터 읽기, 파일 쓰기 및 삭제를 관리하는 하나 이상의 파일 시스템을 유지하고 관리한다.

- **주변장치 관리**: OS는 키보드, 마우스, 프린터, 스캐너, 그래픽 프로세서 및 대용량 저장 장치와 같은 시스템 주변장치에 대한 액세스를 관리한다. 일반적으로 '장치 드라이버'라는 특수 소프트웨어 인터페이스를 통해 이를 수행한다. 장치 드라이버란 특정 주변장치용으로 작성되고 응용 프로그램과 마찬가지로 별도로 설치 가능한 특수한 소프트웨어 인터페이스다.

- **네트워크 관리**: 운영체제는 네트워킹 프로토콜이라는 표준 규약을 통해 외부 네트워크(LAN, 인터넷 등)에 대한 컴퓨터의 액세스를 관리한다. 프로토콜은 하나 이상의 소프트웨어로 구현되며, 이를 네트워크 스택이라고 한다.

- **사용자 계정 관리**: 현대의 모든 운영체제는 다른 사용자가 컴퓨터에서 자신의 계정을 가질 수 있게 하고 있다. 계정은 고유 로그인, 보안 규칙 모음(권한(privilege))과 다른 사용자가 조작할 수 없도록 보호하는 개인 파일 공간을 포함한다.

- **보안**: 보안이란 운영체제 전체에 흩어져 실행 중인 프로세스가 서로 간섭하지 않고 OS 자체와 간섭하지 않게 하는 메커니즘이다. 대부분의 OS 보안은 프로세스와 사용자가 수행할 수 있는 작업과 수행할 수 없는 작업을 지정하는 규칙을 통해 이뤄진다. 관리자 또는 수퍼 유저(super user)라고 하는 특정 사용자는 일반 사용자가 가지고 있지 않은 권한을 사용해 OS의 작업 방식을 제어한다.

- **사용자 인터페이스 관리**: OS는 셸(shell)이라는 소프트웨어 메커니즘을 통해 컴퓨터와의 사용자 상호작용을 관리한다. 셸은 터미널 창의 텍스트 커맨드 라인처럼 간단할 수도 있고, 윈도우, 맥 OS X, 리눅스, 라즈비안의 데스크톱과 같은 완전한 그래픽 환경이 될 수도 있다.

커널

사용자 셸에 대한 담론을 따라가면 어디까지를 운영체제의 일부로 봐야 할지에 대한 질문이 반드시 이어진다. 많은 사용자가 마이크로소프트 윈도우에 익숙하며, 윈도우의 사용자 인터페이스는 운영체제와 밀접하게 연결돼 있어서 구성 옵션을 통해 바꿀 수 있는 약간의 요소를 제외하고는 변경할 수 없다. 반면 리눅스(라즈비안 OS 포함)에서 사용자 인터페이스는 설치 가능한 모듈 중 하나로, 워드 프로세서 같은 순수 응용 프로그램과 크게 다르지 않다. bash 및 ksh 같은 텍스트 셸도 있고, GNOME, KDE, Xfce, Cinnamon 및 기타 여러 가지 그래픽 셸도 있다. 이러한 셸은 관리자 권한을 가진 사용자가 설치하고 제거할 수 있다.

리눅스는 역사적으로 오랫동안 모듈식 설계를 적용해 왔다. 제약만 준수한다면 많은 요소를 변경할 수 있다. 리눅스 핵심은 커널이라고 하는 일체형(monolithic) 코드 블록이다. 리눅스 커널은 컴퓨터의 하드웨어를 완벽하게 제어할 수 있다. 서로 다른 구조를 가진 하드웨어에도 적용할 수 있으며, 이는 장치별 코드로 커널을 확장할 수 있는 적재 가능 커널 모듈인 LKM(loadable kernel modules) 덕분에 가능하다. LKM에는 장치 드라이버 및 파일 시스템과 같은 요소가 포함된다.

다중 코어

최근의 CPU는 대개 하나 이상의 실행 코어를 탑재하고 있다. 여기서 코어란 기계어 명령을 실행하는 거의 독립적인 엔진을 가리킨다(반도체 업계에서는 코어의 의미가 더 넓게 쓰이며 이에 대해서는 4장에서 설명하겠다). 이 책을 쓰는 시점에는 2개, 4개, 6개의 코어가 탑재된 CPU가 개인용 컴퓨터에서 널리 쓰이고 있으며, 8개의 코어가 있는 CPU도 등장했다. 각 코어는 프로세스를 독립적으로 실행하지만 모든 코어는 메모리와 같은 시스템 자원을 공유한다. 운영체제는 다른 모든 것을 제어하는 것처럼 시스템의 모든 코어 사용을 제어한다. 운영체제는 일반적으로 하나의 코어에서 실행되며, 필요에 따라 다른 코어로 프로세스를 분할하기도 한다.

라즈베리 파이의 ARM11 CPU에는 코어가 하나만 탑재돼 있다. 하지만 다른 ARM 프로세서에는 최대 4개의 코어가 있다. ARM 하드웨어의 특성상 칩 설계자가 맞춤형 CPU를 만들 수 있으며, 최신 ARM CPU인 Cortex A15는 임의의 수의 코어를 묶어 4개의 클러스터로 만들 수 있도록 지원한다.

이어질 3장에서는 ARM CPU와 ARM 기반 단일 칩 시스템이 어떻게 만들어지는지에 대해 더 자세히 알아보자.

3장

전자 메모리

오늘날의 컴퓨팅은 중앙 처리 장치(CPU)와 메모리가 함께하는 거친 춤이라고 표현할 수 있다. 메모리의 명령어를 인출하고 CPU가 이를 실행한다. 명령을 실행할 때 CPU는 메모리에서 데이터를 읽고 변경한 다음 다시 쓴다. 많이 사용되는 데이터 및 명령은 캐시를 통해 더 가까이에서 끌어당긴다. 당분간 필요하지 않은 데이터 및 명령은 가상 메모리에서 디스크로 스왑된다.

이 거친 춤을 이해하려면 CPU와 메모리를 모두 이해해야 한다. 그럼 무엇을 먼저 공부해야 할까? 대부분 CPU를 쇼의 스타로 간주하며 주목하지만, 이렇게 하는 것은 실수다. CPU 설계의 종류만 해도 엄청나게 많고, 모두가 구조적으로, 기술적으로 다르다. 반면 메모리는 좀 더 간단하고 기술적으로 더 규격화돼 있다. '거친 춤'에서의 역할도 좀 더 단순한 편이다. CPU가 보낸 데이터를 저장하고, CPU가 데이터를 요청할 때 가능한 한 빨리 보내주면 된다. 대개 메모리는 춤의 속도를 결정한다. 게다가 CPU의 설계는 시스템 메모리의 속도 제한에 크게 영향을 받는다.

이러한 사실을 고려하면 메모리를 먼저 공부하는 편이 더 나을 것이다. 메모리 기술을 제대로 이해하면 현대 컴퓨터 시스템의 절반을 이해했다고 할 수 있을 것이다.

컴퓨터 이전에 메모리가 있었다

컴퓨터는 오랫동안 특수한 목적의 계산기 역할을 해 왔다. 프로그램을 위한 데이터를 투입하기 위해 사람이 수동으로 스위치와 전선을 조작해서 1과 0을 입력했다. 이후 폰 노이만을 비롯한 컴퓨터 과학자들이 데이터를 저장하는 방식과 같이 프로그램을 디지털 패턴으로 시스템에 저장하는 방식을 제안했다. 이러한 프로그램 저장형 컴퓨터의 1세대는 프로그램 및 데이터를 저장하기 위해 진공관으로 구성된 단일 비트 저장 회로(대개 플립플롭(flip-flip)이라고 불림)를 사용했다. 당시 1 또는 0을 저장하는 진공관은 사람의 주먹 크기 정도였다! 진공관은 크기도 크고 발열도 심했으며, 휘발성 데이터를 저장했다. 즉, 컴퓨터 전원이 꺼지면 튜브가 어두워지면서 진공관에 저장된 전자 상태가 사라졌다.

그래서 당시 사람들은 프로그램과 데이터를 영구히 저장하기 위해 진공관에 담긴 데이터를 종이 테이프 또는 홀러리스(Hollerith) 천공 카드에 기록했다(홀러리스 카드는 인구 데이터를 기계적으로 집계하는 데 사용됐으며, 디지털 컴퓨터가 등장하기 50년 전부터 사용됐다). 컴퓨터로 테이프 또는 카드를 읽어 들이는 기계는 전자 기계식으로 만들어져 속도가 매우 느렸다. 계산의 중간 결과를 전자 기계식 저장 장치로 전송하는 것은 전자식 컴퓨터의 속도를 낮추고 자원을 낭비하는 방식이었다. 펄프 나무에 천공을 뚫는 방식이 아니라 데이터에 코드를 기록하는 방법을 통해서만 이를 극복할 수 있었다.

회전식 자기 메모리

초창기 컴퓨터 시대에 사람들은 많은 방법을 시도했다. 수은 지연선 메모리 장치는 기계적 펄스, 즉 음파로 비트를 저장했으며, 이 음파는 밀폐된 튜브에 있는 선형 수은 기둥을 통해 이동했다. 현대의 동적 컴퓨터 메모리와 마찬가지로, 지연선 메모리 장치는 펄스로 변환한 비트가 튜브의 끝에 도달할 때마다 그 상태가 갱신돼야 했다. 코드와 데이터를 나타내는 펄스열은 필요에 따라 석영 압전 크리스탈로 읽고 쓰이며 끝없이 수은을 통과했다. 수은 메모리 장치는 거대하고, 뜨겁고, 무거우면서 독성 중금속으로 가득 차 있었다. 또한 장치를 유지보수하는 데 많은 비용이 들었다.

또 다른 초창기 컴퓨터의 메모리 저장 방식은 초기 레이더 디스플레이에 사용된 튜브와 마찬가지로 장잔광성 형광체가 있는 음극선관(CRT: Cathode Ray Tube)의 표면 비트를 빛의 점으로 변환하는 방식이었다. 한 번 쓰여진 점은 몇 초 동안 형광체로 머물러 있으며, 튜브 표면에 놓인 판으로 읽을 수 있었다. 지연선 메모리 장치와 마찬가지로 CRT 메모리도 주기적으로 갱신돼야 했다. 그럼에도 각 튜브는 지연선 메모리 장치에 필요한 공간의 일부에 1,024비트를 저장할 수 있었다. 윌리엄스(Williams) 튜브라고 불리는 이 제품은 1952년에 등장한 유명한 상용 컴퓨터인 IBM 701의 메모리로 사용됐다. 이는 최초로 널리 쓰인 임의 접근 기억 장치(RAM: random-access memory)로서 어디서나 비트에 액세스할 수 있기 때문에 이러한 이름이 붙었다. 오늘날 형광체 메모리를 기억하는 이는 거의 없지만 RAM이라는 용어는 오늘날에도 여전히 쓰이고 있다. 정확한 용어는 읽기/쓰기 메모리지만 RAM, SRAM, DRAM, SDRAM과 같은 용어가 보편적으로 사용되므로 이 책에서도 자주 등장할 것이다.

진공 튜브 메모리 같은 이러한 메모리 기술은 모두 불안정했다. 컴퓨터의 전원이 꺼져 있어도 데이터를 유지하는 메모리 기술의 등장은 많은 일을 쉽게 만들고, 새로운 일이 가능하게 만들었다. 움직이는 자기 표면에 소규모의 자기 정렬로 정보를 암호화하는 방식은 1930년대 초에 처음 창안됐다. 독일인들은 자기 녹음 방식을 발명했는데, 이 방식은 철 산화물 분말로 코팅된 플라스틱 테이프를 원통형으로 말아서 음향 파형을 기록했다. 1950년에는 이 기술로 오디오 파형 대신 디지털 데이터를 저장하기 시작했으며, 종이 테이프와 홀러리스 카드를 대체하는 방법으로써 전설적인 UNIVAC 시스템에 통합됐다.

자기 테이프는 종이 테이프나 카드보다 빠른 저장 매체였으며, 재기록이 가능하다는 장점이 있었다. 종이 테이프에 천공을 뚫으면 천공은 영구적으로 남아있어야 했다. 그러나 자기 테이프의 펄스는 반복해서 쓰고 지울 수 있었다. 하지만 자기 테이프 역시 컴퓨터 시스템 메모리로 사용하기에는 너무 느렸다.

이에 대한 해결책도 독일에서 발명됐다. 작은 폐휴지 바구니 크기의 금속 드럼을 철제 분말로 코팅하고, 모터 및 베어링 기술을 사용해 드럼을 빠른 속도로 회전시키는 방식이었다. 작은 자기 센서 헤드는 드럼의 기구에 부착돼 있으며, 각 헤드는 드럼 표면의 좁은 '줄무늬' 위에 정렬돼 있었다. 자기 헤드는 전기 펄스를 통과시켜 드럼 표면의 경로, 즉 트랙에 비트를 기록할 수 있었다. 펄스는 드럼 표면의 산화물 입자 자극을 정렬해 작은 자화 영역을 만들었다. 이 자성 영역은 헤드 밑을 지나갈 때 헤드에 작은 전류를 유도했다. 비트는 자기 정렬의 유무에 따라 산화물의 좁은 영역에 1 또는 0으로 부호화되어 기록됐다.

지연선 저장 장치와 유사한 방식으로 드럼의 트랙에 쓰여진 비트는 드럼이 회전할 때 읽기/쓰기 헤드 아래에서 끝없이 회전했다. 비트를 읽거나 쓰는 동작은 순차적으로만 할 수 있었다. 컴퓨터가 드럼 트랙에 기록된 값을 필요로 해도 컴퓨터는 그 값을 읽을 때까지 기다려야 했다. 이는 액세스 속도를 제한하는 요소였지만 드럼이 매우 빨리 회전했기 때문에 이 단점을 극복할 수 있었다. 따라서 CPU 자체 내부의 플립플롭을 제외한 다른 모든 메모리 기술보다 빠른 액세스가 가능했다.

프로그래머들은 프로그램을 드럼의 회전과 동기화해서 드럼의 메모리에 내재된 순차적 지연을 교묘하게 처리하는 방법을 깨달았다. 프로그램이 특정 값의 순서가 헤드 아래에 나타날 때를 예측하고, 대기 시간 동안 다른 작업을 하게 만들 수 있었다. 오늘날에는 원시적인 기술로 보이겠지만 1953년에는 이것이 주류 기술이었고 드럼 메모리는 당대에 가장 빠른 컴퓨터 메모리 기술로 자리 잡았다.

회전식 자기 메모리 기술은 여기서 한 차례 더 진보해서 '자기 디스크'가 등장했으며, 이는 현대 하드디스크 기술의 시초가 됐다. 새로운 방식에서는 '고정식 헤드'를 가진 자기 메모리가 동심 트랙이 있는 자기 디스크로 구성돼 있고, 각 트랙은 고정식 자기 읽기/쓰기 헤드와 정렬돼 있었다. 디스크는 드럼보다 훨씬 빨리 회전할 수 있기 때문에 드럼이 더 많은 코드와 데이터를 저장할 수 있음에도 불구하고 디스크에서 더 빠른 액세스가 가능했다. 기억 매체의 모양을 제외하면 자기 디스크 메모리와 드럼 메모리는 동일한 구조를 띠고 있었다. 이러한 종류의 자기 디스크 메모리 장치는 1970년대 초반까지 이동식 헤드 디스크가 등장할 때까지 가상 메모리 시스템을 위한 빠른 '스왑 메모리(swap memory)'로 사용됐다.

자기 코어 메모리

움직이는 부품은 위험성을 수반하며, 매우 빨리 움직이는 부품은 더 큰 위험성을 수반한다. 회전식 자기 메모리는 크고 진동이 심했다. 더구나 드럼이나 베어링이 고장나면 장치가 수리할 수 없을 정도로 망가졌다. 그래서 많은 사람들이 움직이는 부품이 없으면서도 빠른 컴퓨터 메모리를 기대하고 있었으며, 마침내 1955년에 '자기 코어 메모리'가 등장했다. 대부분 사장된 이전의 메모리 기술과 달리, 자기 코어 메모리는 특정 구형 컴퓨터 및 소수의 산업용 프로세스 컨트롤러에서 여전히 쓰이고 있다.

자기 코어 메모리 시스템은 '코어(core)'라는 작은 도넛 모양의 자기 구슬을 사용한다. 코어는 높은 잔류성(시간이 지나도 자기장을 유지하는 능력)과 낮은 보자력(자기장을 변화시키는 데 필요한 에너지)을 가진 희귀한 산화철을 통해 만들어진다. 하나의 코어는 하나의 비트를 저장할 수 있다. 특정 비트의 상태는 자기장의 유무가 아니라 방향에 의해 표현된다. 코어의 자기장은 규칙에 따라 시계 방향 및 반시계 방향이라는 두 가지 다른 방향으로 존재할 수 있다. 코어의 자기장을 시계 방향에서 반시계 방향, 또는 그 반대로 '뒤집어서(flipping)' 비트의 상태를 변경할 수 있다.

도넛 형태의 코어를 엮어서 직사각형 모양의 행렬로 만들 수 있으며, 여기에 쓰이는 미세한 전선은 회로 기판 재료의 시트를 사용해서 지지한다. 각각의 조립체를 평면(plane)이라고 부르며, 모든 코어의 중심에 있는 구멍을 아래와 같은 네 개의 전선이 통과한다(그림 3-1 참조).

- 평면에서 코어를 행 단위로 선택할 수 있게 하는 x 전선
- 평면에서 코어를 열 단위로 선택할 수 있게 하는 y 전선
- 시스템이 코어의 자기 상태를 읽을 수 있게 하는 감지 전선
- 시스템이 코어의 상태를 설정할 수 있게 하는 억제 전선

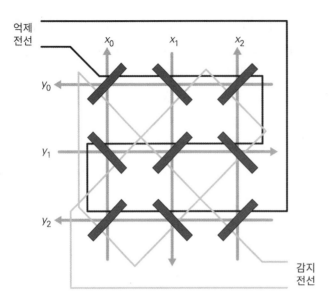

그림 3-1 코어 메모리 평면의 구조

그림 3-1에서 코어 평면 구조의 예시를 볼 수 있다. 다양한 조합으로 4개의 전선에 전류를 섬세하게 제어해서 전송함으로써 선택된 코어의 자기장 방향을 감지하거나 변경할 수 있다. 컴퓨터의 필요에 따라 코어를 단독으로 또는 임의로 선택할 수도 있다. 앞에서 설명한 윌리엄스 튜브와 마찬가지로 자기 코어 메모리도 RAM의 일종이다. 또한 비휘발성이기 때문에 컴퓨터의 전원이 꺼져도 코어는 자기장(데이터)을 유지한다.

코어 메모리의 작동 방식

전기 전도체는 전류를 통과시킬 때 자기장을 생성한다. 이 자기장의 강도는 전류의 강도에 비례한다. 코어의 중심 구멍을 통과하는 전선이 충분히 강한 자기장을 생성하면 코어의 자기장은 전선을 통해 흐르는 전류의 방향과 정렬된다.

x, y 전선은 코어로 이뤄진 평면에서 하나의 코어를 선택하는 데 사용된다. x 및 y의 값은 데카르트 좌표계에서 평면의 한 점을 선택하는 것과 같은 역할을 한다. 전류가 x와 y 전선을 통과할 때 그 접점에 있는 코어가 선택되는 것이다. 두 전선에 흐르는 전류는 각각 코어를 뒤집는 데 필요한 자기장의 절반을 생성한다. 따라서 두 전선이 통과하는 코어에는 그 방향을 바꾸기에 충분한 자기 펄스가 형성된다. x와 y 전선을 통과하는 전류의 방향은 코어의 회전 방향을 결정한다. 전류를 한쪽 방향으로 흘리면 코어의 상태가 0이 되고, 반대쪽 방법으로 흘리면 코어의 상태가 1이 된다.

지금까지는 실제 구조에 비해 상당히 단순하게 설명한 것이다. 문제는 컴퓨터가 코어에 값을 쓰기 전에 코어를 읽어야 한다는 점이다. 그리고 코어의 값을 읽는 과정에는 코어에 값을 쓰는 과정이 연관돼 있다. 일단 코어를 읽는 과정을 먼저 살펴보자.

1. 컴퓨터가 값을 읽고자 하는 코어에서 교차하는 x 및 y 전선에 적절한 방향의 전류를 보내서 선택된 코어의 상태를 0으로 만든다.

2. 선택된 코어가 이미 0의 상태이면 아무 일도 발생하지 않는다.

3. 선택된 코어가 원래 1의 상태이면 코어 상태는 0으로 변경된다. 상태 변경으로 인해 감지 전선에 작은 전류가 유도된다. 감지 전선에 전류가 존재하면 컴퓨터는 해당 코어의 상태가 원래 1이었음을 알게 된다.

컴퓨터는 이러한 과정을 통해 코어의 값을 읽는다. 맙소사. 코어의 상태를 읽는 것은 스웨터에 불을 붙여서 스웨터가 가연성 섬유로 만들어졌는지 확인하는 것과 같다. 스웨터가 가연성임을 확인하면 이미 스웨터에는 불에 탄 큰 구멍이 생길 것이다. 마찬가지로, 코어의 상태를 읽음으로써 코어의 값은 강제로 0이 된다. 이러한 종류의 작업을 파괴적 읽기(destructive read)라고 한다. 코어가 원래의 값을 유지하려면 읽은 상태를 코어에 다시 기록해야 한다.

코어에 값을 쓰는 과정은 아래와 단계로 이뤄진다.

1. 컴퓨터가 코어의 상태를 읽는다. 그러면 코어의 상태가 0이 된다. 코어의 이전 상태는 회로에 의해 폐기된다.

2. 1비트를 쓰기 위해 코어에서 교차하는 x 및 y 전선을 통해 올바른 방향의 전류가 전송된다. 코어의 상태가 1로 변경된다.

3. 0비트를 쓰려면 동일한 x 및 y 전선을 통해 동일한 전류가 전송된다. 그러나 이번에는 동일한 전류가 억제 전선을 통해서도 전송된다. 이것은 x와 y 전선에 의해 생성된 자기장을 버리는(최소시키는) 자기장을 생성한다. 억제 전선은 1비트로의 변경을 방지(금지)한다. 원래의 상태가 0비트였으므로 0의 상태가 변경되지 않는다.

조금 이상해 보이는 방식이지만 잘 작동한다는 데는 의심의 여지가 없다. 코어의 비트를 읽으려면 먼저 읽은 다음 다시 써야 한다. 코어에 비트를 쓰려면 먼저 코어를 읽은 다음, 0으로 설정한 다음, 1을 쓰거나, 금지 전선을 사용해 0을 써야 한다.

메모리 액세스 시간

지금까지 코어 메모리의 내부 구조에 대해 간략하게 설명했다. 전자 메모리는 예상보다 훨씬 더 미묘하고 복잡한 물리에 의해 제어된다. 어떤 수준에서는 디지털 장치도 아날로그 물리학에 의해 작동한다. 이 복잡성에 의해 가장 중요한 요소, 메모리 액세스 시간이 결정된다. 메모리 읽기에는 시간이 걸린다.

메모리에 쓰기에도 시간이 걸린다. 컴퓨터의 속도를 높이려 할수록 컴퓨터 속도가 느려지지 않도록 메모리를 빠르게 만드려는 노력은 절정에 이르게 된다.

코어 메모리는 당시에 가장 빠른 메모리 유형으로 소개됐으며, 드럼 및 고정식 디스크 메모리를 모두 대체했다(디스크 메모리는 오늘날 이동식 읽기/쓰기 헤드를 사용하는 하드디스크 대용량 저장 장치로 발전했다). 초기의 코어 메모리는 액세스 시간이 6μs(마이크로초)였고, 1970년대 중반 기술이 성숙함에 따라 600ns(나노초)까지 떨어졌다. 이는 알테어(Altair)나 애플 2(Apple II) 같은 초창기 개인용 컴퓨터의 순수 전자 메모리에 견줄 만한 수준이었다.

코어 메모리는 당시에 가장 빠른 메모리였지만 제조가 어렵고 제조 단가가 높은 편이었다. 그래서 메인프레임 컴퓨터 및 최신 소형 컴퓨터에는 적용됐지만 개인용 컴퓨터에는 절대로 적용되지 않았다. 그리고 1970년대 중반, 코어 메모리가 아닌 다른 장치가 등장하며 컴퓨터의 변화를 이끌기 시작했다.

정적 RAM(SRAM)

트랜지스터가 언제쯤 등장할지 궁금한 독자가 있을 것이다. 개별 트랜지스터를 이어서 만든 컴퓨터 메모리가 있었지만 자기 코어 메모리보다 더 크고 값이 비쌌다. 또한 휘발성이었다. 개별 트랜지스터 플립플롭 메모리가 코어 메모리보다 빠르지만 이러한 단점 탓에 상업적 성공을 거두지는 못했다.

한편, 1950년대 후반의 엔지니어들은 하나의 작은 실리콘 칩에 여러 개의 트랜지스터를 배치하는 작업을 시작했다. 텍사스 인스트루먼트(TI)의 엔지니어인 잭 킬비(Jack Kilby)는 동일한 웨이퍼에 저항을 추가해서 컴퓨터 논리 게이트에 필요한 모든 요소를 하나의 실리콘 웨이퍼에 집적할 수 있게 했다. 이로써 집적 회로(IC)가 탄생했다. 유명한 7400 시리즈 트랜지스터-트랜지스터 로직(TTL) 장치가 1966년에 출시됐으며, 이전보다 빠르고 작은 새로운 세대의 컴퓨터를 만드는 데 일조했다.

TTL 컴퓨터 메모리는 게이트, 카운터와 함께 등장했지만 1969년이 돼서야 인텔의 TTL 64 비트 3101 칩이 최초의 상용 IC 컴퓨터 메모리 장치로써 적용됐다. 그리고 불과 몇 달 후 인텔이 소개한 256비트 1101은 속도는 느렸지만 더 많은 비트를 포함하고 가격이 저렴했다. 1101의 금속 산화물 반도체(metal-oxide semiconductor, MOS) 기술은 일종의 분수령이 됐다. MOS 트랜지스터는 진공관처럼 전자 흐름이 전계에 의해 제어되는 전계 효과 장치이며, TTL 칩은 구형 바이폴라 접합 트랜지스터(bipolar junction transistor, BJT) 기술을 사용한다. BJT는 작은 전류 흐름을 사용해 더 큰 전류 흐름을 제어하는 방식으로 작동하기 때문에 작동에 필요한 전류가 MOS 트랜지스터의 몇 배에 달했다. MOS 기술은 단일 칩에 더 많은 트랜지스터를 집어넣을 수 있으며, 전력 손실과 열을 감소시킬 수 있다. 매우 전문화된 일부 응용 영역을 제외하고, MOS가 메모리 시장에서 TTL을 몰아내기 시작했다.

1101과 3101은 정적 RAM, 즉 SRAM(static random access memory) 장치다. 순차적 액세스를 기다리거나 다른 비트를 탐색할 필요 없이 '무작위로' 하나의 비트에 액세스할 수 있기 때문에 RAM의 일종에 속하며, 칩에 기록된 비트는 컴퓨터의 시계가 느려지거나 멈추더라도 칩에 전원이 공급되는 한 그 상태를 유지하기 때문에 정적이다. 두 칩 모두 단종된 지 오래됐지만 오늘날의 SRAM이 더 많은 비트를 패키지에 담는다는 점을 제외하면 근본적으로 동일한 방식으로 작동했다.

SRAM 칩의 기본 논리 요소는 플립플롭이다. 플립플롭은 두 가지 상태 중 하나를 출력하는 논리 회로이며, 입력 펄스 또는 전압의 변화에 의해 하나의 상태에서 다른 상태로 전환될 수 있다. 플립플롭은 다른 펄스에 의해 반대 상태로 전환되거나, 회로의 전원이 차단되기 전까지 상태를 유지한다. 두 가지 상태가 있고, 이진수는 두 가지 값을 가질 수 있으므로 플립플롭은 하나의 비트를 '기억'할 수 있다.

SRAM 비트는 기본적으로 플립플롭 회로의 일종인 '셀(cell)'에 저장된다. SRAM 셀은 적어도 4개의 트랜지스터로 구성된다. 속도와 신뢰성을 향상시키기 위해 일부 설계는 6개의 트랜지스터를 사용하지만, 이렇게 하면 복잡성이 늘어나고 장치가 저장할 수 있는 비트의 수가 줄어든다.

SRAM이 처음 등장한 이래로 기술은 상당히 발전했다. 가능한 한 짧은 액세스 시간을 필요로 하는 매우 특수한 상황을 제외하고, 대부분의 SRAM은 DRAM으로 대체됐다. 하지만 먼저 SRAM과 DRAM의 공통점, 메모리 주소 지정에 대해 알아보는 것은 의미가 있을 것이다.

알아두기

DRAM에 대한 자세한 내용은 이번 장의 뒷부분에 있는 '동적 RAM(DRAM)' 절을 참조하자.

주소 라인과 데이터 라인

코어 메모리에서 봤듯이 메모리 장치에 여러 비트를 배치하려면 장치 내에서 비트를 선택해서 읽거나 쓸 수 있는 방법이 필요하다. 코어 메모리는 코어 평면의 모든 코어에서 하나의 코어를 선택하기 위해 기하학의 데카르트 평면과 유사한 x/y 주소 지정 체계를 사용했다. SRAM 또는 DRAM 칩 내부의 메모리 셀도 행렬 형태로 배열되며, x/y 주소 지정 시스템을 사용해 선택할 수 있다. 그런데 컴퓨터는 x/y 좌표를 통해 메모리 시스템에서 셀을 찾지 않는다. 이진법으로 표현된 메모리 주소를 다수의 셀 중 하나를 선택하는 x/y 값 쌍으로 변환하려면 추가적인 회로가 필요하다.

이러한 회로의 역할이 바로 메모리 주소 지정(memory addressing)이다. 컴퓨터 메모리 시스템을 블랙박스라고 가정해 보자. 한쪽에는 주소 라인이라는 전선 그룹이, 다른 쪽에는 데이터 라인이라는 전선 그룹이 있다. 각 그룹의 전선 수는 시스템에 포함된 메모리의 양과 구성 방법에 따라 다르다. 주소 라인은 읽거나 쓸 메모리의 위치를 선택하는 데 쓰인다. 데이터 라인은 시스템 밖으로(값을 읽을 때) 또는 시스템 안으로(값을 쓸 때) 데이터를 전달한다. 여기에 제어 라인이라고 불리는 전선의 그룹이 추가로 있으며, 포함된 전선의 수는 더 적다. 제어 라인에는 다양한 기능이 있으며, 가장 중요한 기능은 선택된 메모리 위치를 읽거나 쓸지 여부를 지정하는 것이다.

메모리 시스템은 (라즈베리 파이처럼) 하나의 메모리 칩으로 구성될 수도 있지만 일반적으로 메모리 시스템은 작은 회로 기판에 장착된 여러 개의 칩 또는 여러 개의 칩 그룹으로 구성된다.

이러한 메모리 칩을 이해하는 가장 좋은 방법은 아주 간단한 메모리 칩이 내부적으로 어떻게 작동하는지 살펴보는 것이다. 그림 3-2에 표시된 칩은 실제로 존재하는 것은 아니지만 거의 모든 크기의 메모리 칩에 적용되는 일반적인 원칙을 담고 있다.

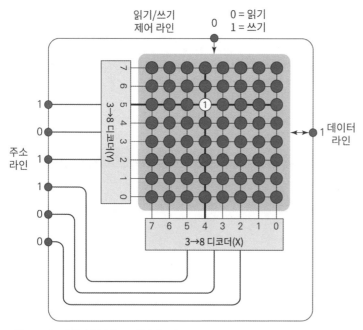

그림 3-2 메모리 칩이 셀에 주소를 할당하는 법

칩의 중심부에는 64개의 메모리 셀이 8 × 8 행렬로 배열돼 있다. 각 셀에는 1 또는 0의 값이 담겨 있다. 그리고 칩에는 6개의 주소 라인이 있다. 6자리 이진수는 0에서 63까지 64개의 값을 나타낼 수 있기 때문에 주소 라인의 개수는 충분하다.

칩 내부에는 두 개의 디코더가 있다. 디코더는 이진수를 입력받아 여러 출력 라인 중 하나를 통해 출력하는 논리 소자다. 입력 라인이 표현할 수 있는 모든 이진수 값에 대해 하나씩의 출력 라인이 있다. 이 예에서 각 디코더는 3비트의 이진수를 받아들이고 8개의 출력 라인 중 하나를 선택한다. 3비트 이진수는 0에서 7까지 8개의 값을 나타낼 수 있으므로 디코더의 출력 라인은 0에서 7까지 번호가 매겨진다. 입력 라인에 이진수 값 101(십진수 표기법으로 5에 해당)을 입력하면 출력 라인 5가 선택된다(그림 3-2의 Y 디코더 참조).

두 개의 디코더 각각은 행렬에서 두 개의 축(x와 y) 중 하나를 처리한다. 6비트의 이진수 주소는 2개의 3비트 부분으로 분할된다. 하나의 3비트 값은 x 디코더에, 다른 하나는 y 디코더에 적용된다. x, y의 교차점에 있는 셀은 읽기 또는 쓰기 위해 선택된 셀이다. 읽기/쓰기 제어 라인의 상태가 선택된 셀을 읽거나 쓸지 여부를 결정한다. 제어 라인이 0으로 설정되면 읽기를 수행하므로 선택된 셀에 저장된 값이 데이터 라인에 배치된다. 제어 라인이 1로 설정되면 쓰기를 수행하므로 데이터 라인의 모든 값이 선택된 셀에 기록된다.

메모리 칩에서 메모리 시스템으로

그림 3-2의 가상 메모리 칩은 한 번에 1비트를 읽고 쓸 수 있다. 그러나 1972년 인텔의 혁신적인 8008 CPU가 출현한 이후, 한 번에 최소 8비트를 읽고 쓰는 컴퓨터가 일반화됐다. 단일 데이터 라인으로 메모리 칩에서 8비트를 순차적으로 추출하는 것도 가능하지만, 8비트를 가져오려면 8회의 메모리 읽기 작업이 필요하다. 이와 같은 메모리 시스템은 모든 CPU의 속도를 감소시킨다.

일반적인 해결책 중 하나는 물리적으로 분리된 8개의 칩에 8비트의 데이터를 분배하는 방법이다. 그림 3-3에서 1970년대를 풍미했으며 다양한 제조사에서 만들었던 메모리 칩인 2102를 예시로 보여준다. 각 2102 칩은 1,024비트를 저장한다. 2102에 있는 10개의 주소 라인은 병렬로 연결돼 있기 때문에 10개의 주소 라인 모두가 8개의 칩 모두에 연결된다. 주소 라인 상에 배치된 주소는 각 칩에서 대응하는 비트를 선택한다. 선택된 비트는 각 칩의 데이터 핀에 전달된다. 8개의 칩이 병렬로 작동하기 때문에 메모리를 한 번만 읽으면 8개의 비트 모두를 10개의 데이터 핀 행에서 사용할 수 있다.

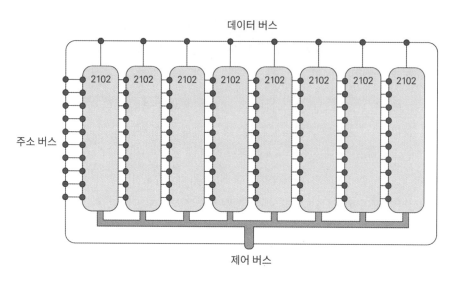

그림 3-3 1,024 × 8 메모리 시스템

그림 3-3의 칩은 1,024비트를 포함하는 8개의 칩이 결합되어 하나의 8,192비트짜리 칩과 동등한 역할을 한다. 하지만 표시된 메모리 시스템의 비트 배치는 1,024 × 8이지 8,192 × 1이 아니다. 즉, 한 번의 메모리 액세스로 전체 8비트 바이트를 메모리 뱅크에 바로 쓰고 읽는 것이 가능하다.

이 메모리 시스템에는 10개의 주소 라인이 있다는 점에 주목해야 한다. 1,024개의 바이트 중에서 한 바이트에 액세스하려면 주소 버스에 배치된 값이 0에서 1,023까지의 값을 이진수로 표현할 수 있어야 한다. 1,023은 이진수로 1111111111이다. 그래서 10개의 주소 버스 라인이 필요한 것이다.

여기서 버스는 메모리 시스템을 컴퓨터에 연결하는 디지털 회선의 그룹을 일컫는다. 그림 3-3에 있는 10개의 주소 라인은 주소 버스를 형성하고, 8개의 데이터 라인이 데이터 버스를 형성한다. 반면 제어 버스를 형성하는 것은 메모리 시스템 내의 수많은 제어 라인으로 개수는 그리 중요하지 않다.

구형 2102 칩은 1,024 × 1비트로 구성돼 있었으며 오랫동안 이 구조가 사용됐지만 이것이 유일한 구조는 아니다. 예를 들어, SRAM 칩을 구성하는 방법은 매우 다양해서 오래 전에는 256 × 4가, 오늘날에는 1,031,072 × 16도 쓰이고 있다(최근에는 훨씬 더 큰 메모리 칩이 있지만 대부분이 DRAM이다).

메모리 칩 또는 시스템의 저장 위치 수를 깊이(depth)라고 부른다. 각 저장 위치의 비트 수는 메모리 칩 또는 시스템의 너비(width)에 해당한다. 메모리 칩 또는 시스템의 크기는 그 안에 포함된 비트(바이트가 아님)의 수다. 깊이와 너비를 곱하면 크기가 된다.

몇 가지 예를 들어 보자면,

- 구형 2102 칩의 깊이는 1,024이고 너비는 1이다. 크기는 1,024비트다.

- 구형 6116 칩의 깊이는 2,048이고 너비는 8이다. 크기는 16,384비트다.

- 최신 사이프레스(Cypress) 62167 칩의 깊이는 1,048,580이고 너비는 16이다. 크기는 16,777,280비트다.

칩의 크기가 증가하면서 숫자가 점차 복잡해지는 것이 보일 것이다. 이는 크기가 대부분 2의 거듭제곱에 해당하는 수이기 때문에 10진수 표기법에서 0으로 맞아떨어지지 않기 때문이다. 복잡한 숫자로 표현되는 메모리 칩과 시스템의 크기를 간단하게 표현하기 위해 보통 표 3–1과 같이 축약된 표현을 사용한다.

표 3–1 2의 거듭제곱을 축약한 표현

2^{10}	1,024	1K
2^{11}	2,048	2K
2^{12}	4,096	4K
2^{13}	8,192	8K
2^{14}	16,384	16K
2^{15}	32,768	32K
2^{16}	65,536	64K
2^{17}	131,072	128K
2^{18}	262,144	256K
2^{19}	524,288	512K
2^{20}	1,048,576	1M
2^{21}	2,097,152	2M
2^{22}	4,194,304	4M
2^{23}	8,388,608	8M
2^{24}	16,777,216	16M
2^{25}	33,554,432	32M
2^{26}	67,108,864	64M
2^{27}	134,217,728	128M
2^{28}	268,436,480	256M
2^{29}	536,870,912	512M
2^{30}	1,073,745,824	1G
2^{31}	2,147,483,648	2G
2^{32}	4,294,967,296	4G

최근 몇 년 동안 새로운 단위를 도입해서 위와 같은 축약어를 ISO에서 쓰는 접두사(10의 거듭 제곱 기준)와 구별하려는 노력이 있었다. 이를테면, 1키비바이트(kibibte, KiB)는 이전에 1킬로바이트(KB)라고 불리던 1,024바이트를 새롭게 정의하는 단위다. 이 체계에서 1킬로바이트는 킬로그램과 마찬가지로 정확히 1,000바이트다. 마찬가지로 1메비바이트(Mebibyte, MiB)는 정확히 1,048,576바이트이고, 1기비바이트(Gibibyte, GiB)는 정확히 1,073,745,824바이트다. 이러한 새로운 단위 체계는 2002년에 발표된 IEEE 표준 1541에 정의돼 있다. 이 글을 쓰고 있는 시점에는 아직 널리 사용되고 있지 않지만, 과학 및 공학 문헌을 읽을 때를 대비해서 알아두는 편이 좋다.

동적 RAM(DRAM)

SRAM 메모리 셀 각각은 최소 4개의 트랜지스터로 구성된 완전한 플립플롭 회로다. SRAM은 속도가 빠르다. 현재까지 고안된 메모리 중 가장 빠른 대용량 메모리 기술이라고 할 수 있다. 그리고 속도가 최우선인 상황에서는 아직도 널리 쓰이고 있다(이번 장 후반부에서 속도가 컴퓨터 메모리 시스템에 어떤 영향을 미치는지에 대해 다룰 것이다). 하지만 SRAM은 크게 두 가지 단점이 있다.

- 공간 효율이 낮다. 즉, 1비트당 실리콘 칩에서 차지하는 공간이 많다.
- 규모를 키우다 보면 어느 지점부터는 집적률이 낮아진다.

이러한 제약 탓에 SRAM은 일정한 크기 및 비트당 비용을 유지하고 있다. 연구자들은 초기부터 이러한 제약을 인지하고 있었다. 1968년 IBM의 로버트 데너드(Robert H. Dennard)는 플립플롭 데이터 소자를 완전히 대체하는, 근본적으로 다른 메모리 기술을 제안했다. 그가 제안한 메모리 기술은 초소형 축전기에서 전하의 유무를 통해 비트를 저장했다. 즉, 전하가 있으면 이진수 1을 나타내고, 전하가 없으면 이진수 0을 나타내는 것이다(이는 임의로 만든 예시로서 메모리 칩이 데이터 라인에 적절한 전압을 제공하는 한 반대로 비트를 할당할 수도 있다).

데너드의 메모리 셀은 하나의 트랜지스터와 하나의 커패시터로 구성된다. 이 구성을 초기 제조 기술로 구현해도 그 크기가 SRAM 셀의 절반보다 작았다. 데너드는 이 기술이 SRAM보다 훨씬 쉽게 확장될 수 있다고 예상했다. 그가 고안한 셀에 향후 발전할 제조 기술을 적용하면 개별 셀의 크기를 SRAM보다 훨씬 축소시킬 수 있을 것이라는 예상이었다. 그의 예상은 맞았지만, 그 예상이 어느 수준까지 실현될지는 상상하지 못했을 것이다.

데너드의 메모리 셀은 특별히 설계된 MOS(metal-oxide-semiconductor) 트랜지스터를 사용하며, 전력 소모가 훨씬 적고 발열이 훨씬 적었다. 덕택에 집적화 또한 용이했다. 발열로 인해 칩이 '구워지는' 것을 두려워할 필요 없이 단일 칩에 더 많은 셀을 배치할 수 있었다.

커패시터에 전하를 저장하는 방식에도 근본적인 한계점이 있다. 최상의 품질로 만든 순수한 실리콘 칩 커패시터라고 해도 시간이 흐름에 따라 저장된 전하가 방전될 수밖에 없다. 커패시터의 용량이 크면 전하를 많이 담을 수 있고, 그 정도가 크면 배터리로 사용할 수 있을 정도가 된다. 데너드의 설계에 사용된 미세한 커패시터는 너무 작아서 불과 100분의 1초만에 전하가 방전됐다. 기존에 쓰인 수은 지연선 메모리 시스템과 마찬가지로 커패시터 기반 메모리도 주기적인 갱신(읽기 및 다시 쓰기)이 필요하다. 따라서 이 메모리 기술은 동적으로 구현돼야 하고, 그 덕택에 동적 RAM(DRAM)이라는 이름이 붙었다.

DRAM의 작동 원리

코어 메모리와 SRAM과 같이 DRAM 메모리 칩은 2차원 메모리 셀 배열을 기반으로 한다. 셀의 주소는 주소 디코더를 사용해 x, y 좌표로 매겨진다(그림 3-2). 개별 셀은 그림 3-4와 같이 하나의 MOS 트랜지스터와 하나의 커패시터로 구성된다. 트랜지스터에는 세 개의 연결 핀, 게이트(gate), 소스(source), 드레인(drain)이 있는데, 이는 많은 취미 공학자들에게 잘 알려져 있다. 게이트는 소스를 드레인에 연결하거나 차단하는 일종의 전기 스위치 토글이다(소스와 드레인은 사소한 차이가 있지만 여기서는 그에 대해 다루지 않겠다).

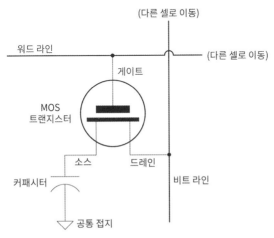

그림 3-4 DRAM의 셀

그림 3-4는 무수한(수십억 개까지도 가능하다) 수의 셀 행렬 내에 있는 4개의 DRAM 셀을 보여준다. 셀은 행과 열로 구성된다. 행(그림 3-4의 수평 방향)은 모든 셀의 트랜지스터 게이트를 연결하고 있는 워드 라인(word line)에 연결된다. 워드 라인은 메모리 칩의 모든 행 중에서 하나의 행을 선택하는 데 사용되며, 한 번에 한 행에 있는 모든 MOS 트랜지스터의 스위치를 뒤집어서 전도 또는 비전도 상태로 만든다. 각 열은 모든 셀의 트랜지스터 드레인을 연결하고 있는 비트 라인(bit line)에 연결된다. 각 열의 비트 라인 끝에는 상상할 수 없을 정도로 작은 크기의 전하를 1 또는 0으로 신뢰할 수 있게 해석할 수 있는 증폭기가 있다. 간추리자면 워드 라인으로 셀을 선택하고 비트 라인으로 셀의 데이터를 읽거나 쓸 수 있다.

MOS 트랜지스터는 반도체 스위치다. 트랜지스터의 스위치가 켜지면 커패시터가 비트 라인에 전기적으로 연결된다. 셀의 트랜지스터가 꺼지면 커패시터가 분리되고 커패시터 내부의 전하(또는 전하의 부재 상태)가 유지된다. 셀의 상태를 갱신하지 않으면 충전된 전하가 몇 초 이내에 방전된다. 여기에 대한 일반적인 해결책은 셀을 선택하고 1 또는 0을 쓸지 여부에 따라 셀의 비트 상태를 읽거나 셀에 비트 상태를 쓰는 것이다. 대부분의 경우 이러한 동작을 개별 셀에 수행하는 것이 아니라 한 번에 한 행의 전체 셀에 수행한다.

DRAM의 작동 방식은 코어 메모리의 작동 방식과 유사하다. DRAM은 코어 메모리처럼 파괴적 읽기를 사용한다. 물리적으로, 셀에서 전하를 읽는 동작은 전하를 파괴하게 된다. 그러면 갱신을 위해 전하 상태를 다시 써야 한다. 그런데 코어 메모리와는 결정적인 차이점이 있다. 정적인 코어 메모리와 달리 DRAM은 읽기 여부에 관계없이 정기적으로 갱신이 필요하다는 점이다.

DRAM 셀에서 비트를 읽는 동작은 아래와 같은 단계로 이뤄진다.

1. 셀의 비트 라인에 초기 전압을 인가해서(프리차지), 커패시터가 완전 충전과 완전 방전 사이의 중간 상태에 있게 만든다.

2. 프리차지가 완료되면 프리차지 회로를 차단하고 비트 라인을 증폭기 쪽으로 스위칭한다.

3. 셀의 워드 라인을 선택해서 선택된 셀(그리고 행의 다른 모든 셀)의 MOS 트랜지스터를 켜고 커패시터를 비트 라인에 연결한다.

4. 커패시터의 충전 상태는 비트 라인의 전압에 영향을 미친다. 커패시터가 충전되면 비트 라인의 전압이 (아주) 약간 올라간다. 커패시터가 방전됐다면 비트 라인의 전압은 약간 떨어진다. 이 전압 변화는 전자 백만 개 정도의 수준으로 매우 작다.

5. 증폭기가 이 작은 전압 변화를 1 또는 0의 디지털 상태로 변환한다.

6. 읽기 동작은 선택된 셀 및 그 행의 모든 다른 셀의 커패시터에 기록된 전하를 파괴한다. 그러므로 읽은 상태를 행의 모든 셀에 다시 쓰기 동작으로 기록한다.

DRAM 셀에 비트를 쓰는 동작은 아래와 같이 이뤄진다.

1. 셀의 비트 라인에 셀에 기록될 값에 대응하는 전압을 인가한다. 일반적으로 1비트는 최대 전압으로, 0비트는 전압 0V로 변환해서 인가한다.

2. 셀의 워드 라인을 선택해서 MOS 트랜지스터를 켜고 비트 라인에 인가 된 전압이 셀의 커패시터로 전달되게 한다.

DRAM을 읽거나 쓸 때는 한 번에 하나의 셀에 액세스하는 것이 아니라 워드 라인을 공유하는 전체 행의 셀에 한 번에 액세스한다는 점에 주목하자. 즉, 액세스 동작은 행을 '열고(셀의 전체 행에서 값을 읽어 SDRAM 칩의 가장자리에 있는 임시 저장소에 보관)' 행을 '닫는(임시 저장소에서 셀 자체로 변경 내용을 다시 쓰는)' 동작인 것이다(SDRAM에 대해서는 추후에 더 자세히 설명하겠다). 시간 낭비처럼 들리지만, 현대 컴퓨터에서는 시스템 메모리가 거의 항상 캐시 라인(cache line)이라는 단위로 읽혀지고 쓰여진다. 캐시 라인은 캐시(cache)라고 하는 빠른 메모리 저장소를 통해 관리하는데, 이 부분에 대해서는 이번 장의 후반부에서 자세히 다루겠다.

행을 갱신하는 동작은 아래와 조건에서 이뤄진다.

- 해당 행의 셀을 읽을 때마다 갱신한다.
- 전하 방전으로 인한 셀 데이터 파괴를 방지하기 위해 5~50ms마다 갱신한다.

행을 갱신하는 방식은 간단하다. 행에 있는 각 셀의 상태를 읽은 후 곧바로 다시 쓰는 방식이다. 이러한 읽기 및 쓰기 동작에는 CPU가 전혀 관여하지 않는다. 메모리 컨트롤러(memory controller)라고 하는 별도의 하위 시스템이 이를 담당하며, CPU가 가능한 한 지연 없이 메모리에 액세스할 수 있게 해주는 다른 세부적인 작업도 함께 처리한다. 메모리 컨트롤러와 DRAM 칩을 함께 묶어서 메모리 시스템이라고도 한다.

메모리 시스템과 CPU 간에 데이터가 이동하는 속도는 전체 컴퓨터의 전반적인 성능을 좌우할 수 있다. 메모리 시스템의 성능을 결정하는 요소는 아래 두 가지이며, 서로 상충되는 관계에 있기도 한다.

- 액세스 시간(access time): CPU가 메모리 액세스를 요청한 시점과 액세스가 완료되는 시점 사이의 시간
- 대역폭(bandwidth): 단위 시간당 메모리로, 또는 메모리에서 전송되는 데이터의 양

이번 장의 나머지 부분에서는 메모리에 액세스할 때 CPU가 경험하는 유효 액세스 시간 및 대역폭을 향상시키는 것과 관련된 문제를 다루겠다.

동기식 및 비동기식 DRAM

DRAM은 1980년 이후 현재까지 컴퓨터 메모리 시스템을 지배해 오고 있다. 집적도를 높이는 것(DRAM 셀을 더 작게 만드는 것)과는 별개로 DRAM은 여러 면에서 개선됐다. 아마도 가장 극적인 개선은 1990년대 후반에 이뤄진 동기식 DRAM(SDRAM: synchronous DRAM)으로의 변화일 것이다.

이전에는 모든 DRAM이 비동기식이었다. 비동기식 DRAM의 동작은 메모리 컨트롤러에서 직접 관리한다. 컨트롤러는 단방향 데이터 버스에 행 주소를 표시하고 행 주소 스트로브(RAS: Raw Address Strobe) 포트를 LOW 상태로 만들어서 행을 열 수 있다. 그리고 열 주소를 표시하고 열 주소 스트로브(CAS: Column Address Strobe) 포트를 LOW 상태로 만들면 열린 행 내에서 셀을 읽거나 쓸 수 있다. 양방향 데이터 버스는 DRAM으로, 또는 DRAM으로부터 데이터를 전송하는 데 사용된다. 이동 방향은 쓰기 가능(WE: Write Enable) 및 출력 가능(OE: Output Enable) 포트에 의해 결정된다. 비동기식 DRAM 장치는 RAS 또는 CAS 전환을 감지하자마자 작업을 시작하지만 각 작업을 수행하기 위해 일정 시간(대기 시간)이 필요하다. DRAM 장치의 데이터시트를 보면 일반적으로 행을 열고 해당 행의 열에 대한 액세스를 시작(RAS에서 CAS 사이의 지연 시간)하거나 열에 대한 읽기 액세스를 시작한 후 데이터 버스에서 유효 데이터를 수신할 때까지의 시간(CAS로부터 유효 데이터가 출력될 때까지의 지연 시간, 또는 CAS 자체 지연 시간) 등 여러 가지 타이밍 매개변수가 나노초 단위로 표시돼 있다. 메모리 컨트롤러가 메모리 동작을 안정적으로 수행하려면 장치의 타이밍 매개변수를 적용해 메모리 컨트롤러를 프로그래밍해야 한다.

비동기식 DRAM의 치명적인 단점은 한 번에 하나의 메모리 액세스 동작만 수행할 수 있다는 점이다. 행 열기를 기다리는 동안 데이터 버스는 완전히 유휴 상태가 되어 자원을 낭비한다. 1995년 경에 인기를 얻은 FPM(Fast Page Mode) DRAM은 열린 행에 대한 다중 액세스(RAS를 전환할 때마다 여러 CAS를 전환)를 허용함으로써 이 문제를 어느 정도 완화했지만 행을 전환할 때의 비효율적인 부분이 여전히 남아 있었다.

SDRAM을 도입함으로써 이 문제가 궁극적으로 해결됐다. SDRAM의 핵심 혁신은 DRAM 셀 행렬을 다수의 독립적인 뱅크로 분리하는 것인데, 이는 거의 별개의 비동기식 DRAM으로도 간주할 수 있다. 메모리 컨트롤러에 의해 생성된 클럭을 이용하는 SDRAM 내의 자체 로직이 이렇게 나뉜 뱅크를 세부적으로 제어하게 되고, 클럭을 사용하기 때문에 '동기식'이라는 이름이 붙었다. 메모리 컨트롤러는 비동기식 DRAM이 사용하는 주소 버스 및 제어 신호를 대신하는 단방향 제어 버스를 사용해 SDRAM 내부의 로직에 명령을 전달한다. 메모리 컨트롤러는 CPU 및 다른 버스 마스터 주변 장치로부터의 메모리 액세스 요청의 짧은 큐를 유지함으로써 CPU의 명령을 스케줄링하고, 데이터 버스를 바쁘게 만드는 프리차지 및 행 열기에 필요한 지연 시간을 감출 수 있다. 예를 들어, 컨트롤러는 뱅크 0의 주소에서 다중 사이클 버스트 읽기 결과를 수신하는 동안 뱅크 1의 행을 열기 위한 명령을 내리고, 뱅크 2의 현재 행을 닫아 해당 뱅크를 프리차지하고 행 열기 명령을 대기하도록 만들 수 있다. 이처럼 여러 뱅크에서 연산을 오버랩하는 이 기법을 파이프라이닝(pipelining)이라고 하며, 이 기법은 비동기식 DRAM보다 SDRAM의 성능이 향상되는 데 크게 기여했다.

메모리 연산을 파이프라이닝할 때의 유연성을 높이기 위해 메모리 컨트롤러는 경우에 따라 큐의 요청 순서를 변경하도록 선택할 수 있다. CPU와 메모리 컨트롤러 간에는 일반적으로 약속된 신호 체계가 있고, 이는 컨트롤러가 안전하게 정렬할 수 있는 액세스를 파악하는 데 도움이 된다. 또한 컨트롤러는 보통 여러 차례의 읽기 및 쓰기 요청을 묶도록 요청해서 데이터 버스에서 흐름의 방향이 바뀌는 버스 처리 횟수를 최소화하고 불필요한 유휴 시간을 줄인다.

SDRAM 장치 내부의 개별 뱅크에서의 연산에는 비동기식 DRAM과 마찬가지로 지연 시간이 있다. 이러한 타이밍 매개변수 역시 일반적으로 장치의 데이터시트에 지정돼 있다. SDRAM의 지연 시간은 보통 나노초 단위가 아닌, 장치의 최대 지원 클럭 주파수에서의 클럭 사이클 수로 표기된다. 메모리 컨트롤러는 부팅할 때 이러한 매개변수를 SDRAM의 내부 논리에 프로그래밍하고, 내부 논리에서 버스가 명령을 발행하고 데이터를 수신할 때까지 대기할 사이클 수를 계산한다.

SDRAM의 행, 열, 뱅크, 랭크, DIMM

앞 절에서 SDRAM 장치는 내부적으로 동일한 크기의 독립적인 뱅크 집합으로 구성된다는 것을 설명했다. 각 뱅크는 여러 행의 행렬로 구성되며, 각 행의 비트는 특정 폭의 열로 그룹화된다. 최신 SDRAM 칩은 수만 비트가 한 행을 구성하며, 8, 16 또는 32비트가 하나의 열을 구성한다. 행과 열 주소를 통해 뱅크의 메모리 셀 격자 내의 시작점을 지정할 수 있고, 그 시작점으로부터 열의 폭 만큼의 비트를 한 번에 읽고 쓸 수 있다.

일반적으로 각 칩에는 2, 4 또는 8개의 뱅크가 있다. 뱅크 자체는 칩마다 크기가 다를 수 있다. 일반적인 128MB SDRAM 메모리 칩은 8개의 뱅크를 포함하며, 각 뱅크는 한 열이 8비트인 1,024열과 16,384행을 포함한다. 따라서 칩의 총 비트 수를 계산하면 8뱅크 × 16,384행 × 1,024열 × 8비트 / 열 = 1,073,745,824비트가 된다. 1,073,745,824비트를 1바이트당 비트 수인 8로 나눈 값은 134,217,728바이트이므로 128MB 칩이 되는 것이다(134,217,728이 128MB로 표시되는 이유는 표 3-1을 참조).

SDRAM 칩은 칩 자체가 메모리 시스템에 결합된다. 데스크톱 및 일반 노트북 컴퓨터에서는 여러 개의 칩이 작은 '스틱(stick)' 인쇄 회로 모듈에 조립된다. 1990년대 후반까지 나온 이러한 인쇄 회로 기판은 양면에 있는 커넥터 접점이 동일하고 서로 묶여 있었기 때문에 단면 메모리 모듈(SIMM: single in-line memory module)이라 한다. SIMM은 한 번에 32비트를 데이터 버스로 전송하거나 전송받을 수 있다.

SIMM은 커넥터 양쪽에 동일한 접점을 가지기 때문에 SIMM과 데이터 버스 사이의 연결 수가 제한된다는 단점이 있다. SIMM은 일반적으로 양면 도합 72개의 커넥터가 있다. 커넥터의 양면을 독립적으로 만들면 모듈과 데이터 버스 사이의 연결 수를 최소한 두 배로 늘릴 수 있으며, 이러한 방식에 대한 수요가 존재했다. 그래서 2000년 이후에는 데스크톱 및 노트북 메모리 시스템을 양면 메모리 모듈(DIMM, Dual In-Line Memory Module) 방식이 주도했다. DIMM은 일반적으로 168개 이상의 분리된 커넥터를 가지고 있으며, 동시에 64비트를 데이터 버스로 전송하거나 전송받을 수 있다.

물리적 크기를 줄이기 위해 많은 노트북 및 넷북에서 SODIMM(Small Outline DIMM)이라고 하는 소형 DIMM 모듈을 사용한다. 72핀 SODIMM은 32비트 폭을, 144핀 SODIMM은 64비트 폭을 가진다.

최근의 DIMM은 모듈의 각 면에 랭크(rank)라는, 버스 주소 지정이 가능한 별도의 메모리 블록을 가지고 있다. 랭크는 동일한 칩 선택 제어 라인을 공유하는 메모리 칩의 그룹으로 정의할 수 있다. 따라서 하나의 랭크에 포함된 칩은 데이터 버스에도 함께 포함된다. 랭크 내의 각 칩은 랭크가 한 번에 읽거나 쓰는 64비트에서 8비트씩을 담당한다.

그림 3-5는 일반적인 DIMM의 구성을 보여준다. SDRAM의 크기와 구성이 다양하고 그에 따라 모듈 역시 다양하기에 정확한 숫자는 명시하지 않았다.

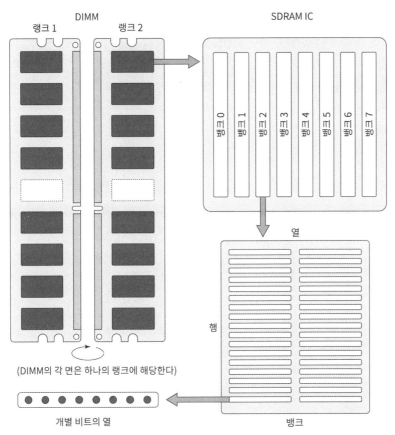

그림 3-5: 일반적인 DDR SDRAM DIMM의 구성

DDR, DDR2, DDR3, DDR4

1세대 일반 SDRAM은 현재 단일 데이터 속도(SDR, single data rate) SDRAM이라고 불린다. 이 용어는 SDRAM 기술의 발전으로 1990년대 후반에 DDR(double data rate) SDRAM이 등장하면서 정착했다. SDR SDRAM은 클럭 사이클당 하나의 데이터 워드를 전송할 수 있기 때문에 '단일 데이터 속도'라는 명칭이 붙었다. 데이터 워드의 크기는 특정 메모리 시스템의 설계(특히 메모리 컨트롤러를 SDRAM에 연결하는 데이터 버스의 전선 수)에 따라 다르다. 최근 대부분의 데스크톱과 노트북은 64비트의 데이터 워드 크기를 가지고 있다. 라즈베리 파이 초기에는 데이터 워드가 32비트였고, 라즈베리 파이 3은 데이터 워드가 64비트다.

DDR SDRAM은 각 클럭 사이클마다 두 개의 메모리 전송을 발생시킨다. SDR SDRAM에서는 각 클럭 사이클의 상승 에지에서 메모리 전송이 발생한다. 반면 DDR에서는 메모리 전송이 각 클럭 사이클의 상승 에지와 하강 에지에서 발생해서 메모리 전송이 실제로 발생하는 속도가 두 배가 된다. 이를 이중 펌핑(double pumping)이라고 한다(그림 3-6).

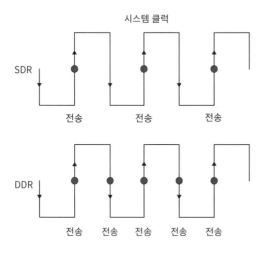

그림 3-6 SDR과 DDR의 타이밍 차트

클럭 속도를 증가시켜 메모리 전송 속도를 높이면 다양한 전기적 문제가 발생한다. 무엇보다 클럭 속도가 높으면 전력 사용량과 발열이 늘어난다. 보드 전체에 걸쳐 고속 클럭을 안정적으로 구동하려면 신호 무결성 문제가 발생하며, 이는 칩 및 PCB 설계자에게 무척 까다로운 과제다. 결국 에지율(edge rate)의 한계에 도달하게 되는데, 에지율이란 라인의 상태가 1초 동안 0에서 1로, 또는 1에서 0으로 변경될 수 있는 횟수를 말한다. SDR 시스템에서는 클럭이 사이클당 두 번씩 변경되며(0에서 1로, 1에서 0으로), 데이터 라인은 사이클당 최대 1회만 변경된다. 이러한 시스템에서는 데이터 에지율 이전에 클럭 에지율이 병목으로 작용했다. DDR 기술은 데이터 라인을 한 사이클에 두 번씩 변경함으로써 기술의 한계를 최대한 활용할 수 있다.

DDR SDRAM이 출시될 즈음에는 SDRAM 장치가 작동하는 내부 속도(외부 인터페이스 속도와 별개로)의 발전이 거의 멈췄다. 어째서였을까? 배열에서 한 행의 셀을 읽을 수 있는 속도는 신호 전파 시간, 즉 회선의 길이와 증폭기가 비트 라인의 희미한 전하를 감지하는 데 필요한 시간에 의해 결정된다. 차세대 SDRAM 디바이스는 점점 작아지는 대신 동일한 영역에 더 많은 스토리지를 집어넣었다. 배열의 커패시터에 저장된 전하는 더 작아졌고, 감지하기가 더 어려워졌다. 결과적으로, 무어의 법칙을 유지하기 위해 많은 노력을 기울여 SDRAM의 크기를 축소했지만 내부 처리 속도는 거의 줄어들지 않았다.

무어의 법칙

1975년, 인텔 컴퓨터 엔지니어인 고든 무어(Gordon E. Moore)는 집적 회로(IC)의 트랜지스터 수가 2년에 두 배씩 증가한다는 사실을 확인했다. 그 당시까지의 반도체 제조 역사만을 토대로 한 관찰이었지만 이 법칙은 수십 년 동안 대단히 정확하게 유지됐다. 일부 분석가들은 오래 전부터 무어의 법칙이 근본적인 물리적 한계에 맞닥뜨릴 것이라고 예측해 왔지만 인텔은 2015년까지도 반도체의 크기를 계속 줄이고 있다. 무어 자신은 무어의 법칙이 2025년까지만 적용될 수 있을 것이라고 말한 바 있다.

다행히 SDRAM 장치의 내부 대역폭은 이미 엄청나게 높다. 한 행을 여는 동작에는 수만 비트를 동시에 읽고 SDRAM 칩 가장자리의 임시 저장소로 저장하는 것을 포함한다. 상대적으로 느린 내부 속도, 즉 10나노초(ns)마다 한 번 액세스가 가능하다고 해도 여전히 대역폭은 충분하다. 유일한 문제는 버스에 대한 데이터 전송률인데, 1회 전송에 1ns 이하의 시간이 소요되기 때문에 문제가 되지 않는다.

DDR, 그리고 후속 기술인 DDR2 및 DDR3에서 채택된 해법은 시작 주소에서 몇 개의 인접한 주소까지 짧은 버스트로 메모리 액세스가 발생하게 하는 방법이다. SDRAM의 내부 논리가 첫 번째 열을 읽은 후에는 동일한 행의 후속 열에 시간을 들여 액세스 요청할 필요 없이 바로 액세스할 수 있다. 이러한 과정을 선인출(prefetching)이라 한다(그림 3-7). 32비트 SDR 메모리를 사용하면 32비트 워드 하나를 효율적으로 읽을 수 있고 메모리의 다른 위치에서 다른 32비트 워드를 읽을 수 있지만, DDR은 인접한 두 개의 32비트 워드 하나를 클럭 사이클의 상승 에지에서, 다른 하나가 하강 에지에서 읽을 수 있다. DDR2는 이를 4개의 인접 워드로 늘렸고, 최대 800MHz의 데이터 속도(즉, 400MHz의 클럭 속도)를 지원한다. DDR3은 이를 다시 8워드로 늘리고, 1.6GHz 이상의 데이터 전송률을 지원한다. 각 경우에 칩 가장자리의 임시 저장소에서 더 빠른 버스로 데이터를 공급하고, 최소 버스트 사양 역시 증가한다. 이는 행렬이 임의 액세스에 대한 최대 속도 요구사항을 따라잡기 힘들다는 것을 반증한다.

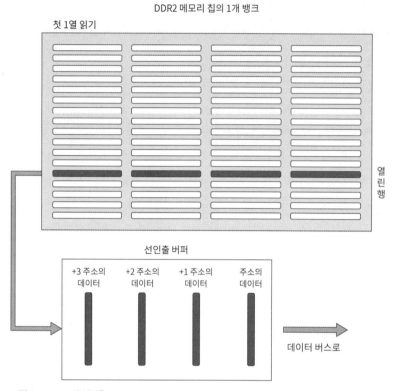

그림 3-7 DDR2의 선인출

물론 보통은 CPU가 4개의 연속적인 데이터 워드를 필요로 하지는 않지만 최초 데이터 전송 시에는 필요한 상황이 있을 수 있다. CPU가 DDR 메모리의 일부 주소에서 데이터 워드를 읽은 다음 다른 메모리에서 다른 워드를 즉시 요청하면, 마지막 세 데이터 워드는 버스를 통해 계속 전송되지만 메모리 컨트롤러는 이를 무시한다. DDR 메모리는 버스트를 일찍 종료시킬 수 있었지만 이 기능은 DDR2 이후 세대에서 제거됐다. 이것은 CPU가 일부 주소에서 시작해서 순서대로 메모리 워드를 요청할 때를 제외하고는 자원의 낭비로 보일 것이다. 이렇게 동작하는 이유는 현대의 컴퓨터에서 시스템 메모리의 읽기 동작 대부분이 CPU 캐시에 캐시 라인을 로드하기 때문이다(이번 장의 후반부에서 캐시에 대해 자세히 설명하겠다). CPU 캐시의 크기가 증가함에 따라 순차적 읽기가 더 일반화되고, 무작위적인 읽기는 점점 드문 예외로 간주되고 있다.

앞에서 설명한 프로토콜의 변화 말고도 각 세대의 DDR 기술에는 전송 속도를 높이고 작동 전압을 줄이기 위한 물리적 신호 체계의 변화가 포함돼 있어 전력 소비 및 낭비를 줄일 수 있다. DDR3 메모리는 DDR2 메모리보다 30% 적은 전력을 사용한다.

가장 최신 SDRAM은 2014년 말에 출시된 DDR4다. 작동 전압은 1.2V로 낮아졌으며(DDR3은 1.5V) 전송 속도가 빠른 고밀도 모듈을 구현할 수 있다. 동작 주파수의 범위는 DDR3가 400 ~ 1067MHz이었던 것에 비해 800 ~ 1600MHz로 증가했다. DDR4 메모리 모듈의 저전압 버전은 1.05V의 낮은 전압에서 작동하므로 전력 효율성이 향상되고 발열이 감소했다. DDR4 SDRAM은 DDR3 모듈보다 최대 40% 적은 전력을 사용하며, 장치의 모듈 밀도는 DDR3의 1GB보다 4GB로 증가했다.

오류 정정 부호(ECC) 메모리

최신 DIMM, 그중에서도 특히 서버 또는 신뢰성이 높은 응용 프로그램용으로 설계된 DIMM을 보면 각 면에 9개의 칩이 있다. 칩이 8개만 있더라도 9번째 칩에 인쇄 회로 패드가 있는 빈 공간이 있을 것이다. 아홉 번째 칩은 필수는 아니지만 매우 유용한 기능을 가지고 있다. 바로 오류 정정 기능이다.

사람들은 일반적으로 메모리 시스템에 전원이 공급되는 한, 메모리에 기록된 데이터는 그대로 쓴 채로 있다고 가정한다. 그러나 실제로는 메모리의 비트 값이 경고 없이 '자체적으로' 변경되는 경우가 있다. 그 어떤 DRAM 메모리 칩이라도 결국은 작은 커패시터에 소량의 전기적 전하가 담기게 된다는 사실을 기억하자. 셀, 즉 커패시의 전하 누설을 피할 방법은 없으므로 모든 DRAM이 주기적으로 갱신돼야 한다.

안타깝게도 전하 누설 외에도 DRAM 메모리 셀의 방전을 유발하는 요인이 있다. 충전량 자체가 너무 작아서 컴퓨터 외부의 원자 입자가 즉시 메모리 셀을 방전시킬 수도 있는 것이다. 어딘가에서 메모리 하드웨어에 충돌하는 우주 광선에 의해 빠른 중성자가 생성되고, 중성자가 셀을 방전시켜 메모리 오류를 일으킬 수도 있다. 자주 일어나는 현상은 아니지만(우주 광선 자체가 드물고, 메모리 셀을 직격할 가능성도 낮다), 한 번이라도 발생하면 메모리가 손상되어 컴퓨터가 정지할 수 있다.

오류 정정 부호(ECC: Error-Correcting Code) 메모리라는 기술은 배경 방사에 의한 메모리 손상을 방지하기 위해 개발됐다. 이 기술의 기반 기술이자 근대 컴퓨터 메모리에 사용되는 메커니즘인 해밍(Hamming) 코드는 1950년에 리처드 해밍(Richard Hamming)이 개발한 것으로, 해밍 코드를 메모리에 구현하는 방법에는 여러 가지가 있다. 오늘날 쓰이는 방식은 64비트 데이터 워드에서 두 개의 '불량 비트'를 동시에 감지할 수 있다. 더 나아가 시스템이 64비트 데이터 워드 내에서 단일 비트 오류를 수정할 수도 있다. 이 두 가지 기능을 일컬어 단일 오류 수정 및 이중 오류 감지(SECDED: Single-Error Correcting and Double-Error Detecting)라고 한다.

SECDED 해밍 코드의 기반이 되는 수학은 이 책의 범위를 벗어나므로 다루지 않을 것이다. 핵심만 요약하자면, 메모리 시스템의 모든 64비트 워드에 대해 추가 8비트가 저장된다. 이것이 ECC 메모리 DIMM 상에 있는 9번째 SDRAM 칩의 목적이다. 새로운 값이 메모리 위치에 기록될 때마다 그 위치에 대한 새로운 해밍 코드가 생성되어 '여분의' 8비트에 기록된다. 메모리 컨트롤러 하드웨어는 메모리 위치를 읽을 때마다 여분의 비트에 저장된 해밍 코드에 대해 읽은 값을 테스트한다. 테스트가 실패하면 해밍 코드를 마지막으로 계산한 이후에 메모리 위치에 오류가 발생했음을 알 수 있다. 오류가 발생했음을 확인하면 컴퓨터는 오류 로깅, 운영체제 경고 또는 (단일 비트 오류의 경우) 오류를 투명하게 수정하는 등의 조치를 취할 수 있다.

물론 여분의 DRAM 칩에도 비용이 든다. 또한 코드를 생성하고 테스트를 수행하는 하드웨어는 자체 오버헤드를 2~3% 정도 증가시킨다. 신뢰성이 필수적인 시스템에서는 그만한 비용과 간접비를 들일 가치가 있다. 하지만 대부분의 데스크톱 시스템은 ECC를 지원하지 않기 때문에 일반 데스크톱과 노트북에 사용되는 DIMM은 각 메모리 랭크에 9번째 SDRAM 칩을 포함하지 않는다.

라즈베리 파이 메모리 시스템

라즈베리 파이는 본질적으로 모바일 장치는 아니지만 스마트폰 및 태블릿과 같은 휴대용 장치용으로 만들어진 부품을 기반으로 한다. 소형화와 저전력은 모바일 설계의 장점이다. 데스크톱 컴퓨터와는 달리 라즈베리 파이는 모바일 장치용 부품을 사용하기 때문에 작은 DC 전원 어댑터로도 구동이 가능하다.

라즈베리 파이 모델 B의 메모리 시스템은 512MB의 400MHz LPDDR2로 이뤄져 있었다. 메모리는 128M × 32로 구성되며, 이는 134,217,728개의 32비트 워드 또는 4,294,967,296비트에 해당한다. 이 장치의 전체 비트는 내부에서 8개의 뱅크로 나뉘며, 각 뱅크는 16,384행을 가진 512메가비트짜리 행렬이며, 각 행은 4,096바이트의 폭으로 구성돼 있다. 모든 LPDDR2 메모리와 마찬가지로 최소 버스트 크기는 4다.

저전력 기능

SDRAM 칩의 전력 소비를 줄이는 기본적인 방법은 작동 전압을 낮추는 것이다. 라즈베리 파이 모델 B에 탑재된 저전력 LPDDR2 메모리 칩은 1.2V에서 작동하지만 대부분의 최신 DDR2 DRAM은 1.8V에서 작동한다. 큰 차이는 아니지만 시간이 지남에 따라 스마트폰, 태블릿과 같은 기기의 배터리 수명에 중요한 영향을 줄 수 있는 요소다.

LPDDR2의 다른 전력 절감 기능으로는 '단일 종단 버스'를 사용하는 방법으로, 이는 버스 속도를 조금 희생하는 대신 '일반적인' DDR 메모리에서 쓰이는 종단 저항의 전력 손실을 없앨 수 있다. 또 다른 방법으로 자체 갱신(self-refresh) 모드가 있다. 이는 시스템이 유휴 상태일 때 메모리 컨트롤러가

SDRAM 자체에 배열 갱신 작업을 위임하고 메모리 컨트롤러를 비롯한 CPU 및 기타 시스템 구성 요소는 딥 슬립 모드(deep-sleep mode)로 들어가는 방법이다. 라즈베리 파이에 탑재된 메모리 칩은 온도 제어를 기반으로 한 자체 갱신 모드를 지원한다. 즉, 장치의 온도가 떨어지면 충전 속도가 느려지므로 장치가 온도에 따라 갱신 빈도를 조정하는 것이다. BCM2835 SoC의 메모리 컨트롤러도 정상 작동 상태와 유사한 절차를 수행한다.

BGA 패키징

라즈베리 파이 보드를 처음 본 사람들은 RAM이 어디에 있는지 쉽게 찾지 못한다. 보드에는 IC가 두 개 뿐이고, 그중 하나는 브로드컴 BCM2835 SoC에 해당한다. 다른 하나는 SMSC의 이더넷 컨트롤러와 USB를 조합한 LAN9512 칩이다. 그럼 메모리 칩은 어디에 있는 걸까?

두 개의 IC 중 큰 IC 표면을 돋보기로 자세히 보면 칩에 삼성 또는 하이닉스가 표시돼 있고 브로드컴은 표시되지 않은 것을 알 수 있다. 이건 또 무슨 일일까? 사실, DRAM 칩은 브로드컴 SoC 바로 위에 위치한다. 브로드컴 SoC와 DRAM 칩이 샌드위치처럼 적층 형태로 납땜돼 있는 것이다. 두 칩 모두 두께가 극히 얇기 때문에 가능한 일이다. 이렇게 쌓인 칩의 두께도 겨우 1밀리미터를 조금 넘는 정도다.

이런 마법이 가능한 이유는 볼 그리드 어레이(BGA: Ball-Grid Array)라고 불리는 일종의 IC 패키징 기술 덕분이다. BGA 패키지의 표면에는 하나 이상의 동심선 연결부가 있다. 일부 장치는(BCM2835 포함) 양면에 연결부가 있는데, 한쪽 면에는 아래쪽 회로 기판에 연결하기 위한 작은 솔더 볼(solder ball, 납 알갱이)이 달려 있고, 반대쪽 면에는 위쪽 회로 기판의 솔더 볼에 붙이기 위한 작은 패드들이 달려 있다. 이러한 적층 시스템은 패키지 온 패키지(package-on-package)라고 불리며 특히 스마트폰 등 소형화가 가장 중요한 장치에 많이 사용된다. BGA 칩을 조립할 때는 두 개의 칩을 정확하게 정렬하고 솔더 볼이 위치한 칩 사이의 전도성 경로를 녹는 점까지 가열한다. 1세대 라즈베리 파이의 512MB 메모리 칩은 아래쪽 면에 168개의 커넥터가 있는데, 이는 512MB DIMM에 해당하며 크기는 우표보다 작다.

라즈베리 파이 제로, 라즈베리 파이 3 같이 최근에 출시된 라즈베리 파이 보드는 다른 IC가 탑재돼 있지만 여전히 BGA 패키징을 사용한다. 그러나 RAM IC를 SoC IC 상단에 납땜하지 않고 회로 기판 자체에 납땜한다. 조립 방법은 여전히 동일하다. IC 하부 표면의 솔드 볼을 회로 기판상의 패드에 녹여 붙이는 방법이다.

짐작했겠지만 BGA 패키지 칩을 쌓아 조립하는 작업은 상상을 초월하는 정밀함을 필요로 한다. 그래서 이 업계에서 라즈베리 파이 보드를 비롯한 거의 모든 회로 기판의 조립은 산업용 로봇을 통해 이뤄진다.

캐시

빠른 메모리 시스템을 만들더라도 CPU보다 빠른 액세스가 가능한 메모리를 만드는 일은 요원하다. 그래서 메모리 성능은 항상 전반적인 시스템 성능을 저하시키는 병목이 된다. 소스 동기화 클럭킹이나 8단계 선인출 버퍼 같은 탁월한 공학적 기법을 사용해서 메모리를 개선해도 CPU는 항상 메모리가 제공하는 데이터 속도 이상을 원한다. 지난 30년 동안 메모리 속도가 놀랍도록 발전했음에도 시스템 메모리 속도는 CPU와 데이터 간의 상호작용 속도를 높이지 못했다. 오히려 그 속도를 높이는 방법은 다른 것이었다. 바로 데이터 캐싱이다.

데이터 캐시는 CPU와 시스템 메모리 사이에 있는 고속 메모리 블록이다. 캐시 메모리는 시스템 메모리보다 빠르다. 훨씬 빠르다. 보통 CPU는 먼저 메모리에서 데이터 블록을 읽고 이를 데이터 캐시에 저장한다. 다음에 CPU가 메모리에서 내용을 읽어야 할 때 먼저 필요한 항목이 캐시에 있는지 확인하고, 캐시에 있으면 CPU가 시스템 메모리가 아닌 캐시에서 데이터를 가져온다. 이러한 상황을 '캐시 적중(cache hit)'이라 한다. CPU에 필요한 것이 캐시에 없으면 '캐시 미스(cache miss)'가 발생한다. 요청된 데이터는 메모리에서 캐시로 이동한 다음 CPU로 이동하며, 그럼 다시 캐시 적중 확률이 높아진다.

참조 국부성

CPU가 필요한 데이터가 캐시에 있을 가능성이 얼마나 될까? 답을 알면 놀랄 것이다. 대부분의 상황에서 필요한 데이터가 캐시에 있다. 컴퓨터 과학의 일반적인 원칙 중 하나로 참조 국부성(locality of reference)이라는 원리가 있다. 이 원리는 컴퓨터 작업이 함께 묶이는 경향이 있음을 가리킨다. 참조 국부성에는 세 가지 측면이 있다.

- 현재 액세스된 동일한 데이터는 가까운 미래에 다시 액세스될 것이다.
- 짧은 시간 동안의 데이터 액세스(읽기 및 쓰기)는 동일한 메모리 영역에 묶여 있는 경향이 있다.
- 메모리 위치는 순차적으로 읽히거나 쓰이는 경향이 있다.

즉, 컴퓨터가 특정 작업을 수행할 때 메모리 액세스가 메모리 맵 전체를 포괄하지는 않는다는 것이다. 그보다는 대부분 하나의 메모리 영역에 나란히 위치하는 경향이 있다. 그렇다면 시스템 메모리의 현재 작업 영역에 있는 데이터를 (액세스 시간에) CPU에 가까운 어딘가로 옮기는 것이 합리적이다. 그 '가까운 어딘가'가 바로 캐시다.

캐시 계층 구조

현대의 캐시 기술은 극도로 고도화되어 캐시는 CPU 자체와 동일한 실리콘에 포함돼 있다. 캐시 메모리를 구성하는 방식은 이전 세대의 SRAM에 해당하며, 그 덕택에 DRAM보다 훨씬 빠르다. 그래서 캐시는 물리적으로 CPU에 가까울 뿐 아니라 현존하는 RAM 중 가장 빠른 종류이기도 하다.

캐시가 빠른 이유 중 하나는 크기가 작기 때문이다. 시스템 메모리는 몇 기가바이트 수준의 크기를 가진다. 반면 캐시는 매우 작고, 1MB 이상을 저장하는 경우가 거의 없다. 주소 비트 수가 더 적기 때문에 CPU가 필요로 하는 데이터가 이미 캐시에 있는지 여부를 쉽게 판별할 수 있다. 결국 작아서 빠른 것이다. 하지만 캐시 메모리를 더 크게 만들면 캐시 작업 속도가 느려진다.

그럼 캐시를 크게 만들려면 어떻게 해야 할까? 우선, 캐시를 둘 이상의 층으로 나누어 계층 구조를 만드는 방법이 있다. 현대의 마이크로프로세서는 최소한 두세 개의 계층을 가지고 있다. 레벨 1(L1) 캐시라고 불리는 첫 번째 계층은 CPU에 가장 가깝다. 두 번째 계층은 L2 캐시다. L2 캐시는 L1 캐시보다 크고 무거우며, 동시에 L2 캐시는 L3 캐시보다 작고 빠르다. 캐시 계층 구조의 맨 아래에는 시스템 메모리가 있으며, CPU가 직접 액세스할 수 있는 데이터를 저장하는 메모리 중 가장 크고 가장 느리다. 물론 시스템 메모리의 데이터는 하드디스크나 SSD 저장소에도 기록될 수 있으며, 이러한 저장소는 더욱 느리고 CPU가 직접 메모리 주소로 액세스할 수 없다(그림 3-8).

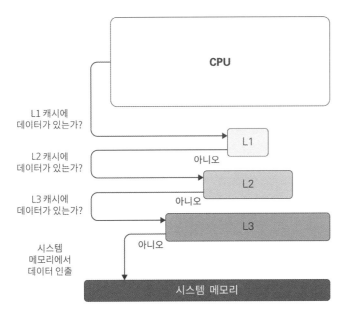

그림 3-8 다중 레벨 캐시

캐시 층 수와 각 층의 크기는 마이크로프로세서에 따라 다르다. 인텔 코어 i7 제품군은 각 코어당 32KB짜리 L1 캐시, 256KB L2 캐시를 가지고 있고 모든 코어가 공유하는 하나의 L3 캐시를 갖추고 있다. L3 캐시는 마이크로프로세서 모델에 따라 4MB에서 8MB 사이의 크기를 가진다. 초기 라즈베리 파이의 ARM11 프로세서에는 명령 및 데이터용 16KB L1 캐시 한 쌍이 들어있다. ARM11 CPU를 포함하는 단일 칩 시스템에는 128KB의 L2 캐시도 있지만 이 캐시에는 사용 조건이 있다. L2 캐시는 ARM11 CPU와 비디오 코어 IV 그래픽 프로세서 사이에서 공유되며, 그래픽 프로세서가 우선적으로 사용한다. 라즈베리 파이에는 L3 캐시가 없다.

캐시 라인과 캐시 매핑

그림 3-8은 프로그래밍 흐름도와 비슷하며, 모든 결정이 필수처럼 보여 프로세스가 느릴 것처럼 보일 수도 있지만 그렇지는 않다. 특정 메모리 위치가 캐시에 이미 존재하는지 확인하는 작업은 CPU에 내장된 전용 로직을 통해 이뤄지며, 번개처럼 빠르다.

특정 메모리 위치가 캐시에 있는지 여부를 알아내는 두 가지 일반적인 메커니즘이 있다. 하나는 계산에 의존하고 다른 하나는 검색에 의존한다. 둘 다 심각한 단점이 있다. 최근에 출시되는 컴퓨터는 두 가지 접근 방식을 섞어서 사용한다. 둘 중 하나의 '순수한' 접근법이 실제로 반도체에 구현되는 경우는 거의 없지만, 두 가지가 모두 어떻게 작동하는지 알아야 어떻게 두 가지 방식을 조합했는지 이해할 수 있다.

먼저 캐싱의 기술적인 배경을 알아보자. 캐싱은 한 번에 하나의 데이터 워드 단위로 이뤄지지 않는다. 이는 이번 절의 전반부에서 설명한 참조 국부성을 활용하기 위해서다. 또한 캐싱은 앞의 SDRAM 절에서 설명한 메모리 컨트롤러의 기능, '버스트 모드(burst-mode)'와도 잘 상호작용한다. 버스트 모드는 동일한 시간 내에 시스템 메모리에서 여러 단어를 읽거나 쓸 수 있는 기능이다. 캐시는 보통 캐시 라인이라 불리는 고정된 크기의 블록으로 읽고 쓰여진다. 캐시 라인의 크기는 다양하지만, 최근에는 대개 32바이트가 쓰인다. 이는 많은 인텔 CPU와 라즈베리 파이의 ARM11 프로세서에서도 동일하다. 따라서 캐시에 저장될 수 있는 캐시 라인의 수는 캐시의 바이트 크기를 캐시 라인의 바이트 크기로 나눈 수가 된다. 라즈베리 파이 L1 캐시를 예로 들면, 16,384바이트를 캐시 라인의 32바이트 크기로 나누어 512개의 캐시 라인을 저장한다는 것을 알 수 있다.

캐시 메모리는 단순히 CPU 내부의 빠른 메모리 위치라는 것 외에도 다른 의미가 있다. 캐시에는 매우 특징적인 구조가 있다. 32바이트의 데이터 외에도 캐시의 각 위치에는 캐시 태그라는 추가 필드가 있어 캐시 컨트롤러가 시스템 메모리에서 캐시 라인의 출처를 확인할 수 있다. 각 캐시 라인에는 두 개의 단일 비트 플래그가 저장된다.

- **유효 비트**: 유효한 데이터가 해당 캐시 라인에 있는지 여부를 나타낸다. 캐시가 초기화되면 모든 캐시 라인의 유효 비트가 거짓으로 설정되고, 메모리 블록이 캐시 라인으로 읽혀질 때만 참으로 변경된다.

- **더티 비트**: 캐시 라인의 일부 데이터가 CPU에 의해 변경됐으며, 데이터를 시스템 메모리에 다시 써야 함을 나타낸다.

캐시 태그는 캐시 라인이 채워지는 시스템 메모리의 주소에서 파생된다. 메모리 주소가 읽혀지거나 쓰여질 때의 주소는 세 부분으로 구성된다.

- **캐시 태그**: 메모리에서 캐시 라인의 출처를 식별한다. 이것들은 메모리 어드레스의 최상위 비트이며, 캐시 라인과 같은 크기를 가지는 시스템 메모리 블록을 고유하게 식별한다. 태그는 캐시 라인 자체와 함께 저장된다.

- **색인**: 캐시에 있는 시스템 메모리 주소의 데이터가 있는 캐시 라인을 식별한다. 직접 매핑된 캐시(다음 절 참조)의 경우, 모든 캐시 라인 중에서 하나의 캐시 라인을 지정하는 데 필요한 번호가 곧 비트 수가 된다. 512라인 직접 매핑 캐시의 경우 9비트가 된다.

- **오프셋**: 태그를 생성한 시스템 메모리 주소로 지정된 바이트에 해당하는 캐시 라인의 바이트를 지정한다. 이것들은 주소의 최하위 비트에 해당한다. 비트 수는 한 줄의 모든 바이트에서 한 바이트를 지정하는 데 필요한 숫자다. 32바이트 캐시 라인에서는 5비트가 된다.

블록 필드와 단어 필드는 아무 곳에도 저장되지 않는다. 둘 다 캐시 액세스 중에 사용되지만 데이터 워드를 캐시에서 읽거나 캐시에 쓴 후 바로 폐기된다.

캐시 라인의 구조, 그리고 캐시 액세스를 위해 시스템 메모리 주소를 세분화하는 방법을 그림 3-9에서 볼 수 있다. 캐시 라인 구조의 세부 사항 중 일부는 시스템 사양(캐시의 크기, 캐시 라인의 크기 등)과 캐싱을 관리하기 위해 시스템에서 사용하는 정밀한 메커니즘에 따라 다르다.

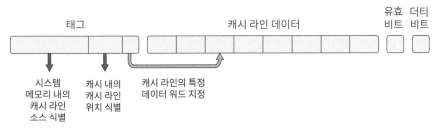

그림 3-9 캐시 라인의 구조

캐시 기술의 핵심은 시스템 메모리의 데이터를 캐시의 어느 위치에 저장하는가다. 이를 '캐시 매핑(cache mapping)'이라고 하며, 캐시 매핑을 어떻게 하느냐에 따라 CPU가 요청받은 주소가 캐시에 있는지 파악하는 방법이 결정된다. 이름에서 알 수 있듯이 캐시 매핑은 시스템 메모리에서 캐시 라인 크기의 데이터 블록의 위치를 캐시의 어느 위치에 연결시키는지에 대한 방법론이다.

직접 매핑

직접 매핑은 가장 오래되고 간단한 캐시 매핑 기법이다. 간단히 설명하자면 시스템 메모리의 첫 번째 블록은 캐시의 첫 번째 캐시 라인에만 저장하고, 시스템 메모리의 두 번째 블록은 캐시의 두 번째 캐시 라인에만 저장하는 방법이다. 물론 시스템 메모리가 캐시 메모리보다 훨씬 크기가 크므로 캐시가 가득 차면 '랩 어라운드(wraps around)'가 발생하고 캐시의 첫 번째 위치에서 다시 쓰기가 시작된다.

시각적인 설명을 통해 이해하기가 더 수월할 것이다. 그림 3-10을 보자.

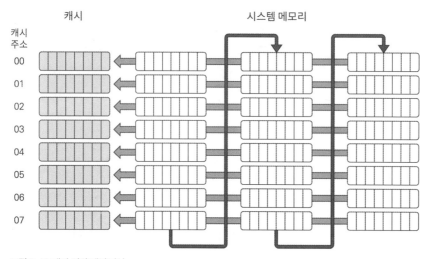

그림 3-10 캐시 직접 매핑 방식

그림 3-10에 있는 직접 매핑의 단순화된 예에서는 캐시에 8개의 위치가 있으며, 각 위치에 단일 캐시 라인이 저장된다(단순화를 위해 캐시 태그는 표시하지 않았다). 각 캐시 라인은 8바이트를 보유하고 있으며, 시스템 메모리의 처음 24개 블록이 표시돼 있다. 시스템 메모리의 각 블록은 캐시 라인과 동일한 크기(즉, 8바이트)를 가진다. 모든 캐싱 시스템에서와 마찬가지로 캐시 라인과 같은 크기로 데이터를 시스템 메모리에서 읽거나 쓰게 된다. 시스템 메모리 블록의 각 열에 있는 16진수는 각 열의 시작 바이트 주소다. 각 열은 64바이트를 나타내므로 두 번째 열의 주소는 0 + 0x40(십진수로는 64)이고 세 번째 열의 시작 주소는 0x40 + 0x40, 즉 0x80(십진수로 128)이다.

알아두기

'0x'로 시작하는 숫자는 십진수가 아닌 16진수로 표현된 수다. 윈도우 및 리눅스(라즈비안 포함)에는 계산기 응용 프로그램이 포함돼 있어서 16진수 값을 십진수로 변환할 수 있고 각 진법으로 산술 연산을 수행할 수도 있다.

시스템 메모리 블록과 캐시 라인이 매핑되는 방식을 설명하자면, 시스템 메모리의 블록 0(주소 0x00에서 시작)은 항상 캐시 라인 0에 매핑된다. 블록 1(주소 0x08에서 시작)은 항상 캐시 라인 1에 매핑된다. 이러한 방식의 매핑이 캐시 라인이 부족할 때까지 계속된다(그림 3–10의 예에서는 캐시에 8개의 라인만 있다). 캐시 라인이 부족해지면 순서가 '랩 어라운드'되고 다시 시작한다. 블록 8(주소 0x40에서 시작)이 캐시 라인 0에 매핑되고 블록 9(주소 0x48에서 시작)가 캐시 라인 1에 매핑되는 방식으로 계속되는 것이다. 이를 '모듈로 n 매핑(modulo n mapping)'이라고 하며, 여기서 n은 캐시 내의 위치 개수를 가리킨다. 시스템 메모리 블록의 위치는 캐시에 매핑될 때 8을 기준으로 한 메모리 블록 번호가 된다.

'모듈로(modulo)'라는 용어는 나눗셈 후의 나머지를 계산하는 것을 의미한다. 초등학교에서 배우는 바와 같이 64를 10으로 나눈 몫은 6이고 나머지는 4다. 그러므로 64 모듈로 10은 나머지에 해당하는 4다. 이 예에서 어떤 캐시 라인이 시스템 메모리 블록 21에 매핑되는지 알고 싶다면 21 모듈로 8을 계산해 보자. 답은 5(21을 8로 나눈 몫은 2, 나머지는 5)다. 즉, 메모리 블록 21은 항상 캐시 라인 5에 매핑된다. 그림 3–10에서 메모리 블록을 세서 메모리 블록 21이 캐시 라인 5에 매핑되는지 확인해 보자.

시스템 메모리 블록을 캐시 라인에 직접 매핑하는 것은 수학적으로 정확하다. 시스템 메모리 블록은 항상 캐시의 동일한 위치에 저장된다. CPU는 메모리 블록이 항상 매핑되는 캐시의 위치를 계산한 다음, 캐시 태그의 태그 필드 값을 시스템 메모리 주소의 해당 비트와 비교하는 방법으로 캐시에 가져와야 하는 메모리 주소가 있는지 여부를 확인한다. 일치하면 캐시 히트가 발생하고, 일치하지 않으면 캐시 미스가 발생한다.

CPU는 계산 및 비교가 매우 뛰어나며, 직접 캐시 매핑은 현존하는 가장 빠른 캐시 메커니즘이다. 그러나 시스템 메모리의 블록이 캐시에 저장되는 위치에 어떤 유연성도 없다는 단점이 있다. 이것은 CPU가 메모리를 읽는 소프트웨어를 실행 중일 때 대체 블록을 읽는 상황에서 문제가 될 수 있다. 직접 매핑의 예에서 시스템 메모리 블록 4는 블록 12, 블록 20 등과 같은 동일한 캐시 위치(캐시 라인 4)에 매핑된다. 소프트웨어가 블록 4에 속하는 주소를 읽는다고 가정해 보자. 캐시 라인 4가 블록 4의 데이터를 받게 될 것이다. 그런 다음 소프트웨어가 블록 12의 데이터를 필요로 할 수 있다. 블록 4가 캐시에 있으면 블록 12는 항상 동일한 캐시 위치에 매핑되므로 블록 12를 불러서 캐시 라인 4의 블록 4를 덮어쓸 것이다(이를 '축출'이라 한다). 그 후 프로그램 루프가 실행될 때 소프트웨어는 다시 블록 4의 데이터를 필요로 하므로 블록 12를 다시 축출해야 한다. 루프가 이러한 방식으로 계속되면 캐싱으로 얻은 속도 향상을 무효화하는 스래싱(thrashing), 즉 시스템 메모리의 반복적인 인출이 발생한다. 사실, 캐싱 메커니즘의 오버헤드 때문에 메모리 액세스를 전혀 캐싱하지 않는 것보다 스래싱이 일어난 상황에서의 메모리 액세스 속도가 더 느리다.

연관 매핑

따라서 직접 매핑보다 더 유연한 캐시 매핑 방법이 필요하다. 이상적으로는, 액세스되는 주소에 관계없이 소프트웨어가 최대한 많이 캐시에서 사용할 수 있는 많은 시스템 메모리 블록이 있으면 좋을 것이다. 특정 블록을 캐시의 사용 가능한 라인에 로드할 수 있다면 캐시 공간을 더 잘 사용하는 대체 정책(캐시에 새 메모리 블록을 쓸 때 어떤 캐시 라인을 제거할지 결정하는 방식)을 구현할 수 있다.

대체 정책의 임무는 주로 캐시 스래싱을 방지하는 것이다. 이 작업은 굉장히 까다롭고, 대체 정책은 종종 새로운 메모리 블록이 캐시에 들어가야 할 때 어떤 캐시 라인을 제거할지 결정하는 알고리즘의 형태로 구현해야 한다. 일반적인 대체 정책은 다음과 같다.

- **선입선출**(FIFO, First In First Out): 캐시가 가득 차면 캐시에 쓰여진 첫 번째 캐시 라인이 축출되는 방식이다.

- **최근 최소 사용**(LRU, Least Recently Used): 캐시 라인에 타임스탬프가 지정되고, 캐시 라인이 사용될 때 시스템에 기록된다. 새로운 캐시 라인이 기록돼야 할 때, 가장 긴 시간 동안 액세스되지 않은 캐시 라인은 축출된다. 타임 스탬프 관리에는 시간이 걸리며 복잡성이 증가한다.

- **무작위**: 직관에 어긋나는 것처럼 들리지만 가장 저렴하면서(가장 효율적인 로직) 가장 효과적인 대체 정책 중 하나는 캐시 라인을 선택해 무작위로 완전히 축출시키는 방법이다. 무작위 축출로 인해 스래싱이 발생할 확률은 극히 낮다. 또한 소프트웨어에서 사용되는 알고리즘에 대해 FIFO 및 LRU만큼 민감하지도 않다.

- **최근에 사용되지 않음**(NMRU, Not Most Recently Used): 축출할 라인을 무작위로 선택하지만 가장 최근에 사용된 라인이 선택되지 않도록 조정하는 방법이다. 이 정책은 무작위 정책만큼 저렴하면서 약간 더 나은 성능을 발휘한다.

라즈베리 파이 같은 ARM 프로세서는 설정을 통해 FIFO 또는 무작위 대체 정책을 사용할 수 있다. 대부분의 경우 무작위 정책을 사용한다.

캐시 공간을 사용하는 가장 융통성 있는 방법은 대체 정책이 지시하는 바에 관계없이 캐시의 어디에나 새로운 캐시 라인을 배치할 수 있게 하는 방법이다. 하지만 CPU는 필요한 데이터가 캐시에 존재하는지 여부를 결정할 수 있어야 하는데, 데이터 블록을 캐시의 어느 위치에나 저장할 수 있다면 더는 단일 계산 및 비교로 결정을 내릴 수 없게 된다. CPU가 캐시에서 특정 블록을 검색해야 하는 것이다.

계산 및 비교와 달리 검색은 매우 계산 집약적인 프로세스다. 한 번에 하나씩 캐시 라인을 검색하면 성능 향상의 가능성을 잃게 된다. 이것의 해결책이 바로 '연관 메모리(associative memory)'라는 기술이다. 다른 메모리와 마찬가지로 연관 메모리는 데이터를 일련의 저장 위치에 저장한다. 그 대신, 연관 메모리에는 종래의 수치 기반 주소 할당 시스템이 없다. 저장한 데이터 자체를 저장 위치의 주소로 활용한다.

완전한 연관 캐시에서 메모리 액세스는 이전과 같이 시스템 메모리 주소에서 캐시 태그를 생성한다. 그러나 연관 메모리 시스템에서는 이 태그를 대응되는 단 하나의 캐시 라인에 있는 태그와 비교하는 대신, 생성된 태그를 캐시에 저장된 모든 태그와 병렬로 비교한다. 일치하는 것이 발견되면 캐시 히트가 발생하고 CPU는 그에 해당하는 캐시 라인을 읽는다. 일치하는 항목이 없으면 캐시 미스가 발생한다. 대체 정책에 의해 결정된 바와 같이 캐시로부터 라인이 축출되고, 요청된 시스템 메모리 블록이 새로 비워진 캐시 라인에 쓰인다.

일반적인 주소 방식과 순차 검색에 익숙한 사람들에게 이것은 마법처럼 들릴 것이다. 하지만 여기에도 문제는 있다. 병렬 검색은 빠르지만 연관 메모리는 많은 전용 로직을 필요로 하며, 이는 CPU의 상당한 공간을 차지한다. 초소형, 또는 초고성능을 노리는 것이 아니라면 이러한 전용 로직은 비용이 너무 많이 들기 때문에 결국은 실용적이지 못하다.

알아두기

'다이 공간(Die space)'은 칩의 디지털 로직이 구축되는 트랜지스터를 제조하는 데 사용될 수 있는 실리콘 칩 영역을 가리킨다. 기능이 늘어날수록 다이에 트랜지스터를 '소비'하는 영역이 증가하기 때문에 칩 설계자는 다이 공간 활용에 매우 신중해야 한다. 다이 공간과 칩 기능 사이의 절충은 대규모 칩 설계에서 가장 오래된 과제다.

집합 연관 캐시

직접 매핑 방식은 번개처럼 빠르고 비용 면에서도 효율이 높지만 이는 새로운 캐시 라인의 데이터를 저장하는 데 전혀 융통성이 없다. 연관 캐시 매핑은 굉장히 융통성이 높지만 구현하는 데 너무 많은 회로가 필요하다. 언제나처럼 양 극단 사이에서 고민하다 보면 중간 어딘가에서 해결책을 찾기 마련이다.

두 매핑 방식 사이의 절충안으로 '집합 연관 캐시(set-associative cache)'가 있다. 집합 연관 캐시 시스템은 캐시 라인을 세트로 재구성한다. 각 세트는 2, 4, 8 또는 16개의 캐시 라인을 포함하며 데이터 블록과 태그로 완성된다. 그림 3-11은 세트당 4개의 캐시 라인이 있는 집합 연관 캐시를 단순하게 도식화한 것이다. 세트당 4개의 라인이 있는 캐시를 '4방향 집합 연관 캐시'라고 한다. 이것은 라즈베리 파이뿐만 아니라 오늘날의 많은 노트북 및 데스크톱 컴퓨터에서 사용되는 캐시 체계다.

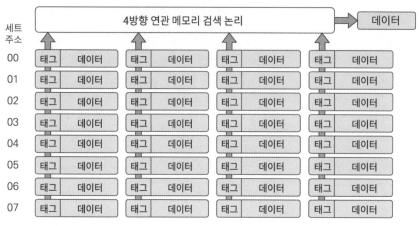

그림 3-11 집합 연관 캐시 매핑

특정 집합에 매핑되는 메모리 위치는 여전히 직접 매핑에 의해 결정된다. 이것은 시스템 메모리 주소와 캐시 위치의 '모듈로 n' 관계가 여전히 유지된다는 것을 의미한다. 단, 들어오는 블록을 어디에 배치해야 할지에 대해서는 약간의 유연성이 있다. 앞에서 설명한 8행 직접 매핑 캐시의 예를 상기시켜 보자. 순수한 직접 매핑에서는 시스템 메모리의 2, 10, 18, 26 블록을 차단할 것이다.

그러나 문제는 여전히 남아있다. 세트 하나의 캐시 라인에는 네 개의 시스템 메모리 블록이 저장돼 있다. 컴퓨터는 주어진 메모리 주소가 어느 세트에 속하는지 쉽게 계산할 수 있지만 특정 집합 내의 어떤 캐시 라인이 요청된 주소를 포함하는지는 쉽게 파악할 수 없다. CPU는 세트의 4개 캐시 라인을 검색해서 요청된 주소와 일치하는 캐시 라인의 태그를 확인해야 한다. 여기서 연관 메모리 방식으로 이 검색을 수행하게 된다. 각 캐시 태그를 차례로 검색하고 일치하는 항목을 찾으면 중지하는 순차적 방식 대신, 병렬 비교기를 사용해 생성된 태그의 해당 비트와 캐시 라인의 4개 태그 비트를 동시에 비교한다. 이 로직은 내부적으로 여전히 복잡하지만 4개의 위치만 검색하면 되기 때문에 빠르게 처리할 수 있다.

작동 방식을 하나씩 살펴보자. 먼저 CPU가 시스템 메모리 주소에서 메모리 블록이 있어야 하는 세트를 계산한다(직접 매핑에서와 같은 방식으로). 다음으로 주소를 연관 메모리 로직에 전달하고, 연관 메모리는 세트의 어느 라인이 요청된 블록을 포함하는지(캐시 적중) 확인해서 CPU에 알리고, 포함하지 않으면 캐시 미스를 등록한다. 그런 다음 대체 정책에 따라 요청된 블록을 시스템 메모리에서 읽고 세트의 네 캐시 라인 중 하나에 배치한다. 요약하자면 집합 연관 캐시는 캐시를 세트로 나눈다. 라즈베리 파이에 사용된 ARM11은 4개의 캐시 라인을 가지고 있다. CPU는 직접 매핑 방식으로 특정 주소가 위치하는 세트를 결정한 다음, 연관 메모리의 패턴 일치 메커니즘을 사용해 집합 내의 일치하는 캐시 라인을 검색하며, 검색에 실패하면 캐시 미스를 등록한다.

캐시에서 메모리로 쓰기

지금까지는 캐싱의 '읽기' 측면에 대해서만 설명했다. 물론 읽는 데이터가 자주 바뀌는 것이 사실이다. CPU가 캐시 라인의 어딘가에서 데이터 워드를 변경하면 해당 캐시 라인은 단일 비트 플래그를 사용해 '더티(dirty)'로 표시된다. 캐시 라인의 더티 비트(dirty bit)가 설정되면 라인은 원래 읽혀진 메모리의 블록으로 다시 쓰여야 한다. 다른 문제가 발생하더라도 시스템 메모리 블록과 관련 캐시 라인은 일관성이 있어야 한다. 캐시에 대한 변경 사항이 시스템 메모리에 다시 기록되지 않으면 교체 정책이 새 블록을 변경된 동일한 캐시 라인으로 읽지 않는 한 변경 사항이 손실된다.

캐시와 메모리를 일관되게 유지하기 위한 방법으로 두 가지 접근 방식이 있는데, 두 가지를 통틀어 캐시 쓰기 정책(cache write policies)이라고 한다.

- **연속 기입(Write-through)**: 캐시 라인의 데이터 워드가 CPU에 의해 변경될 때마다 캐시 라인이 즉시 메모리에 기록되는 방식이다. 이는 라인에 대한 쓰기가 발생할 때마다 이뤄지며, 쓰기가 모두 동일한 캐시 라인 내에 있더라도 마찬가지다. 단일 캐시 라인을 여러 번 메모리에 다시 쓰는 데 시간이 낭비되기는 하지만 CPU가 인식하는 메모리가 실제 메모리와 일치한다는 장점이 있다. 이 특징은 디스플레이 컨트롤러와 같은 주변 장치가 이 메모리에도 액세스할 때 중요하다.

- **후기입(Write-back)**: 교체 정책이 캐시에서 더티 캐시 라인을 제거하기로 선택한 경우에만 '더티(dirty)' 캐시 라인이 메모리에 다시 쓰여지는 방식이다. 새로운 시스템 메모리 블록이 캐시 라인에 로드되기 전에 라인의 현재 내용이 시스템 메모리의 원래 블록으로 다시 복사된다. 불필요한 시스템 메모리 쓰기를 피하면서 일관성을 희생시키는 방식이라고 할 수 있다.

가상 메모리

컴퓨터 메모리는 일종의 피라미드로 생각할 수 있다. 가장 빠르고 작은 메모리 블록이 가장 위에 있다. 바로 CPU의 레지스터다. 레지스터 아래에는 더 크고 느린 L1 캐시가 있고, 그 아래에 더 크고 더 느린 L2 캐시가 있다. 캐시 아래에는 시스템 메모리가 있으며, 이는 캐시보다 훨씬 크지만 속도는 훨씬 느리다. 그 아래에는 시스템 메모리 아래의 계층인 가상 메모리가 있다.

가상 메모리는 하드디스크 같은 대용량 저장 장치가 시스템 메모리를 확장 할 수 있게 함으로써 엄청난 메모리 시스템을 생성할 수 있는 기술이다. 가상 메모리는 그림 3-8의 캐시 계층 구조 다이어그램을 시스템 메모리를 지나서 하드디스크 용량으로만 제한돼 있던 저장소 계층으로 확장한다.

캐시 메모리와 가상 메모리가 필요한 이유는 RAM의 한계 때문이다. 캐시는 RAM이 느리기 때문에 필요하고, 가상 메모리는 RAM이 부족하기 때문에 필요하다. 1960년대 중반에는 RAM의 부피가 커서 고가였기 때문에 당시의 기념비적인 PDP-8 컴퓨터는 12비트 주소 공간을 가지고 RAM의 12비트 단어 4,096개만 처리할 수 있었다. 그 시대의 기계가 가진 메모리 공간으로는 당시의 프로그램과 여러 동시 작업을 지원하는 것이 어려웠다. 가상 메모리가 그 해결책으로 등장했다.

가상 메모리는 운영체제와 CPU와 동일한 칩에 존재하는 하드웨어 메모리 관리 장치(MMU, Memory Management Unit) 간의 협업이라고 할 수 있다.

가상 메모리 이해하기

가상 메모리 시스템에서 일어나는 일을 알아보자. 프로세스의 가상 주소 공간(메모리 보기)은 페이지라고 하는 여러 개의 작은 섹션(4KB 정도의 작은 크기)으로 나뉜다. 시스템 메모리가 충분하면 프로세스가 처음으로 특정 페이지의 주소에 액세스할 때 운영체제가 사용되지 않는 시스템 메모리 프레임을 할당해서 페이지를 백업한다. 즉, 응용 프로그램이 기록한 내용을 저장한다. 그리고 나중에 MMU가 백업한 페이지를 추적하고, CPU의 페이지 데이터 요청을 해당 프레임으로 투명하게 라우팅한다.

메모리가 충분하면 이 상태가 유지될 것이다. 그러나 운영체제가 더 많은 프로세스를 로드하고 해당 프로세스가 메모리에 액세스하기 시작하면 시스템에서 사용 중인 모든 페이지를 백업할 가용 프레임이 부족한 상태에 도달할 수 있다. 이렇게 되면 운영체제는 하나 이상의 프레임을 축출하고 디스크에 내용을 기록한 다음 다른 페이지로 다시 가져와야 한다. 축출된 페이지는 다시 필요할 때까지 디스크에 저장돼 있게 된다. 그런 다음 다른 페이지가 시스템 메모리에서 축출되고, 이전에 축출된 페이지가 다시 로드된다.

이러한 메커니즘을 일컫는 용어가 페이징(paging)이고, 페이지를 저장하는 데 사용되는 디스크의 영역을 페이지 파일(pagefile)이라고 한다. 페이지 파일은 실제 디스크 파일일 수도 있고, 디스크에 쓰여진 페이지 외에 아무것도 포함하지 않은 전용 디스크 파티션일 수도 있다. 페이지 파일에 페이지를 작성하는 프로세스는 스와핑 아웃(swapping out), 페이지가 저장되는 디스크의 공간은 스왑 공간(swap space)이라고 한다. 라즈비안 운영체제의 스왑 공간은 보통 /var/swap 파일에 있다.

가상 메모리 관리를 통해 각 프로세스에 다른 모든 프로세스의 메모리 공간과 별도로 해당 프로세스 전용 시스템 메모리 공간이 필요한 만큼 주어지는 듯한 '착각'을 줄 수 있다.

가상과 실제의 매핑

가상 메모리 관리의 효과가 익숙해 보이지 않는가? 아마 그럴 것이다. 사실 가상 메모리는 실제로 속도가 아닌 공간의 부족을 해결하기 위한 캐싱 기술의 일종이다. 그 중심이 되는 기법은, 캐싱 메커니즘과 마찬가지로 더 큰 가상 메모리 시스템의 주소를 작은 물리적 시스템 메모리의 주소와 연관시키고, 시스템 메모리가 모두 소모됐을 때 페이지를 축출하는 정책을 결정하는 것이다.

프로세스가 시작되면 운영체제는 새로운 프로세스의 주소 공간을 설명하는 페이지 테이블(page table)이라는 구조를 시스템 메모리에 생성한다. 테이블의 각 항목은 프로세스에 속한 하나의 페이지를 설명하며, 여기에는 시스템 메모리의 어떤 프레임이 페이지를 백업하는지, 페이지에 어떤 동작(읽기, 쓰기 또는 명령 인출)을 수행할 수 있는지 등이 포함된다. 페이지가 스와핑 아웃되면 테이블에서는 유효하지 않은 것으로 표시된다(어떤 작업에서도 사용할 수 없음). 잘못된 페이지에 액세스하려고 하면 운영체제가 처리해야 하는 페이지 오류가 발생한다.

프로세스가 메모리 주소(이를테면, 실행할 다음 기계어 명령의 주소)를 사용할 때마다 메모리 변환 작업이 이뤄진다. 요청된 가상 주소는 시스템 메모리의 해당 실제 주소로 변환된다. 이 변환 과정은 두 부분으로 나뉜다.

1. 메모리에서 물리적 주소를 포함하는 프레임을 찾는다.
2. 물리적 주소가 '가리키는' 프레임으로의 오프셋을 가상 주소에서 추출한다. 이렇게 하면 물리적 주소가 프레임 내의 단일 데이터 워드로 해석된다.

변환이 끝나면 CPU가 시스템 메모리의 실제 주소에서 데이터 워드에 액세스한다. 그림 3-12는 가상 메모리 시스템의 단순화된 도식을 보여준다. 이 프로세스에는 8페이지의 가상 메모리가 주어지며, 페이지 중 5개는 시스템 메모리 프레임에 있다. 다른 세 페이지는 스왑 공간으로 스와핑 아웃됐다. 각 가상 메모리 페이지는 프로세스 페이지 테이블에 해당 항목을 가지고 있다. 프로세스 페이지 테이블은 각 프로세스 페이지가 상주하는 실제 메모리의 프레임을 가리킨다. 허가 비트(permission bit)의 상태는 유효하면 1로, 현재 메모리에 없는 프로세스 페이지면 0으로 설정된다.

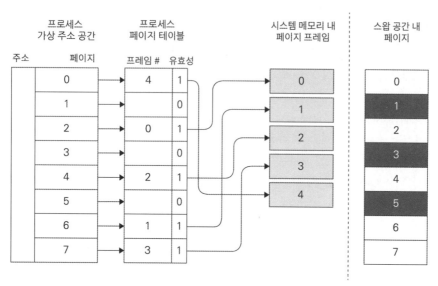

그림 3-12 가상 메모리 페이징의 원리

CPU가 프로세스 페이지 3의 주소를 요청하면 어떻게 될까? 해당 페이지가 메모리에 없으며, 요청에 의해 페이지 오류가 발동된다. 메모리 관리자는 스왑 공간에서 3페이지를 가져와야 한다. 이 프로세스는 실제 메모리에 5개의 프레임만 있고, 5개의 프레임은 모두 사용 중이다. 메모리 관리자는 메모리 내 페이지 중 하나를 스왑 공간으로 축출해서 공간을 확보해야 한다. 그래야만 메모리 관리자가 3페이지를 로드하고 CPU가 계속 작동하게 할 수 있다. 실제로는 운영체제가 페이징과 관련된 입출력(I/O) 작업이 발생하는 동안 또 다른 독립 프로세스를 예약하려고 시도하고, 곧 축출될 것으로 기대되는 디스크 페이지를 추측해서 미리 쓸 수 있으므로 페이징 아웃 프로세스가 빨라진다 .

페이지 3의 공간을 확보하기 위해 어떤 페이지를 축출할지에 대한 결정은 캐시 시스템에서처럼 대체 정책을 통해 이뤄지며, 보통 동일한 정책이 쓰인다. LRU 정책에서는 가장 오랜 시간 동안 사용되지 않은 페이지가 축출된다.

메모리 관리 유닛

지금까지 가상 메모리를 대략적으로 설명했다. 가상 메모리 시스템의 핵심은 메모리 관리 장치이며, MMU의 작동 방식과 이점을 이해하려면 컴퓨터 프로그램의 눈으로 메모리 액세스의 세부 프로세스를 조금 더 자세히 파악해야 한다.

MMU가 없는 시스템에서 실행되는 프로세스를 생각해 보자. 프로세스가 실행되는 동안 메모리를 액세스해서 명령을 인출하고, 데이터를 읽고 쓸 것이다. CPU가 생성한 주소를 사용해 메모리에 직접 액세스하므로 프로그램이 주소 0에서 읽기를 수행하면 CPU 칩에 연결된 실제 SDRAM에 들어있는 첫 번째 것을 자동으로 읽을 것이다. 그림 3-13은 CPU가 직접 물리적 주소를 생성하는 설정을 보여준다.

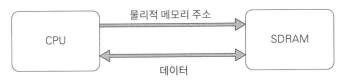

그림 3-13 직접적인 물리적 메모리 주소 사용

이것은 초기의 단일 사용자 컴퓨터, 마이크로 컴퓨터 및 일부 최신 임베디드 시스템이 작동하는 방식에 해당한다. 그러나 이러한 방식으로는 아래와 같은 몇 가지를 구현하기가 어렵다.

- **메모리 보호**: 현대 운영체제의 기능 중 하나는 CPU에서 실행 중인 프로세스를 서로 격리시키는 것이다. 직접적인 메모리 주소를 사용하면 다른 프로세스가 소유한 메모리 섹션을 읽거나 쓰는 것을 멈출 수 없기 때문에 안정성과 보안 측면에서 문제가 발생한다.

- **가상 메모리**: 앞 절에서 사용 빈도가 낮은 메모리 영역을 디스크로 스왑 아웃해서 시스템의 실제 메모리보다 많은 양의 데이터를 처리해야 하는 프로그램을 지원할 수 있다는 것을 살펴봤다. 직접 메모리 주소를 사용하면(그림 3-13 참조) 스왑 아웃된 메모리 부분에 대한 액세스를 막을 수 있는 메커니즘이 없다.

- **조각 모음**: 프로그램을 오랫동안 실행하면 메모리가 조각화되는데, 수많은 작은 규모의 메모리 할당 탓에 여유 공간이 여러 조각으로 분할되기 때문이다. 따라서 그중 어떤 것도 특정 크기를 초과하는 공간을 새롭게 할당할 수 없게 된다. 직접적인 메모리 주소를 사용하면 응용 프로그램이 자체 메모리를 관리하지 않고도 여유 공간을 통합하기 위해 메모리를 정리할 수 있는 방법이 없다.

위의 세 가지 문제에 대한 해결책은 CPU에서 생성되는 주소(가상 주소)와 외부 메모리를 참조하는 실제 주소 사이에 또 하나의 매핑 계층을 도입하는 것이다. 이 매핑을 수행하는 요소가 바로 MMU다(그림 3-14).

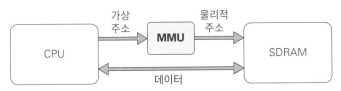

그림 3-14 가상 주소와 물리 주소를 중재하는 MMU

MMU는 인접하지 않은 실제 메모리 페이지를 연결해서 CPU에 연속적인 가상 주소 공간을 만든다(그림 3-15). 서로 다른 CPU는 다양한 페이지 크기 조합을 지원한다. 대부분 4KB 페이지를 지원하며, 이는 리눅스 같은 운영체제에서 가장 일반적으로 사용되는 크기다.

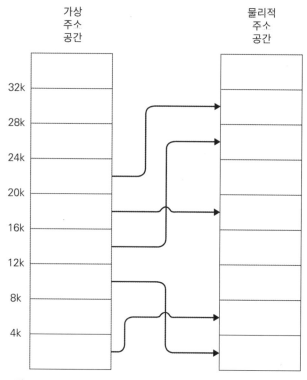

그림 3-15 4KB의 물리적 메모리 블록을 연결해서 가상 주소 공간 구성하기

MMU는 들어오는 32비트 가상 주소를 20비트 페이지 번호와 12비트(2^{12}, 즉 4K) 페이지 오프셋으로 분해한다. 페이지 번호를 찾기 위해 메모리 상주 페이지 테이블을 검색하며, 그 결과로 20비트 프레임 번호와 권한 비트 세트를 제공한다. 권한 비트를 통해 요청된 액세스가 유효함을 확인하면 프레임 번호와 페이지 오프셋이 다시 결합되어 실제 주소를 형성한다(그림 3-16).

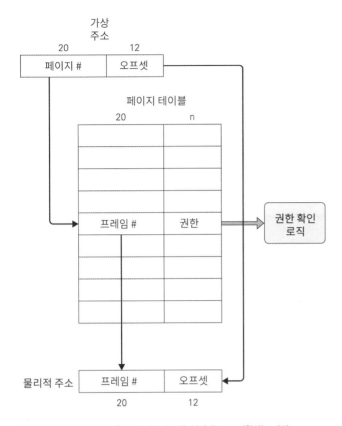

그림 3-16 페이지 테이블을 통해 가상 주소를 실제 주소로 변환하는 과정

이 시스템은 앞에서 설명한 세 가지 메모리 문제를 해결한다.

- 프로세스 뒤에서 빈 페이지를 뒤섞어 조각화 문제를 간단히 해결할 수 있다. 응용 프로그램이 자체적으로 메모리를 관리할 필요가 없어진다.

- 각 프로세스에 겹치지 않는 프레임을 가리키는 별도의 테이블을 제공해서 프로세스별로 메모리를 격리할 수 있다. 이를 위해서는 프로세스가 페이지 테이블에 쓸 수 없게 해야 한다. 즉, 프로세서 권한 수준을 생성해야 하는 필요가 생긴다(4장에서 다룰 예정). 프로세스 주소 공간에 매핑되지 않은 프레임에 페이지 테이블을 저장해야 하고, 프로세스가 페이지 테이블 기본 포인터를 조정하지 못하게 해야 한다.

- 가상 메모리는 디스크에 스왑된 페이지에 대한 액세스를 막고(권한 비트 사용), 페이지에 액세스할 때 발생하는 페이지 폴트(page fault)를 포착해서 페이징-인(paging-in) 프로세스를 발동시키는 방법으로 구현할 수 있다.

다중 레벨 페이지 테이블과 TLB

페이지 테이블의 각 항목 크기는 일반적으로 4바이트이므로 페이지 테이블은 $2^{32} \div 2^{12} \times 4 = 4MB$의 크기를 가진다. 프로세스마다 페이지 테이블이 필요하다면(격리를 수행하는 데 필요) 이 작업의 비용이 빠르게 증가할 것이다. 이에 대한 해결책은 다중 레벨 페이지 테이블을 구현하는 것이다. 2레벨 페이지 테이블은 프로세스 주소 공간의 희소성을 이용해 공간을 절약한다. 즉, 전체 4GB의 가상 주소 공간을 필요로 하는 프로세스는 거의 없다는 점을 이용하는 것이다. 전형적인 2레벨 시스템에서 가상 주소의 최상위 10비트는 제1레벨 페이지 테이블의 항목을 선택하는 데 사용되며, 이는 4MB의 가상 주소 공간을 커버하는 제2레벨 페이지 테이블을 선택적으로 가리킨다(그림 3-17). 해당 4MB 창에 유효한 페이지가 없다면(제1레벨 테이블 항목에 X로 표시됨) 제2레벨 테이블을 생략하고 메모리를 절약할 수 있다.

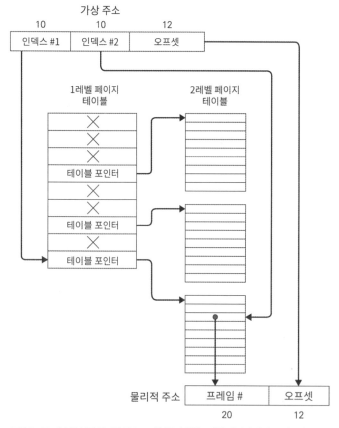

그림 3-17 가상 주소를 물리적 주소로 해석하기 위한 2레벨 페이지 테이블 시스템

그런데 여기에도 문제가 있다. 2레벨 페이지 테이블을 사용하면 메모리에 액세스할 때마다 추가적인 두 번의 액세스 절차가 발생한다. 메모리 액세스 비용을 3배로 늘려서 프로세서에 부담만 가중시킨 건 아닐까? 다행히도 가장 최근의 변환 몇 회를 프로세서 내부의 연관 캐시 중 하나인 변환 색인 버퍼(TLB, Translation lookaside buffer)에 캐싱하는 방식으로 이 문제를 해결할 수 있다. 참조 국부성, 그리고 각 TLB 항목이 4KB의 주소 공간을 '커버'한다는 점 덕분에 작은 TLB조차도 우수한 캐시 히트율을 자랑한다.

ARM11 코어에는 명령 인출 및 데이터 액세스에서 TLB에 대한 액세스 간의 경합을 피하기 위해 두 개의 작은 마이크로 TLB가 있다. 하나는 L1 명령 캐시와 관련된 것이고, 다른 하나는 중앙 TLB와 함께 L1 데이터 캐시와 관련돼 있다.

라즈베리 파이의 스왑 문제

가상 메모리는 좋아 보이는 만큼 문제점도 있다. 라즈베리 파이에는 스왑 공간에 적합한 대용량 저장 장치가 없다. 노트북과 데스크톱과 같은 하드디스크가 없기 때문이다. SD 카드는 라즈비안처럼 '디스크'에 자주 쓰는 파일 시스템용으로 만들어진 것이 아니다. SD 카드 내의 플래시 저장 매체는 일정한 횟수만큼만 변경될 수 있는 메모리 셀로 구성된다. 그 수는 크지만 여전히 제한적이며, 셀이 기록될 때마다 실패 확률이 높아진다. 물리적 메모리가 가득 차면 가상 메모리 시스템이 스왑 공간에 대한 읽기 및 쓰기 작업을 많이 시작한다. 라즈비안 OS는 SD 카드를 죽이는 것을 피하기 위해 절대적으로 필요한 경우에만 스왑 공간을 사용하도록 설정돼 있다. 하나의 SD 카드에는 스왑 공간뿐만 아니라 라즈비안, 설치된 모든 프로그램 및 구성 데이터를 포함해서 라즈베리 파이 시스템의 모든 항목이 포함돼 있다. SD 카드가 죽으면 시스템이 손상되어 새 카드의 내용을 처음부터 다시 만들어야 한다.

또 다른 문제는 SD 카드가 플래시 저장 장치만큼 빠르지 않다는 점이다. 일단 라즈비안이 스와핑을 시작하면 시스템의 성능이 느려질 수 있다. 라즈베리 파이의 가상 메모리는 성능 향상이 아닌 충돌을 방지하는 안전 메커니즘으로 생각해야 한다. 시스템이 느려지는 것 같으면 메모리가 부족하다는 뜻이므로 프로그램을 닫아서 불필요한 스와핑 발생을 막자.

라즈베리 파이 가상 메모리 확인하기

라즈비안의 터미널 창에서는 vmstat(virtual memory statistics, 가상 메모리 통계)이라는 간단한 메모리 모니터 유틸리티를 실행할 수 있다. vmstat 유틸리티는 라즈베리 파이 가상 메모리 시스템의 현재 상태를 요약하고, 설정된 횟수만큼 또는 설정된 시간 간격으로 업데이트한다. vmstat 유틸리티는 커맨드 라인 전용이며, LXTerminal과 같은 터미널 창에서 실행해야 한다.

LXTerminal 인스턴스를 열고 아래 명령을 입력하자.

```
vmstat
```

이렇게 시작한 vmstat은 두 줄짜리 칼럼 헤더 아래에 한 줄의 데이터를 표시한다. 이것이 바로 명령을 실행한 순산의 가상 메모리 시스템 상태나. 아래의 옵션 매개변수 2개를 사용하면 일정 시간 간격으로 명령을 반복하고 반복 횟수를 설정할 수 있다.

```
vmstat [interval] [count]
```

interval 매개변수는 초 단위로 지정해야 한다. interval 매개변수를 지정하고 count 매개변수를 지정하지 않으면 vmstat이 일정 시간 간격으로 무한히 업데이트된 내용을 출력할 것이다. 나중에 분석하기 위해 데이터를 보관하려면 vmstat의 출력을 파일로 저장할 수도 있다.

vmstat이 표시하는 다양한 열의 의미는 표 3-2에 요약돼 있다.

표 3-2 vmstat의 칼럼

항목	의미
r	실행 대기 중인 프로세스의 수
b	'잠들어 있는' 프로세스의 수
swpd	스왑 공간에 쓴 페이지의 수
free	할당되지 않은 메모리의 양
buff	할당되어 사용 중인 메모리의 양
cache	스왑 용도로 전환할 수 있는 메모리의 양
si	초당 스왑된 메모리의 양, KB 단위(보통 0)
so	초당 스왑 아웃된 메모리의 양, KB 단위(보통 0)
bi	초당 블록 장치에서 블록을 읽은 횟수
bo	초당 블록 장치에 블록을 쓴 횟수
in	초당 시스템 인터럽트 횟수
cs	초당 컨텍스트 스위치의 횟수
us	전체 시간 중 CPU가 커널 외 프로세스를 구동한 시간의 비율
sy	전체 시간 중 CPU가 커널 프로세스를 구동한 시간의 비율
id	전체 시간 중 CPU 유휴 상태 시간의 비율
wa	전체 시간 중 CPU가 입출력 완료 대기에 쓴 시간의 비율

응용 프로그램 창을 열고 닫을 때 vmstat을 실행 상태로 유지하고 수치가 어떻게 바뀌는지 확인해 보자. 명심해야 할 것은 bi와 bo 열이 스왑 공간 전용이 아니라는 점이다. 물론 스왑 공간도 포함되지만 SD 카드 파일 시스템에 대한 일반적인 읽기, 쓰기 액세스도 포함된다. 로깅 및 웹 캐싱도 포함돼 있으므로 미도리(Midori) 같은 웹 브라우저를 사용하는 동안 bi 및 bo에서 수치가 상승되는 것을 볼 경우 이는 브라우저와 SD 카드 사이의 일반적인 파일 시스템 트래픽이며 네트워크 어댑터는 블록 장치가 아님을 알아두자. swpd 열은 총 스왑 공간 페이지 쓰기를 보고하고, 그 값이 0으로 유지된다면 가상 메모리가 스와핑을 시작하지 않은 것이다. si 및 so 열은 스왑 공간의 읽기 및 쓰기 속도를 나타낸다. swapd와 마찬가지로 보통 0으로 유지된다. si에서 0이 아닌 값을 보기 시작하면 라즈베리 파이가 메모리 부족을 겪기 시작한 것이다. 응용 프로그램을 닫고 스왑 트래픽이 사라지는지 확인해 보자.

4장

ARM 프로세서와 단일 칩 시스템

이번 장에서는 중앙 처리 장치(CPU)를 주로 다룰 것이다. 사실 '컴퓨터 아키텍처'의 상당 부분이 CPU의 내부 구조에 대한 것이다. 구체적으로는 ARM(Advanced RISC Machine) 프로세서, 특히 초기 라즈베리 파이에 사용된 ARM11 마이크로 아키텍처에 대해 주로 설명하겠다.

ARM11 마이크로 프로세서 아키텍처에 대한 논의는 이번 장의 두 번째 주제인 단일 칩 시스템, SoC 장치에 대한 논의로 이어진다. SoC 장치는 ARM CPU뿐만 아니라 그래픽 프로세서, SD 카드 액세스를 위한 대용량 저장소 컨트롤러(mass-storage controller), 직렬 포트 컨트롤러 및 CPU 외부에 별도의 칩으로 구현되는 여러 하위 시스템을 포함한다.

CPU의 놀라운 축소 과정

초창기 컴퓨터는 엄청나게 거대했다. 초기 디지털 논리 회로의 기반이 된 신뢰성 높은 진공관이 사람 엄지손가락 만한 크기였기 때문이다. 대형 컴퓨터를 위한 특수한 방을 설계하고, 수천 개의 진공관에 전원을 공급하고, 냉각시키는 것이 당시의 풍경이었다. 반면 오늘날에는 멀티코어 CPU를 가진 블레이드 서버를 랙으로 쌓아 서버 팜을 만들어 가동시키고 있다. 당시에는 이러한 서버 팜 규모에서 하나의 CPU를 운영했다고 상상할 수 있다.

1955년 최초의 상업용 트랜지스터가 출시됨으로써 2세대 CPU가 완성됐다. 이전에 방 하나를 가득 채웠던 컴퓨터기 이제 냉장고의 수준의 크기로 줄어든 것이다. 각 트랜지스터는 진공관의 1/100의 크기와 1/1000의 전력만 소모했다. 게다가 인쇄 회로 기술을 통해 컴퓨터의 '대량' 생산이 가능해졌다(여기서 '대량'의 의미는 요즘의 '대량'보다는 작은 규모로 생각해야 한다). IBM은 1세대 튜브 기반 701 시스템을 정확히 19대 생산했다. 불과 몇 년 후에 IBM은 트랜지스터 기반 1401을 10,000대 판매했다. 또한 DEC(Digital Equipment Corporation)의 PDP-8 기기는 냉장고 크기의 절반에 불과한 크기로 5만 대 이상이 판매됐다.

3세대 컴퓨터 기술은 집적 회로의 개발과 함께 1960년대 중반에 도입됐다. 트랜지스터를 단일 실리콘 칩에 배치함으로써 두 가지 변화가 시작됐다. 고성능 컴퓨터(메인 프레임)의 큰 물리적 크기가 줄어들지는 않았지만 컴퓨팅 성능은 엄청나게 증가했다. 저가형 컴퓨터(미니 컴퓨터)는 크기가 줄어들었고, 가격도 중소기업이나 학교에서 감당할 수 있는 수준이 됐다. 1970년대의 PDP-8 CPU 캐비닛은 너비가 50cm에, 높이는 30cm에 불과했다. 주변기기(기계식 프린터, 테이프 및 디스크 드라이브, 전원 공급 장치 등) 때문에 전체 시스템의 부피가 상당히 커지긴 했지만 CPU 자체는 책상에 올릴 수 있는, 즉 데스크톱에 적합한 크기였고 최초의 개인용 컴퓨터보다 조금 큰 정도의 부피였다. PDP-8 시리즈는 총 50만 대의 누적 판매고를 기록했다.

마이크로프로세서

상업용 PDP-8 미니 컴퓨터 CPU는 작기는 해도 여전히 개별 집적 회로로 가득 찬 여러 개의 회로 기판으로 이뤄져 있었다(특수 목적의 단일 칩 버전은 1970년대 중반, PDP-8이 잊혀지고 오랜 시간이 지나서 등장했다). 실리콘 제조 기술은 1960년대 후반, 반도체 메모리 칩에 대한 메인프레임 컴퓨터 산업의 끊임없는 요구에 힘입어 계속해서 발전했다. 1970년에 들어서는 단일 실리콘 칩에 2,500개의 트랜지스터를 집적할 수 있게 됐다. 이는 단순한 CPU에 필요한 모든 로직을 (간신히) 다루기에 충분했다. 인텔의 페데리코 파긴(Federico Faggin)이 이끄는 팀은 4004 마이크로 프로세서를 설계했으며, 이 칩은 최초의 대량 생산 단일 칩 CPU가 됐다.

4004는 기본적으로 데스크톱 계산기 용도로 설계됐는데, 4비트 데이터 워드를 사용해서 오늘날의 기준으로는 이상한 제품으로 보일 수 있다. 그럼에도 PDP-8과 동일한 메모리 주소 할당 능력(4,096바이트)을 가졌으며, 이는 인텔이 CPU 제국을 성장시킨 씨앗이 됐다. 이 회사는 1972년에 8008을, 1974년에는 8080을 신속하게 출시했다. 8080에는 4,500개의 트랜지스터가 포함돼 있었고, 그 설계는 이후의 모든 성공적인 인텔 CPU에 영향을 미쳤다. 1974년에 8080은 최초의 진정한 개인용 컴퓨터 알테어(Altair) 8800의 심장이 됐다.

8080의 뒤를 이어 수십 개의 마이크로프로세서가 연달아 출시됐는데, 그중 성공을 거둔 대표적인 제품으로 모토로라(Motorola)의 6800, 자일로그(Zilog)의 Z80, RCA의 COSMAC 1802 시리즈(방사선 경화 사파이어상 실리콘의 변형으로, 갈릴레오를 포함한 많은 우주선에서 사용됨), MOS의 6502 등이 있다. 특히 6502는 애플 II와 초창기 BBC 마이크로컴퓨터를 비롯한 여러 유명 개인용 컴퓨터에서 사용됐으며, 여기서 아콘(Acorn) ARM 프로세서의 개발이 파생된다.

초기 마이크로프로세서의 대부분은 1980년 이전에 등장한 모토로라와 인텔의 후계자라고 할 수 있다. 30,000개의 트랜지스터를 포함한 8086(그리고 보급형인 8088)은 IBM PC와 함께 개인용 컴퓨터의 사업화를 이룬 주역이다. 50,000개의 트랜지스터를 탑재한 68000은 썬(Sun)과 아폴로(Apollo) 워크스테이션을 비롯해 애플 리사(Apple Lisa)와 매킨토시(Macintosh)를 포함한 최초의 그래픽 사용자 인터페이스(GUI) 컴퓨터를 구동시켰다. 모토로라와 인텔의 마이크로프로세서 아키텍처는 경쟁 업체와 마찬가지로 발전했지만, 모토로라의 68000 아키텍처는 인텔 CPU와 경쟁하기가 어려웠고 1990년대 중반에 이르러 사용이 중단됐다. 2006년까지 애플 컴퓨터는 매킨토시 제품군에서 인텔 프로세서를 사용하고 있었고, 인텔은 개인용 컴퓨터 사업에서 지배적인 업체로 자리매김했다. 2016년 등장한 하스웰-E(Haswell-E) CPU에는 26억 개의 트랜지스터가 포함돼 있으며, 고성능 제온 서버 칩에도 20억 개가 넘게 포함돼 있다. 인텔의 '나이츠 코너(Knight 's Corner)' 제온 파이(Xeon Phi) 슈퍼 컴퓨터의 프로세서에는 무려 70억 개의 트랜지스터가 들어있다.

트랜지스터 예산

이 숫자는 단순히 놀라운 정도 이상의 의미를 담고 있다. 트랜지스터의 수는 근본적인 방식으로 마이크로프로세서 아키텍처의 진화에 영향을 미쳤다. 예를 들어, 모든 CPU 설계는 실리콘 다이의 크기와 트랜지스터 크기에 대한 공학적 연구로 시작된다. 이렇게 하면 실제 다이 레이아웃을 진행하기 전에 다이에 올릴 수 있는 최대한의 트랜지스터 수를 알 수 있다.

총 트랜지스터 수를 확인하고 나면 트랜지스터들을 CPU의 다양한 구성 요소 기능으로 분류하는 작업이 이어진다. 많은 트랜지스터가 캐시로, 레지스터로, 기계어 명령 구현 등으로 할당된다. 각 서브시스템의 설계팀은 마치 정부나 기업이 기를 쓰고 각 부처 예산을 보호하듯 각자에게 필요한 '트랜지스터 예산'을 확보하기 위해 노력한다.

궁극적으로 CPU 설계는 설계자가 '구매'하려는 기능과 구입할 트랜지스터 예산의 한계 사이에서 절충을 이루게 된다. CPU 설계자에게 왜 특정한 기능이 최종적으로 만들어지지 않았는지 묻는다면 그 대답은 거의 항상 '트랜지스터 예산을 확보하지 못해서'가 될 것이다.

디지털 논리 기초

3장에서는 컴퓨터가 데이터를 전선의 전압 유무로 표현되는 이진수 1 및 0의 패턴으로 저장한다고 설명했다. 디지털 논리 회로 설계에 대한 완전한 이해는 이 책의 범위를 벗어나지만 CPU의 내부 동작을 이해하는 데 도움이 되는 몇 가지 기본 개념을 여기서 소개하고자 한다.

논리 게이트

디지털 컴퓨터의 모든 계산은 하나 이상의 이진 입력을 받아들이고 하나의 이진 출력을 생성하는 논리 게이트에 의해 수행된다. 가장 기본적인 논리 게이트로 NOT, AND, OR, XOR이 있다. 그림 4-1에서 각 논리의 진리표를 볼 수 있으며, 가능한 모든 입력 조합에 대한 출력값도 표시돼 있다. 각 유형의 게이트는 그림에서 기호로 표시돼 있으며, 이러한 기호는 다중 게이트 논리 회로에도 동일하게 사용된다.

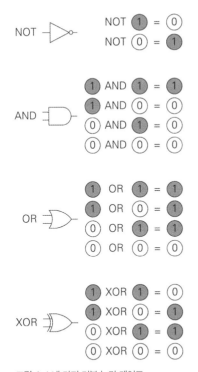

그림 4-1 네 가지 기본 논리 게이트

칩 설계자는 더 큰 회로를 구성할 수 있는 셀 라이브러리에 접근할 수 있다. 현대의 CMOS(complementary metal oxide semiconductor) 셀 라이브러리는 여러 개의 입력을 가지고 복잡한 기능을 계산하는 수백 개의 셀을 가지고 있지만 이 모든 복잡한 CMOS 기능은 모두 NMOS(N 채널 금속 산화물 반도체) 트랜지스터 및 PMOS(P채널 금속 산화물 반도체) 트랜지스터를 이용해 만들어진다. NMOS 트랜지스터는 게이트 입력이 HIGH일 때(설계상의 +V 전압), PMOS 트랜지스터는 게이트 입력이 LOW, 즉 0V(접지)일 때 전류가 흐를 수 있게 된다. 따라서 NMOS 및 PMOS 트랜지스터는 전류 도통 측면에서 상보적이다. 그림 4-2와 같이 하나의 NMOS와 하나의 PMOS 트랜지스터를 사용해 기본 CMOS NOT 게이트(흔히 인버터라고 한다)를 만들 수 있다.

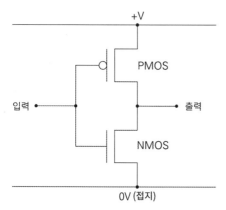

그림 4-2 CMOS NOT 게이트

입력 단자에 전압 레벨 HIGH(이진수 1)가 입력되면 NMOS 트랜지스터가 도통해서 출력을 LOW(이진수 0)로 끌어내린다. 입력 단자에 전압 레벨 LOW(이진수 0)가 입력되면 PMOS 트랜지스터가 도통해서 출력이 HIGH(이진수 1)가 된다.

모든 논리 게이트는 하나 또는 그 이상의 입력 변화에 응답해서 출력을 바꾸는 데 필요한 시간인 지연 시간을 가지고 있다. 좀 더 복잡한 함수를 계산하기 위해 단순한 게이트를 순차적으로 연결하면(즉, 한 게이트의 출력을 다음 게이트의 입력으로 연결) 이렇게 만들어진 복합 회로의 지연은 입력에서 출력까지 가장 긴 경로의 지연 시간의 합으로 나타난다. 이를 논리 경로의 전파 지연(propagation delay)이라 한다.

플립플롭과 순차 논리

이제 임의의 입력을 받는 조합 함수, 즉 단순한 논리 게이트를 결합해서 함수를 만드는 원리를 이해했을 것이다. 하지만 실제 컴퓨터를 만들려면 상태(메모리)가 있고 시간이 지남에 따라 상태를 바꿀 수 있는 시스템을 구축해야 한다. 앞의 3장에서 SRAM 셀의 저장 요소인 쌍안정(bi-stable) 플립플롭(flip-flop)을 언급한 바 있다. D형 플립플롭은 컴퓨터 내부의 상태를 저장하기 위한 이상적인 저장 요소다(그림 4-3).

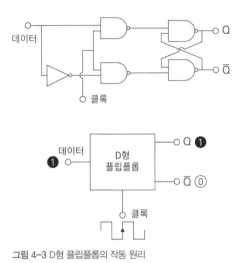

그림 4-3 D형 플립플롭의 작동 원리

플립플롭: 비트를 담는 그릇

플립플롭은 1 또는 0의 논리 상태를 저장하는 전자 회로다. 입력 디지털 신호에 의해 플립플롭의 상태가 특정 상태로 설정되면(일반적으로 0V에서 5V, 또는 5V에서 0V로 전압이 변경됨), 다른 입력 신호가 변경될 때까지 그 상태가 유지된다. 플립플롭은 두 개의 논리 상태 중 하나를 저장할 수 있기 때문에 '쌍안정' 플립플롭이라는 이름으로도 불린다. 플립플롭에는 여러 가지 유형이 있지만 컴퓨터 논리에서 가장 많이 사용되는 유형은 D형이고, 여기서 D는 '데이터(Data)'를 나타낸다. 플립플롭에 저장된 1 또는 0의 상태가 곧 컴퓨터 데이터이기 때문이다.

D형 플립플롭은 클록 입력이 LOW에서 HIGH로 변화할 때마다(상승 에지) D 입력의 상태를 보존하고, 다음 클록 에지가 도달할 때까지 Q 출력에 이를 전달한다. 상태를 저장하는 D형 플립플롭과 조합 논리 회로를 결합해서 복잡한 시스템을 구축하면 현재 상태 및 외부 입력(선택적)을 통해 다음 상태를 계산할 수 있다.

그림 4-4에서 간단한 예제를 볼 수 있다. 네 자리수의 이진수에 1을 더하는 조합 논리를 작성했다고 가정하면 클록이 한번 에지를 만들 때마다 네 개의 플립플롭에 저장된 네 자리 값을 증가시키는 카운터를 구현할 수 있다. 최대 클록 속도는 조합 논리의 구름을 통과하는 가장 긴 경로에 의해 결정된다. 다음 클록 에지가 오기 전에 플립플롭 값의 변화에 응답하고 새 값을 준비해야 하기 때문이다.

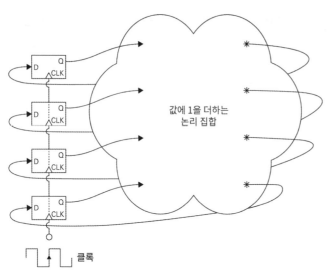

그림 4-4 플립플롭으로 만든 카운터의 예

또 다른 유용한 예는 그림 4-5의 시프트 레지스터(shift register)다. 시프트 레지스터는 플립플롭 사슬의 입구에 비트를 전달하고, 매 클록 에지마다 각 비트가 출력 방향으로 한 단계씩 이동하게 한다.

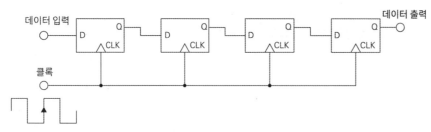

그림 4-5 플립플롭으로 만든 시프트 레지스터

이번 장에서는 이러한 디지털 상태를 저장하는 D형 에지 트리거 플립플롭과 조합 논리의 집합을 이루는 정교한 기본 원리를 이어서 자세히 설명하겠다.

CPU의 내부

2장에서 간략하게 설명했듯이 컴퓨터 프로그램은 매우 짧은 단계가 길게 이어진 일련의 과정이다. 이러한 매우 작은 단계를 기계어 명령이라고 하며, 이는 CPU 외부에서 더 이상 분리할 수 없는 '원자' 단위라고 볼 수 있다. 각 CPU 제품군에는 고유한 기계어 명령 목록이 있다. 각 목록은 비슷한 일을 할 수도 있지만,

일반적으로 한 CPU 제품군의 기계어 명령은 다른 CPU 제품군에서 실행되지 않는다. CPU의 기계어 명령의 정의와 그 역할을 명령 세트 아키텍처(ISA: Instruction Set Architecture)라 한다.

명령은 메모리에 수 바이트 길이의 이진수 값으로 표시된다(라즈베리 파이의 ARM11과 같은 많은 32비트 CPU에서는 4바이트를 쓴다). 이 이진수 내에는 명령어의 식별자, 즉 연산 부호(op code), 명령과 관련된 값 또는 주소에 해당하는 1개 이상의 피연산자가 함께 인코딩된다. 이진수 기계어 명령은 메모리에서 CPU로 로드되며, CPU는 이를 디코드(분리해서 수행해야 할 작업을 결정)한 다음 실행해서 명령의 실제 작업을 수행한다. 명령이 발행(issue)되고 완전히 실행되고 나면 명령은 완전히 만료된다. 그리고 프로그램의 다음 명령이 실행을 위해 CPU에 로드된다(최신 CPU에서는 이보다 더 복잡한 프로세스가 이뤄지며, 이번 장 후반부에서 설명할 예정이다).

넓게 보면, CPU의 프로그램 실행 과정은 아래와 같다.

1. 프로그램에서 첫 번째 명령을 인출한다.

2. 명령을 디코드한다.

3. 명령을 실행한다.

4. 다음 명령을 인출한다.

5. 명령어를 디코드한다.

6. 명령을 실행한다.

이 같은 과정이 프로그램의 명령 수만큼 반복된다. 여기서 프로그램 카운터(program counter)의 개념을 알아야 하는데, 이는 현재 실행 중인 명령의 메모리 주소를 포함하는 CPU 내부의 포인터다.

기계어 명령의 대표적인 역할은 아래와 같다.

- 더하기, 빼기, 곱하기, 나눗셈

- 이진 값에 AND, OR, XOR 및 NOT과 같은 논리 연산 수행

- 왼쪽 또는 오른쪽으로 다중 비트 이진수 값 이동

- 한 위치에서 다른 위치로 데이터 복사

- 값을 상수 또는 다른 값과 비교

- CPU 제어 기능 수행

기계가 처리하는 값은 외부 메모리, 또는 CPU 내부에 있는 비교적 적은 수의 레지스터 중 하나에서 가져올 수 있다. 레지스터는 한 번에 여러 비트를 저장할 수 있는 저장 위치다. 일반적으로 CPU에 따라 16, 32 또는 64비트를 저장할 수 있다. 기계어 명령 연산의 결과는 메모리 또는 레지스터에 저장될 수 있다.

최신 CPU에서는 별도의 서브시스템이 여러 가지 기계어 명령 그룹을 실행한다.

- **산술 논리 연산 장치(ALU):** 단순한 정수 연산 및 논리 연산을 처리한다.
- **부동 소수점 장치(FPU):** 부동 소수점 연산을 처리한다.
- **단일 명령 다중 데이터(SIMD) 처리 장치:** 한 번에 여러 데이터 값에 대한 연산을 수행하는 벡터 연산을 처리한다. 이러한 유형의 계산은 오디오 및 비디오 응용 프로그램에서 필수적이다.

최신 고성능 CPU는 명령의 병렬 실행을 지원하기 위해 각 장치를 여러 개 가지고 있는 경우도 있다.

분기와 플래그

일련의 명령을 순차적으로 실행하는 것은 충분히 유용하지만 컴퓨터의 진정한 마법은 작업의 결과에 따라 프로그램이 실행 과정을 변경할 수 있다는 점에서 비롯된다. 이는 프로그램을 구성하는 기계어 명령의 목록을 앞뒤로 건너뛸 수 있는 분기 명령(branch instrunction)을 통해 이뤄진다. 무조건 분기 명령(unconditional branch instrunction)이라고 하는 일부 분기 명령은 CPU에게 프로그램을 '일단 실행'한 후에 분기 명령에 포함된 메모리 주소에서 다음 명령을 로드하도록 지시한다.

조건부 분기 명령(conditional branch instrunction)은 일종의 테스트를 분기와 결합한다. 일반적으로 이러한 테스트를 위해 CPU 어딘가에 있는(일반적으로 플래그 레지스터 또는 상태 워드라는 그룹에 저장된다) 플래그라는 단일 비트 그룹이 사용된다. 특정한 기계어 명령이 실행될 때 하나 이상의 플래그를 설정(이진수 1로 변경)하거나 클리어(이진수 0으로 변경)하는 것이다. 예를 들어, 모든 CPU에는 두 개의 레지스터 값을 비교하는 명령어가 있다. 값이 동일하면 플래그(일반적으로 제로 플래그라고 함)가 1로 설정된다. 값이 같지 않으면 플래그가 0으로 클리어된다. 이 플래그가 '제로 플래그'라고 불리는 이유는 비교하는 방식 때문인데, 두 레지스터를 비교하기 위해 CPU는 한 레지스터의 값에서 다른 레지스터의 값을 뺀다. 빼기의 결과가 0이면 비교 결과가 동일하다는 의미이므로 '제로 플래그'를 1로 설정한다. 빼기의 결과가 0이 아니면 2개의 레지스터는 동일하지 않으므로 '제로 플래그'를 클리어, 즉 0으로 설정한다.

기계어 명령은 결국은 이진수에 불과하다. 기계어로 직접 프로그래밍하는 것도 가능하지만, 일반적으로 프로그래머는 편의상 어셈블러를 사용해 어셈블리어를 작성한 후 이를 기계어 명령으로 변환한다. 어셈블리어의 명령어는 니모닉(mnemonic)이라고 하는 짧은 문자열로 표현되며, 다양한 피연산자는 사람이 읽을 수 있는 형식으로 작성된다. 조건부 분기 기계어 명령의 어셈블리어 표현은 다음과 같다.

```
BEQ [address]
```

이 명령이 수행하는 작업은 명령이 지정된 메모리 주소에 저장된 기계어 명령과 동일하면(즉, 제로 플래그가 1이면) 분기하는 것이다. 제로 플래그가 0인 경우, 메모리 내의 다음 명령을 계속 실행한다.

CPU 구조에는 십여 개 이상의 플래그가 있을 수 있다. 어떤 플래그는 비교 결과를 반영하거나 레지스터의 값이 0이 됐다는 사실을 반영한다. 일부는 산술 올림이 발생했는지 여부를 나타내고, 일부는 레지스터가 양수 또는 음수 값으로 설정됐는지 여부를 나타낸다. 수치 오버플로(numeric overflow) 또는 0으로 나누기(divide by zero) 같은 오류 조건이 있음을 나타내는 플래그도 있고, CPU 내부 기계의 현재 상태를 반영하는 플래그도 있다. 각 플래그는 하나 이상의 조건부 분기 명령이 딸려 있어 관련된 분기와 플래그의 값을 확인한다.

라즈베리 파이의 ARM CPU는 조건부 분기 명령어를 지원하는 것 외에도 일반적인 조건부 실행 기능을 명령어 세트에 가지고 있으며, 자세한 내용은 뒤에서 자세히 설명하겠다.

시스템 스택

컴퓨터 과학에는 배열, 큐, 리스트, 스택, 세트, 링 등 다양한 종류의 자료구조가 있다. 그중 매우 자주 쓰이는 일부는 CPU가 기계어 명령에서 하드웨어적으로 직접 지원하기도 한다. 이러한 자료구조 중 가장 중요한 것은 스택(stack)이다.

스택은 라즈베리 파이의 ARM11을 비롯해 최신 CPU의 작동에 필수적으로 쓰이는 LIFO(last-in-first-out, 후입 선출) 데이터 저장 메커니즘이다. 스택 작업의 핵심적인 특징은 데이터 항목이 저장된 순서의 반대 순서로 스택에서 제거된다는 점이다.

이를 다음과 같이 비유할 수 있다. 학교 구내 식당에서 식사를 한 적이 있다면 식당의 접시를 보관하는 기구를 본 적이 있을 것이다. 금속 실린더에 스프링이 달린 플랫폼이 있어, 접시에 들어있는 접시의 무게와 균형을 맞춘다. 실린더에 접시를 놓으면 플랫폼은 다음 접시의 공간을 확보하기 위에 아래로 내려간다. 접시가 필요하면 실린더 맨 위에서 하나씩 가져가면 된다. 하중이 가벼워짐에 따라 플랫폼은 실린더 상단의 다음 접시가 손에 잡힐 수 있을 정도의 높이로 올라간다.

이러한 접시 보관 실린더의 핵심은 실린더에 놓은 첫 번째 접시가 바닥에 계속 머무른다는 점이다. 그리고 실린더에 놓은 마지막 접시는 항상 맨 위에 있게 된다. 실린더에서 접시를 꺼낼 때는 마지막으로 보관한 접시를 꺼내게 된다. 마지막에 들어온 접시가 처음 나오게 되므로 '후입 선출(last in, first out)' 방식인 것이다.

컴퓨터 시스템의 스택은 LIFO 데이터 저장을 위해 따로 설정된 메모리 영역이며, 스택 자료구조를 구현하도록 설계된 기계어 명령에 의해 관리된다(그림 4-6).

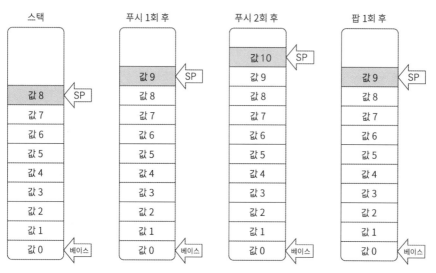

그림 4-6 스택의 작동 원리

스택은 기본 포인터로 지정된 메모리 위치에서 시작된다(여기서 포인터는 메모리 주소를 말한다). 주소가 로드된 후에도 기본 포인터의 값은 변경되지 않는다. '스택 포인터(stack pointer)'라는 두 번째 포인터는 다음에 액세스할 메모리 위치를 나타낸다. 그림 4-6에서 스택 포인터 항목은 음영 처리돼 있다.

항목을 스택에 추가하려면 먼저 스택 포인터가 증가해서 스택 내에서 사용 가능한 다음 메모리 위치를 가리킨다. 다음으로 데이터 항목이 해당 위치에 기록된다. 이를 간단하게 풀어서 이야기하면 스택에 데이터 항목을 푸시한다고 할 수 있다.

스택에서 항목을 제거하려면 스택의 맨 위에 있는 항목이 먼저 레지스터 또는 메모리의 다른 위치에 복사된 다음 스택 포인터가 감소되어 제거하려던 항목이 있기 이전에 스택의 맨 위에 있었던 항목을 가리키게 한다. 이 프로세스를 팝(popping)이라고 한다. 스택에서 항목을 팝하는 것이다. 그림 4-6을 보면 스택에 항목을 푸시하고 팝할 때 스택이 어떻게 커지거나 축소되는지 볼 수 있다. 스택에 푸시된 마지막 항목은 처음으로 팝핑된다.

아키텍처에 따라 스택이 구현되는 방식에 몇 가지 변형이 있을 수 있다. 앞에서 설명한 오름차순 스택은 스택 포인터를 한 단계 높은 메모리 위치로 증가시킴으로써 항목을 푸시할 때마다 위쪽으로 증가한다. 내림차순 스택은 스택 포인터를 한 단계 낮은 메모리 위치로 감소시킴으로써 항목을 푸시할 때마다 아래쪽으로 커진다. ARM CPU 스택은 어느 방식으로든 작동하도록 구성할 수 있지만 기본적으로는 내림차순으로 처리하는 원칙을 가지고 있다. 일부 아키텍처에서는 스택 포인터가 스택에서 사용 가능한 첫 번째 메모리 위치를 가리키는 반면 다른 아키텍처에서는 스택 포인터가 스택에 푸시한 마지막 항목을 가리키는 것으로 가정한다. 스택이 비어 있으면 스택 포인터는 항상 사용 가능한 첫 번째 스택 위치를 가리킨다. 다시 한 번 말하지만, ARM 프로세서는 어느 방식으로든 구성될 수 있지만 기본적으로는 스택 포인터가 마지막으로 푸시된 항목을 가리키는 것으로 가정한다.

스택은 서브루틴 호출 도중에 데이터 항목(레지스터 값이 될 때가 많다)과 메모리 주소를 임시로 저장하기 위해 사용된다. 서브루틴은 프로그램의 일련의 단계 중, 이름이 주어져 그룹으로 실행되는 것을 가리킨다. 서브루틴의 동작을 실행해야 할 때마다 프로그램의 다른 부분이 이를 호출해서 서브루틴의 작업이 완료될 때까지 모든 실행을 서브루틴에서만 이뤄지게 할 수 있다. 서브루틴의 실행이 끝나면 서브루틴은 호출한 프로그램 부분에 실행 결과를 반환한다. C나 파이썬 같은 프로그래밍 언어에서는 서브루틴을 함수라고 부른다. 서브루틴과 그 역할에 대한 자세한 설명은 5장을 참조하자.

많은 컴퓨터 아키텍처가 서브루틴 호출을 위한 전용 명령을 제공한다. 이 명령은 서브루틴의 시작 주소로 분기하기 전에 스택에 프로그램 카운터 값을 자동으로 푸시한다. 서브루틴이 끝나면 저장된 프로그램 카운터(복귀 주소)는 별도의 전용 명령에 의해 프로그램 카운터에 다시 팝핑될 수 있으며, 프로그램은 계속 진행된다. 서브루틴이 CPU 레지스터(이미 서브루틴을 호출한 프로그램이 사용하고 있을 가능성이 높다)를 사용하려면 기존 값을 스택 자체로 푸시하고, 반환하기 전에 다시 팝핑할 수 있다.

ARM CPU가 서브루틴 반환 주소를 스택에 수동으로 저장하게 할 수도 있지만 시스템 메모리에 액세스하지 않고 시간을 줄일 수 있는 더 빠른 방법이 있다. 이번 장의 뒷부분에서 설명하겠지만, 반환 주소는 먼저 링크 레지스터(LR, Link Register)에 저장되며 스택 액세스를 피하기 위해 일부 리프 함수(leaf function, 아무 함수도 호출하지 않는 함수)를 허용한다.

스택은 중첩된 서브루틴 호출(서브루틴 내에서의 서브루틴 호출)을 관리할 수 있다는 점에서 대단히 유용하다. 서브루틴 내에서 다른 서브루틴 호출이 이뤄질 때마다 데이터 및 반환 주소의 다른 계층이 스택에 추가된다. 스택에 공간만 충분하다면 수십 또는 수백 개의 중첩 호출도 만들어질 수 있다. 스택이 가득 차서 추가할 값을 담을 공간이 더 이상 없으면 스택에 새 푸시가 이뤄지는 순간 스택 오버플로가 발생한다. 메모리 관리 장치와 같은 보호 장치가 없다면 스택에 인접한 메모리 영역에 데이터가 덮어쓰여질 것이고 이는 프로그램 오작동으로 이어진다.

시스템 클록과 실행 시간

앞서 '디지털 논리 기초' 절에서 설명한 것처럼 CPU와 같은 순차 회로 내부의 모든 것은 클록이라는 펄스 발생기에 동기화된다. 클록의 각 펄스는 CPU가 몇 가지 특정 작업을 수행하는 동안 클록 사이클을 트리거한다. 구식 CPU에서는 단일 기계어 명령 실행을 완료하는 데 4~40클록 사이클이 걸릴 수 있다. 명령에 따라 걸리는 사이클 수가 다르며, 곱셈이나 나눗셈과 같은 명령은 다른 명령보다 많은 시간이 걸린다.

일부 명령에 더 많은 시간이 걸리는 이유가 무엇일까? 수십 년 동안 컴퓨터의 기계어 명령은 CPU 실리콘 내의 일련의 마이크로 명령어(microinstruction)로 구현됐다. 마이크로 명령어란 매우 복잡한 명령어를 작성할 수 있는 매우 간단한 단계의 집합으로(마이크로 명령어는 CPU 외부에서 액세스할 수 없다), 소수의 마이크로 명령어를 결합해서 수많은 기계어 명령을 구현하는 방식 덕분에 CPU 칩의 공간을 절약할 수 있었다. 명령을 구현하는 디지털 로직이 많은 명령에 걸쳐 공유되므로 필요한 전체 트랜지스터 수를 줄일 수 있다. 각 명령을 수행하는 데 필요한 마이크로 명령어의 목록을 마이크로 코드(microcode)라고 한다.

마이크로 코드로 구현된 기계어 명령을 실행하면 명령 실행에 상당한 시간이 걸린다. 그래서 CPU 설계자는 최대한 명령을 '하드와이어(hardwire)'하려 한다. 즉, 하나의 명령만을 위한 전용 트랜지스터 로직을 사용해 각 명령을 구현하려고 하는 것이다. 이렇게 하면 마이크로프로세서보다 더 많은 트랜지스터 예산과 칩 공간이 필요하지만 명령 실행은 훨씬 빨라진다. 더 많은 트랜지스터가 단일 칩에 장착될수록 더 많은 명령이 하드웨어적으로 구현되고, 마이크로 코드에 의존하는 명령어가 점점 줄어들게 된다. 그럼에도 최근까지도 마이크로 코드가 쓰이고 있고, 그로 인해 일부 명령이 더 많은 클록 사이클을 필요로 하고 있다. 그림 4-7은 초기 컴퓨터에서 마이크로 코드로 구현된 명령이 어떻게 작동하지 보여준다.

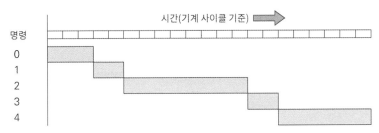

그림 4-7 기계어 명령과 클록 사이클

트랜지스터 예산이 클수록 더 많은 내장 명령을 하드와이어할 수 있다. 곱셈과 나눗셈 같은 복잡한 연산도 하드와이어하기에 충분한 트랜지스터가 칩에 있는 것이다. 모든 기계어 명령이 하드와이어되면 모든 명령이 거의 동일한 시간 내에 실행될 것이다. CPU 아키텍처의 목적은 언제나 모든 기계 명령어를 단일 클록 주기로 실행하게 하는 것이었다. 2000년경 이 목표가 대부분 달성됐고, 기계어 명령과 클록 사이클의 관계가 그림 4-8과 같이 바뀌었다.

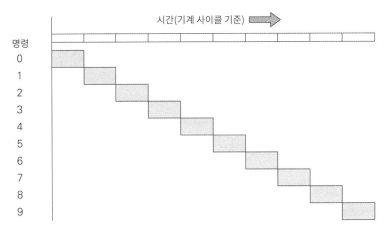

그림 4-8 단일 사이클 기계어 명령

그림 4-8을 보면 명령 실행 속도는 이제 한계에 도달했고, 초당 실행할 수 있는 명령 수를 늘리려면 클록 속도를 높이는 것이 유일한 방법인 듯하다. 하지만 그렇지 않다.

파이프라인

CPU의 작동과 클록 속도에 대한 오해가 있다. CPU는 클록 속도가 요구하는 만큼 빨리 작동하지 않는다. 클록은 CPU가 허용하는 만큼만 빠른 속도를 낼 수 있다. CPU 작업을 수행하는 데는 특정 양만큼의 시간이 필요하다.

CPU가 하나의 기계어 명령을 실행하는 방법을 면밀히 살펴보면 그 과정이 몇 단계로 명확하게 나뉘는 것을 알 수 있다.

1. 메모리에서 명령을 인출한다.

2. 명령을 디코드한다.

3. 명령을 실행한다.

4. 명령에 의한 모든 변경 사항을 레지스터 또는 메모리에 다시 기록한다.

기계어 명령이 실행되는 데 하나의 클록 사이클만 걸리려면 4단계가 모두 1번의 트랜지스터 활동으로 완료될 수 있어야 한다. 이 한 번의 활동 동안 명령을 인출하고, 디코딩하고, 실행하고 기록까지 마쳐야 한다. 이를 더 빠르게 만들기는 어려우며, 최대 클록 속도는 신호가 로직 전체를 통과하는 데 걸리는 최장 경로에 의해 결정된다.

가장 큰 문제는, 4개의 단계가 정해진 순서로 발생하기 때문에 각 단계를 별도의 작업으로 처리해야 한다는 점이다. 그런데 4단계 모두 대략 동일한 시간을 소모해서 기계어 명령을 실행하도록 논리를 설계할 수 있다면 흥미로운 가능성이 열린다. 그림 4-9를 보자.

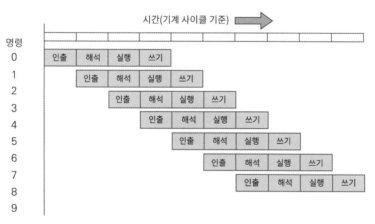

그림 4-9 명령 실행 중첩

그림 4-9에서 명령 실행의 각 단계는 1클록 사이클을 필요로 한다. 즉, 각각의 명령을 실행하는 데 1사이클이 아닌 4사이클이 걸리기 때문에 클록을 더 빠르게 만들 수 있게 된다. 이것은 역설적으로 클록 속도가 두 배로 증가하더라도 성능 면에서 한 발 물러나는 것처럼 들릴 것이다. 하지만 생각해 보면 하나의 명령을 시작부터 완료하는 데는 4사이클이 걸리지만 매 사이클마다 하나의 명령이 끝나고 다른

명령이 발행된다. 결과적으로는 훨씬 빠른 클록 사이클로, 1사이클당 1개의 명령을 실행할 수 있는 것이다.

이를 이해하기 위해 일종의 컨베이어 벨트 피자 오븐을 생각해 보자. 요리사는 오븐을 열고 컨베이어 벨트에 굽기 전의 피자를 떨어뜨린다. 10분 후, 피자는 완전히 조리되고 오븐에서 나와 판매할 준비가 끝난다. 이렇게 피자를 구우려면 10분이 걸린다. 그러나 오븐에 5개의 피자를 넣을 수 있고, 요리사가 원하는 때에 피자를 오븐의 벨트에 넣을 수 있다면? 그렇다면 피자가 2분마다 오븐에서 나올 것이다. 첫 번째 피자가 조리되는 데는 10분이 걸리겠지만 일단 오븐이 가득 차면 2분마다 피자가 조리되는 것이다.

이러한 방식으로 기계어 명령의 실행을 겹쳐서 처리하는 방식을 파이프라인(pipelining)이라고 한다. 1980년대 초 슈퍼컴퓨터에서 처음 구현된 이후 현재에 이르러 파이프라인은 사실상 모든 CPU의 표준이 됐으며, 심지어 마이크로칩(Microchip) 사의 저렴한 PIC 마이크로컨트롤러에서도 쓰이고 있다. 파이프라인은 메모리 캐싱에 이어 최근의 CPU 성능 향상에 기여한 두 번째 공신이라고 할 수 있다.

파이프라인 자세히 살펴보기

파이프라인을 대략적으로 이해하기 위해 그림 4-10에서와 같이 파이프라인이 없는 가상의 프로세서를 가정해 보자. 플립플롭은 프로세서의 현재 상태(현재의 프로그램 카운터 및 레지스터)를 유지하며, 논리 회로 클라우드는 다음 클록 에지가 도달했을 때 D형 플립플롭의 D 입력으로 피드백할 다음 상태를 계산한다. 이 클라우드를 대략적으로 IF(명령 인출), DC(해석), EX(실행)의 세 가지 부분으로 나눌 수 있다. IF 부분에는 다음 프로그램 카운터(PC) 값을 계산하는 로직이 있다(이 가상 프로세서 예시에서는 분기를 가정하지 않는다). EX 부분 전까지는 레지스터가 필요없다. 각 사이클의 시작에서 일부 플립플롭의 출력이 변경되고, 사이클 동안 트랜지스터의 활동이 논리 클라우드를 통해 왼쪽에서 오른쪽으로 전파된다. 최대 클록 속도는 논리 클라우드를 통해 가장 긴 경로를 통과하는 데 걸리는 시간으로 결정된다. 사이클의 후반 부분에서 클라우드의 왼쪽 비트는 안정된 상태에 도달하고, 여전히 변화하는 오른쪽 부분의 논리에 결과를 제공한다. 그렇다면 왼쪽 비트의 안정된 상태를 기록하고, 다른 명령을 인출해서 생산성을 높이는 것이 좋지 않을까? 파이프라인 방식의 프로세서가 하는 역할이 정확하게 이것이며, 이는 파이프라인 래치(플립플롭)를 클라우드에 삽입하는 방식으로 이뤄진다.

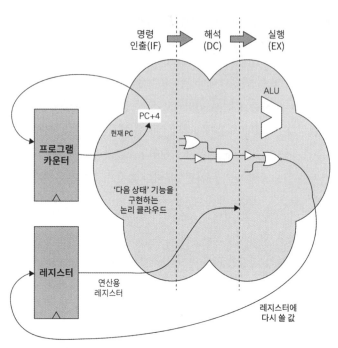

그림 4-10 파이프라인이 없는 간단한 프로세서

그림 4-11은 파이프라인 래치가 있는 프로세서를 보여준다. 그림에는 논리 클라우드가 세 개의 하위 클라우드로 분할돼 있다. IF 클라우드는 메모리에서 명령을 읽어오고, 다음 PC 값을 계산해서 첫 번째 파이프라인 래치 세트에 결과를 기록한다. 여기까지 완료하면 다음 사이클에서 새 명령을 인출하고, 그동안 DC 클라우드는 파이프라인 래치의 값을 입력으로 받아 이전 사이클에서 들어온 명령을 해석한다. 레지스터를 읽고 쓰는 작업은 EX 클라우드에서 이뤄진다. 파이프라인이 없는 클라우드에서는 EX에 도달하기 전까지 레지스터를 사용하지 않았기 때문이다. 한 사이클 동안 레지스터 파일에 쓰고 다음 사이클에 이를 읽는 것이다.

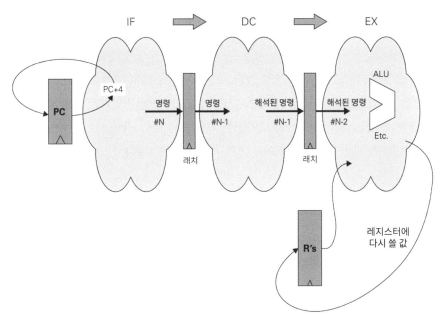

그림 4-11 래치를 통한 파이프라인 생성

CPU의 속도는 클라우드의 어느 부분에서든 가장 긴 경로를 통과하는 데 필요한 시간에 따라 다시 결정되지만 클라우드를 세 부분으로 나눠서 처리했기 때문에 그림 4-10과 같이 파이프라인이 없는 프로세서보다 최장 경로가 짧을 수밖에 없는 구조가 된다.

EX 클라우드에 너무 많은 요소가 들어있는 것이 사실이다. 산술 논리 장치(ALU, arithmetic logic unit)를 포함한 온갖 흥미로운 요소들이 여기에 포함돼 있다. 이 같은 단순한 파이프라인에서 EX 클라우드는 보통 가장 긴 경로를 포함하고 파이프라인의 속도를 제약하는 경향이 있다. 그래서 ARM11에서는 EX 클라우드까지도 여러 개의 작은 단계로 세분화한다. 물론 그에 따라 레지스터 파일을 서로 다른 파이프라인 단계에서 읽고 쓸 때 발생하는 문제에 대처해야 할 것이다.

파이프라인 해저드

특정 CPU에서 얼마나 많은 중첩을 만들 수 있는지는 주로 CPU의 명령 실행을 몇 단계로 나눌 수 있느냐에 달렸다. 초기에는 3단, 4단 파이프라인이 최첨단 기술이었다. 뒤에서 보게 되겠지만 최초의 라즈베리 파이의 ARM11 CPU는 8단계 명령 파이프라인을 가지고 있으며, 최근의 인텔 프로세서 중 상당수는 20단계 이상의 파이프라인을 가지고 있다. CPU 설계자가 더 긴 파이프라인을 만들기 위해서는 각기 다른 단계의 명령을 실행하는 데 모두 동일한 시간을 소비하지는 않는다는 점에 유의해야 한다.

각 단계를 수행하는 데 1 클록 사이클이 걸리므로 CPU 작업을 관리하는 데 필요한 시간(클록 사이클의 길이)은 가장 느린 파이프 라인 단계를 완료하는 데 필요한 시간이 될 것이다.

중요한 것은 지속적이고 균일한 속도로 파이프라인을 통해 명령어를 이동시켜야 한다는 점이다. CPU 파이프라인을 통한 명령의 원활한 흐름을 방해하는 장애 요소도 있다. 파이프라인의 지연을 초래하는 이러한 요소를 파이프라인 해저드(pipeline hazard)라고 부르며, 이로 인한 지연 시간을 피이프리인 스톨(pipeline stall)이라고 한다. 파이프라인 해저드에는 크게 세 가지 종류가 있다.

- **제어 위험**: 조건 분기 명령으로 인해 발생한다.
- **데이터 위험**: 명령 간의 데이터 종속성으로 인해 발생한다.
- **구조적 위험**: 자원 충돌로 인해 발생한다.

제어 위험, 즉 조건 분기가 파이프라인을 방해할 수 있는 방법을 파악하는 것은 어렵지 않다. 그림 4-9의 파이프라인에 표시된 첫 번째 명령이 조건부 분기 명령이고, 분기가 수행되는지 여부를 결정하는 논리가 EX 클라우드에 있다면 이미 인출되고 해석되어 파이프라인에 있는 순차 명령으로부터 분기가 끝날 수 있다. 이러한 명령은 더 이상 프로그램 실행 경로에 없는 것이다. 따라서 명령을 한 번에 하나씩 실행하고 있다는 환상을 유지하기 위해서는 분기 대상 주소에서 시작하는 명령으로 파이프라인을 다시 채워야 한다. 다시 피자 사례에 비유하자면 주문자가 요리사에게 잘못 받은 주문을 제출할 경우, 이미 오븐의 벨트를 통과하는 피자를 하나 이상 버리고 다른 피자로 교체해야 한다. 이로 인해 오븐에서 유효한 새 피자가 나오기 전에 조리 과정이 일시 중지된다. 전반적인 처리량이 저하되는 것은 말할 것도 없다.

위험 제어에 대한 전통적인 접근법 중 하나는 명령을 한 번에 하나씩 실행해서 분기가 지연됐다는 환상을 포기하는 것이다. 분기가 끝날 때 파이프라인에 입력된 순차 명령은 해당 분기가 선택됐는지 여부와 관계없이 항상 실행된다. 그런 다음 이러한 분기 지연 슬롯을 채우는 데 유용한 작업은 어셈블리어 프로그래머나 고수준 언어 컴파일러에게 위임한다.

그러나 실제로 이러한 방식은 매우 드물다. 대부분의 아키텍처는 분기 예측(branch prediction)과 예측 실행(speculative execution)이라는 두 가지 상호 연관된 메커니즘을 통해 파이프라인 해저드의 영향을 완화하려 한다. 여기서 CPU의 실행 논리는 가능한 두 가지 분기 목적지 중 어느 것이 선택될지를 예측한다. 코드의 해당 부분에서 수행된 분기의 누적 이력을 기반으로 예측하는 것이다. CPU는 분기의 실제 결과가 알려지기 전에 가장 가능성이 높은 대상에서 명령을 가져와 실행하기 시작한다. 예측이 잘못됐다면 이를 복구하기 위해 추측된 명령이 외부에 영향을 미칠 수 있는 파이프라인 단계에 도달하기 전에 이를 공명령(no-op instruction), 즉 무동작 명령으로 대체해서 무효화한다. 예측 실행을 위해서는 CPU가 예측 연신을 수행해야 하고, 잘못된 예측을 복구하는 비용도 만만치 않다. 잘못된 예측은 파이프라인의 깊이에 대략 비례하는 지연을 초래하는데, 이를 복구하려면 시간이 필요하다. 최신 고성능 프로세서에서는 20사이클 지연도 흔한 일이기 때문에 분기 예측의 개선이 CPU 성능의 주요 결정 요인이 됐다.

데이터 위험의 근원인 데이터 종속성(data dependence)은 더 미묘하다. 한 명령의 결괏값이 파이프라인의 다음 명령에 의해 피연산자로 필요하다고 가정해 보자. 두 번째 명령어는 첫 번째 명령어가 결과를 생성하기 전에 그 값을 요구할 수 있다. 두 번째 명령이 파이프라인을 통해 진행되는 것을 중지하지 않으면 쓰레기 값 또는 일부 이전 계산에서 남은 값을 사용해 명령을 끝낼 것이다. 앞에서 설명한 간단한 파이프라인 프로세서에서는 레지스터를 읽고 결과를 계산하고 결과를 쓰는 작업이 모두 EX 단계에서 일어나기 때문에 이러한 일이 발생하지 않는다. 다음 명령이 EX 단계에 도착하면 레지스터는 완전히 일관성 있게 동작한다. 하지만 EX 단계를 여러 단계로 분리하면 이런 문제를 걱정해야 하며, 이는 ARM을 포함한 거의 모든 최신 프로세서에 해당하는 문제다.

구조적 위험의 근원인 자원 충돌은 파이프라인의 두 명령이 동시에 일부 CPU 자원에 액세스해야 할 때 발생한다. 예를 들어, 서로 다른 파이프라인 단계의 두 명령어가 동시에 캐시 시스템을 통해 외부 메모리에 액세스해야 하는 경우, 이들 명령어 중 하나는 다른 명령어보다 우선순위를 가져야 한다. 간단한 예로, IF 단계의 읽기 명령어와 데이터를 읽거나 쓰는 다른 파이프라인 단계(보통 EX 단계일 가능성이 높다) 사이에서 이런 문제가 발생할 수 있다. 이러한 특정 충돌은 통일된 1단계 캐시를 데이터용과 기계어 명령 용의 두 개의 개별 캐시로 분할하는 방법을 통해 부분적으로 해결할 수 있다. 하버드의 초기 실험 컴퓨터가 기계어 명령과 데이터를 별도로 저장하고 액세스했기에 이러한 방식을 하버드 아키텍처라고 부른다. ARM11 CPU에는 수정된 하버드 아키텍처가 적용돼 있다.

데이터 종속성 및 자원 충돌 위험을 감지하고 해결하려면 실리콘에 더 많은 트랜지스터가 필요하다. 일반적인 접근법은 명령 해석 로직이 파이프라인 해저드 발생 시점을 식별하는 것이다. 이 검사를 수행하는 하드웨어를 인터로크(interlock)라고 한다. 인출된 명령이 어떤 종류의 위험 요소라도 나타내면 문제 명령 앞의 파이프라인에 공명령이 삽입된다. 이를 통해 지연을 만들어내고, 이전 명령이 파이프라인을 오가는 명령과 충돌하기 전에 수행 중인 작업을 완료할 수 있게 만든다.

ARM11 파이프라인

그림 4-12와 같이 ARM11 CPU의 파이프라인은 8단계로 나뉜다. 파이프라인은 그림 4-9와 같이 단순하지 않다. 파이프라인이 8개의 다른 단계로 분리되는 것 외에도 파이프라인을 통과할 수 있는 세 가지 경로가 있다. 실행에 필요한 경로는 실행 중인 명령의 유형에 따라 다르다.

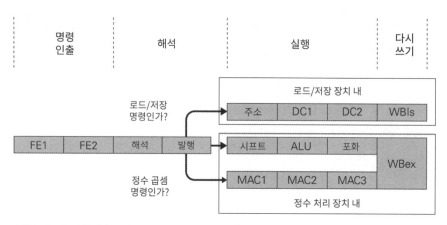

그림 4-12 ARM11의 파이프라인

처음 네 단계는 명령에 상관없이 동일하다. 그러나 명령이 발행되면 해석 로직이 세 가지 경로 중 하나를 선택한다. 각 명령 카테고리에는 고유한 파이프라인 경로가 있다.

- **정수 실행 경로**: 정수 연산을 실행하는 대부분의 명령
- **곱셈 누산 경로**: 정수 곱하기 명령
- **로드/저장 경로**: 로드 및 저장 명령어

그림에 표시된 단계와 약어는 아래와 같다.

- **FE1**: 첫 번째 인출 단계. 명령의 주소를 요청하고 명령을 수신한다.
- **FE2**: 분기 예측이 이 단계에서 이뤄진다.
- **해석(Decode)**: 명령을 해석한다.
- **발행(Issue)**: 레지스터로부터 명령을 읽고 발행한다.
- **시프트(Shift)**: 필요한 모든 시프트 작업을 이 단계에서 수행한다.
- **ALU**: 이 단계에서 ALU에서 필요한 정수 연산을 수행한다.
- **포화(Saturate)**: 정수 결과가 포화되어 강제로 정수 범위 내로 줄어든다.
- **MAC1**: 곱셈 명령을 실행하기 위한 첫 번째 단계다.
- **MAC2**: 곱셈 명령을 실행하기 위한 두 번째 단계다.
- **MAC3**: 곱셈 명령을 실행하기 위한 세 번째 단계다.

- **WBex**: 명령에 의해 변경된 레지스터 데이터는 레지스터에 다시 기록된다. WBex는 정수 실행 경로와 곱셈 누산 경로의 마지막 단계다.

- **주소(Address)**: 메모리에 액세스하기 위해 명령어가 사용하는 주소를 생성하는 데 사용된다.

- **DC1**: 주소가 데이터 캐시 논리에 의해 처리되는 첫 번째 단계다.

- **DC2** : 주소가 데이터 캐시 논리에 의해 처리되는 두 번째 단계다.

- **WBls**: 로드/저장 경로의 마지막 단계에서 메모리 위치에 대한 변경 사항을 되돌린다.

정수 실행 경로와 곱셈 누산 경로가 정수 실행 장치에 의해 처리되고, 로드/저장 경로가 별도의 로드/저장 장치에 의해 처리되기 때문에 전체적인 시스템은 생각보다 더욱 복잡하다. 실행 장치는 명령의 내용, 즉 정수 연산 또는 논리 연산, 메모리 액세스 등을 처리하는 CPU 하위 시스템이다. 부동 소수점 보조 프로세서가 코어에 있는 경우, 여기에 표시되지 않은 보조 프로세서의 자체 파이프라인이 발행된 명령의 실행을 처리한다(보조 프로세서에 대해서는 나중에 '보조 프로세서' 절에서 자세히 설명하겠다).

슈퍼스칼라 실행

결과적으로, 파이프라인으로 인해 더 성능이 저하될 수도 있다. 이에 대한 대책으로 1980년대 말에 슈퍼스칼라 실행(superscalar execution)이라는 메커니즘이 등장했다. 슈퍼스칼라 아키텍처는 오늘날 대다수의 CPU와 마찬가지로 앞 절에서 설명한 명령 파이프라인을 가지고 있다. 그러나 슈퍼스칼라 CPU는 동시에 두 개 이상의 명령을 발행한다. 그리고 발행된 명령은 발행과 동시에 실행된다. 슈퍼스칼라 CPU는 명령 실행의 중첩을 넘어서 진정한 병렬 처리를 수행한다(그림 4-13).

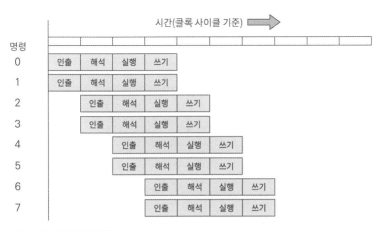

그림 4-13 슈퍼스칼라 실행

그림에 표시된 간단한 예를 보면, 슈퍼스칼라 CPU는 메모리에서 두 개의 명령을 가져와 병렬로 실행할 수 있는지 여부를 결정하기 위해 이를 검사한다. 가능하다면, CPU는 두 명령의 실행을 이중 실행 장치로 전달한다. 이 이중 실행 장치는 완전한 프로세서 코어가 아니다. 명령 작업만 처리하고 정수 연산, 논리 연산, 부동 소수점 연산, 벡터 연산만을 전문으로 하는 장치다. CPU는 모든 실행 장치를 가능한 한 많은 시간 동안 사용하도록 유지하려고 노력한다.

기본 메커니즘은 파이프라인과 동일하다. CPU는 명령 스트림에서 데이터 종속성을 확인한다. 데이터 종속성이 확인되면 두 명령을 한 번에 실행할 수 없으며, 파이프라인 정지(pipeline stall)가 발생한다. 예를 들어, 하나의 명령이 레지스터 4에 값을 추가하고 다음 순서의 명령이 레지스터 4의 내용에 또 다른 값을 곱한다면, 두 번째 명령이 첫 번째 명령에 의해 계산된 데이터에 의존하기 때문에 두 명령을 함께 발행할 수 없다.

파이프라인과 마찬가지로 프로그램 코드를 생성하는 컴파일러 역시 데이터 종속성을 찾고 명령을 다시 배열하는 방법을 통해 연속된 두 개의 명령이 종속성을 가지고 인터로크를 트리거하지 않도록 만들 수 있다. 즉, 다른 명령의 출력값에 의존하는 명령이 우선순위를 갖는 것이다. 최근의 슈퍼스칼라 CPU는 비순차적 명령어 처리(out-of-order execution)를 허용하기 때문에 이러한 최적화가 덜 중요해지고 있다. 이러한 CPU는 들어오는 명령 스트림을 동적으로 재정렬해서 달성 가능한 병렬 처리의 양을 최대화하고 데이터 종속성을 최소화할 수 있다.

슈퍼스칼라 실행, 특히 비순차적 명령어 처리는 트랜지스터 측면에서 비용이 많이 든다. 중복 실행 장치를 제공해야 한다는 부담 외에도 종속성 검사를 구현하는 논리가 점차 복잡해지게 된다. 이론적으로 CPU가 한 번에 4개 이상의 명령을 처리할 수는 있지만 보통 칩 설계자 입장에서는 이 시점에서 비용이 효용을 넘어서는 것을 확인하게 된다.

ARM11 마이크로 아키텍처는 슈퍼스칼라 실행을 지원하지 않는다. 슈퍼스칼라 기능은 코어텍스 A(Cortex A) 프로세서 제품군과 함께 ARM 제품군에 도입됐으며, 이 중 일부는 4개의 명령을 동시에 발행할 수 있다.

SIMD

슈퍼스칼라 실행에서는 동시에 여러 명령이 발행되고 동시에 실행된다. 구현하기는 어렵지만 설명하기는 쉬운 개념이다. 그런데 최신 CPU는 다른 유형의 병렬 처리를 지원한다. 여러 데이터 항목을 한 번에 조작하는 명령이 있다. 이러한 명령을 단일 명령 다중 데이터 처리(SIMD, single-instruction, multiple data) 명령이라 한다. 현재 대부분의 컴퓨터 아키텍처에는 일반적으로 다른 아키텍처와 동일하거나 호환되지 않는 자체 SIMD 명령어가 있다.

SIMD를 이해하려면 예제를 살펴보는 것이 가장 좋은 방법이다. ARM11과 같은 32비트 마이크로아키텍처에서의 일반적인 덧셈 명령은 단일 연산으로 32비트 값 하나를 다른 32비트 값에 더한다. 다른 명령은 같은 방법으로 빼기를 수행한다. 컴퓨터의 작업 중 일부는 최대한 많은 덧셈(또는 다른 산술 연산) 연산이 가능한 한 빨리 수행돼야 빨라질 수 있다. 디스플레이에서 색상을 조정하는 것 역시 그러한 상황 중 하나다. 1600x1200 픽셀 디스플레이를 사용할 때 색상을 조정하려면 약 2백만 픽셀을 처리해야 한다. 또한 각 픽셀은 색상을 조정하기 위해 세 개 또는 네 개의 더하기 또는 빼기가 필요하다. 단순하고 반복적인 계산이지만 그 양이 굉장히 많은 것이다.

전통적인 기계어 명령에서는 모든 덧셈과 뺄셈을 한 번에 하나씩만 수행할 수 있다(그림 4-14). 전체 픽셀 그룹을 조정하려면 각 값을 처리하기 위해 한 번 통과하는 프로그램 루프가 필요하다(프로그램 루프에 대해서는 5장 참조). 이러한 루프는 각 값당 하나의 분기뿐만 아니라 값을 로드하라는 명령과 변경된 값을 다시 쓰는 명령을 필요로 한다.

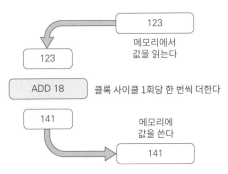

그림 4-14 하나의 값을 한 번에 처리하기

이러한 루프에서 필요한 분기 수를 최소화하는 트릭이 있지만 절감되는 비용에 비해 추가적으로 필요한 메모리가 만만치 않다. 2백만 픽셀을 처리해야 하는 상황에서는 그리 좋은 방법이 아니다.

SIMD 명령은 한 번에 둘 이상의 데이터 값에 대해 동일한 작업을 수행하도록 설계된 것이다. 일반적인 명령은 스칼라(단일 값)를 처리하지만 SIMD 명령어는 벡터를 처리한다고 말할 수 있다. 벡터(vector)란 주어진 아키텍처의 SIMD 명령어가 작용할 수 있도록 정렬된 데이터 값의 일차원 배열이다. 벡터는 일반적으로 길이가 2에서 16개까지이며 아키텍처에 따라 그 폭(각 값의 비트 수)이 다르다.

대다수의 컴퓨터 아키텍처에서 단일 SIMD 명령어는 네 가지 종류의 연산(덧셈, 뺄셈, 곱셈, 나눗셈)을 한 번에 병렬로 수행한다. 일부 컴퓨터 아키텍처에서는 4개 이상의 연산이 가능하지만 그 원리는 동일하다. 예를 들어, 4개 값을 가지는 벡터가 메모리에서 레지스터로 로드된다. SIMD 명령은 벡터의 4개 값 모두에 대해 동시에 연산을 수행한다. 그런 다음 전체 벡터가 메모리에 다시 기록된다(그림 4-15).

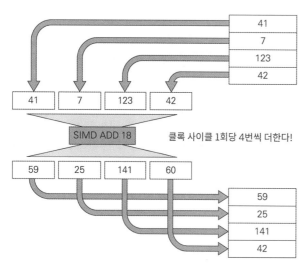

그림 4-15 SIMD 명령의 작동 원리

4번의 덧셈 또는 뺄셈 연산으로만 가능했던 것이 이제는 단 한 번의 연산으로 가능해지므로 3클록 사이클을 절약할 수 있다. 더 나아가 대부분의 아키텍처에는 4개의 메모리 값을 동시에 로드하고 저장하는 SIMD 명령어가 있다.

왜 SIMD 방식을 사용해야 할까? 프로세서의 슈퍼스칼라 발행 폭을 늘리고 프로그래머는 스칼라만 처리하는 게 낫지 않을까? 여기에 반론하자면 SIMD의 주요 이점은 SIMD 명령을 인출하고 해석하는 데 드는 시간 및 에너지 비용을 여러 연산에서 절약할 수 있다는 점이다. 프로그래머는 SIMD 명령어를 사용해 계산이 독립적이라는 것을 명시적으로 선언하므로 값비싼 인터로크 논리를 사용해 현재 발생할 수 없는 종속성을 감지하고 해결할 필요가 없어진다.

음향 및 그래픽(특히 3D 그래픽 및 비디오) 연산에는 굉장히 길고 반복적인 연산이 필요하므로 SIMD가 더 빛을 발한다. SIMD 명령은 긴 값의 행렬에 대해 한 번에 수학 연산을 수행할 수 있다. SIMD 명령은 음향 및 비디오의 인코딩 및 디코딩, 3D 그래픽 관리와 같은 작업을 처리하는 코드의 성능을 근본적으로 향상시킬 수 있다.

라즈베리 파이의 ARM11 코어는 제한된 방식으로 SIMD 명령어 실행을 지원한다. 항상 32비트 데이터 워드가 로드되지만 SIMD 명령어는 워드 내의 4바이트를 각각 별도의 값으로 처리한다. 이는 분명히 SIMD를 사용해서 처리할 수 있는 값의 크기를 제한하지만 8비트로도 많은 양의 음향 및 그래픽을 충분히 처리할 수 있다.

최신 ARM 코어텍스 CPU에는 NEON이라는 보조 프로세서가 있어서 특수한 128비트 레지스터에 저장된 여러 객체에 대해 SIMD 명령을 사용할 수 있다. 이를 통해 ARMv6 명령 세트의 SIMD 명령어보다 처리량을 두 배나 높일 수 있다. ARM 코어텍스와 NEON에 대한 자세한 내용은 뒤에서 설명할 예정이다.

엔디안

최초로 대량 생산된 상용 마이크로프로세서는 8비트 마이크로프로세서로, 한 번에 8비트(1바이트)의 데이터를 처리하고 한 번에 시스템 메모리에서 1바이트씩 읽고 쓸 수 있었다. CPU는 8비트에서 16비트로, 16비트에서 32비트로 발달했고, 최신 CPU 아키텍처는 이제 한 번에 64비트를 읽고 쓰게 됐다. 그런데 한 번의 읽기 또는 쓰기로 메모리에서 여러 바이트에 액세스한다면 명확하지 않은 점이 생길 것이다. 여러 바이트가 메모리에서 어떻게 정렬될까? 메모리에서 4바이트 또는 8바이트를 읽으면 CPU가 이 바이트를 어떻게 해석할까?

이 문제를 엔디안(endianness)이라 하며, 이 이름의 기원은 조나단 스위프트의 소설 '걸리버 여행기'다. 소설에 등장하는 소인국, 릴리풋 사람들은 삶은 달걀을 넓은 끝(big endian)으로 깰지, 좁은 끝(little endian)으로 깰지를 두고 내전을 벌였는데 이는 작가가 사회상을 풍자하기 위해 만든 줄거리였다. 그러나 알이 아닌 컴퓨터 아키텍처에서는 이것이 중요한 문제로 작용한다(그림 4-16).

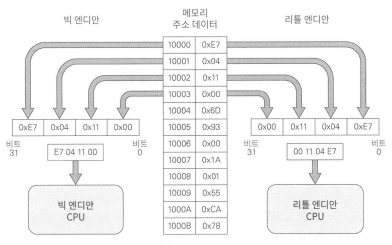

그림 4-16 빅 엔디안 vs. 리틀 엔디안 아키텍처

그림 4-16은 짧은 컴퓨터 메모리 실행을 보여준다. 각 위치에는 주소가 있으며 1바이트의 데이터를 저장한다. 주소 및 데이터 값은 16진수 형식을 가지고 있다. ARM11 코어와 같은 최신 32비트 CPU는 메모리를 액세스할 때 항상 4바이트씩을 읽거나 쓴다. 이러한 4바이트가 32비트 수를 나타낸다면 각 4바이트가 수에서 어떤 순서로 나오는지 알아야 한다. 2장에서 설명했던 진법을 기준으로 하면 원주 표기법(2장의 요점을 참조)에서 수의 최하위(least significant) 숫자는 관례에 따라 오른쪽에 표시되며, 최상위(most significant) 숫자는 왼쪽에 표시된다. 여기서 최상위는 가장 높은 값을 의미한다. 이진수 표기법으로 표시된 32비트 수의 가장 오른쪽 자리는 2^0, 즉 1의 값을 가진다. 가장 왼쪽의 값은 2^{31}, 즉 2,147,483,648의 값을 가진다(3장의 표 3-1을 참조).

리틀 엔디안 아키텍처에서 다중 바이트 값의 최하위 바이트는 메모리의 4개 바이트 중 최하위 주소에 저장된다. 최상위 바이트는 4개 중 최상위 주소에 저장된다. 그림 4-16에서 주소 0x10000의 데이터는 0xE7이다. 리틀 엔디안 시스템에서 값 0xE7은 최하위 바이트로 해석된다. 반면 빅 엔디안 시스템에서 0xE7 값은 최상위 바이트다. 그로 인에 빅 엔디안의 32비트 값은 리틀 엔디안의 값과 크게 달라진다. 리틀 엔디안 시스템에서 16진수 값 0x00 11 04 E7은 십진수로 1,115,367이다. 빅 엔디안 시스템에서 이 16진수는 순서가 뒤집어짐과 함께 0xE7 04 11 00으로 바뀌며, 이를 십진수로 바꾸면 3,875,803,392다.

빅 엔디안 아키텍처보다 리틀 엔디안 아키텍처에서 난해한 기술적 문제가 더 발생하는 편이긴 하지만 실제로는 대부분 리틀 엔디안 아키텍처를 채택하고 있다. 인텔의 x86을 포함한 최신 마이크로프로세서 아키텍처는 리틀 엔디안을 기반으로 한다(예외로는 모토로라의 6800, 68000과 썬 마이크로시스템즈의 SPARC가 있다). IBM의 유서 깊은 시스템 360과 같은 메인 프레임 아키텍처는 종종 빅 엔디안을 기반으로 한다.

기본적으로 ARM11 코어는 리틀 엔디안 기반이다. 그러나 ARMv3 이후 ARM 아키텍처는 흥미로운 기능을 제공한다. 바로 빅 엔디안과 리틀 엔디안을 자유롭게 설정할 수 있는 기능이다. 이 방식을 바이 엔디안(bi-endianness)이라 한다. 컴퓨터 네트워크는 빅 엔디안 방식이기 때문에 CPU가 네트워크 데이터를 빅 엔디안으로 해석하도록 허용하면 성능이 향상된다. 이는 네트워크로 주고받는 값의 바이트를 CPU에서 다시 정렬할 필요가 없어지기 때문이다.

엔디안 문제는 데이터 파일과도 연관돼 있다. 메모리에 들어있는 이진 데이터를 바이트 단위로 해석하는 응용 프로그램은 CPU가 해당 데이터를 디스크에 기록할 때 빅 엔디안으로 기록했는지, 리틀 엔디안으로 기록했는지 알아야 한다. 다른 엔디안을 사용하는 시스템으로 데이터 파일을 옮기면 CPU가 잘못된 순서로 데이터를 로드할 수 있으며, 파일에 액세스하는 응용 프로그램이 데이터를 올바르게 해석하지 못할 수 있다.

CISC와 RISC

1980년 경 IBM의 토마스 J. 왓슨 리서치 센터, UC 버클리 및 스탠포드 대학의 실험실에서 RISC(reduced instruction set computing)라는 새로운 개념이 등장했다. 이러한 연구 프로그램의 결과는 당시의 CPU 개발 방향을 극단적으로 전환시키며 결국 널리 사용되는 POWER[1], SPARC[2], MIPS[3] 아키텍처로 발전했다. CISC(complex instruction set computing)라는 용어는 RISC 이전의 아키텍처를 나타내기 위해 만들어진 용어다. 그리고 RISC와 CISC 아키텍처 진영은 지난 30년 동안 대립해 오며 컴퓨터 산업의 중요한 구도를 형성했다.

1970년대 중반, 미니 컴퓨터 및 메인프레임용 고성능 CPU의 설계는 두 가지 핵심 목표에 초점을 맞추게 됐다. 즉 코드 밀도의 증가, 그리고 상위 수준 프로그래밍 언어와의 의미적 차이를 연결한다는 두 가지 목표는 칩 설계자가 개별 기계어 명령에 점점 더 많은 기능을 집어넣게 만들었다. 당시 컴퓨터의 명령 집합을 살펴보면 몇 가지 예를 볼 수 있다. 1세대 CPU 한 대는 초기 비디오 디스플레이를 겨냥한 카메라를 트리거하는 명령을 가지고 있었다. 연결된 시스템 프린터에서 보호 덮개를 들어 올리기 위한 명령도 있었다. 이러한 모든 명령이 라이브러리 루틴이나 유틸리티 프로그램이 아니었다. 순수하게 CPU에 하드와이어된 시스템 명령이었던 것이다.

코드 밀도를 높여야 하는 이유는 메모리의 높은 비용과 상대적으로 낮은 속도 때문이었다. 3장에서 설명한 것처럼 컴퓨터의 역사 내내 시스템 메모리의 가격은 언제나 비쌌다. 메모리가 비싸기 때문에 메모리 시스템은 필연적으로 작을 수밖에 없었다. DEC PDP-8 미니 컴퓨터의 물리적 주소 공간 전체는 4,096바이트에 불과했다. PDP-8를 설계할 당시에는 이 정도의 용량이 일반적인 구매자가 감당할 수 있는 가격으로 구현할 수 있는 수준이었다. 더 큰 프로그램을 실행할 수는 있지만 운영체제가 가상 메모리를 구현하기 시작한 후에야 가능한 일이었다(3장 참조).

이러한 조건하에서는 프로그램을 물리적으로 짧게 유지하는 것이 유리했다. 또한 복잡하고 의미론적으로 풍부한 명령을 사용하면 명령 수를 줄이는 데 도움이 됐다. 예를 들어, 메모리 2바이트를 쓰는 스냅 카메라 명령을 통해 메모리 50~100바이트를 쓰는 스냅 카메라 서브루틴을 대체할 수 있는 것이다. 하지만 1970년대 중후반에 대용량 DRAM 칩이 등장하면서 코드 밀도를 높이기 위한 노력이 빛을 잃기 시작했다(이는 CPU의 가격 하락과 함께 최초의 개인용 컴퓨터를 가능케 했다).

---

1 Enhanced RISC를 통한 성능 최적화(Performance Optimization with Enhanced RISC)
2 확장형 프로세서 아키텍처(Scalable Processor Architecture)
3 인터로크 파이프라인 단계가 없는 마이크로프로세서(Microprocessor without Interlocked Pipeline Stages)

시맨틱 갭(semantic gap)이란 용어는 상위 수준 언어에서 제공하는 동작(중첩 루프, 함수 호출, 다차원 배열 색인화)과 기본 하드웨어에서 제공하는 동작(구조화되지 않은 조건 및 무조건 분기, 메모리의 주소로부터의 로드 및 저장 기능) 사이의 차이를 의미한다. 마이크로코딩(Microcoding)은 칩 설계자가 기계어 수준에서 고수준 기능을 직접 구현하는 명령을 만들어 시맨틱 갭을 줄였다. 컴파일러 또는 하위 수준 프로그래머는 이 명령을 사용해 상당한 성능 향상을 달성할 수 있지만 실제로는 대부분의 컴파일러가 아키텍처 간 단순성 및 이식성을 이유로 이를 무시한다. 통계적으로는 전체 시간의 80% 동안 전체 명령의 20%만이 사용되는 80/20 법칙이 드러났다. RISC에서 컴파일러가 사용하는 '축소된 명령 세트(reduced instruction set)'는 CPU 내부에 제공된 마이크로 명령과 매우 흡사하다.

최초의 실험용 RISC 머신은 간단한 명령으로 구성된 매우 작은 명령 세트만을 제공함으로써 이러한 통찰력을 활용했다. 마이크로 명령을 단순히 외부 세계에 노출시킨 CPU로 생각할 수도 있다. 프로그램을 구현하는 데 더 많은 RISC 명령어가 필요하지만 프로그램 성능은 CISC 아키텍처와 비교해서 뛰어났다. RISC 명령이 매우 빠르게 실행됐기 때문에 파이프라인과 같은 기법을 적용하기가 쉬웠으며 컴파일러는 더 복잡한 명령어를 사용할 필요가 없었다.

RISC CPU의 특징 중 하나는 거의 모든 명령이 항상 하드와이어드 로직으로 구현된다는 점이다. 실제로 오늘날의 마이크로코드는 현존하는 주요 CISC 아키텍처인 인텔 x86의 내부에서도 추방됐다. 2000년에 넷버스트(Netburst) 마이크로아키텍처가 도입된 이후, 인텔 프로세서는 내부적으로 RISC와 유사한 마이크로 연산을 수행했으며 기존의 CISC 명령어는 파이프라인의 입구에 독립적으로 발행된 마이크로 연산으로 번역됐다.

RISC 프로세서가 점진적 성능 향상, 그리고 (역설적이지만) 코드 밀도 향상을 위해 명령 집합 기능을 추가하는 과정에서 RISC와 CISC의 차이점도 흐려지기 시작했다. 명령 집합을 단순화하려는 원래 동기의 상당 부분은 제한된 트랜지스터 예산을 캐시나 확장된 레지스터 세트와 같은 새로운 기능으로 재사용하고자 하는 의도였다. 1990년대에 트랜지스터 예산이 폭발하면서 명령 세트 확장이 다시 가능해졌다. 오늘날 많은 RISC 아키텍처(ARM 포함)는 CISC와 거의 동일한 수의 명령어를 가지고 있다.

RISC의 유산

RISC와 CISC의 구별이 모호해졌음에도 RISC가 CPU 아키텍처 테이블에 가져온 주요 특성을 명확하게 논할 수 있다.

- 확장된 레지스터 파일
- 로드/저장 아키텍처
- 직교적인 기계어 명령
- 명령 및 데이터를 위한 별도의 캐시

이와 더불어 많은 사람들이 간과하는 RISC의 다섯 번째 특성이 있다. RISC는 새로운 출발이었다. 컴퓨터 과학자들은 거의 40년 만에 CPU 아키텍처를 처음부터 다시 설계했다. 20년 된 기술의 한계를 기반으로 한 가정은 버려졌다. '레거시(구식)' 코드를 지원하기 위한 요구사항도 사라졌다. 인텔의 현재 x86 아키텍처는 여전히 1974년의 8080 칩을 1980년대의 8086 칩으로 쉽게 변환할 수 있도록 지원하고 있지만 RISC 아키텍처에는 지원해야 하는 레거시가 없다.

이러한 특성을 자세히 살펴보자.

확장된 레지스터 파일

CPU 레지스터는 레지스터 파일(register file) 또는 레지스터 세트(register set)라고 불린다. CPU의 레지스터, 즉 기계 레지스터는 트랜지스터 예산을 많이 소모하는 편이기에 초기 CPU에는 거의 없었으며 있어도 그 규모가 매우 작았다. 8080에는 일반 프로그래밍에서 사용할 수 있는 7개의 8비트 레지스터가 있었다. 많은 인기를 끌었던 모토로라 6800과 MOS 테크놀로지 6502는 각각 3개의 레지스터를 가지고 있었다. 이와 대조적으로, 최초의 ARM CPU에는 13개의 32비트 범용 레지스터가 있고, 이후의 POWER RISC 프로세서에는 32개가 탑재됐다.

레지스터는 컴퓨터 전체에서 가장 빠른 데이터 저장 공간이다. 메모리에서 데이터를 읽는 것은 레지스터에서 데이터를 처리하는 것보다 훨씬 더 오랜 시간이 걸린다. 피연산자와 중간 결과를 저장할 수 있는 충분한 레지스터가 있으면 프로그램은 가능한 한 '메모리를 피해서' 동작함으로써 훨씬 빠른 CPU의 내부에만 머무르게 된다. 이는 메모리로의(또는 캐시로의) 왕복을 피함으로써 성능을 향상시키며, 현대의 슈퍼스칼라 프로세서가 명령 수준의 병렬 처리를 위한 기회를 찾아내도록 도와준다.

로드/저장 아키텍처

대부분의 CISC 아키텍처에서 기계어 명령은 시스템 메모리에 저장된 데이터에 직접 적용될 수 있다. CISC 아키텍처에서는 일반적으로 레지스터가 부족했기 때문이다. 일반적인 CISC ADD 명령은 레지스터 내용이나 임시 값을 메모리의 데이터 워드에 추가할 수 있다.

```
ADD [memory address], 8
```

이 명령은 8이라는 값을 첫 번째 피연산자로 지정된 주소의 메모리 위치에 더한다. 이러한 명령은 느린 편이다. 간단한 덧셈을 위해 두 개의 메모리 액세스가 필요하기 때문이다. 하나는 메모리에서 원래 값을 가져오고, 다른 하나는 새로운 값을 다시 쓰는 액세스다. 실제 프로그램에서 이러한 덧셈 작업은 단독으로 이뤄지는 것이 아니라 더 긴 일련의 작업 중 일부에 불과하다. 이러한 계산이 레지스터 내에서 모두 수행될 수 있다면 메모리 액세스를 훨씬 줄일 수 있다. 하지만 모든 레지스터가 바쁘다면 대안이 없을 것이다.

RISC 아키텍처는 더 큰 레지스터 파일에 액세스할 때 일반적으로 대부분의 명령어에서 메모리 액세스 권한을 제거해서 레지스터에서만 작동하게 한다. 그리고 메모리 액세스는 일부 특화된 기계어 명령만의 전유물이 된다.

CPU를 이렇게 설계한 결과가 로드/저장 아키텍처(load/store architecture)다. 특수한 로드 명령에 의해 값이 메모리에서 레지스터로 로드되고, 레지스터 내에서 처리된 다음 특수한 저장 명령에 의해 레지스터에서 다시 메모리로 기록되는 것이다. 이러한 설계의 목표는(현대 컴퓨터 아키텍처의 대다수와 마찬가지로) 가능한 한 메모리에 액세스하지 않고 파이프라인의 내부 작업을 단순화하는 것이다.

직교적인 기계어 명령

대부분의 CISC 명령에는 역사적으로 깊은 뿌리가 있다. 1950년대와 1960년대에 걸친 컴퓨터 아키텍처의 발전에 따라 새로운 필요에 의해 새로운 명령이 명령 세트에 추가됐다. 그로 인해 서로 길이가 다른 다중 바이트 명령이 CISC 명령 세트에 뒤죽박죽으로 들어갔다. 처음부터 세트로 설계된 것이 아니었기 때문에 명령 세트는 점점 질서를 잃고 규모만 커져 갔다.

이러한 즉흥적인 명령 세트의 두 번째 문제점은 많은 명령이 메모리 또는 레지스터에 액세스할 때 특수한 경우를 가지고 있다는 점이다. 예를 들어, 초기 CPU에는 누산기(accumulator)라고 하는 레지스터가 하나 있는데, 누산기는 산술 및 논리 명령에 쓰이는 값을 저장한다. 초기의 명령은 대부분 누산기를 특별한 경우의 레지스터로 취급했다.

특수한 경우는 다른 방법보다 명령의 해석 및 실행이 더 복잡하고 시간이 오래 걸린다. 그래서 컴퓨터 과학자들은 새로운 RISC 명령어 세트를 설계할 때 특수한 경우를 없애고 모든 명령을 동일한 길이로 만들었다. 32비트 RISC 아키텍처(라즈베리 파이의 ARM11 CPU 포함)에서 명령 길이는 사실상 32비트 워드로 통일돼 있다.

명령의 길이가 모두 같고 특수한 경우 없이 CPU 자원을 처리하도록 설계된 명령 세트의 특징을 직교적(orthogonal)이라고 표현한다. 직교적인 기계어 명령의 내부 구조도 (나중에 설명하겠지만) 명령 해석을 단순화하기 위해 표준화됐다.

명령 캐시와 데이터 캐시의 분리

2장에서 설명했듯이 하버드 대학의 1944 마크 I과 같은 초기 컴퓨터는 기계어 명령과 데이터를 완전히 별개의 메모리 시스템에 저장했다. 폰 노이만은 기계어 명령이 데이터와 물리적으로 다르지 않으며, 둘 다 단일 메모리 시스템에 있어야 한다고 지적했다.

초기 RISC CPU를 만든 컴퓨터 과학자들은 폰 노이만의 원리에서 조금 벗어났다. 그들은 코드와 데이터를 단일 메모리 시스템에 저장하는 데는 동의했지만 명령 캐시와 데이터 캐시를 별도로 두면 성능상의 이점이 생긴다는 점을 입증했다. 코드 캐시와 데이터 캐시를 분리해서 ARM ISA가 처음 구현한 제품이 바로 스트롱암(StrongARM) 마이크로아키텍처다. 설계자들이 스트롱암 실리콘 다이에 있는 250만 개의 트랜지스터 중 60%를 캐시 2개에 할당하기로 결정한 사실을 통해 CPU 성능에 캐시가 얼마나 크게 기여하는지 알 수 있다. ARM11 마이크로아키텍처는 역시 이 '수정된 하버드 아키텍처'를 사용하며, 별도의 캐시를 가지고 있다.

성능이 개선된 이유는 3장에서도 설명했던 참조 국부성에서 기인한다. 기계어 명령은 일반적으로 프로그램 데이터와는 별도의 메모리 영역에 저장된다. 더 중요한 것은, 메모리의 명령은 일반적으로 프로그램이 실행될 때 순서대로 액세스된다는 점이다. 데이터는 프로그램의 필요에 따라 임의의 순서로 액세스할 수 있는 메모리 워드의 블록으로 정렬된다. 데이터 액세스는 진정으로 무작위가 아니지만 순차적인 경우는 거의 없다. 코드 캐시와 데이터 캐시를 분리하면 서로 다른 대체 정책을 사용할 수 있으며, 잠재적으로 각 캐시의 액세스 패턴에 맞게 캐시 라인의 크기(3장 참조)를 최적화할 수 있다.

물론 모든 RISC 아키텍처가 지금까지 설명한 모든 특징을 동일하게 가진 것은 아니다. 35년에 이르는 RISC의 역사를 통틀어 여러 가지 시도가 있었다. 가장 널리 쓰이는 인텔 x86을 비롯한 대부분의 최신 CISC 아키텍처는 RISC의 많은 특성을 통합했다는 점에서 RISC 설계가 얼마나 큰 성공을 거뒀는지 알 수 있다.

이번 장의 나머지 부분에서는 RISC CPU 제품군 중 하나인 ARM 홀딩스(ARM Holdings PLC)의 ARM 프로세서, 특히 ARM11 프로세서와 ARM 코어텍스 프로세서를 중점적으로 다루겠다.

ARM의 태동

1981년 초 영국 방송국 BBC는 시청자, 특히 젊은이들 사이에서 컴퓨터 기술을 육성하기 위한 프로젝트를 시작했다. 그들의 컴퓨터 활용 능력 프로젝트(Computer Literacy Project)는 견고하면서 저렴한 대중 컴퓨터를 필요로 했기에 필요한 컴퓨터의 사양을 정한 후 입찰을 받기 시작했다. 사양을 충족시킨 유일한 설계는 아콘 컴퓨터(Acorn Computers)의 프로톤(Proton)이었다. 프로톤은 인기 있는 애플 II 기기에 사용된 것과 동일한 6502 마이크로프로세서를 기반으로 했다. BBC에 채택된 이후, 프로톤은 'BBC 마이크로컴퓨터'라는 별명이 붙었고 150만 대의 판매고를 올렸다.

IBM PC가 개인용 컴퓨터를 사무용 컴퓨터로 변모시킨 후, 아콘 컴퓨터도 사무용 컴퓨터로 판매할 고급 기기를 만들기로 결정했다. 개발을 위해 8086과 68000을 비롯해 당시의 모든 주요 마이크로프로세서를 검토했으나, 여러 가지 이유로 모든 프로세서가 부적합하다고 판명됐다. 결국, 1983년 아콘 컴퓨터는 고성능 시스템에 사용하기 위한 마이크로프로세서를 자체적으로 설계하는 야심 찬 프로젝트를 시작했다.

아콘 컴퓨터의 엔지니어인 소피 윌슨(Sophie Wilson)과 스티브 퍼버(Steve Furber)가 이끄는 팀은 버클리 RISC 프로젝트를 승계한 연구에 착수했다. 1985년 중반에 최초의 아콘 RISC 머신(ARM, Acorn RISC Machine) CPU 칩이 만들어졌다. 이 ARM1은 상업적으로 생산되지 않은 시제품이었다. 대량 생산을 위한 칩은 1986년 ARM2라는 이름으로 등장했다. ARM2 마이크로프로세서는 6502 기반 BBC 마이크로컴퓨터에서 처음으로 보조프로세서로 사용됐고, 특히 그래픽 및 CAD와 같은 영역에서 성능을 크게 향상시켰다.

최초의 ARM 기반 마이크로컴퓨터는 1987년 아콘 아르키메데스(Acorn Archimedes)라는 이름으로 출시됐다. 아르키메데스에는 아콘이 최초로 시도한 그래픽 사용자 인터페이스(GUI) 기반 운영체제인 아서(Arthur)가 탑재됐다. 아서는 나중에 RISC OS로 개발되어 명맥을 이어오고 있다.

> **알아두기**
>
> 라즈베리 파이에서 RISC OS를 무료로 내려받을 수 있다. RISC OS에 대한 자세한 내용은 https://www.riscosopen.org/wiki/documentation/show/Welcome to RISC OS Pi에서 확인할 수 있다.

ARM CPU의 개발 부서는 1990년에 별도의 회사로 분할됐으며, ARM의 약어도 '고급 RISC 머신(Advanced RISC Machine)'으로 바뀌었다. 이 회사는 1998년에 현재의 ARM 홀딩스(ARM Holdings)가 된다.

마이크로아키텍처, 코어, 제품군

ARM 제품에서 사용하는 명명법이 혼동을 일으킬 때가 있다. ARM 프로세서의 명령어 세트 아키텍처(ISA)에는 버전 번호가 있다. 그런데 ARM 마이크로아키텍처에도 별도의 버전 번호가 있다. 마이크로아키텍처라는 용어는 CPU 설계자가 명령어 세트 아키텍처를 실리콘에 구현하는 방식을 의미한다. ISA는 CPU의 동작을 정의하며, 마이크로아키텍처는 구조를 정의하는 것이다.

ARM 프로세서는 제품군 단위로 나뉘며, 각각 자체적인 마이크로아키텍처 버전 번호를 가진다. 첫 번째 버전의 ARM ISA는 프로토타입 ARM1 프로세서에서만 사용되는 ARMv1이다. ARMv2 ISA는 ARM2 및 ARM3 CPU 제품군에서 구현됐다. ARMv3은 ARM6 및 ARM7 제품군 등에서 구현됐다. 라즈베리 파이의 CPU는 ARM11 제품군에 속하며 ARMv6 명령어 세트를 구현했다. ARM 제품군 내의 프로세서는 중요한 아키텍처 차이를 반영하기보다는 작은 차이를 반영해서 명명된다. ARM11 마이크로아키텍처는 ARM11 제품군의 4개 코어에 모두 적용된다.

ARM CPU를 '코어'라고 부르는 것을 자주 들어 봤을 것이다. 사실 '코어'라는 단어는 컴퓨터 업계의 공인된 기술 용어가 아니다. 보통 코어란 다중 코어를 포함하는 단일 칩 설계에 존재할 수 있는 커다란 독립 구성 요소를 나타낸다. 하지만 ARM의 세계에서 코어란 기본적으로 하나의 CPU이며, USB 및 네트워크 포트, 그래픽 프로세서, 대용량 저장 장치 컨트롤러, 타이머, 버스 컨트롤러 등과 같은 비 CPU 로직을 포함하는 장치에 통합될 수 있다. 그리고 이러한 장치는 단일 칩 시스템, 즉 SoC(System-on-a-Chip)라고 불린다.

라이선스 사업 모델

ARM에서 사용하는 '코어'의 정의는 ARM 홀딩스와 인텔이 사용하는 사업 모델 간의 근본적인 차이점을 통해 조금 더 쉽게 이해할 수 있을 것이다. 인텔은 완제품 칩을 설계하고 개발한다. 각각의 칩은 플라스틱 또는 세라믹 집적 회로 패키지로 만들어져서 컴퓨터 회로 보드에 꽂히거나 납땜될 준비가 된 상태다. 이와 대조적으로, ARM 홀딩스는 순수한 설계 회사다. ARM의 엔지니어는 CPU 코어 및 기타 컴퓨터 논리를 설계한 다음 다른 회사에 라이선스를 공급한다. ARM 설계에 대한 라이선스를 취득한 기업은 이를 변경하거나 자체 논리와 통합해서 SoC 설계를 완성하고 사용할 수 있다. 이렇게 SoC 설계를 완성한 회사는 집적회로를 제조하는 칩 파운드리(chip foundry)라는 업종의 회사에 설계를 전달한다.

표준화된 노트북 및 데스크톱 PC 설계가 컴퓨터 산업을 지배하는 과정에서는 인텔의 사업 모델이 주도적인 위치를 차지했다. 그러나 스마트폰과 태블릿 컴퓨터가 대중 시장에 진입한 후, 제품의 외관

뿐 아니라 제품의 핵심을 차별화해야 하는 경쟁 시장이 펼쳐졌다. ARM 기반 제품의 혁신은 CPU 실리콘으로까지 확장됐다. 대부분의 ARM 라이선스 보유자는 인증된 완성형 ARM 코어를 사용했지만 ARM은 ARM의 마이크로아키텍처가 아닌 자체 코어를 만드는 수많은 아키텍처 사용자에게도 ISA의 라이선스를 허가했다. 가장 초기의 예가 바로 스트롱암 코어다. 이 코어는 1990년대에 DEC(Digital Equipment Corporation)에서 설계했고 후에는 XScale이라는 이름으로 인텔에 매각됐다. 스트롱암/XScale은 독자적인 마이크로아키텍처에 ARMv4 ISA를 구현했으며, ARM 라인에서 명령 캐시와 데이터 캐시를 분리한 첫 번째 CPU였다. 최근의 ARM 아키텍처 라이선스 응용의 예로는 애플의 스위프트(Swift) 코어 및 퀄컴의 스콜피온(Scorpion), 크레이트(Krait) 코어를 들 수 있다.

라즈베리 파이 컴퓨터는 모두 브로드컴에서 설계한 SoC를 사용한다. 1세대 보드에는 하나의 ARM11 코어가 탑재됐고, 2세대 및 3세대 보드에는 4개의 코어텍스 제품군 코어를 탑재했다. 이제부터는 ARM11 마이크로아키텍처에 대해 더 자세히 알아보자. 이번 장의 후반부에서는 라즈베리 파이의 SoC 장치와 그 설계에 대해 살펴보겠다.

ARM11

2002년에 발표된 ARM11 마이크로아키텍처는 ARMv6 ISA를 구현한 최초의 ARM 제품군이다. 32비트 마이크로아키텍처로서, 모든 기계어 명령이 32비트 폭을 가지며 메모리는 32비트 워드로 액세스된다. 일부 ARM 기계어 명령은 작은 피연산자만을 연산하도록 설계돼 있으며, 이러한 작은 피연산자에는 16비트 하프 워드와 8비트 바이트의 두 가지 유형이 있다.

ARM 명령 세트

ARMv6 ISA에는 ARM, Jazelle, Thumb의 세 가지 개별 명령 세트가 포함돼 있다. 이 가운데 가장 자주 쓰이는 것은 ARM 명령 세트다.

ARM

이번 장부터는 가끔씩 ARM 기계어 명령을 볼 수 있으므로 기계어 명령이 어떻게 구성돼 있는지 간단히 알아보는 것이 좋을 것이다. 몇 가지 예를 살펴보자.

가장 이해하기 쉬운 기계어 명령은 데이터에 대해 산술 연산을 수행하는 명령이다. 앞에서 RISC 기계어 명령이 메모리에 직접 액세스하지 않는다고 언급한 것을 기억하자. 데이터에서 수행해야 할 모든 작업은 레지스터에 저장된 데이터로 수행된다. 두 개의 레지스터의 내용을 더하고 그 합을 세 번째 레지스터에 넣는 ADD 명령을 생각해 보자. ADD 명령의 일반적인 어셈블리 언어 형식은 다음과 같다.

```
ADD{<조건 코드>} {S} <Rd>, <Rn>, <Rm>
```

대부분의 ARM 명령은 이러한 형식을 따른다. 위 표기법에 대해 설명하자면

- 중괄호({})로 묶인 것은 선택 사항이다. 중괄호 밖에 있는 것은 필수 항목이다.
- 꺾쇠 괄호(<>) 안에 있는 것은 기호나 값의 자리 표시자다.
- Rd는 목적 레지스터를 의미한다. 명령에 목적 레지스터 피연산자가 있으면 니모닉 다음 첫 번째 피연산자가 곧 목적 피연산자다. Rn 및 Rm은 소스 레지스터 피연산자의 이름이다. m과 n에는 특별한 의미가 없다.

거의 모든 ARM 명령어는 조건부로 실행될 수 있다(이번 장의 후반부에서 자세히 다루겠다). 선택적 항목인 <조건 코드>는 명령 동작이 수행되기 전에 충족돼야 하는 15가지 조건 중 하나를 지정한다. 조건 코드가 충족되지 않으면 명령은 파이프라인을 통해 그대로 진행되고 다른 작업을 수행하지 않는다. 조건 코드를 지정하지 않으면 기본값 'always'가 설정되어 무조건 실행된다.

선택적 접미사 S는 ADD 명령이 더한 결과에 따라 조건 플래그를 수정하도록 지시한다. 다음으로 플래그는 조건부로 실행된 후속 명령을 제어한다. S 접미사가 없으면 기계어 명령이 플래그의 값을 변경하지 않고 작업을 수행한다. 이는 일련의 명령어가 플래그를 설정하는 초기 연산을 기반으로 조건부 작업을 수행할 수 있음을 의미한다.

아래는 레지스터 1(R1)의 내용을 레지스터 2(R2)에 추가하고 그 합을 레지스터 5(R5)에 넣는 명령이다.

```
ADD R5, R1, R2
```

Zero 플래그가 설정된 경우에만 실행되도록 명령을 작성하려면 니모닉에 조건 코드 EQ를 추가하자.

```
ADDEQ R5, R1, R2
```

뺄셈도 거의 같은 방식으로 작동한다. R4에서 R3을 빼고 그 차이를 R2에 넣는 명령은 (프로그래머가 뺄셈으로 플래그를 설정하기를 원한다고 가정하면) 아래와 같다.

```
SUBS R2, R4, R3
```

모든 명령어가 3개의 피연산자를 사용하는 것은 아니다. MOV 명령은 한 레지스터에 저장된 값을 다른 레지스터에 복사하거나, 피연산자로 넣은 값 자체를 레지스터에 저장한다.

```
MOV R5, R3
MOV R5, #42
```

첫 번째 명령은 R3에 있는 모든 내용을 R5로 복사한다. 두 번째는 값 42를 R5에 저장한다.

ARM 아키텍처 참조 설명서(ARM Architecture Reference Manual)는 여러 ARM 명령어 세트에 대한 소개를 담고 있어 유용하다(더 이상 공개돼 있지 않지만 가끔 구글 검색으로 발견할 수도 있다). 짧은 어셈블리어 프로그램을 작성한 다음 디버거에서 실행을 검사하는 방법으로 다양한 명령의 역할을 확인할 수도 있다. 라즈비안 운영체제에 포함돼 있는 GNU Compiler Collection은 매우 훌륭한 어셈블러를 가지고 있다. 5장에서는 짧은 어셈블리어 테스트 프로그램을 작성하고 실행하는 방법을 설명하겠다.

Jazelle

Jazelle 명령 세트를 사용하면 ARM11 코어가 소프트웨어 해석 없이 자바(Java) 바이트코드(bytecode)를 직접 실행할 수 있다(5장에서 자바와 파이썬 등의 바이트 코드 언어를 다룰 예정이다). 하지만 ARM 홀딩스는 2011년에 Jazelle의 사용을 중단했고, 더 이상 이 기술을 유지하지 않을 것이기에 새로운 프로젝트에서는 사용하지 않을 것을 권장하고 있다.

알아두기
컴퓨터 제조업체는 수명이 다한 것으로 판단되면 기능 또는 제품 라인을 사용하지 않는 경우가 있다. 이것은 해당 기능, 제품을 불가능하게 한다기보다는 오히려 미래에 사용할 것을 강력하게 반대한다는 의미를 가진다. 많은 제조사는 향후 중단될 제품이나 기능이 어느 시점부터 철회된다거나, 다양한 방식으로 제품 지원이 중단될 것이라고 덧붙인다. 그렇기 때문에 폐기된 기능 및 제품을 새로운 설계에 적용해서는 안 된다.

Thumb

Thumb 명령 세트는 32비트 ARM 명령 세트를 16비트로 구현한 세트다. Thumb 명령은 32비트 대신 16비트의 폭을 가진다. 이렇게 하면 코드 밀도가 높아지므로 더 많은 명령(및 더 많은 기능)이 주어진 메모리에 저장될 수 있다. 일부 보급형 장치는 메모리가 제한돼 있어서 16비트 시스템 버스를 통해 한 번에 16비트씩 메모리에 액세스한다. Thumb 명령은 이러한 버스를 더욱 효율적으로 사용하도록 설계돼 있다. Thumb 명령은 여전히 레지스터에서 32비트를 처리한다. Thumb 명령이 모든 레지스터에 대해 완전히 사용 가능한 것은 아니며, 하드웨어 자원 일부는 제한된 방법으로만 사용할 수 있다.

Thumb 명령 세트의 매력은 따로 있다. Thumb 명령은 메모리 또는 캐시에서 인출된 후 CPU 내부의 전용 논리에 의해 일반 ARMv6 명령으로 확장된다. 그것들이 명령 파이프라인에 들어가면 더 이상 Thumb 명령이 아니게 된다. 따라서 Thumb 명령어는 주어진 양의 메모리에 더 많은 명령을 저장할 수 있는 일종의 속기다. Thumb 명령 세트는 일반적으로 임베디드 시스템 프로그래밍에 사용된다. 임베디드 시스템은 마이크로프로세서와 소프트웨어를 통합해서 업무를 수행하지만 범용 컴퓨터는 그렇지 않다. 그런데 임베디드와 범용 사이의 이 경계는 명확하지 않다. 라즈베리 파이는 기존의 데스크톱 컴퓨터처럼 작동할 수 있는 충분한 메모리와 CPU 성능을 갖추고 있음에도 임베디드 시스템에 사용될 때가 많다.

알아두기

ARM11 코어가 Thumb 명령을 실행할 때 이를 'Thumb 상태(Thumb status)'에 있다고 표현한다. 마찬가지로 Jazelle 명령을 실행하는 동안은 코어가 Jazelle 상태에 있다. 라즈베리 파이는 보통 전체 32비트 ARM 명령 세트를 사용해서 ARM 상태에서 작동한다.

여기서 프로세서 '상태'와 프로세서 '모드'를 혼동해서는 안 된다.

프로세서 모드

초기 데스크톱 운영체제는 응용 프로그램이 오작동을 일으키는 것을 막을 수 없었다. 실제로 CP/M-80 시스템은 메모리가 거의 없어서 CP/M-80 시스템의 상당 부분은 응용 프로그램을 시작한 후 메모리에서 제거된 다음 응용 프로그램이 종료될 때 다시 로드된다. PC-DOS는 메모리에 남아 있었지만 윈도우는 1993년 윈도우 NT가 처음 출시될 때까지 운영체제가 아닌 PC-DOS를 통해 실행되는 사용자 인터페이스로써만 작동했다. CP/M-80 및 PC-DOS는 운영체제라기보다는 시스템 모니터로 간주된다.

알아두기

시스템 모니터란 응용 프로그램을 로드하고 실행하지만 시스템 자원을 관리하는 측면이 거의 없는 시스템 소프트웨어다.

메모리 부족은 사실 문제의 일부에 불과했다. 당시의 CPU 칩이 시스템 소프트웨어를 응용 프로그램 소프트웨어로부터 보호할 능력이 없다는 점이 더 큰 문제였다. 1985년 인텔의 386 CPU는 보호

모드(protected mode)를 지원하는 최초의 인텔 칩으로, 운영체제 커널이 시스템 자원에 대한 독점적인 액세스 권한을 가지고 응용 프로그램은 액세스가 불가능한(사용자 모드에서만 액세스 가능) 모드를 통해 진정한 인텔 프로세서 기반 운영체제를 구현했다. 범용 컴퓨터에 쓰이는 모든 최신 CPU에는 시스템 자원을 관리하고 응용 프로그램이 운영체제 및 기타 응용 프로그램을 방해하지 못하게 하는 논리가 포함돼 있다.

ARM11 프로세서는 사용자 응용 프로그램 및 하드웨어의 운영체제 관리를 지원하는 여러 가지 모드를 제공한다(표 4-1). 사용자 모드를 제외한 모든 모드는 관리자 모드(privileged mode)로 간주되므로 시스템 자원에 대한 모든 액세스 권한을 가진다. 감독자 모드(supervisor mode)는 특히 운영체제 커널 및 운영체제와 연결된 기타 보호 코드에 의해 사용된다. 시스템 모드(system mode)는 기본적으로 전체 권한과 모든 하드웨어에 대한 액세스 권한을 가진 사용자 모드로서, 저성능 임베디드 작업을 제외하고는 많이 사용되지 않으며 지금에 와서는 사실상 지원이 중단됐다.

표 4-1 ARM11 프로세서 모드

모드	약자	모드 비트	설명
사용자	usr	10000	사용자 응용 프로그램 실행용
감독자	svc	10011	운영체제 커널용
시스템	Sys	11111	지원이 중단됨
보안 모니터	mon	10110	트러스트존(TrustZone) 응용 프로그램용
FIQ	fiq	10001	고속 인터럽트(fast interrupt) 서비스용
IRQ	irq	10010	범용 인터럽트(general-purpose interrupt) 서비스용
종료	abt	10111	가상 메모리 및 기타 메모리 관리용
미확인	und	11011	미확인 기계어 명령(보조 프로세서 및 신규 ISA 등)의 소프트웨어 에뮬레이션용

FIQ, IRQ, 종료 및 미확인 모드는 인터럽트 및 예외를 지원한다. 인터럽트는 CPU 외부에 있는 하드웨어 장치의 신호로서 장치에 주의가 필요함을 나타낸다. 예외(exception)는 CPU 내의 비정상적인 이벤트로서 운영체제 CPU가 함께 특별히 처리해야 하는 이벤트다. 대표적인 예로 가상 메모리 페이지 오류, 0으로 나누기와 같은 산술 오류가 있다. 예외에 대해서는 레지스터와 함께 다시 설명할 기회가 있을 것이다.

시스템 모니터 모드는 트러스트존(TrustZone)이라는 ARMv6 기능과 함께 사용된다. 이 트러스트존 기능은 '월드(world)'라는 격리된 메모리 영역을 만들고 그 사이의 데이터 전송을 관리하는 기능으로,

주로 콘텐츠의 디지털 권한 관리(DRM, digital rights management)에 사용되며 프로그램이 메모리에서 읽어 해석한 콘텐츠를 '스니핑(sniffing)'해서 저장 장치에 쓰지 못하게 한다. 트러스트존이 모든 ARM11 프로세서에 구현된 것은 아니며, 구현을 위해서는 SoC 설계에 사용되는 시스템 데이터 버스의 동작을 특별하게 변경해야 한다. 라즈베리 파이의 BCM2835 SoC에서도 트러스트존을 사용할 수 없다.

ARM의 감독자 모드는 운영체제 커널에서 사용하는 모드다. 커널과 커널이 실행되는 메모리를 커널 공간(kernel space)이라고 부른다. ARM 시스템을 재설정하면 CPU가 감독자 모드로 전환되고 커널이 실행된다. 유닉스/리눅스 용어 중 하나인 유저랜드(userland)는 사용자 응용 프로그램이 실행되는 메모리 및 소프트웨어 환경을 가리키는데, 일부 운영체제는 유저랜드에 중요하지 않은 장치 드라이버를 배치하며 여기에는 OS 및 특정 하드웨어 자원에 대한 인터페이스를 제공하는 소프트웨어 라이브러리도 포함된다.

여러 프로세서 모드 간의 차이점은 ARM 레지스터 파일의 사용과도 관련이 있다. 지금부터 ARM 제품군의 풍부한 레지스터에 대해 살펴보자.

모드와 레지스터

RISC CPU 설계의 근본적인 특징 중 하나는 CPU 내에 가능한 한 많은 레지스터를 배치했다는 점이다. CPU의 레지스터가 많을수록 메모리의 명령 피연산자에 액세스하거나 중간 결과를 메모리에 저장해야 하는 횟수가 줄어든다. CPU가 메모리에 액세스하지 않고 명령을 실행할 수 있게 되면 실행 속도가 빨라진다.

RISC 구조가 아닌 대부분의 ISA와 비교하면 ARMv6에는 많은 레지스터가 있으며 모두 32비트의 크기를 가진다. 레지스터의 수는 총 40개로, 33개의 범용 레지스터와 7개의 상태 레지스터로 나뉜다. 모든 레지스터가 모든 모드에서 항상 사용 가능한 것은 아니다. 또한 일부 레지스터에는 사용에 제한이 있는 특수 기능이 있다.

ARM 레지스터 사용법을 파악하려면 어떤 모드에서 어떤 레지스터를 사용할 수 있는지 시각적으로 확인하는 것이 좋을 것이다. 그림 4-17을 보자.

ARM11의 레지스터 파일

사용자 및 시스템	고속 인터럽트	인터럽트	감독자	중단	미확인	시스템 모니터
R0	R0	R0	R0	R0	R0	R0
R1	R1	R1	R1	R1	R1	R1
R2	R2	R2	R2	R2	R2	R2
R3	R3	R3	R3	R3	R3	R3
R4	R4	R4	R4	R4	R4	R4
R5	R5	R5	R5	R5	R5	R5
R6	R6	R6	R6	R6	R6	R6
R7	R7	R7	R7	R7	R7	R7
R8	R8 R8_fiq	R8	R8	R8	R8	R8
R9	R9 R9_fiq	R9	R9	R9	R9	R9
R10	R10 R10_fiq	R10	R10	R10	R10	R10
R11	R11 R11_fiq	R11	R11	R11	R11	R11
R12	R12 R12_fiq	R12	R12	R12	R12	R12
R13	R13 R13_fiq	R13 R13_irq	R13 R13_svc	R13 R13_abt	R13 R13_und	R13 R13_mon
R14	R14 R14_fiq	R14 R14_irq	R14 R14_svc	R14 R14_abt	R14 R14_und	R14 R14_mon
R15 (PC)	R15 (PC)	R15 (PC)	R15 (PC)	R15 (PC)	R15 (PC)	R15 (PC)

ARM 범용 레지스터

CPSR	CPSR	CPSR	CPSR	CPSR	CPSR	CPSR
	SPSR_fiq	SPSR_irq	SPSR_svc	SPSR_abt	SPSR_und	SPSR_mon

ARM 프로그램 상태 레지스터

그림 4-17 ARM11의 레지스터 파일

16개의 ARM 범용 레지스터 중에서 진정한 의미의 범용 레지스터는 앞의 13개에만 해당한다. 레지스터 R13, R14, R15는 프로그램 실행에 있어 특별한 역할을 한다. R15는 실행될 다음 명령의 주소를 항상 포함하는 프로그램 카운터(PC)의 역할을 한다. 다른 프로세서 아키텍처와 달리 ARM 프로그램 카운터는 사용자 모드에서도 자유롭게 읽고 쓸 수 있다. R15에 새 주소를 쓰는 것만으로 무조건 분기를 효과적으로 구현할 수 있지만 이 방법은 바람직하지 않은 프로그래밍 습관이다. 소프트웨어의 주소를 하드코딩(hard-coding)하면 운영체제가 메모리에서 코드를 로드하고 실행할 위치를 결정할 수 없으며, 이러한 코드는 오작동할 가능성이 크다.

R14는 링크 레지스터(LR)라고 불린다. LR은 BL(Branch with Link)이라는 이름의 명령 그룹 중 하나를 사용해 빠른 서브루틴 호출을 실행하는 데 사용된다. BL 또는 BLX 명령어가 실행되면 CPU는 반환 주소를 LR에 저장한 다음 서브루틴 주소로 분기한다. 서브루틴 실행이 끝나면 LR에 저장된 반환 주소가 프로그램 카운터에 다시 복사된다. 그런 다음 서브루틴을 탈출한 프로그램은 주 실행 루틴으로 복귀해서 실행을 계속한다.

R13은 일반적으로 스택 포인터(SP)로 쓰인다. ARM SP의 작동 방식은 거의 모든 CPU 아키텍처에서 SP가 작동하는 방식과 같다(스택이 어떻게 작동하는지 모르겠다면 그림 4-6과 이번 장 앞부분의 관련 내용을 참조하자). 대부분의 ARM 명령은 R13을 범용 레지스터로 사용할 수 있지만 ARM 홀딩스는 이러한 방식의 사용을 더 이상 권장하지 않는다. 가장 큰 이유는 거의 모든 운영체제가 스택을 집중적으로 사용하기 때문에 특별한 주의 없이 SP를 범용 레지스터로 사용하면 충돌이 발생할 수 있다는 점이다.

뱅크 레지스터

그림 4-17을 보면 드러난 것보다 많은 ARM 레지스터가 있음을 알 수 있다. 그림을 자세히 살펴보면 각 열은 프로세서 모드를 나타내며 모드 아래에는 CPU가 해당 모드에서 작동하는 동안 사용할 수 있는 레지스터 목록이 표시돼 있다. 모든 모드는 레지스터 R0에서 R7에 액세스할 수 있으며, 모드와 관계없이 R0에서 R7까지는 그 용도가 동일하다. R0에서 R7까지는 각 모드에 대해 별도의 레지스터 그룹이 없는 것이다.

그 아래부터는 복잡해진다. R8 ~ R14 레지스터는 고속 인터럽트 모드에서 개별적인 레지스터를 가지며, 고유의 이름(R8_fiq, R9_fiq 등)도 가지고 있다. CPU가 고속 인터럽트 모드에 있을 때 R8 ~ R14 레지스터 중 하나를 지정하는 기계어 명령은 고속 인터럽트 모드의 개별 레지스터에 액세스하게 된다. 이러한 개별적 레지스터인 R8_fiq ~ R14_fiq는 '뱅크 레지스터(bank register)'다. 빠른 인터럽트 모드에 대한 자세한 내용은 이번 장의 후반부에서 다루겠다.

그림 4-17에서 음영 처리된 모든 레지스터가 뱅크 레지스터다. 빠른 인터럽트 모드에는 특히 뱅크 레지스터가 많다. 다른 모드에는 두 가지 뱅크 레지스터를 가지고 있으며 사용자 모드와 시스템 모드에는 뱅크 레지스터가 전혀 없다.

그림 4-17의 프로세서 모드 및 레지스터 설명은 ARMv6 및 그 전의 ISA에만 적용할 수 있다.

현재 프로그램 상태 레지스터

대부분의 ARM 레지스터는 범용이거나 '거의 범용'이지만 레지스터 하나는 분명한 예외에 해당한다. 바로 프로그램 상태 레지스터(CPSR, Current Program Status Register)다. 이 레지스터는 여러 비트로 이뤄진 32비트 값을 담는다. 레지스터 내의 각 비트 또는 비트 그룹은 특정한 순간에 CPU가 수행 중인 작업(또는 최근에 수행한 작업)에 대한 정보를 저장한다.

CPSR에 담긴 내용은 그림 4–18을 통해 볼 수 있다. 이 모든 것을 자세하게 설명하는 것은 이 책의 범위를 벗어나므로 대부분 실행 가능 프로그램을 작성하는 컴파일러와 어셈블러에 주로 사용된다는 정도로 알아두자. 음영 처리된 영역은 아직은 정의되지 않았지만 최신 ARM 마이크로아키텍처에서 사용하기 위해 예약된 비트를 나타낸다.

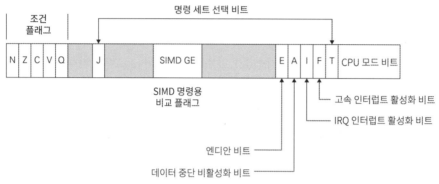

그림 4–18 CPSR의 내부

CPSR에서 가장 많이 사용하는 부분은 조건 플래그(condition flag)라고 불리는 5비트 그룹이다. 그룹 내의 5비트 각각은 조건 분기 명령으로 테스트할 수 있다. 조건 플래그 중 하나 이상이 명령 자체의 해당 플래그와 일치하는 경우에는 N, Z, C, V 비트 각각을 '명령 끄기'에 사용할 수 있는 조건부 실행 메커니즘으로 테스트할 수도 있다(자세한 내용은 '조건부 명령 실행' 절 참조).

- **N(음수) 플래그**: 계산 결과가 음수로 간주되면 1로 설정된다.

- **Z(제로) 플래그**: 명령의 결과 피연산자가 0일 때 설정된다. 비교된 두 피연산자가 동일할 때도 Z 플래그가 설정되며, 이는 비교 계산 방법에 의한 것이다.

- **C(자리올림) 플래그**: 덧셈에 의해 자리올림이 발생하거나 뺄셈에 의해 자리내림이 발생할 때 1로 설정된다. 또한 C 플래그는 시프트 명령에 의해서도 변경될 수 있으며, 피연산자 밖으로 시프트된 마지막 비트의 값(1 또는 0)이 반영된다.

- **V(오버플로) 플래그**: 대상 피연산자에서 부호 있는 오버플로가 발생할 때 설정된다.

- **Q(포화) 플래그**: 산술 연산 명령에서 포화가 발생할 때 사용되며, 덧셈 또는 뺄셈의 포화된 결과가 대상 오퍼랜드의 범위 내에 위치하도록 수정됐음을 나타낸다. 포화 산술 연산은 DSP(디지털 신호 처리) 알고리즘에서 자주 사용되며, 이 책에서는 다루지 않는다.

ARM 프로세서 조건 플래그는 (Q 플래그를 제외하고) 인텔을 비롯한 다른 아키텍처의 조건 플래그와 유사하게 작동한다.

T 및 J 비트는 세 개의 ARMv6 명령 세트 중 활성 명령 세트를 선택한다. T 비트가 설정되면 CPU는 Thumb 상태가 된다. J 비트가 설정되면 CPU는 Jazelle 상태가 된다. 둘 다 설정되지 않으면 CPU가 ARM 상태가 된다.

CPU 모드 비트는 CPU가 현재 사용 중인 모드를 나타낸다. 각 모드에 해당하는 이진수 값은 표 4-1에서 확인할 수 있다.

SIMD GE를 이루는 4비트는 특정 SIMD 명령을 실행한 후 그 결과가 크거나 같음(GE, greater than or equal to)을 나타내는 플래그로 사용된다.

E 비트는 현재 CPU 작업의 '엔디안'을 표현한다. 이 플래그가 1이면 리틀 엔디안을 의미하며, 0이라면 빅 엔디안 연산을 나타낸다. E 비트는 SETEND LE 및 SETEND BE와 같은 두 가지 기계어 명령으로만 설정 가능하다.

A 비트는 시스템 소프트웨어가 가상 메모리 페이지 오류와 실제 외부 메모리 오류를 구별할 수 있게 한다.

I 비트와 F 비트는 인터럽트 마스크(interrupt mask)에 해당한다. 이에 대한 자세한 내용은 다음 절을 참조하자.

인터럽트, 예외, 레지스터와 벡터 테이블

뱅크 레지스터를 이해하려면 인터럽트 및 예외의 성격을 이해해야 한다. 인터럽트와 예외는 이벤트의 일종이며, 발생했을 때 CPU가 수행하는 작업과 상관없이 CPU의 주의가 필요한 이벤트라고 할 수 있다. 몇 가지 예를 들어보자. 가상 메모리 페이지 오류가 발생하면 CPU는 실행을 계속하기 위해 이 오류를 처리해야 한다. CPU가 이해할 수 없는 기계어 명령을 만나면 잠시 '기어를 전환'하고 다음에 해야 할 일을 파악해야 한다. 컴퓨터 주변 장치 중 하나가 데이터를 준비하거나 데이터를 필요로 한다면 CPU는 정확한 동작을 보장하기 위해 짧은 시간 내에 요청을 처리해야 한다.

이벤트가 발생하면 CPU는 핸들러(handler)라는 특별한 코드 블록을 실행해 응답한다. 핸들러는 사용자 응용 프로그램의 일부가 아니며, 일반적으로 운영체제에 의해 설치되고 구성된다. 인터럽트 및 예외에는 여러 가지 클래스가 있으며, 각 클래스에는 자체 프로세서 모드와 뱅크 레지스터가 있다. 인터럽트나 예외가 발생하면 CPU는 즉시 프로세서 모드를 변경하고, 현재 프로그램 카운터를 새 모드의 링크된 뱅크 버전에 저장하고, CPSR을 새 모드의 저장된 프로그램 상태 레지스터, 즉 SPSR(saved program status register)에 저장하고, 프로그램 카운터를 벡터 테이블에 있는 몇 개의 주소 중 하나에 설정한다. 어떤 모드 및 주소가 선택되는지는 어떤 유형의 이벤트가 발생했느냐에 따라 다르다. 벡터 테이블은

8개의 32비트 워드 8개의 길이를 가지고 있으며 주소 맵의 맨 아래 또는 맨 위에 위치한다. 테이블의 각 엔트리는 보통 32비트 무조건 분기 명령이며, CPU를 적절한 핸들러로 보내는 역할을 한다(그림 4-19).

그림 4-19 ARM의 예외 벡터 테이블

뱅크 레지스터의 가치는 여기서 드러난다. 인터럽트와 예외는 언제든지 발생할 수 있으며, CPU는 중단된 사용자 모드 프로그램을 다시 시작하는 데 필요한 최소한의 상태를 저장하는 공간을 필요로 한다. 링크 명령이 있는 분기에서처럼 사용자 모드 LR에 저장한 프로그램 카운터에 의존할 수는 없다. 인터럽트 걸린 프로그램이 방금 함수 호출을 하고 LR에서 반환할 위치를 알아야 한다면? 값을 푸시한 사용자 모드 스택에 의존할 수도 없다. 스택이 거의 찼거나 프로그램이 R13을 범용 레지스터로 사용하면 어떻게 될까? 하지만 LR(R14) 및 SP(R13)의 뱅크 레지스터가 있다면 유효한 반환 주소와 스택 포인터(일반적으로 운영체제에 의해 미리 초기화됨)를 담아둘 공간을 확보할 수 있는 것이다.

벡터 테이블의 분기는 적절한 핸들러로 실행을 옮기게 되고, 여기서 코드가 예외를 충족시키기 위해 필요한 작업을 수행한다. 일반적으로 핸들러는 먼저 일부 레지스터를 (알려진 유효한) 스택에 저장해서 작업 대상 레지스터를 비운다. 핸들러가 완료되면 우선 스택의 레지스터를 명시적으로 복원하고 SPSR의 값도 CPSR로 복원해야 한다. 그 후에야 사용자 모드로 돌아가서 모드의 뱅크 LR 사본에 저장된 주소에서 실행을 재개할 수 있다.

고속 인터럽트

인터럽트에는 두 가지 유형이 있다. 일반 인터럽트(IRQ)와 고속 인터럽트(FIQ)다. 두 가지 인터럽트는 SoC 밖에서 ARM11로 들어오는 물리적 신호의 종류에 따라 나뉘며, 벡터 테이블의 엔트리 역시 다르다. 고속 인터럽트는 일반 인터럽트에 비해 인터럽트 서비스 대기 시간을 최소화하는 데 도움이 되는 두 가지 유용한 속성을 가지고 있다.

FIQ 벡터 테이블 엔트리는 테이블의 끝에 있다. 이 테이블 엔트리의 핸들러에 분기 명령을 삽입하는 데 권한 문제는 전혀 없지만 보통은 핸들러를 테이블에 추가하는 것이 일반적이며 이는 IRQ 엔트리와 다양한 예외에 대해서도 마찬가지다. 핸들러는 테이블 안의 첫 번째 명령과 함께 추가되며, 추가가 이뤄짐과 함께 제어 흐름이 파이프라인 스톨의 가능성 없이 핸들러로 부드럽게 전달된다.

다른 모든 프로세서 모드는 SP(R13) 및 LR(R14)의 복사본만 뱅크로 만든 반면 FIQ 모드는 R8의 복사본을 R12에 뱅크로 만든다. 따라서 FIQ 핸들러에는 인터럽트된 프로그램의 레지스터를 손상시키지 않고, 레지스터를 스택에 푸시하는 시간을 낭비하지 않고 사용할 수 있는 5개의 전용 스크래치 레지스터가 있다.

메모리 액세스가 최소화됐기 때문에 FIQ 이벤트에 대한 응답은 IRQ보다 빠르고 확정적이다. 실제로 예외 처리기 코드가 캐시에 있으면(3장 참조) 시스템 메모리에 전혀 액세스하지 않고도 예외가 시작부터 끝까지 처리된다. 라즈베리 파이의 리눅스에서는 FIQ를 사용해 USB 코어의 고속 인터럽트를 처리하고, IRQ를 사용해 다른 모든 시스템 주변 장치의 인터럽트를 처리한다.

소프트웨어 인터럽트

이 시점에서 또 하나의 이벤트 유형이 등장한다. 다른 모든 인터럽트 및 예외와 달리 소프트웨어 인터럽트(SWI)는 예기치 않은 순간에 CPU가 수행하는 작업을 방해하지 않는다. 소프트웨어 인터럽트는 일종의 서브루틴 호출에 가깝다. 일반적으로 운영체제 커널과 통신하기 위해 감독자 모드로 들어가는 용도로 쓰이며, 그 과정이 매우 신중하게 관리되기 때문이다. SWI 호출에는 서브루틴의 주소가 포함되지 않는다. 대신 소프트웨어 인터럽트 번호가 매겨지고, 소프트웨어 인터럽트 번호가 소프트웨어 인터럽트 기계어 명령에 대한 피연산자로 포함된다. 이 명령어는 ARM 어셈블리어로 다음과 같이 작성할 수 있다.

```
SWI 0x21
```

SWI 명령이 실행되면 CPU는 벡터 테이블의 주소 0x0000 0008에 저장된 분기 명령을 실행한다(그림 4-19). 이 분기는 SWI 핸들러를 실행한다. SWI 명령의 피연산자로 포함된 인터럽트 번호는 일반적으로 예외 핸들러에 의해 사용되며, 또 다른 분기를 선택해서 피연산자에 지정된 특정 소프트웨어 인터럽트를 처리하는 코드 블록을 향하게 한다. 소프트웨어 인터럽트의 종류에는 수십 가지 이상이 있을 수 있으며, 각 인터럽트에는 자체 번호와 각 번호에 해당하는 하위 핸들러가 있다.

SWI는 사용자 프로그램을 관리하는 호출을 운영체제가 사용할 수 있다는 점에서 가치를 지닌다. 8장에서 언급하겠지만 운영체제 커널은 주변 장치에 액세스하는 코드, 개별 프로세스에 가상 시스템 추상화를 제공하고 프로세스 간 격리를 비롯한 보안 속성을 보장하는 코드로 구성된다. 특히 MMU 구성(3장 참조)과 관련해서 사용자 모드에서 응용 프로그램이 수행할 수 있는 제한 사항은 프로세스 격리라는 개념을 뒷받침한다. SWI는 사용자 모드에서 관리자 모드로 전환하는 유일한 방법이다. 벡터 테이블을 통해서만 이 전환이 가능하도록 제한하면 응용 프로그램이 권한 모드에서 임의 코드를 실행하지 못하게 할 수 있다.

인터럽트 우선순위

앞의 인터럽트나 예외가 처리되는 동안 두 번째 인터럽트나 예외가 발생하면 어떻게 될까? 핸들러는 여러 가지 면에서 특별하지만 결국은 코드의 일종이며, 코드를 실행하는 데는 언제나 시간이 걸린다. 예외 핸들러가 실행되는 동안 예외가 발생할 가능성은 충분히 높다. 이를 해결하는 방법에는 보통 두 가지가 있다.

- 두 종류의 인터럽트(IRQ 및 FIQ) 모두 예외 핸들러가 실행되는 동안 독립적으로 비활성화될 수 있다. 이는 CPSR의 두 비트인 F와 I를 통해 가능하다. F를 1로 설정하면 고속 인터럽트가 비활성화된다. I를 1로 설정하면 일반 인터럽트가 비활성화된다. 인터럽트는 예외 핸들러 전체 또는 일부에서 비활성화될 수 있다.

- 다양한 예외 클래스마다 우선순위가 있다(표 4-2). 주어진 우선순위의 인터럽트 또는 예외에 대한 핸들러는 더 높은 우선순위를 가지는 핸들러에 의해 인터럽트될 수는 있지만 낮은 우선순위를 가지는 핸들러에 의해 인터럽트될 수는 없다. 예를 들어, 리셋(Reset) 예외 핸들러는 우선순위가 0이며, 다른 핸들러에 의해 인터럽트될 수 없다. IRQ 핸들러는 FIQ 예외로 인해 중단될 수 있지만, 반대로 FIQ 핸들러가 IRQ 핸들러에 의해 중단될 수는 없다.

표 4-2 ARM11 인터럽트 우선순위

예외	Priority
리셋	1
데이터 중단	2

예외	Priority
고속 인터럽트(FIQ)	3
일반 인터럽트(IRQ)	4
선인출 중단	5
소프트웨어 인터럽트	6
미확인 명령	6

인터럽트 핸들러가 실행을 시작하면 동일한 우선순위의 모든 인터럽트가 자동으로 비활성화된다. IRQ 핸들러가 다른 인터럽트를 분류하고 IRQ 예외를 활성화하는 수준의 지능이 없다면 IRQ 핸들러는 다른 IRQ 예외로 인해 중단될 수 없다.

인터럽트는 운영체제가 다른 프로세스를 예약할 수 없게 만들기 때문에 사용자 모드에서 실행 중인 소프트웨어에 의해 비활성화되지도 않을 수 있다. 소프트웨어 인터럽트는 유저랜드의 프로그램에 의해 발생할 수 있지만 소프트웨어 인터럽트가 가장 낮은 우선순위를 가지므로 인터럽트가 특별히 비활성화되지 않는 한 소프트웨어 인터럽트 핸들러에서 다른 종류의 예외가 발생할 가능성은 충분하다.

소프트웨어 인터럽트 예외는 미확인 명령 예외와 동일한 우선순위를 가진다. 두 예외가 함께 발생할 수는 없기 때문이다. 소프트웨어 인터럽트는 모든 ARM 프로세서에 있는 SWI 명령에 의해 생성되므로 미확인 명령의 범주에 들어갈 수 없다.

조건부 명령 실행

대부분의 명령 세트 아키텍처에서 조건부 분기 명령어는 프로그램 실행 흐름을 변경하는 데 사용된다. ARM CPU에는 조건부 분기 명령어뿐 아니라 조건부 명령 실행도 들어 있다. 모든 32비트 ARM 명령에는 조건 코드를 나타내는 4비트 필드가 있는데, ARM 아키텍처는 15개의 조건 코드를 가지고 있으며, 여기에는 같음, 같지 않음, 큼, 작음, 오버플로 등과 같은 조건이 들어 있다(4비트로 총 16개의 조건 코드를 표현할 수 있지만 그중 하나는 예약된 값으로서 현재는 사용되지 않는다). 조건 코드 필드는 CPU가 명령을 해석하는 동안 함께 해석된다.

코드는 N, Z, C, V와 같이 CPSR에서 유지하고 관리하는 네 가지 조건 플래그의 다양한 조합에 해당한다. 조건부 실행이 명령에 대해 활성화돼 있으면 해당 조건 코드가 조건 플래그의 현재 상태와 일치할 때 해당 명령이 실행된다. 이 '일치'는 4개의 CPSR 플래그와 조건 코드를 비트 단위로 비교하는 것이 아니다. 각 4비트 이진수에는 아래와 같은 의미가 할당된다.

- %0000은 Z 플래그가 1일 때 명령이 실행됨을 의미한다.

- %0001은 Z 플래그가 0일 때 명령이 실행됨을 의미한다.

- %1000은 C 플래그가 1이고 Z 플래그가 0일 때 명령이 실행됨을 의미한다.

- %1100은 Z 플래그가 0이고 N 플래그와 V 플래그의 값이 같으면 명령이 실행됨을 의미한다.

코드 중 하나인 %1110은 플래그가 무시되고 명령을 항상 실행한다는 의미다(참고로 '%' 접두사는 이진수 표기법을 의미한다).

조건 코드는 실행 가능한 프로그램을 작성하는 어셈블러 또는 컴파일러에 의해 기계어 명령에 내장된다. 어셈블리어에서 조건 코드는 명령이 실행될 조건을 나타내는 니모닉에 추가된 2글자의 접미사로 지정된다. 아래의 예를 참조하자.

MOV R0, #4	접미사 없음; 언제나 실행
MOVEQ R0, #4	Z=1(같음)이면 실행
MOVNE R0, #4	Z=0(같지 않음)이면 실행
MOVMI R0, #4	N=1(음수)이면 실행

이러한 모든 명령은 R0에 값 4를 복사한다. 첫 번째 형식은 접미사가 없으므로 무조건 실행된다. 두 번째 형식은 CPSR의 Z 플래그가 1로 설정되어 이전 비교(또는 다른 연산)가 결과 0을 생성했음을 나타내는 경우에만 실행된다. 비교의 결과가 0이라는 것은 비교된 두 값이 동일함을 나타내기 때문이다. 세 번째 형식은 이전 작업이 Z 플래그를 0으로 만들었을 때, 즉 비교된 값이 동일하지 않을 때만 실행된다. 네 번째 형식은 N 플래그가 1로 설정됐을 때, 즉 비교 또는 다른 연산이 음수 값을 생성했을 때만 실행된다. 가능한 조건 코드의 수는 총 15가지이며, 여기에는 '항상 실행'을 의미하는 코드도 포함돼 있다.

조건부 실행이 유용한 기능인 이유가 무엇일까? 그림 4-20은 ARM 어셈블리 언어에서 동일한 작업을 수행하는 두 가지 방법을 보여주며, 그 알고리즘은 간단한 IF / THEN 구문이다. R0 = R4이면 블록 A에서 코드를 실행한다. 그렇지 않으면 블록 B의 코드를 실행한다. 블록 A와 블록 B의 코드가 실제로 수행하는 작업은 이 예제에서 중요하지 않기에 해당 블록의 명령 상자는 의도적으로 비워 뒀다.

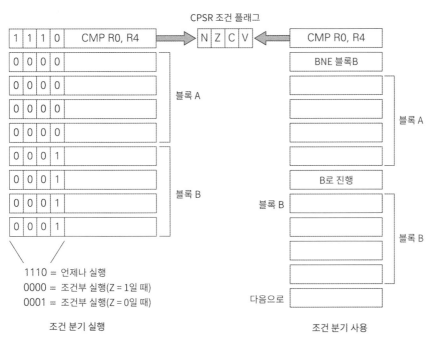

IF R0 = R4 THEN (Block A 실행)
ELSE (Block A 실행)

CPSR 조건 플래그

1110 = 언제나 실행
0000 = 조건부 실행(Z = 1일 때)
0001 = 조건부 실행(Z = 0일 때)

조건 분기 실행   조건 분기 사용

그림 4-20 ARM 조건 실행

첫 번째 기계어 명령은 두 개의 레지스터(R0, R4)가 동일한지 확인하는 CMP(비교) 명령이다. 두 레지스터가 동일하면 CMP는 Z 플래그를 1로 설정하고, 같지 않으면 Z 플래그를 0으로 설정한다.

ARM 또는 다른 아키텍처에서 이를 코딩하는 전통적인 방법은 그림의 오른쪽에 해당한다. CMP 후 조건부 분기 명령은 NE(같지 않음) 접미어를 사용해서 Z 플래그에서 같지 않음을 테스트한다. 두 레지스터가 동일하지 않으면 실행은 블록 B라는 위치로 분기된다. 두 개의 레지스터가 동일하면 조건부 분기를 통해 블록 A로의 실행이 계속된다. 블록 A의 끝에서는 IF/THEN 구문 뒤에 있는 코드가 무엇이든 상관없이 무조건 분기가 실행된다. 블록 B는 '블록 B' 레이블에서 시작해서 IF/THEN 구문의 끝까지 계속된다.

그림 왼쪽의 명령 순서도 똑같은 일을 한다. 그러나 이번에는 모든 명령이 조건부 실행의 대상이 된다. 블록 A의 명령어는 Z 플래그가 1(조건 코드가 %0000으로 설정된 경우)일 때만 실행되도록 설정됐다. 블록 B의 명령어는 Z 플래그가 0(조건 코드가 %0001로 설정된 경우)일 때만 실행되도록 설정됐다. 다른 플래그는 이 예제와 관련이 없다. 블록 A가 실행되면 블록 B가 실행되지 않고, 블록 B가 실행되면 블록 A가 실행되지 않는다. 분기가 필요없는 것이다.

조건부 실행 덕에 BNE 조건부 분기와 B 무조건 분기라는 두 가지 명령이 불필요해진다. 이렇게 명령을 절약하는 것만으로도 조건부 실행은 가치를 가지지만, 조건부 분기에서 실수로 분기가 잘못 예측되면 명령 파이프라인이 중단되고 실행 속도가 느려지는 상황을 피할 수 있다는 점이 조건부 실행의 진정한 가치라고 할 수 있다. 분기를 피할 수 있는 만큼 실행 속도는 빨라질 것이다.

조건 코드가 충족되지 않아도 명령을 '건너뛰는' 것은 아니라는 점을 기억하자. 이러한 명령도 여전히 파이프라인을 통과해서 1 클록 사이클을 소비한다. 하지만 아무 일도 하지 않고, 아무것도 바꿀 수 없다. 조건부 실행의 이점은 블록을 읽는 것(실행하지 않음)보다 훨씬 많은 시간이 들 수 있는 작은 코드 블록에 대한 분기를 피하는 데서 비롯된다. 사실 IF/THEN 구조에서 조건부 분기를 통한 구현이 더 나을 수 있는 블록 크기의 임곗값(마이크로아키텍처에 따라 다름)이 있다. 이 임곗값은 그리 크지 않으며, 대부분의 마이크로아키텍처에서 명령 3~4개 정도에 해당한다.

보조 프로세서

보조 프로세서는 새로운 것이 아니며 ARM 아키텍처에만 국한된 것도 아니다. ARM11의 맥락에서 이것들이 어떻게 작동하는지 이해하려면 CPU 예외에 대해 이해해야 하므로 앞에서 예외에 대한 내용을 숙지하고 이번 절을 읽어나가도록 하자.

보조 프로세서는 별도의 특수 실행 장치로서, 대개 CPU와는 다른 자체적인 명령 집합을 가지고 있다. 일반적으로 기계어 명령을 지원하는 추가 레지스터를 가지고 있다. 마이크로프로세서 역사 초기의 보조 프로세서는 외부 버스를 통해 CPU에 연결된 별도의 칩이었다. 가장 잘 알려진 초기 보조 프로세서 중 하나는 1980년대에 등장한 인텔의 8087이었으며 사용자가 별도의 40핀 DIP 소켓에 직접 꽂아서 설치해야 했다. 8087 덕에 정수 연산만 가능했던 8086과 8088이 부동 소수점 연산 명령을 할 수 있었다. 또한 기존의 마이크로컴퓨터에서는 불가능했던 60여 가지의 새로운 명령이 구현돼 있었는데, 여기에는 언더플로 값을 표현하는 디노멀(denormal)과 수가 아닌 비정상 값(NaN) 등이 포함돼 있었다(NaN에는 0으로 나누기 같은 정의되지 않은 연산의 결과나 허수 등이 담긴다).

언더플로와 디노멀 값

컴퓨터 수학의 고질적인 문제는 소프트웨어가 제한된 비트를 가지고 매우 크거나 매우 작은 수를 표현해야 하는 상황에서 일어난다. 수가 너무 커서 80비트(일반적인 실수 형식 중 가장 큰 비트 수)로도 표현할 수 없으면 이 수를 담기 위한 값이 '오버플로'되고 오류가 발생한다. 그런데 이 반대의 상황도 가능하다. 즉, (0에 가까운) 굉장히 작은 값도 80비트로 정확하게 표현할 수 없다. 이 문제를 언더플로(un-derflow)라 한다. 디노멀(denormal)이라고 하는 수는 언더플로가 일어나는 값을 좀 더 낮은 정밀도로 표현하는 데 사용되며, 80비트로도 표현이 가능하게 하고 오류 없이 계산에 쓰이게 하는 역할을 한다.

ARM에서 제공하는 것과 같은 사용자 정의가 가능한 CPU 아키텍처가 인기를 얻으면서 보조 프로세서의 사용 빈도도 함께 늘어났다. 보조 프로세서가 CPU에 독립적일수록 사용자 정의 설계를 반영할 수 있는 여지가 컸기 때문이다.

ARM 보조 프로세서 인터페이스

ARM 계열 CPU는 여러 가지 유형의 보조 프로세서를 지원하며, 여기에는 부동 소수점, SIMD, 시스템 제어 및 캐시 유지 관리와 같은 기능을 가진 보조 프로세서가 포함된다. 최근에는 트랜지스터 예산이 풍족한 덕택에 CPU가 포함된 실리콘에 이들 모두를 포함시킬 수 있으며, 때로는 주문형 설계에 선택적으로 포함시킬 수도 있다. ARM11 CPU에는 일반화된 보조 프로세서 인터페이스가 있어 최대 16개의 보조 프로세서가 CPU와 협업할 수 있다. CPU는 보조 프로세서와 통신하기 위해 보조 프로세서 인터페이스 전용 명령 전용 세트를 사용한다. 보조 프로세서 명령은 컴파일 또는 어셈블된 상태로 디스크 또는 (라즈베리 파이) SD 카드에 실행 가능한 프로그램 파일로 저장된다. 이것들은 메모리에서 들어오는 일반 ARM 명령 스트림의 일부로서, 별도의 메모리 영역에서 분리되지 않고, ARM 코어에서 특별히 처리하는 것도 아니다.

ARM 시스템에 있는 각 보조 프로세서에는 고유한 4비트 ID 코드가 있다. 보조 프로세서 명령에도 이를 실행할 보조 프로세서의 ID 코드 필드가 있다. CPU 코어가 기존 보조 프로세서의 ID 코드와 일치하지 않는 보조 프로세서 명령을 가져오면 미확인 명령 예외가 발생한다.

ARM 보조 프로세서 인터페이스의 기본 목표 중 하나는 CPU 코어 속도가 낮아지지 않게 만드는 것이다. 코어는 보조 프로세서 명령이 기존 보조 프로세서용으로 코딩됐는지 확인하지만 자체 파이프라인 내에서 보조 프로세서 명령어를 정렬하는 데 시간을 소비하지는 않는다. 코어는 메모리에서 가져온 모든 명령을 모든 보조 프로세서로 직접 보낸다. 보조 프로세서는 들어오는 모든 명령을 직접 해석하는데, 여기에는 일반 ARM 명령과 보조 프로세서 명령이 모두 포함된다. 보조 프로세서는 해석 단계에서 인식할 수 없는 명령을 거부한다. 여기에는 ARM 명령과 다른 보조 프로세서용으로 코딩된 명령이 포함된다. 보조 프로세서는 인식 가능한 명령만 인식하고 내부 명령 파이프라인에 명령을 추가한다. 그런 다음 보조 프로세서는 명령을 수락했음을 나타내는 신호를 코어로 보낸다.

1세대 라즈베리 파이의 ARM1176JZF-S CPU에는 시스템 제어 보조 프로세서 및 벡터 부동 소수점(VFP, Vector Floating Point) 보조 프로세서라는 두 개의 보조 프로세서가 포함돼 있으며, 다음 절에서 이에 대해 다루겠다.

시스템 제이 보조 프로세서

ARM11 시스템 제어 보조 프로세서는 다양한 ARM 코어 메커니즘, 즉 캐시, 직접 메모리 액세스(DMA, direct memory access), 메모리 관리 장치(MMU, memory management unit), 트러스트존 보안 시스템, 예외 처리, 시스템 성능 등을 구성하고 제어하는 데 사용되는 대규모의 레지스터 세트를 제공한다. 밀착 결합 메모리(TCM, tightly coupled memory)가 있다면 이를 관리하는 것도 시스템 제어 보조 프로세서다. 물론 TCM은 선택 사항이며 라즈베리 파이의 BCM2835에는 없다.

시스템 제어 보조 프로세서와의 통신을 처리하는 ARM 명령은 두 가지다. 보조 프로세서 레지스터에서 데이터를 읽는 데는 MCR 명령('Move from Coprocessor to Register', 보조 프로세서에서 레지스터로 이동)이 사용된다. 코어에서 보조 프로세서 레지스터로 데이터를 쓰는 데는 MRC 명령('Move from Register to Coprocessor, 레지스터에서 보조 프로세서로 이동)이 사용된다. MCR 및 MRC 명령은 모든 보조 프로세서와의 통신에 사용할 수 있지만 시스템 제어 보조 프로세서에 대한 액세스만 가능하며 자체적으로 가진 데이터 처리 연산 능력은 없다.

벡터 부동 소수점(VFP) 보조 프로세서

부동 소수점 연산(즉, 분수 값 연산을 위한 컴퓨터 수학)을 전용 보조 프로세서에 위임하는 데는 나름의 합당한 이유가 있다. 부동 소수점 연산은 일반적인 소프트웨어에서 많이 사용되지는 않지만 과학 및 공학 응용 프로그램과 게임에서는 많이 사용된다. 특수한 임베디드 시스템을 위해 설계된 CPU에는 모든 연산을 위한 보조 프로세서를 꼭 필요로 하지 않는다. 필요하면 부동 소수점 연산을 라이브러리 서브루틴에서 구현할 수도 있다. 또한 부동 소수점 연산은 유효 숫자가 많은 값을 표현할 수 있어야 하며, 32비트보다 큰 레지스터가 필요하다.

ARM11 코어에는 광범위한 부동 소수점 연산을 위한 보조 프로세서, VFP11 벡터 부동 소수점 보조 프로세서(Vector Floating Point Coprocessor)가 포함돼 있다. 여기에는 ARM 코어와 마찬가지로 부동 소수점 기계 명령어를 위한 ARM 아키텍처가 있으며, 지속적으로 발전하고 있기에 고유한 버전 번호도 가지고 있다. VFP11은 VFPv2 명령 세트 아키텍처를 바탕으로 구현됐으며, 이 아키텍처는 이진수 부동 소수점 연산을 위한 IEEE 754 표준의 상당 부분을 구현했다. ARM11 코어는 ARM 보조 프로세서 인터페이스를 통해 VFP11에 액세스하며, 이를 위해 전용 보조 프로세서 번호 2개, 즉 단정도 명령을 위한 10, 배정도 명령을 위한 11을 사용한다. ARM11의 단정도는 32비트로 표현되며, 배정도는 64비트로 표현된다.

여기서 벡터(vector)라는 용어는 같은 유형의 데이터를 모아놓은 1차원 배열을 말한다(배열을 비롯한 여러 데이터 구조에 대한 내용은 5장에서 다룬다). 왠지 익숙하지 않은가? 사실 SIMD 명령의 목적이 벡터 연산 수행이다. VFP의 벡터 처리 기능은 상대적으로 느리고 제한적이며, ARM 코어텍스 제품군부터는 VFP 보조 프로세서 대신 NEON SIMD 보조 프로세서로 벡터 연산을 위임하도록 권장하고 있다.

VFP 아키텍처는 단정도 및 배정도의 덧셈, 뺄셈, 곱셈, 나눗셈, 제곱근 연산과 MAC(Multiply-and-ACcumulate) 연산을 제공한다. MAC는 디지털 신호 처리(DSP)에서 자주 쓰이는 특수 연산의 일종이다. 미디어 소프트웨어에서 DSP의 중요성이 매우 크기 때문에 DSP 작업에 최적화된 명령이 있으면 성능 측면에서 큰 이점이 생긴다. 또한 여러 숫자 자료형 사이의 변환을 위한 명령, 부동 소수점 데이터를 메모리와 VFP 보조 프로세서 레지스터 사이에서 직접 주고받기 위한 로드/저장 명령도 탑재돼 있다. VFPv2 아키텍처에는 8개의 32비트 레지스터로 구성된 4개의 뱅크가 있고, 64비트 배정도 값을 저장하기 위해 두 개의 레지스터를 연속적으로 사용할 수 있다.

IEEE 754 표준은 컴퓨터 논리가 초월 함수(지수, 로그, 삼각 함수)를 구현하는 방법에 대한 권장 사항을 제시하지만 VFPv2에서는 이를 기계어 명령이 아닌 라이브러리의 서브루틴으로만 구현할 수 있다.

에뮬레이션 보조 프로세서

보조 프로세서를 지원하는 거의 모든 아키텍처는 해당 보조 프로세서가 시스템에 없을 때 보조 프로세서 명령을 처리할 수 있는 방법을 제공한다. 이 방법을 명령 에뮬레이션(instruction emulation)이라고 한다. ARM 프로세서에서는 이를 미확인 명령 예외로 처리한다.

명령 에뮬레이션을 위해서는 에뮬레이트할 각 명령의 작업을 수행하기 위한 서브루틴 하나를 메모리에 둬야 한다. 코어는 필요한 보조 프로세서가 시스템에 있는지 확인하기 위해 보조 프로세서 명령을 인출할 때마다 각 명령을 검사한다. 필요한 보조 프로세서가 없으면 코어가 미확인 명령 예외를 발생시킨다. 예외 처리기에는 누락된 보조 프로세서를 위해 코딩된 모든 명령에 대한 에뮬레이션 서브루틴으로 분기되는 점프 테이블이 포함돼 있다. 예외 처리기는 예외를 발동시킨 보조 프로세서 명령을 검사하고 해당 에뮬레이션 서브루틴으로 분기한다. 서브루틴은 보조 프로세서의 작업을 수행한 다음 코어 파이프라인의 다음 명령으로 제어를 반환한다.

존재하지 않는 보조 프로세서를 위해 코딩한 각 명령은 별도의 예외를 에뮬레이션 서브루틴으로 트리거한다. 예상할 수 있겠지만 수십 또는 수백 개의 사이클을 필요로 하는 서브루틴으로 단일 사이클 명령어를 에뮬레이션하는 것은 매우 느리다. 하지만 현재 프로그램이 중단되는 것보다는 느리게라도 계속 실행되는 편이 나을 것이다.

ARM 코어텍스

2006년에 ARM11 제품군의 새로운 마이크로아키텍처 그룹인 코어텍스(Cortex)가 추가됐다. ARM11이 기존 마이크로아키텍처를 기반으로 4개의 코어만 장착한 것과는 달리 코어텍스 브랜드는 특정 애플리케이션에 최적화해서 면적/성능/에너지 사이에서 균형을 이루는 사양의 다양한 코어 설계를 포괄하고 있다. 코어텍스 프로세서는 프로파일(profile)이라고 하는 여러 범주로 나눠져 있다.

- Cortex-R: 자동차 및 산업용 제어 장치의 실시간 임베디드 시스템 서비스에 최적화된 코어
- Cortex-M: 마이크로컨트롤러 애플리케이션에 최적화된 소형, 저가, 저전력 코어
- Cortex-A: 스마트폰, 태블릿, 전자책 리더, 디지털 TV 및 그 밖의 운영체제가 필요한 장치에 사용하도록 최적화된 코어
- SecureCore: ATM, 대중 교통 발권, 미디어 컨트롤러, 전자 투표 및 ID 시스템과 같이 보안을 중시하는 장비에 사용하기 위해 최적화된 코어

한정된 지면을 활용하기 위해 우선 코어텍스 A 프로파일을 중심으로 ARM CPU의 진화 과정을 계속 살펴보자.

다중 발행 및 비순차적 명령 처리

ARM11 코어는 단일 발행 프로세서로서, 한 번에 하나의 기계어 명령을 파이프라인에 로드한다. 코어텍스 A8은 ARM에 슈퍼스칼라 실행을 도입했으며, 한 번에 두 가지 명령을 파이프라인에 발행하며 이러한 방식을 이중 발행(dual issue)이라고 한다(이번 장 앞부분의 '슈퍼스칼라 실행' 절 참조). 코어텍스 A9 코어는 두 가지 명령을 한 번에 발행하며, 코어텍스 A15 코어는 세 가지 명령을 한 번에 발행할 수 있다.

코어텍스 A9는 ARM에 비순차적 명령 처리(OOE, Out of Order execution)를 추가하기도 했다. 간단히 말하면 OOE는 CPU가 피연산자를 사용할 수 있을 때까지 기계어 명령이 기다려야 할 시점을 CPU가 결정할 수 있게 한다. 이러한 명령은 실행 장치에 발행될 준비가 될 때까지 대기하게 된다. 그리고 명령 스트림에서 들어온 이후에 들어온 다른 명령은 피연산자를 사용할 수 있으면 곧바로 발행할 수 있다. 그리고 디스패치(dispatch) 대기열에서 대기 중인 명령의 피연산자가 도착하면 대기 중인 명령도 파이프라인에 발행된다.

OOE를 사용하지 않을 때 디스패치와 발행이라는 용어가 가지는 의미는 같다. 즉, 명령이 실행 파이프라인에 들어가도록 허용하는 절차를 말한다. 하지만 OOE를 사용하면 명령이 해석된 후 대기열로 디스패치될 수 있음에도 해당 데이터가 사용 가능할 때까지 실행 장치에 발행되지 않는다.

OOE를 사용할 때 위험을 피해서 좋은 성능을 내기 위해서는 많은 트랜지스터와 지능적 처리가 필요하다. CPU는 명령이 폐기되기 전에 OOE가 실행 중인 작업의 결과에 영향을 미치지 않는지 확인해야 한다. 이 같은 문제는 파이프라인 실행 방식이 직면하고 있는 큰 문제 중 하나이며, 특히 슈퍼스칼라 실행은 이를 피할 수 없다.

Thumb 2

코어텍스 A8 코어는 Thumb 2 명령 세트 향상 기능을 도입했다. 간단히 설명하자면, Thumb 2는 원래의 16비트 Thumb 명령 세트를 32비트 명령으로 확장해서 Thumb 2 명령 세트가 ARM의 32비트 명령 세트와 거의 동일한 기능을 수행하게 했고, 이에 따라 Thumb 명령을 사용할 때의 단점이 거의 상쇄됐다. 특히 제한된 메모리를 가진 저렴한 임베디드 시스템에서는 32비트 명령으로도 16비트 명령을 자주 사용해서 코드 밀도를 증가시킬 수 있었다.

Thumb 명령 세트의 단점 중 하나가 조건부 실행이 없다는 점이다. Thumb 2는 새로운 IT(IF/THEN) 명령을 사용해 16비트 Thumb 명령을 부분적으로 수정했다. IT는 최대 4개의 후속 16비트 명령 블록을 관리하는 조건 코드를 제공한다. 블록의 각 명령에는 IT 명령으로 지정된 조건 코드 또는 그 보수로 태그를 지정할 수 있으며, 조건이 충족될 때만 실행된다.

Thumb EE

코어텍스 A8 코어는 Thumb-EE 실행 환경을 도입했다. Thumb-EE는 자바, 파이썬, C#, 펄(Perl)과 같은 고급 언어의 JIT(Just-In-Time) 컴파일에 사용하도록 최적화된 기능과 함께 Thumb 2 명령을 통합한 명령 아키텍처다. 하지만 코어의 속도가 빨라지고, 메모리 공간이 늘어나고, JIT 컴파일러의 기능이 향상된 덕분에 Jazelle 및 Thumb EE의 필요성은 줄어들었고, 결국 ARM 홀딩스는 2011년에 Thumb EE의 사용을 중단했다.

빅리틀

모바일 컴퓨터에서 전력 소비는 중요한 문제이며, 새로운 ARM 세대의 제품군도 ARM의 전통적인 에너지 효율성을 희생시키지 않는 범위 내에서 성능을 향상시키고 있다. 빅리틀(big.LITTLE)은 코어텍스 제품군에 도입된 기술 중 하나의 상표명이다. 빅리틀을 구현하는 장치 내부에는 두 개의 ARM 코어(또는 코어 클러스터)가 협업하고 있다. 에너지 효율보다 성능을 중시하는 A15와 같은 고성능(다중 발행, 비순차적 처리) 코어와 명령당 에너지 소비를 최소화한 A7과 같은 저성능(단일 발행, 순차적 처리) 코어가 그것이다. 운영체제는 필요에 따라 고성능 코어와 저성능 코어 사이에서 개별 프로세스를 이동시키고 사용하지 않는 코어를 꺼놓음으로써 애매한 성능의 코어를 하나만 사용할 때보다 성능과 에너지 효율 모두에서 훨씬 더 유연성을 갖게 된다.

빅리틀 기술은 주문형 SoC 부품용으로 개발됐다. 두 개의 코어는 구조적으로 호환 가능해야 하며, 시스템 작동을 위해서는 다중 클러스터의 캐시 일관성을 지원해야 한다. A7과 A15 쌍으로 시작된 빅리틀 구조는 최신 ARMv8 명령 세트 아키텍처를 구현한 A53과 A57 쌍으로 이어져 오고 있다.

SIMD를 위한 NEON 보조 프로세서

코어텍스 프로세서 제품군은 새로운 주요 보조 프로세서인 NEON을 도입했다. ARMv7 명령 세트 아키텍처 이전에는 ARM 코어의 ARMv6 명령으로 SIMD를 지원했으며, 이 명령은 ARM 범용 레지스터에 보관된 4개의 8비트 값으로 연산을 수행했다. NEON 도입 후, SIMD 명령 실행은 보조 프로세서로 이동하고 ARMv7에는 100개 이상의 SIMD 명령이 추가됐다. 이를 통해 ARM의 범용 레지스터에 대한 의존성을 제거하고, 128비트 폭의 SIMD 전용 레지스터 세트를 사용할 수 있게 됐다. NEON에 있는 16개의 128비트 레지스터 각각은 동일한 유형의 여러 값을 포함하는 것으로 해석된다. 지원되는 데이터 유형은 다음의 네 가지다.

- 16개의 8비트 값
- 8개의 16비트 값
- 4개의 32비트 값
- 2개의 64비트 값

사용되는 데이터 유형은 실행되는 SIMD 기계어 명령의 형식에 따라 다르다. NEON SIMD 레지스터는 128비트로 이뤄진 블록에 불과하며, 명령이 이 블록을 소스 레지스터와 대상 레지스터로 레인(lane)으로 나눈다. 레인은 비트로 이뤄진 논리적 그룹이며, SIMD 연산 중에 별도의 값으로 처리된다(그림 4-21).

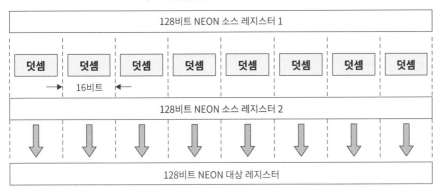

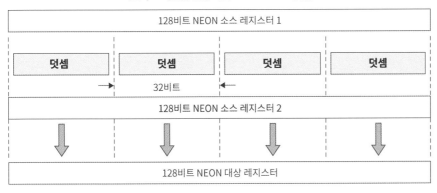

그림 4-21 NEON SIMD의 레인이 128비트 레지스터를 나누는 방법

16개의 128비트 레지스터를 32개의 64비트 레지스터처럼 액세스할 수도 있다. 계산에 64비트보다 넓은 레인이 필요하지 않으면 추가적인 로드/저장 작업 없이 레지스터에서 더 많은 계산을 수행할 수 있다.

ARMv8과 64비트 컴퓨터

첫 코어텍스 제품군은 ARMv7 명령 세트 아키텍처를 도입했다. 최근(이 책의 집필 시점을 기준으로) 제품군인 코어텍스 A50 제품군에는 새로운 ISA인 ARMv8이 도입됐다. ARMv8의 주된 목적은 64비트 계산 및 메모리 주소 지정을 구현하는 것이다. ARMv8은 아래와 같은 세 가지 명령 세트를 제공한다.

- A32: 기본적으로 ARMv6 및 ARMv7에서 변경되지 않은 32비트 ARM 명령 세트

- T32: 기본적으로 ARMv7에서 변경되지 않은 Thumb 2 명령 세트

- A64: 새로운 64비트 명령 세트

A64는 코어텍스 아키텍처를 크게 변경했다. 주요 변경 사항은 아래와 같다.

- 범용 레지스터는 32비트가 아니라 64비트가 됐다.

- 기계어 명령은 A32의 코드 밀도를 유지하기 위해 32비트 크기를 유지한다.

- 명령이 32비트 또는 64비트 피연산자 중 하나를 사용할 수 있다.

- 스택 포인터와 프로그램 카운터는 더 이상 범용 레지스터가 아니다.

- 예외 메커니즘이 향상된 덕에 뱅크 레지스터가 필요하지 않게 됐다.

- 새로운 명령으로 하드웨어에 AES(Advanced Encryption Standard) 암호화와 SHA-1 및 SHA-256 해싱 알고리즘을 구현했다(선택 사항).

- 하드웨어가 가상 머신 관리를 지원하는 새로운 기능이 추가됐다.

2016년 2월에 출시된 라즈베리 파이 3 컴퓨터에는 ARMv8 64비트 쿼드코어 CPU가 탑재돼 있다. 최초의 64비트 라즈베리 파이인 셈이다.

단일 칩 시스템

사실 인텔 칩의 아키텍처를 설명하는 것이 ARM 칩을 설명하는 것보다 더 쉽다. 왜냐하면 실제 업계에는 후자가 훨씬 더 다양하기 때문이다. ARM 기반 칩은 맞춤형 설계에 대한 자유도가 높으며, 특히 아래의 두 가지 특성이 그렇다.

- CPU의 캐시 크기, 설치된 보조 프로세서 및 트러스트존 보안과 같은 중요한 기능을 맞춤형으로 넣고 뺄 수 있다.

- CPU와 같은 칩에 네트워크 컨트롤러 포함 가능. 그래픽 프로세서 및 시스템 메모리 블록과 같은 주변 장치를 추가해서 SoC 장치를 만들 수 있다.

애플의 A6X 같은 ARM 기반 SoC 부품은 수요 기업의 모바일 제품을 위해 맞춤형으로 설계 및 제조한 것이다. 반면, 자체 SoC를 처음부터 개발할 수 없는 제품 제조업체에게는 반도체 제조업체가 SoC 부품을 제공한다.

브로드컴 BCM2835 SoC

1세대 라즈베리 파이 컴퓨터의 기반은 브로드컴의 BCM2835 SoC 칩이며, 이 칩은 스마트폰, 태블릿, 전자책 리더와 같은 모바일 장치를 만드는 제조업체에 주로 판매돼 왔다. BCM2835는 뛰어난 그래픽을 가진 독립형 모바일 컴퓨터를 만드는 데 필요한 거의 모든 디지털 논리를 포함하고 있다. 이 논리는 크게 세 가지 범주로 나뉜다.

- ARM 홀딩스로부터 라이선스를 받은 단일 ARM 코어, ARM1176JZF-S

- 브로드컴에서 개발한 1080p30 그래픽 프로세서, 비디오코어(VideoCore) IV

- 128KB의 레벨 2 캐시. CPU와 공유되지만 주로 비디오코어 IV 프로세서에서 쓰인다.

- ARM11 코어 사용을 위한 주변 장치 제품군
  - 인터럽트 컨트롤러
  - 타이머
  - 펄스 폭 변조기(PWM)
  - 2개의 범용 비동기식 송수신기(UART)
  - 54개의 라인을 가진 범용 입출력(GPIO) 시스템
  - IC 간 사운드(IIS 또는 I2S) 시스템 및 버스
  - 직렬 주변기기 인터페이스(SPI) 마스터/슬레이브 버스 메커니즘

BCM2835에는 시스템 메모리가 없다. 3장에서 설명했듯이 BGA 패키지를 가진 SDRAM 메모리 장치가 POP 공정을 통해 BCM2835 장치 위에 포개진 상태로 조립돼 있다.

브로드컴의 2세대, 3세대 SoC 장치

2015년 2월에 라즈베리 파이 2의 출시와 함께 2세대 라즈베리 파이 컴퓨터가 공개됐다. 라즈베리 파이 2의 중심에는 BCM2836 SoC가 있는데, CPU 및 레벨 2(L2) 캐시 측면에서 BCM2835와 차이가 있다. 라즈베리 파이 2에 탑재된 CPU는 900MHz로 실행되는 쿼드코어 ARM 코어텍스 A-7이다. 레벨 2 캐시는 비디오코어 IV 그래픽 프로세서와 공유되며 256KB 용량을 가지고 있다. 라즈베리 파이 2 보드에는 1GB의 RAM이 있으며, 더 높은 용량의 RAM IC는 라즈베리 파이 1 컴퓨터처럼 SoC 상단에 탑재돼 있지는 않지만 인쇄 회로 기판(PCB)의 다른 곳에 조립돼 있다.

2016년 2월에 출시된 라즈베리 파이 3 컴퓨터는 BCM2837 SoC를 기반으로 하며, 1GB RAM IC를 PCB에 직접 장착하고 SoC 장치 자체에는 장착하지 않았다. BCM2837에는 512KB의 L2 캐시가 있는 쿼드코어 64비트 ARM 코어텍스 A-53 CPU가 탑재돼 있다. 듀얼코어 비디오코어 IV 프로세서는 이전 SoC의 250MHz 대신 400MHz(3D 그래픽의 경우 300MHz)로 실행된다. 그 밖의 측면은 원래의 BCM2835와 거의 동일하다.

VLSI를 만드는 방법

VLSI(very large scale integration; 초고밀도 집적 회로) 반도체 제조에 대해 자세히 설명하는 것은 이 책의 범위를 벗어나지만, 이를 어느 정도 이해해야 관련 전문 용어와 설계 용어를 알 수 있다.

VLSI 칩은 단파장 자외선(UV) 빛과 일련의 사진 마스크를 사용해 실리콘 웨이퍼에 화학적 패턴을 입히는 포토리소그래피(photolithography) 공정으로 제조된다. 이러한 패턴을 각 층에 입히면 결국 개별 트랜지스터, 레지스터, 다이오드, 커패시터가 형성된다. 구리를 에칭 처리해서 전도성 패턴을 만드는 방식으로 자작 PCB를 만들어 본 사람들은 이해하기 쉬울 것이다. 차이점이 있다면 VLSI 제조에 쓰이는 패턴의 크기는 나노 미터(10억분의 1미터) 수준의 크기라는 점이다.

단일 마스킹 작업의 공정은 아래와 같다.

1. 레지스트(resist)라는 감광성 화학 물질을 웨이퍼에 코팅한다.

2. 마스크를 웨이퍼 위에 올린다.

3. 마스크를 통해 UV 광선을 비춰서 UV에 노출된 부분을 경화시킨다.

4. 마스크를 제거하고, UV에 노출되지 않은 레지스트 코팅 부분을 웨이퍼에서 세척한다.

5. 웨이퍼에 화학 공정을 적용한다. 노출되지 않은 레지스트가 세척된 자리에만 화학 약품이 도달할 수 있다.

6. 다음 작업을 위해 경화된 레지스트를 화학적 방법으로 제거한다.

5번째 단계의 화학 공정에는 사실 여러 단계가 들어 있다. 우선 실리콘을 제거하기 위해 부식액을 도포한다. 그리고 실리콘을 '굽기' 위한 다양한 화학 물질을 웨이퍼에 노출시킨다. 즉 실리콘의 전기적 특성을 변경시키기 위해 붕소 및 인과 같은 소량의 원소를 주입하는 것이다. 이를 위해 주입하는 불순물, 즉 도판트(dopant)를 가스 또는 액체 형태로 만들고 여기에 웨이퍼를 노출시켰다. 최근에는 칩의 크기가 점점 작아짐에 따라 높은 정밀도가 요구되므로 이를 달성하기 위해 전자기적으로 가속된 도판트 이온으로 웨이퍼를 충돌시키는 방법이 많이 쓰이고 있다. 구리 또는 다른 금속(일반적으로 알루미늄)이 레지스트가 없는 웨이퍼 영역에 충돌하면 그 자리에 진도싱 경도가 생성된다.

집적 회로(IC)의 복잡성에 따라 20~30개의 개별 마스크, 최대 50개 이상의 마스킹 단계가 있을 수 있다. 마스킹에 필요한 정밀도는 상상을 초월한다. 마스킹 단계에서 하나의 마스크라도 정렬이 틀어지면 전체 웨이퍼가 불량품이 되어 버릴 수밖에 없다.

프로세스, 지오메트리, 마스크

앞 절에서 설명한 제조 공정은 매우 까다로운 작업이다. 모든 요소가 상호작용하며, 다른 요소에 영향을 주지 않고 변경될 수도 없다. 마스크 내 영역의 크기 및 형상은 마스크가 생성하는 실리콘 영역의 전기적 특성을 결정한다. 현대의 IC 설계가 규정하는 규모에서는 PN 접합(P형 및 N형 반도체 물질이 접촉하는 영역, 즉 1개 이상의 트랜지스터를 생성하는 영역)에서 수백만 원자의 정도의 차이에 의해 작동 여부가 달라질 수 있다. 또한 접합부의 크기가 감소함에 따라 접합부 양단의 누설이 증가한다. 단위 면적당 발생하는 폐열도 소자(트랜지스터, 레지스터)의 크기가 감소함에 따라 증가한다. 반도체 공정은 이러한 모든 요소를 고려해야 한다.

이러한 이유로 제조 공정에 사용되는 마스크 패턴을 광학적으로 축소함으로써 IC 설계를 축소하는 것은 불가능하다. 더 작은 회로 요소로 칩을 생성한다는 것은 전체 제조 프로세스를 처음부터 다시 설계해야 한다는 것을 의미한다. 실제로 엔지니어가 사용하는 공정이라는 단어는 어떤 방식으로든 변경할 수 없는 매우 구체적인 단계를 의미한다. 제조 공정을 정의하는 변수는 실리콘 다이 상에 생성되는 가장 작은 부품의 크기다. 이를 공정 지오메트리(process geometry)라고 부르며, 국내에서는 주로 '나노'라는 표현을 사용한다. 이 책을 집필하는 시점에서 가장 발전된 공정 기술은 14나노 공정이다. 이 숫자가 무엇을 의미하는지 감을 잡아 보자. 실리콘의 격자 상수(lattice constant), 즉 결정 표면상에서 실리콘 원자 사이의 거리는 0.54나노미터다. 이것은 실리콘 다이 상의 14나노미터가 약 30~35개의 원자에 해당한다는 것을 의미한다.

마스크에 그려지는 형상의 크기가 전기적 특성을 만들어내기 때문에 장치를 제작하기 위한 마스크는 공정 및 공정의 지오메트리에 따라 다르다.

지적재산권 – 셀, 매크로셀, 코어

현대의 IC를 가내수공업으로 만드는 것은 불가능하다. 설계 엔지니어가 CAD 워크스테이션에 앉아서 개별 트랜지스터 및 기타 구성 요소를 그리는 것도 아니다. 현대의 실리콘 다이를 이루는 수억 개의 장치를 하나씩 그리다가는 인생이 다 지나갈 것이다. 다행히도 실제 설계는 이런 식으로 이뤄지지 않는다.

표준 서브루틴의 라이브러리로 프로그램 코드를 설계하듯이 실리콘으로 만드는 디지털 로직 역시 표준 셀의 라이브러리로 설계할 수 있다. 맞춤형 IC 설계 용어인 셀(cell)은 단일 논리 소자(예를 들어, 게이트, 인버터, 플립플롭 등)로서 마스크 형태로 배치할 수 있고 동작이 검증된 것을 가리키는 용어다. 그리고 디지털 논리(레지스터, 가산기, 메모리 블록 등)로 이뤄진 더 큰 블록을 매크로셀(macrocell)이라고 부른다. 하위 시스템 단계(프로세서, 캐시, 보조 프로세서)까지 완성된 설계는 일반적으로 코어라고 불린다.

설계 및 제조를 수행하는 회사가 표준 셀, 매크로셀의 라이브러리와 완벽하게 검증된 코어를 판매하는 경우가 많이 있으며, 이를 구입하는 회사는 보통 자체 맞춤형 설계를 만들고자 하는 회사다. 이러한 라이브러리와 코어는 지적 재산권(IP)을 확보하고, IC를 설계하는 엔지니어는 이처럼 지적 재산권으로 등록된 디지털 논리 블록을 관용적으로 'IP'라 지칭한다.

하드 IP와 소프트 IP

반도체를 설계하는 디자인 하우스(design house)는 특정 제조 공정에 사용하기 위한 마스크용으로 이미 테스트되고 레이아웃된 논리 블록을 라이선스하기도 한다. 이러한 논리 블록을 하드 IP, 매크로셀 또는 코어라고 하며, 기본적으로 이는 공정 마스크를 위한 CAD 설계에 통합할 수 있는 다각형 지도라고 할 수 있다. 하드 IP는 작고 신뢰성이 있지만 설계된 공정 이외의 공정에서는 사용할 수 없다.

최근에는 대개 IP를 소프트 코어로 전달하는 추세다. 소프트 코어란 IP의 논리 및 전기적 동작을 기술한 것이며, 실리콘 상의 물리적 레이아웃에 대해서는 기술하고 있지 않다. 소프트 IP를 라이선스하는 형태는 하드웨어 기술 언어, HDL(Hardware Description Language)로 작성한 소스 파일이며, 이 언어는 레지스터 전송 레벨(RTL, register-transfer level)이라는 추상 형식으로 논리를 표현한다. RTL은 간단한 논리 게이트를 사용하는 조합 논리와 플립플롭으로 구성된 레지스터의 관점에서 하드웨어를 설명하는 방법이다. RTL을 작성할 수 있는 HDL에는 여러 가지 종류가 있으며, 그중에서 가장 인기 있는 것은 베릴로그(Verilog)와 VHDL이다.

HDL로 작성된 RTL 논리 기술이 있으면 이를 넷리스트(netlist)라고 하는 개별 게이트의 행렬로 변환한 다음 특정 공정을 위해 배치(2차원으로 배치)되고 라우팅(서로 연결됨)해서 IP를 합성할 수 있다. 이것은 사실상 소프트 IP를 하드 IP로 변환하는 과정이며, 이를 IP 하드닝(hardening)이라고 한다. 오늘날 대부분의 IP는 RTL 파일로 제공되며, 합성 및 라우팅은 SoC 전체의 합성 및 라우팅과 함께 이뤄진다.

평면 배치, 레이아웃, 라우팅

SoC의 실제 물리적 생성은 전체 디바이스를 논리적 및 전기적으로 정의한 완성된 넷리스트로부터 시작된다. 넷리스트로부터 SoC 부품을 만들 때의 난점은 실리콘 다이에 셀과 매크로 셀을 배열하고 넷리스트에 따라 이를 연결하는 것이다. SoC를 위한 임시 레이아웃을 생성하는 것을 플로어플래닝(floorplanning)이라고 하며, 이는 원래 건축 용어로 '평면 배치'를 의미한다. 엔지니어는 건축가가 건물의 바닥을 분할하는 것처럼 실리콘 다이의 영역을 분류해서 설계의 모든 부분을 수용할 공간을 마련한다. 플로어플래닝을 수행하는 데는 여러 가지 제약 조건이 있다.

- 다이는 제한된 넓이의 공간만을 가지고 있다.
- 많은 매크로셀(특히 디자인 회사로부터 라이선스를 받은 하드 IP)은 모양, 크기, 방향이 고정돼 있으므로 레이아웃에 맞추기 위해 이를 변경할 수는 없다.
- 장치 패키지에는 최대 개수의 연결 패드가 존재할 수 있다.
- 일부 논리 블록(예: 라인 드라이버)은 그에 해당하는 연결 패드에 물리적으로 가까이 위치할 수 있다.
- 데이터 경로로 인해 타이밍 문제나 크로스토크(crosstalk)가 발생해서는 안 된다. 크로스토크란 커패시턴스(capacitance) 또는 인덕턴스(inductance)의 효과로 인해 발생하는 인접한 도체 사이의 전기적 간섭을 말한다.

엔지니어는 이러한 제약 속에서 웨이퍼당 장치 수를 최대화할 뿐 아니라 신호 전파 지연을 최소화하기 위해 레이아웃의 크기를 줄여 나간다. 플로어플래닝은 CAD 소프트웨어 도구를 사용한 작업 중 오래 걸리는 부분을 가능한 한 쉽게 수행할 수 있게 하는 레이아웃의 지름길이라고 할 수 있다. 엔지니어는 플로이플래닝을 사용해서 배치 단계로 나아가고, 그동안 CAD 도구를 사용해 각 요소의 위치를 정확하게 배치한다. 보통 배치를 위해 플로어플래닝을 반복적으로 수정하게 되며, 이 수정 과정에서 레이아웃을 포함하는 사각형의 크기 및 종횡비도 계속 변화할 수 있다.

마지막 단계는 라우팅(routing)이며, 이 단계에서 데이터 경로, 클록 배포 경로 및 전원 배포 경로를 만든다. 라우팅 과정에서 실제로 크로스토크 및 커패시턴스 커플링과 관련된 문제를 모델링해서 파악할 수 있고, 그로 인한 타이밍 위반(신호가 너무 늦게 또는 너무 빨리 플립플롭에 도착함)이 발생한다면 그 수정 절차도 이곳에서 이뤄진다. 칩 설계 과정의 끝 무렵에서 타이밍 클로저 루프(timing closure loop)라는 단계에 돌입하는데, 이 단계에서는 트랜지스터 크기를 조정하거나 버퍼를 삽입해 위반 사항을 수정하고, 수정으로 인해 생겨나는 새로운 위반 사항이 완전히 사라질 때까지 수정을 반복한다. 원하는 공정을 위한 라우팅이 완료되면 SoC 설계를 테이프 아웃(tape out), 즉 최종 버전 파일로 기록하고 칩 파운드리에 전달해서 마스크 제작 및 '최초 실리콘(first silicon)'의 제조를 진행한다.

칩 상의 통신 표준, AMBA

여러 소스의 IP 코어를 통합하고 버스 구조를 구성해서 일관성 있게 통합하는 작업은 모든 IC 설계에서 가장 까다로운 단계 중 하나다. 설계의 복잡성, 클록 속도, 공정 지오메트리의 크기 감소 등이 이 작업의 어려움을 가중시킨다. 만약 버스 구현의 세부 사항을 추상화해서 칩 코어 또는 인프라 구성 요소를 재사용할 수 있게 하는 표준이 있다면 설계 프로세스를 간소화하는 데 도움될 것이다.

1996년, ARM 홀딩스는 AMBA(Advanced Microcontroller Bus Architecture, 고급 마이크로컨트롤러 버스 아키텍처)를 도입해서 IP 생성 및 재사용을 위한 표준을 수립했다. 그리고 뒤이어 ARM은 SoC용 AMBA에 호환되는 칩 상의 데이터 버스를 구현하는 실제 소프트 IP를 발표했다. AMBA는 최초 도입 이후 20년 동안 4세대까지 발전했으며, 오늘날 온칩(on-chip) 버스, 특히 ARM 프로세서 코어를 통합한 SoC의 사실상의 표준이 됐다. AMBA 표준은 공개돼 있으며 ARM 홀딩스에 로열티를 지불하지 않고도 사용할 수 있다.

AMBA 사양에는 비공식적으로 프로토콜(protocol)이라고 하는 여러 가지 버스 아키텍처의 정의가 포함돼 있다. 각 프로토콜에는 코어 사이의 물리적 연결에 대한 사양과 연결을 통한 데이터 이동을 제어하는 논리가 모두 포함돼 있다. BCM2835 SoC에 사용되는 프로토콜은 AMBA 3 사양의 일부인 AXI(Advanced Extensible Interface)다. 따라서 라즈베리 파이에서 사용되는 AXI 버전은 AXI 3이다. AXI 버스는 설계 시점에서 8~1024비트 폭으로 구성될 수 있다. BCM2835의 내부 버스는 필요한 대역폭에 따라 32~256비트 폭을 가진다.

AXI 버스는 비유적으로 표현하자면 회사 캠퍼스의 여러 건물 사이를 잇는 수도관이나 전력선의 파이프와 유사하다고 할 수 있다. 건축업자는 물, 전기, 천연 가스, 폐수 또는 증기를 운반하기 위해 파이프를 매설한다. 파이프는 평행하게 깔려 있지만 서로 연결돼 있지는 않다. AXI 버스는 SoC 실리콘의 경로를 따라 데이터를 전송하는 5개의 채널을 SoC의 다양한 코어 주변에 통합했다. 각 채널은 단방향이며, 물 또는 천연 가스가 파이프를 한 방향으로만 통과하는 것처럼 데이터도 채널을 통해 한 방향으로만 전달된다. 각 버스를 통한 데이터의 흐름을 제어하는 데는 레디-밸리드(ready-valid) 시그널링이 쓰인다. 전송할 데이터가 있으면 상향 종단에서 유효 신호를 확정(HIGH, 또는 논리 1로 설정)하고, 데이터를 받아들일 준비가 되면 하향 종단에서 준비 신호를 확정한다. 두 신호가 모두 HIGH일 때만 클록 사이클 동안 데이터가 전송된다.

채널은 두 개의 종단점(마스터, 슬레이브) 사이에서 데이터를 주고받는 매개체가 된다. 네트워크 세계의 클라이언트 및 서버와 비슷하다고 할 수 있다. 마스터(예: CPU, 그래픽 프로세서 또는 비디오 해석

엔진)가 트랜잭션을 요청하고 슬레이브(SDRAM 컨트롤러 또는 UART와 같은 주변 장치일 수 있음)가 마스터의 요청을 수행하는 것이다. 마스터는 데이터 읽기 또는 데이터 쓰기 트랜잭션을 요청할 수 있으며, 어떤 종류의 트랜잭션이든 마스터에 의해 요청되고 제어돼야 한다.

5개의 AXI3 채널 각각은 아래와 같다.

- **읽기 주소 채널**: 마스터에서 데이터 소스 역할을 하는 슬레이브 종단점으로 주소 및 제어 정보를 전달한다.
- **읽기 데이터 채널**: 요청받은 데이터를 슬레이브에서 마스터로 다시 운반한다.
- **쓰기 주소 채널**: 마스터에서 데이터를 저장하거나 사용하는 슬레이브 종단점으로 주소 및 제어 정보를 전달한다.
- **쓰기 데이터 채널**: 마스터에서 데이터를 필요로 하는 슬레이브로 쓰기 주소와 관련된 하나 이상의 데이터 조각을 운반한다.
- **쓰기 응답 채널**: 슬레이브에서 마스터로 데이터가 성공적으로 수신됐음을 나타내는 응답 신호를 전송한다.

이 5개의 채널을 사용함으로써 버스 주변에서 매우 빠르게 데이터를 이동시킬 수 있다(그림 4-22).

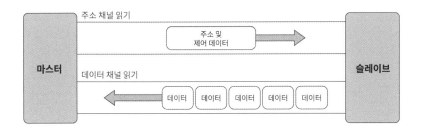

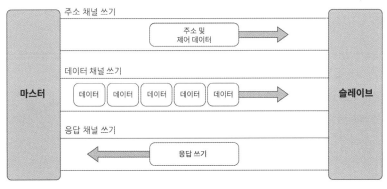

그림 4-22 AXI3 버스 채널

AXI3 채널에는 보통 세 가지 유형의 버스 구성 요소가 삽입될 수 있다.

- **레지스터 슬라이스(Register slices):** 버스 채널을 통해 임시 메모리로 이동하는 데이터를 '붙잡는(latch)' 역할을 한다. 이렇게 하면 긴 경로를 더 짧은 경로로 분리해서 타이밍 충돌을 해결할 수 있다. 비유하자면 레지스터 슬라이스는 선반에 버스를 조각내서, 즉 슬라이스로 만들어서 배치하는 방법으로, 버스 슬라이스는 채널 반대쪽으로부터 데이터 수신 가능 신호를 받을 때까지 선반에서 기다릴 수 있다. CPU의 기계어 명령 파이프라인 방식과 유사한 방식으로 레지스터 슬라이스와 버스를 통과하는 데이터 파이프라인을 결합할 수도 있다.

- **아비터(Arbiters):** 여러 개의 상향 버스를 단일 하향 버스로 병합하는 역할을 한다. 이를 통해 여러 마스터가 하나의 슬레이브와 데이터를 교환할 수 있다. 아비터는 제어 정보를 관리해서 적절한 상향 버스가 읽기 데이터를 수신하고 이에 대한 응답을 작성하게 한다. 일례로, BCM2835 내부의 ARM, 그래픽 프로세서 및 비디오 해석 엔진이 주 메모리에 대한 액세스를 공유할 수 있게 하는 데도 아비터가 사용된다.

- **스플리터(Splitters):** 하나의 상향 버스를 여러 하향 버스로 나눈다. 이렇게하면 하나의 마스터가 여러 슬레이브와 데이터를 교환할 수 있다. 예를 들어, ARM11이 주 메모리와 SoC의 다양한 주변 장치에 액세스할 때 스필리터를 사용한다.

이 세 가지 구성 요소를 사용하면 SoC를 구성하는 다양한 코어를 거의 모든 유용한 조합으로 연결할 수 있는 온칩 버스 구성을 만들 수 있다. SoC 설계에 소요되는 노력의 상당 부분은 카메라, 디스플레이 인터페이스, 비디오 해석 엔진과 같은 실시간 마스터를 충분한 대역폭 및 지연 QoS(quality-of-service) 보장과 함께 제공하는 버스 구성을 구축하는 데 쓰이며, 달성해야 할 목표치도 주어진다. 그렇기에 여러 개의 상향 버스(upstream bus)에 요청이 밀릴 때 아비터의 포트 중 어느 포트가 하향 버스(downstream bus)에 액세스할지를 결정하는 정책이 필요하며, 이때 정적 정보(요청하는 마스터의 ID)와 동적 정보(최근 트래픽)를 기반으로 결정을 내릴 수 있어야 한다. QoS 시스템 설계는 지금도 학계와 업계에서 활발히 연구되고 있다.

5장

프로그래밍

컴퓨터 세상에서 하드웨어와 소프트웨어는 두 개의 분리된 왕국이라고 할 수 있다. '컴퓨터 구조'라는 용어는 보통 하드웨어 구조를 가리키기 때문에 컴퓨터 구조를 다루는 대부분의 대학 교재는 프로그래밍을 전혀 다루지 않거나 상위 수준의 추상적인 소프트웨어 구조 설계에 대해서만 다루곤 한다.

하지만 이는 잘못된 방향이며, 특히 하드웨어나 프로그래밍에 대한 정식 교육을 받지 못한 대학 새내기들 입장에서는 더더욱 그렇다. 하드웨어와 소프트웨어 교육을 분리하면 교육자 입장에서만 편리할 뿐이다. 컴퓨터에 대해 진지하게 관심을 가지는 사람이라면 두 가지를 모두 공부할 것이다. 하드웨어 없이 소프트웨어가 없다고도 말하지만 허울 좋은 변명일 뿐이다. 요즘은 소프트웨어 없이 하드웨어의 설계 및 제조가 모두 불가능한 것이 현실이다. 더욱 중요한 것은 모든 컴퓨터(즉, 하드웨어)는 소프트웨어가 있어야 유용하게 작동할 수 있다는 점이다.

이 책은 기본적으로 하드웨어에 대한 책이다. 특정 프로그래밍 언어나 도구를 익히려면 그에 맞는 전문적인 책을 읽는 편이 더 낫고, 특히 라즈베리 파이의 기본 언어라고 할 수 있는 파이썬 등은 별도로 공부할 가치가 있다. 하지만 이번 장에서는 프로그래밍의 개념을 넓게 다룸으로써 어떤 프로그래밍 언어를 선택할 것인가와 자신만의 소프트웨어를 어떻게 만들 것인가에 대한 시야를 넓히고자 한다.

프로그래밍의 개념

지금까지 책을 읽어온 독자라면 컴퓨터가 아주 작게 쪼개진 수많은 작업 단계를 섬세하게 정리된 순서로 수행함으로써 작동한다는 것을 파악했을 것이다(이해가 잘 되지 않는다면 2장 '컴퓨터의 개요'를 다시 읽어보자). 여기서 새로운 용어가 등장하는데, 이 작업 단계를 가리키는 공식적인 명칭이 바로 '기계어 명령'이다. 기계어 명령은 컴퓨터 프로그램의 '원자' 같은 존재인데, 더 작은 작업 단위로 쪼개질 수 없다는 특성이 있기 때문이다(4장 참조).

'컴퓨터 프로그래밍'은 결국 이 작업 단계를 쓰고, 순서를 정리하고, 원하는 대로 작동하는지 확인하고, 필요에 따라 개선해 나가는 과정이라고 할 수 있다. 이러한 컴퓨터 프로그래밍의 세 가지 요소를 각각 '코딩', '테스트', '유지 보수'라고 한다.

그런데 코딩 이전에 해야 하는 작업이 있다. 바로 설계다. 새로운 프로그래밍 언어를 배울 때는 머릿속에서 떠오른 코드를 작성해서 실행하고 쏟아지는 오류 메시지를 관찰하는 과정이 좋은 학습이 되겠지만 장기적인 관점에서 보면 오랜 시간 동안 제 역할을 하며 작동해야 하는 소프트웨어를 이렇게 즉흥적으로 만들 수는 없을 것이다. 중요한 컴퓨터 소프트웨어라면 더더욱 프로그래머가 첫 코드를 짜기 전에 설계가 이뤄져야 한다. 특히 네트워크를 통해 여러 컴퓨터로 분산되는 대형 소프트웨어 시스템의 설계 단계에는 프로그래머 뿐 아니라 다양한 분야의 사람들이 참여할 수 있다.

소프트웨어 설계의 원칙은 프로그래밍의 원칙과는 거리가 있다. 처음 프로그래밍을 배울 때 짜게 되는 간단한 코드에 설계 단계를 적용하는 것은 불필요한 일일 수도 있다. 반면 대규모 시스템을 구축하는 프로젝트에서는 설계가 가장 어려운 단계이며, 잘못된 설계는 프로젝트를 실패로 이끌 가능성이 높다.

소프트웨어 개발 과정

소프트웨어의 개발 과정은 프로그래밍 언어의 종류와 상관없이 동일하며, 이를 도식화하면 그림 5-1과 같다. 소프트웨어 개발의 시작점은 문제를 정의하고, 해결책을 구상하는 것이다. 하지만 구상은 구상일 뿐이며, 이를 구체화하고 기록을 남기기 시작하면 프로그램 설계의 첫 단계로부터 발걸음을 내디뎠다고 할 수 있다.

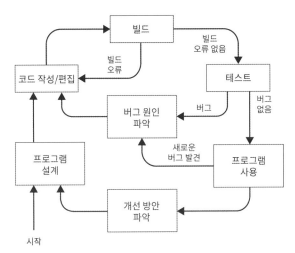

그림 5-1 소프트웨어 개발 과정의 전체 지도

설계가 준비되면(소프트웨어 설계 방법은 엄청나게 많다), 다음 단계는 컴퓨터 앞에 앉아 문서 편집기를 열고 실제 프로그램 코드를 타이핑하는 단계다. 사실 설계와 코딩은 완전하게 분리할 수 있는 작업이 아니다(원리주의자들은 싫어할 표현이다). 이는 창의적인 작업의 특성 때문인데, 구상을 구체화하다 보면 새로운 구상이 떠오를 수 있기 때문이다. 특히 프로그래밍 기술을 연마하는 단계에서는 코딩 과정에서 자신이 설계한 것 중 무엇이 작동 가능하고, 무엇이 실제로 문제 해결에 기여하는지 파악할 수 있게 된다. 코딩 중에 설계 단계로 돌아가는 것은 정해진 절차를 따르는 과정이라고 할 수는 없지만 이를 통해 프로젝트의 탈선을 미연에 막고 추후에 쓸모없어질 수백, 수천, 혹은 수만 줄의 코드를 타이핑하는 과정도 방지할 수 있다.

코딩 과정을 거치다 보면 작동하는 프로그램의 코드가 담긴 하나 또는 여러 개의 파일을 만들어내게 될 것이다. 이러한 파일을 '소스코드(source code)'라고 한다. 이제 프로그래밍 언어가 텍스트로 된 코드를 실행 가능한 프로그램으로 '빌드'할 수 있다. '빌드'라는 용어는 사용하는 프로그래밍 언어 또는 툴셋의 종류에 따라 구성 단계가 다른데, 예를 들어 파이썬에서는 대부분의 빌드 과정이 '장막 뒤에서' 이뤄진다. 반면 C 언어를 쓸 때는 컴파일러나 링커(이번 장 후반부의 '고급 언어'에서 자세히 설명하겠다) 등의 빌드 도구를 별도로 구비해야 한다. 일단 간단히 정리하고 가자면 빌드 과정은 프로그래밍 툴셋이 코드를 변환한 다음 무수한 '컴파일 오류'의 목록을 내뱉는 과정이라고 생각하면 된다.

알아두기

'컴파일 오류'는 코드 내의 잘못된 부분 때문에 프로그래밍 툴셋이 코드를 실행 파일로 변환하지 못하는 오류를 가리킨다. 프로그래밍 언어에는 '문법'이 있으며, 이는 실제 언어의 문법처럼 프로그램 코드의 각 요소를 분류하고 그 조합의 규칙을 명시한다. 문법에 맞지 않는 코드는 오류를 발생시킨다. 정적 언어에서는 보통 타입 불일치, 즉 타입(문자, 숫자 등)과 코드에서 실제로 대입되는 값이 불일치하면 오류가 많이 발생한다. 동적 언어는 더욱 유연하게 컴파일을 수행하기 때문에 런타임(runtime)에서 잘못된 코드를 수행할 때 오류가 발생하며, 이를 런타임 오류(runtime error)라고 한다.

오류 메시지는 코딩 과정에서 어떤 실수가 있었는지 힌트를 준다. 프로그래밍 툴셋이 소스코드의 몇 번째 행이 잘못됐는지 표시해 주기도 하지만 진짜 오류는 다른 곳에 있을 가능성도 얼마든지 있다. 코드를 작성하는 과정에서 각 프로그래밍 언어의 문법과 타입을 잘 지키고 있는지 스스로 점검하는 것이 중요하다. 프로그래밍을 처음 배우는 과정에서는 각 언어의 문법 목록과 관련 문서를 읽는 데 시간을 많이 사용할 수밖에 없다. 하지만 하나의 프로그래밍 언어에 익숙해지고 나면 오류를 찾아내는 시간과 노력이 많이 줄어들 것이다.

오류를 수정하려면 문서 편집기로 돌아와서 문제가 되는 소스코드를 수정하고, 파일을 새 버전으로 저장해야 한다. 그리고 프로그램을 다시 빌드하고, 오류가 있으면 다시 수정하고, 빌드하는 과정을 반복한다. 그러다 보면 마침내 오류 없는 코드를 빌드할 수 있을 것이다.

하지만 이게 끝이 아니다. 프로그래밍이 끝날 때까지는 한참 남았다. 일단 실행할 수 있는 프로그램이 준비되면 그것을 실행하고 동작 방식을 파악해야 한다. 그다음은 테스트 단계다. 테스트 단계에서는 프로그램의 동작이 설계 의도를 잘 따르는지 평가한다. 프로그램을 실행시키는 데는 성공했지만 충돌이 발생할 수도 있다. 운이 좋으면 도구의 도움으로 런타임 오류를 출력해서 충돌의 이유에 대한 힌트를 제공할 것이다. 그리고 프로그램이 실행되더라도 예상치 못하게 동작할 수도 있다. 이런 문제를 버그(bug)라고 한다.

알아두기

컴퓨터 세계에서 버그라는 용어를 처음 사용한 사람은 미국 해군 제독 그레이스 호퍼(Grace Hopper)였다. 호퍼는 1947년 초기 전자 기계 컴퓨터의 릴레이에 갇혀 죽어있는 나방(벌레)을 발견했다. 기술적으로 이는 소프트웨어 문제가 아닌 하드웨어 문제였지만 호퍼가 찾은 버그는 프로그램이 올바르게 작동하지 못하게 하는 요소였다. 그래서 호퍼는 나방을 제거하는 디버그(debug)를 통해 다시 작동하게 해야 한다는 표현을 썼다. 훗날 호퍼는 나방을 책에 테이프로 붙여서 보관했고, 이 책은 오늘날까지도 스미소니언 박물관에서 보존돼 있다. 그 이후 프로그램을 올바르게 실행하지 못하게 하는 모든 것을 버그라고 부르게 됐다.

소프트웨어 디버깅은 그 자체로 학문이자 예술이다. 버그를 확인한다고 해서 실제로 소스코드에서 잘못된 것을 이해하게 되는 것은 아니다. 버그를 수정하는 방법을 찾으려면 공부도 해야 하고, 머리를 식히기 위한 산책도 필요하다. 문제를 파악했다면 코드 편집기로 되돌아가 문제의 코드를 변경한 다음 프로그램을 다시 빌드해야 한다.

프로그램 디버깅은 프로그램을 작성하는 것보다 오래 걸릴 수 있다. 특히 아직 프로그래밍을 배우는 과정에서는 더더욱 그렇다. 버그를 모두 수정하고 나면 마침내 계획했던 대로 프로그래밍이 유용한 일을 하고 있을 것이다. 이제 정말 프로그래밍이 끝났다!

폭포수, 나선형, 애자일

하지만 아직 끝나지 않았다. 현대 소프트웨어 개발 이론의 교리 중 하나는 소프트웨어에는 '완성'이 없다는 점이다. 프로그래밍 과정은 본질적으로 반복적이다. 즉, 프로그래밍이란 프로그램의 설계 목표, 버그 목록 및 효율을 증대시킬 새로운 통찰을 지속적으로 반영하는 일련의 피드백 루프다.

프로그래밍이 항상 이런 피드백 루프였던 건 아니다. 소프트웨어 개발 초기에는 사람들이 프로그래밍을 일종의 건설 작업으로 개념화했다. 건설 작업에서는 현장의 첫 삽을 뜨기 전에 전체 청사진을 완전하게 이해하고 비용을 책정해야 한다. 그 개념에 따라 소프트웨어 세계에서는 사용자 요구사항을 수집하고 이러한 요구사항을 충족하는 소프트웨어에 대한 자세한 설계 문서를 작성했다. 다음으로 작성된 설계를 코드로 구현하고 테스트했다. 테스트에서 확인된 버그를 모두 수정하고 나면 구현 단계가 완료된 것으로 간주되며 프로젝트를 지속적인 유지보수 모드로 설정하게 된다. 이러한 일련의 단계를 폭포수 모델(waterfall model)이라고 한다. 개발 과정이 하향식으로 진행되기 때문이다. 순수한 폭포수 모델에서는 설계 문서가 작성된 후에 사용자 요구사항을 변경할 수 없으며, 코딩이 시작된 후에 설계 문서를 변경할 수 없다. 사용자가 자신의 필요를 이해하지 못했거나 설계자에게 자신의 필요를 전달하지 못했다면 개발 과정이 끝나고 나온 결과물이 아무 쓸모가 없게 될 수도 있다.

소프트웨어 설계자들은 폭포수 모델의 단점을 인식한 후 개발 방법론을 개선하는 작업을 시작했다(그림 5-1). 그들은 대부분의 소프트웨어 프로젝트에서 첫 코드 몇 줄을 작성하기 전에는 아무도 그 프로젝트에 대해 이해하지 못한다는 사실을 깨달았다. 개선된 개발 방법론에서, 프로그래머는 사용자의 요구사항을 바탕으로 간단하고 기능이 제한된 프로토타입을 만들고 사용자가 이 프로토타입을 가지고 놀 수 있게 했다. 프로그래머는 사용자 피드백을 바탕으로 프로토타입을 확장하거나, 경우에 따라 프로젝트를 뒤엎고 다시 시작해서 설계의 기본 요소에 녹아 있던 초기의 오해를 수정한다. 사용자는 소프트웨어에 구현된 요구사항을 확인한 후, 프로토타입을 가지고 노는 과정에서 새로 생겨난 요구사항을 설계자에게 업데이트한다. 요구사항, 설계, 코딩 단계는 한 번 씩만 일어나는 것이 아니라 그림 5-1과 같이 반복적인 루프를 형성한다. 이 과정에서 프로토타입은 한 단계씩 점증적으로 발전한다. 이러한 개발 방법론은 배리 봄(Barry Bohm)이 제안한 것으로 나선형 모델(spiral model)이라고 하며, 점증 모델(incremental model)이라고도 한다. 그림 5-2를 통해 폭포수와 나선형 모델을 비교할 수 있다.

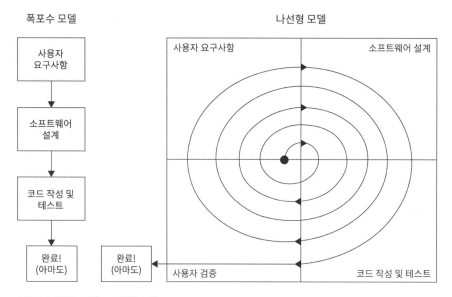

그림 5-2 폭포수 모델 vs. 나선형 모델

전통적인 점증 모델은 폭포수 모델에 비해서는 개선된 방식이지만 여전히 개발 과정의 선행 계획 및 하향식 관리에 중점을 두고 있어 무거운 편이다. 1990년대 중반부터 가벼운 점분 모델이 다양하게 출현했고, 유연성과 응답성이 개선됐다. 이러한 접근 방식을 애자일(agile) 소프트웨어 개발 또는 단순히 애자일이라고 한다. 2001년 애자일 선언문은 애자일 소프트웨어 개발의 목표를 다음과 같이 요약하고 있다.

우리는 소프트웨어를 개발하고 또 다른 사람의 개발을 도와주면서 더 나은 소프트웨어 개발 방법을 찾아가고 있다. 이 작업을 통해 우리는 아래와 같은 결론에 도달했다.

- '절차와 도구'보다는 '개인과의 상호작용'을,
- '포괄적 문서화'보다는 '동작하는 소프트웨어'를,
- '계약 협상'보다는 '고객과의 협력'을,
- '계획 준수'보다는 '변화에 대한 대응'을,

즉, 좌측의 요소에도 가치가 있지만, 우측의 요소에 더 큰 가치를 두고자 한다.

켄트 백	제임스 그레닝	로버트 C. 마틴
마이크 비들	짐 하이스미스	스티브 멜러
에어리 밴 베네컴	앤드류 헌트	켄 슈웨버
앨리스테어 코크번	론 제프리스	제프 서덜랜드
워드 커닝햄	존 컨	데이브 토마스
마틴 파울러	브라이언 매릭	

© 2001, 본 선언문의 저작권은 위의 저자에게 있으며, 위의 선언문을 형식에 상관없이 복사해서 사용할 수 있으나 이 공지에 근거해서 전체를 인용해야 한다.

애자일 개발은 '큰 그림'에 해당하는 전략이다. 애자일에서 실제로 수행하는 작업의 세부 사항은 팀과 프로젝트에 따라 다를 수 있다. 일반적인 애자일의 실행 방식에는 아래와 같은 방식이 있다.

- **타임박싱(Timeboxing)**: 대규모 프로젝트를 여러 개의 기간이 한정된 소형 프로젝트로 나누는 방식. 각 소형 프로젝트에는 자체적인 일정 및 산출물이 정의돼 있으며, 이를 통해 일정 관리를 단순화할 수 있다.

- **테스트 주도 개발(TDD)**: 개발자가 새로운 기능을 만들 때의 방법으로, 새로운 기능에 대한 단위 테스트를 생성한 다음 테스트를 통과할 수 있는 가장 단순하고 깔끔한 코드를 구현한다.

- **짝 프로그래밍**: 두 명의 프로그래머가 하나의 터미널에서 함께 작업해서 지속적으로 서로의 코드를 검토하고, 프로그래밍의 전략적 측면과 전술적 측면을 분리한다.

- **지속적인 통합**: 개발자가 공유된 코드 기반에 정기적으로 변경 사항을 적용함으로써 대규모로 코드를 업데이트할 때 발생할 수 있는 '통합 지옥(integration hell)'을 피한다.

- **이해관계자의 빈번한 상호작용**: 정기적인 배포를 수행하고, 배포에 대한 피드백을 수집해서 요구사항의 변경을 조기에 파악한다.

- **스크럼(scrum) 회의**: 짧은 일일 팀 회의를 통해 팀 결속을 촉진하고 팀원들이 진행 상황, 계획 및 장애를 공유할 수 있는 자리를 마련한다.

가장 잘 알려진 두 가지 애자일 방법론은 아래와 같다.

- **스크럼**: 일련의 스프린트로 개발이 진행되는 프레임워크를 일컫는다. 각 스프린트에는 제한된 시간이 할당된다. 각 스프린트가 시작될 때 프로젝트 백로그(backlog, 수주잔량)의 미해결 작업에 우선순위를 할당하고, 일부는 다시 스프린트 백로그를 구성한다. 스프린트 중에 일일 스크럼 회의를 진행하며, 각 스프린트가 끝날 때 배포 가능한 제품이 준비돼야 한다(프로젝트 백로그에 작업 항목이 남아있다면 미완성 상태가 될 수 있다).

- **익스트림 프로그래밍**: 짝 프로그래밍, 지속적인 통합, 테스트 및 배포를 포함한 다양한 실행 방식을 포괄하는 모범 사례의 극단적인, 즉 익스트림한 방식이다. 개발 과정은 코딩, 테스트, 청취(사용자 피드백 수집) 및 설계라는 4가지 상호 지원 활동으로 구성된다. 익스트림 프로그래밍의 최우선 목표는 요구사항 변화에 반응성을 유지하는 것이다.

애자일 개발은 소프트웨어 설계보다는 사용자의 지속적인 피드백을 통해 프로그래머가 지속적인 개선을 촉발시키는 과정에 가깝다. 어떤 면에서 설계는 경험으로부터 비롯된다. 구식 프로그래머 입장에서는 애자일 개발이 혼란스럽게 보일 수도 있지만 실제로 애자일 방법론은 다양한 문제 영역에서 폭포수 또는 나선형 모델보다 더 빠르게 소프트웨어를 생산하는 것으로 드러나고 있다.

이진수 프로그래밍

프로그래밍의 역사는 길고, 언제나 어려운 작업이었다. 처음에는 개발 도구가 없었으며 프로그래머가 일련의 기계어 명령을 이진수로 작성해야 했다. 작성된 코드는 종이 테이프, 천공 카드에 기록된 후 로드될 수 있었고, 특히 '부트스트랩(bootstratp)' 시작 코드는 CPU 캐비닛 전면 패널의 토글 스위치를 통해 메모리에 수동으로 기록할 수 있었다. 토글 스위치를 올리면 이진수 1을, 내리면 이진수 0을 나타냈다. 프로그래머는 이진수 기계어 명령을 모두 반영할 때까지 토글 스위치를 조작한 후 버튼을 눌러 메모리에 이진수 패턴을 저장했다. 이렇게 스위치를 조작해서 다음 명령을 저장하는 작업은 계속 반복됐다. 영화에서 볼 수 있는 거대한 구식 컴퓨터의 제어판에 있는 스위치의 열은 바로 이러한 목적을 위한 것이었다. 전면 패널 스위치는 1970년대 후반까지, 특히 알테어 8800과 같은 취미용 컴퓨터 시스템에서 계속 사용됐지만 더 발전된 도구의 등장과 함께 수요가 없어졌고, 역사 속에서 사라졌다.

이진수로 프로그램을 작성하려면 먼저 기계어 명령에 대한 설명을 작성한 다음 해당 명령에 대한 이진수 패턴을 찾아야 한다. 명령 세트가 간단한 기계에서는 시간이 좀 필요하긴 해도 간단한 프로그램을 작성하는 것이 그리 어렵지 않았다. 모토로라 6800 및 자일로그 Z80 같은 초기 단일 칩 CPU 제조사는 일반적인 형식의 모든 명령에 대한 16진수 인코딩을 기록한 참조 카드를 만들기도 했다. 그러나 더욱 복잡한 명령 세트를 가진 CPU에 더 복잡한 프로그램을 작성해야 할 필요가 늘어나면서 이진수 프로그래밍은 점점 느리고 힘든 과정으로 인식되기 시작했다.

어셈블리어와 니모닉

초기 컴퓨터가 학계 및 업계에서 광범위하게 사용되면서 프로그래밍 과정의 기계적 측면을 자동화하는 간단한 도구가 개발됐다. 4장에서 설명했듯이 일반적인 기계 명령어는 연산 부호(글자 그대로 명령이 어떤 종류의 연산을 수행하는지 표현하는 부호)와 피연산자(데이터 처리 명령이 입력 데이터를 찾고 그 결과를 저장하는 위치, 또는 분기 명령이 분기되는 위치를 정의함)로 구성된다. 각 연산 부호에 니모닉(mnemonic)이라는 개념적으로 의미가 있는 짧은 이름을 지정하고 피연산자를 지정하는 텍스트 규칙을 작성하면 코드 작성이 훨씬 쉬워진다. 예를 들어, 컴퓨터의 한 위치에서 다른 위치로 데이터를 이동하는 기계어 명령은 연산 부호에 대한 니모닉으로 'mov'를 사용할 수 있다.

다음은 사람이 읽을 수 있는 연산 부호 니모닉 및 피연산자로 표현된 일련의 짧은 기계어 명령이다. 니모닉은 왼쪽에, 피연산자는 니모닉의 오른쪽에 위치한다. 숫자, 메모리 주소, 레지스터 이름 및 여러 종류의 한정자를 포함해서 여러 종류의 피연산자가 있다. 모든 단일 연산 부호는 둘 이상의 피연산자를 가질 수도 있고, 피연산자를 전혀 안 가질 수도 있다.

```
mov edx,edi
cld
repne scasb
jnz Error
mov byte [edi-1],10
sub edi,edx
```

소프트웨어 유틸리티는 니모닉 및 피연산자를 직접 이진수로 변환할 수 있으므로 프로그래머가 수동으로 변환 작업을 수행하지 않아도 된다. 이 유틸리티는 니모닉 및 피연산자의 정보를 이진수 기계어 명령으로 조립(assemble)하는 작업을 수행하므로 어셈블러(assembler)라고 불린다. 이처럼 기계어 프로그램을 텍스트로 표현하는 방식을 '어셈블리어'라고 한다.

사람이 읽을 수 있기는 하지만 어셈블리어는 굉장히 간결하며 명령의 역할을 거의 나타내지 않는다. 프로그래머는 종종 어셈블리어로 된 소스코드 파일에 명령의 목적을 간략하게 설명하는 주석을 포함시킨다.

```
mov edx,edi              ; 시작 주소를 EDX로 복사
cld                      ; 검색 방향을 메모리 주소 증가 방향으로 설정
repne scasb              ; EDI의 문자열에서 null('0x00')을 검색
jnz Error                ; 위의 repne scasb이 null을 찾지 못하고 종료
mov byte [edi-1],10      ; NUL이 있던 자리에 EOL을 저장
sub edi,edx              ; 시작 주소로부터 NUL이 있던 자리만큼 감소
```

주석은 명령뿐만 아니라 프로그램 내의 역할에 대해서도 설명한다. 그 어떤 컴퓨터 언어도 자기 자신을 설명할 수 없다. 모든 컴퓨터 언어는 주석을 허용하며, 큰 코드 체계 안에서 특정 코드 라인이 무슨 일을 하는지 항상 확인할 수 있으려면 주석이 필요하다. 특히 프로그램의 세부 사항이 더는 기억나지 않을 정도로 프로그램을 오랫동안 건드리지 않은 뒤에 다시 프로그램 코드를 열어 볼 때 주석은 빛을 발한다.

고급 언어

어셈블리어는 여전히 존재하며, 라즈비안 운영체제를 비롯한 모든 버전의 리눅스에서 무료로 제공되는 GNU 도구를 이용해 라즈베리 파이용 어셈블리어 프로그램을 작성할 수 있다(뒤의 'GNU 컴파일러 컬렉션 툴셋' 절에서 자세히 다룬다). 그러나 시스템의 성능을 절정까지 끌어내서 활용하려는 의지가 없는 한 그 정도의 노력을 들일 필요가 없다. 어셈블리어는 낮은 추상화 수준에서 프로그램의 동작을 기술한다. 한 줄의 어셈블리어는 어셈블러에서 하나의 단일 기계어 명령으로 직접 변환된다. 초기에 컴퓨터 과학자들은 하나의 텍스트 명령(일반적으로 명령문이라고 한다)이 일련의 기계어 명령과 일치하는 더욱 정교하고 표현이 풍부한 언어를 개발했다. 이러한 언어는 프로그래머가 원하는 프로그램 동작을 어셈블리어보다 더 높은 수준으로 추상화해서 기술할 수 있게 해 주기 때문에 상위 수준 언어 또는 고급 언어라고 한다.

알아두기

GNU라는 용어는 자유-오픈소스 소프트웨어(FOSS, free and open-source software) 제품군 중 하나를 지칭하며, 여기에는 어셈블러, 컴파일러를 비롯해 리눅스 운영체제(공식 명칭이 'GNU 리눅스'다) 자체도 포함돼 있다. GNU는 'GNU's Not Unix', 즉 'GNU는 유닉스가 아니다'의 약자다. 컴퓨터 과학자 리처드 스톨만(Richard Stallman)이 유닉스와 유사한 GNU라는 운영체제를 개발했지만 GNU가 유닉스의 완전한 복제품이 아니라는 의미에서 붙은 명칭이다.

초창기 고급 언어 중 가장 널리 쓰인 것은 포트란(FORTRAN)으로, 1950년대 초에 존 배커스(John Backus)가 이끄는 IBM 팀이 개발했으며 1957년부터 IBM의 고객에게 제공됐다. 포트란의 이름에는 '수식 변환기(FORMula TRANSLETER)'라는 의미가 담겨 있으며, 포트란은 프로그램 작성에 필요한 명령문의 개수를 약 20배 정도 줄이는 역할을 했다. 초기 포트란으로 작성한 'Hello, world' 프로그램은 단순함 그 자체였다.

```
PRINT *, "Hello, world!"
END
```

프로그램 소스코드의 텍스트 양을 줄이고 읽기 쉽도록 하는 명백한 이점 외에도 포트란은 컴퓨터 작동에 대한 세부 사항을 프로그래머에게 숨기는 역할도 했다. 프로그래머는 텍스트 한 줄을 종이에 출력하기 위해 CPU가 시스템 프린터의 다양한 메커니즘을 어떻게 제어하는지 알 필요가 없었다. 포트란 코드의 'PRINT'라는 단어는 케이블을 통해 텍스트를 프린터로 이동시키고, 프린터에 텍스트를 종이로 인쇄하도록 지시하는 기계어 명령으로 변환됐다. 더구나 종이에 텍스트를 인쇄하는 기계어 명령이 항상 동일하다면 모든 프로그램 하나하나에 그 기계어 명령을 포함시키는 것은 낭비였다. 인쇄를 위한 기계어 명령은 별도의 파일에 저장됐다. 포트란 명령문을 기계 명령으로 변환하는 유틸리티는 최종적으로 실행 가능한 프로그램을 형성하기 위해 몇 가지 소스(이 중 일부는 후에 라이브러리가 된다)로부터 기계어 명령을 컴파일(compile)했다. 그래서 이 변환기 프로그램의 명칭은 컴파일러(compiler)가 됐다.

포트란은 주로 수학 및 과학 계산을 위해 개발되고 사용됐다. 1960년 그레이스 호퍼 대령('버그'라는 용어를 만든 그 여성이다)이 이끄는 그룹이 만든 코볼(COBOL)이 곧 포트란의 뒤를 이었다. 호퍼의 코볼, 즉 '일반 사무용 언어(COmmon Business Oriented Language)'는 컴퓨터 역사에서 가장 많이 사용되는 언어 중 하나가 됐다. 코볼로 작성한 'Hello, world!'는 포트란보다 조금 더 복잡하다.

```
IDENTIFICATION DIVISION.
PROGRAM-ID.HELLO-WORLD.
PROCEDURE DIVISION.
DISPLAY "Hello, world!"
    STOP RUN.
```

코볼의 목표 중 하나는 프로그램 소스코드를 읽기 쉽게 만드는 것이었다. 코볼은 최대한 사람의 언어와 비슷하게 프로그래머의 언어를 모사하려고 노력했다. 그리고 거기에는 논리적인 이유가 있다. 코볼의 구상 배경에는 프로그램을 장기적으로 운영하기 위해서는 시간이 지나도 여러 프로그래머가 프로그램을 쉽게 유지보수할 수 있어야 한다는 통찰이 깔려 있다. 따라서 코볼 프로그램을 가능한 한 쉽게 이해할 수 있도록 만드는 작업에는 가치가 있었다. 이러한 통찰을 바탕으로 만들어진 코볼은 거의 40년 동안 메인프레임 컴퓨터(중앙 집중식으로 설계된 대형 시스템)에서 널리 사용됐다. 지금도 레거시 메인프레임 시스템에서 코볼이 쓰이는 모습을 가끔 볼 수 있다.

1960년대 중반 이전의 컴퓨터는 배치 지향(batch-oriented) 시스템이었다. 즉, 프로그래머가 자신의 프로그램을 종이에 쓴 다음 홀러리스 천공 카드 더미에 입력하고, 당시의 메인프레임 시스템을 운영하는 기술자에게 카드를 넘겨줬다(그림 5-3은 포트란 명령문을 담은 천공 카드의 모습을 보여준다). 기술자가 카드 더미를 쌓고, 순서가 된 카드를 카드 리더에 넣으면 카드 리더가 카드를 읽고 컴파일된 코드를 메인프레임에 전달한다. 그리고 메인프레임은 해당 코드를 실행한다. 프로그램이 올바르게 컴파일되면 메인프레임이 프로그램 결과를 인쇄하고, 그렇지 않으면 메인프레임이 컴파일러 오류 목록을 인쇄한다. 인쇄물은 천공 카드 더미와 함께 보관되며, 메인프레임의 사용량과 대기 중인 카드의 양에 따라 프로그래머에게 다시 전달되기도 한다.

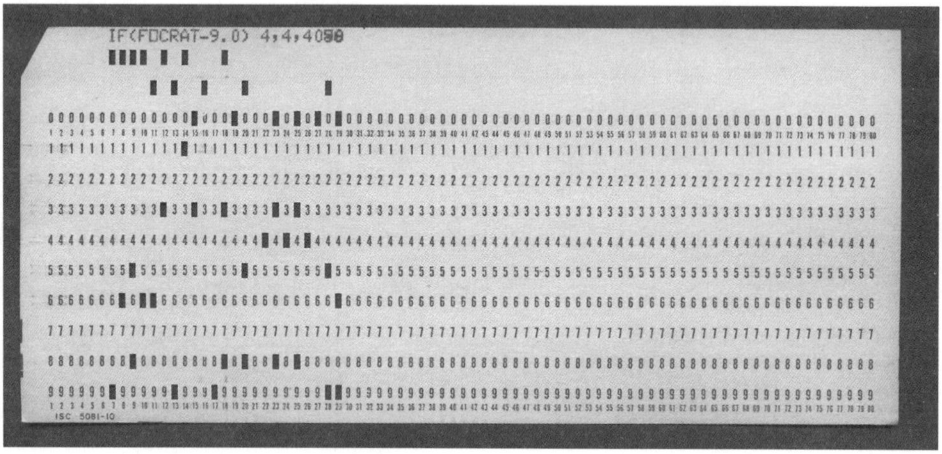

그림 5-3 1970년대 포트란 프로그램을 담은 천공 카드

1960년대 중반에 이르러 컴퓨터, 프린터 및 천공 카드의 가격은 대학이나 중고등학교에서 구입할 수 있을 수준까지 떨어졌다. 당시에는 컴퓨터실을 감싸는 유리벽 바깥에 단말기를 배치해서 기술자가 아닌 사람들도 프로그램을 제출할 수 있었다. 처음에 이 단말기는 텔레타이프(Teletype) 장치 또는 IBM의 선택적 인쇄 기술을 통합한 단말기였다. 텔레타이프는 종이 테이프를 천공하고 읽을 수 있었고, 많은 IBM 단말기에는 카드 판독기가 부착돼 있었다. 수십 개의 단말기를 시분할(time sharing)이라는 메커니즘을 통해 단일 메인프레임 컴퓨터에 연결할 수 있었다. 이 시스템에서는 메인프레임이 각 단말기에 라운드 로빈(round-robin) 방식으로 작업할 수 있는 시간을 슬라이스 단위로 제공했다. 각 슬라이스는 초 단위보다도 작았지만 자판의 입력을 읽거나 문자를 인쇄하기에는 충분한 시간이었다. 시스템이 너무 바빠지지 않는 한 단말기에 앉아있는 프로그래머는 전체 메인프레임을 다루고 있다는 느낌을 받을 수 있었다.

카드 리더를 장착한 선택적 단말기는 주로 메인프레임에 일괄 처리 작업을 제출하는 데 사용됐지만 자판을 가지고 있는 덕택에 상호작용 컴퓨팅이 가능했다. 프로그래머는 간단한 프로그램으로 구성된 일련의 문장을 입력한 다음, 천공 카드를 사용하지 않고 즉시 제출해서 컴파일하고 실행할 수 있었다. 시분할 시스템만 잘 동작하면 거의 즉각적인 응답을 얻을 수 있었다.

1964년, 다트머스 대학의 연구원이던 존 케메니(John Kemeny)와 토마스 커츠(Thomas Kurtz)는 대화형 단말기에서 학생이 사용할 수 있는 프로그래밍 언어를 설계했다. 그들이 만든 '초보자용 다목적 기호 명령 코드(Beginner's All-Purpose Symbolic Instruction Code)', 즉 베이직(BASIC) 언어는 포트란의 요소를 상당 부분 차용했고, 포트란의 용도를 대체할 수 있었다. 베이직은 프로그램의 텍스트 양을 극적으로 줄여서 'Hello, world!' 테스트 프로그램을 아래의 단 한 줄로 구현할 수 있었다.

```
10 PRINT "HELLO, WORLD!"
```

1970년대 중반 개인용 컴퓨터의 등장과 함께 베이직은 대학에서 대중적으로 인기를 얻었고, 점차 대중화됐다. 베이직은 아주 간단한 컴퓨터에서도 쉽게 구현할 수 있었으며 배우기도 쉬웠다. 1970년대 말에서 1980년대 초반까지 베이직은 개인용 컴퓨터 사용자가 사용할 수 있는 거의 유일한 언어였다. 심지어 1981년에는 IBM이 그들의 기념비적인 제품, IBM PC의 ROM (Read-Only Memory)에 베이직을 탑재했다. 그 덕택에 베이직을 통해 프로그래밍을 접한 사람이 다른 언어로 프로그래밍을 접한 사람보다 훨씬 많았다.

베이직 이후의 대홍수

포트란, 코볼, 베이직은 컴퓨터 문화의 3가지 뿌리, 즉 과학, 사무, 교육을 상징하는 언어와도 같다. 각 언어가 해당 문화의 유일한 프로그래밍 언어는 아니었다. 수천 개의 프로그래밍 언어가 등장했으나 대부분은 잊혀졌고 일부만이 기술 애호가의 손에 의해 보존됐다.

하지만 그 모든 시도에는 나름의 가치가 있었다. 대부분의 언어는 특정 아이디어를 중심으로 설계됐고 기존의 아이디어를 새롭게 적용하거나 때로는 완전히 새로운 아이디어를 적용하기도 했다. 초기 프로그래밍 언어의 예시는 아래와 같다.

- Lisp(LISt Processor)는 1958년 MIT에서 등장했으며, 람다 미적분학(함수로 계산을 표현하기 위한 수학적 메커니즘), 재귀 및 트리 구조 데이터의 사용법을 개척했다.

- 파스칼(Pascal)은 1970년 스위스 연구원인 니클라우스 워스(Niklaus Wirth)가 개발했으며, 구조화 프로그래밍 및 데이터 구조를 연구하기 위해 만들어졌다. 워스는 파스칼과 유사한 프로그래밍 언어 모듈라-2(Modula-2)와 오베론(Oberon)을 만들어 모듈식 프로그래밍의 영역을 계속 개척했다.

- 1972년 벨 연구소의 컴퓨터 과학자인 데니스 리치(Dennis Ritchie)는 CPU에 독립적으로 사용할 수 있는 새로운 고급 언어를 개발하고 이름을 C 언어로 정했다(C라는 이름은 마틴 리처드의 BCPL을 기반으로 했던 B 언어를 대체함으로써 붙은 이름이다). C 언어를 만든 핵심 동기는 다른 하드웨어 아키텍처에서 유닉스 운영체제를 쉽게 구현할 수 있게 하기 위해서였고

오늘날까지도 C 언어는 시스템 프로그래밍에서 널리 사용된다. 라즈베리 파이에 사용된 리눅스 커널은 거의 다 C 언어로 작성돼 있다.

- 제록스 PARC 연구소의 연구원은 객체지향 프로그래밍(OOP, object-oriented programming) 개념을 연구하는 과정에서 스몰토크(Smalltalk) 언어를 개발했다(OOP에 대한 자세한 내용은 '객체지향 프로그래밍' 절을 참조). 1980년에 처음 발표된 스몰토크는 현재 스퀵(Squeak)이라는 오픈소스 버전으로 이어져 내려오고 있고, 라즈베리 파이에서도 스퀵을 구동할 수 있다.

다양한 프로그래밍 언어의 등장을 통해 알 수 있는 것은 서로 다른 문제는 서로 다른 접근 방식을 필요로 하며 어떤 방식이 좋을지 알기 위해서는 끊임없이 다른 시도를 계속 해봐야 한다는 점이다. 컴퓨터 과학은 모든 과학과 마찬가지로 초기의 지식을 기반으로 한다. 오늘날 쓰이는 모든 언어는 이전 세대의 언어로부터 이어져 내려온 것이다. C++과 오브젝티브C(Objective C)는 C를 확장한 것이며, 2014년의 파스칼은 워스가 후에 개발한 언어를 포함해서 포트란과 C까지도 끌어들여 흡수했다. 에이다(Ada)는 파스칼을 굉장히 안정화한 버전이다.

프로그래밍을 잘 하고 싶다면 최대한 많은 컴퓨터 언어를 경험해 보는 것을 권장한다. 다양한 프로그래밍 언어에 대한 감각이 생기면 나름의 장점이 있다. 여러 언어 전반에 걸쳐 사용되는 일반적인 개념을 더 잘 식별할 수 있으며, 미래에 새로운 언어를 더욱 쉽게 학습할 수 있게 된다.

프로그래밍 용어

먼저 프로그램이 보통 어떻게 생겼는지 개념을 잡는 것이 도움될 것이다. 이 책에서 특정 프로그래밍 언어를 깊이 설명할 수는 없고, 마찬가지로 모든 프로그래밍 용어를 다 나열할 수는 없다. 그 대신 이 책 전반에 걸쳐 등장할 몇 가지 프로그래밍 용어를 다루는 정도로 만족하자. 한 가지 주의할 점이 있다. 지금부터 설명할 개념은 주로 C나 파이썬과 같은 명령형 프로그래밍 언어에 대한 것이다. 하스켈(Haskell)과 같은 함수형 프로그래밍 언어는 함수로 계산을 모델링하며 이는 우리가 살펴볼 범위를 벗어난다. 그림 5-4에서는 간단하고 일반적인 컴퓨터 프로그램과 가장 중요한 구성 요소를 보여준다. 물론 모든 세부 사항을 설명하자면 끝도 없을 것이다. 예를 들어, 객체(object)는 현대 프로그래밍에서 매우 중요한 개념이지만 25단어 이하로는 설명하기가 어렵다.

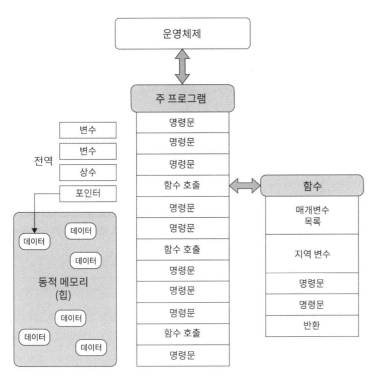

그림 5-4 기본 프로그래밍 용어

여기서 바로 익숙해져야 할 개념은 다음과 같다.

- **변수**: 값을 저장하는 공간으로서 이름이 할당된 것이며, 실행 중에 내부의 값이 변경될 수 있다. 이와 대조적으로, 상수는 실행 중 변경할 수 없는 값이며 이름이 할당됐는지 여부는 상관없다.

- **표현식**: 연산자를 사용해 하나 이상의 변수 및 상수 값을 결합해서 결과를 계산한다. 표현식 a + b * 4에서 a와 b는 변수 또는 상수(문맥에 따라 다름)이며, 4는 상수, +와 *는 연산자다.

- **명령문**: 순차적 행동 단위를 말한다. 대부분의 언어에서 가장 간단한 예제는 표현식의 결과를 변수에 할당하는 것이다. 간단한 명령문을 연결해서 더 복잡한 명령문을 만들 수도 있고, if 및 while과 같은 조건부 및 반복 구문을 사용해 명령문을 만들 수도 있다.

- **함수(프로시저 또는 서브루틴이라고도 함)**: 이름을 가진 코드 블록으로, 값을 반환하거나 반환하지 않을 수 있다. 함수 내에 정의된 변수는 함수 내부에서만 접근할 수 있으며, 이러한 변수를 해당 함수에 대한 지역 변수(local variable)라고 한다. 지역 변수는 일반적으로 CPU 레지스터 파일이나 스택에 저장된다. 스택은 함수 반환 주소를 저장하고, 레지스터 파일의 공간 부족으로 미처 담을 수 없는 값을 보존한다. 함수는 다른 함수를 호출할 수 있다. 함수를 호출하면 제어 흐름이 호출받은 함수로 일시적으로 이동하며, 작업이 끝나면 반환된다.

  함수 밖에서 정의된 변수는 전역 변수(global variable)라고 하며, (거의) 어디서나 접근할 수 있다.

C를 비롯한 일부 언어에서는 모든 명령문이 함수 내에 있어야 한다. 프로그램이 실행이 시작될 때 시스템에 main이라는 함수를 호출하며, 이 함수가 프로그램의 진입점이 된다. 파이썬을 비롯한 다른 언어는 함수 밖에서도 명령문을 작성할 수 있으며, 프로그램 파일의 첫 번째 명령문부터 실행을 시작하게 된다.

- **인수(argument):** 호출자로부터 함수에 전달된 값을 말한다. 매개변수(parameter)는 함수 실행이 시작될 때 인수의 값을 받는 특별한 목적의 지역 변수다. 아래의 파이썬 예제에서 a, b, c는 매개변수이며 1, 2, 3은 인수다.

```
def foo(a, b, c):
    return a*b+c

print foo(1, 2, 3)
```

- **힙(Heap):** 프로그램이 임의의 크기의 데이터 항목을 저장하기 위해 메모리를 할당할 수 있는 메모리 풀을 가리킨다. 포인터(pointer)는 일반적으로 메모리 주소로서 힙의 데이터 위치를 설명하는 값이다.

네이티브 코드 컴파일러의 동작 원리

네이티브 코드 컴파일러는 고급 언어로 작성된 소스코드 파일을 가져와 이진수 기계어 명령으로 구성된 목적 코드 파일을 생성하는 역할을 한다.

컴파일러는 여러 단계나 여러 경로로 입력을 처리한다. 컴파일러의 궁극적인 목표는 목적 코드를 생성하는 것이지만 그 과정에서 하나 이상의 다른 임시 파일을 디스크에 쓸 수 있으며 임시 파일이 더 이상 필요없어지면 삭제할 수 있다.

컴파일 과정은 아래와 같은 단계로 나눌 수 있다.

- 전처리(선택 사항)
- 어휘 분석
- 파싱(구문 분석)
- 의미 분석
- 중간 코드 생성
- 최적화
- 타깃 코드 생성

알아두기

위의 컴파일 단계의 대부분(특히 처음 몇 개)은 네이티브 코드 컴파일러와 바이트코드 컴파일러에 공통적으로 사용된다. 바이트코드 컴파일러에 대해서는 이번 장의 후반부에서 자세히 다루겠다.

각 단계를 조금 더 자세히 살펴보자. 참고로 지금부터 설명하는 내용은 특정한 컴파일러 소프트웨어가 아니다. 컴파일러 소프트웨어에 따라 컴파일 처리 과정이 조금씩 다를 수 있다. 일부 컴파일러는 둘 이상의 경로를 단일 경로로 결합해서 절차를 단순화하기도 한다.

전처리

C를 포함해서 전처리 과정을 포함하는 언어는 소스코드를 컴파일러에 전달하기 전에 텍스트를 조작하는 단계, 즉 전처리를 수행한다. C의 전처리기(preprocessor)가 수행하는 작업은 아래와 같다.

- **주석 제거**: 주석 구분 기호로 묶인 모든 텍스트는 소스코드를 읽는 사람들을 위한 것이며, 컴파일러에는 필요없기 때문에 제거된다. 일부 언어에는 특별히 표시된 주석 블록 내의 명령을 컴파일러에 배치하는 예외도 있다. 이것들을 처리하는 방법은 언어와 컴파일러에 따라 다르다.

- **매크로 정의 및 확장**: 매크로는 상수를 정의하는 방법의 일종이다. 예를 들어, 'PI'라는 이름의 매크로를 3.14159로 정의했다고 가정하자. 전처리기는 소스코드 내에 있는 모든 PI를 3.14159로 바꾼다. 매크로를 함수와 비슷하게 사용해서 간단한 인라인 함수를 정의하는 방법도 있다. 예를 들어, RADTODEG(x)라는 이름의 매크로를 ((x) * 180 / PI)로 정의할 수 있다. 그리고 전처리기가 소스코드에서 RADTODEG(a + b)를 찾으면 이를 ((a + b) * 180 / 3.14159)로 바꾸게 된다.

- **조건부 컴파일**: 일부 코드를 조건부로 컴파일에서 제외할 수도 있다. 이 기능은 소프트웨어 배포 빌드(release build)에서 디버깅 코드를 제거하거나 대상 플랫폼에 따라 동작을 변경하는 데 자주 사용된다.

- **파일 포함(include)**: 다른 파일의 내용을 소스코드에 통합할 수도 있다. C 언어에서의 대표적인 예로, C의 입력 및 출력 함수를 정의하는 stdio.h 파일을 소스코드에 포함시키는 경우가 많다.

어휘 분석

컴파일러의 어휘 분석기(lexer)는 어휘 분석 단계에서 전처리된 소스코드를 구성하는 문자열을 검사하고, 텍스트의 다양한 언어 기능을 모두 식별한다. 여기에는 break, begin, typedef 같은 예약어(키워드라고도 함), foo나 bar 같은 식별자, +나 << 같은 기호, "foo" 같은 문자열 상수 및 5나 3.14159 같은 수치 상수가 모두 포함된다. 어휘 분석기는 각 키워드, 식별자, 기호 또는 상수에 대해 토큰을 하나씩 내보낸다. 텍스트 중에 컴파일러가 이해할 수 있는 토큰으로 식별할 수 없는 텍스트가 있으면 이는 컴파일 오류로 표시된다.

파서는 어휘 분석기가 만들어내는 일련의 토큰을 스캔해서 토큰이 언어의 구조 규칙을 따르는지
검사한다. 어휘 분석기는 개별적으로 토큰을 식별한다. 파서는 토큰이 문법 규칙에 따라 정렬되게 한다.
이를테면, do 키워드가 있으면 그에 맞는 while 키워드가 있어야 하며, 중괄호가 열렸으면 뒤에 중괄호가
닫혀야 하는 등의 모든 문법 규칙을 준수하게 해야 한다. 문법을 지키지 않은 부분은 컴파일 오류로
표시된다. 파서는 프로그램의 구조를 나타내는 일종의 트리를 출력하는데, 이를 추상 구문 트리(abstract
syntax tree, AST)라고 한다. AST를 사람의 언어(자연어)에 비유하자면 문장의 주어, 동사, 객체 등을
식별해서 표현한 문장 다이어그램과 유사하다고 할 수 있다.

의미 분석

컴파일러는 의미 분석 과정에서 AST를 통해 구문적으로 올바른 프로그램에 어떤 의미가 있는지
확인한다. 이 작업의 상당 부분은 프로그램에서 명명된 항목의 기호 테이블을 만든 다음, 지원되는 데이터
형식(숫자, 텍스트, 불 대수 등)의 변수와 상수가 의미 있는 방식으로 함께 사용되는지 여부를 확인하는
작업이다. 정적 유형 언어로 작성된 명령문이 문자에 불린(Boolean) 값을 추가하고 있다면 구문
측면에서는 문제가 없다고 할 수 있다.

```
junk = true + 'a';
```

그러나 'a'에 불린 값인 true(참)를 추가한다는 것은 무엇을 의미할까? 아무 의미가 없다! 구문상으로는
문제가 없지만 의미가 없는 명령문이기 때문에 컴파일러는 이를 타입 불일치 오류로 분류한다.
자연어에서도 구문적으로 정확하지만 의미가 없는 문장의 예를 들 수 있다. 노엄 촘스키(Noam
Chomsky)는 의미론적으로는 의미가 없고, 구문론적으로는 유효한 영어 문장의 예로 '무색의 초록색
개념이 격렬하게 잠을 잔다(Colourless green ideas sleep furiously)'를 들었다.

정리하자면, 구조에 대한 것이 구문론(문법)이며, 의미에 대한 것이 의미론이다.

중간 코드 생성

프로그램이 구문적으로 정확하고 의미상으로 의미가 있는지 확인하는 절차가 끝나면 컴파일러가 중간 코드를 생성할 수 있다. 컴파일러는 AST를 참조해서 프로그램의 논리를 표현하는 일련의 선형 명령을 만든다. 보통 이렇게 만든 명령은 대상 CPU 아키텍처의 기본 기계어 명령이 아니다. 이렇게 만든 명령은 진짜 하드웨어 CPU보다 한 단계 위에서 추상화된 '이상적'인 CPU 역할을 하는 가상 머신(VM)에 속하는, 일종의 '인공적'인 명령 세트다. 예를 들자면, VM은 무수히 많은 레지스터를 포함할 수 있으며 때로는 프로그램 논리에 필요한 만큼의 레지스터를 모두 가지고 있을 수도 있다. 실제로는 어떤 CPU도 수백 개의 레지스터를 가지고 있지 않으므로 추후에는 실제 메모리의 제한된 레지스터 세트를 초과하는 레지스터를 '가상 레지스터'로 맞추기 위해 중간 코드를 다시 작성해야 한다. 이 과정을 레지스터 할당(register allocation)이라고 한다.

최적화

중간 코드의 주요 역할은 하나 이상의 최적화(optimization) 단계 구현을 단순화하는 것이다. 컴파일러는 최적화 과정에서 코드 중복을 제거하고 중간 코드 명령을 정리해서 프로그램을 더 작고 신속하게 실행할 수 있는 방법을 모색한다. 최적화 기술에 대한 연구는 지금도 학계와 업계에서 진행 중이다.

타깃 코드 생성

최적화된 중간 코드 파일을 생성한 후에는 갈림길이 나타난다. 지금까지는 컴파일러가 네이티브 코드 컴파일러이든, 다음 절에서 설명할 바이트코드 컴파일러이든 상관없이 컴파일 절차가 거의 비슷했다. 네이티브 코드 컴파일의 다음 단계이자 마지막 단계는 타깃 코드 생성(target code generation)이다. 이 단계에서는 중간 코드가 특정 CPU에서만 실행할 수 있는 일련의 네이티브 기계어 명령으로 변환된다.

그런데 여기서 특정 CPU란 어떤 CPU를 말하는 걸까? 컴파일러는 컴파일러가 실행 중인 시스템만을 위해 코드를 생성하는 소프트웨어가 아니다. 인텔 CPU에서 실행되는 컴파일러라고 해도 ARM 명령 세트 아키텍처(ISA) 중 하나에 대한 코드를 생성할 수 있으며, 그 반대의 경우도 마찬가지다. 이렇게 현재 실행 중인 플랫폼이 아닌 다른 플랫폼을 기준으로 코드를 생성하는 작업을 크로스 컴파일(cross-compliation)이라고 한다. 물론 컴파일러는 특정 CPU 상에서 구동되며, 이는 컴파일러도 해당 CPU에서 실행되도록 컴파일된 네이티브 코드 프로그램임을 의미한다. 그러나 컴파일러는 코드 생성기가 지원하는 모든 CPU에 대해 코드를 생성할 수 있다. 크로스 컴파일은 특히 컴파일러 자체를 실행하기에 충분한 메모리나 저장 공간이 없는 저전력 임베디드 시스템에서 실행되는 소프트웨어를 작성할 때 유용하다. 라즈베리 파이를 처음 사용할 때는 보통 라즈베리 파이 시스템 자체에서 프로그램을 작성하고 컴파일할 것이다. 그런데 임베디드 시스템 보드를 사용하는 많은 사람들은 인텔 기반 윈도우 또는 리눅스 상의 컴파일러를 사용해서 코드를 개발하고, ARM11 CPU가 포함된 ARMv6 ISA를 대상으로 코드를 생성하곤 한다. 물론 이렇게 생성된 코드는 타깃 운영체제에만 특화된 코드다.

네이티브 코드 목적 파일까지 생성하면 컴파일 절차가 완료된 것이다.

알아두기

플랫폼(platform)은 특정 운영체제를 실행하는 특정 CPU의 조합을 말한다. 마이크로소프트 윈도우를 실행하는 인텔 CPU는 대표적인 플랫폼이다(업계 용어로 '윈텔(Wintel)'이라고도 한다). 리눅스를 실행하는 인텔 CPU는 리눅스를 실행하는 ARMv6 CPU와 완전히 별개의 플랫폼이다. 크로스 컴파일을 통해 출력된 코드는 보통 타깃 플랫폼에 특화된 것이다.

C 언어 컴파일의 예

C로 작성된 간단한 함수의 컴파일 과정을 살펴보며 앞에서 설명한 다양한 단계의 예시를 살펴보자. 이번 절은 흐름을 놓치지 않게 주의 깊게 읽어야 하며, C 언어에 대한 경험이 조금 있으면 도움될 것이다.

아래의 예제 함수는 3개의 정수형 인수 a, b, c와 메모리 영역에 대한 포인터인 d 인수를 받는다. 함수 내에서는 정수 b * c, a + b * c, 2 * a + b * c ... 9 * a + b * c를 주소 d로부터 시작하는 10개의 메모리에 쓴다. 쓰여지는 정수의 개수는 컴파일할 때 적용되는 C 전처리 지시문 #define을 사용해 상수 COUNT를 조정함으로써 변경할 수 있다.

```
#define COUNT 10

void foo(int a, int b, int c, int *d)
{
  int i = 0;
  do {
    d[i++] = i * a + b * c; // 배열을 채운다
  } while (i < COUNT);
}
```

전처리기

전처리기는 주석을 버리고 매크로로 COUNT의 값을 10으로 대체한다. 최근의 프로그래밍 언어 중 전처리기가 없는 언어는 거의 없다. 전처리기를 통과하면 매크로가 있던 자리를 상수와 인라인 함수가 대체하며, 주석은 어휘 분석기에 의해 제거된다.

```
void foo(int a, int b, int c, int *d)
{
  int i = 0;
  do {
    d[i++] = i * a + b * c;
  } while (i < 10);
}
```

어휘 분석기

렉서는 프로그램을 구성하는 문자 더미를 분석하고 문자를 토큰으로 그룹화한다. 각 토큰은 하나 이상의 길이를 가지는 문자로서 예약어나 식별자(그림 5-5에 이중 테두리 상자로 표시), 기호, 값 자체를 나타낸다. 공백은 C 언어에서 구문적으로 의미가 없으므로 이 단계에서 삭제되고 토큰으로 변환되지 않는다.

그림 5-5 C 컴파일러의 어휘 분석기가 생성한 토큰

파서(구문 분석기)

파서는 어휘 분석기가 생성한 토큰으로부터 AST를 작성한다. 이 과정에서 사용하는 규칙은 배커스-나우어 형식(Backus-Naur Form), 이른바 BNF라고 불린다. BNF는 컴퓨터 과학에서 가장 많이 사용되는 메타 구문 표기 체계로서 프로그래밍 언어의 구조를 문법(grammar)이라고 하는 일련의 규칙으로 추상화한다. 문법은 프로그래밍 언어의 구문을 정확하게 설명하고 프로그램이

구문적으로 올바른지 결정하는 데 사용된다. 표준 GNU 유틸리티인 bison(기존의 유닉스 도구인 yacc-bison으로부터 파생됐으며, GNU yacc라고도 불림)은 BNF 규칙에 따라 프로그래밍 언어용 파서를 자동으로 생성할 수 있다. 다양한 공용 프로그래밍 언어에 대한 BNF 문법을 www.thefreecountry.com/sourcecode/grammars.shtml에서 확인할 수 있다.

예를 들이, 곱셈, 덧셈, 식별자가 포함된 표현식으로만 구성된 간단한 언어를 상상해 보자. 이 언어는 대략 세 가지 규칙을 가질 것이며, BNF를 사용하면 대략 아래와 같은 형식으로 bison 입력 파일로 나타날 것이다.

```
add_expr  : mul_expr            { $$ = $0; }
   | add_expr '+' mul_expr;   { $$ = ADD_EXPR($0, $2); }
   ;
mul_expr  : identifier           { $$ = $0; }
   | mul_expr '*' identifier; { $$ = MUL_EXPR($0, $2); }
   ;
identifier : ID                  { $$ = $0; }
   ;
```

각 규칙은 세 가지 부분으로 나뉜다.

- **이름**: add_expr, mul_expr, identifier가 이름에 해당한다.

- **프로덕션(production)**: 프로덕션은 토큰이 규칙에 일치함을 설명한다.

- **각 프로덕션에 대한 액션(action)**: 규칙 일치에 대한 결과로 AST에 노드를 만드는 데 사용된다. yacc 문법에서는 액션이 가상 변수 $$에 값을 할당하는 방법으로 값을 반환할 수 있으며, 규칙의 자식에 의해 반환된 값(의사변수 $0, $1 등으로 표시)을 사용한다.

알아두기

문법 규칙에서 의사변수는 일종의 자리 표시자이며, 의사변수로 대체할 수 있는 값을 알려주는 역할을 한다. 의사변수의 규칙은 추상적이며, 특정 타입이나 값과 독립적이다.

이 예제의 언어 규칙을 따르자면 유효 mul_expr은 "a"와 같은 식별자이거나, 식별자와 "*" 앞에 위치한 (더 짧은) 유효 mul_expr일 수 있다. 따라서 "a"(식별자)는 유효한 mul_expr이고, "a * b"도 마찬가지로 유효한 mul_expr이며(식별자 "a"가 유효한 mul_expr이고 "b"가 식별자이기 때문이다) "a * b * c" 역시

유효한 mul_expr이다(식별자 "a * b"가 유효한 mul_expr이고 "c"가 식별자이기 때문이다). 파서가 "a * b * c"를 인식하면 액션이 먼저 "a * b"에 대한 MUL_EXPR 노드를 만들고, 그다음 첫 번째 노드를 참조해서 "(a * b) * c"를 나타내는 MUL_EXPR 노드를 만든다. 그러므로 최종 AST를 아래와 같이 작성할 수 있다.

```
MUL_EXPR(MUL_EXPR(a, b), c)
```

파서가 위와 같이 add_expr에 대한 규칙을 준수한다는 사실을 확인하면 "a * b + c * d" 표현식을 인식하고 다음과 같은 트리를 생성할 수 있다.

```
ADD_EXPR(MUL_EXPR(a, b), MUL_EXPR(c, d))
```

위와 같은 규칙에는 의외의 '좋은' 부작용이 있는데, 덧셈보다 곱셈이 더 높은 우선순위를 갖게 된다는 점이다. 따라서 a * b와 c * d는 학교에서 배운 곱셈의 연산자 우선순위 규칙에 따라 다음과 같이 올바른 계산 순서를 갖게 된다. 앞의 토큰 문자열에 전체 C 문법의 단순화된 버전을 적용하면 아래와 같은 AST가 생성된다.

```
FUNC_DEF (
        name: foo
        params: [(a, INT), (b, INT), (c, INT), (d, INT*)]
        returns: VOID
        body: SEQ_STMT (
                stmt[0]: AUTO_DECL (
                    name: I
                    type: INT
                    initialize: 0
                )
                stmt[1]: DO_LOOP_STMT (
                    body: EXPR_STMT (
                        expr: ASSIGN_EXPR (
                            lhs: INDEX_EXPR (
                                array: d
                                index: i
                            )
                            rhs: ADD_EXPR (
                                lhs: MUL_EXPR (
```

```
                                                lhs: i
                                                rhs: a
                                            )
                                rhs: MUL_EXPR (
                                        lhs: b
                                        rhs: c
                                    )
                                )
                            )
                        )
                test: LESS_THAN_EXPR (
                        lhs: i
                        rhs: 10
                    )
                )
            )
        )
```

의미 분석

AST로 무장된 컴파일러는 함수 foo 내의 각 매개변수 및 지역 변수의 유형을 설명하는 기호 테이블을 만들어낼 수 있다.

```
a: int
b: int
c: int
d: int*
i: int
```

이를 통해 d[i]와 i * a + b * c가 모두 int 형이고 d[i]는 좌변값(lvalue)임을 알 수 있다. 좌변값은 할당을 위한 공간이다. a와 d[i]는 좌변값이고, b * c는 좌변값이 아니다. 그러므로 d[i] = i * a + b * c라는 할당은 의미론적으로 유효하다.

중간 코드 생성

의미론적으로 유효한 AST를 확보했다면, 다음 과정에서 이를 중간 코드로 변환할 수 있다. 중간 코드 생성기는 각 유형의 AST 노드를 하나 이상의 중간 코드 명령으로 변환하는 방법을 알고 있으며, 이러한 규칙은 재귀적으로 적용된다. 예를 들어, ADD_EXPR 노드를 변환하려면 먼저 앞의 '파서' 절에서 소개한 예제에서 왼쪽 인자(lhs) 및 오른쪽 인자(rhs)를 변환한 다음 ADD 명령으로 결과를 결합한다. DO_LOOP_STMT를 변환하기 위해서는 먼저 레이블을 내보낸 다음, 루프의 본문과 루프 테스트 표현식(예제의 body 및 test에 해당함)을 변환하고 마지막으로 조건부 분기를 루프의 시작 부분으로 반환한다. 이렇게 만들어낸 test의 중간 코드는 아래와 같다.

```
FUNCTION foo(p0, p1, p2, p3)
    MOV         t0, #0              ; 임시로 count에 0 저장
  label:
    MUL         t1, t0, p0          ; i * a 계산
    MUL         t2, p1, p2          ; b * c 계산
    ADD         t3, t1, t2          ; i * a + b * c 계산
    MUL         t4, t0, #4          ; index = count * sizeof(int)
    ADD         t5, p3, t4          ; 주소 계산
    STW         [t5], t3            ; i * a + b * c의 결과를 d[i]에 저장
    ADD         t0, t0, #1          ; 루프 카운터 증가
    BRANCHLT    t0, #10, label      ; count < 10일 경우 분기
```

단순한 최적화

이 예제에서 b * c는 루프를 한 번 돌 때마다 매번 계산되지만 b * c가 의존하는 매개변수 b 및 c의 값은 실제로 바뀌지 않는다. b * c 같은 특성을 루프 불변(loop invariant)이라고 표현하며, 루프 불변인 모든 요소에 대한 계산을 생략하면 총 9개의 사이클을 절약할 수 있다. b * c를 저장하는 레지스터가 두 개가 아니라 하나만 필요하기 때문에 레지스터 압력(프로그램의 특정 지점에서 기억해야 하는 값의 수)도 하나 줄어들어서 타깃 CPU 아키텍처의 레지스터 크기 내에 필요한 모든 값을 넣을 수 있을 가능성이 높아지는 장점도 있다. 만약 b와 c에 대한 레지스터가 모두 필요했다면 b * c를 최적화하기 위해 더 많은 레지스터가 필요했을 것이고, 휴리스틱(특정 코드의 최적화에만 유효할 수 있는 메커니즘)한 방법을 검토해야 할 것이다.

```
FUNCTION foo(p0, p1, p2, p3)
  MOV           t0, #0
  MUL           t2, p1, p2      ; 루프 불변 계산 수행
label:
  MUL           t1, t0, p0
  ADD           t3, t1, t2
  MUL           t4, t0, #4
  ADD           t5, p3, t4
  STW           [t5], t3
  ADD           t0, t0, #1
  BRANCHLT      t0, #10, label
  RET
```

적극적 최적화

좀 더 적극적인 최적화를 적용하면 루프 내에서 주소와 그 주소에 담긴 값이 루프를 한 번 돌 때마다 일정하게 변화한다는 사실을 알 수 있을 것이다. i번째 루프에서 주소를 a(i)로, 값을 v(i)로 나타내면 아래와 같은 관계가 생긴다.

$$a(0) = d \qquad a(i+1) = a(i) + 4$$
$$v(0) = b*c \qquad v(i+1) = v(i) + a$$

또한 주소 a(10) = d + 40을 쓰기 바로 전에 루프를 탈출할 수 있다. 이렇게 하면 잠재적으로 비용이 많이 들고 파이프라인에서 스케줄링하기도 어려운 곱셈 명령을 제거할 수 있다. 곱셈 명령을 제거하는 대신 a(i)와 v(i) 값의 변화를 유지하고, 테스트 i < 10을 테스트 a(i) < a(10)로 대체하는 것이다. 이러한 최적화 기법은 유도 변수 제거(induction variable elimination)라는 이름으로 알려져 있다.

```
FUNCTION foo(p0, p1, p2, p3)
  MUL           t1, p1, p2
  MOV           t2, p3
  ADD           t3, t2, #40
label:
  STW           [t2], t1
  ADD           t1, t1, p0
  ADD           t2, t2, #4
  BRANCHLT      t2, t3, label
  RET
```

타깃 코드 생성(레지스터 할당 및 명령 스케줄링)

이제 최적화된 중간 코드가 만들어졌다. 마지막 단계는 해당 프로그램을 타깃 플랫폼 전용 어셈블리어로 변환하는 것이다. 여기서의 핵심 과제는 프로그램에서 계산된 각 값이 정의된 시점부터 사용되는 시점 사이에 해당 값을 저장할 기계 레지스터를 찾는 것이다. 이를 레지스터 할당(register allocation)이라고 한다. 또 하나의 핵심 과제는 하나 이상의 기계어 명령을 사용해 각 중간 명령을 구현하고 CPU 파이프라인 내부에서 인터로크를 유발하지 않도록 정렬하는 것이며 이를 명령 스케줄링(instruction scheduling)이라 한다.

```
; ARM EABI 컨벤션에서는 처음 4개 인자를 r0-r3 형태로 제공
; r0-r3는 스크래치 레지스터로도 쓰임
foo::
  mul           r1, r1, r2      ; r1 = b * c (r1 재활용)
  add           r2, r3, #40     ; r2 = d + 40 (r2 재활용)
label:
  stw           [r3], r1        ; a(i)에 v(i)를 저장
  add           r3, r3, #4      ; a(i+1) = a(i) + 4
  add           r1, r1, r0      ; v(i+1) = v(i) + a
  cmp           r3, r2          ; a(10)에 도달했는가?
  Blt           label           ; 그렇지 않다면 반복
  B             lr              ; 링크 주소로 반환
```

목적 코드 파일과 실행 파일의 연결

컴파일 과정이 끝나고 나오는 결과물은 사실 실행 가능한 프로그램 파일이 아니다. 대부분의 최신 컴파일러는 실행 파일이 아닌 목적 파일을 생성하며, 목적 파일을 가지고 링크(linking)라는 마지막 단계를 수행해야 한다. 링크를 이해하기 위한 두 가지 핵심 내용을 소개한다.

- 거의 모든 상용 프로그램은 여러 부분으로 작성되며, 각 부분은 개별적인 목적 코드 파일로 컴파일된다.
- 거의 모든 프로그램의 소프트웨어 개발에서는 '표준 부품'으로 간주할 수 있는 '라이브러리'를 포함하며, 이는 유용한 기능 및 데이터 정의를 포함하는 목적 코드 파일이다.

물론 프로그래밍 언어나 툴셋을 배울 때 작성하는 간단한 프로그램은 규모가 작아서 하나의 파일로 만들 수 있다. 그러나 여러분이 알든 모르든, 간단한 테스트 프로그램조차도 아마 기존의 코드 라이브러리를 사용하고 있을 것이다. 거의 모든 고급 언어에는 텍스트 문자열, 고급 수학, 날짜 및 시간 조작 등을

지원하는 표준 함수가 포함된 런타임 라이브러리가 있다. 런타임 라이브러리에는 다른 라이브러리 기능에서 사용하는 자료구조를 초기화하며 주 기능보다 먼저 실행되는 시작 코드가 들어있다. 다른 라이브러리로는 디스플레이, 프린터, 파일 시스템에 접근하기 위해 특정 운영체제에 특화된 코드를 포함하는 것이 있다.

링커는 정적으로 언결된 라이브러리의 여러 녹적 코드 파일과 기능을 결합해서 타깃 컴퓨터에서 실행될 수 있는 하나의 실행 코드 파일을 만든다. 이를 위해서는 목적 코드 파일을 단순히 늘여놓는 것 이상의 작업이 필요하다. 하나의 목적 코드 파일에 있는 코드는 다른 목적 코드 파일이나 라이브러리에서 함수를 호출하거나 데이터 정의를 사용할 수 있다. 그리고 함수를 호출하려면 함수의 메모리 주소가 필요하다. 그러나 HDD 또는 SSD 어딘가에 저장된 다른 목적 코드 파일의 메모리 주소를 지정할 방법은 없다. 대신 컴파일러는 이러한 외부 주소가 필요한 자리에 자리 표시자를 넣는다.

링커는 여러 목적 코드 파일을 하나의 실행 파일로 결합하는 동시에 이러한 자리 표시자를 찾아 실행 파일의 시작 부분에서 오프셋된 주소를 계산한다. 소스코드 파일에서부터 시작해서 완성된 실행 파일까지 이르는 길고 복잡한 경로는 그림 5-6에 표시돼 있다. 하나의 목적 코드 파일에 있는 식별자에 대한 참조가 다른 목적 코드 파일의 실제 함수나 변수에 '플러그인'되는 방식에 유의하자.

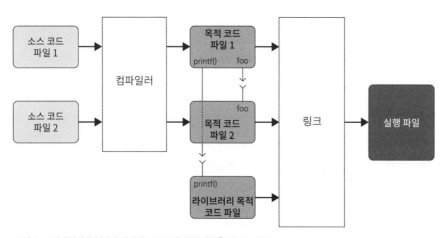

그림 5-6 컴파일러와 링커가 하나의 프로그램 실행 파일을 만드는 방법

텍스트 인터프리터

앞에서는 바이트코드 컴파일의 개념에 대해 간단히 언급했다. 바이트코드를 자세히 설명하기에 앞서 프로그래밍의 역사를 잠시 살펴보자. 초기 버전의 베이직 언어는 포트란을 모델로 삼았고, 포트란과 마찬가지로 메인프레임과 미니 컴퓨터에서 컴파일됐다. 1970년대 중반에 등장한 최초의 개인용 컴퓨터는 실제 운영체제에 비해 메모리가 작았고, 컴파일러를 담기에는 어림도 없었다. 그래서 사용자가 프로그래밍을 배우고 자신의 소프트웨어를 작성할 수 있도록 새로운 종류의 베이직 언어 시스템이 등장했다. 바로 텍스트 인터프리터(text interpreter)다.

텍스트 인터프리터 시스템에서도 네이티브 코드 컴파일과 마찬가지로 프로그램을 텍스트 소스코드 파일 형식으로 작성한다. 그러나 차이가 있다. 컴파일 단계가 전혀 없다는 점이다. 프로그램을 실행할 때 소스코드 파일을 여는 소프트웨어는 인터프리터(interpreter)라는 소프트웨어다. 인터프리터는 소스코드 파일에서 첫 번째 행을 읽은 다음, 해당 행에서 지정한 작업을 수행한다. 첫 번째 행의 작업이 완료되면 인터프리터는 소스코드 파일을 통해 다음 행을 읽고 지정한 작업을 수행한다. 텍스트 인터프리터의 특징은 한 번에 한 줄의 프로그램 소스코드를 처리한다는 점이다(그림 5-7).

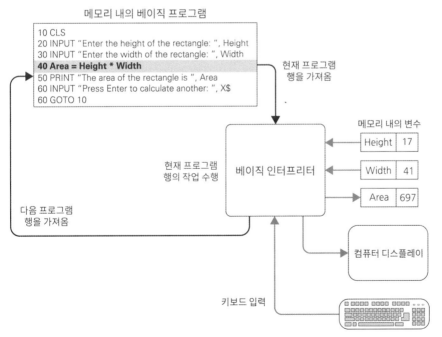

그림 5-7 베이직 언어의 텍스트 인터프리터

텍스트 인터프리터는 파일에서 소스코드를 읽은 후 소스코드의 각 행을 분리한다. 그런 다음 서브루틴을 호출해서 Height * Width 같은 산술 표현식을 검사하고, INPUT 및 PRINT 같은 프로세스 키워드도 검사한다. 텍스트 인터프리터는 소스코드에 포함된 변수를 메모리 내에 생성하고, 프로그램이 실행되는 동안 변수를 관리한다. 인터프리터는 계산 도중에 필요에 따라 변수에서 값을 읽으며, 프로그램 행이 변수에 값을 할당하거나 새로 계산할 때 변수에 새로운 값을 쓰게 된다. 텍스트 인터프리터는 프로그램의 출력을 컴퓨터 모니터에 표시하고, 컴퓨터 키보드에서 텍스트 입력을 읽는 동작을 처리하기도 한다.

베이직에서 파생된 텍스트 인터프리터는 비교적 쓰기 쉽고 규모도 작았다. 인터프리터는 단순한 행 어휘 분석기와 파서로 구성됐으며, 베이직의 다양한 키워드와 기능을 실행하는 함수 모음을 포함하고 있었다. 코모도어(Commodore) VIC-20으로부터 IBM PC까지의 많은 초기 개인용 컴퓨터에는 마더보드에 납땜된 ROM(읽기 전용 메모리) 칩에 기본 인터프리터가 내장돼 있었다. 대부분의 베이직 인터프리터는 간단한 운영체제하에서 구동했으며, 대화식 커맨드 라인에 명령을 한 줄씩 입력할 수 있었다.

1970년대와 1980년대에는 베이직 같은 프로그래밍 언어에 대한 순수 텍스트 인터프리터를 곳곳에서 볼 수 있었지만 오늘날에는 찾아보기 힘들다. 텍스트 인터프리터가 여전히 사용되는 곳도 있다. 바로 텍스트 파일로부터 명령을 '일괄 처리'할 수 있는 크고 복잡한 애플리케이션, 운영체제, 데이터베이스 관리자를 위한 명령 파일을 작성하는 영역이다. 한때 이를 스크립트(script)라고 불렀는데, 현재 이 스크립트라는 용어는 어떤 식으로든 인터프리터로 해석할 수 있는 프로그래밍에 대한 개념으로 확장됐다.

바이트코드 인터프리터 언어

텍스트 인터프리터의 유용한 특성 중 하나는 실행 중인 프로그램을 플랫폼의 세부적인 특성으로부터 격리한다는 점이다. 베이직 프로그램의 'PRINT' 키워드는 DOS나 리눅스, 그 밖의 어떤 운영체제에서 실행하든 상관없이 동일한 작업을 수행한다. 인터프리터 자체는 기계어 및 운영체제의 고유 코드를 처리하는 네이티브 코드 기계어 프로그램이지만 베이직 프로그램은 베이직 계열을 이해하는 모든 플랫폼의 텍스트 인터프리터에서 동일하게 실행된다.

이러한 베이직 프로그램의 속성을 이식성(portability)이라고 한다. 컴퓨터의 보급률이 높아짐과 함께 애플리케이션의 이식성은 중요한 고려 사항이 됐다. 서로 호환되지 않는 수백 가지의 설계가 시장 곳곳에서 사용되고 있기 때문이다. 디스플레이에 글자를 쓰거나, 프린터로 텍스트를 보내고, 저장 장치에 데이터를 읽고 쓰는 방법 모두 시스템에 따라 천차만별이다. 각 시스템에 맞는 방식으로 프로그램을 작성해야만 시스템의 기능을 활용할 수 있다. 이식성 문제는 오늘날까지 우리를 괴롭히고 있으며, 여기에 대한 최선의 해결책의 중심에는 진화된 형태의 인터프리터가 있다.

P-코드

1970년대 중반, 샌디에고 캘리포니아 대학의 연구자들은 파스칼 프로그래밍 언어를 위한 새로운 종류의 컴파일러를 개발했다. UCSD 파스칼 컴파일러는 앞에서 설명한 네이티브 코드 컴파일러와 거의 같은 방식으로 작동하는데, 중간 코드를 생성한 시점부터는 더 이상 같은 방식이 아니다. 네이티브 코드 컴파일러는 중간 코드를 가져와서 네이티브 코드를 생성하기 위한 가이드로 사용한다. 반면 UCSD 컴파일러는 중간 코드를 파일에 기록한 후 컴퓨터에 설치된 인터프리터로 중간 코드를 바로 실행했다. 베이직의 텍스트 인터프리터와 마찬가지로 UCSD 인터프리터는 시스템의 세부 사항으로부터 프로그램을 격리했다. 이론적으로, UCSD 파스칼 구문으로 작성된 프로그램을 한 번만 컴파일하면 인터프리터가 있는 모든 컴퓨터에서 동일한 방식으로 중간 코드를 실행할 수 있다. 따라서 이러한 코드는 컴퓨터의 호환 여부와 상관없이 매우 뛰어난 이식성을 갖게 된다.

이 기술은 P 시스템이라는 이름으로 불렸는데, 여기서 'P'는 처음에 '의사코드(psudocode)'를, 후에는 '이식성 코드(portability code)'를 의미하게 됐으며, 최근에는 두 용어 모두 고사하고 '바이트코드(bytecode)'라는 명칭이 이를 모두 포괄하고 있다. UCSD 컴파일러에 의해 생성된 중간 코드, 즉 p-코드는 텍스트가 아니었다. 중간 코드는 기계어 명령과 비슷하지만 실제로 인터프리터 프로그램이 이해하고 실행할 수 있는 일련의 이진수 명령이었다. 이러한 명령은 사실상 가상 머신을 위한 명령어 세트로서, 실제 실리콘 CPU에는 존재하지 않지만 p-코드 인터프리터를 사용해서 에뮬레이션된 CPU를 위한 것이다.

P 시스템은 이러한 기술 중 최초로 널리 보급됐다. P 코드의 개념은 곧 다른 연구자들에 의해 다른 언어에도 적용됐다. 가상 머신을 위한 가상 명령 세트의 기본 개념은 파스칼이나 다른 특정 프로그래밍 언어에 의존하지 않으며, P 시스템은 나중에 모듈라-2, 베이직 및 포트란과 같은 언어를 지원하도록 확장됐다. P 코드라는 용어는 결국 폐기되고 바이트코드로 대체됐지만 그 의미는 동일하다. 바이트코드는 바이트코드 컴파일러에 의해 생성되고, 바이트코드 인터프리터에 의해 실행되도록 만들어진 인공 기계어 명령이다. 이 용어는 대부분의 바이트코드 시스템이 8비트(1바이트) 명령을 사용한다는 사실에서 기인한다. 그러나 본질적으로 바이트코드의 개념에서 명령을 단일 바이트로 제한하고 있는 것은 아니다. 예를 들어, 안드로이드 운영체제의 일부인 달빅(Dalvik) 바이트코드 기술은 바이트코드에서 16비트 명령을 사용한다.

웨스턴 디지털(Western Digital)은 1979년 파스칼 마이크로엔진(Pascal MicroEngine)이라는 흥미로운 제품군을 선보였다. 파스칼 마이크로엔진은 네이티브 명령 세트로 UCSD P 코드를 실행하는 맞춤형 마이크로프로세서였다. P 코드를 인터프리터 없이도 네이티브 코드로 훨씬 빠르게 실행할 수 있었지만

1981년에 IBM PC의 출시와 함께 마이크로엔진은 무대 뒤로 밀려났고 의미 있는 물량을 보급하는 데 실패했다. 바이트코드 실행을 위한 '하드웨어 지원'의 개념은 지금도 지속적으로 언급되고 있다. 여러 제조업체가 자바 바이트코드를 직접 실행하는 마이크로프로세서를 출시했으며, ARM 계열 CPU 중 일부는 하드웨어에서 자바 바이트코드를 효율적으로 실행하는 특수 기능을 포함하고 있다(4장 참조).

자바

P 시스템이 출시된 이래로 바이트코드는 명맥을 계속 유지해왔으나 1908년대 초에 썬 마이크로시스템 (Sun Microsystems)의 제임스 고슬링(James Gosling)이 자바 프로그래밍 언어와 가상 머신을 바이트코드 시스템으로 개발하기 전까지는 그리 널리 쓰이지는 않았다. 자바의 최우선 목표는 이식성이었다. 자바 바이트코드로 컴파일된 프로그램은 자바 런타임 환경(Java Runtime Environment, JRE)을 지원하는 모든 컴퓨터에서 동일하게 실행된다. 썬 마이크로시스템(이하 썬)은 자바의 마케팅 슬로건인 "Write Once, Run Anywhere(한 번 작성하고, 어디서나 실행하자)"를 늘상 강조했다.

자바 시스템은 최초 배포 시점부터 이미 P 시스템보다 훨씬 정교했다. JRE에는 자바 바이트코드 인터프리터를 구현한 자바 가상 머신(Java Virtual Machine, JVM)과 자바 런타임 코드 라이브러리 및 웹 브라우저, 웹 서버에서 자바 코드를 실행할 수 있는 다양한 소프트웨어 도구가 포함돼 있다. 자바 프로그램을 작성하려는 프로그래머에게는 자바 개발 키트(Java Development Kit, JDK)가 필요하다. JDK에는 JRE 외에 자바 언어 컴파일러와 소프트웨어 개발을 지원하는 여러 가지 도구가 포함돼 있다.

JVM은 단순한 자바 바이트코드 실행 이상의 역할을 한다. 우선 자바 프로그램의 사용을 위해 예약된 메모리 영역을 관리한다. 가비지 콜렉터(garbage collector)라는 유틸리티를 통해 자동으로 메모리 공간을 확보하면서 데이터 항목을 작성하고 사용하고, 더 이상 필요하지 않을 때 삭제할 수 있다. 또한 JVM은 데이터 조작을 모니터하고, 데이터로 정의되지 않은 작업을 시도해서 충돌을 발생시키고 JRE나 그 밖의 소프트웨어(운영체제 등)를 손상시킬 수 있는 프로그램 코드를 감시한다. JRE는 다른 사람들이 만든 유사한 바이트코드 시스템의 모델이 됐으며, 오늘날 이러한 시스템을 일반적으로 MRE(Managed Runtime Environment)라고 총칭한다. 바이트코드 프로그램이 MRE에서 컴파일되고 실행되는 방식은 그림 5-8과 같다.

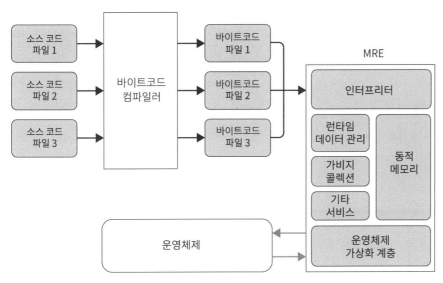

그림 5-8 MRE의 바이트코드 실행

MRE는 그 자체로 운영체제가 아니며 모든 MRE는 운영체제 상에서 동작한다. 운영체제는 운영체제가 실행되는 컴퓨터의 실제 하드웨어를 관리한다. MRE를 운영체제로부터 독립적으로 만들기 위해 MRE에 포함된 운영체제 추상화 계층은 MRE에서 실행되는 바이트코드 프로그램에 운영체제의 표준 '뷰(view)'를 제공하며, 이 뷰는 MRE 아래에 어떤 운영체제가 있는지 관계없이 항상 동일하게 유지된다.

자바는 세상에 등장하자마자 놀라운 성공을 거뒀다. 마이크로소프트는 자바 아이디어의 가치를 보고 2002년에 경쟁 제품인 닷넷(.NET) 프레임워크 시스템을 발표한다. 터보 파스칼의 개발자이기도 한 아네르스 하일스베르(Anders Hejlsberg)가 개발한 닷넷 프레임워크는 자바와 유사한 새로운 언어 C#을 포함하고 있었다. C#으로 작성한 코드는 공통 중간 언어(Common Intermediate Language, CIL)라는 바이트코드로 컴파일되며 공통 언어 런타임(Common Language Runtime, CLR)에서 실행된다.

JDK를 이용해 자바를 프로그래밍하는 방법에 대한 많은 책이 출판됐다. 가장 인기 있는 것 중 하나가 《The Java Tutorial: A Short Course on the Basics》(Addison-Wesley, 2013)이다. 10세 이상의 어린 학생에게는 《Java for Kids》(Kidware Software, 2013)를 추천한다.

JIT 컴파일

자바나 .NET 같은 바이트코드 시스템의 이식성과 보안성은 큰 부가가치를 창출하지만 실행 속도가 희생된다는 단점도 있다. 인터프리터를 거친 바이트코드는 베이직과 같은 언어의 소스코드가 인터프리터를 거친 것보다는 빠르지만(반복적인 어휘 분석과 구문 분석을 제거한 덕분이다), 네이티브 코드보다는 훨씬 느리다. 그런데 스몰토크 언어와 관련된 연구에서 이 문제에 대한 해결책이 나왔고, 이 해결책을 자바에 대해 처음으로 구현한 것이 바로 JIT(Just-In-Time) 컴파일이다.

JIT 컴파일의 개념은 매우 간단하다. 시스템에서 바이트코드를 해석하는 대신 JIT 컴파일러(비공식적으로 '지터(jitter)'라고 함)가 필요할 때마다 바이트코드를 네이티브 코드로 컴파일한다. 선체 파일이 한 번에 컴파일되지 않으며, 실행되지 않는 바이트코드는 대부분의 시스템에서 전혀 컴파일되지 않는다. 컴파일은 대개 블록 단위로 이뤄진다. 블록의 크기는 몇 개의 연속된 바이트코드 명령에서 전체 함수에 이르기까지 다양하다. 일단 바이트코드 블록이 네이티브 코드 블록으로 컴파일되면 MRE는 블록 명령의 바이트코드를 명령 하나하나씩 인터프리터에 통과시키지 않고 직접 네이티브 코드로 분기할 수 있다. 코드 블록은 프로그램 세션 동안 여러 번 실행되기 때문에 지터에 의해 생성된 네이티브 코드 블록은 삭제되지 않고 소프트웨어가 관리하는 캐시에 저장된다(그림 5-9).

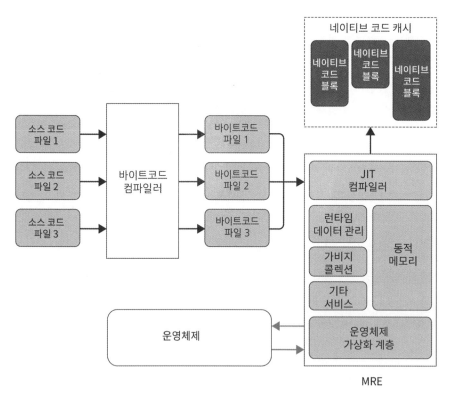

그림 5-9 JIT 컴파일의 원리

JIT 컴파일의 초기 오버헤드 때문에 프로그램을 처음 실행할 때는 바이트코드 프로그램의 실행 속도가 느리다. 하지만 네이티브 코드 블록이 캐시에 누적되다 보면 네이티브 코드를 더 자주 실행하게 되고 이에 따라 성능이 향상된다. 잘 쓴 프로그램을 최적화된 네이티브 코드 컴파일러로 컴파일한 것보다 성능이 뛰어나지는 않겠지만 프로그램이 소스코드에서 바이트코드로 처음 컴파일될 때 컴파일 작업의 대부분이 끝나기 때문에 JIT 컴파일은 굉장히 빠른 속도로 이뤄진다.

코드 실행에는 일종의 80/20 효과가 있다. 즉, 상대적으로 적은 비율의 프로그램 코드가 대부분의 실행 시간을 소모한다. 그래서 최신 버전의 자바 JIT 컴파일러에는 컴파일된 자바 프로그램을 분석해서 이러한 '핫스팟(hotspot)'의 위치를 결정하고 최적화하는 기능이 포함돼 있다. JIT는 핫스팟을 휴리스틱하게 분석한다. 즉, 프로그램을 컴파일하면서 어떤 요소가 코드 성능에 영향을 미치는지 통계를 수집하고(이를 추적(tracing)이라고 한다) 실행을 계속하며 '학습'한다. 이러한 JIT 컴파일러를 추적 JIT라고 한다. JIT는 추적 데이터를 축적하므로 가장 자주 실행되는 코드 경로에 점진적으로 더 정교한 최적화가 적용된다.

정교한 추적 JIT는 프로그램 실행 중에 프로그램에 대해 충분히 학습하고, 함수 인수의 유형과 값을 기반으로 코드의 일부를 실제로 재작성할 수 있다. 특정 환경에서는 이러한 최적화가 매우 뛰어난 성능을 보여서 핫스팟이 (런타임에 코드를 재작성할 수 없는) 네이티브 프로그램에서보다 더 빨리 동작할 수도 있다.

자바를 넘어선 바이트코드와 JIT 컴파일

자바는 바이트코드 기술의 가장 보편적인 사례다. 자바가 등장한 이래로 많은 다른 언어가 바이트코드를 사용하도록 설계되거나 순수 텍스트 인터프리터에서 바이트코드로, 때로는 JIT 컴파일러로 변환됐다. 대표적인 사례는 아래와 같다.

- 스몰토크에서 영감을 얻은 루비(Ruby)는 일반적으로 레일즈(Rails)라는 웹 애플리케이션 프레임워크와 함께 쓰인다. 루비와 레일즈 모두 라즈베리 파이에서 사용할 수 있다.

- 자바스크립트(JavaScript)는 모든 최신 웹 브라우저에서 지원하는 브라우저 기반 언어. 최신 모질라 파이어폭스(Mozilla Firefox) 배포판에는 자바스크립트용 아이온몽키(IonMonkey) JIT 컴파일러가 포함돼 있다.

- 루아(Lua)는 운영체제 및 애플리케이션, 특히 게임 엔진 내의 제어 스크립트를 위한 스크립트 언어. 루아에서 파생된 LuaJIT는 추적 JIT 컴파일러를 사용하며 루아 5.2보다 훨씬 높은 성능을 달성했다. 루아 5.2와 LuaJIT는 모두 라즈비안과 함께 배포된다.

- 파이썬은 바이트코드 언어이며, 파이썬의 JIT 컴파일러 구현인 PyPy는 이제 표준 라즈비안 이미지의 일부가 됐다.

안드로이드, 자바, 달빅

이상하게도 자바 프로그래밍 언어의 가장 큰 용도 중 하나는 JRE와 전혀 관계가 없다. 스마트폰과 태블릿을 위한 대표적인 운영체제인 안드로이드(Android)는 달빅(Dalvik)이라고 하는 바이트코드 MRE와 통합돼 있으며, 이를 기반으로 하고 있다. 물론 안드로이드에서도 네이티브 코드 애플리케이션을 실행할 수 있지만 달빅 MRE는 모든 안드로이드 기기에서 예외 없이 사용할 수 있다. 달빅의 모든 인스턴스에서 실행되는 애플리케이션은 그러한 기기에서 모두 실행 가능할 것이다.

안드로이드용 애플리케이션을 작성하는 가장 좋은 방법은 먼저 자바로 작성하고 자바 바이트코드로 컴파일하는 방법이다. 안드로이드 소프트웨어 개발 키트(SDK)는 자바 바이트코드를 받아 달빅 MRE가 이해하는 완전히 다른 바이트코드로 컴파일한다. 달빅에는 달빅 바이트코드를 시스템이 실행되는 CPU의 네이티브 코드 블록으로 변환하는 JIT 컴파일러가 포함돼 있다[1].

데이터 구성 요소

이번 장 앞부분의 그림 5-4에서 일반적인 프로그램 용어를 한눈에 볼 수 있도록 정리한 도표를 볼 수 있다. 또한 3장과 4장에서는 데이터가 저장되고(메모리), 명령이 실행되는(CPU) 물리적 메커니즘을 설명했다. 그러므로 이제부터는 프로그래머가 데이터와 코드를 설명할 수 있도록 고급 언어에서 제공하는 기능 중 일부를 자세히 살펴보자.

여기에서의 중점은 특정 언어의 문법이 아닌 기본 개념을 이해하는 데 있다. 동일한 개념이라도 언어마다 매우 다른 방식으로 표현될 수 있는데, 근본적인 원리를 확실히 이해하고 나면 어떤 언어를 사용하든 관계없이 적용할 수 있다.

식별자, 예약어, 기호, 연산자

프로그래밍 언어에서 식별자(identifier)란 프로그램 내의 무언가에 지정된, 사람이 읽을 수 있는 이름이다. 대부분의 현대 언어는 식별자에 대한 공통적인 어휘 양식을 공유한다. 우선 식별자의 첫 번째 문자는 숫자가 아니며, 식별자는 영문자, 숫자, 밑줄의 조합으로 이뤄진다. 예를 들어 DelaySinceMidnight, Error17, radius는 모두 식별자지만 2.746과 42fish는 식별자가 될 수 없다.

---

1 (옮긴이) 안드로이드 5.0부터는 달빅 가상 머신이 안드로이드 런타임, ART로 대체됐다. 이는 기존 달빅 가상 머신의 한계를 해결하기 위해서이기도 하지만 실제로는 오라클이 만든 달빅의 저작권 문제 때문이라는 견해가 더 크다.

식별자로서 유효한 일부 문자열 중에는 예약어(reserved word)나 키워드(keyword)인 것도 있다. 예약어 및 키워드는 컴파일러에게 특별한 의미가 있으며, 해당 언어의 구문 규칙 내에서 특정한 방식으로만 사용될 수 있다. 예를 들어, while이나 if 같은 단어는 대부분의 언어에서 예약어로 사용되는 반면 otherwise 같은 단어는 일부 언어에서는 예약어이고 다른 언어에서는 식별자일 뿐이다. 특정 언어에서 어떠한 단어가 예약어인지 여부를 확인하는 유일한 방법은 해당 언어에 대한 자료를 살펴보는 방법 뿐이다.

영문자나 숫자가 아닌 특정 기호의 조합 중에서도 언어에서 특별한 의미를 가지는 것이 있다. 특수한 의미를 지닌 문자 또는 짧은 그룹의 문자를 기호(symbol)라고 한다. 이를테면, C 언어에서 // 기호는 '주석 구분자(comment delimiter)'라는 기호에 해당한다. 즉, // 기호가 있는 위치부터 해당 소스코드 행의 끝까지 전처리 단계에서 컴파일러가 무시하는 주석으로 처리된다(다시 말하지만 주석은 컴파일러가 아닌 프로그래머가 읽기 위한 것이다). 반면 파스칼에서는 중괄호 쌍으로 주석을 묶는다. C 언어에서 중괄호 쌍은 복합 명령문을 형성하기 위해 명령문과 변수 선언을 그룹화한다. C에서 세미콜론(;) 문자는 명령문 종결자(statement terminator)라는 기호에 해당한다. 즉 특정 명령문이 끝나는 시점을 컴파일러에게 알려주는 역할을 한다.

일부 기호는 연산자(operator)로 사용된다. 연산자는 값을 결합해서 새로운 값을 생성하는 기호로서 수학에서 사용하는 +나 - 같은 익숙한 기호와 정확하게 일치한다. 연산자는 대부분의 언어에 있다. 덧셈, 뺄셈, 곱셈, 나눗셈, 제곱과 같은 익숙한 연산을 포함해서 AND, OR, XOR과 같은 비트 및 논리 연산, 그리고 문자열과 집합 조작을 비롯해 주소 추출과 나머지 계산과 같은 희귀한 연산자도 있다. 부정(C에서의 '-' 기호)과 비트 NOT(C에서의 '~' 기호) 같은 단항 연산자는 하나의 피연산자만을 취한다. 덧셈($x + y$)이나 곱셈($x * y$)과 같은 이항 연산자는 두 개의 피연산자를 취한다. 일부 언어에는 세 개의 피연산자를 사용하는 삼항 연산자도 있다.

값, 리터럴, 이름 상수

값은 프로그램에서 사용하는 단일 데이터를 말한다. 숫자 42와 7.63, 문자열 "foo"와 불린 값 true, false(컴퓨터 언어의 불 논리를 구현) 등이 모두 값이다. 연산자는 값을 조작해서 새로운 값을 만든다. 식 42 + 23에서 42와 23은 둘 다 값인데, 이러한 값은 표현식에서 문자 그대로 표현되는 것으로 리터럴(literal) 값 또는 리터럴이라고 불린다. 이 식을 실행하면 런타임에서 + 연산자가 결과 65를 생성한다.

리터럴에 이름을 부여하면 쓸모가 많다. 많은 언어가 이름 상수(named constant)를 정의하는 메커니즘을 제공해서 리터럴 대신 식별자를 사용함으로써 코드의 가독성을 높일 수 있다. 예를 들어, 10,000개가 넘는 레코드가 데이터베이스에 기록된 후에 데이터베이스를 압축하는 프로그램을 작성한다고 가정하자. CompressionThreshold라는 이름 상수를 정의하고 그 값을 10,000으로 지정할 수 있다. 이렇게 하면 다음과 같은 명령문을 작성할 수 있다.

```
If RecordCount > CompressionThreshold:
    CompressDatabase()
```

이름 상수를 사용하면 프로그램에서 값에 이름을 한 번만 지정할 수 있으며, 리터럴 대신 이름 상수를 프로그램 내 곳곳에서(수백, 수천 개일 수도 있다) 사용할 수 있다. 이렇게 하면 필요할 때 프로그램의 한 위치에서 이름 상수의 정의를 변경할 수 있으며, 컴파일러는 해당 이름 상수를 사용하는 모든 곳에서 변경된 리터럴 값을 일괄적으로 적용한다. 이렇게 하지 않으면 소스코드의 모든 부분에서 리터럴 값을 하나씩 변경해야 할지도 모른다.

변수, 표현식, 할당

리터럴과 이름 상수는 값이며, 런타임에서는 상수다. 그중 하나를 변경해야 한다면 소스코드에서 그 정의를 변경하고 다시 빌드해야 한다. 반면 변수(variable)는 값이 아니라 값을 담기 위한 공간이다. 런타임에서 프로그램은 변수에 상수로 할당된 값 또는 표현식에 의해 계산된 값을 채워넣어야 한다. 이를 변수에 대한 값의 할당(assign)이라 일컬으며, 아래 예제와 같은 대입 명령문을 통해 이뤄진다.

- **C, C++, 자바**: TheAnswer = 42;
- **파이썬**: TheAnswer = 42
- **파스칼**: TheAnswer := 42

위 예제는 서로 비슷하지만 조금씩 차이가 있다. 파이썬과 파스칼의 할당문은 언어의 근본적인 구문 요소인 반면, C, C++, 자바의 할당은 표현식 내에서 = 연산자의 부수적 효과를 활용하는 방식으로 이뤄진다.

표현식은 언어의 연산자와 구문을 사용해 런타임에서 값을 계산하기 위한 수식이다. 표현식에는 리터럴, 이름 상수, 값이 할당된 변수가 포함될 수 있다. R 변수에 원의 반지름이 들어있으면 원의 면적은 수학 공식 pi × radius^{2}를 사용해 계산할 수 있다. 프로그래밍 언어로 표현하면 이러한 공식이 표현식이 된다. 표현식을 정확하게 쓰는 방법은 언어의 구문 규칙에 달려 있다. 파이썬을 포함한 일부 언어에는 별도의 지수 연산자가 포함돼 있지만 C, C ++, 자바, 파스칼에는 지수 연산자가 따로 없다.

- **C, C++, 자바, 파스칼 등**: Pi * (R * R)

- **포트란, 파이썬, 에이다 등**: Pi * R**2

대부분의 언어에서 괄호는 수학 공식과 마찬가지로 표현식 내의 계산 순서를 설정하는 데 사용된다.

타입과 타입 정의

프로그램에서 사용하는 각 데이터 항목은 하나 이상의 이진수로 메모리에 표시된다. 특정 이진수의 의미는 전후 맥락에 따라 다르다. 바이트 00000001_2는 숫자 1 또는 불린 값 true를 나타낼 수 있다. 바이트 01000001_2는 숫자 65 또는 ASCII 인코딩 문자 "A"를 나타낼 수 있다. 대부분의 고급 언어에는 타입을 각 값과 연관시키는 형식 체계(type system)가 있다. 타입을 사용하면 컴파일러 또는 런타임에서 값을 사용할 때 적절한 작업을 수행하고, 의미론적으로 의미가 없는 작업(이를테면, 다국어 문자열에 불린 값을 추가하거나 C에서 두 개의 포인터를 가지고 덧셈 연산을 하는 작업)을 찾아낼 수 있다.

기본 타입(primitive type)은 언어의 형식 체계의 구성 요소다. 일반적인 기본 타입은 아래와 같다.

- **불린**: 이 타입은 true와 false의 두 가지 값을 가진다. 사실 불린 값을 저장하기 위한 공간은 비트 하나면 충분하지만 일반적으로 최소 8비트(1바이트)가 사용된다. 강제적인 사항은 아니지만 false를 나타내기 위해 0을 사용하고 true를 나타내기 위해 0이 아닌 값을 사용하는 것이 일반적이다.

- **정수**: 42나 −12 같은 정수를 위한 타입이다. 부호 없는 정수는 양수로서, 기본적인 이진수로 나타낼 수 있다. 부호 있는 정수는 양수 또는 음수일 수 있으며, 일반적으로 2의 보수 형식으로 저장된다(자세한 내용은 '2의 보수와 IEEE 754' 절 참조). 표현할 수 있는 정수 값의 범위는 타입에 할당된 비트 수에 따라 다르다. 32비트 아키텍처용 C 컴파일러는 일반적으로 정수를 저장하기 위해 32비트(4바이트)를 할당하며, 그에 따라 부호 없는 정수 값의 범위는 0 ~ 4,294,967,295가 된다.

- **부동 소수점 수(float)**: 3.4 및 −10.77과 같은 분수 값을 위한 타입이다. 부동 소수점 수는 보통 메모리 상에서 32비트 또는 64비트를 사용하며, 부호 비트 s, 지수(값의 크기) e, 가수(값의 유효 자릿수) m이 32비트 또는 64비트를 나눠서 점유한다. 대부분의 아키텍처에서 부호, 지수, 가수를 통해 실제 값을 계산하는 방법은 아래와 같다.

  s = 0인 경우 m * 2e
  s = 1인 경우 -m * 2e

IEEE 754 표준('2의 보수와 IEEE 754' 절에서 자세히 다루겠다)에서는 s, e, m을 다양한 길이의 워드로 묶는 방법 및 이 타입으로 저장된 값에 대해 산술 연산을 수행하는 규칙이 명시돼 있다. 대부분의 최신 아키텍처는 이 표준을 준수한다.

- **문자:** 문자 타입은 실제로는 작은(일반적으로 8 또는 16비트) 정수를 담고 있다. 각 정수는 텍스트의 문자에 대응한다.

- **문자열:** 말 그대로 여러 개의 문자를 담는 타입이다. 일부 언어는 문자열을 기본 타입으로 가지고 있지만, 다른 언어는 문자의 배열을 통해 문자열을 구현한다. C 언어의 문자열도 문자의 배열이며, 마지막 문자가 null로 끝난다. null 문자는 이진수로 0에 해당한다. 다른 언어 중에서는 문자 타입의 배열과 함께 문자열의 길이를 따로 저장하는 것도 있다. 자바에서는 문자열을 나타내는 특별한 객체의 클래스를 정의하고 있다. 이처럼 문자열이 기본 타입이 아니더라도 언어에서 문자열을 위한 별도의 기능을 제공하는 것이 일반적이다. 예를 들어, 자바에서 각 문자열은 시스템 클래스인 java.lang.String의 인스턴스로 표현된다(객체, 인스턴스, 메서드에 대해서는 이번 장 후반부를 참조). 아래의 예를 보자.

```
String s = "foo" + "bar";
```

컴파일러는 이를 자동으로 String 클래스의 메서드에 대한 일련의 호출로 변환한다.

대부분의 언어는 기본 타입 외에도 복합 타입을 가지고 있다. 복합 타입은 여러 기본 타입 유형을 결합하거나 단순한 복합 타입을 결합한 것이다. 일반적인 복합 타입의 예는 아래와 같다.

- **배열:** 정렬된 변수의 시퀀스를 하나의 변수로 처리할 수 있는 타입이다. 배열(array)의 개별 원소는 인덱스(index)로 선택할 수 있으며, 대개 대괄호로 인덱스를 묶는 방식을 사용한다. 예를 들어, GradeArray[42]는 GradeArray 배열의 42번째 인덱스에 있는 원소를 가리킨다. 배열은 둘 이상의 차원을 가질 수 있으며, 각 차원의 크기가 다를 수 있다.

- **구조체(언어에 따라 레코드 또는 튜플이라고도 함):** 이름을 가진 변수가 순서 없이 그룹을 형성하는 복합 타입을 구조체(struct)라고 한다. 구조체의 각 변수는 멤버(member) 또는 필드(field)라고 한다. 구조체 내의 필드는 필드 선택 연산자인 점(.)을 통해 선택할 수 있다. 예를 들어, LastNameField라는 필드가 포함된 ContactStruct라는 구조체와 ContactStruct 타입의 변수 contact가 있다고 가정하자. 그러면 contact.LastNameField 구문을 사용해 contact 변수 내의 LastNameField를 참조할 수 있다.

- **집합(set):** 순서가 없는 값의 그룹으로, 임의의 값이 두 번 이상 존재하지 않는다는 특징이 있다. 일반적으로 특정 값의 유무에 대한 테스트 비용을 저렴하게 하기 위해 집합의 내부 구현이 최적화돼 있으며, 집합의 합집합, 교집합, 차집합을 효율적으로 계산하는 기능도 제공한다.

- **지도 또는 사전:** 값의 모음을 저장하는 메커니즘을 구현한 타입이다. 각 값은 키(key)로 인덱스가 매겨진다. 보통 배열과 동일한 대괄호 표기법을 사용하기에 배열 복합 타입을 좀 더 일반화한 것처럼 보일 수 있지만 (거의) 모든 타입의 키로 사용할 수 있으며 처음 선언할 때 최대 크기를 지정할 필요가 없다는 차이점이 있다.

- **열거형(enumeration):** 순서가 지정되지 않은 각 값에 프로그래머가 임의의 이름을 지정할 수 있는 복합 타입이다. 일반적으로 각 멤버를 나타내기 위한 값은 컴파일러에 의해 자동으로 정해진다. 열거형은 타입 안전성(type-safe)을 보장하므로 이름 상수의 대안으로 사용하기에 좋다. 예를 들어, 함수의 동작을 제어하는 매개변수를 열거형으로 입력하면 서로 다른 몇 개의 값을 매개변수 그룹으로 만들어 사용할 수 있다.

- **포인터(pointer)**: 메모리에서 다른 값의 위치를 지정하며, 일반적으로 특정 타입의 인스턴스를 가리키도록 정의된다. 포인터가 있다면 이를 역참조(따라가기)해서 포인터가 가리키는 값을 조작할 수 있다. 하지만 포인터를 부주의하게 사용하면 디버그하기 힘든 충돌 및 보안 문제가 발생할 수 있다. 일부 언어, 특히 자바에서는 제한되지 않은 포인터 타입을 사용하지 않으며, 그 대신 객체 또는 배열에 대한 참조를 제공하며, 이 참조는 런타임에서 확인할 수 있고, 타입 안전성이 보장된다.

정적 타이핑과 동적 타이핑

프로그래밍 언어는 타입을 다루는 방법에 따라 크게 정적 타입 언어와 동적 타입 언어로 나눌 수 있다. C 같은 정적 타입 언어는 코드를 작성하는 시점에서 변수가 타입과 연관되며, 변수에 저장된 값의 타입은 변수 자체의 타입과 암시적으로 일치하게 된다. 컴파일러는 변수나 표현식을 평가할 때 생성되는 중간 결과에 저장 공간을 미리 할당할 수 있으며, 컴파일 시점에서 의미론적 분석을 수행해서 호환되지 않는 피연산자를 걸러낼 수 있다.

아래의 C 코드 예제에서 변수 foo의 타입은 int 형이고 변수 bar의 타입은 float 형이다. 컴파일러는 (일반적인 32비트 머신에서) 하나의 머신 레지스터나 4바이트의 스택 섹션을 할당해서 각 값을 유지할 수 있고, 덧셈 연산으로 이들을 더할 때는 (C 타입 규칙에 따라) foo를 float 형 값으로 변환하는 명령을 수행한 후 float 형 덧셈 명령을 수행한다.

```
int foo = 42;
float bar = 98.2;
. . .
float baz = foo + bar;
```

정적 타입 언어에서 변수의 수명이 다하기 전까지는 호환 가능한 타입의 값만 변수에 할당할 수 있으므로 아래와 같은 C 예제는 컴파일 오류를 일으킨다.

```
int foo = 42;                  // foo의 자료형은 int
char *bar = "hello world";     // bar의 자료형은 'char에 대한 포인터'
foo = bar;                     // 에러 발생!
```

반면 파이썬이나 자바스크립트 같은 동적 타입 언어에서는 런타임에서 타입과 값이 연관된다. 변수는 타입이 없고, 입력된 값에 대한 참조만 가진다. 값의 저장 공간(및 타입 설명)이 힙에 할당되고, 더 이상 가비지 콜렉션 과정에서 필요하지 않을 때 할당이 해제된다. 피연산자의 타입에 대한 구문 검사는 런타임에 이뤄진다. 동적 타입 언어에 대한 추적 JIT의 개발로 인해 이 검사에 대한 비용이 크게 줄어들기는 했지만 여전히 비용이 큰 부분이다.

아래의 파이썬 코드 예제에서는 add() 함수가 세 번 호출된다. 첫 번째 호출에서 x와 y가 모두 int 형 값을 참조하므로 + 연산자가 정수 덧셈에 대한 연산자인 것으로 간주된다. 두 번째 호출에서는 x와 y가 모두 string 형 값을 참조하므로 + 연산자가 텍스트 연결(concatenation) 연산자인 것으로 간주된다. 세 번째 호출에서는 x와 y가 서로 다른 타입이므로 덧셈을 시도할 때 TypeError, 즉 타입 오류가 발생한다. PyPy와 같은 추적 JIT는 잠재적으로 이 함수의 두 가지 버전을 컴파일하고, 피연산자 유형에 따라 적절한 JIT를 호출한다.

```python
def add(x, y):
    return x + y

print add(1, 2)                    # "3"을 출력
print add("hello ", "world")       # "hello world"를 출력
print add("foo", 1)                # TypeError 발생
```

곧 설명하겠지만 C++와 자바 같은 정적 타입 객체지향 언어는 하위 타입에 대한 다형성을 사용해서 동적인 기능을 제공한다. 프로그래머는 타입 A에서 파생된 타입 B나 C, D를 선언하고 특정 값의 인스턴스 타입에 따라 동적으로 서로 다른 타입에 연관되게 할 수 있다. 다형성(polymorphism)은 객체지향 프로그래밍의 특징 중 하나이며, 이에 대해서는 '객체지향 프로그래밍' 절에서 다룰 예정이다.

2의 보수와 IEEE 754

부호 있는 정수를 이진수 문자열로 나타낼 수 있는 방법에는 여러 가지가 있다. 가장 일반적인 방법은 부호와 절대치(sign and magnitude) 표기법인데, 이 표기법에서는 첫 번째 비트를 부호로 둬서 값이 음수이면 부호를 1로 설정한다. 그리고 해당 값의 부호 없는 버전(절대치)을 나머지 비트를 통해 표시한다. 이해하기에는 간단하지만 0이 두 가지 표현(+0 및 −0)을 가질 수 있다는 문제가 있으며 산술 연산을 구현하기가 다소 어렵다. 부호 있는 정수 두 개로 덧셈 연산을 할 때는 부호 비트를 검사한 후 덧셈을 할지 뺄셈을 할지 결정해야 한다. 그리고 결과를 다시 부호 있는 정수 형식으로 변환해야 한다.

대다수의 아키텍처는 2의 보수(two's complement) 표기법을 사용해서 수를 표현한다. 음수의 2의 보수 표현을 계산하기 위해서는 양수의 일반 이진수 표현에서 모든 비트를 반전하고 이진수 1을 더하면 된다. 예를 들어, 5의 8비트 이진수 표현은 아래와 같다.

$$5 = 00000101_2$$

2의 보수 표기법으로 −5를 표현하려면 먼저 위 이진수의 각 비트를 반전시킨다.

11111010_2

그리고 여기에 1을 더한다.

$11111011_2 = -5$

표 5−1은 2의 보수 표기법을 기준으로 3에서 0을 거쳐 −3까지의 정수에 대한 8비트 이진수 및 16진수 표현을 보여준다.

표 5−1 2의 보수 표기법

이진수	16진수	부호 있는 십진수
00000011	03	3
00000010	02	2
00000001	01	1
00000000	00	0
11111111	FF	−1
11111110	FE	−2
11111101	FD	−3

2의 보수 표기법이 유용한 이유는 덧셈 연산을 할 때 각 항이 양수인지 음수인지에 관계없이 부호 있는 값의 합을 계산하면 되기 때문이다. 다음 예제를 보자.

$1 + -3 = 00000012 + 11111101_2 = 11111110_2 = -2$
$-1 + -2 = 1111111_2 + 11111110_2 = 11111101_2$ (자리올림된 1은 버림) $= -3$

실수(소수 부분이 있을 수 있는 값) 연산은 더 복잡하다. 실수 연산을 위한 방법 중 하나는 실수에 큰 상수(종종 2의 거듭 제곱)로 곱한 다음 결과를 정수로 반올림해서 2의 보수 표기법으로 나타내는 방법이다. 곱할 상수로 $256 = 2^8$을 선택한다면 숫자 1.0은 256으로 표시되고 2.125는 544가 될 것이다. 이러한 방식을 고정 소수점(fixed−point) 방식이라고 한다. 고정된 수의 비트(이 예에서는 8)를 통해 실수의 소수 부분을 저장하고 나머지 비트로 정수 부분을 저장하기 때문이다.

대부분의 애플리케이션에서 실수 연산에는 다양한 크기의 값이 사용된다. 그래서 고정 소수점 표현에 적절한 승수를 선택하기가 어렵다. 이론적으로 실수의 소수점 오른쪽에 있는 숫자는 고정돼 있지 않기 때문에 이러한 측면에서 부동 소수점(floating-point) 방식을 사용하는 것이 일반적이다. 부동 소수점 수는 값의 유효 비트인 가수(mantissa), 값의 크기인 지수(exponent), 양수 및 음수를 나타내는 부호(sign)로 구성되며 이 모든 것을 하나의 이진수 워드로 묶는다. 1985년 IEEE 754 부동 소수점 표준이 등장하기 전까지는 부동 소수점 값의 표현과 범위, 부동 소수점 연산의 정확한 결과가 컴파일러에 따라 모두 달랐다. IEEE 754는 프로그래밍 언어의 타입으로 쓰일 수 있는 몇 가지 부동 소수점 형식을 정의하고 있다. 그중에는 어마어마한 규모의 형식도 있는데, 이를테면 128비트 부동 소수점 수는 최대 10^{6144}까지 표현할 수 있다(참고로 관측 가능한 전체 우주에 있는 원자의 개수는 '겨우' 10^{80}개에 불과하다). 그림 5-10은 IEEE 754 표준에 따라 부동 소수점 값의 세 요소, 즉 부호, 가수, 지수를 64비트 값으로 묶는 방법을 보여준다.

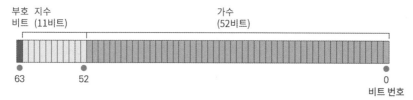

그림 5-10 64비트 부동 소수점 값의 내부

코드 구성 요소

명령형 프로그래밍 언어로 작성된 단일 스레드 프로그램은 작업을 수행하는 데 필요한 일련의 단계를 기술한다. 명령문은 그 단계 중 하나를 완전하게 설명하는 요소로서, 이것은 인간이 사용하는 언어로 비유하면 문장과 같다. 순서대로 몇 개의 명령문을 넣으면 프로그램을 구성할 수 있다. 명령문을 크게 보면 네 종류로 분류할 수 있다.

- **할당문(Assignment statement):** 변수, 또는 복합 변수의 원소에 값을 넣는 명령문에 해당한다.
- **함수 호출(function call):** 프로그램의 다른 위치나 라이브러리에 정의된 함수를 호출한다. print( ), factorial( ) 등이 모두 함수 호출에 해당한다. 일반적으로 함수의 이름을 지정하고, 0개 이상의 인수를 입력해서 간단하게 함수를 호출할 수 있다.
- **제어문(control statement):** 현재 함수 내에서 실행 순서를 변경한다.
- **복합문(compound statement):** 제어 명령문을 통해 묶음으로 처리되는 일련의 명령문 집합을 말한다.

제어문과 복합 명령문은 불가분의 관계로 연결돼 있으므로 두 가지를 함께 살펴보자.

제어문과 복합 명령문

프로그래밍의 기본 개념은 런타임에 프로그램 실행 과정을 변경할 수 있다는 점이다. 특정한 상황에서 일부 명령문은 실행되고, 다른 명령문은 실행되지 않을 수 있어야 한다. 이를 조건부 실행(conditional execution)이라고 한다. 한 번이 아니라 여러 번 실행돼야 하는 명령문도 있다. 이를 반복문 또는 루프(loop)라 한다. 명령형 프로그래밍 언어는 이러한 각 동작을 구현하기 위한 여러 가지 제어문을 갖추고 있다.

복합문을 작성하기 위해서는 분리 문자로 둘러싸인 일련의 명령문을 작성하면 된다. C, C++, C#, 자바 및 그 파생 언어에서는 대부분 복합문을 위한 구분 기호로 ({, }) 등의 괄호를 사용한다. 파스칼과 에이다에서는 구분 기호로 'begin'과 'end'라는 키워드를 사용한다. 파이썬은 구분 기호가 완전히 없다는 점에서 매우 독특한 특성을 가진 언어다. 파이썬의 복합문은 소스코드의 들여쓰기를 통해 구분된다. 앞으로 이어질 제어문 예제를 통해 자세한 내용을 알아보자.

if/then/else 문

가장 기본적인 제어문은 if/then/else 문으로, 모든 프로그래밍 언어에 어떤 형태로든 존재한다. 명령문의 일반적인 구조를 그림 5-11에서 볼 수 있다.

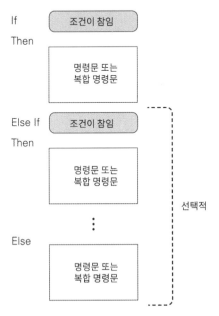

그림 5-11 if/then/else 문

if 문 가운데 가장 간단한 형식은 조건을 테스트하고 조건이 참(true)으로 확인되면 명령문을 실행하는 것이다. 조건이 참이 아니면 명령문을 실행하지 않고 if 문 바로 다음의 명령문으로 이동한다.

다시 한 번 강조하지만 구문에 집착하지 말자. 각 언어의 문법을 다루는 자료는 언제나 쉽게 구할 수 있다. 구문보다는 논리에 집중하자. 아래의 간단한 예제를 보면 각 프로그래밍 언어가 동일한 논리를 다양한 방법으로 표현한다는 점을 느낄 수 있을 것이다.

```
if (I > 99) FieldOverflow (Fieldnum, I);      C와 그 파생 언어
if I > 99 then FieldOverflow (Fieldnum, I)    파스칼
if I > 99:                                    파이썬
    FieldOverflow(Fieldnum, I)
```

위 예제에서 C 계열의 언어에는 키워드가 없으며, 파이썬에서는 콜론, 줄바꿈 및 들여쓰기가 구문의 필수 요소임을 알 수 있다. 만약 다른 언어(특히 C 언어 및 유사 언어)를 쓰다가 파이썬으로 옮겨온다면 이 부분에 매우 주의해야 한다. 파이썬은 공백(줄바꿈, 공백 및 탭)을 구문적 요소로서 중요하게 인식한다. 다른 프로그래밍 언어에서는 찾아보기 힘든 특성이다.

if 문은 선택적으로 else 부분을 포함할 수 있다. else 부분은 테스트한 조건이 참이 아닐 때 실행할 명령문 또는 복합문을 포함한다(그림 5-11의 마지막 부분에 해당한다). then과 else 사이에는 추가 테스트를 삽입할 수 있으며, 각 테스트 조건하에 명령문 또는 복합문을 넣을 수 있다. else/if라고 하는 이러한 구조 내에는 테스트를 얼마든지 추가할 수 있다.

여러 개의 else/if가 좋은 점은 무엇일까? 결국 이는 무질서한 더미에서 카테고리를 분류하는 방법이라고 할 수 있다. 동전이 가득 들어있는 병이 있고 은행에 입금하기 위해 동전을 종류별로 정렬한다고 생각해 보자. 동전이 10원짜리라면 10원짜리 묶음에, 50원짜리라면 50원짜리 묶음에, 100원짜리라면 100원짜리 묶음에, 500원짜리라면 500원짜리 묶음으로 분류할 것이다. 이러한 논리 형태를 다지 분기(multi-way branch)라고 한다.

switch 문과 case 문

다지 분기는 굉장히 일반적으로 쓰이기 때문에 많은 프로그래밍 언어에서 이를 처리하기 위한 별도의 제어문을 제공한다. 다시 분기를 구현하기 위한 키워드는 언어마다 다르며, 그 방식도 조금씩 상이하다. C 계열 언어는 다지 분기를 위해 switch 문을 사용하며, 같은 switch라는 키워드를 통해 사용할 수 있다.

파스칼과 에이다는 case 문을 사용하며, 같은 case라는 키워드를 통해 사용할 수 있다. 포트란과 베이직 등 일부 언어는 select case 문을 사용한다.

아쉽게도 C 언어 switch 문의 논리와 파스칼, 에이다의 case 문 논리는 완전히 동일하지 않으며, 이는 시각화해서 흐름도로 파악할 때도 마찬가지다. case 문의 일반적인 형식은 그림 5-12와 같고, switch 문의 일반적인 형식은 그림 5-13과 같다.

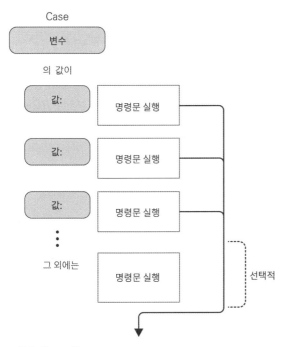

그림 5-12 case 문

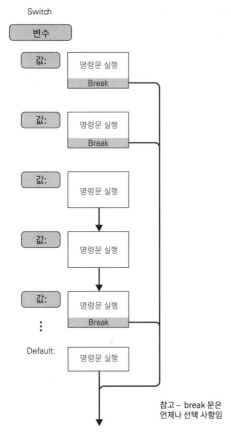

그림 5-13 switch 문

두 방식 중 비교적 간단한 쪽은 case 문이다. case 문에서는 각 case마다 변수를 테스트한다. 각 case는 일반적으로 상수로 표현되는 개별 값 또는 값의 목록을 포함한다. 변수의 값이 case 중 하나와 일치하면 해당 case에 속한 명령문이나 복합문이 실행된다. 앞에서 든 동전의 예에서 왼쪽에 있는 '값'은 각 동전의 액면가라고 할 수 있다. 50원을 테스트하는 case 문의 변수에 50원이 들어 있으면 50원짜리의 개수를 증가시키는 식이다. case 문에서 일치하는 항목을 찾고 case 문 내의 명령문을 실행하고 나면, case 문이 완료되고 프로그램의 다음 명령문으로 실행이 계속된다. 일치하는 항목이 없을 때 otherwise 문으로 '위의 어디에도 해당하지 않을 경우'의 명령문을 넣을 수 있다. 동전의 예로 돌아가면, 갑자기 식별할 수 없는 외국 동전을 발견하면 이러한 otherwise 문으로 처리할 수 있을 것이다.

switch 문은 case 문과 비슷하지만 중요한 차이가 있다. 일단 원하는 값이 발견되면 그 값을 포함하는 case가 실행되는데, 그 뒤의 case를 건너뛰지 않고 모두 테스트를 진행한다는 점이다. 만약 원하는 값이 발견됐을 때 그에 해당하는 하나의 case만 실행하고 싶다면 해당 case 문 내의 마지막 명령문으로 break

문을 넣어야 한다. break 문은 switch 문을 끝내고 프로그램의 다음 명령문으로 실행을 계속한다. case 문과 마찬가지로 '위의 어디에도 해당되지 않는 경우'를 default라는 키워드로 정의할 수 있다.

이러한 문법을 처음 본다면 이상하게 느껴질 수도 있다. 특히 간단한 case 문을 사용하는 언어를 사용해 왔다면 더욱 그럴 것이다. case 문에서 switch 문까지 흘러온 데는 역사적 사연이 있다. 사실 이러한 제어문은 포트란의 명령문인 'goto'에서 파생된 것이다. 최근의 프로그래밍 사례를 보면 대부분의 switch 문에서 각 case마다 break 문을 사용하는 것을 볼 수 있다. 모든 case가 break 문으로 끝나면 사실 switch 문과 case 문의 차이는 없다. break 문의 또 다른 쓰임새에 대해서는 반복문 절에서 다루겠다.

알아두기

파이썬에는 switch도 case도 없다. 다지 분기를 위해 아래와 같이 else/if 문을 연속으로 사용해서 구현하거나 파이썬 사전 및 함수를 사용해서 아래와 같이 구현해야 한다.

```
def case_penny():
  print "Got a penny!"
def case_tuppence():
  print "Got a tuppence!"
def case_fivepence():
  print "Got a five pence!"
def default():
  print "Got something else!"

Coincases = {"1": case_penny, "2": case_tuppence, "5": case_fivepence}

x = raw_input("Coin value? ")

if Coincases.has_key(x):
  Coincases[x]()
else:
  default()
```

repeat 문

명령문 또는 복합문을 여러 번 실행해야 한다면 반복문, 즉 루프를 사용할 수 있다. 프로그래밍에는 일반적으로 세 가지 유형의 루프가 있다.

- **repeat 루프**: 몇 개의 명령문에 이어 지정한 조건을 테스트한다. 조건이 참으로 확인되면 루프가 종료된다. 그렇지 않으면 루프 내의 명령문이 반복된다.

- **while 루프**: 먼저 지정된 조건을 테스트한다. 조건이 참으로 확인되면 루프 내의 명령문을 실행하고 다시 조건을 테스트한다. 조건이 거짓으로 확인되면 루프가 종료된다.

- **for 루프**: 여러 개의 값으로 이뤄진 그룹이 지정되고, 그룹 내의 모든 값에 대해 한 번씩 지정된 명령문을 실행한다.

가장 이해하기 쉬운 유형은 repeat 루프다(그림 5-14). 이 루프는 조건이 참이 될 때까지 루프 내의 명령문을 반복한다. 조건이 참이 되면 루프가 종료된다. 루프의 끝에서 테스트 결과가 거짓이면 루프의 처음으로 돌아가서 다시 실행을 시작한다. repeat 루프에서 기억해야 할 특징은 루프 내의 명령문이 최소한 한 번 이상 수행된다는 점이다.

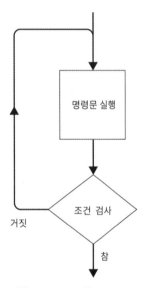

그림 5-14 repeat 문

파스칼 및 파스칼에서 파생된 언어에서는 repeat 문을 위한 키워드로 repeat/until을 사용한다. C 및 C 유사 언어에서는 do/while이라는 키워드로 repeat 문을 구현한다. do/while의 경우, 제어 흐름은 동일하지만 조건이 반대다. 즉, 테스트 결과가 거짓이면 루프가 종료되고 참이면 루프가 계속된다.

while 루프

while 루프는 repeat 루프를 거꾸로 뒤집은 것과 같다. 루프의 끝이 아니라 처음에 테스트를 하기 때문이다. 테스트가 결과가 참이면 루프 내의 명령문을 수행한다. 루프 내의 명령문을 모두 완료할 때마다, 즉 루프를 통과할 때마다 루프 처음의 조건을 다시 테스트한다. 테스트 결과가 거짓이면 루프가 끝난다. 처음부터 조건에 대한 테스트 결과가 거짓이면 루프가 즉시 종료되고, 내부의 명령문을 전혀 수행하지 않게 된다(그림 1-15).

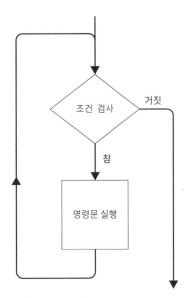

그림 5-15 while 문

for 루프

조건이 참 또는 거짓이 될 때까지 반복하지 않고, 값으로 이뤄진 그룹의 모든 값을 가지고 한 번씩 명령문을 수행해야 하는 경우도 있다. 이때 사용할 수 있는 것이 for 루프다. 일부 언어는 정수 값을 일정한 크기로 증가시키거나 감소시키는 방법으로만 for 루프를 반복시킬 수 있도록 제한하고 있다. 예를 들어, 파스칼로 작성한 for 루프는 아래와 같다.

```
FOR i := 10 TO 20 DO { Display every integer from 10 to 20 }
   WRITELN(i);
```

또는 BASIC 계열로 작성한 예는 아래와 같다(REM은 해당 줄이 주석임을 의미한다).

```
REM PRINT 0, 2, 4, 6, 8, 10

FOR I = 0 TO 10 STEP 2
```

```
    PRINT I
NEXT
```

for 루프에서 현재 반복에 대한 정수 값을 담는 변수를 루프 카운터(loop counter)라고 한다. 루프 카운터가 단순히 카운터로만 사용되고, 루프 내의 명령문이 실행되는 횟수를 지정하는 것 이외의 아무런 영향을 미치지 않을 수도 있다. 그러나 대부분의 경우 루프 카운터는 배열의 원소에 접근하는 데 쓰이거나 일부 계산에 사용된다.

파이썬은 임의의 값 그룹에 대한 반복을 지원하므로 다음과 같이 for 루프를 작성할 수 있다(파이썬에서는 "#"으로 시작하는 줄이 주석이다).

```
# "foo", "bar", "baz"를 출력
for s in ["foo", "bar", "baz"]:
    print s
```

파이썬의 내장 함수 range()를 사용해 베이직과 유사한 문법의 for 루프를 구현할 수도 있다. range() 함수는 시작 값과 종료 값 사이의 정수열을 생성하는 함수로서, 각 원소로 들어가는 정수 사이의 간격을 인수로 입력할 수 있다. 위의 예제를 베이직 스타일로 작성하면 아래와 같다.

```
# 0, 2, 4, 6, 8, 10을 출력
for i in range(0, 12, 2):    # range() 함수의 종료 값은 제외됨
    print i
```

C 언어는 일반화된 while 루프처럼 작동하는 매우 유연한 for 루프 구조를 제공한다. 루프 전에 수행할 초기화 작업, 각 루프 반복 이전에 수행할 테스트 및 루프 카운터 집합의 다음 원소로 이동하는 작업을 프로그래머가 모두 지정할 수 있다. 이 구조를 이용해 다음 예제와 같이 연결 리스트(linked list)의 모든 원소를 출력하는 코드도 작성할 수 있다.

```
LINK_T *link;
for (link = start; link != NULL; link = link->next)
    printf ("%d\n", link->payload);
```

그림 5-16은 for 루프의 논리를 보여준다.

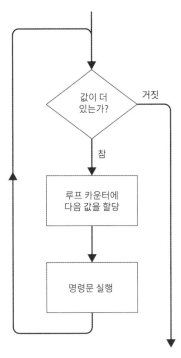

그림 5-16 for 문

break 문과 continue 문

많은 언어가 거의 루프에서만 사용 가능한 두 개의 특수 목적 제어문을 제공한다. 우선 break 문은 루프를 무조건 종료할 때 쓰인다. break 문을 실행하면 break를 포함한 루프 다음의 다음 명령문으로 실행이 계속된다. break는 루프 내부 어디에나 배치할 수 있으며, 일반적으로 if/then/else 문 내로 들어간다. 앞에서 봤듯이 break 문은 switch 문에도 사용된다.

continue 문 역시 루프 내부 어디에나 배치할 수 있으며, 일반적으로 if/then/else 문 내로 들어간다. continue 문을 실행하면 루프를 제어하는 테스트로 즉시 이동하고 테스트를 다시 수행한다. 어떤 의미에서는 루프 내에서 continue 문 이후에 있는 모든 명령문을 '누락'시킨다고 볼 수 있다. 그림 5-17에서 break 문과 continue 문의 동작을 볼 수 있다.

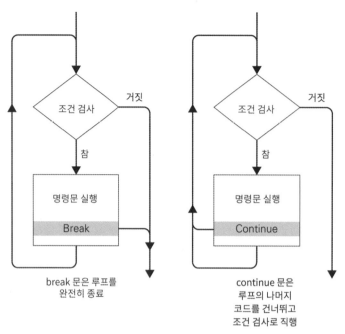

그림 5-17 break 문과 continue 문

알아두기

그림 5-17의 예는 while 문에 해당하지만, 그 외의 반복문에도 break 문 및 continue 문이 쓰일 수 있다.

---

break와 continue가 반드시 모든 프로그래밍 언어에 존재하지는 않는다는 것을 기억해야 한다. 일부 언어는 다른 키워드로 하나 또는 둘 다를 지원한다. 예를 들어, 루비에서는 continue를 위한 키워드로 'next'를 사용한다.

함수

명령형 프로그래밍 언어에서 함수는 이름을 가진 일련의 명령문 집합을 가리킨다. 함수가 프로그램 어딘가에서 호출되면 함수의 마지막 명령문이 실행될 때까지, 또는 return 문(반환문)이 호출될 때까지 함수 내의 명령문이 실행된다. 함수가 끝나면 함수 호출 다음의 명령문에서 실행이 계속된다(그림 5-18). 함수를 통해 일반적으로 자주 쓰는 작업을 한 곳에 정의하고 필요할 때마다 호출해서 코드 중복을 최소화할 수 있다.

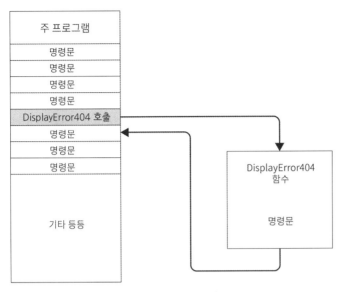

그림 5-18 함수 호출 및 반환

여기까지 실행 관점에서 함수가 작동하는 방식을 이야기했다면, 다음으로 함수를 통한 또 다른 가능성을 설명할 차례다. 함수는 함수를 호출한 위치에 새로운 값을 하나(또는 언어에 따라 그 이상) 전달할 수 있다. 함수는 값을 반환할 수 있기 때문에 명령문 뿐만 아니라 표현식에서도 사용할 수 있다. 그림 5-19의 예가 대표적이다. CalculateArea 함수는 원의 반지름을 나타내는 숫자 값을 인수로 받고, 원의 면적을 계산한 값을 반환한다. 반지름을 받고, 면적을 내놓는 것이다.

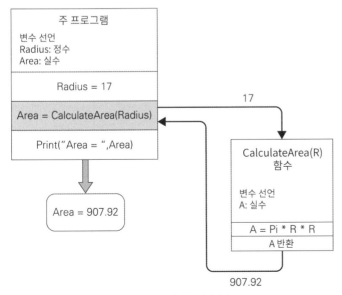

그림 5-19 함수에 값을 전달하고 함수로부터 값을 전달받기

함수는 0개 이상의 매개변수를 취할 수 있다. 매개변수는 함수와 함수를 호출하는 코드 사이를 가로질러 값을 전달하는 특수 목적의 변수다. (정적 타입 언어의 경우) 함수의 매개변수 이름과 타입은 소스코드에서 함수가 정의되는 시점에서 정해진다. 그림 5-19에서 CalculateArea는 R이라는 하나의 매개변수를 취한다.

함수를 호출할 때는 함수의 각 매개변수에 해당하는 인수를 지정해야 한다. 인수로는 리터럴 또는 이름 상수, 변수 또는 표현식의 결과를 사용할 수 있다. 그림 5-19에서 Radius라는 변수를 선언하는 것을 볼 수 있다. Radius에는 값 17이 할당되고, 매개변수 R의 초깃값을 제공하는 CalculateArea에 대한 인수로 사용된다. CalculateArea는 계산 중에 R을 변수로 사용할 수 있다. CalculateArea 내에서는 자체 변수 A를 정의하고 계산된 면적 값을 할당한다. 그런 다음 함수는 A의 값을 반환한다. 반환이 이뤄질 때 이 함수는 A에서 값을 가져와 호출한 명령문으로 다시 전달한다. 주 프로그램은 변수 Area에 함수의 값을 받아들이고 받아들인 값을 이후에 사용할 수 있다.

지역성과 범위

함수는 자신의 상수, 변수, 타입을 정의할 수 있으며, 심지어 내부에 다른 함수를 가지고 있을 수도 있다(마치 러시아의 마트료시카 인형처럼!). 그런데 조금 생각해 보면 뭔가 문제를 발견하게 될 것이다. 함수가 정의한 식별자가 프로그램의 다른 곳에서 정의된 식별자와 동일하다면? 충돌이 일어나지 않을까? 함수가 Area라는 변수를 정의했는데, 함수 외부에 정의된 Area라는 변수가 이미 있는 경우 Area 식별자를 사용하면 어떤 변수에 접근하게 될까?

이 문제는 식별자의 범위(scope)와 관련된 것이다. 식별자의 범위란 코드에서 특정 식별자를 '볼 수 있는' 프로그램의 위치라고 할 수 있다. 대부분의 언어에서 함수 내에 정의된 식별자의 범위는 해당 함수 내로 제한된다. 즉, 지역적이다. 함수 밖에서 정의된 것은 무엇이든 지역적이지 않으므로 그 범위는 전역(global)이다.

그림 5-20을 통해 변수의 범위에 대한 개념을 살펴볼 수 있다. 예제 프로그램은 CalculateArea와 CalculatePerimeter라는 두 가지 함수, 상수 pi, 그리고 변수인 Area 및 Radius를 정의하고 있다. 이러한 모든 정의는 전역 범위에서 이뤄진다. 두 함수 내부를 살펴보면 지역 범위에서 몇 가지를 정의하고 있다. 우선 이름 상수 TheAnswer는 두 함수에서 공통으로 정의하고 있으며, CalculateArea는 Area라는 지역 변수를 정의하고 있다. 각 함수에서 정의하는 TheAnswer는 서로 다른 값이다. 여기까지 살펴보면 몇 가지 질문이 떠오를 것이다.

- 주 프로그램에서 TheAnswer를 참조하면 어떤 값을 얻게 될까? 17? 아니면 42?

- CalculateArea 함수가 CalculatePerimeter를 호출할 수 있을까?

- 함수 중 하나가 pi를 3.0으로 재정의할 수 있을까?

- CalculateArea가 지역 변수 Area에 값을 할당하면 전역 변수 Area가 영향을 받을까? 그리고 그 반대의 경우는 어떨까?

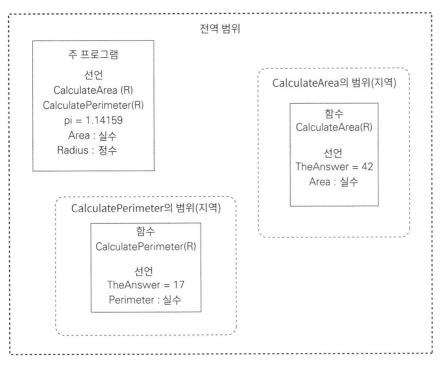

그림 5-20 전역 범위와 지역 범위

아래의 4가지 일반적인 규칙을 고려하면 위 질문의 답변을 얻을 수 있다.

- 지역 범위에서 전역 범위를 볼 수 있다.

- 전역 범위에서는 지역 범위를 볼 수 없다.

- 지역 범위에서 다른 지역 범위를 볼 수 없다.

- 지역 범위에서 전역 범위의 식별자와 동일한 식별자로 항목을 정의할 수 있고, 이를 통해 해당 지역에서 전역 범위의 식별자를 숨길 수 있다.

위의 규칙을 바탕으로 앞의 네 가지 질문에 답해 보자.

- 주 프로그램은 TheAnswer의 지역 정의를 참조할 수 없다. 전역 범위에서 지역 범위를 볼 수 없기 때문이다.

- CalculateArea는 CalculatePerimeter를 호출할 수 있다. 두 함수 모두 전역 범위에서 정의됐으며, 지역 범위에서 전역 범위를 볼 수 있다.

- 특정 함수가 pi라는 식별자를 정의해서 3.0, 17.76 또는 다른 값을 할당할 수 있다. 이렇게 하면 해당 지역에서 전역 상수 pi는 숨겨진다. 함수 내에서 pi는 새로 정의한 식별자를 참조하고, 프로그램의 다른 곳에서는 원래의 전역 식별자를 계속 참조하게 된다.

- 주 프로그램이 전역 변수 Area를 어떻게 조작해도 CalculateArea 함수 내에 정의된 지역 변수에는 영향을 주지 않는다. 전역 범위는 지역 범위를 볼 수 없기 때문이다. 또한 CalculateArea는 주 프로그램의 전역 변수를 변경할 수 없다. 여기서 의아할 것이다. '잠깐, 지역 범위에서 전역 범위를 볼 수 있는데?' 그러나 이 경우 CalculateArea는 전역 변수와 동일한 식별자를 가진 지역 변수를 정의하고 있다. CalculateArea의 관점에서 전역 변수 Area는 이제 숨겨진 것이다. 왜냐하면 CalculateArea가 동일한 식별자로 자체 지역 변수를 정의했기 때문이다. 이렇게 하면 전역 범위의 일부가 지역 범위에 의해 숨겨지는 것이다.

이러한 규칙이 모든 언어에 그대로 적용되는 것은 아니다. 대부분의 언어(C, C++, 자바, 에이다, 파스칼 포함)에서 함수의 인수와 지역 변수는 함수가 호출되어 실행 중이 아닐 때는 아예 존재하지 않는다. 함수의 인수와 지역 변수는 함수를 호출하는 코드에 의해 시스템 스택(4장 참조)에 설정된다. 함수가 반환되면 해당 인수와 로컬 변수가 스택에서 제거되어 더는 존재하지 않게 된다. 파이썬 같은 언어는 함수를 완전히 다른 방식으로 처리하지만, 여전히 범위 개념을 사용한다. 범위는 아주 미묘한 이슈로서, 언어마다 세부 사항이 모두 다르다(물론 프로그래밍의 다른 점들도 마찬가지다). 더구나 언어 중에는 범위에 대한 규칙에 위배되는 구현을 허용하는 것도 있다.

다음 절에서도 범위에 연관된 내용이 이어진다.

객체지향 프로그래밍

지금까지 설명한 내용에서는 코드와 코드가 작용하는 데이터를 엄격하게 구별했다. 디지털 컴퓨터의 30년 역사 동안 다양한 개발 방법론과 도구가 이러한 구별을 반영해 왔다. 프로그래머는 프로그램에 필요한 작업을 수행하는 함수 모음과 프로그램 상태를 포함하는 구체적인 자료구조(배열, 구조체 또는 레코드 등)의 모음을 정의한다. 대형 애플리케이션의 경우 일반적으로 설계 단계에서 도메인 모델링(domain modeling) 과정을 통해 이러한 기능 및 구조를 결정한다. 도메인 모델링이란 실제 세상에서 프로그램이 사용되는 도메인에 관련된 개체(예를 들면, 차량과 운전면허 수요자), 제약(모든 차량에는 한 명의 소유자만 있음) 및 작업(차량의 소유권 이전, 운전면허 신청)을 정리해서 프로그래밍 기능한 모델로 민드는 작업을 말한다.

1970년대에 여러 기관의 컴퓨터 과학자가 프로그래밍을 위한 새로운 개념의 모델을 실험하기 시작했다. 이 모델은 객체지향 프로그래밍(Object-Oriented Programming, OOP)으로 알려졌다. OOP는 개체, 그리고 개체에 수행할 수 있는 작업을 설명하는 언어 수준의 기능을 제공함으로써 개발 과정에서 설계와 구현 단계 사이의 의미적 차이를 줄이기 위해 만들어졌다. 이 과정에서 새로운 자료구조인 객체(object)가 탄생했고, 이는 기존의 구조체 및 레코드(앞의 '타입과 타입 정의' 절 참조)를 확장한 개념으로서 내부의 데이터에 작용하는 함수까지 통합한 것이다.

새로운 개념이 나타나면서 새로운 용어도 생겨났다. 프로그래머는 객체의 '클래스(class)'를 정의할 수 있다. 클래스는 도메인 모델링 과정에서 추출되는 각 개체와 밀접하게 연관된다. 다시 운전면허의 예를 들면, 프로그래머는 Car 클래스와 Person 클래스를 정의할 수 있다. 프로그램을 실행하면 개별 객체가 메모리에 생성되고, 각 객체는 일부 클래스의 인스턴스가 된다. Car 클래스의 인스턴스는 수백만 가지가 될 수도 있다. 그중 하나가 본인의 차를, 수백만 개의 Person 클래스 인스턴스 중 하나는 본인을 의미하게 될 것이다. 클래스의 정의는 해당 클래스의 각 인스턴스가 소유할 데이터 요소(필드, 애트리뷰트, 속성 등으로 다양하게 불린다)와 인스턴스에서 수행할 수 있는 각 작업에 대한 함수(일반적으로 메서드라고 한다)를 담고 있다. Car의 인스턴스에는 문자열 필드인 license_plate와 자동차의 현재 소유자에 해당하는 Person 인스턴스를 참조하는 필드 소유자, 그리고 현재 소유자를 변경하는 change_owner 메서드가 있을 수 있다. 그림 5-21을 통해 클래스와 객체의 개념을 살펴보자.

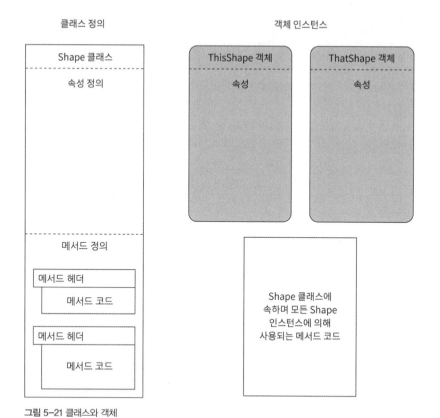

그림 5-21 클래스와 객체

객체와 클래스를 혼동해서는 안 된다. 클래스는 일종의 타입 정의이며, 소스코드에 존재한다. 객체는 클래스의 인스턴스이며, 런타임에서 메모리에 있는 실제 데이터 항목이다. 객체는 클래스의 사양 및 사용 중인 언어의 세부 사항에 따라 할당되고 초기화될 수 있다.

대부분의 언어에서 새로운 객체를 초기화하기 위해서는 클래스에 정의된 특별한 생성자(constructor) 메서드를 사용한다. 객체가 더 이상 필요하지 않을 때 삭제하는 방법은 언어마다 다르다. C++ 같은 언어에서는 이를 명시적으로 삭제해야 하고, 자바 같은 언어에서는 자동적인 가비지 콜렉션으로 제거할 수 있다. 객체를 제거할 때는 생성자처럼 특수한 메서드인 소멸자(destructor) 또는 종결자(finalizer) 메서드를 통해 처리하게 된다. 대부분의 경우 객체의 값을 확인할 때는 '참조(reference)'를 쓴다. 참조는 객체의 데이터가 저장되는 메모리 위치에 대한 포인터라고 할 수 있다. 새 객체가 만들어지고 생성자가 실행되면 객체의 필드에 접근하고 객체의 메서드를 호출하는 데 사용할 수 있는 참조가 반환된다.

객체를 만들고 필드와 레코드에 접근하기 위한 클래스 정의 구문은 언어마다 매우 다양하다. 먼저 C++에서 간단한 Car 클래스를 정의하고 사용하는 예를 살펴보자.

```
class Car
{
  Person *owner;
  char *plate;

  Car(Person *owner, const char *plate)
  {
    this->owner = owner;
    this->plate = strdup(plate);
  }

  ~Car()
  {
    free(this->plate);
  }

  void set_owner(Person *owner)
  {
    this->owner = owner;
  }
};

Car *my_car = new Car(me, "RN04 KDK");

printf("%s\n", my_car->plate);
my_car->set_owner(you);
```

파이썬 예제는 아래와 같다.

```
class Car:
  def __init__(self, owner, plate):
    self.owner = owner
    self.plate = plate
  def set_owner(self, owner):
    self.owner = owner

my_car = Car(me, "RN04 KDK")

print my_car.plate
my_car.set_owner(you)
```

대부분의 객체지향 언어는 기본적으로 세 가지 기능을 지원한다.

- **캡슐화**(encapsulation): 클래스는 각 인스턴스와 관련된 데이터 요소(필드), 해당 인스턴스에서 작동하는 코드(메서드)를 정의한다.
- **상속**(inheritance): 클래스는 다른 클래스의 자식 클래스일 수 있다. 즉, 클래스는 부모 클래스의 필드와 메서드를 상속받는다.
- **다형성**(polymorphism): 부모 클래스의 인스턴스를 사용할 수 있는 상황에서 자식 클래스의 인스턴스를 사용할 수도 있다.

다음 절에서 각 기능에 대해 좀 더 자세히 알아보자.

캡슐화

데이터를 조작하는 코드와 데이터를 묶는 것을 캡슐화라고 할 수 있다. 그런데 캡슐화가 어디에 좋은 걸까? 사실, 객체지향(OO) 기능이 부족한 언어에서도 구조체나 레코드 타입을 선언하고, 해당 유형의 인스턴스에 대한 참조를 취하고 해당 요소에 대한 연산을 수행하는 함수를 작성하는 것이 충분히 가능하다.

캡슐화 기능이 가지는 차이점은 데이터 은닉(data hiding)에 대한 것이다. 즉, 캡슐화를 통해 프로그래머가 필드 또는 메서드를 객체 외부에서 볼 수 있는지 여부를 제어할 수 있다. 프로그램의 다른 부분에 있는 코드가 직접 필드를 읽고, 쓰고, 메서드를 호출하게 할 수도 있지만 필드를 'private'으로 선언할 수도 있다. 이렇게 하면 객체의 메서드를 통해서만 해당 필드에 접근할 수 있게 되고, 객체의 메서드가 객체의 데이터에 대한 일종의 제어 가능한 인터페이스 역할을 하게 된다. C++로 이를 구현한 예제는 아래와 같다.

```
class MyClass
{
private:
  int my_attribute;

public:
  int get_attribute();
  void set_attribute(int new_value);
};

MyClass *c = new MyClass();
```

```
// 아래와 같은 코드에서는 컴파일 타임 오류가 발생할 수 있다.
int a = c->my_attribute;

c->my_attribute = 42;

// 접근하는 객체의 메서드를 대신 사용한다.
int a = c->get_attribute();

c->set_attribute(42);
```

my_attribute 필드는 private(C++의 키워드다)으로 선언되므로 get_attribute()와 set_attribute()
메서드를 통해서만 접근할 수 있다. 컴파일러는 my_attribute에 직접 접근하려는 시도를 감지하고 이를
거부할 수 있다.

간단한 예를 통해 데이터 은닉의 중요성을 알아보자. 자녀의 돼지 저금통(piggy bank)을 모델링하는
클래스를 만들고 싶다고 가정해 보자. 돼지 저금통에는 여러 종류의 동전이 들어있다. 저금통 내 동전의
총 금액도 중요하지만 어떤 종류의 동전이 몇 개가 있는지 기록하는 것도 필요할 것이다. 서로 다른
동전을 coin_10, coin_50, coin_100, coin_500 같은 열거형 타입의 원소로 만들 수 있을 것이다. 객체
데이터에 대한 인터페이스는 동전을 추가하고, 동전을 제거하고, 주어진 단위의 동전 수를 보고하고,
모든 동전의 총 금액을 보고하는 방법으로 구성된다. C++에서 이러한 클래스의 골격을 짜면 아래와 같은
코드가 될 것이다.

```
class PiggyBank
{
  // 내부 명령문이 들어갈 자리

public:
  void add_coin(CoinConstant c) { ... }
  void remove_coin(CoinConstant c) { ... }
  int how_many_of(CoinConstant c) { ... }
  int total_value(){ ... }
};
```

네 가지 메서드는 외부에서 동전 은행 객체의 데이터에 접근할 수 있는 통로다. 외부 세계는 메서드를
통하지 않고는 데이터의 내부에 있는 값을 전혀 알 수 없다.

저금통, 즉 PiggyBank 클래스를 구현하는 방법에는 여러 가지가 있다. 우선 각 동전 종류에 대해 private 카운터 필드를 정의할 수 있다. 또는 사전에 정의된 라이브러리 데이터 타입이 더 효과적인지 확인하고 그대로 사용할 수도 있다. 대부분의 프로그래밍 언어는 배열이나 리스트 등을 포함하는 컬렉션(collection)이라는 데이터 타입을 제공한다. 백(bag)은 컬렉션 타입 중 하나로, 특정 원소의 값이 존재하는지 여부 및 그 값이 가방에 몇 개 존재하는지 알려주는 타입이다. 객체에 백이 하나 있으면 저금통을 모델링하는 데 필요한 거의 대부분을 구현할 수 있다.

사실, 데이터를 직접 정의하든 미리 만들어진 데이터 타입을 사용하든 관계없다. 요점은 데이터의 내부가 숨겨져 있다는 점이다. 돼지 저금통 객체 외부에서 객체 내부의 데이터에 직접 접근할 수 있다면 외부의 코드가 자료구조를 변경하거나 데이터를 변경해서 의도하지 않은 결과가 발생할 수 있다. 하지만 적은 수의 메서드로 데이터 접근을 제한하면 객체 자체로 접근을 완벽하게 제어할 수 있으며, 객체의 내부 구조에 따라 외부 코드가 손상될 염려 없이 언제든지 데이터의 내부 표현을 변경할 수 있다.

클래스의 메서드(및 존재하는 모든 공용 데이터 항목) 정의를 클래스의 인터페이스(interface)라고 한다.

상속

캡슐화는 OOP의 훌륭한 이점이지만 이게 전부가 아니다. OOP의 또 다른 비장의 무기는 상속이라는 특성이다.

대부분의 언어에서 기존 타입을 바탕으로 새로운 타입을 정의하는 방법을 제공한다. 이러한 방법의 종류는 다양하며 일상적으로 쓰인다. 예를 들어, 실수의 배열, 문자의 집합 또는 다른 여러 타입의 멤버가 포함된 구조체 등이 있다. 실제로 구조체는 다른 구조체를 멤버 중 하나로 포함할 수 있다.

이 개념을 확장한 것이 바로 상속이다. 상속을 통해, 어떤 클래스를 기존 클래스의 하위 또는 자식 클래스로 정의할 수 있다. 자식 클래스는 상위 또는 부모 클래스에 정의된 모든 것을 상속받는다. 자식 클래스는 부모 클래스에 정의된 모든 필드와 메서드를 사용할 수 있다. 그리고 자식 클래스는 부모 클래스에 존재하지 않는 자신만의 필드와 메서드를 추가할 수 있다. 이렇게 하면 자식 클래스는 부모 클래스에 비해 확장되지만 부모 클래스로부터 상속받은 속성은 변하지 않는다. 그런데 부모 클래스로부터 상속받은 속성을 변경할 수도 있다. 자식 클래스가 부모 클래스에 속한 필드와 메서드를 재정의할 수 있기 때문이다. 이처럼 자식 클래스에서 부모 클래스의 요소를 재정의하는 것을 오버라이드(override)라고도 한다.

그림 5-22를 통해 상속이 작동하는 방식을 볼 수 있다. 기본 클래스 Shape(도형)는 2차원 도형을 모델링하는 데 사용되는 클래스다. Shape에는 필드나 메서드가 별로 없다. 생성자, 소멸자, 필드에 해당하는 x, y, line_width는 화면 상의 Shape 객체의 위치와 선의 두께를 정의한다. Shape의 자식 클래스인 Circle(원)은 Shape 클래스를 상속하는 것으로 정의된다. Circle 클래스는 Shape에서 모든 것을 가져오고 Radius라는 새 속성을 추가한다. 또한 새로운 메서드인 Redraw를 정의하고, 자체적으로 생성자 및 소멸자를 재정의한다.

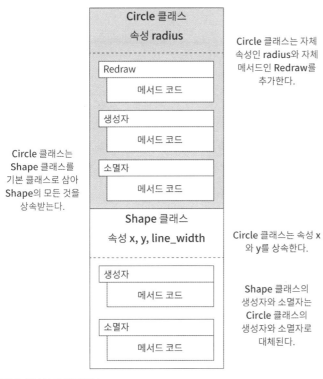

그림 5-22 상속의 작동 방식

왜 이런 식으로 하는 걸까? 상속을 이해하려면 상위의 추상적인 기본 클래스에서 특정 하위 클래스로 내려가는 클래스의 계층 구조를 생각해야 한다. 타원은 도형의 일종이며, 다각형 역시 도형의 일종이다. 도형을 모델링하는 프로그램에 필요하다면 Shape 클래스 아래에 자식 클래스인 Ellipse(타원)와 Polygon(다각형)을 정의할 수 있다. 직사각형 그리기는 5각형 그리기와 다르므로 Polygon을 상속받는 Rectangle(직사각형), Pentagon(오각형), Hexagon(육각형) 등의 자식 클래스를 만들 수 있다. 이러한 계층 구조는 그림 5-23에 나와 있다.

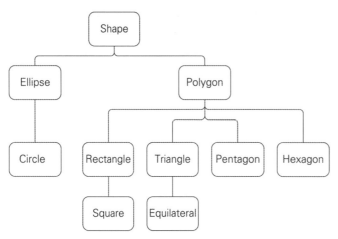

그림 5-23 클래스의 계층 구조

원은 타원의 일종이고, 정사각형은 직사각형의 일종이다. 그러므로 Circle은 Ellipse의 자식 클래스이고, Square는 Rectangle의 자식 클래스가 돼야 한다. 일반적으로 모든 자식 클래스에 있는 메서드 및 필드를 제공하는 추상 기본 클래스를 사용해서 이러한 종류의 계층 구조를 구성한다. 자식 클래스는 새 메서드와 필드를 정의하거나 상속된 메서드를 재정의해서 특정 기능을 추가한다.

이러한 방식을 이미 사용자로서 겪어본 적이 있을 것이다. 워드프로세서 등의 텍스트 편집 프로그램에 있는 텍스트 서식을 생각해 보자. 일반 단락 스타일은 글꼴과 글씨 크기를 지정할 수 있으며, 그 밖의 것은 지정할 수 없다. 그런 다음 첫 줄 들여쓰기, 앞뒤 공백, 여백 삽입, 글 머리 기호 및 번호 매기기 등을 추가하는 좀 더 구체적인 단락 스타일을 정의할 수 있다. 이것이 핵심이다. 일반적인 단락 스타일에는 모든 단락에 있는 스타일 항목만 포함된다. 이렇게 하면 모든 단락의 기본 글꼴과 유형 크기가 제공되며 기본 단락 스타일에서 한 번만 변경해서 모든 단락 스타일의 글꼴을 변경할 수 있다. 더 구체적인 단락 스타일은 의미상 기본 단락 스타일의 하위 클래스이기 때문에 글꼴 및 유형 크기를 상속하며 특정 단락 유형에 필요한 모든 것을 재정의할 수 있다.

OOP에 대한 기본적인 지식이 있다면 그림 5-22 같은 예가 최적의 예가 아니라고 생각할 수도 있을 것이다. 그 이유를 설명할 수 있는 요소가 바로 OOP의 세 번째 기능인 다형성에 있다.

다형성

객체지향 프로그래밍의 핵심은 객체가 무엇을 해야 하는지 알고 있다는 점이다. 도형 객체를 그리려면 그릴 객체의 Redraw() 메서드를 호출하면 된다. 객체는 자신의 모양을 알고 있으며, Redraw() 메서드를 사용하면 자신의 클래스에 해당하는 모양을 화면에 그릴 수 있다. Redraw() 메서드는 클래스마다 내용이 다를 수 있지만 메서드의 이름은 모든 도형 객체에서 동일하게 쓸 수 있다.

처음에는 이상하게 들릴지 모르겠지만 OOP에서는 메서드 중 하나를 호출하기 위해 객체의 정확한 클래스를 항상 알 필요가 없다. 이 기능을 일컫는 말이 바로 다형성이다. 객체가 무엇을 해야 할지 알기 때문에 하라고 시키기만 하면 된다. 어떻게 할지 알려줄 필요가 없다.

다형성을 빗대어 설명하기 좋은 것이 '농부의 은유'다. 여러 종류의 농작물을 재배하는 여러 종류의 농부가 있다. 그러나 모든 농부들이 공통적으로 하는 작업이 있다. 바로 땅을 일구고, 작물을 심고, 관리하고, 수확하는 작업이다. 각 작업은 작물마다 그 방식이 다르다. 토마토를 수확하는 것은 밀을 수확하는 것과 다르다. 토마토 농부들은 토마토를 수확하는 법을 알고 있으며, 밀 농부들은 밀을 수확하는 법을 알고 있다. 기상청에서 일주일 후에 심한 서리가 올 것으로 예측한다면 해당 지역의 모든 농부들에게 '지금 수확하시오'라는 간단한 메시지로 전화를 걸거나 문자를 쓰는 것으로 충분할 것이다. 기상청 직원은 농부들에게 수확 방법을 알려줄 필요가 없다. 농부들이 방법을 알고 있기 때문이다. 수확을 시작하라고 말하기만 하면 된다.

프로그래밍 세계에서 다형성은 계층 구조의 클래스에 적용된다. 계층 구조의 기본 클래스가 어떤 메서드를 정의하면 그 클래스에서 파생된 모든 자식 클래스도 해당 메서드를 가진다. 각 클래스는 자체적으로 메서드를 재정의할 수 있지만, 어쨌든 계층의 모든 클래스는 해당 메서드에 대한 호출에 응답하게 될 것이다.

실제 사용 예를 들어 보자. 그림 5-24의 시나리오로 되돌아가 여러 도형 개체가 만들어져 콜렉션에 모두 추가돼 있다고 가정하자. 여기서 콜렉션이란 Shape 클래스의 리스트로 정의된다. 실제로 이 리스트의 내부에는 각 Shape 클래스 객체의 포인터가 담겨 있다. 이제 단계별로 리스트의 각 객체에 대해 작업을 수행할 수 있다. 리스트의 각 객체에 대해 Redraw()를 호출하는 것이다. Shape 클래스로부터 파생된 모든 클래스는 Shape에 포함된 모든 것을 포함하고 있기 때문에 Redraw()를 호출하는 데 문제가 없다. Shape 클래스에 Redraw() 메서드가 포함돼 있으면 모든 자식 클래스에도 포함돼 있다.

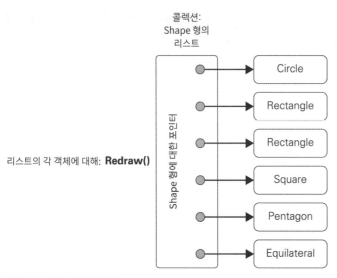

그림 5-24 다형성의 작동 방식

그래서 그림 5-22에서의 예제가 이상적이지 않은 것이다. Shape는 너무 추상적인 개념이라 그릴 것이 없으므로 Shape 클래스에 Redraw() 메서드가 없다. 그러나 다형성을 사용해서 메서드를 호출하려면 해당 메서드가 계층 구조 전체에 있어야 한다. Redraw() 메서드의 적절한 위치는 계층의 기본 클래스 Shape 내부이며, 이를 통해 다른 모든 도형 클래스로 상속될 수 있다. Redraw() 메서드가 비어 있어도 마찬가지다. Shape처럼 인스턴스화되지 않는 클래스를 추상 클래스(abstract class)라고 한다. 추상 클래스의 목적은 추상 클래스에서 정의한 특정 메서드가 파생된 모든 클래스에 정의돼 있도록 보장하는 것이다.

다형성은 파이썬과 스몰토크 같은 동적 타입 언어에서 기본적으로 제공된다. 식별자와 객체 간의 연관관계는 언제든지 변경될 수 있고, 모든 객체가 호출할 메서드의 버전을 확인하는 데 사용할 수 있는 타입 정보를 전달하기 때문이다. 그러나 C++에서는 식별자의 유형이 컴파일 타임에 결정되므로 문제가 발생할 수 있다. 아래 코드를 예로 들어 보자.

```
class Rectangle
{
  void name()
  {
    printf("Rectangle!\n");
  }
};
```

```
class Square : public Rectangle
{
  void name()
  {
    printf("Square!\n");
  }
};

Rectangle *r = new Rectangle();
r->name();              // "Rectangle" 출력

Square *s = new Square();
s->name();              // "Square!" 출력

Rectangle *r = new Square();
r->name();              // r이 Square 인스턴스를 가리키더라도
                        // Rectangle을 출력
```

위 코드에서는 Rectangle 클래스를 정의하고 "Rectangle!"을 출력하는 name() 메서드를 내부에 정의한다. 그리고 그 자식 클래스인 Square는 name()을 오버라이드해서 "Square!"를 출력하도록 재정의한다. 이제 Ractangle 객체를 인스턴스화하고 name() 메서드를 호출하면 "Rectangle!"이 출력된다. 다음으로 Square를 인스턴스화하고 name() 메서드를 호출하면 예상대로 "Square!"가 출력된다. 문제는 다음의 세 번째 예제다. Square를 인스턴스화하지만 Rectangle *(Rectangle에 대한 포인터) 유형의 식별자에 포인터를 저장한다. Square가 Rectangle의 자식 클래스이므로 의미론적으로는 문제가 없다. 모든 Square는 Rectangle이기 때문이다. 그러나 name()을 호출하면 "Square!"가 아닌 "Rectangle!"이 출력된다. 그 이유는 컴파일러가 가리키는 객체의 타입보다는 포인터 r의 타입에 따라 호출할 name() 메서드의 버전이 결정되기 때문이다.

정적 타입 언어의 문제점에 대한 해결책 중 하나로 동적 디스패치(dynamic dispatch)가 있는데, 이는 호출하려는 적절한 메서드를 결정하기 위해 객체 자체를 살펴보는 것을 말한다. 동적 디스패치를 구현하는 일반적인 방법은 각 객체가 클래스의 가상 메서드 테이블에 대한 포인터를 가지게 하는 방법이다. C++에서는 메서드가 가상 메서드 테이블에 포함되어 다형성 호출이 가능하게 하려면 메서드에 virtual을 명시적으로 지정해야 한다. virtual을 지정하지 않은 메서드는 정적 디스패치 대상이다.

OOP 정리

OOP는 프로그래밍 기술이자 코드 및 데이터 구조화에 대한 사고 방식이다. OOP의 기본적인 개념은 데이터가 그것을 조작하는 코드와 함께 정의돼야 한다는 것이다. 코드와 데이터를 함께 정의하는 데이터 타입이 바로 클래스다. 그리고 객체는 클래스의 인스턴스, 즉 클래스의 정의에 따라 메모리에 작성된 데이터 항목이다. OOP를 성의하는 세 가지 기본 원칙은 아래와 같다.

- **캡슐화**: 코드와 데이터를 클래스로 결합해서 프로그래머가 클래스의 코드와 데이터에 대한 접근을 제어할 수 있게 한다. 이는 클래스의 필드에 대한 접근 권한이 있는 메서드라는 클래스 함수 및 접근 한정자를 통해 가능하다.

- **상속**: 클래스를 다른 클래스의 확장으로 정의할 수 있다. 부모 클래스가 정의하는 모든 것은 자식 클래스에 상속된다. 이를 통해 서로 관련이 있는 클래스를 계층 구조로 결합할 수 있다.

- **다형성**: 호출자가 메서드를 호출하는 객체의 정확한 유형을 알지 못해도 계층 구조의 관련 클래스가 메서드 호출에 응답할 수 있다. 호출자는 동적 구현을 통해 객체에서 올바른 구현이 호출되게 한다.

OOP의 구현 방법에 대한 자세한 내용은 언어별로 다르다. 특히 정적 타입 언어(C++, 오브젝트 파스칼)인지 동작 타입 언어(파이썬, 스몰토크)인지에 따라 많은 부분이 다르지만 기본적인 원칙은 동일하다.

GNU 컴파일러 툴셋

라즈베리 파이에서 네이티브 코드 프로그래밍을 시도하고 싶다면 가장 쉬운 방법은 리눅스 이전에 있던 컴파일러와 도구를 사용하는 방법이다. 리눅스는 주로 C로 작성됐으며(아주 일부는 어셈블리어로 작성됨), 리눅스의 소스코드 파일로부터 리눅스를 빌드하기 위한 툴셋은 GNU 컴파일러 모음(GNU Compiler Collection)이라 한다. GCC는 라즈비안 리눅스에 기본적으로 설치돼 있다. 이번 절에서는 C로 작성된 테스트 프로그램을 사용해 GCC 도구 세트를 간략하게 살펴본다.

컴파일러 gcc, 빌더 gcc

gcc는 컴파일러, 유틸리티 세트 이상의 소프트웨어다. gcc 프로그램 자체(항상 소문자로 쓰임)는 기본적으로 C 컴파일러의 모음이다. 그러나 컴파일러의 역할뿐 아니라 일종의 빌드 관리자 역할도 한다. gcc를 실행해 C 프로그램을 빌드하면 gcc는 여러 도구를 차례로 실행해 빌드를 완료한다. gcc 빌드 프로세스에는 다음 네 단계가 포함된다.

- **전처리**: 매크로로 확장하고 파일을 포함한다. 이 단계를 수행하기 위해 gcc는 cpp라는 전처리기 유틸리티를 실행한다.

- **컴파일**: 전처리된 C 파일을 중간 코드로 변환한다. gcc가 만드는 중간 코드는 어셈블리어 소스코드다. 컴파일 자체는 gcc 프로그램이 수행한다.

- **어셈블리**: 어셈블리어 소스코드를 네이티브 목적 코드로 변환한다. gcc 프로그램은 이 단계를 수행하기 위해 GNU 어셈블러인 as를 실행한다.

- **링크**: 하나 이상의 목적 코드 파일을 하나의 네이티브 코드 실행 파일로 변환하고 바인딩한다. gcc 프로그램은 이 단계를 수행하기 위해 GNU 링커인 ld를 실행한다.

이 네 단계는 모두 gcc 프로그램을 한 번만 호출하면 수행할 수 있다. 어떻게 작동하는지 예시를 보려면 gcc를 사용해 C 언어로 작성한 고전적인 "Hello, World!" 프로그램을 빌드해 보자.

먼저 라즈비안의 파일 관리자를 열고 pi 폴더 아래에 작업 폴더를 만들자. 작업 폴더의 이름은 중요하지 않다. 이름이 고민되면 'tests'라고만 해도 된다. 다음으로 텍스트 편집기 창을 열고 다음의 짧은 프로그램을 타이핑하자.

```
#include <stdio.h>

int main (void)
{
    printf ("Hello, world!\n");
    return 0;
}
```

C 소스코드를 작업 폴더의 hello.c 파일에 저장하자. 파일 관리자를 통해 작업 폴더로 이동해서 파일이 저장됐는지 확인하자. 그런 다음 F4 키를 눌러 작업 폴더에서 터미널 창을 열자(F4를 눌러도 사용 중인 편집 환경에서 터미널 창이 시작되지 않으면 수동으로 시작해야 한다). 터미널 창이 열리면 커맨드 라인에서 다음 명령을 입력하자.

```
gcc hello.c -o hello
```

이 명령은 gcc가 소스코드 파일을 열고 -o 옵션을 사용해 hello라는 실행 파일을 생성하도록 지시한다. 일반적으로 리눅스 실행 파일에는 파일 확장자가 없다. 소스코드에 문제만 없으면 gcc는 작업을 수행하고 커맨드 라인 프롬프트로 복귀한다. 이제 작업 폴더에 hello.c와 hello 파일이 생겼을 것이다.

실행 파일을 실행하려면 아래 명령을 입력하자.

```
./hello
```

터미널 창에 아래 메시지가 나타날 것이다.

```
Hello, world!
```

자, 한 번에 하나씩 다시 해 보자. 실행 파일인 hello를 지우고 터미널 창에서 다음 명령을 실행하자.

```
cpp hello.c -o hello.i
```

cpp는 전처리기 유틸리티다. 그리고 -o 명령은 hello.i라는 출력 파일을 생성하게 한다. 위 명령을 실행하면 파일 관리자 창에 hello.i라는 새 파일이 나타난다. 텍스트 편집기에서 hello.i를 열 수는 있는데, C 언어에 대한 경험이 없으면 별로 의미가 없을 것이다. 기본적으로 테스트 프로그램은 마지막에 있고, 나머지는 프로그램의 표준 C 라이브러리에서 함수를 호출할 수 있게 해 주는 외부 함수 헤더의 모음이다.

다음 단계로 전처리된 소스코드를 중간 코드로 컴파일하자. 아래 명령을 입력하자.

```
gcc -S hello.i
```

컴파일은 gcc 자체의 역할이다. 이 단계에서의 출력 파일은 hello.s다. 이 프로그램은 어셈블리어 소스코드로 컴파일된다. -S(대문자) 명령은 어셈블리 소스코드를 작성한 다음 작업을 중지하도록 gcc에 지시한다. hello.s를 텍스트 편집기에서 열면 어셈블리 소스코드를 볼 수 있다. 어셈블리 코드를 보며 논리를 따라가는 연습도 좋은 훈련이 될 수 있을 것이다. 라즈베리 파이에서 순전히 C로만 프로그램을 작성한다 해도 특이한 문제를 디버그해야 할 상황이 있을 수 있으며, 이런 상황에서 ARM 어셈블리어를 알면 편리하다. 어셈블리어를 제대로 보고 싶다면 gcc를 -O1, -O2, -O3 옵션으로 호출한 다음 생성된 .s 파일의 코드를 살펴보자. 이 세 가지 옵션(숫자 '0'이 아닌 알파벳 문자 'O'라는 데 주의하자)은 컴파일러에게 점점 더 정교한 수준의 최적화를 코드에 적용하도록 지시하는 것이다.

한 가지 주의할 것이 있다. gcc의 어셈블리어 소스 출력을 모델로 삼아 어셈블리어를 작성하는 방법을 배우지는 말자. gcc가 만든 .s 파일에는 원래 C로 작성된 프로그램에서 기계어 코드를 생성하는 데 필요한 모든 것이 포함돼 있다. 어셈블리어 작성은 별도의 분야이므로 어셈블리어에 대한 책을 읽어야 한다.

이해가 되지 않는다면 텍스트 편집기에서 hello.s를 열어 보자. 그런 다음 어셈블리어로 작성된 아래의 "Hello, World!" 프로그램과 비교해 보자.

```
.data

message:
.asciz "\nHello, World!\n"

.text

.global main

main:
push {lr} @ 스택에 반환 주소를 저장
ldr r0, message_address    @ message_address를 R0에 로드
bl puts @ clib의 puts() 함수 호출
pop {pc} @ 반환 주소를 PC에 팝핑

message_address: .word message

.global puts
```

C 작업에서는 어셈블리어를 단순히 중간 언어로 사용하는 것이 가장 좋다.

세 번째 단계는 hello.s를 목적 코드 파일에 어셈블하는 작업이다. 아래 명령을 입력하자.

```
as -o hello.o hello.s
```

이번에는 GNU 어셈블리어인 as를 사용해 hello.o라는 목적 코드 파일을 생성했다. 목적 코드 파일은 이진수 기계어 명령을 포함하고 있으므로 텍스트 편집기에서 열어도 읽을 수 없다.

열어도 읽을 수 없고, 실행할 수도 없다. 마지막 단계로, hello.o와 C 런타임 라이브러리의 많은 것들을 연결하는 작업이 필요하다. 아쉽게도 커맨드 라인에서 링커 ld를 호출해서 C 프로그램을 수동으로 링크하는 것은 매우 복잡한 일이다. 그러므로 이 시점에서는 gcc가 빌드 관리자로서 활약해야 한다. 수백 개의 문자를 입력하는 대신 gcc를 상세(verbose) 모드로 다시 실행한다. 이 모드에서는 cpp, as, ld에서 실행하는 모든 명령을 표시한다. 아래 명령을 입력하자.

```
gcc -v hello.c -o hello
```

-v 명령은 gcc를 상세 모드로 전환한다. 상세 모드로 명령을 실행하면 터미널 화면이 가득 차서 엄청난 스크롤과 함께 자세한 정보가 표시된다. 여기서도 한 가지 교훈을 얻을 수 있다. 프로그램 자체는 단순해도 프로그램을 빌드하는 것은 복잡하다는 점이다. 별다른 이유가 없다면 C 프로젝트를 빌드하는 과정의 수많은 부담은 gcc가 지게 하자.

리눅스 make

gcc 컴파일러는 실제로 빌드 과정의 복잡성을 관리하는 데 아주 능숙하지만 한계도 있다. "Hello, World!" 같은 간단한 테스트 프로그램보다 복잡한 프로그램을 빌드하려면 리눅스 make를 사용할 수 있어야 한다. make 유틸리티는 여러 소스코드 파일을 컴파일하고 하나의 실행 파일로 연결하는 소프트웨어 메커니즘이다. make 유틸리티는 두 가지 사항을 특별히 관리한다.

- **의존성**: 어떤 소스코드 파일이 함수, 데이터 정의, 상수 등을 제공하기 위해 다른 어떤 파일에 의존하는지 관리한다.
- **타임스탬프**: 소스코드 파일이 마지막으로 변경된 시점과 목적 코드 파일 및 실행 파일이 마지막으로 빌드된 시점을 관리한다.

파일 X가 파일 Y에 의존한다는 것은 파일 X을 빌드하는 데 파일 Y가 필요하다는 것을 의미한다. 파일 Y를 변경하면 파일 X를 다시 빌드해야 하며, 그렇지 않으면 파일 X가 가진 파일 Y의 정보는 더 이상 사실이 아니므로 변경된 파일 Y에 정의된 코드 또는 데이터를 추정할 수밖에 없다. 이로 인해 여러 가지 오류가 발생할 수 있다. 예를 들어, Distance라는 변수가 파일 Y에 정수로 정의돼 있으면 파일 X의 코드는 정수 연산을 사용해 Distance 변수를 조작한다. 그런데 파일 Y에서 Distance를 부동 소수점 타입으로 변경하면 파일 X의 정수 연산 코드는 더 이상 올바르게 작동하지 않을 것이다. 이때는 파일 Y에서 이전에 변경한 내용과 일치하도록 파일 X를 수정하고 다시 빌드해야 한다.

파일이 의존하고 있는 다른 파일도 또 다른 파일에 의존할 수 있다. 이를 의존성 사슬(dependency chain)이라고 한다. 앞에서 gcc에 대해 살펴볼 때도 비슷한 내용이 있었다. 실행 파일은 하나 이상의 소스 파일에 의존하는 하나 이상의 목적 파일에 의존한다(그림 5-25).

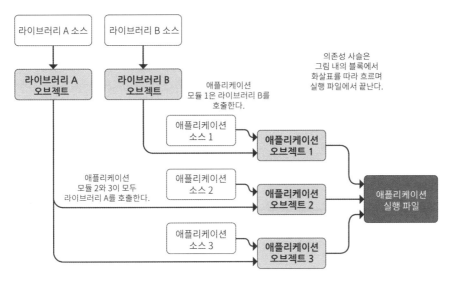

그림 5-25 의존성 사슬

그림 5-25에서 의존성 사슬은 어떤 블록에서 시작하든 화살표를 따라 실행 파일로 이어진다. 모든 목적 파일(object file)은 각자의 소스 파일에 의존한다. 라이브러리 A 목적 파일은 라이브러리 A 소스 파일에 의존한다. 애플리케이션 모듈 2와 3 모두 라이브러리 A를 호출하므로 라이브러리 A에 의존한다. 라이브러리 B에는 둘 다 의존하지 않는다. 애플리케이션 모듈 1은 라이브러리 B만 호출하므로 라이브러리 A가 아니라 라이브러리 B에만 의존한다. 모든 사슬은 결국 실행 파일로 이어지며, 그 말은 실행 파일이 모든 것에 의존한다는 것을 의미한다.

애플리케이션 실행 파일을 빌드할 때 문제를 피하는 무차별 대입(brute-force) 방식은 의존성 사슬의 모든 부분이 바뀔 때마다 모든 것을 다시 빌드하는 방식이다. 단순한 프로젝트에서는 이렇게 해도 되지만 소스코드 파일이 8개, 10개 또는 그 이상이라면 마지막 빌드 이후 변경된 코드에 의존성이 없어도 무조건 빌드하면서 많은 시간을 낭비하게 된다.

make 유틸리티는 빌드 프로세스를 자동화한다. 파일의 타임스탬프를 사용해 다시 빌드해야 하는 대상과 그렇지 않은 대상을 결정한다. 목적 파일이 소스 파일보다 최신 파일이라면 소스 파일에 대한 모든 변경 사항이 이미 목적 파일에 반영됐음을 의미한다. 소스코드를 편집하면 소스 파일이 목적 파일보다 최신 파일로 표시된다. 그러면 make 유틸리티는 목적 파일을 다시 빌드하는 데 필요한 도구를 호출한다.

다른 목적 코드 파일의 코드나 데이터를 사용하는 목적 코드 파일도 마찬가지다. 그림 5-25에서 애플리케이션 1 목적 코드 파일은 라이브러리 B의 함수를 호출한다. 따라서 라이브러리 B 소스코드가 변경되면 라이브러리 B를 다시 빌드해야 한다. 그러나 애플리케이션 모듈 1이 라이브러리 B의 함수를 호출하므로 라이브러리 B를 변경하면 애플리케이션 모듈 1도 다시 빌드해야 한다. 애플리케이션 실행 파일은 모든 것에 의존하기 때문에 다른 모든 파일보다 최신 버전이어야 한다. 의존성 사슬의 일부가 애플리케이션보다 최신 버전이 되면 최신 파일에서 시작하는 전체 사슬을 다시 빌드해야 한다.

make 유틸리티는 의존성 사슬을 어떻게 파악할 수 있는 것일까? 의존성 사슬을 파악하려면 일종의 로드맵이 필요하고, 리눅스 운영체제에서는 이러한 로드맵을 makefile이라고 한다. makefile은 파일 간의 의존성과 파일을 빌드하는 방법을 설명하는 간단한 텍스트 파일로서 기본 이름이 makefile이다. 프로젝트 폴더를 정의하고 그 폴더에 모든 프로젝트 파일을 넣어뒀다면 기본 이름을 사용할 수 있다. 프로젝트를 설명하는 makefile이 있으면 터미널 창에서 make 프로그램을 실행해 빌드를 시작할 수 있다. 프로젝트에 하나의 소스코드 파일만 있어도 make만 입력하는 게 gcc 명령을 쓸 때보다 편할 것이다(예: gcc hello.c -o hello).

makefile은 기본적으로 다음과 같은 규칙을 담고 있다. 각 규칙은 두 부분으로 구성된다.

- 대상 파일과 하나 이상의 구성 요소 파일을 정의하는 행. 대상 파일은 구성 요소 파일에 의존한다.
- 구성 요소에서 대상을 빌드하는 데 사용된 명령을 지정하는 행. 위의 행 바로 아래에 위치하며, 리눅스 make에서 이 두 번째 줄은 왼쪽 여백에서 한 탭만큼 들여쓰기해야 한다. 탭 문자를 사용하면 make가 각 규칙을 쉽게 구분할 수 있다.

C로 작성한 간단한 "Hello, World!" 프로젝트의 경우 makefile은 하나의 규칙만 포함한다.

```
hello: hello.c
  gcc hello.c -o hello
```

텍스트 편집기에 규칙을 입력하고 파일 확장자 없이 makefile로 저장하자. 그런 다음 make를 입력하고 실행해 보자. 실행 파일이 원본 파일인 hello.c보다 오래됐다면 make는 규칙의 두 번째 줄에 표시된 것처럼 gcc를 실행해 실행 파일을 다시 빌드한다.

앞에서 설명한 것처럼 gcc는 필요에 따라 전처리기, 어셈블러, 링커를 자동으로 실행해서 빌드의 복잡성을 숨긴다. gcc에서 컴파일러를 사용하지 않는다면 makefile에서 각 단계를 별도로 타이핑해야 할 수도 있다. 아래 예제는 실행 파일을 생성하기 위해 gcc에 속하지 않은 어셈블러와 gcc 링커를 별도로 호출하는 makefile이다.

```
hellosyscall: hellosyscall.o
   ld -o hellosyscall.o hellosyscall
hellosyscall.o: hellosyscall.asm
   nasm -f elf -g -F stabs hellosyscall.asm
```

규칙은 일반적으로 실행 파일로 시작된다. 위의 makefile은 목적 파일에 대한 실행 파일의 종속성을 정의하는 규칙과 링커인 ld로 실행 파일을 생성하는 방법으로 시작한다. 두 번째 규칙은 hellosyscall.asm에 대한 목적 파일인 hellosyscall.o의 의존성, 그리고 gcc가 아닌 어셈블러인 nasm을 통해 소스 파일을 목적 파일로 빌드하는 방법을 정의하고 있다.

프로젝트에 별도의 소스코드 파일로 구성된 라이브러리 또는 여러 모듈이 있으면 그에 대한 규칙은 실행 파일을 작성한 규칙에 포함된다. 일반적으로 모든 것에 의존하는 파일(일반적으로 실행 파일)은 makefile의 첫 번째 규칙에 둔다. 그리고 자기 자신의 소스에만 의존하는 파일이 마지막에 온다. 아직 잘 이해되지 않는다면 그림 5-25를 다시 살펴보면서 의존성 사슬을 추적해 보자.

# 6장

비휘발성 메모리

비휘발성 데이터 저장소는 사실 사람들이 컴퓨터를 꿈꾸기 오래 전부터 쓰여 왔다. 인간의 기억은 그 수명이 제한적이지만 사람들의 대화는 각자의 정보가 개인의 한계를 벗어나 공유되게 함으로써 정보의 수명을 사람의 수명보다 길게 만들 수 있다. 하지만 인간의 기억에는 오류나 데이터 손실이 발생하기 쉽다. 문자 언어의 개발 덕택에 정보가 사람의 기억과는 독립적으로 저장될 수 있는 방법이 마련됐다. '책은 마음을 구동하는 소프트웨어'라고도 하지 않던가? 실제로 책은 우리의 두개골 안에 있는 '인간 컴퓨터'를 보조하는 외부 데이터 저장소라고 할 수 있다. 기억의 부정확성을 보조하고 영속적이다. 책을 어떻게 해석하느냐는 우리에게 달려 있다.

알아두기
고고학에서는 언제나 고대 언어와 미케네 선형 문자 A 같은 고대 문헌을 해석하는 문제가 있다. 고고학자들은 고대인들이 남긴 훌륭한 문자 언어 기록을 많이 발견했지만 안타깝게도 그러한 언어의 표현 방법은 적어도 3천년 동안 잊혀져 왔다.

이번 장에서는 컴퓨터와 메모리 간의 협력 관계를 넘어선 시각으로 데이터 저장소에 대해 살펴보겠다(컴퓨터 메모리에 대해서는 3장에서 자세히 알아봤다). CPU와 전자 메모리 바깥의 데이터 저장소는 용량이 일반적인 컴퓨터 메모리를 훨씬 뛰어넘으므로 대용량 저장소(mass storage)라고도 불린다. 사실 이보다 정확한 용어는 비휘발성 저장소(non-volatile storage)로서 대용량 저장 장치의 기본 가치를 잘 드러내는 이름이다. 비휘발성이란 컴퓨터의 전원이 꺼지거나 저장소가 컴퓨터에서

분리돼도 내용이 그대로 유지되는 특성을 의미한다. 자기 디스크나 드럼 메모리, 최신 자기 코어 메모리 등 데이터 수명이 짧은 메모리를 제외하면 컴퓨터의 주 메모리는 휘발성(volatile)이다. 즉, 전원이 떨어지거나 컴퓨터가 다른 방법으로 오작동하면 데이터가 사라진다.

천공 카드와 테이프

가장 초기의 대용량 저장 기술은 책과 공통점이 많았다. 종이로 만들어졌기 때문이다. 또한 컴퓨터용 기술이라기보다는 전자공학적 기술을 위해 개발된 것에 가까웠다. 컴퓨터가 계산기를 확장한 개념이듯 종이 기반 저장소는 초기 통신 및 집계 분석을 확장한 개념이라고 볼 수 있다.

천공 카드

사람의 글은 '종이 위에 그려진, 의미를 가지는 잉크의 패턴'이라고 할 수 있다. 마찬가지로 종이 기반 대용량 저장소는 '종이 및 판지에 뚫린, 의미를 가진 천공의 패턴'이다. 많은 사람들이 'IBM 카드' 또는 '컴퓨터 천공 카드'라고 부르는 것은 사실 IBM보다 오래됐고 컴퓨터 자체보다도 훨씬 오래됐다. 천공 카드에 대한 최초의 아이디어는 찰스 배비지 이전의 자카드 방직기(Jacquard Loom)로 거슬러 올라가고, 그 전에 천공 카드에 저장된 데이터의 광범위한 사용은 허먼 홀러리스(Herman Hollerith)로부터 시작됐다. 허먼 홀러리스는 1890년 미국 인구 조사에서 데이터를 표로 만들어주는 카드 기반 시스템을 만들었다. 본래 홀러리스 카드는 도표 작성기(tabulator)가 판독할 수 있도록 카드의 표준화된 위치에 둥근 구멍이 뚫려 있다. 그러나 각 구멍의 의미는 카드를 사용하는 사람이 정의할 수 있었다. 1세대 도표 작성기는 완전히 기계적인 형태로, 단순히 카드의 주어진 위치에서 구멍의 수를 세었다. 이후에는 전기 기계식 카운터를 통합해서 카드를 통한 교차 분석을 수행할 수 있었다. 예를 들면, 특정 위치에 천공이 있는 카드가 얼마나 많은지를 한꺼번에 집계할 수 있었다. 인구 조사국은 이 기술을 통해 18세에서 35세 사이의 여성의 수, 또는 농업에 종사하는 가구에서 남성의 수 등을 쉽게 집계할 수 있었다.

홀러리스 기술은 큰 성공을 거뒀다. 홀러리스의 회사인 '1896 Tabulating Machine Company'는 나중에 다른 유사한 회사 세 곳과 합병됐으며, 토마스 왓슨(Thomas Watson)을 통해 IBM(International Business Machines)이 됐다. $7\frac{3}{8}'' \times 3\frac{1}{4}''$ 크기의 카드에 12개의 직사각형 구멍 80개로 이뤄진 형태의 천공 카드 형식은 1929년에 표준화됐다. 이 표준은 1980년대에 해당 기술이 전반적으로 퇴출되기 전까지 동일하게 유지됐다(앞 장의 그림 5-3에서 후기 IBM 카드의 모습을 볼 수 있다). 천공 카드에 있는 각 천공의 의미는 표준화되지 않고, 응용 분야에 따라 다르게 해석되도록 남겨졌다. IBM 카드의 문자 인코딩에 대한 최초의 강력한 표준인 확장 이진 코드 십진법 교환 코드(Extended Binary Coded Decimal Interchange Code, EBCDIC)는 1964년에야 등장했고 시스템/360 메인프레임에서 처음 등장했다.

테이프 저장소

종이 테이프를 길게 제조할 수 있을 정도로 제지 기술이 성장하면서 종이 테이브를 통한 데이터 저장 방식이 발명됐다. 스코틀랜드의 발명가인 알렉산더 베인(Alexander Bain)은 1846년 그의 실험인 '화학 텔레타이프(chemical teletype)'에서 화학적으로 처리한 종이에 패턴을 인쇄하기 위해 전류를 사용했고, 여기에 조잡한 천공 테이프 시스템을 도입했다. 전기 기계식 전신기가 1850년대부터 드문드문 사용됐지만 오늘날 우리가 알고 있는 전신기는 20세기 초반에 표준화가 이뤄졌고 타자기 스타일의 자판이 함께 쓰이기 전까지는 파급력이 크지 않았다. 전신기의 메시지는 종이 테이프의 길이에 패턴을 가진 천공을 뚫는 방식으로 인코딩됐으며, 테이프는 시간에 따라 전신 시스템에 공급되도록 대기하는 방식이었다. 전신기 종이 테이프를 위해 표준화된 최초의 인코딩 시스템은 에밀 보드(Emile Baudot)에 의해 1870년대에 고안됐으며, 나중에 1900년경 도널드 머레이(Donald Murray)에 의해 전신기에 맞게 조정됐다. 보드-머레이(Baudot-Murray) 코드(일반적으로 '보드 코드'로 약칭)는 5열의 천공으로 이뤄져 있으며, 이러한 5비트 보드 코드는 1963년 7비트 ASCII 시스템이 도입되기 전까지 60년 이상 전신기의 표준으로 쓰였다.

전신기용 종이 테이프가 컴퓨터에 쓰이게 된 것은 사실상 우연에 가까웠다. 1930년형 '모델 15' 전신기는 거의 30년 동안 전 세계 전신기 네트워크의 주류를 이뤘다. 견고하고 다양한 맞춤형 설정이 가능했으며 어려운 교육 없이도 조작할 수 있었다. 그러나 심각한 단점도 있었다. 기계의 5비트 보드 코드로 표현할 수 있는 값의 종류가 60개에 불과했던 것이다. 60가지 값만으로도 대문자, 숫자 및 구두점, 캐리지 리턴과 같은 몇 가지 제어 코드를 표시하기에는 충분했다. 하지만 소문자 문자는 1960년대 중반까지도 전신기에서 표현할 수 없었다.

1960년에 미국 표준 협회(American Standards Association)에 의해 구성된 X3.2 위원회는 통신 데이터 인코딩을 위한 현대화된 표준을 수립했다. 소문자와 구두점을 사용할 수 있도록 인코딩을 확장하는 것도 목표 중 하나였다. 이를 위해서는 적어도 7비트가 필요했다. 그래서 1964년에 발표된 ASCII 표준은 7비트 코드로 구성됐다. 당시에 쓰이던 8행짜리 종이 테이프 시스템은 ASCII 인코딩과 각 행의 단일 패리티 비트를 통해 전송 이후 왜곡된 문자를 감지하는 데 도움이 됐다. ASCII 문자 코드는 그림 6-1에 나와 있다. 차트의 각 항목에는 문자의 16진수 표기와 십진수 표기가 함께 나타나 있다.

Hex	Dec	Char	Hex	Dec	Char	Hex	Dec	Char	Hex	Dec	Char	Hex	Dec	Char	Hex	Dec	Char	Hex	Dec	Char	Hex	Dec	Char
00	0	NUL	10	16	DLE	20	32		30	48	0	40	64	@	50	80	P	60	96	`	70	112	p
01	1	SOH	11	17	DC1	21	33	!	31	49	1	41	65	A	51	81	Q	61	97	a	71	113	q
02	2	STX	12	18	DC2	22	34	"	32	50	2	42	66	B	52	82	R	62	98	b	72	114	r
03	3	ETX	13	19	DC3	23	35	#	33	51	3	43	67	C	53	83	S	63	99	c	73	115	s
04	4	EOT	14	20	DC4	24	36	$	34	52	4	44	68	D	54	84	T	64	100	d	74	116	t
05	5	ENQ	15	21	NAK	25	37	%	35	53	5	45	69	E	55	85	U	65	101	e	75	117	u
06	6	ACK	16	22	SYN	26	38	&	36	54	6	46	70	F	56	86	V	66	102	f	76	118	v
07	7	BEL	17	23	ETB	27	39	'	37	55	7	47	71	G	57	87	W	67	103	g	77	119	w
08	8	BS	18	24	CAN	28	40	(	38	56	8	48	72	H	58	88	X	68	104	h	78	120	x
09	9	TAB	19	25	EM	29	41	)	39	57	9	49	73	I	59	89	Y	69	105	i	79	121	y
0A	10	LF	1A	26	SUB	2A	42	*	3A	58	:	4A	74	J	5A	90	Z	6A	106	j	7A	122	z
0B	11	VT	1B	27	ESC	2B	43	+	3B	59	;	4B	75	K	5B	91	[	6B	107	k	7B	123	{
0C	12	FF	1C	28	FS	2C	44	,	3C	60	<	4C	76	L	5C	92	\	6C	108	l	7C	124	|
0D	13	CR	1D	29	GS	2D	45	-	3D	61	=	4D	77	M	5D	93	]	6D	109	m	7D	125	}
0E	14	NUL	1E	30	RS	2E	46	.	3E	62	>	4E	78	N	5E	94	^	6E	110	n	7E	126	~
0F	15	SI	1F	31	US	2F	47	/	3F	63	?	4F	79	O	5F	95	_	6F	111	o	7F	127	

그림 6-1 ASCII 문자 인코딩

8행 테이프는 8비트 이진수 인코딩을 가능하게 하기도 했다. 당시의 미니 컴퓨터 제조업체들은 1960년대 중반의 모델 33 ASR과 같은 저렴한 전신기 콘솔을 사용할 수 있도록 인터페이스를 설계했다. 이들은 대량 생산되어 IBM의 컴퓨터 라인 프린터보다 훨씬 저렴했다. 8행 테이프 천공기와 판독기를 가진 모델 33은 콘솔로 사용할 수 있을 뿐더러 한 행에 1바이트의 이진 데이터를 저장하고 읽을 수 있었다. IBM의 자기 테이프 시스템이 고가였던 것을 감안하면 미니 컴퓨터 매장에서 종이 테이프를 사용하는 것이 당연한 일이었고, 이는 1980년대 소형 컴퓨터가 널리 사용되기까지 계속됐다. 그림 6-2에서 8비트 종이 테이프의 샘플을 볼 수 있다.

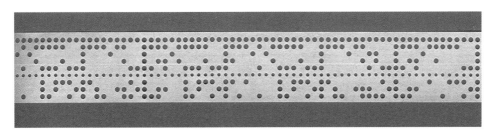

그림 6-2 8비트 종이 테이프

종이 테이프 시대 말기에는 마일라(Mylar)로 만든 테이프를 사용할 수 있게 됐고, 그 덕택에 마모와 손상에 강한 테이프가 탄생했다. 천공 테이프를 사용한 데이터 저장은 속도는 느렸지만 플로피 디스켓이 출현하기 전까지는 소형 시스템에 사용할 수 있는 가장 저렴한 데이터 저장 기술이었다.

천공 카드 및 종이 테이프 저장소의 핵심 속성 중 하나는 바로 순차성이다. 천공 카드는 한 번에 하나씩 순서대로 판독기를 통과한다. 그리고 판독기는 한 번에 한 행에서 5비트 또는 8비트의 데이터를 카드로부터 읽는다. 그냥 순차성이 아니라 단방향 순차성을 띠는 구조다. 이론적으로 종이 테이프의 방향을 반대로 해서 판독기를 통해 읽는 것도 가능하지만 실제로 상업용 테이프 판독기는 테이프를 한 방향으로만 돌리며 읽었다. 즉, 카드나 테이프의 데이터에 무작위로 액세스하는 것은 불가능했다. 테이프에 대한 무작위 액세스는 1964년 IBM이 9트랙 양방향 자기 테이프 데크를 개발하고 나서야 가능해졌다. 자기 테이프의 혁신 이후 종이 테이프의 시대는 저물기 시작했다.

자기 저장소의 태동

종이 테이프는 ASCII 문자 인코딩 시스템을 통신망 밖으로 가져와 메인 프레임 외 컴퓨터의 표준으로 만들었다는 점에서 컴퓨터 역사의 중요한 축으로 볼 수 있다. 메인프레임 자체도 주로 통신을 위한 서버 용도로 사용됐기 때문에 결국 ASCII 표준이 컴퓨터 산업을 전반적으로 지배하기 시작했다.

종이 테이프 방식은 역사상 가장 보편적인 테이프 저장소와 거리가 멀다. 1953년 IBM은 새로운 메인프레임 컴퓨터 제품군인 진공관 701 시리즈를 출시했다. 701 시리즈의 대용량 저장 장치는 IBM 천공 카드, 그리고 IBM의 새로운 기술인 자기 테이프로 구성돼 있었다. 727 테이프 드라이브는 최초의 자기 테이프 데크는 아니었지만(1951년 등장한 유니박에도 자기 테이프 데크가 있었다) 자기 테이프 저장소를 주류로 확대하는 데 일조했다. 2,400피트 길이의 ⅛" 셀룰로오스 아세테이트(후에 마일라로 변경) 릴로 이뤄진 테이프는 대략 6메가바이트(MB)를 저장할 수 있었으며, 테이프에서 중앙 처리 장치(CPU)로 초당 15,000자를 전송할 수 있었다. IBM 729는 비슷한 릴에 11MB를 저장할 수 있었고, 초당 최대 9만 9천 자를 전송했다. 메인프레임 자기 테이프 시대가 끝날 무렵에는 IBM 자기 테이프 데크가 2,400피트 릴에 140MB를 쓸 수 있었고 초당 1,250,000개의 8비트 문자 또는 이진수 바이트를 전송할 수 있었다.

1964년 IBM의 시스템/360 출시 이후, 자기 테이프는 9트랙 릴에 8개의 데이터 비트를 8개의 트랙에 병렬로 기록하고 9번째 트랙의 패리티 비트를 통해 데이터 무결성을 검사하는 방식으로 구성됐다. 또한 시스템/360 제품군은 1963년에 IBM이 개발한 EBCDIC 문자 인코딩 표준을 도입했는데, 이는 IBM이 광범위한 제품군의 문자 인코딩을 통일하기 위해 개발한 것으로 서로 다른 256가지 문자를 표현할 수 있는 8비트 표준이다. EBCDIC 표준에는 처음부터 소문자뿐 아니라 로컬 응용 프로그램에 사용할 수 있는 영어 이외의 문자 및 특수 기호에 대한 예비 코드가 포함돼 있었다. 하지만 이러한 로컬 응용 프로그램 맞춤형 방식으로 인해 EBCDIC은 7비트 ASCII보다 사용하기가 더 어려워졌고, IBM 하드웨어에서 보편적인 인코딩 표준이었던 EBCDIC은 메인프레임 시대가 끝날 무렵 ASCII로 대체됐으며, 이는 IBM 하드웨어에서도 예외가 아니었다. 비영어권 문자 인코딩을 표현하는 문제는 결국 유니코드(Unicode) 시스템을 통해 해결됐으며 이 표준은 8비트 및 16비트 인코딩을 사용해 100,000개 이상의 고유 문자를 표현했다.

자기 테이프는 메인프레임보다 오래 생존했고, 현재까지도 일부 용도로 쓰이고 있다. 초기의 저사양 마이크로 컴퓨터는 상용 소비자 오디오 카세트 데크를 사용해 프로그램과 데이터를 비휘발성으로 저장했다. 플로피 디스켓이 일반화된 후에도 오디오 카세트는 비용이 저렴한 덕분에 백업 보관용으로 사용됐다. 자기 테이프의 정보는 일반적으로 서로 다른 주파수로 0과 1을 전송하는 FSK(frequency-shift keying) 같은 간단한 변조 방식을 사용해 인코딩됐으며, 보통 90분 길이의 카세트 테이프가 한 면에 약 650KB를 저장할 수 있었다.

1980년대 이래로 거의 모든 자기 테이프 기반 대용량 저장소 시스템은 카트리지에 완전히 밀폐된 테이프를 사용했다. 그 덕택에 사용자는 테이프를 맨손으로 만지지 않을 수 있었고, 숙련되지 않은 작업자도 테이프를 신속하게 다른 테이프로 교체할 수 있었다. 원격 서버의 클라우드 기반 백업 기술이 테이프를 점차 대체하고 있고, 테이프는 대부분 레거시(구형) 하드웨어에만 쓰이고 있지만 대용량 테이프 카트리지는 아직 백업 보관용으로 사용되고 있다.

그럼, 자기 레코딩 방식이 어떻게 작동하는지 자세히 살펴보자.

자기 레코딩 및 인코딩 체계

디지털 자기 테이프 기술은 제2차 세계대전 당시 독일 기업들(특히 BASF)이 완성한 아날로그 오디오 테이프 시스템으로부터 진화한 것이다. 기본적인 메커니즘은 기본 저장 매체의 모양과 관계없이 동일하다. 사실 IBM의 초기 자기 테이프 시스템 이후 급격한 변화가 없었던 것이 사실이다.

자기 테이프의 메커니즘을 간단하게 설명하면 아주 작은 전자석이 자기 매체와 아주 미세한 틈을 사이에 두고 위치한 상태에서 자기 매체가 움직이는 구조로 돼 있다. 이러한 전자석을 헤드(head)라고 한다. 초기 자기 테이프 시스템은 읽기와 쓰기 모두에 대해 동일한 코일과 코어를 사용했다. 이후에 개선된 시스템에서는 읽기와 쓰기를 위해 별도의 헤드를 사용하지만 두 헤드는 함께 장착되어 함께 움직인다.

별도의 헤드를 쓰기 시작한 이후로 읽기용 헤드는 오랫동안 유도형 쓰기 헤드의 소형 버전으로 구현돼 왔지만 기본적인 전자석 설계는 동일했다. 그러다 1990년대 초, IBM은 자기 유도형 읽기 헤드보다 작고 민감한 자기 저항(MR) 읽기 헤드를 만들었다. MR 헤드는 미세한 길이의 자기 저항 재료를 사용하며, 자기 재료 아래의 자속 변화에 따라 저항이 변하는 성질을 띠고 있다. MR 헤드는 유도형 헤드보다 훨씬 민감하기 때문에 자기 매체의 자화 변화가 더 작아서 동일한 영역에 더 많은 비트를 기록할 수 있다. 2000년에 IBM은 거대 자기 저항(GMR)의 물리적 효과를 사용해 MR 헤드의 기술을 확장하고 헤드의 민감도를 크게 향상시켰다. GMR 읽기 헤드와 수직 쓰기 헤드를 함께 사용하면 하드디스크 용량이 폭발적으로 증가해서 수 테라바이트의 저장 용량을 확보할 수 있게 된다.

테이프 또는 디스크 플래터에 적용되는 자성 코팅은 자성 재료로 이뤄진 미세 입자로 구성된다. 초기 테이프 및 디스크 시스템은 적색 산화철을 사용했고, 이후에는 산화 크롬으로 대체됐다. 현대의 하드디스크는 희귀한 코발트-니켈 합금을 사용하는데, 입자의 형태가 불완전한 구형이긴 하지만 각각이 별도의 자석으로 작용한다. 이 구조에서는 다수의 인접한 입자의 자화를 정렬해서 단일 자구(magnetic domain)를 형성함으로써 데이터를 기록할 수 있으며, 쓰기 헤드를 통해 제어 전류를 흘려서 이러한 자화를 만들어낼 수 있다. 헤드 틈 아래로 통과하는 자구의 정렬 방향은 헤드의 쓰기 코일을 통과하는 전류의 방향에 따라 달라진다.

자속 전이

두 개의 자구 사이의 경계를 자속 전이(flux transition)라고 한다. 기존의 유도형 설계, MR 또는 GMR을 사용하는 읽기 헤드는 도메인 자체와 관련된 자기장보다는 자속 전이와 관련된 자기장을 더 정확하게 감지할 수 있다. 자기 시스템의 전자 제어 장치는 자구를 사용해 이진수 데이터를 직접 표현하는(하나의 방향이 0비트를, 반대 방향이 1비트를 나타내는 방식) 대신, 인코딩 체계를 사용해 매체에 자속 전이 패턴을 적용해 데이터를 기록한다. 자기 기록 매체 역사상 수많은 인코딩 체계가 사용됐으며, 매체를 더욱 효율적으로 사용하는 더욱 정교한 방식의 인코딩 체계로 발전이 이어졌다. 즉, 각 비트를 나타내기 위한 자속 전이의 수가 적은 인코딩 체계가 주로 채택됐다. 인코딩 체계는 데이터에 관계없이 다음의 두 가지 기준을 충족해야 한다.

- **타이밍 복구**: 제어 전자 장치가 헤드의 위치를 동기화할 수 있도록 매체에 쓰여지는 패턴이 충분히 많은 자속 전이를 포함해야 한다.
- **낮은 디지털 합계**: 각 방향의 자구 수가 거의 같아야 하므로 매체 전체의 자기장을 합치면 그 합이 0이 돼야 한다.

가장 단순한 초기 인코딩 체계 중 하나는 그림 6-3과 같이 자기 매체에 자속 전이가 나타나는 빈도에 따라 0비트와 1비트의 차이를 기록하는 주파수 변조(FM) 방식이다. 그림의 비트 셀(bit cell)은 단일 비트가 인코딩되는 매체 상의 영역을 가리키며, 비트 셀은 모두 동일한 물리적 길이를 가진다. 최초에 일어나는 하나의 자속 전이만 가진 비트 셀은 0비트로 해석된다. 처음과 중간에 두 개의 자속 전이를 가지는 비트 셀은 1비트로 해석된다.

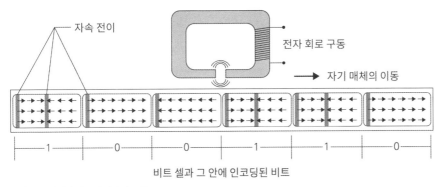

비트 셀과 그 안에 인코딩된 비트

그림 6-3 데이터 비트의 자기 레코딩

FM 인코딩은 비트당 두 개의 자속 전이가 필요하기 때문에 자기 매체의 공간을 효율적으로 사용하지 못한다. 그래서 최근의 인코딩 기술은 RLL(Run-Length Limited) 코딩과 같은 메커니즘을 통해 공간을 훨씬 효율적으로 사용한다. 이러한 인코딩 방식은 한 번에 여러 입력 비트를 처리하므로 타이밍 및 디지털 합(digital sum) 요구사항을 충족하면서 비트당 평균 자속 전이 횟수를 줄일 수 있다.

그림 6-3의 화살표 방향을 잘 살펴보자. 자속 전이 후, 매체의 자기 방향은 다음 자속 전이 이전까지 변하지 않는다. 0비트를 나타내는 다른 비트 셀을 보면 알 수 있듯이 비트 셀의 실제 자기 방향은 중요하지 않다. 중요한 것은 비트 셀당 방향 변경(자속 전이)이 얼마나 많이 발생하는가다.

수직 기록 방식

그림 6-3과 같은 메커니즘을 수평 기록 방식이라고 한다. 이것은 매체 내의 자구가 움직이는 자기 매체에 평행한 방향으로 자화된다는 것을 의미한다. 수평 기록 방식의 핵심은 움직이는 매체에 대한 읽기/쓰기 헤드의 위치에 있다. 헤드의 두 극과 그 사이의 틈은 매질 내에서 자구의 방향을 결정하는 매질에 평행하게 배치된다.

하드디스크에 사용되는 수직 기록 방식 기술은 1990년대 말에 밀도의 한계에 도달하기 시작했다. 열적 효과로 인해 자구의 방향이 자발적으로 바뀌는 현상이 일어났고, 그 결과 자기 기록이 시간이 지남에 따라 손실되는 경향이 생겼다. 이러한 데이터 손상을 '비트 랏(bit rot)'이라고도 한다. 자구의 안정성은 저장 매체의 보자력 및 크기에 크게 영향을 받는다. 수직 기록 방식 기술의 밀도가 점점 높아짐에 따라 데이터 손상률은 점점 높아졌고 매체 내에서 자구의 방향은 점점 그 수명이 짧아졌다.

알아두기

모든 자성 재료가 동등한 수준으로 자력을 유지하는 것은 아니다. 자성 재료가 자기 제거에 저항할 수 있는 정도를 보자력(coercivity)이라고 한다. 보자력이 높은 재료는 자기 소거가 어려우며 영구 자석에 쓰일 수 있다. 보자력이 낮은 재료는 상대적으로 쉽게 자화되고, 탈자성화될 수 있다. 보자력이 낮은 재료는 자기 테이프나 디스크 같은 자기 저장 매체에 사용된다.

이 문제의 해결책은 2000년대 중반 수직 기록 방식의 개발과 함께 등장했다. 수평 기록 방식과는 달리 드라이브 플래터의 평면에 대해 수직 방향으로 입자를 자화시킴으로써 수직 기록 방식은 장기적인 데이터 안정성을 향상시킬 수 있었다. 그 결과 밀도 역시 높일 수 있게 됐다. 이를 가능하게 한 것은 아래의 두 가지 혁신이다.

- 쓰기 헤드의 자력선이 헤드의 자극 중 하나에 집중되어 반대쪽의 자극에 퍼지도록 설계가 변경됐다. 폭이 좁은 극에서의 자속 밀도는 자속 전이를 일으키기에 충분할 정도로 집중돼 있었지만 넓은 극에서는 같은 자속이 흐르지 않았다. 하나의 극만 사용하는 것이 더 효과적이었기 때문에 단극(monopole)을 사용하게 됐다. 단극 근처의 높은 전계 강도 덕분에 더욱 높은 보자력을 띤 자기 매체의 사용이 가능하며, 자구의 안정성도 향상됐다.

- 쓰기 헤드에서 자속을 수직 방향으로 끌어내기 위해 자기 매체 아래의 하드디스크 플래터에 자성층을 증착했다. 이 층의 재료는 자화되지 않고 쉽게 자속을 전도하도록 설계됐다. 이 층은 좁은 극에서부터 자속을 끌어내어 넓은 극이 다시 자속을 헤드 위로 끌어올 때까지 자기 매체 아래로 흐르게 한다.

    그림 6-4의 수직 기록 방식이 그동안 쓰이지 않았던 것은 테이프의 기계적 불안정으로 인해 원하는 밀도를 얻기가 어렵기 때문이었다. 하지만 지난 5년 동안 하드디스크의 밀도가 크게 증가한 것은 수평 기록 방식에서 수직 기록 방식으로의 변화 덕분이었고, 수직 기록 방식 없이는 오늘날과 같은 저렴한 테라바이트급 하드디스크를 만들 수 없었을 것이다.

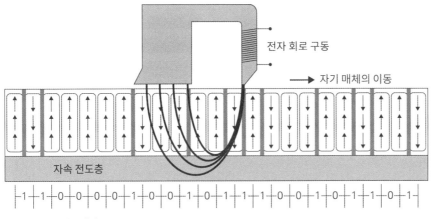

전자 회로 구동

→ 자기 매체의 이동

자속 전도층

-1-1-0-0-0-0-1-0-0-1-0-1-1-1-1-0-0-1-0-1-1-1-0-1-

그림 6-4 수직 기록 방식

자기 디스크 저장소

최초의 회전식 자기 디스크 저장소는 비휘발성이었지만 대용량 저장소는 아니었다. 바로 자기 드럼(3장 참조)이 최초의 회전식 자기 디스크 저장소로서 메인 메모리로 사용됐다. 자기 디스크를 최초로 대용량 저장소로 사용한 것은 1956년에 출시된 IBM의 모델 305 RAMAC(Random Access Memory Accounting Machine, RAM 회계 머신)이었다. 헤드 하나가 하나의 트랙을 구성하던 초기 회전식 디스크 메인 메모리와 RAMAC의 디스크 저장소의 가장 중요한 차이점은 RAMAC의 드라이브가 여러 개의 플래터와 움직이는 읽기/쓰기 헤드를 사용했다는 점이다. 이 장치는 50개의 24인치 자기 플래터에 약 5MB를 저장했다. 액세스 시간은 600~750밀리초였다. 디스크 장치의 무게는 약 1톤 정도로, 지게차로 운반해야 했다.

초기 하드디스크 기술의 가장 큰 문제점은 플래터가 밀폐되지 않았기에 공기를 아무리 여과해도 플래터와 읽기/쓰기 헤드 사이에 연기와 먼지가 끼어 디스크 충돌이 발생한다는 점이었다. 헤드와 플래터 사이의 공간은 일반적인 먼지 입자의 크기보다 커야 했기 때문에 플래터의 저장 밀도는 제한될 수밖에 없었다. 1973년에 등장한 IBM 3340 윈체스터(Winchester) 드라이브 시스템은 읽기/쓰기 헤드, 포지셔너 암과 서보 및 플래터 자체가 모두 케이스에 들어가는 밀폐된 디스크 메커니즘을 도입했다. 덕택에 헤드의 손상이 줄어들었고, 데이터 손상의 가능성이 줄어들어 더욱 다양한 용도로 활용이 가능해졌다. 헤드는 플래터 표면에 더 가깝게 움직일 수 있었고, 공기역학적 원리를 활용해 플래터와의 거리를 매우 정확하게 유지할 수 있었다.

앨런 슈거트(Alan Shugart)의 회사인 시게이트(Seagate Technology)가 1980년에 ST-506 5½"하드디스크를 출시하기 전까지 하드디스크는 가격이 너무 비싸서 데스크톱 컴퓨터에 쓰일 수 없었다. 시게이트가 출시한 ST-506은 5MB의 용량을 갖추고 있었고, 의도적으로 전체 높이를 플로피 디스크와 동일한 5 ¼"에 맞춰서 개인용 컴퓨터 플로피 드라이브에 넣을 수 있게 했다. 초기 출시 가격은 1,000파운드였지만 대량 생산 및 다른 기업의 시장 진출로 인해 1980년대에 가격이 급격히 떨어졌다.

실린더, 트랙, 섹터

최초의 하드디스크로부터 최근의 하드디스크까지 그 기반 구조는 기본적으로 동일하다. 플래터의 표면은 자기 마커에 의해 동심 트랙(track)으로 나뉘며, 트랙은 동일한 면적을 가진 여러 섹터(sector)로 나뉘고, 섹터는 갭(gap)이라는 빈 공간을 통해 구분된다(그림 6-5). 섹터는 저장소의 기본 단위다. 최근까지 하드디스크의 한 섹터는 512 데이터 바이트 단위였다. 하지만 오늘날 테라바이트 용량의 하드디스크에서 그러한 작은 섹터를 사용하면 드라이브 공간이 낭비된다. 2012년부터 대부분의 새로운 하드디스크 설계에는 고급 포맷(Advanced Format)이라는 표준이 도입됐고, 각 섹터의 크기는 4,096바이트가 됐다.

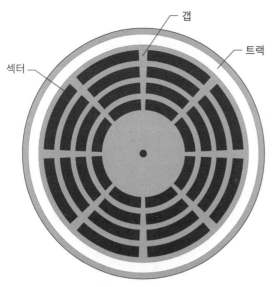

그림 6-5 디스크 트랙과 섹터

섹터에 포함되는 정보는 데이터 바이트뿐이 아니다. 섹터는 필드(field)로 나뉜다.

- **동기 필드**: 섹터의 시작을 표시하고 드라이브의 전자 장치가 읽기/쓰기 헤드와 플래터를 동기화되게 하는 타이밍 마커 역할을 한다.

- **주소 표시 필드**: 섹터의 번호, 디스크 상의 위치 및 일부 상태 정보를 담는다.

- **데이터 필드**: 섹터의 실제 데이터가 담긴다. 앞에서 언급했듯이 일반적으로 512바이트 또는 4,096바이트를 담는다.

- **ECC(Error Correction Code) 필드**: 오류 감지 및 수정을 위해 512바이트 섹터에 약 50바이트의 패리티 정보가 들어 있다. ECC 기술에 대한 자세한 내용은 3장을 참조하자.

고급 포맷은 8개의 512바이트 섹터를 하나의 4,096섹터로 통합하고, 8개의 갭을 통합하고 필드와 주소 필드를 하나로 통합해서 디스크 공간의 약 10%를 절약한다. 더 긴 섹터에 대한 오류 처리를 해야 하기 때문에 ECC 필드 역시 늘어나지만 섹터와는 달리 8배가 아닌 2배만 늘어나기 때문에 공간 절약의 효과가 크다.

트랙과 섹터 구성의 기하학적 특성은 흥미로운 문제를 야기한다. 그림 6-5에서 드라이브 플래터의 가장자리 쪽에 위치한 섹터는 중심에 더 가까운 섹터보다 물리적 면적이 더 크지만 동일한 바이트 수를 저장한다. 가장 안쪽의 트랙은 자기 레코딩 기술이 허용하는 것처럼 조밀하게(즉, 직선 거리 단위당 비트 단위로) 만들어지므로 외부 트랙은 그보다 낮은 밀도를 가진다. ZBR(Zone Bit Recording)이라는 기술은 플래터의 트랙을 존(zone)으로 나누고 더 많은 섹터를 가장자리에 가까운 존에 배치한다. 이렇게 하면 선형 단위당 비트 수를 중심에서 가장자리까지 거의 일정하게 유지하고 디스크에 상당히 많은 데이터를 저장할 수 있다.

개인용 컴퓨터 하드디스크 시대 초기부터, 하드디스크는 두 개 이상의 플래터를 가지고 모든 플래터의 양쪽을 모두 사용했다. 각 플래터의 각 면에는 자체 읽기 및 쓰기 헤드가 있다. 단일 액추에이터 암은 모든 플래터를 가로질러 모든 헤드를 한 번에 이동시킨다. 따라서 특정 시점에 모든 헤드가 각각의 플래터에서 동일한 트랙에 액세스하게 된다. 특정 시점에 헤드 밑에 놓이는 모든 트랙의 집합을 실린더(cylinder)라고 한다. 초기 하드디스크 컨트롤러는 실린더 번호, 헤드 번호, 섹터 번호를 통해 드라이브의 데이터 위치를 지정했다. 실린더 헤드 섹터(CHS)라고 불리는 이 시스템은 드라이브 용량이 헤드, 실린더 또는 섹터 수를 컴퓨터의 기본 입출력 시스템(BIOS)의 비트 수로 표현할 수 없을 때까지는 잘 작동했다. 드라이브 외부에 구현됐던 드라이브 컨트롤러가 드라이브 내로 통합되면서 논리 블록 주소 지정(logical block addressing, LBA)이라는 새로운 시스템이 드라이브 내에서 데이터를 찾는 데 사용됐다. LBA는 1996년 이후 모든 하드디스크에 사용됐으며, 이 시스템에서 모든 섹터는 논리적 블록으로 식별되고 각 블록은 0부터 시작하는 논리적 블록 번호를 가진다. 드라이브 상의 컨트롤러는 드라이버의 실린더, 트랙, 섹터의 조합을 LBA로, 또는 그 반대로 변환한다. BIOS나 운영체제는 특정 드라이브의 내부 배열을 명시적으로 인식하지 않는다. 그러나 논리적 블록은 일반적으로 디스크에 있는 것과 동일한 물리적 순서로 번호가 지정된다. 일부 OS의 디스크 액세스 스케줄링 알고리즘은 이 사실을 이용해 디스크를 효율적으로 사용한다.

저수준 포맷

하드디스크를 사용하려면 트랙과 섹터를 정의하는 자기 마커가 모든 플래터 표면에 놓여야 한다. 이 과정을 저수준 포맷(low-level formatting)이라고 한다. '포맷(formatting)'은 더 넓은 개념으로 드라이브를 사용하기 전에 수행해야 하는 아래의 세 가지 작업을 포함한다.

- **저수준 포맷**: 디스크 플래터의 실제 물리적 트랙과 섹터를 정의한다.

- **파티션 나누기**: 드라이브를 별도의 논리 영역으로 나눈다. 각 논리 영역은 모든 파티션이 별도의 하드디스크인 것처럼 거의 모든 다른 파티션과 독립적으로 작동할 수 있다.

- **고수준 포맷**: 드라이브의 섹터를 폴더 및 파일로 구성하는 메커니즘을 설정한다. 이는 파일 시스템(file system)이라는 OS 구성 요소의 요구사항에 따라 수행된다.

알아두기
파티션 및 고급 포맷에 대해 자세히 알고 싶으면 이번 장의 뒷부분에 있는 '파티션 및 파일 시스템' 절을 참조하자.

1990년대 중반까지는 물리적으로 하드디스크를 최종 사용자의 컴퓨터에 설치한 후 저수준 포맷을 할 수 있었다. 포맷을 위해서는 별도의 소프트웨어 유틸리티 또는 시스템 BIOS의 루틴을 사용했다. 하드디스크의 기록 밀도가 높아짐에 따라 동기 마커(헤드 위치를 제어하는 서보 피드백 시스템에 사용됐기 때문에 서보 마커라고도 한다)의 정밀도를 필요한 만큼 향상시키기가 어려워졌다. 제조업체는 정밀도를 달성하기 위해 플래터를 드라이브에 설치하기 전에 저수준 포맷을 진행했다. 이를 위해 서보 라이터(servo writer)라는 기계를 사용했으며, 이 기계는 드라이브의 암 및 헤드 위치 시스템보다 정밀도가 높다.

아직까지 드라이브를 조립한 후에 저수준 포맷을 할 수 있는 방법은 없다. 제조업체는 사용자가 드라이브 용도를 변경하는 필요성을 인식하고, 사용자에게 드라이브를 다시 초기화할 수 있는 유틸리티를 제공했다. 이 유틸리티는 아래의 두 가지 주요 기능을 수행한다.

- 드라이브의 플래터 표면을 스캔해서 읽거나 쓸 수 없는 섹터를 확인하고, 이러한 불량 섹터가 초기화 후에 사용되지 않도록 표시한다.
- 드라이브에 저장된 모든 데이터를 길이가 1바이트 이상인 일부 이진수 패턴으로 덮어쓴다. 이렇게 하면 사용자 데이터는 물론 파티션 및 파일 시스템이 제거되고, 기본적으로 드라이브가 처음 설치됐을 때의 빈 상태로 돌아간다.

초기화 후에 드라이브에서 데이터를 복구할 수 있는지 묻는 사람이 많다. 유틸리티가 실제로 모든 섹터의 모든 바이트에 이진수 패턴을 쓰고 나면(특히 두 번 이상 쓰고 나면) 데이터를 복구하기가 매우 어려워진다. 그런데 일부 초기화 유틸리티는 시간을 절약하기 위해 파티션과 파일 시스템만 제거하고 모든 섹터를 덮어쓰지 않는다. 대부분의 경우 개별적으로 실행해야 하는 보안 삭제(secure erase)라는 별도의 유틸리티 또는 옵션이 있으며, 보안 삭제로 1테라바이트 이상의 드라이브를 지우려면 많은 시간이 걸릴 수 있다.

자기 레코딩은 기본적으로 디지털 자기장을 사용해서 디지털 데이터를 인코딩하기 때문에 새로운 기록의 가장자리 주변에 오래된 기록의 흔적을 감지하는 특수 장비를 사용하면 드라이브를 분해하고 플래터를 검사할 수 있다. 이러한 흔적을 데이터 잔상(data remanence)이라고 한다. 이것이 가능한 이유는 드라이브 헤드 위치를 결정하는 메커니즘의 정밀도가 제한돼 있기 때문이다. 군사용 자료처럼 데이터를 드라이브에서 완전히 소거해야 하는 경우에는 드라이브 자체를 물리적으로 파괴하는 방법이 주로 쓰인다. 드라이브를 분해하고, 플래터의 코팅을 긁어내고 완전히 부수는 방식이다. 일반 사용자가 이렇게 데이터를 완전히 파괴하고 싶다면 10kg 정도의 망치로 여러 번 드라이브를 치면 된다.

인터페이스와 컨트롤러

앨런 슈거트가 만든 ST-506 드라이브는 그리 똑똑한 기기는 아니었다. 할 수 있는 일이라고는 헤드를 요청된 위치로 이동시키고 헤드를 사용해 데이터 비트를 쓰거나 복구하는 것이 전부였다. 실제 제어는 외부 컨트롤러 보드의 역할이었고, 이 컨트롤러는 컴퓨터의 확장 버스에 설치돼 드라이브 제어, 드라이브 데이터, 전원이라는 별도의 세 가지 케이블로 드라이브에 연결됐다. 컨트롤러는 OS로부터의 특정 섹터에 대한 요청을 받고 해당 요청을 드라이브가 직접 실행할 수 있는 헤드 동작 명령으로 변환했다. 이 ST-506 인터페이스와 후속 제품인 ST-412는 1980년대 후반까지 소형 컴퓨터 시스템을 주도했다.

하드디스크 저장소의 진화는 플래터의 데이터 밀도를 높이는 것 이상의 효과를 가져왔다. 그중 하나는 디스크를 제어하는 장치가 외부 컨트롤러 보드에서 디스크 드라이브 자체로 이전됐다는 점이다. 1980년대에 등장한 SCSI(Small Computer Systems Interface)는 테이프나 디스크, 광학 디스크,

데이터를 저장하는 거의 모든 것을 포함하는 임의의 저장 장치에 고속 인터페이스를 제공했다. SCSI는 컴퓨터에서 물리적 저장 기술의 세부 사항을 숨기기 위해 저장 장치에 제어 역할의 일부를 위임했다. SCSI 장치는 ST-412 장치보다 가격이 비쌌기에 1986년에 등장한 저렴한 IDE(Integrated Drive Electronics) 디스크 드라이브가 저렴한 개인용 컴퓨터의 표준이 됐다. IDE 인터페이스는 거의 모든 컨트롤러를 드라이브에 내장된 전자 장치로 옮겼다. 외부 인터페이스 보드는 컴퓨터의 확장 버스를 드라이브의 통합 컨트롤러에 연결하는 용도로만 쓰였다. 1994년에 ANSI에 의해 IDE 인터페이스가 표준화된 이후로는 2003년에 도입된 SATA(Serial ATA) 인터페이스와 구별하기 위해 IDE를 ATA(AT Attachment) 인터페이스로, 그 후에는 PATA(Parallel ATA)로 통칭하게 됐다. ATA 인터페이스는 16개의 데이터 라인과 모든 필요한 제어 라인을 포함하는 단일 케이블을 사용한다.

앞에서 설명한 것처럼 LBA는 컴퓨터와 운영체제로부터 드라이브의 내부 구성에 대한 세부 정보를 숨긴다. 그러나 LBA 블록 수의 크기는 할당된 비트 수에 의해 제한됐다. 초기 IDE 인터페이스의 블록 번호는 22비트 크기였으며(업계 표준인 512바이트 섹터를 블록으로 사용) 2GB의 저장 공간만을 지정할 수 있었다. 이후 ATA 표준은 블록 수를 28비트로 늘려 137GB의 저장 용량을 허용했다. 2001년 ATA 버전 6 사양이 공개됐고, 여기서는 블록 번호에 48비트를 할당해서 144페타바이트의 저장 용량을 허용했다(1페타바이트는 1,000테라바이트에 해당한다).

1990년대 말, ATA 표준의 처리량은 컴퓨터와 드라이브 간 연결에 있는 물리적 한계에 봉착했다. 그리고 2003년에 SATA(Serial ATA)라는 새로운 드라이브 인터페이스 표준이 발표됐다. 새로운 표준이 가진 대부분의 혁신은 컴퓨터와 드라이브 사이의 물리적 인터페이스에 관한 것이었다. PATA의 16개의 차폐되지 않은 병렬 라인과는 달리 SATA의 데이터는 2세트의 차폐 라인을 직렬로 통과한다.

PATA와 SATA의 가장 중요한 차이점은 컨트롤러와 호스트 사이의 전기적 인터페이스에 있다. PATA는 단일 종단 신호(single-ended signaling)를 사용한다. 즉, 각 데이터가 하나의 라인을 통해 전달되고, 공통 접지를 참조로 해서 변동하는 전압으로 인코딩된다. PATA의 16개 데이터 라인 각각은 다른 다양한 제어 신호와 마찬가지로 전선 하나씩으로 이뤄져 있다. 단일 종단 신호는 전신기 시절부터 저속 병렬 및 직렬 연결에 널리 사용됐다. VGA 비디오, PS/2 마우스 및 키보드 연결 등에 쓰이는 RS232 인터페이스도 마찬가지로 단일 종단 신호를 사용한다.

단일 종단 신호의 문제점은 다른 신호 라인이나 외부의 전기적 간섭으로 인한 크로스토크가 라인을 통과하는 데이터를 손상시킬 수 있다는 점이다. 이러한 간섭 문제를 해결하기 위해 차동 신호(differential signaling)라는 기술이 개발됐다. 차동 신호 방식에서는 각 데이터 경로에 두 개의 전선이 필요하며, 신호는 두 전선의 전압 차이로 인코딩된다. 두 전선이 물리적으로 인접해 있거나 꼬여 있으면 간섭이 두 전선 모두에 영향을 미치므로 접지에 대한 전압 레벨이 바뀔 수 있지만 두 전선의 전압 차이는 유지된다. 신호를 수신하는 장치에는 차동 증폭기(differential amplifier)라 불리는 회로가 있어 두 전선 사이의 전압 차이를 검출하고 두 전선에 공통적인 무작위 전압 변화에 관계없이 깨끗한 신호를 출력하게 된다. 차동 신호는 잡음에 대한 내성을 가지고 있으면서도 단일 종단 신호를 사용할 때보다 낮은 전압 진동폭과 높은 클럭 속도를 사용할 수 있다.

PATA의 전압 진동폭은 3.3V 또는 5V이며, 보통 33MHz의 클럭 속도에 133MB/s 대역폭을 가지고 있다. SATA는 약 250mV에 불과한 전압 진동폭과 최대 3GHz의 유효 클럭 속도(SATA 3.0), 600MB/s의 대역폭을 가지고 있다.

SATA는 ATA 명령 세트를 사용해 PATA 드라이브에 대한 하위 호환성을 제공하지만, 그 전기적 인터페이스는 근본적으로 다르다. SATA는 핫스왑(hot swapping) 기능을 도입해서 컴퓨터의 전원을 끄거나 재부팅하지 않고도 드라이브를 분리하고 교체할 수 있게 했으며, 이 과정에서 드라이브가 손상되지 않게 만들었다. 그러나 운영체제의 버퍼 및 구성 데이터가 손상되지 않는다는 보장은 없기 때문에 운영체제에서 이를 지원할 수 있어야 하며, 운영체제가 기존의 위치에 삽입된 새 드라이브를 감지할 수 있어야 한다.

라즈베리 파이는 기본 비휘발성 저장소로 SD(Secure Digital) 형식의 플래시 카드를 사용하며, SATA용 드라이브 인터페이스는 포함하지 않는다. 그 대신 보드의 USB 포트 중 하나를 사용해 라즈베리 파이에 디스크 드라이브를 연결할 수 있다(자세한 내용은 12장 참조). 이번 장의 후반부에서 플래시 저장 기술 및 SD 카드에 대한 내용을 다시 다루겠다.

플로피 디스크 드라이브

이동식 미디어 용도의 디스크 드라이브는 마이크로컴퓨터보다 훨씬 앞서 세상에 등장했다. IBM은 1962년에 모델 1401 메인프레임을 위한 최초의 이동식 하드디스크 팩을 선보인 바 있다. 또한 1973년 제록스의 알토(Alto) 워크스테이션은 2.5MB 싱글 플래터 디스크 카트리지를 통합해서 개인용 데스크톱 컴퓨터에 이동식 자기 디스크 저장소를 장착했다. 다른 예로, IBM은 원래 시스템/370 메인프레임 모델의 전원을 켤 때마다 로드해야 하는 마이크로 코드를 저장하기 위해 1971년에 8"(200mm) 읽기 전용 이동식 드라이브 장치를 개발했다. 이 유연한 '메모리 디스크'는 1972년까지 메인프레임에 사용됐는데, 1972년 앨런 슈거트가 IBM을 퇴사하고 메모렉스(Memorex)로 이직해서 읽기와 쓰기가 가능한 유연한 드라이브 메모렉스 650을 개발하게 된다. 슈거트는 이후 슈거트 어소시에이트(Shugart Associates)를 설립해서 사무용 소형 컴퓨터를 제조했는데, 메모렉스 스타일의 8인치 드라이브도 함께 제조했다. 슈거트는 새롭게 떠오르는 마이크로컴퓨터 시장을 위해 크기를 축소한 5¼" 버전의 드라이브를 개발했고, 그 덕택에 사무용 컴퓨터가 실험실에서만 쓰이던 업계 환경에서 유연한 매체 저장 장치의 선두 주자가 됐다. '플로피(floppy, 헐렁하다)'라는 용어는 1970년경 개최된 무역 박람회에서 처음 사용됐으며, 자기 매체가 얇은 원형 마일라 시트 위에 코팅됐다는 점에서 유래된 명칭이다. 마일라 시트는 비공식적으로 '쿠키'라고 불렸으며, 그 공식 명칭은 디스켓(diskette)이 됐다.

초기의 플로피 디스크 기술은 독특한 방식으로 유연한 매체에 저장 영역의 위치를 표시했다. 중앙 주변의 쿠키에 일정한 간격으로 섹터 구멍이 뚫려 있으며, 각 섹터 구멍은 새로운 섹터의 시작을 나타낸다. 그리고 섹터 구멍 중 두 개 사이의 중간에 추가로 하나의 구멍을 뚫었는데, 이것은 플로피 드라이브에 각 트랙의 첫 번째 섹터가 시작되는 각도 위치를 알려주는 트랙 인덱스 구멍이었다. 이렇게 섹터 위치를 표시하는 홀에 의존하는 방식은 '하드 섹터링(hard sectoring)'이라 불렸는데, 트랙 및 섹터의 위치가 물리적인 구멍에 의해 명시되고 변경될 수 없었기 때문이다. 최신 플로피 디스크 기술은 소프트 섹터링(soft sectoring) 방식을 사용하는데, 이는 하드디스크처럼 드라이브 헤드를 통해 쿠키에 기록한 자기 마커로 섹터 위치를 정의하는 방식이다. 소프트 섹터링을 사용하면 매체를 물리적으로 변경하지 않고도 디스켓의 밀도를 변경할 수 있다.

1980년대 후반부터 아이오메가(Iomega)의 베르누이 박스(Bernoulli Box, 10MB), zip 드라이브(100MB, 250MB), 컴팩(Compaq)의 슈퍼디스크(SuperDisk) 드라이브(120MB, 240MB)를 비롯해 플로피 디스크의 개념을 변형한 몇 가지 대용량 장치가 널리 사용됐다. 1990년대 후반에 등장한 CD-ROM 드라이브는 저렴한 가격 덕에 플로피 디스크의 수요를 줄였고, CD-ROM 드라이브가 읽기/쓰기까지 가능해지면서 플로피 디스켓 기술은 사실상 수명을 다하게 됐다. USB 2.0 플래시 기반 드라이브가 신뢰성을 확보하고 저렴해짐과 함께 플로피 디스크 드라이브는 소비자용 PC에서 완전히 사라진다. USB 드라이브에 사용되는 플래시 저장 매체는 작고 빠르며 데이터 수명도 이전보다 확연히 길다. 이번 장 후반부의 '플래시 저장소' 절에서 여기에 대해 자세히 설명하겠다.

파티션과 파일 시스템

파티셔닝(partitioning)이란 물리적 드라이브 장치를 파티션(partition)이라고 하는 여러 논리 단위로 나누는 절차를 가리킨다. 운영체제는 각 파티션을 별도의 논리적 장치로 간주한다. 파티셔닝을 통해 하나의 물리적 저장 장치에 여러 운영체제를 동시에 설치할 수 있으며, 이는 파티셔닝의 주된 용도 중 하나다. 각 운영체제의 루트 파일 시스템은 별도의 파티션을 차지한다. 파티셔닝과 관련된 많은 기술과 용어는 PC 시대 초기부터 만들어진 것이며, IBM PC/XT의 첫 번째 소비자용 하드디스크를 지원하기 위해 PC DOS 2.0에 도입됐다.

가장 낮은 수준에서 파티션은 물리적 드라이브의 연속 섹터 범위에 불과하다. 파티션을 만들고 관리하는 방법은 컴퓨터의 전반적인 아키텍처(예: 윈텔 vs. 맥 vs. 유닉스)와 생성 및 관리를 담당하는 OS에 크게 의존한다. 동일한 운영체제 버전 사이에서도 큰 차이가 있을 수 있다. 윈도우 비스타 및 그 후속 버전은 윈도우 9x, 2000, XP와 완전히 다른 방식(또는 호환되지 않는 방식)으로 파티션을 처리한다. 여기서 설명하는 내용은 이러한 세부 사항 중 많은 부분을 생략하고 디스크 조직을 단순화한 것이다.

기본 파티션과 확장 파티션

파티션으로 나눠진 장치의 첫 번째 섹터에는 MBR(Master Boot Record, 마스터 부트 레코드)이 들어 있다. MBR에는 IBM PC 호환 시스템에서 OS 커널을 RAM에 로드하는 역할을 담당하는 부트로더(bootloader)라는 짧은 코드와 파티션 테이블(partition table)이라는 파티션 설명자 테이블이 있다. 테이블에는 기본적으로 4개의 항목이 있다(타사 파티션 및 부팅 관리자 중 일부는 이 값을 16으로 늘릴 수 있지만 이렇게 하면 기존 MBR과 호환되지 않는다). 이 4가지 항목 각각은 주 파티션을 설명하며 아래와 같은 정보를 담고 있다.

- 파티션이 활성 상태(부팅 가능)인지 여부를 나타내는 상태 코드: 이 값은 윈도우에 내장된 부팅 유틸리티나 리눅스용 grub과 같은 부팅 유틸리티가 없을 때 부팅 파티션을 선택하는 데 사용된다.
- 파티션의 시작에 해당하는 LBA 섹터 번호
- 파티션의 길이: 섹터 단위로 표시된다.
- 파티션의 첫 번째 및 마지막 섹터 위치: CHS(Cylinder-Head-Sector, 실린더 헤드 섹터) 번호로 표시된다.
- 파티션 ID 코드: 대부분의 경우 파티션이 포맷된 파일 시스템을 지정하고, 파티션에 어떤 특수한 속성이 있는지 지정할 수 있다.

그림 6-6에서 MBR과 파티션 테이블의 도식을 확인할 수 있다.

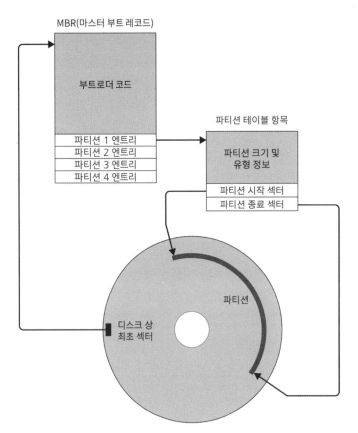

그림 6-6 MBR(마스터 부트 레코드)와 파티션 테이블

기본 파티션이 4개라는 제약은 임의적으로 설정된 것으로, 최소한의 부트로더 및 파티션 정의 데이터를 하나의 512바이트 섹터에 담기 위한 노력에서 비롯된 것이다. 파티셔닝의 유연성 향상에 대한 수요가 발생하면서 1980년대 중반에 확장 파티션 개념이 개발됐다. 확장 파티션(extended partition)은 기본 파티션을 수정해서 일종의 파티션 컨테이너 역할을 하게 만든 것이다. 4개의 기본 파티션 중 하나만 확장 파티션으로 사용할 수 있으며, 확장 파티션에 할당된 섹터 내에 여러 논리 파티션이 할당될 수 있다. 각 논리 파티션에는 크기, 유형 및 시작/종료 섹터 주소를 정의하는 확장 부트 레코드(Extended Boot Record, EBR)가 있다. 논리 파티션 설명자의 마스터 테이블이 없으므로 정의할 수 있는 논리 파티션 수에도 제한이 없다. 각각의 개별 EBR은 테이블 대신에 확장 파티션 내의 다음 EBR을 지시하는 섹터 주소 필드를 포함한다. 따라서 EBR은 링크드 리스트(linked list)라는 구조로 배열되며, 목록의 각 항목은 다음 항목을 가리킨다. 포인터 필드는 목록의 마지막 EBR을 나타내기 위해 0으로 채워진다.

파일 시스템과 고수준 포맷

하드디스크의 논리 파티션은 차별화된 저장 공간을 제공하는 섹터 블록에 지나지 않는다. 그래서 파티션의 섹터를 구성하고 관리하기 위해 운영체제의 파일 시스템이라는 구성 요소가 필요하다. 파일 시스템 사양에 규정된 규칙을 따르는 논리적 파티션이 있으면 여러 가지 서로 다른 파일 시스템 소프트웨어를 가진 운영체제가 파티션을 읽고 쓸 수 있다.

대부분의 파일 시스템은 대용량 저장 장치 볼륨을 파일(file, 데이터가 들어있는 저장소 블록)과 디렉터리(directory, 파일과 하위 디렉터리의 인덱스 역할을 하는 계층 구조)로 구성한다. 파일 시스템의 내부는 파일 및 디렉터리의 이름을 파일 공간과 파일 메타데이터가 들어있는 저장 영역 블록과 연관시키는 테이블로 구현된다. 이 블록은 클러스터 또는 할당 단위라고 하는 인접한 섹터 그룹이다. 파일 시스템 테이블이 구조화되고 구성되는 방법은 파일 시스템에 따라 다르지만 거의 모든 파일 시스템은 테이블 간의 연결로 이뤄진 트리(tree)라고 하는 자료구조로 구성된다(자세한 내용은 8장 참조).

디스크 파티션은 일반적으로 특정 파일 시스템을 염두에 두고 만들어지며, 파티셔닝 도구는 파티셔닝 과정 중에 해당 파일 시스템의 기반을 마련한다. 그 결과가 NTFS(New Technology File System) 파티션이나 ext4 파티션 등 데스크톱 컴퓨터에서 사용할 수 있는 다양한 파일 시스템 파티션이다('ext4'는 약자가 아니며, 리눅스 확장 파일 시스템의 4세대를 의미한다). 고수준 포맷 과정에서 적절한 종류의 빈 파일 시스템이 파티션에 기록된다. 고수준 포맷은 이미 채워진 디렉터리 트리를 빈 루트 디렉터리 항목으로 대체하는 빠른 절차로서, 이를 통해 새로운 파일 및 디렉터리가 만들어질 수 있다. 대부분의 경우 기본 데이터와 파일 시스템 테이블의 큰 부분은 덮어씌워지지 않으므로 파일 시스템의 볼륨에 고수준 포맷을 진행한 후에도 파일 시스템의 대부분 또는 전체를 복구할 수 있는 유틸리티가 있다.

고수준 포맷에는 보안을 위해 불량 섹터에 대한 볼륨을 검사하거나 0비트 또는 그 밖의 비트 패턴으로 데이터를 덮어쓸 수 있는 옵션이 포함되기도 한다. 이러한 옵션을 포함시키면 고수준 포맷에도 상당한 시간이 소요된다.

GUID 파티션 테이블(GPT)

FAT의 기본 메커니즘은 1980년대 초 DOS 시대부터 사용돼 왔다. 이 메커니즘은 여러 번 확장되고 개선됐지만 해결할 수 없는 여러 가지 심각한 문제가 여전히 존재한다. 가장 심각한 문제 세 가지는 아래와 같다.

- MBR이 디스크의 한 위치에만 존재하며, MBR의 유일한 사본이 손상되거나 덮어씌워지면 전체 디스크의 내용이 손실될 수 있다.

- MBR 기반 시스템은 용량이 2테라바이트 이상인 드라이브를 처리할 수 없다. 3TB 및 4TB 드라이브가 저렴한 가격으로 보급되는 시대에 이러한 시스템은 한 대의 PC에 설치할 수 있는 저장 공간을 크게 제한한다.

- MBR의 기본 파티션 수가 4개로 제한돼 있다. 그 이상의 파티션이 필요하면 논리 파티션이 포함된 확장 파티션을 만들어야 하는데, 이는 처음부터 존재하지 않아야 할 문제에 대한 궁색한 해결 방법이다.

지난 몇 년 동안 완전히 새로운 드라이브 기술이 등장했다. 바로 GUID 파티션 테이블(GPT)이다. GUID는 전역 고유 식별자(Globally Unique IDentifier)를 의미하며, GPT 파티션에는 무작위로 생성된 122비트 값이 할당되고 거의 고유한 값임이 보장된다. 생성 가능한 GUID 값에는 2^{122}개 또는 3.5×10^{36}개의 가능한 값이 있으므로 올바른 난수 생성기를 사용하면 GUID가 중복될 가능성은 거의 없다.

GPT가 지원하는 파티션의 수는 기본적으로 제한이 없으며, 오히려 OS가 이를 제한하는 편이다. 예를 들어, 윈도우는 128개의 파티션 항목만 할당하기 때문에 128개의 GPT 파티션만 지원한다. 또한 드라이브 크기의 한계는 실질적으로 사라졌다. 드라이브의 최대 용량은 8제비바이트, 즉 9.4×10^{21}바이트다. 당분간 이 정도 용량의 드라이브가 개발될 가능성은 없다고 볼 수 있다.

GPT는 파티션 테이블과 드라이브에 흩어져 있는 중요한 데이터의 인스턴스를 여러 개 생성해서 MBR을 손상시킬 위험을 제거했고, 기본 인스턴스가 손상되면 드라이브의 다른 인스턴스를 사용해서 복구할 수 있다. GPT는 손상된 데이터를 재구성하는 데 도움이 되는 CRC(Cyclic Redundancy Check) 값을 사용해 데이터를 저장한다.

MBR 파티션이 있다고 가정하는 레거시(구식) 도구가 필수 GPT 데이터를 덮어쓸 가능성에 대비해서 GPT는 전체 드라이브를 단일 파티션으로 설명하는 MBR인 '보호 MBR(protective MBR)'이라는 기능을 제공한다. 보호 MBR은 일반적인 용도로는 거의 사용되지 않는다. 보호 MBR에 액세스하는 레거시 도구는 모든 면에서 완벽하게 동작하지는 않지만 최소한 해당 도구는 MBR이 누락되거나 손상됐다고 가정하지 않으며, GPT 데이터를 손상시키는 새로운 MBR을 기록하지 않는다.

GPT의 원리에 대한 자세한 설명은 이 책의 범위를 벗어나므로 자세한 내용은 https://en.wikipedia.org/wiki/GUID_Partition_Table을 참조하자.

라즈베리 파이 SD 카드 파티셔닝하기

지금까지 파티셔닝의 역사에 대한 내용은 대부분 회전식 자기 매체를 중심으로 진행됐지만 SD 카드 및 USB 드라이브 같은 최신 솔리드 스테이트 저장소 기술 역시 동일한 접근법을 통해 대량의 물리적 매체를 개별적으로 주소 섹터로 구성된 논리적 파티션으로 분할하고 있다. 라즈비안 OS가 들어있는 SD 카드는 일반적으로 두 개의 파티션으로 나뉜다. 첫 번째는 부트 파티션(boot partition)으로 용량은 60MB에 불과하고, FAT 파일 시스템(FAT16 또는 FAT32)용으로 특별히 포맷돼 있어야 한다. 또한 그래픽 처리 장치(GPU)를 초기화하는 데 필요한 코드와 데이터만 포함하고 있으며, OS 커널을 메모리로 가져와서 실행하는 역할을 한다. 다음으로 루트 파티션(root partition)은 나머지 OS와 모든 파일이 들어 있으며, ext4 리눅스 파일 시스템으로 포맷된다. 라즈비안은 별도의 스왑 파티션을 사용하지 않고 루트 파일 시스템에 예약된 공간을 스왑에 사용한다. 3장 후반부에서 다룬 내용과 같이 라즈베리 파이는 최대한 스와핑을 피하도록 만들어져 있다.

라즈베리 파이의 부팅 절차는 데스크톱 및 노트북 컴퓨터와 조금 다르다. BCM2835 부트 ROM에는 VPU(비디오 처리 장치)에서 실행되는 작은 코드가 들어있는데, 이 VPU는 GPU의 일부를 구성하는 RISC 코어다. 부트 ROM은 FAT 부트 파티션에서 bootcode.bin이라는 파일명을 가진 1단계 부트로더를 로드하고, 그다음에는 메인 펌웨어 파일인 start.elf를 로드한다. 마지막으로 start.elf는 kernel.img(armv6 CPU) 또는 kernel7.img(armv7 및 armv8 CPU) 파일에서 OS 커널을 메모리의 시작 위치로 읽어들이고 ARM CPU 리셋을 해제해서 OS를 로드한다. 부트로더가 읽는 커널 파일은 보드의 종류에 따라 다르다. 1세대 라즈베리 파이 보드에는 armv6 CPU가 있으며 kernel.img 파일을 읽어들인다. 라즈베리 파이 2 보드는 kernel7.img 파일을 읽어들인다.

> **알아두기**
>
> 라즈베리 파이 3에는 64비트 armv8 코어텍스 A-53 CPU가 통합돼 있지만 이 책을 집필하는 시점에는 아직 별도의 64비트 OS 커널이 등장하지 않은 상태다. 라즈베리 파이 3는 kernel7.img를 사용하며 32비트 모드로 실행된다. 라즈베리 파이 재단이 코어텍스 A-53을 선정한 이유는 32비트 모드에서도 매우 잘 실행되는 동시에 향후에 쓰일 수 있는 64비트 기능을 갖추고 있기 때문이다.

라즈베리 파이 재단은 2013년 중반부터 부팅 가능한 OS를 쉽게 설치할 수 있는 유틸리티를 제공하고 있다. 이 시스템은 NOOBS(New Out-of-Box Software)라고 하며, 재단 웹사이트(www.raspberrypi.org/downloads)에서 무료로 내려받을 수 있다.

NOOBS를 완전히 설치하려면 최소 4GB의 SD 카드 공간이 필요하다. 처음으로 라즈베리 파이를 부팅할 때 NOOBS는 여러 운영체제 메뉴를 표시하고 어떤 메뉴를 설치할지 묻는다. 그런 다음 사용자가 선택한 운영체제를 네트워크 또는 SD 카드의 이미지 파일로부터 설치하고, 설치된 운영체제 중 부팅할 운영체제를 선택할 수 있는 기능을 제공한다. 운영체제를 설치한 이후에도 부팅 과정에서 NOOBS에 진입 가능하므로 기존 설치를 복구하거나 추가 운영체제를 설치하고 설정 파일을 편집할 수 있다.

일반적인 운영체제나 라즈베리 파이의 운영체제에 대한 자세한 내용은 8장을 참조하자.

광학 디스크

광학식 대용량 저장 기술은 1960년 경에 처음으로 대중 앞에 선보였지만 데이터 기록보다는 비디오 녹화를 위한 기술로 먼저 만들어졌다. 30cm 아날로그 레이저 디스크 형식을 사용하는 고성능 비디오 플레이어는 1978년에 출현했는데, 이를 컴퓨터 데이터 저장소로 활용하려는 시도는 있었으나 가격도 비싸고 개별 디스크의 무게가 400g에 육박했기 때문에 시장에서 성공을 거두지 못했다. 저렴한 디지털 광학 저장 장치가 가능해진 것은 1980년대 초반에 완전한 디지털 오디오 CD 형식이 등장한 시점부터였다.

대부분의 읽기 전용 광학 디스크 기술은 다음과 같이 작동한다. 먼저, 폴리카보네이트 재질의 디스크 중앙에서 시작해서 바깥쪽을 향하는 나선형 트랙을 따라 미세한 피트(구덩이) 모양으로 디지털 정보가 입력된다. 이를 압착한 후, 폴리카보네이트 디스크를 알루미늄 금속으로 코팅해서 극도로 얇은 층을 형성한 후 투명한 아크릴로 덮는다. 디스크를 읽을 때는 레이저 다이오드로부터 발사된 빔이 나선형 트랙을 따르고, 포토다이오드가 디스크로부터 반사된 레이저 광을 해석한다. 피트(pit), 그리고 피트를 구별하는 평평한 영역인 랜드(land)는 모두 길이가 가변적이다. 피트는 레이저 파장의 1/4 정도의 깊이를 가지고 있어 피트의 바닥에서 반사된 빛은 주변 표면에서 반사된 빛과 180° 위상차가 생기며, 이는 파괴적 간섭을 일으켜서 피트에서 반사된 빛이 랜드에서 반사된 빛보다 더 희미해진다. 광학 디스크의 트랙이 나선형인 이유는 이 기술이 완전히 순차적인 데이터인 음향 및 비디오 기술을 위해 고안됐기 때문이다(역사를 더 거슬러 올라가면 LP가 있다).

하드디스크 저장 장치와 마찬가지로 피트와 랜드 자체를 감지하는 것보다는 피트와 랜드 사이의 전환을 감지하는 것이 기술적으로 더 쉽다. 그래서 CD 표준은 이진수 0과 1을 표현하기 위해 피트와 랜드를 사용하는 대신, 피트에서 랜드, 또는 랜드에서 피트로의 변경에 이진수 1을 인코딩하고, 피트나 랜드가 연속적으로 이어지는 짧은 길이 구간에 이진수 0을 인코딩한다(그림 6-7). 여기에 추가로 적용되는 RLL

코딩 계층(8-14 변조, 이른바 EFM으로도 알려져 있다)은 타이밍 복원을 지원하고 전체 디지털 합계(전체 이진수 1의 개수에서 전체 이진수 0의 개수를 뺀 총합)를 최대한 작게 유지한다.

알아두기

포토다이오드(photodiode)는 접합부가 빛에 민감하도록 만들어진 특수한 반도체 접합 다이오드다. 빛의 광자가 접합부에 충돌하면 전자와 양의 전하 정공이 생성되어 공핍 영역(depletion region)으로 휩쓸려 간다. 이로 인해 접합부에 닿는 빛의 강도에 비례해서 작은 전류가 흐르게 된다. 포토다이오드는 빛을 검출하고 빛의 변화를 측정하는 데 많이 사용된다.

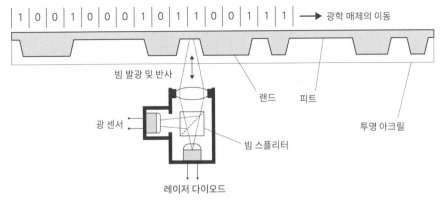

그림 6-7 광학 디스크의 작동 방식

대부분 광학 드라이브의 광학 시스템에서 가장 중요한 구성 요소는 빔 스플리터(beam splitter)로, 유리나 플라스틱으로 만들어진 작은 프리즘이며 45도 각도로 부분적으로 반사되는 층을 가지고 있다(보통 45도 선을 따라 2개의 프리즘을 붙여서 제작한다). 레이저의 빔은 반사층을 통과해서 디스크에 직각으로 입사한다. 빔이 디스크에 부딪치고 반사되면 반사 광선의 일부가 빔 스플리터에 의해 굴절되면서 광 센서, 즉 포토다이오드에 도달한다. 광 센서에 연결된 증폭기는 랜드와 피트에서 반사된 빛의 강도 차이를 감지하고 이러한 차이를 디지털 펄스로 변환한다. 펄스에서 잡음을 제거한 후 이를 1과 0으로 해석하는 것은 드라이브의 전자 회로의 역할이다.

광학 디스크의 문제는 표면이 긁힐 수 있다는 점이다. CD 표준은 리드-솔로몬(Reed-Solomon) 코드에 기초한 오류 정정 코드(error correcting code, ECC) 방식을 명시하고 있으며, 이는 저장된 비트 스트림에 어느 정도의 중복성을 부가한다. 즉, 데이터 비트의 여러 복사본이 디스크에 있는 둘 이상의 물리적 영역에 저장된다. 중복 데이터 덕분에 디스크의 표면이 긁혀서 손상된 데이터가 조금 있어도 디코더가 이를 재구성할 수 있다. 디스크 표면이 긁히면 한 번에 다수의 인접한 데이터 비트가 파괴되기 때문에 실제 데이터 스트림을 기록할 때는 디스크의 여러 인접 영역에 교차 배치(interleave)되고 이를 재생할 때도 여러 인접 영역을 교차해서 읽는다(de-interleave). 이러한 방식을 통해 리드-솔로몬 코드의 오류 수정 기능으로도 복구할 수 없는 데이터 손상의 가능성을 줄일 수 있다. 리드 솔로몬 코드는 이 책의 범위를 벗어나는 복잡한 수학을 필요로 하는데, 관심이 있다면 위키피디아의 관련 항목이 도움될 것이다(https://en.wikipedia.org/wiki/Reed%E2%80%93Solomon_error_correction).

CD 기반 포맷

오디오 CD를 기반으로 하는 12cm 규격의 광학 디스크에는 여러 종류가 있으며, 모두 최대 약 700MB의 용량을 갖추고 있다.

- **CD-ROM**: 지금까지 설명한 규격에 해당한다. 제조 과정에서 폴리카보네이트 재질의 디스크에 만들어진 피트는 변경할 수 없다.

- **CD-R**: 1회만 기록(쓰기) 가능한 규격이다. 디스크 반사층 위의 플라스틱 디스크 상에 감광성 염료층을 증착해서 제조한다. 디스크를 쓸 때 강한 펄스의 레이저를 통해 표면의 염료 반사율을 영구적으로 변경하며, 변경된 반사율은 CD-ROM의 피트와 같다. 디스크를 읽을 때는 염료층의 특성에 영향을 주지 않는 약한 레이저 빔을 방출한다. 즉, 디스크를 쓸 때 변경된 염료층의 점이 피트로 해석되는 것이다. 디스크를 쓸 때 변경되지 않은 염료층은 CD-ROM의 랜드와 같은 방식으로 빛을 반사한다.

- **CD-RW**: 여러 번 쓰기가 가능한 형식이다. 염료층은 인듐, 텔루륨, 은을 포함하는 합금 재질의 반사층으로 대체됐다. 이 합금을 고강도 레이저 광으로 가열하면 상 변화가 일어난다. 상 변화란 얼음이 녹아 물이 되거나 물이 끓어 증기가 되듯 분자의 재배치로 인해 물질의 물리적 특성이 달라지는 현상을 말한다. CD-RW의 합금은 반사성 다결정질 상으로부터 반사성이 낮은 비정질(유리질) 상으로 상 변화가 일어난다. 상 변화로 인해 금속의 반사율이 변화하므로 CD-R의 염료층을 읽는 원리와 유사한 방법으로 읽을 수 있게 된다. 그러나 CD-RW의 상 변화는 영구적이지 않다. 쓰기에 쓰는 빔보다 강도가 약한 빔을 사용하면 이를 되돌릴 수 있다(읽기에 쓰는 빔의 강도는 그보다 더 약하며 합금의 상에 전혀 영향을 미치지 않는다). 빔의 강도를 1과 0의 패턴에 따라 바꿔 가며 디스크 표면을 쓰면 계속 새로운 데이터를 쓸 수 있다.

CD-ROM 규격은 강력한 표준이며, 이론적으로 CD-R 또는 CD-RW 규격으로 만들어진 디스크는 모든 CD-ROM 호환 드라이브에서 읽을 수 있다. 하지만 실제로는 호환성 문제가 있다. 특히 쓰기/다시 쓰기가 가능한 표준이 정립되기 전에 제조된 구식 드라이브의 경우에는 호환성 문제가 있다.

DVD 기반 포맷

1995년경 DVD 비디오가 성공적인 상용 규격으로 등장한 이후, 이 규격은 컴퓨터용 비휘발성 저장 장치로도 채택됐다. 넓은 의미에서 이 기술은 이전의 CD 규격과 작동 방식이 동일하다. DVD도 CD와 마찬가지로 폴리카보네이트 재질 디스크의 피트와 랜드로 데이터를 인코딩한다. 하지만 나선형 트랙,

피트 및 랜드의 크기는 CD 규격에서 사용되는 것보다 훨씬 작으며 DVD에서 파생된 규격은 훨씬 큰 저장 용량을 갖추고 있다. DVD 규격은 최소 4.7GB를 저장할 수 있고, DVD에서 파생된 새로운 규격 중에는 훨씬 더 큰 용량을 갖춘 것도 있다. 피트와 랜드를 더 작게 만들기 위해서는 데이터를 읽고 쓰는 데 사용되는 레이저의 파장을 조절해야 한다. 파장이 짧으면 짧을수록 트랙을 스캔할 때 피트와 랜드에서 반사된 레이저가 더 선명해진다. 레이저 파장이 짧으면 그 가시광선은 푸른 빛에 더 가까워진다. 수년에 걸쳐 레이저 이미징에 사용되는 빛이 적외선에서 적색을 거쳐 청색까지 변화했다. 블루레이(Blu-ray) 상표는 고해상도로 비디오를 인코딩하는 데 필요한 청색광을 의미하는 상표다.

레이저의 색상(파장) 외에도 CD에 비해 DVD 데이터 저장소가 가지는 가장 큰 기술적 진보는 듀얼 레이어(dual layer) 디스크로, 최초의 DVD 규격부터 지원했던 기술이다. 이것은 투명한 래커(lacquer)로 피트 및 랜드의 첫 번째 층을 코팅한 다음, 조립 전에 디지털 데이터를 기록한 두 번째 투명 플라스틱 층을 붙이는 방식이다. 제 2 데이터 층은 매우 얇은 금으로 코팅돼 있다. 금으로 이뤄진 층은 굉장히 얇아서 반투명하며, 강한 레이저가 이 층을 통과하고 안쪽 층에서 충분히 강하게 반사되므로 광 센서가 반사광을 읽을 수 있다.

DVD 판독기가 듀얼 레이어 DVD를 확인하면 판독기 헤드가 광 초점을 변경해서 원하는 대로 내부 또는 외부 데이터 층을 판독한다. 초점이 맺히지 않은 층의 데이터는 '흐려지기' 때문에 초점이 맺힌 층을 읽는 데 방해가 되지 않는다.

듀얼 레이어 데이터 디스크가 단일 레이어 디스크의 두 배에 해당하는 데이터 용량을 가지는 것은 아니다. 듀얼 레이어 기술을 신뢰성 있게 만들기 위해서는 약간의 오버헤드가 필요하므로 듀얼 레이어 데이터 디스크는 단일 레이어 디스크 용량의 두 배보다 약 10% 작은 용량을 가진다.

CD-ROM과 달리 기본 DVD-ROM 규격에는 호환되지 않는 여러 가지 세부 사항이 있다. 2000년대 초반에 광학 디스크 표준을 다루는 두 개의 컨소시엄 사이에서 경쟁이 일어났다. 두 그룹은 각각 DVD-R과 DVD+R이라는 표준을 발표했고 두 표준은 서로 호환되지 않았다(두 표준 모두 나중에 다시 쓰기가 가능하도록 발전했다). DVD+R 표준이 주로 신뢰성과 오류 수정 측면에서 기술적 장점이 있지만 오늘날까지도 두 표준 중 승자는 가려지지 않았고 경쟁이 계속 이어지고 있다. CD-ROM과 마찬가지로 다시 쓰기가 가능한 DVD 기술은 광화학 염료와 상 변화가 가능한 금속층을 사용한다.

자기 하드디스크와 달리 광학 디스크는 일반적으로 논리적 드라이브로 분할되지 않는다. 광학 디스크에는 ISO 9660이라는 자체적인 산업 표준 파일 시스템 사양이 있다. 이 사양은 광학 디스크를 읽고 쓰고 관리하는 방법을 자세히 기술하며, 그 목표는 광학 디스크를 보편적인 교환 매체로 만드는 것이다. 운영체제가 ISO 9660을 완벽하게 구현하면 어떤 표준 광학 디스크라도 읽고 쓰는 것이 가능하다.

램디스크

1981년에 IBM PC가 처음 출시됐을 때, IBM은 회사 성격에 맞지 않는 이례적인 일을 했다. 기술 매뉴얼에 제품 BIOS(Basic Input/Output System)의 전체 어셈블리어 소스코드를 수록했던 것이다. 당시 BIOS는 CPU와 키보드, 디스플레이, 프린터, 디스크 드라이브 같은 주변 장치 간의 모든 상호작용을 제어했다. 소스코드가 있으면 타사 공급업체가 컴퓨터용 확장 제품을 신속하게 개발하고 출시할 수 있었기 때문에 IBM PC는 출시 후 몇 년이 지나지 않아 사실상 데스크톱 컴퓨터의 표준으로 군림할 수 있었다.

확장 제품은 하드웨어에만 국한되지 않았다. 1982년에 이르러 프로그래머들은 PC가 시스템의 RAM 영역을 PC DOS 디스크 드라이브로 취급할 수 있게 하는 소프트웨어를 개발했다. 이를 램디스크(ramdisk) 또는 RAM 드라이브라고 불렀다. 초기의 램디스크는 256K 또는 512K의 전체 메모리 중 64K의 저장 공간만을 제공했지만 그 속도는 놀라웠다. 특히 그 당시 IBM PC의 성능 표준이 360K 플로피 디스크 드라이브였기 때문에 램디스크는 플로피 드라이브보다 3배 빠르고 초기의 10MB 하드디스크보다 100배 빠르면서도 1,000달러라는 획기적인(1983년 기준) 가격을 자랑했다.

DOS PC에는 장치 드라이버가 없었다. 그 대신 TSR(Terminate and Stay Resident)이라는 소프트웨어 기술로 표준 ROM BIOS 호출을 이용해 램디스크 및 기타 여러 장치에 액세스할 수 있었다. TSR은 DOS와 함께 메모리에 로드된 다음 자신의 주소를 DOS의 메모리 인터럽트 벡터 테이블에 기록해서 하나 이상의 BIOS 호출을 '낚아챘다'. DOS가 BIOS를 사용해서 디스크 볼륨에 액세스할 때 램디스크 TSR은 이 호출을 가로채고 자체 기능을 사용해 램디스크의 메모리 영역으로 데이터를 연결할 수 있었다.

물론 램디스크는 휘발성 저장소로서 장기간의 데이터 저장에는 사용할 수 없었다. 하지만 복잡한 소프트웨어를 빌드할 때 중간 파일을 저장하는 문제를 해결하는 데는 아주 적합했다. 5장에서 설명했듯이 네이티브 코드 컴파일러는 여러 단계에 걸쳐 작동하며, 각 단계마다 자체적인 임시 파일을 생성하게 된다. 특히 컴퓨터의 대용량 저장 장치가 하나 또는 두 개의 플로피 디스크 드라이브로 이뤄진 경우 임시 파일로 인해 상당한 시간이 걸리게 된다. 하지만 임시 파일을 램디스크에 쓰도록 컴파일러를 구성하면 총 빌드 시간이 75% 이상 단축될 수 있었다.

PC의 하드웨어 표준이 성숙하고 RAM의 가격이 저렴해지면서 램디스크도 PC의 하드 한계인 640K를 넘도록 개발됐다. 임시 파일 외에도 대형 응용 프로그램의 일부인 '오버레이(overlay)'를 해당 응용 프로그램을 실행할 때 램디스크에 복사할 수 있었다. 새로운 기능 세트를 선택할 때마다 플로피 드라이브를 교체하는 대신 램디스크에 저장된 오버레이를 바로 사용할 수 있었다.

페이지 캐싱과 가상 메모리 같은 기술이 등장하며 컴퓨터 메모리와 대용량 저장 장치에 저장된 데이터의 구분이 흐려지고, 마침내 플로피 드라이브가 사라짐으로써 1990년대 중반에 이르러 램디스크의 필요성은 크게 줄어들었다. 하지만 램디스크는 여전히 유닉스에서 파생된 운영체제의 라이브 배포판에서 사용되고 있다. 라이브 배포판 OS는 보통 기본 컴퓨터의 하드디스크에 설치하지 않고 CD 또는 DVD 광학 디스크에서 메모리로 읽어와서 부팅하는 방식을 취한다. 쓰기 가능한 파일은 일반적으로 램디스크에 저장된다. 일부 라이브 배포판은 사용자가 원하면 구성 정보를 로컬 하드디스크에 선택적으로 저장할 수 있다. 이렇게 하면 라이브 설치의 설정을 영구적으로 만드는 효과가 생긴다. 그렇게 하지 않으면 컴퓨터가 종료될 때 라이브 OS와 관련된 모든 것이 메모리에서 사라진다.

라즈비안을 비롯한 현대 리눅스 시스템에는 보통 ramfs와 tmpfs라는 두 가지 램디스크 파일 시스템이 있다. 구형 ramfs 파일 시스템은 사용자가 램디스크 저장소에 최대한의 메모리를 할당하도록 허용하지 않는다. ramfs 램디스크에 쓰는 응용 프로그램은 이론적으로 시스템의 물리적 메모리를 완전히 소모할 수 있기 때문이다. 반대로 tmpfs 파티션은 메모리 양을 설정해서 제한할 수 있으며, 메모리 압박하의 스왑 공간을 활용할 수도 있다(성능을 일부 희생해야 한다). 이런 이유로 tmpfs가 ramfs를 대부분 대체했다.

플래시 저장소

지난 30년 동안 비휘발성 저장소 기술에서 가장 중요한 발전을 꼽자면 안정적이고 저렴한 플래시 메모리(flash memory)의 개발을 들 수 있을 것이다. 플래시는 도시바의 엔지니어인 후지오 마쓰오카(Fujio Masuoka) 박사가 1980년대 초에 발명한 것이다. 이 기술은 1984년에 처음으로 공개됐고, 1988년 인텔이 최초로 이 기술을 사용한 상업용 칩을 개발했다. 초창기 플래시는 컴퓨터의 설정 데이터와 BIOS 코드 및 펌웨어를 저장하는 매체로 사용됐다. 또한 셋톱박스 및 가정용 광대역 라우터 같은 소비자 전자 제품에도 사용됐다. 플래시의 제조 단가는 지속적으로 하락했고, 결국 대용량 저장소에 사용할 수 있을 만큼 충분히 저렴해졌다. 플래시 메모리는 일반적으로 네 가지 분류가 있으며, 플래시 카드(SD, MMC, 메모리 스틱, 컴팩트 플래시), USB 메모리 스틱('썸 드라이브'라고도 불린다), 임베디드 플래시(eMMC, UFS), 그리고 기존의 하드디스크를 대체하도록 설계된 플래시 기반 SSD로 분류된다.

플래시 장치는 DRAM과 구조적으로 매우 유사하다. 3장에서 설명한 DRAM에 대한 내용을 잘 기억하고 있으면 이어지는 플래시 기술에 대한 설명을 이해하는 데 도움될 것이다.

ROM, PROM, EPROM

플래시는 비휘발성 반도체 메모리이며, 비휘발성 반도체 메모리는 이전에도 있었다. 제조 과정에서 기록된 데이터를 영구적으로 담는 ROM은 반도체 메모리 시대의 초기부터 존재해 왔다. 마스크 프로그래밍이 가능한 ROM에서는 하나 이상의 포토리소그래피 마스크(photolithographic mask)를 조정해서 칩의 트랜지스터 스위치를 개별적으로 차단하거나 변경해서 칩에 인코딩하는 방식으로 프로그래밍했다(3장 참조). 프로그래밍 가능한 ROM, 즉 PROM 칩은 일반적으로 제조 후 고전류 펄스를 사용해 셀 매트릭스의 퓨즈를 녹이거나 여는 방식으로 데이터를 칩에 한 번 (영구적으로) 기록할 수 있다.

플래시 메모리의 직접적인 원조는 1972년에 발명된 EPROM(erasable PROM)이라고 할 수 있다. EPROM의 이름에는 '삭제 가능한 ROM'이라는 뜻이 담겨 있으며, 실제로 장치에 저장된 데이터를 자외선(UV)에 노출시키면 지울 수 있다. 데이터는 메모리 셀 매트릭스의 각 노드에서 플로팅 게이트 MOSFET(metal-oxide-semiconductor field-effect transistor)에 특정 전압으로 저장된다. 전체 EPROM의 데이터를 삭제하기 위해서는 장치 패키지의 작은 석영 창을 통해 강한 자외선을 조사하면 된다(석영은 일반 유리와는 달리 자외선을 통과시킨다). 자외선 광자는 이산화실리콘 절연층에 이온화를 일으켜 플로팅 게이트 MOSFET의 전하를 포획해서 바닥으로 새어나가게 한다. EPROM은 자외선에 노출되지만 않으면 최소 20년, 최대 40년 동안 데이터를 보존하며 수백 번에 걸쳐 데이터 삭제가 가능하다. UV를 통한 삭제는 절연층에 손상을 누적시켜 수천 번 데이터를 삭제하면 더 이상 셀을 사용할 수 없게 되며 이 문제는 플래시 메모리의 개발을 촉발시킨 원인 중 하나다.

EEPROM으로서의 플래시

1970년대 말까지, UV 광원하에 많은 시간을 소모하지 않고도 EPROM 장치의 데이터를 지우기 위한 실험이 계속됐다. 이러한 종류의 장치를 전기적으로 지울 수 있는 PROM, 즉 EEPROM(electrically erasable PROM)이라고 한다. EPROM과 마찬가지로 모든 EEPROM 소자는 플로팅 MOSFET 게이트에 전압 레벨로 데이터를 저장한다. 게이트에서 전하를 제거하면 비트를 지울 수 있다. 엄밀히 말하면 플래시 역시 EEPROM 기술의 일종이며, 처음부터 빠르고 확장 가능하도록 설계됐고 대부분의 EEPROM 기술과 마찬가지로 선택적 삭제가 가능하다. 즉, 장치의 데이터 일부를 유지하면서 다른 부분을 삭제할 수 있다. 플래시 기술은 오늘날 가장 성공적인 EEPROM 기술로 꼽힌다.

대부분의 반도체 메모리와 마찬가지로, 플래시는 주소 지정이 가능한 매트릭스의 개별 메모리 셀을 기반으로 한다. 기본적인 플래시 셀은 플로팅 게이트 MOSFET을 기반으로 한다. 그림 6-8은 플로팅 게이트 MOSFET 기호와 플래시 셀의 단면을 보여준다.

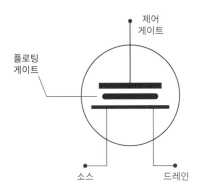

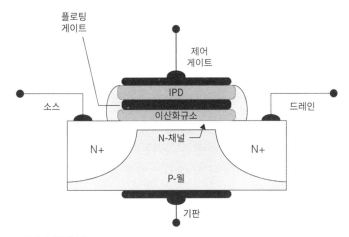

그림 6-8 플래시 셀

4장에서 언급했듯이 MOSFET은 게이트 단자에 인가되는 전압을 제어해서 소스와 드레인 단자 사이에 임시 전도성 채널을 생성함으로써 전류 흐름을 제어한다. MOSFET이 전류를 흘리기 시작하는 전압을 임계 전압(threshold voltage, Vth)이라 한다.

일반적인 제어 게이트 외에도 플로팅 게이트 트랜지스터는 제어 게이트와 채널 사이에 위치하며, 칩의 나머지 전자 장치에 연결되지 않는 제2의 게이트 전극을 갖는다. 이 전극은 이산화규소와 같은 절연층으로 둘러싸여 있다. 채널에 전압이 걸린 상태에서 제어 게이트에 고전압을 인가하면 이 플로팅 게이트에도 전하가 인가된다. 채널에 걸린 전압은 전자를 가속시켜 충분한 에너지를 만들고, 이산화규소 절연체를 가로질러 채널과 플로팅 게이트를 분리하고 게이트에 전하를 전달한다. 이러한 과정을 HCI(Hot Carrier Injection)라고 한다. 플로팅 게이트 상의 전하 유무는 트랜지스터의 임계 전압에 영향을 미친다. 제어 게이트의 전압을 Vth에 가깝게 설정하고 채널에 흐르는 전류를 측정하면 플로팅 게이트의 전하를 높은 정확도로 측정할 수 있다.

제어 게이트에 음의 전압을 크게 인가하면 HCI를 통해 플로팅 게이트에 배치된 전하를 제거할 수 있다. 이는 전기장을 형성해서 채널과 플로팅 게이트 사이의 장벽을 가로지르는 전계 방출 터널링(Fowler-Nordheim tunnelling)을 일으킨다. 플로팅 게이트에 전하가 주어지면 게이트를 에워싸는 절연층은 상당히 오랜 시간 동안 게이트의 전하를 유지할 수 있다. 일부 연구 결과에 따르면 이상적인 조건하에서 100년 정도 전하를 유지할 수 있다.

알아두기

일부 금속은 충분히 강한 전기장에 노출되면 저에너지 전자를 방출하는데, 이를 전계 방출(field emission)이라고 한다. 물리학자 랄프 파울러(Ralph Fowler)와 로서 노르트하임(Lothar Nordheim)은 1920년대 후반에 양자 효과를 통해 이러한 전자가 절연층을 통과할 수 있다는 사실을 설명했다. 이것은 양자 터널링을 이론적으로 설명한 첫 번째 사례로 꼽한다.

EPROM 및 이전 세대의 EEPROM 셀과 마찬가지로 플래시 메모리 셀도 SRAM 또는 DRAM 메모리 셀에는 없는 제한을 갖는다. 플래시 셀에는 데이터를 쓰고 지울 수 있는 횟수의 한계가 있다. HCI는 플로팅 게이트를 절연시키는 절연 장벽에 손상을 입히며 이 손상은 누적된다. 쓰기/지우기를 일정 횟수만큼 반복하고 나면 전자가 장벽에 갇히게 되어 효과적으로 제거할 수 없게 된다. 이렇게 포획된 전자는 장벽에 플로팅 게이트의 전압 측정을 방해하는 불필요한 전하를 방출한다. 어느 시점이 지나면 충전과 충전 부족 사이의 차이가 사라지고 셀을 더 이상 정확하게 읽을 수 없게 된다. 셀을 쓸 수 있는 횟수를 내구력(endurance)이라고 한다. 플래시 셀의 내구성은 셀의 크기, 셀당 저장되는 비트 수 및 셀의 재료에 따라 크게 다르다. 현재 플래시의 내구성은 1,000회에서 100,000회까지 다양하다.

SLC와 MLC

SRAM은 플립플롭의 데이터를 인코딩하며, 이 데이터는 두 가지 로직 상태만 가질 수 있기에 하나의 비트만 인코딩할 수 있다. DRAM은 MOSFET 트랜지스터에 부착된 미세 커패시터의 전하로 데이터를 저장한다(자세한 설명은 3장 참조). 전하가 빠르게 누출되므로 커패시터의 실제 전압은 재충전으로부터 시간이 얼마나 경과했느냐에 따라 달라진다. 그래서 최선의 방법은 DRAM 셀의 커패시터가 충전됐는지 여부를 테스트하는 것뿐이다.

DRAM과 마찬가지로 플래시는 셀에 데이터를 전하로 저장한다. 하지만 DRAM과 달리 플래시는 수년 동안 거의 변하지 않은 채 셀의 전하를 유지할 수 있다. 전하가 셀에 존재하는지 여부를 감지할 수 있을 뿐만 아니라 트랜지스터 임계 전압에 대한 플로팅 게이트의 영향을 정밀하게 측정함으로써 상당한 성확도로 전하의 양을 파악할 수 있다.

플로팅 게이트의 전하량을 측정할 수 있기 때문에 많은 응용이 가능하다. 심지어 하나의 플래시 셀에 여러 비트를 저장할 수도 있다(그림 6-9). 비트를 하나만 저장하는 플래시 셀을 단일 레벨 셀(Single Level Cell, SLC)이라고 한다. SLC은 두 가지 전압 레벨만 저장할 수 있다. 즉, 셀이 0비트 또는 1비트만 저장할 수 있는 이진수 장치가 된다. 하지만 플래시 장치를 설정해서 셀에 서로 다른 4개의 전압을 저장할 수 있게 하면 해당 셀은 2비트를 인코딩할 수 있다. 그리고 셀이 서로 다른 8개의 전압을 저장할 수 있게 하면 셀이 3비트를 인코딩할 수 있다.

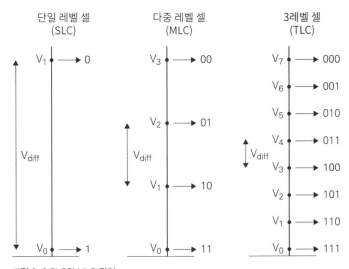

그림 6-9 SLC와 MLC 장치

1비트를 초과하는 비트를 저장하는 플래시 셀을 MLC(Multi-Level Cell)라고 한다. 이 책을 쓰는 시점에서 상용 플래시 장치의 MLC는 최대 4비트를 인코딩할 수 있다.

단일 셀에 더 많은 비트를 담으면 단점도 생긴다. 일반적으로 장치의 플로팅 게이트가 가질 수 있는 최대 충전 레벨은 다른 인자에 의해 제한되며 임의로 늘릴 수 없다. 이는 MLC 장치의 셀당 비트 수가 증가함에 따라 구별해야 하는 충전 레벨의 차이가 더 작아진다는 것을 의미한다(그림 6-9). 이 전압 차이가 작을수록 측정이 어려워지고, 읽기 오류와 쓰기 오류가 발생할 가능성이 커진다. 또한 MLC는 절연 장벽에 포획된 기생 전하에 더 취약하다. 기생 전하로 인해 게이트 전하 측정이 어려워지기 때문이다. 그래서 MLC의 내구성은 SLC의 내구성보다 낮은 편이다.

셀 고장의 영향을 최소화하는 기술도 있다. 이 기술은 뒤에 이어질 '웨어 레벨링과 플래시 변환 계층' 절에서 다룰 예정이다.

NOR 플래시와 NAND 플래시

일반적으로 플래시 장치의 개별 셀은 모두 동일한 방식으로 작동한다. 셀이 플래시 저장 칩의 실리콘에 어떻게 배열되고 서로 연결되는지는 어느 정도 칩이 어떻게 쓰이는지에 달려 있다. 현재 플래시 셀을 저장소 배열로 결합하는 아키텍처에는 두 가지 종류가 있다.

- NOR(Not-OR) 플래시: DRAM과 마찬가지로 단일 기계 워드(machine word) 해상도로 읽고 쓸 수 있다. NOR 플래시는 NAND 플래시보다 쓰기 및 지우기가 느리고 밀도가 낮지만 읽기는 더 빠르다. XIP, 즉 RAM에 복사하지 않고도 코드를 실행하는 방식을 지원하며, 일반적으로 임베디드 장치에 펌웨어를 저장하는 데 쓰인다.
- NAND(Not-AND) 플래시: 512~4,096바이트의 더 큰 페이지에 액세스하는 구조다. 페이지는 일반적으로 16KB 이상의 블록으로 결합된다. NAND 플래시의 읽기, 쓰기는 페이지 단위로 가능하지만 지우기는 블록 단위로만 가능하다. NOR 플래시보다 쓰기와 지우기가 빠르고, 또한 밀도가 높지만 읽기는 더 느리다. 배열에 대한 빠른 무작위 액세스를 지원하지 않아서 XIP 사용은 불가능하다.

NOR 플래시 배열의 모습은 그림 6-10과 같다. 3장 그림 3-4의 DRAM과도 유사하다. 단일 셀은 각 비트 라인과 행 라인의 교차점에 있다. NOR라는 용어는 디지털 로직의 NOR 게이트에서 빌려온 이름으로, NOR 워드 라인에 대한 단일 입력은 비트 라인에서 반전된 출력을 생성한다.

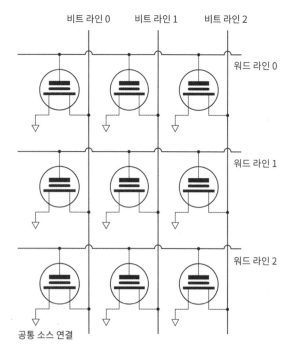

그림 6-10 NOR 플래시 배열

NAND 플래시는 비휘발성 RAM이 아닌 대량 저장 장치로 작동하도록 설계됐다. 비용 효율을 위해서는 저장소 배열에 많은 셀이 있어야 한다. NAND 배열의 셀은 단독으로 처리되지 않고, 그림 6-11과 같이 직렬로 연결된 32개 또는 64개의 셀 그룹으로 처리된다. 이러한 그룹을 스트링(string)이라고 한다. 전체 스트링은 트랜지스터 스위치에 의해 한번에 비트 라인에 연결되거나 단절된다. 이것은 0을 출력하기 위해서는 모든 입력이 1이 돼야 하는 NAND 게이트의 입력 회로와 유사하다.

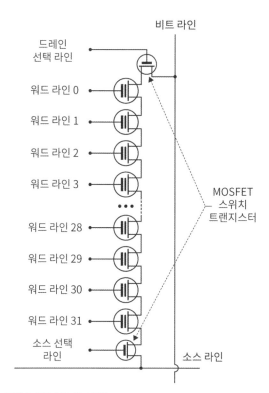

그림 6-11 NAND 셀 스트링

NAND 배열은 다수의 셀을 직렬로 배치함으로써 개별 플래시 셀을 워드 라인 및 비트 라인에 연결하는 데 필요한 오버헤드를 크게 감소시키기 때문에 NOR 배열보다 밀도를 높일 수 있다. 칩 표면의 '배선'이 적기 때문에 공간 역시 절약되며, 절약한 공간을 사용해 셀을 배열에 더 넣을 수도 있다.

NOR와 NAND 플래시의 차이를 이해하는 한 가지 방법은 NAND 셀 스트링을 NOR 배열 상의 하나의 플래시 셀로 간주하는 것이다. 스트링에 여러 셀이 있으면 그림 6-12와 같이 추가적인 주소 지정이 필요하다. 셀이 직렬로 연결돼 있기 때문에 NAND 스트링의 셀을 함께 프로그래밍할 수는 없다. 그 대신 배열의 디코딩 회로는 많은 스트링(512에서 4,096까지)의 각 해당 비트를 페이지라는 단위로 취급한다. NAND의 페이지는 한 번에 읽거나 쓸 수 있는 최소 단위다.

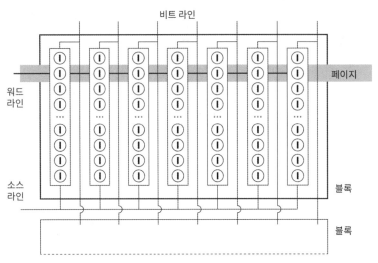

그림 6-12 NAND 스트링, 페이지, 블록

페이지를 덮는 모든 셀 스트링을 블록(block)이라고 한다. 스트링의 셀 수와 페이지의 스트링 수에 따라 NAND 블록은 16KB에서 128KB 사이의 크기를 가진다. NAND 배열의 블록 수는 다양하며 일반적으로 2,048개 이상을 가진다.

NAND 배열에서 일련의 셀 중에서 하나의 셀을 읽으려면 직렬로 연결된 전체 스트링이 전류를 흘려줘야 한다. 그렇지 않으면 개별 셀의 상태를 테스트할 방법이 없다. 읽기 동작을 수행하려면 우선 읽을 MOSFET 하나를 제외한 모든 MOSFET의 제어 게이트에 충분한 전압을 인가해야 하며, 그 전압은 플로팅 게이트의 전하 상태에 관계없이 MOSFET을 완전한 전도 상태로 만들 수 있어야 한다. 이렇게 하면 전압이 인가된 MOSFET은 일시적으로 데이터 저장 장치가 아닌 단순한 전기 전도체 역할만 하게 된다. 나머지 스트링이 모두 전도체가 되고 나면 읽고자 하는 MOSFET에 임곗값에 가까운 전압이 인가된다. 그러면 읽고자 하는 MOSFET의 플로팅 게이트의 전하에 따라 나머지 스트링의 전도성이 변화한다. 그리고 스트링을 통해 흐르는 전류에 셀의 상태가 0비트 또는 1비트로 해석된다.

플래시 배열의 모든 셀이 데이터 저장에 사용되는 것은 아니다. 일부는 ECC 오류 감지 및 수정에 사용된다. 일부는 불량 블록 관리에서 플래시 변환 계층('웨어 레벨링과 플래시 변환 계층' 절 참조)에서 사용할 예비 셀로 설정된다.

플래시 메모리의 다른 특징 중 하나는 NOR와 NAND의 차이다. 비트를 지우는 방식은 새로운 비트를 쓰는 방식과 전기적으로 다르다. 지우기는 지우기 영역의 모든 비트를 1로 설정한다. 새로운 데이터를 플래시 셀에 쓸 때는 데이터의 0비트만 실제로 기록한다. 새로 쓸 데이터의 내용 중 1비트에 해당하는 내용은 쓸 필요가 없다. 그래서 플래시 메모리를 쓸 때는 먼저 지우기를 하게 된다. 모든 쓰기 작업 이전에 지우기 작업을 해서 0비트를 쓰기 위한 1비트를 채우는 것이다. NAND 저장소에서 한 번에 지울 수 있는 최소 단위는 블록 단위다. NOR는 기계 워드(8비트에서 64비트까지)로 데이터를 읽고 쓸 수 있어야 하므로 지우기가 가능한 최소 단위는 기계 워드의 크기다. 덕택에 NOR는 XIP가 가능하지만 쓰기 속도는 NAND보다 느리다.

웨어 레벨링과 플래시 변환 계층

플래시의 가장 큰 문제점은 내구성이다. 플로팅 게이트 절연이 열화되면 셀을 사용할 수 없게 되기 때문에 지우기와 쓰기 횟수에는 한계가 있다. TLC NAND 중에는 지우기 및 쓰기 횟수가 최소 1,000회 정도로 낮은 것도 있다. 이러한 종류의 내구성 문제는 기존 하드디스크에는 존재하지 않으므로 기존 파일 시스템은 특정 하드디스크 플래터의 특정 섹터에 대한 쓰기 수를 제한하지 않는다.

그래서 플래시 셀의 단일 블록이 너무 빨리 내구성 한계에 도달하지 않게 하고 플래시 장치의 전체 용량에서 사용할 수 없는 블록을 제거하는 메커니즘이 필요하다. 이러한 메커니즘을 플래시 변환 계층(Flash Translation Layer, FTL)이라 한다. FTL은 파일 시스템과 '원시(raw)' 플래시 저장소 배열 사이에 삽입되어 파일 시스템의 LBA를 사용하는 하드디스크 방식의 명령을 수락하고 플래시 배열 액세스로 변환하는 역할을 한다. 여기서의 LBA는 하드디스크의 LBA와 달리 플래시 배열의 고정된 위치를 의미하는 것이 아니다. FTL은 파일 시스템이 이해하고 있는 LBA가 현재 배열에 있는 위치를 나타내는 매핑 테이블을 유지한다.

파일 시스템 데이터가 배열에 저장되는 위치를 추적하는 것 외에도 FTL에는 세 가지 중요한 유지보수 기능이 있다.

- **웨어 레벨링(마모 평준화)**: 특정 플래시 블록에 데이터를 쓴 횟수를 추적하고, 최소한으로 사용된 블록에 새로운 데이터를 쓴다.
- **가비지 콜렉션**: 사용 가능한 것으로 표시된 블록을 찾아 사용 가능한 블록 풀에 다시 채운다.
- **불량 블록 관리**: 불량 블록을 식별해서 사용하지 못하게 하고, 예비 블록과 교체해서 배열의 공칭 용량을 유지한다.

웨어 레벨링은 FTL의 가장 중요한 역할이며, 이를 처리하는 데는 여러 가지 방법이 있다. 가장 일반적인 방법은 블록 노화 테이블(Block Aging Table, BAT)을 사용해 특정 블록이 지우기/쓰기 절차를 거친 횟수를 계산하는 것이다. 배열에 쓰이는 새로운 데이터는 사용량이 가장 적은 블록에 할당된다. 이러한 방법을 동적 웨어 레벨링(dynamic wear leveling)이라 한다.

컴퓨터 사용의 근본적 특징 중 하나는 일부 데이터가 다른 데이터보다 훨씬 더 자주 변경된다는 점이다. 예를 들면, 설정 데이터는 데이터베이스의 레코드보다 훨씬 자주 변경된다. FTL은 정적 또는 전역 웨어 레벨링이라고 하는 과정을 통해 가장 덜 자주 변경되는 데이터를 결정하고, 이를 내구성 한계에 도달하고 있는 플래시 블록으로 재배치한다. 이 데이터는 거의 변경되지 않기 때문에 이러한 동적인 웨어 레벨링을 통해 오래된 블록을 오래 사용할 수 있다.

플래시 장치가 완전히 새로운 상태라면 쓰기 정책이 복잡할 필요가 없다. 전에 작성한 적이 없는 블록에 데이터를 쓰면 된다. 플래시 셀은 쓰기 전에 지우기가 필요하며, 플래시 블록을 지우는 데는 새 데이터를 쓰는 것보다 100배나 많은 시간이 걸린다는 점을 기억하자. 새 장치에서는 모든 블록이 지워진 상태이므로 처음에는 쓰기 속도가 굉장히 빠를 수밖에 없다. 모든 블록이 한 번 이상 쓰인 이후에는 FTL 쓰기 이전에 블록을 지우기 시작할 것이고, 이는 속도 저하로 이어진다.

속도 저하는 생각보다 심각하다. NAND 플래시 배열에 데이터를 기록하는 동작은 페이지 수준에서 일어나지만 블록 내에 많은 페이지들이 있고 그중 임의의 페이지가 쓰기에 사용될 수 있으므로 쓰기 전에 전체 블록을 삭제해야 한다. 이러한 이유로 플래시는 데이터를 '제자리에' 다시 쓸 수 없다. 블록에서 한 페이지를 변경하려면 지우기 이후에 쓰여지지 않은 페이지에 수정된 페이지를 써야 한다. 지워진 공간이 여전히 사용 가능하다면 같은 블록에 있을 수도 있고, 완전히 다른 블록에 있을 수도 있다. 원래의 페이지는 유효하지 않은 것으로 표시된다. 지워진 공간 중 유효한 공간이 없으면 FTL은 먼저 '신선한'(즉, 유효한) 데이터가 없는 블록을 지우기 시작한다. 하나의 페이지에 새로운 데이터를 쓰는 것은 하나 이상의 페이지에 대한 지우기/쓰기 작업을 발생시킨다. 이를 쓰기 증폭(write amplification)이라고 하며, 이는 플래시 배열의 마모를 증가시켜 수명을 단축시킨다. 쓰기 증폭을 최소로 유지하는 것은 모든 FTL이 최우선적으로 해야 할 역할이다.

웨어 레벨링을 돕기 위해 장치를 제조할 때 특정 수의 블록을 따로 보관하고 이를 장치의 표시된 용량으로 계산하지 않는다. 이러한 방식을 오버프로비저닝(overprovisioning)이라고 한다. 이러한 '여분' 블록 중 일부는 나중에 시간이 지남에 따라 수명을 다하는 블록을 대체하는 데 사용되고, 대부분은 쓰기 증폭을 억제하기 위해 블록으로 이뤄진 일종의 캐시로 사용된다. 오버프로비저닝 비율은 장치 및 제조업체에 따라 크게 다르지만 장치에 표시된 용량의 최대 150% 정도까지 설정될 수 있다. 오버프로비저닝 덕분에 장치의 가격이 비쌀 수는 있지만 수명은 늘어난다.

가비지 콜렉션과 TRIM

FTL은 일반적으로 하나 이상의 유효하지 않은 페이지가 들어있는 블록에서 '라이브' 페이지를 수집하고 이를 새로운 블록에 통합하는 작업을 한다. 더 이상 라이브 페이지가 포함되지 않은 블록은 나중에 지울 수 있도록 표시된다. 이 프로세스를 가비지 콜렉션(garbage collection)이라고 하며 하드디스크의 조각 모음과도 비슷하다. 가비지 콜렉션 과정에서 라이브 데이터가 없는 블록을 지워서 새 데이터를 쓰기 위해 사용 가능한 블록을 늘릴 수도 있다. 지우기는 시간이 많이 소요되므로 FTL은 장치가 OS의 읽기 또는 쓰기 요청으로 바쁘지 않은 '조용한 시간' 동안 블록 지우기를 수행한다.

가비지 콜렉션에는 문제가 있다. FTL은 OS가 페이지에 매핑되는 LBA를 다시 작성한 후에 페이지를 유효하지 않은 것으로 표시한다. OS 수준에서 파일이 삭제(및 휴지통 비우기)되면 LBA가 OS에서 사용 가능으로 표시된다. 최근까지는 OS가 FTL에 삭제된 파일에 매핑된 페이지를 알릴 방법이 없었기 때문에 언제든지 지우고 다시 쓰는 것이 가능했다. 그러던 중 2000년대 후반에 SATA 명령 세트에 TRIM 명령이 추가됐다(TRIM은 약자가 아니지만 보통 대문자로 표기된다). TRIM은 일반적으로 SATA 인터페이스의 플래시 장치(즉, SSD)에서만 사용할 수 있다(USB 메모리 스틱 및 SD 카드는 TRIM을 지원하지 않는다). OS가 파일을 삭제하면 삭제된 파일에 속한 모든 섹터의 LBA를 포함하는 SSD에 TRIM 명령을 실행한다. 그런 다음 SSD의 FTL은 삭제 및 재사용이 가능한 LBA에 매핑된 모든 플래시 블록을 표시할 수 있다.

보통 TRIM이 플래시 배열에 '지금 LBA를 지울 것'이라고 명령하는 역할을 한다고 오해하는 경우가 많은데, 이는 사실이 아니다. TRIM은 FTL에게 어떤 파일 시스템 LBA가 삭제됐는지 알려주고, 가비지 콜렉션 코드가 시간이 있을 때 지울 가능성이 있는 블록을 알려주는 역할을 한다. 최근의 일부 플래시 장치에는 보안 TRIM(secure TRIM)이라고 하는 별도의 명령이 포함돼 있다. 이 명령은 삭제 표시된 모든 페이지가 실제로 지워질 때까지 다른 플래시 배열 작업을 일시 중지시킨다.

플래시 칩의 블록 중 상당수는 제조 시 마스킹 및 에칭 과정에서 일어나는 미세한 물리적 결함으로 인해 사용할 수 없으며, 이러한 블록은 단위 테스트 중에 불량으로 표시된다. 같은 이유로, 사용 가능한 블록 중 일부는 다른 블록보다 내구성이 높거나 낮다. 그래서 보통 사용하는 동안 시간의 경과에 따라 일부 블록이 사용 불가능한 상태가 된다. FTL은 ECC 오류를 생성하는 블록(ECC에 대한 간략한 설명은 3장 참조)과 임계 오류 수를 초과하는 블록을 사용 불가능한 블록으로 표시한다. 이 과정에서 장치의 용량이 점차 줄어드는 것을 방지하기 위해 오버프로비저닝을 통해 예비 장치로 할당된 블록이 사용 가능한 블록 풀에 추가된다.

FTL 소프트웨어는 흔히 ARM CPU를 기반으로 하는 특수 목적의 마이크로컨트롤러에서 구동된다. 아주 최근까지 컨트롤러 칩과 NAND 플래시 저장소 배열 칩은 각각 자체 반도체 다이와 IC 패키지를 가지고 분리돼 있었고, 두 IC를 회로 수준에서 연결하는 것이 일반적이었다. 이제 NAND 배열과 그 컨트롤러는 별도의 다이를 사용하지만 동일한 IC 패키지 내에 통합됐다. 플래시 제조 공정과 마이크로컨트롤러 칩 제조 공정 사이의 차이가 크기 때문에 당분간은 두 칩이 하나의 다이를 공유하기 어려울 것이다. 플래시 컨트롤러 소프트웨어를 위한 별도의 CPU가 항상 있는 것은 아니다. 저렴한 휴대용 음악 플레이어를 예로 들면, 그 하드웨어는 2줄짜리 LCD 디스플레이, 헤드폰 잭 및 2개의 버튼을 USB 메모리 스틱에 붙인 것과 마찬가지다. 이러한 장치는 제조 단가를 줄이기 위해 오디오 코덱과 UI 관리자를 플래시 컨트롤러 소프트웨어와 동일한 실리콘에 탑재하는 경우가 많으므로 FTL은 디스플레이 및 입력 버튼이 있는 실시간 OS의 구성 요소 중 하나에 지나지 않게 된다.

SD 카드

플래시 기반 SATA SSD는 얼마 전까지도 흔하지 않았지만 소비자용 플래시 저장소 자체는 1994년에 CF(컴팩트 플래시) 카드가 출시된 이래 계속 시장에서 자리를 지켜 왔다. 초기 CF 카드는 NOR 플래시를 사용했지만 높은 용량에 대한 시장의 요구에 따라 밀도가 높은 NAND 플래시로 바뀌었다. 1997년에 나온 MMC(멀티미디어 카드) 형식은 CF 카드의 크기인 24mm × 32mm의 절반도 안 되는 크기를 가졌다. 1999년에 SD 카드는 기본 MMC 사양에 다양한 DRM(Digital Rights Management) 기능을 추가했으며, 얼마 지나지 않아 카드 기반 이동식 저장소 형식의 대세로 자리 잡았다. SD 카드는 MMC와 너비와 높이가 동일하지만 1mm 더 두껍다. MMC는 SD 카드 슬롯에 꽂을 수 있지만 SD를 MMC 슬롯에 꽂을 수는 없다.

IBM은 2000년에 USB 메모리 스틱을 출시한다. 이 플래시 드라이브는 플래시 카드 슬롯이 없는 데스크톱 및 노트북 컴퓨터에서 이동식 플래시 저장 장치를 사용할 수 있게 했다. 최초의 메모리 스틱은 3.5" 플로피 디스켓 용량의 몇 배에 달하는 용량을 갖추고 있었고, 덕택에 플로피 디스크 드라이브는 당시의 데스크톱 컴퓨터에서 사라지기 시작했다.

라즈베리 파이는 소프트웨어 및 데이터를 포함하는 기본 비휘발성 저장 장치로 SD 카드 형식을 사용한다. SD 카드는 3개의 세대로 분류된다.

- SDSC(Secure Digital Standard Capacity): 8MB ~ 2GB 저장
- SDHC(Secure Digital High Capacity): 4GB ~ 32GB 저장
- SDXC(Secure Digital Extended Capacity): 64GB ~ 2TB 저장

각 세대는 하위 호환성을 보장하므로 SDHC 및 SDXC 카드 슬롯은 앞 세대의 카드를 읽을 수 있다. SDXC 카드는 일반적으로 NTFS 파일 시스템의 추가 오버헤드 없이 FAT32보다 높은 카드 용량을 허용하는 exFAT(확장 FAT) 파일 시스템으로 미리 포맷된 상태로 판매된다. ExFAT는 마이크로소프트 소유이며, 특허 문제로 인해 리눅스(라즈비안 포함)에서의 지원은 여전히 제한돼 있다. 라즈베리 파이 부트로더는 exFAT 카드로 부팅할 수 없으므로 SDXC 카드를 라즈베리 파이에서 사용하려면 FAT32로 다시 포맷해야 한다.

일부 SD 카드는 다른 카드보다 빠르다. 몇 가지 속도 등급이 있으며, 이를 표현하는 '클래스'는 초당 MB 단위의 대략적인 연속 순차 전송 속도를 나타낸다. 예를 들어, 클래스 4 카드는 초당 4MB의 데이터를 전송하고 클래스 10 카드는 초당 10MB의 데이터를 전송한다. 2009년 SD 카드 사양 강화로 카드의 전기 인터페이스와 컨트롤러 인터페이스가 바뀌면서 초당 100MB의 속도를 낼 수 있는 초고속(UHS) 형식이 추가됐다. UHS 카드는 일반적인 SD 인터페이스에서 작동하면서도 이전의 인터페이스보다 더 빠르다.

속도 클래스만 보면 SD 카드의 속도를 단순하게 파악할 수 있을 것 같지만 진짜 속도는 카드 사용법에 따라 크게 달라진다. 대다수의 SD 카드는 디지털 카메라 또는 음악 플레이어 같은 장치에서 사용되며, 순차적 읽기 및 쓰기 속도가 성능의 주요 결정 요소다. 이러한 경우에는 클래스만으로 속도를 충분히 표현할 수 있다. 반면 라즈비안과 같은 범용 OS는 카드의 불특정 영역에 대해 작은 규모로 읽기와 쓰기를 자주 수행한다. 즉, 무작위 액세스 성능이 제어 요소가 되는데, 무작위 액세스는 플래시 기술의 필수적인 요소인 읽기-수정-삭제-쓰기의 주기 때문에 SD 카드가 속도를 내기 힘든 영역이다. 소규모 읽기, 쓰기 작업에 최적화되지 않은 클래스 10의 SD 카드보다 속도 클래스는 낮지만 무작위 액세스 성능이 우수한 카드가 라즈베리 파이에서 더 빠른 속도를 낼 수도 있다. 이런 점에서 SD 카드 컨트롤러의 설계가 중요하다. 버퍼링을 잘 사용하면 플래시 배열에 대한 읽기, 쓰기 횟수가 최소화되므로 무작위 액세스의 성능이 향상되기 때문이다. 안타깝게도 SD 카드 제품에 무작위 액세스 성능이 표시되지는 않지만 특정 카드 그룹에 게시된 벤치마킹 시험 결과를 살펴보는 것이 도움될 수 있다. http://thewirecutter.com/reviews/best-sd-card/에서 여러 카드 그룹에 대한 리뷰를 살펴보자.

'짝퉁' SD 카드가 흔하다는 점에도 유의해야 한다. 예를 들어, 32GB로 표시된 짝퉁 카드가 실제로는 용량이 2GB에 불과한 경우도 있다. 이 같은 문제를 방지하려면 반품이 보장된 상점을 이용하는 것이 가장 좋다.

현재 SD 카드 인터페이스의 버스는 4비트의 폭을 가진다. 초기의 SD 카드는 더 느린 1비트 폭의 버스를 사용했기 때문에 이후 세대의 SD 카드도 호스트 프로세서가 카드의 세대, 버스 폭, 기능을 확인하기 전까지는 1비트 버스로 카드와 통신하도록 허용한다. 초기 작업이 끝나고 나면 호스트가 전체 버스를 사용해서 통신할 수 있으며, 기본 SD 표준에서 사용할 수 없는 카드의 용량, 속도, 기능을 확인할 수도 있다.

호스트는 하드디스크 또는 SSD와 마찬가지로 명령 세트를 사용해 카드를 제어한다. SD 명령 세트는 이전의 MMC 명령 세트를 기반으로 하며, 차이가 있다면 주로 SD 표준의 DRM 보안 메커니즘과 관련된 것이다.

eMMC

모든 플래시 저장소가 이동식이 돼야 하는 것은 아니다. 스마트폰이나 태블릿 같은 기기의 회로 기판과 꼭 분리돼 있어야 하는 것도 아니다. 기판과 결합된 플래시 메모리의 예로, BGA 패키지를 사용해 회로 보드에 납땜하도록 설계된 임베디드 MMC, 즉 eMMC라는 표준 IC 클래스가 있다(라즈베리 파이 메모리 칩과 관련된 BGA의 설명은 3장을 참조). 플래시 컨트롤러와 NAND 플래시 배열은 별도의 다이에 있지만 멀티 칩 패키징(multi-chip packaging , MCP)이라는 기술을 사용해 동일한 패키지로 묶이게 된다.

eMMC 인터페이스는 원래의 MMC 인터페이스를 확장한 것이다. 버스는 8비트 폭을 가지며 플래시 전용 SATA 명령이 MMC 명령 세트에 추가됐고, TRIM, 보안 트림, 보안 지우기가 포함돼 있다. 보안 지우기는 복구할 수 없는 방식으로 전체 NAND 배열을 지우고 eMMC 장치를 원래의 기본 상태로 되돌린다. 하지만 이전의 사용으로 인해 떨어진 내구성까지 회복시키지는 못한다.

eMMC 저장소는 스마트폰이나 태블릿과 같은 장치에 필수적인 유일한 비휘발성 저장소이기 때문에 현재의 eMMC 표준(v5.1)은 두 개의 부트 파티션과 RPMB(Replay-Protected Memory Block)라는 추가 파티션을 명시하고 있다. RPMB에는 DRM 관련 코드 및 암호 해독 키가 포함돼 있다. 이러한 파티션은 제조 시점에서 플래시 배열에 적용되며, 기존 하드디스크의 공장 초기화(저수준 포맷)와 거의 동일하다. eMMC 장치의 나머지 저장소는 사용자 공간으로 쓰이며, 사용자 데이터를 담기 위한 최대 4개의 범용 파티션을 포함할 수 있다.

대부분의 eMMC 장치는 밀도 향상을 위해 MLC 또는 TLC 인코딩을 사용한다. MLC는 산업용(장기 신뢰성이 필요하며 가격이 높아도 무관함)을 목표로 하는 장치에 더 많이 쓰이며, 소비자용 장치(높은 신뢰성보다 낮은 가격이 중요)에서는 TLC가 더 일반적이다. eMMC 표준은 SLC 인코딩을 사용하는 강화 영역을 가지고 있으며, 강화 영역은 높은 신뢰성과 낮은 밀도를 갖추고 있다. 기본적으로 부팅 파티션과 RPMB는 강화 영역이다. 사용자 공간은 선택적으로 강화 영역으로 지정할 수 있다. 플래시 배열의 강화 영역 설정은 한 번만 할 수 있으며, 남은 배열의 수명 동안 이 설정을 되돌릴 수 없다. 일반적으로 eMMC가 통합된 전자 장치를 제조할 때 운영체제를 설치하는 동안 이 설정 작업이 이뤄진다.

2012년에 발표된 UFS(Universal Flash Storage) 표준은 향후 몇 년 안에 eMMC를 대체할 것으로 기대되고 있다. UFS는 호스트 프로세서와의 전기적 연결을 위한 M-PHY라는 새로운 표준과 OS 및 응용 프로그램과의 논리적 통신을 위한 SCSI 아키텍처 모델을 통합했다. UFS는 SSD를 회로 기판에 납땜할 수 있는 단일 IC 패키지로 만들 수 있다. 최초의 UFS 장치는 2015년 초에 출시됐으며, 이 책을 쓰는 시점에서 용량은 256GB에 달한다.

비휘발성 메모리의 미래

이 책을 쓰는 시점을 기준으로 아직까지 플래시에 대적할 만한 비휘발성 반도체 메모리 분야의 강력한 경쟁자는 없다. 플래시 기반 SSD는 이제 흔해졌고, 용량도 일반적으로 2TB에 달한다. 가격은 여전히 비싸지만(대략 75만 원), 역사가 증명하듯 가격은 가까운 미래에 하락할 것이다. SD 카드도 마찬가지로 512GB SDXC 플래시 카드가 이미 시중에 판매되고 있으며 SDXC 형식은 최대 2TB 용량을 갖추고 있다. 아쉽게도 디지털 로직 장치 제조업체가 직면한 물리적, 경제적 제약으로 플래시 역시 밀도의 한도에 봉착하고 있다. 10나노 공정 시대에 돌입하면서 플래시의 잘 절연된 플로팅 게이트 구조를 신뢰성 있게 제조하는 것이 어려워지고 있으며, 새로운 제조 설비에 대한 자본 투자 유치도 어려워지고 있다.

이러한 한계를 극복하기 위해 셀 스트링을 평면 구조가 아니라 수직으로 배열해서 NAND 플래시 셀 배열을 제조하는 3차원 제조에 대한 연구가 현재 진행되고 있다. 이것이 가능해지면 제조 공정 크기를 줄이지 않으면서도 밀도를 높이는 것이 가능해진다. 3차원 NAND 플래시를 사용하는 최초의 상용 제품이 현재 시판되고 있으며, 기술이 완성됨에 따라 밀도가 더욱 향상될 것이다. 3차원 제조에 한 가지 단점이 있다면 더 많은 공정 단계가 필요하기 때문에 새로운 공정으로의 이전에 따라 비트당 비용이 크게 감소하지는 않을 것이라는 점이다.

또 다른 유망한 신기술은 플로팅 게이트 셀을 완전히 없애는 EEPROM 메커니즘인 저항성 RAM(RRAM 또는 ReRAM)이다. RRAM은 충분히 높은 전압이 인가될 때 저항을 변화시키는 물질을 포함하는 셀에 데이터를 저장한다. 아직 상용화까지는 몇 년이 남았지만 현실화되면 플래시보다 셀 크기가 작고 읽기/쓰기 대기 시간이 짧아질 것으로 예상된다.

전반적인 추세는 분명하다. 회전식 디스크가 설 자리는 없어졌고, 솔리드 스테이트 저장소가 대세가 되고 있다. 이 추세는 휴대용 컴퓨터의 대중성과 비디오의 해상도 향상에 따라 가속화되고 있다.

급부상하는 초고화질(UHD) TV 콘텐츠의 품질에 필요한 저장 용량 비용은 엄청나다. 100분짜리 영화가 15GB의 공간을 차지할 정도다. 물론 1TB 하드디스크가 있으면 이러한 콘텐츠를 여러 개 담을 수 있다. 그러나 저가형 16GB 태블릿의 경우 OS와 앱이 차지하는 공간을 제외하면 하나도 담기 힘들 것이다. 현재의 SSD 및 eMMC 표준은 2TB 플래시 장치를 실현하고 있다. 밀도를 높이기 위한 실리콘 메모리 기술은 끊임없이 발전하고 있으며, 회전 디스크는 오늘날 종이 테이프처럼 박물관의 기술이 돼 가고 있다.

# 7장

유무선 이더넷

세상에 컴퓨터가 거의 없었을 때는 누구도 컴퓨터를 서로 연결하려는 필요를 느끼지 않았다. 메인프레임 시대의 '데이터 공유'는 거대한 종이 더미에 보고서를 인쇄해서 데이터가 필요한 사람에게 보내는 절차를 말하는 용어였다. 초기의 데이터 통신은 네트워킹을 위한 것이 아니라 사용자 시분할 단자, 카드/테이프 리더 및 프린터에 원격으로 액세스하기 위한 것이었다(6장 참조). 즉, 컴퓨터를 컴퓨터에 연결하는 것이 아니라 컴퓨터를 주변 장치에 연결하는 것이 데이터 통신이었다. 이후에 등장한 네트워킹은 지금과 같이 독립적인 컴퓨터 간에 데이터 파일 및 명령을 전송하는 행위를 가리키는 용어가 됐다.

1965년경, 미니컴퓨터가 도입되고 컴퓨터의 가격대가 낮아진 후에야 대학과 연구 기관이 대량의 컴퓨터를 보유하고 컴퓨터 간의 상호 연결을 고민하게 됐다. 그 후 네트워킹 기술은 빠르게 발전했다. 초기의 네트워크 기술은 광역 네트워크(wide-area network, WAN)라고 하는 멀리 떨어진, 즉 건물 또는 캠퍼스 간의 컴퓨터를 연결하는 데 있었다. 로렌스 로버츠(Lawrence Roberts)와 토마스 마릴(Thomas Marill)은 MIT 링컨 연구소(Lincoln Labs)에서 광역 네트워크 하드웨어를 실험했고, 마침내 1969년에 기념비적인 연구 네트워크인 아파넷(Advanced Research Projects Agency Network, ARPANET)을 개발했다. 로버트 칸(Robert Kahn)과 빈트 서프(Vint Cerf)는 TCP/IP 규약을 만들었고, 1983년에 이 규약은 아파넷에 구현됐으며, 후에 현대 인터넷의 토대가 됐다.

1971년 하와이 대학교에서 개발한 알로하넷(ALOHAnet)은 무선 신호를 통해 여러 섬에 걸쳐 있는 대학의 컴퓨터를 연결하는 수단으로써 성공적으로 배포됐다. 알로하넷은 최초의 무선 네트워크였고,

최초의 패킷 기반 네트워크 중 하나였다. 알로하넷은 공유 매체(이 경우에는 무선 스펙트럼 블록)에 대한 조정되지 않은 액세스의 개념을 도입했으며, 충돌 감지, 백 오프(back-off), 재전송을 지원했다. 알로하넷은 당시 개발 중이던 이더넷에 영감을 준 시스템으로, 이더넷은 알로하넷의 기능을 여럿 이어받았다.

한 건물 내에 물리적으로 가까이 위치한 여러 대의 컴퓨터를 연결하는 LAN(Local Area Network)은 WAN보다 조금 늦게 등장했다. 최초의 LAN 중 하나는 1974년 케임브리지 대학에서 구현한 '케임브리지 링(Cambridge Ring)'으로, 상용화는 이뤄지지 않았다. 제록스 사(Xerox Corporation)는 1970년부터 1975년 사이에 이더넷을 개발하고 1976년에 사양을 발표했으며, 1980년에 DEC 및 인텔과 협력해서 이더넷을 표준으로 제시했다. 1983년에 이더넷은 IEEE 표준 802.3으로 채택되어 엄청난 산업적 영향력을 갖게 됐다. IBM은 1985년에 토큰 링 네트워크 아키텍처를 이더넷의 경쟁 기술로 선보였지만 아키텍처의 독점적 특성으로 인해 큰 성공을 거두지 못했다.

1970년대 이후로 수백 가지 네트워크 기술이 등장하고 사라졌다. 그중에는 아주 작은 규모의 기술도 있었는데, XModem 및 커밋(Kermit) 소프트웨어 패키지는 1970년대 말과 1980년대 초에 직렬 포트를 사용해 두 대의 마이크로컴퓨터 사이에 파일을 전송하는 데 널리 사용됐다. 이 메커니즘에는 널 모뎀(null modem)이라고 하는 특별한 직렬 크로스오버 케이블이 필요했다. 크로스오버 케이블은 한 컴퓨터의 직렬 전송 라인을 다른 컴퓨터의 직렬 수신 라인에 연결해서 다른 통신 장비를 거치지 않고 직접 통신할 수 있게 했다. CBBS(Computer bulletin-board systems)를 사용하면 전화선 및 모뎀을 통해 여러 컴퓨터를 원격 컴퓨터에 연결하고 문자 메시지 및 파일 전송을 할 수 있었다. 1990년대 후반에는 인터넷이 지배적인 WAN으로 등극했고, LAN은 이더넷이 지배하게 됐다.

OSI 참조 모델

네트워킹은 복잡한 기술이다. 모바일 장치에서 데스크톱 컴퓨터, 서버에 이르기까지 매우 다양한 범주의 컴퓨터와 기술을 연결해야 하기 때문이다. 네트워크를 이해하려면 로드맵이 필요하다. 다행히도 이러한 로드맵은 1980년대 중반부터 만들어져 있었다. 1984년에 ISO(International Organization for Standardization) 표준이 된 개방형 시스템 상호 연결(Open System Interconnection, OSI) 참조 모델이 바로 그 로드맵이다.

OSI 모델은 일종의 사양이지만 IEEE 802.3 이더넷 문서와 동일한 의미의 사양은 아니다. 이 모델은 네트워킹이라는 큰 개념에 속하는 여러 가지 작은 개념에 대한 전반적인 이해를 위한 것이며, 교육용

도구이기도 하다. 네트워킹 기술에 대해 논의할 때 엔지니어와 프로그래머가 이해한 바를 공유하기 위한
방법이기도 하다. OSI 모델의 기본적인 개념은 컴퓨터 네트워킹을 상단의 네트워킹 응용 프로그램(이메일
클라이언트 및 웹 브라우저)에서 구리 및 광섬유 케이블, 전파 및 관련 전자 장치까지 개념적 계층으로
분리하는 것이다. 네트워크 연결을 통한 데이터 이동은 맨 위의 계층부터 시작해서 모델의 각 계층을 통해
아래쪽의 물리적 연결, 다른 컴퓨터의 물리적 연결, 다른 컴퓨터 맨 위의 계층까지 이동한다(그림 7-1).

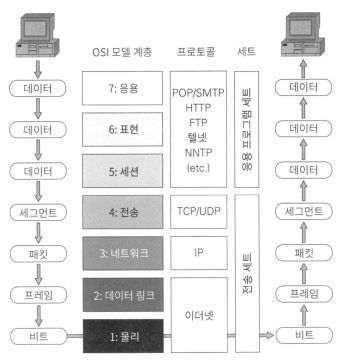

그림 7-1 네트워크 OSI 참조 모델

네트워킹의 큰 개념을 이해하려면 OSI 모델을 계층 단위로 살펴봐야 한다. 이번 장에서는 기본적으로
라즈베리 파이에서 자주 쓰이는 유선 및 무선 이더넷에 대한 내용을 다루고 있으므로 이더넷과 TCP/IP
프로토콜을 포함하는 하위 네 개의 계층(전송 세트)에 초점을 맞추겠다. 전송 세트는 데이터 이동에 관한
계층의 모임이고, 상위의 응용 프로그램 세트는 네트워크 응용 프로그램을 통해 데이터를 처리하는

계층의 모임으로 간주하면 된다.

OSI 모델의 핵심은 추상적 개념이다. 각 계층은 개념적으로 하위 수준의 정확한 세부 사항에 의존하지 않고, 다른 링크의 해당 계층, 즉 피어(peer)와 직접 통신한다. 이러한 세부 사항은 추상화된 것으로 알려져 있다. 따라서 컴퓨터의 응용 프로그램 계층에 있는 웹 브라우저는 기본 TCP/IP 스택이 두 컴퓨터 사이에 안정적인 채널을 제공하는지 여부를 신경 쓰지 않고 웹 서버(다른 컴퓨터의 응용 프로그램 계층에 있음)와 통신할 수 있다. 통신을 지원하는 물리적 매체, 즉 이더넷 케이블, Wi-Fi 링크, 광섬유 케이블 등에 대해서도 전혀 신경 쓸 필요가 없다.

OSI 모델에는 한계가 있다. 모든 네트워킹 시스템이 모델의 계층에 깔끔하게 대응하는 것은 아니며, 일부 네트워킹 시스템(특히 인터넷 프로토콜 제품군)은 OSI 모델 이전에 만들어졌기 때문에 여러 계층 중 여러 개에 해당하는 고유한 참조 모델의 계층을 가지고 있다. 그럼에도 OSI 모델은 처음 도입된 네트워크의 복잡성에 대처하기 위한 훌륭한 방법이다.

응용 계층

사용자가 네트워크 인식 프로그램을 시작하면 네트워크를 통한 여정이 시작된다. 응용 계층은 전송할 데이터를 선택하거나 생성한다. 사용자가 사용 중인 컴퓨터는 호스트(host)라고 하며, 반대쪽 끝의 컴퓨터 역시 마찬가지로 호스트다. 네트워크를 통해 통신하는 데 사용하는 프로그램은 클라이언트(client)라고 한다. 반대쪽 끝의 프로그램은 서버(server)가 된다. 서버는 사람의 상호작용 없이 순전히 클라이언트의 요청에 응답해서 네트워크를 통해 데이터를 전송하기 위해 존재하는 프로그램으로, 일종의 데이터 로봇과도 같다. 클라이언트가 서버에 명령 또는 데이터를 보내면 서버는 그 응답으로 명령과 데이터를 클라이언트에 보낸다.

응용 계층은 이메일, 채팅, 유즈넷(Usenet), 웹 브라우저, FTP, 텔넷 등과 같은 네트워크 클라이언트 프로그램에게 상호작용이 가능한 형태를 부여한다. 응용 계층이 네트워크를 통해 전송할 명령과 데이터와 목적지 호스트의 주소를 계산하면 스택을 통해 다음 계층으로 전달된다.

표현 계층

표현 계층이라는 이름에는 오해의 소지가 조금 있다. 이 계층이 데이터를 표시하는 것과 아무 관련이 없기 때문이다. 표현 계층은 데이터 변환을 담당하며, 반대쪽 끝에 연결된 호스트에 데이터를 '표현'하는 역할을 한다. 6장에서 설명했듯이 문자 인코딩에는 많은 표준이 있지만 가장 중요한 세 가지는 ASCII, 유니코드,

EBCDIC(Extended Binary Coded Decimal Interchange Code)이다. 표현 계층은 이러한 인코딩의 차이를 다듬는 영역이다. 또한 표현 계층에서는 암호화 및 데이터 압축도 처리하며, 필수적인 작업은 아니지만 요즘은 일반적으로 이 기능이 포함된다.

표현 계층은 전송을 위해 지정된 표준 네트워크 인코딩으로 전송용 데이터를 변환할 수 있다. 피어는 수신 데이터를 표준 인코딩으로부터 해당 호스트의 기본 인코딩으로 변환한 다음 응용 계층으로 전달한다. 암호화된 데이터가 다음 계층으로 전달되기 전에 나가는 데이터에 헤더를 추가하는 방법으로 어떤 암호화 또는 압축이 적용됐는지 나타낼 수 있으며, 이를 통해 피어가 암호화 또는 압축을 취소할 수도 있다. 헤더는 스택의 특정 계층에 있는 개체와 관련된 정보를 담고 있다. 대부분의 ISO 모델 계층은 상위 계층에서 전달받은 데이터 블록에 하나 이상의 헤더를 추가한다. 이후에 데이터 블록이 목적지 호스트의 스택을 지나감에 따라 헤더가 순서대로 제거되고, 각 헤드를 각 계층의 피어가 해석한다.

이러한 절차를 데이터 캡슐화(data encapsulation)라고 하며, 그림 7-2는 이 개념을 도식화한 것이다. PDU(Protocol Data Unit)는 OSI 모델의 특정 계층에서 처리하는 데이터다. 전송 계층에서는 이를 세그먼트(segment)로, 네트워크 계층에서는 이를 패킷(packet)으로, 데이터 링크 계층에서는 이를 프레임(frame)이라고 한다. 사실 많은 사람들이 패킷과 프레임을 구분하지 않고 사용한다.

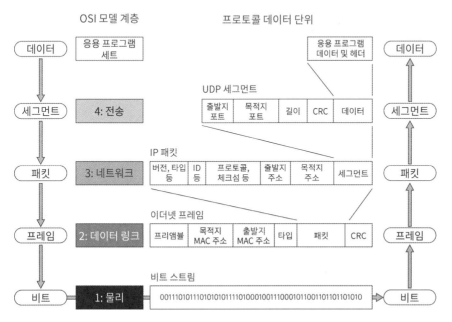

그림 7-2 OSI 모델의 데이터 캡슐화

IP 패킷 및 이더넷 프레임 PDU는 그림 7-2에 표시된 것보다 더 복잡하지만 도식을 단순화하기 위해 축약해서 표현한 것이다. 전송 계층의 세그먼트도 도식을 단순화하기 위해 UDP(User Datagram Protocol) PDU로 표시했다. 잠시 후에 보게 되겠지만 전송 계층은 훨씬 더 복잡한 TCP PDU도 지원한다. 즉 전송 계층은 UDP 또는 TCP 세그먼트를 모두 처리할 수 있다.

앞으로 이어질 다양한 OSI 계층에 대한 내용을 파악할 때도 그림 7-1과 7-2가 도움될 것이나.

세션 계층

표현 계층으로부터 데이터를 받은 세션 계층은 다른 호스트와의 실제 통신 세션을 열게 된다. 세션 계층은 다른 호스트에 실제로 연결이 가능한지 여부를 결정한다. 또한 두 호스트 간의 연결이 전이중(full duplex)인지 반이중(half duplex)인지 결정한다. 전이중은 데이터가 양방향으로 동시에 전달될 수 있음을 의미하고, 반이중은 한 번에 한 쪽만 전송하고 반대쪽 끝은 데이터를 수신하며 대기할 수 있는 방식이다.

일부 네트워크 응용 프로그램은 동시에 여러 개의 연결을 다른 호스트에 요청할 수 있다. 예를 들어, 웹 브라우저는 단일 웹 페이지를 렌더링하기 위해 HTML 파일, CSS 파일 및 다양한 종류의 기타 콘텐츠 파일을 필요로 한다. 세션 계층은 이러한 추가 연결을 설정하고 어떤 데이터가 어떤 연결을 통해 이동하는지 추적한다. 또한 세션 계층은 오류 응답 수준이 가장 높으며, 실패한 연결을 자동으로 재설정할 수 있다.

세션 계층은 응용 프로그램 세트에서 가장 낮은 계층에 해당한다. 많은 네트워크 응용 프로그램은 웹 브라우저나 이메일 클라이언트와 같은 단일 프로그램이 데이터 선택 및 생성, 데이터 표시 및 세션 관리를 처리한다는 점에서 응용 프로그램 세트의 세 계층 모두에 대응된다. 요청된 모든 세션이 설정되면 응용 프로그램의 작업이 완료되고, 데이터는 전송 세트로 전달된다.

전송 계층

전송 측에서는 전송 계층의 기본적인 역할이 세션 계층에서 하나 이상의 프로세스를 가져오고, 이를 편리하게 처리할 수 있는 작은 세그먼트로 나누고(세그먼트화), 나눈 세그먼트를 큐에 넣어서 네트워크의 전송을 준비하는 것이다(멀티플렉싱). 수신 측에서 전송 계층의 역할은 세그먼트를 재조합하고 데이터를 적절한 수신 프로세스로 라우팅하는 것이다.

전송 계층 프로토콜은 연결 지향 또는 비연결형으로 분류할 수 있다. 연결 지향 프로토콜을 사용하면 두 프로세스 사이의 데이터 스트림의 안정성이 보장되며, 수신 측에서 받은 세그먼트의 순서가 잘못됐을 때 이를 재정렬하는 메커니즘이 프로토콜에 포함된다(기본 네트워크가 서로 다른 연결 지연 시간을 가지는 여러 경로를 통해 세그먼트를 라우팅하면 순서가 섞일 수 있다). 또한 네트워크 전송 과정에서 손실되거나 손상된 세그먼트를 탐지하고 재전송을 요청할 수 있으며, 송신기가 수신기에서 처리할 수 있는 것보다 빠르게 데이터를 전송하지 못하게 하는 흐름 제어 기능도 갖추고 있다. 비연결형 프로토콜은 일반적으로 오류 및 순서가 잘못된 데이터의 처리를 응용 프로그램 세트에 위임하기 때문에 프로토콜의 구조가 훨씬 간단하다.

현대 인터넷에서 전송 계층은 TCP와 UDP로 구현된다. TCP는 연결 지향 프로토콜로서, 프로세스로부터 받은 데이터 스트림을 세그먼트로 나누고 각 세그먼트에 시퀀스 번호(수신 끝의 세그먼트를 재정렬하고 누락된 세그먼트를 검색하는 데 쓰임)와 체크섬(손상된 세그먼트를 탐지하는 데 쓰임)을 포함하는 헤더를 붙인다. 슬라이딩 윈도우 방식을 통해 흐름 제어 기능을 제공하는데, 여기서 슬라이딩 윈도우란 세그먼트 헤더에 윈도우 필드를 두고 이 필드에서 연결의 각 끝에 허용할 수 있는 데이터의 양을 지정하는 방식이다. 헤더의 출발지 및 목적지 포트 필드를 통해 멀티플렉싱을 제공하며, 이 헤더는 출발지 주소와 함께 수신자가 각 수신 세그먼트의 대상 프로세스 및 스트림을 식별하는 데 사용된다.

UDP는 훨씬 간단한 비연결형 프로토콜이다. UDP 헤더는 길이 필드와 체크섬, 멀티플렉싱에 필요한 출발지와 목적지 포트 필드만을 포함한다. 손상된 세그먼트는 재전송되지 않고 UDP에서 자동으로 삭제된다. UDP는 VoIP(Voice over Internet Protocol) 같은 응용 프로그램에서 주로 사용된다. VoIP는 세그먼트 누락을 허용하지만 그 대기 시간은 최소로 유지돼야 하기 때문이다.

네트워크 계층

네트워크 계층은 주로 라우팅(routing)과 연관돼 있다. 즉, 이 계층은 데이터가 다른 호스트로 이동하는 동안 어떤 경로를 취할 것인지를 결정한다. 그림 7-1의 OSI 모델 다이어그램은 데이터가 전송 호스트에서 수신 호스트로 직접 이동한다고 표현하지만 인터넷을 포함한 WAN에서는 보통 이렇게 이동하지 않는다. 네트워크 경로(path)는 보통 하나 이상의 '정류장'을 두며, 경로 상의 컴퓨터가 이 정류장에 해당한다. 이러한 중간 노드는 일반적으로 데이터를 압축 해제하거나 해석하지 않고, 각 패킷의 목적지 주소에 따라 단순히 각자의 방식으로 패킷을 전달한다. 이러한 패킷 전달 역할만 수행하는 특수한 하드웨어 장치를 라우터(router)라고 한다. 라우터는 네트워크 주소 및 라우팅 테이블이라는 연결

테이블을 포함하며, 호스트 주소 및 라우팅 테이블을 사용해 목적지 호스트 주소에 대한 경로를 결정할 수 있다. 이번 장 후반부에 있는 '라우터와 인터넷' 절에서 라우터에 대해 자세히 알아보겠다.

인터넷의 관점에서 봤을 때 네트워크 계층은 IP가 대부분의 작업을 수행하는 계층이다. IP는 전송 계층에서 내려온 세그먼트를 가져와서 IP 처리에 필요한 추가 정보가 들어있는 패킷으로 변환한다(그림 7-2). IP 패킷의 형식은 상당히 복잡한데, 그림 7-3에서 헤더 형식을 볼 수 있다. 각 헤더 필드의 내용은 간단히 아래와 같이 요약할 수 있다.

- **버전**: IP 버전의 번호에 해당한다(예: IPv4의 경우 4, IPv6의 경우 6).

- **IP 헤더 길이**: 옵션 및 패딩을 포함하는 헤더의 길이를 32비트 워드로 표기한다.

- **서비스 유형**: IP 패킷의 '서비스 품질(QoS)' 값을 인코딩하는 필드다. 일부 패킷은 더 큰 데이터 스트림의 품질을 보장하기 위해 특수하게 처리해야 한다. 비디오 데이터를 예를 들면, 디스플레이 품질을 보장하기 위해서는 패킷이 순서대로 전송되고 지연 시간이 최소화돼야 한다.

- **총 패킷 길이**: 패킷의 전체 길이를 바이트로 지정한다. 이 길이는 65,535바이트보다 클 수 없으며 전송 계층에서 전달된 세그먼트를 포함한다.

- **ID**: 특정 메시지에 속하는 모든 패킷에 주어진 16비트 값으로, 목적지 호스트가 ID를 통해 순서가 잘못됐거나 다른 메시지에 속한 패킷과 혼합된 패킷의 메시지를 다시 조립할 수 있다.

- **플래그**: 큰 패킷에서 작은 패킷으로의 분할을 제어하는 3개의 단일 비트 제어 플래그가 포함된다. 첫 번째 플래그는 예약 플래그로서 사용되지 않는다.

- **파편화 오프셋**: 순서가 틀린 패킷의 순서를 식별하는 메커니즘의 일부다.

- **TTL(Time to Live)**: 패킷이 원본 호스트에서 대상 호스트로 가는 경로를 따라 취할 수 있는 최대 '홉(hop)' 수를 지정한다. 각 홉에서 TTL이 1씩 감소하며, 이 값이 0이 되면 패킷은 '손실'된 것으로 간주되고 폐기된다(여기서 'TTL'은 반도체 용어인 transistor-transistor logic과는 무관하다).

- **프로토콜**: 전송 계층에서 전달된 세그먼트를 생성한 프로토콜(일반적으로 TCP 또는 UDP)을 지정하는 8비트 코드다.

- **헤더 체크섬**: 손상된 패킷 헤더를 탐지하는 메커니즘의 일부로서, 이 체크섬에는 페이로드 데이터가 포함되지 않는다.

- **출발지 IP 주소**: 패킷을 생성한 호스트의 32비트 IP 주소(즉, 인터넷 상의 위치)다. 이번 장 뒷부분의 '라우터와 인터넷'에서 IP 주소에 대해 자세히 설명하겠다.

- **목적지 IP 주소**: 패킷이 전송된 호스트의 32비트 IP 주소다.

- **옵션**: 가변적인 길이를 가지는 필드로서, 보안, 테스트 및 디버깅에 사용되는 하나 이상의 선택적 하위 필드를 포함할 수 있다.

- **데이터**: 패킷에 포함된 페이로드로서, 일반적으로 전송 계층에서 전달된 세그먼트에 해당한다.

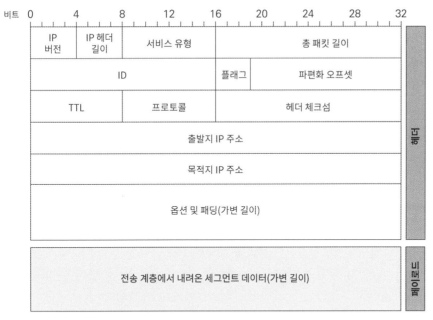

그림 7-3 인터넷 프로토콜(IP) 버전 4(IPv4)의 헤더 포맷

필요할 경우 IP는 하나의 패킷에 들어갈 수 없는 큰 세그먼트를 여러 패킷으로 나눌 수 있다. IP는 패킷을 순서대로 보관하거나 오류를 감지하지 않으며, 이러한 작업은 모두 네트워크 계층보다 상위의 계층에서 처리된다. 네트워크 계층의 주 역할은 경로를 따라 패킷을 다음 정류장으로 가져오는 것이다.

데이터 링크 계층

인터넷은 단일 네트워크가 아니다. 인터넷은 네트워크 사이에 정의된 네트워크이자 네트워크 간의 라우팅 연결 그 자체다. 네트워크는 더 큰 규모의 네트워크에 포함되며 중첩 구조를 형성할 수 있지만 그 안의 국소적인 규모로 들어가면 어느 부분부터는 모든 컴퓨터가 라우터를 사용하지 않고 직접 서로 연결되는 로컬 네트워크(local network)가 있다. 데이터 링크 계층은 이러한 로컬 네트워크의 직접적 연결을 통해 데이터 흐름을 관리하고, 상위 계층에서 오는 데이터를 재구성해서 프레임으로 가공함으로써 실제 연결을 구현하는 하드웨어가 직접 처리할 수 있게 만든다. 로컬 네트워크의 컴퓨터 사이를 연결하는 데는 다양한 기술이 사용된다. 우선 공유 매체를 통한 통신을 포함하는 기술이 쓰이는데, 이 기술에서 데이터 링크 계층의 역할은 매체 액세스 제어(media access control, MAC) 방식을 통해 이 매체에 대한 액세스를 중재하는 것이다. 여기에는 중앙 집중식 조정 또는 분산형 충돌 감지 및 회피가 포함되기도 한다. 이번 장 뒷부분의 '충돌 탐지 및 회피' 절에서 볼 수 있듯이 Wi-FI를 포함한 최신 이더넷 기술은 후자의 접근 방식을 취한다.

또한 데이터 링크 계층은 프레임이 너무 빠르게 전송되어 목적지 호스트의 버퍼가 가득 차지 않음을 보장하고, 신뢰성 있는 전달을 보장해서 수신자가 성공적으로 프레임을 받아 확인 응답(acknowledge)하고 확인 응답되지 않은 프레임은 송신기에 의해 유지되고 필요하면 재전송되는 로컬 흐름 제어를 제공한다. 이더넷에는 이러한 서비스가 포함돼 있지 않으며, 이러한 서비스를 포함하는 프로토콜에서는 데이터 링크 계층을 이러한 서비스가 상주하는 상위의 논리 링크 제어(logical link control) 서브 계층과 하위의 MAC 서브 계층으로 나누는 것이 일반적이다.

물리 계층

물리 계층은 말 그대로 네트워크 연결이 물리적으로 형성되는 곳이다. 데이터 링크 계층에서 전달된 프레임은 비트 문자열로 수신되며, 이 문자열은 물리적 매체의 신호로 변환된다. 이 물리적 매체는 데이터를 인코딩할 수 있는 물리적인 프로세스로서, 케이블 상의 전기적 펄스, 변조된 마이크로파, 변조된 빛 등이 물리적 매체에 해당한다.

대부분 물리적 계층의 작동은 컴퓨터의 NIC(Network Interface Controller)에 있는 전자회로 내에서 발생하며 표준에 따라 크게 다르다. 송신기는 일반적으로 데이터의 시작 및 끝을 나타내는 프리앰블(preamble) 및 구분 기호 비트를 추가하고, 매체를 통해 전송하기 위해 각 비트 또는 비트 그룹을 기호로 변환한다. 수신기는 프리앰블 및 구분 기호를 사용해서 들어오는 데이터를 감지하고 기호를 디코딩해서 원래 비트를 복구한다. 매체를 통해 전송할 기호를 선택할 때는 수신기가 수신하는 기호 스트림으로부터 클록을 복구해야 한다는 점을 고려해야 한다. 맨체스터 코딩(Manchester coding) 및 4B/5B(인코딩에 대해서는 이어지는 '이더넷 인코딩 시스템' 절에서 자세히 설명한다) 같은 인코딩 체계를 사용하면 이러한 전환이 입력 데이터에 관계없이 최소의 빈도로 발생한다.

이더넷은 데이터 링크 계층과 물리 계층을 망라한다. 그중 이더넷 프로토콜은 데이터 링크 계층에서 작동하며, 이더넷의 몇 가지 특정 물리 계층 중 하나에 대한 표준 인터페이스 역할을 한다(자세한 내용은 다음 절에 이어진다). Wi-Fi는 MAC(Medium Access) 메커니즘 및 물리 계층의 여러 변형을 포함해서 OSI 모델의 데이터 링크 계층 및 물리 계층에 걸쳐 있다는 점에서 이더넷의 무선 버전이라고 할 수 있다. 이더넷과 Wi-Fi가 물리 계층에서 만들어내는 차이는 대부분 변조의 차이, 즉 정보를 무선 주파수 에너지로 변환하는 방법의 차이다. 이더넷에서 이러한 무선 주파수 에너지는 일종의 케이블링을 통해 처리되며, Wi-Fi에서 무선 주파수 에너지는 안테나를 사용해서 공간으로 전송된다.

이더넷

이더넷은 캘리포니아 팔로 알토(Palo Alto)에 있는 제록스 PARC 연구소에서 탄생했다. 로버트 멧칼프(Robert Metcalfe)와 데이빗 복스(David Boggs)가 1973년 5월 PARC에서 이 개념을 처음 발표했으며, 그해 11월에 실제로 운영이 시작됐다. 이더넷의 개념은 PARC의 개인 컴퓨팅 연구의 연장선상에서 창안됐으며, PARC의 실험용 워크스테이션인 알토(Alto)를 초당 3메가비트(Mbit/s)의 속도로 연결하기 위해 만들어졌다. 멧칼프는 빛과 전파가 통과하는 상상의 매질인 '발광 에테르(luminiferous aether)'의 이름을 빌려 '이더넷'이라는 이름을 붙였다고 한다. 이더넷은 1980년에 상용화됐으며, 1983년에는 IEEE 802.3으로 표준화됐다.

Thicknet과 Thinnet

초창기의 이더넷은 상당히 튼튼한 10mm 직경의 동축 케이블을 사용해서 구현됐다. 워크스테이션 또는 기타 네트워크 장치는 케이블의 특정 지점에만 연결할 수 있었다. 케이블의 이러한 특정 지점은 2.5m 간격으로 표시되어 소위 '뱀파이어 탭(vampire tap)'을 어디에 연결할 수 있는지 알 수 있었다. 2.5m라는 간격은 케이블 내부의 고주파 반사로 인한 간섭을 최소화하기 위해 계산된 수치였다. 이러한 두꺼운 동축 케이블로 만든 시스템의 이름으로 공식적인 IEEE 표준 명칭인 10BASE5가 부여됐었지만 케이블의 특성 때문에 'Thicknet(두꺼운 넷)'이라는 별명이 더 많이 쓰였다. 몇 년 후 더 얇은 동축 케이블을 사용해서 변형된 시스템이 도입됐다. 케이블의 지름은 6mm에 불과하고, 가격이 저렴하고 유연성이 뛰어났으며 케이블의 어느 지점에나 탭을 연결할 수 있었다. 이러한 시스템은 전자의 시스템과 대조적으로 'Thinnet(얇은 넷)'이라는 별명이 부여됐으며, IEEE 표준 명칭은 10BASE2다.

Thicknet과 Thinnet의 공식적인 IEEE 명명법은 여전히 유효하다. 명명법을 간단히 설명하자면 앞의 '10'은 케이블을 통해 전송되는 데이터의 최대 속도를 메가비트 단위로 나타낸 것이다. 10메가비트라는 값은 인터페이스의 실제 속도가 아니라, 케이블 기반 인프라가 제공할 수 있는 최고 속도였다. 실제로 초기에 구현된 이더넷은 10메가비트의 절반 이하 속도로 작동했다. 다음으로 'BASE'는 베이스밴드(baseband) 전송을 의미한다. 베이스밴드 전송에서 물리적 매체 상의 디지털 신호는 실제 비트 패턴이며, 이 패턴은 0V에서 임의의 회선 전압으로 전이하는 방식으로 인코딩된다. 이것은 다양한 변조 방식을 사용하는 무선 주파수 반송파에 신호를 부과하는 브로드밴드(broadband) 전송(케이블 TV)과는 대조적인 방식이다. 두 가지 전송 방식 모두 데이터의 전송 속도가 RF로 간주될 만큼 충분히 높은 주파수를 가진다. 마지막 번호(5 또는 2)는 네트워크 세그먼트의 최대 길이를 수백 미터 단위로 나타낸 것이다. 10BASE2에서 '2'는 일종의 근사값으로, 실제 세그먼트 길이는 185m다.

이더넷의 기본 개념

이더넷은 1980년에 도입된 이래로 많은 발전을 거듭해 왔다. 이더넷이 어떻게 현재의 형태에 도달했는지 설명하기 위해서는 Thicknet과 Thinnet 양쪽에서 구현된 원래의 메커니즘부터 설명해야 한다. 두 방식은 모두 동축 케이블을 사용해 제한된 수의 컴퓨터를 연결한다. 네트워크 상의 모든 컴퓨터는 피어(peer)다. 즉, 다른 모든 하드웨어에 존재하지 않는 특별한 하드웨어나 소프트웨어는 있을 수 없다. 네트워크의 모든 컴퓨터는 이더넷 패킷을 네트워크의 다른 컴퓨터로 보내거나 받을 수 있다.

MAC 주소의 개념 역시 이더넷으로부터 나왔다. 케이블(프린터 및 파일 서버와 같은 기타 특수 장치를 포함할 수 있음)에 연결된 모든 장치는 일반적으로 16진수 값 2개가 6개의 그룹으로 이어져 있는 고유한 48비트 MAC 주소를 가지고 있다. MAC 주소를 가진 장치는 그 특성과 무관하게 노드(node)가 된다. MAC 주소는 사실 주소보다는 ID 코드에 더 가깝다. IP 주소(이후에 나올 '이름 vs. 주소' 절에서 자세히 다룰 예정이다)와 달리 MAC 주소는 장치가 네트워크에 있는 위치에 대한 정보를 전혀 담고 있지 않으며, 사실상 서로 다른 노드를 구분하는 데만 사용된다. 48비트를 통해 281조 개의 서로 다른 장치를 식별할 수 있으므로 당분간 MAC 주소가 부족해질 일은 없을 것이다. 현실적으로는 실수로 동일한 MAC 주소를 갖게 되는 장치도 있을 수 있고, 라즈베리 파이를 비롯한 일부 장치는 다른 장치의 MAC 주소를 흉내 낼 수도 있다.

네트워크가 조용하면 모든 노드가 '수신 대기(listening)' 상태가 된다. 즉, 해당 NIC는 케이블에서 데이터를 수신할 준비를 마치고, 언제든지 노드가 케이블에 패킷을 배치할 수 있게 된다. 이더넷 같은 베이스밴드 기술에서 패킷 배치는 단순히 패킷의 비트가 일련의 전압 변화 신호로써 케이블에 전달되는 것을 의미한다. 각 NIC는 패킷이 완전히 전달될 때까지 버퍼에서 케이블의 비트를 누적한다. 패킷이 완성되면 프리앰블과 분리 문자를 제거하고 이더넷 프레임에 있는 목적지 MAC 주소를 검사한다. 목적지 MAC 주소가 NIC의 MAC 주소와 일치하면 프레임을 유지하고, 일치하지 않으면 프레임을 무시한다(그림 7-4).

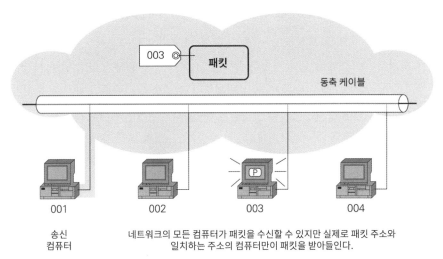

송신
컴퓨터

네트워크의 모든 컴퓨터가 패킷을 수신할 수 있지만 실제로 패킷 주소와
일치하는 주소의 컴퓨터만이 패킷을 받아들인다.

그림 7-4 이더넷의 작동 방식

충돌 감지와 회피

원래 이더넷의 개념에는 우아함이 녹아 있었다. 쉽게 말하자면 '패킷 왔습니다. 본인 것이라면 가지세요'
같은 개념이었다. 그러나 초기 이더넷은 단순한 만큼 약점을 가지고 있었다. 바로 충돌에 대한
약점이었다. 이더넷 네트워크에는 중앙 컨트롤러가 없다. 모든 노드는 언제든지 네트워크에 패킷을
배치할 수 있다. 노드는 다른 노드가 전송 중임을 인식할 수 있으며, 자신의 전송을 시작하기 전에 현재
패킷이 전송될 때까지 대기한다. 그러나 네트워크가 조용한 상태에서는 두 개 이상의 노드가 동시에
전송을 시작할 수 없다. 결과적으로 패킷 충돌(packet collision)이 발생할 가능성이 있는 것이다. 패킷
충돌이 일어나면 전송 중인 모든 패킷이 손실된다.

공유 매체 이더넷의 충돌을 감지하는 방식은 꽤 흥미롭다. 두 노드의 두 펄스가 동시에 케이블에 인가되면
펄스가 전기적으로 '더해지고' 케이블의 신호 전압이 정상적인 네트워크 트래픽보다 높아진다. NIC는
전송하는 동안 신호 전압을 모니터링하고, 정상 전압보다 높은 전압을 읽으면 충돌을 감지하게 된다.

전송 노드가 충돌을 감지하면 전송 중인 패킷의 전달을 중단하고 프레임 끝에 오류 감지 비트를 방해하는
비트 패턴인 잼 신호(jam signal)를 전송하기 시작한다. 세그먼트의 다른 노드는 잼 신호를 인지한 후
패킷이 손상된 것으로 보고 해당 패킷을 버린다. 네트워크가 조용해지면 충돌한 노드는 다시 전송을
시도하기 전에 수 마이크로초 정도의 백오프 주기(backoff period) 동안 대기한다. 백오프 주기는
무작위이기 때문에 충돌한 패킷을 전송했던 두 노드가 패킷을 재전송할 때 다시 충돌할 가능성은
희박하다.

백오프 주기는 고정된 분포에서 추출한 임의의 지연값이 아니다. 절단된 이진 지수 백오프라는 알고리즘을 통해 백오프 주기의 분포를 결정하며, 충돌 빈도를 매개변수로 사용한다. 최초 충돌이 발생하면 재전송을 시도하기 전에 임의로 0 또는 1슬롯(슬롯은 512비트를 전송하는 데 걸리는 시간에 해당한다)의 백오프 주기가 발동된다. 패킷 충돌이 다시 발생하면 임의로 0~3슬롯의 백오프 주기가 발동된다. 충돌이 발생할 때마다 최대 주기는 두 배가 되며, 충돌이 10번 발생하고 나면 백오프 주기는 0에서 1023 슬롯 사이의 길이를 갖게 된다. 이후 최대 6주기 동안 1023개의 슬롯 내에서 최대 주기가 일정하게 유지되며, 그 후 전송을 시도하는 노드는 패킷 시도를 중지하고 폐기하게 된다. 이 알고리즘을 통해 혼잡한 기간 동안 네트워크 활동을 늦추고 재전송된 패킷의 '간격을 띄워서' 네트워크가 패킷 충돌의 폭풍에 휘말리지 않게 할 수 있다.

이 프로토콜을 CSMA/CD(Carrier Sense Multiple Access with Collision Detection)라고 한다. 즉 '충돌 감지 기능이 있는 캐리어 감지 다중 접속'이라는 의미다. 여기서 '캐리어 감지'라는 말에는 약간의 어폐가 있는데, 이더넷과 같은 베이스밴드 시스템에는 캐리어가 없으며 기술적으로 변조를 통해 신호가 부과되는 방식이기 때문이다. 사실 여기서 '캐리어 감지'의 의미는 네트워크 상의 노드가 다른 노드가 전송 중인지를 결정하는 방법이 있음을 의미한다.

충돌하는 패킷을 전송할 수 있는 노드를 포함하는 네트워크 세그먼트를 충돌 도메인(collision domain)이라고 한다. 초기 이더넷 시스템에서는 전체 네트워크가 하나의 충돌 도메인과 동일했기 때문에 네트워크에 노드가 점점 더 많이 추가되고 충돌이 더 자주 발생함에 따라 처리량이 저하됐다. 충돌 도메인에 대해서는 잠시 후 다시 다룰 기회가 있을 것이다.

이더넷 인코딩 시스템

이더넷 NIC는 OSI 모델의 물리적 수준에서 네트워크 매체에 일련의 전압을 인가함으로써 전송할 데이터를 인코딩한다. 이더넷의 다양한 버전은 각각 다른 인코딩 체계를 사용한다. 여기서는 10Mbit 표준(10BASE5, 10BASE2, 10BASE-T), 가장 많이 쓰이는 100Mbit(100BASE-TX)과 1Gbit(1000BASE-T) 표준에서 사용되는 방식을 간략하게 알아보자.

이더넷의 전기적 설계에는 전송되는 데이터에 관계없이 DC 성분이 매우 작은(즉, 장기 평균 전압이 0에 가까운) 인코딩을 선택해야 한다. NIC의 신호는 고역 통과 필터 역할을 하는 변환기를 통해 공유 매체에 유도 결합된다. DC 성분이 존재한다면 이 필터링이 신호를 왜곡시킬 것이고, 수신기가 송신된 데이터를 정확하게 복원하는 것이 어려워질 것이다. 또한 인코딩은 수신기가 신호를 샘플링하는 클록을 추정할 수 있도록 충분히 빈번한 전압 전이를 갖는 자체 클로킹(self-clocking)을 포함해야 한다. 이러한 인코딩은 6장에서 설명한 자기 매체에 데이터를 저장하는 데 사용되는 것과도 유사하다.

10BASE5와 10BASE2(및 10BASE-T. 이번 장 후반부의 '10BASE-T와 트위스트 페어 케이블' 절 참조)는 비트 인코딩을 위해 맨체스터 인코딩을 사용한다(그림 7-5). 각 데이터 비트는 클록 사이클 1회 동안 인코딩되며, 사이클 중심에서 천이가 일어난다. 음에서 양으로의 전환은 1비트로, 양에서 음으로의 전환은 0비트로 간주된다. 필요하면 회선을 비트 인코딩이 가능한 상황으로 만들 수 있도록 사이클 초기에 여분의 천이를 삽입하기도 한다. 그림의 화살표는 어떤 천이가 데이터를 인코딩하고 어떤 방향을 향하는지를 보여준다.

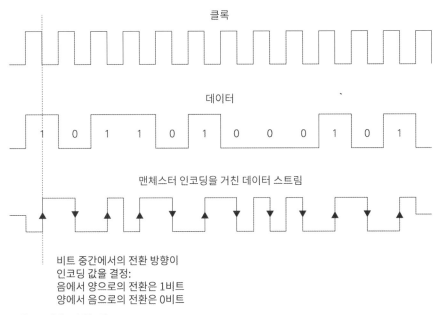

그림 7-5 맨체스터 인코딩

맨체스터 인코딩은 자체 클로킹(모든 비트가 적어도 한 번 천이되므로)을 가지며, DC 성분도 0이므로(각 비트 주기의 절반이 각 전압 레벨에서 소비됨) 인코딩에 필요한 요구사항을 충족시킨다. 그러나 단점도 있다. 인코딩에 포함된 천이 때문에 신호 대역폭이 약 20MHz로 증가한다. 저렴한 케이블을 사용해서 10Mbps를 넘기 위해서는 더욱 효율적인 인코딩 체계가 필요하다.

100BASE-TX 고속 이더넷에 사용되는 이러한 구조 중 하나는 4B/5B이다. 이 이름은 4개의 데이터 비트 각각을 5비트로 인코딩해서 전송하기 때문에 붙은 이름이다. 5비트로 인코딩된 그룹은 기호(symbol)라고 불린다. 인코딩은 표 7-1의 단순한 정적 사전을 통해 이뤄지며, 각각의 고유 4비트

그룹은 고유 5비트 기호로 변환된다. 4B/5B에서 사용된 코드는 4비트 데이터마다 적어도 하나의 레벨 천이가 발행하도록 설계됐다. 따라서 전송되는 비트 스트림은 0 또는 1비트의 긴 문자열이 있더라도 자체 클로킹을 포함하게 된다.

표 7-1 4B/5B 인코딩

데이터 워드	4B/5B 코드 워드
0 0 0 0	1 1 1 1 0
0 0 0 1	0 1 0 0 1
0 0 1 0	1 0 1 0 0
0 0 1 1	1 0 1 0 1
0 1 0 0	0 1 0 1 0
0 1 0 1	0 1 0 1 1
0 1 1 0	0 1 1 1 0
0 1 1 1	0 1 1 1 1
1 0 0 0	1 0 0 1 0
1 0 0 1	1 0 0 1 1
1 0 1 0	1 0 1 1 0
1 0 1 1	1 0 1 1 1
1 1 0 0	1 1 0 1 0
1 1 0 1	1 1 0 1 1
1 1 1 0	1 1 1 0 0
1 1 1 1	1 1 1 0 1

100Mbit/s의 데이터 속도에 4B/5B 코딩을 적용하면 125Mbit/s의 회선 속도를 얻을 수 있다. 그러나 100BASE-TX는 인코딩된 비트를 직접 전송하는 대신 FDDI(Fiber Distributed Data Interface, 광섬유 연결에 사용됨)라는 예전의 표준에서 차용한 두 번째 인코딩 기법을 적용한다. 이 두 번째 인코딩 기법은 MLT-3(3레벨을 사용하는 다중 레벨 전송)으로서, 3개의 전압 -V, 0, +V이 있는 상태에서 현재 전압을 계속 전송하는 방식으로 0비트를 인코딩하고 0, +V, 0, -V의 순서에서 다음 전압으로 천이하는 방식으로 1비트를 인코딩한다(그림 7-6). 그 결과 만들어지는 신호의 최대 기본 주파수는 31.25MHz다. 전압 순서를 순환하는 데 최소 4비트 주기가 필요하므로 비용 측면에서 효율적인 카테고리 5케이블링을 사용할 수 있다(이 부분에 대한 자세한 설명은 뒤에 이어진다).

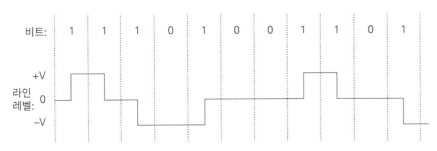

그림 7-6 MLT-3 인코딩

4B/5B와 MLT-3 코딩의 조합은 자체 클로킹에 대한 요구사항을 충족시키지만 DC 성분이 0이 되지는 않는다. 이 문제를 부분적으로나마 해결하는 방법은 4B/5B로 인코딩된 비트 스트림에 가역적 스크램블링(scrambling) 절차를 적용하는 것이다. 이것은 비트 스트림과 의사 무작위 비트 스트림 사이에 XOR 논리 연산을 적용하며, 대부분의 경우 MLT-3 출력이 -V 상태에서 전체 시간의 25%, +V 상태에서 전체 시간의 25%를 소비하도록 보장한다. 스크램블링의 순서가 알려져 있고 고정돼 있다고 가정하면 스크램블링을 취소하는 비트 스트림을 구성할 수 있는데, 이러한 비트 스트림에는 상당한 DC 성분이 포함될 것이고 이러한 킬러 패킷(killer packet)은 실제로 드물다고 가정할 수 있다. 그럼에도 대부분의 NIC에는 DC 오프셋 발생을 감지하고 보상하는 회로가 포함돼 있다.

100BASE-TX는 두 쌍의 도체를 사용하며, 각 도체가 각자의 방향으로 데이터를 전달한다. 그림 7-7은 100BASE-TX의 인코딩 및 디코딩 방식을 전체적으로 보여준다.

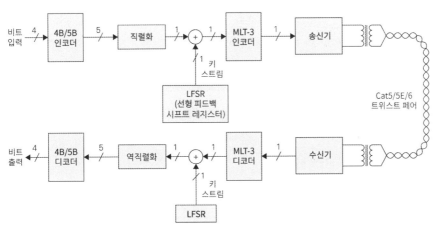

그림 7-7 100Base-TX 인코딩 및 디코딩

1000BASE-T 표준은 100BASE-TX와 동일하게 초당 125M의 기호 전송 속도를 유지하면서 초당 1기가비트의 데이터 속도를 제공한다. 이것은 4쌍의 도체(100BASE-TX의 경우)와 고밀도 5레벨 진폭 변조(100BASE-TX의 경우 3단계)를 통해 이뤄진다. 전체 기호의 조합에는 $5^4 = 625$가지가 있으므로 이론적으로 비트 전송률은 125Msymbols/s $*$ $\log_2(625)$ = 1160Mbps가 된다. '여분(spare)'의 코딩 용량은 트렐리스 코딩(trellis coding)으로 알려진 저밀도 순방향 오류 정정 기법을 구현하는 데 사용되며, 이에 대한 자세한 내용은 이 책의 범위를 벗어난다. 이 접근법은 사실상 고밀도 진폭 변조로 인한 원시 오류율의 증가를 보상한다.

각 방향에 전용 도체 쌍을 사용해 전이중 통신을 구현하는 100BASE-TX와 달리 1000BASE-T는 동일한 도체 세트에 대해 동시 양방향 전송을 지원한다. 이를 달성하기 위해 각 수신기는 회선에서 측정된 전압에서 로컬 송신기의 (알려진) 출력을 빼고 입력 신호(있는 경우)만을 남긴다.

PAM-5 인코딩

데이터 스트림을 인코딩한 후에는 이더넷 매체에 연결해야 한다. 이것은 일반적으로 NIC의 소형 변압기를 통해 이뤄진다. 인코딩된 데이터 스트림은 2개의 전압 레벨 중 하나 또는 다른 하나에 존재하는 일련의 디지털 펄스다. 이러한 방식으로 디지털 신호가 두 가지 전압 레벨로 인코딩된 것을 이진 신호(binary signaling)라고 한다. 일반적으로 양의 전압 레벨이 1비트를 나타내고 음의 전압이 0비트를 나타낸다.

기가비트 이더넷과 같은 더 높은 데이터 속도를 얻으려면 더 높은 밀도의 인코딩이 필요하다. 오늘날 널리 사용되는 시스템은 5레벨 펄스 진폭 변조, 즉 PAM-5다. PAM-5는 2개가 아닌 5개 레벨로 신호 전압을 변화시킴으로써 펄스당 2비트를 인코딩한다. 5개의 레벨 중 2개는 양의 전압이고, 2개는 음의 전압이며, 다섯 번째는 0V에 해당한다. 정보가 신호의 다양한 전압 레벨로 인코딩되면 이를 진폭 변조(amplitude modulation)라고 한다. PAM-5는 인코딩된 데이터 스트림을 구성하는 펄스의 진폭을 변경하므로 펄스 진폭 변조인 것이다. 데이터를 인코딩하는 데 두 가지 이상의 전압 레벨이 사용되는데, 이 같은 구성을 다중 레벨 신호(multi-level signaling)라고 한다.

PAM-5의 데이터 스트림, 즉 시간에 대한 펄스의 진폭은 그림 7-8에서 확인할 수 있다. 회색 막대는 펄스에, 두꺼운 검은 선은 펄스 흐름의 진폭에 해당한다. 하나의 펄스가 2비트를 인코딩하기 때문에 각 펄스는 기호로 간주된다. 0V 전압은 특정 값을 인코딩하지 않는다. 0V는 주로 수신기가 데이터에서 클록 신호를 추출하고 FEC(forward error correction)라는 기술을 사용해 오류 정정을 용이하게 하는 데 쓰인다. 기가비트 이더넷에서 쓰이는 FEC의 세부 사항은 이 책의 범위를 벗어나지만 대략적인 개념은 데이터 스트림에 추가적인 비트를 넣어 오류 식별 및 수정 기능을 개선하는 것이다. 이 방법을 사용하면 수신기가 데이터의 재전송을 요청하기 위해 회선 방향을 역전시키지 않고도 제한된 수의 오류를 식별하고 수정할 수 있다. FEC 기능은 3장에서 다루는 오류 수정 코드(ECC) 메모리와 많은 공통점이 있다.

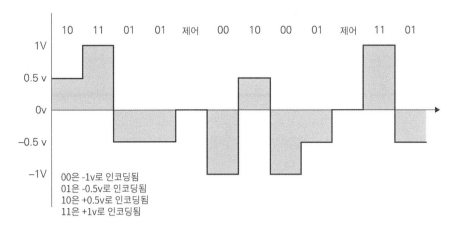

그림 7-8 PAM-5 인코딩

PAM-5 파형의 실제 그래프는 그림 7-8의 그래프처럼 깔끔하지 않으며, 기가비트 속도에서는 더욱 지저분하다. 수신기는 잡음이 섞인 파형으로부터 기호를 추출해야 하는 어려움을 겪을 수밖에 없다.

10BASE-T와 트위스트 페어 케이블

동축 케이블을 기반으로 구현된 초기 이더넷에는 충돌 외에도 많은 문제가 있었다. 특히 10BASE2는 기계적 연결 문제에 취약했다. 케이블 양단에는 동축 커넥터가 있고, 두 개의 케이블이 T자형 동축 커넥터를 통해 각 노드에 연결됐다. 이 커넥터는 저렴한 만큼 품질이 조악해서, 부드럽게 잡아당기기만 해도 버스의 연속성에 문제가 생길 정도였다. 케이블 접촉으로 인해 버스가 2개로 분리되면 문제 지점으로부터의 무선 주파수 신호 반사가 호스트 사이의 통신을 차단할 수도 있다. 게다가 네트워크에 있는 취약한 연결의 수가 노드의 수보다 최소한 두 배나 많았다.

1980년대 후반에 새로운 종류의 이더넷인 10BASE-T가 등장했다. 여기서 'T'는 트위스트 페어(twisted pair)를 의미하는데, 이는 외부 잡음원으로부터의 간섭을 줄이기 위해 2개의 얇은(일반적으로 AWG 24) 구리선을 서로 감싸는 방식을 가리키는 용어다. 보통 동축 케이블에 비트를 전송하려면 전송 NIC가 케이블의 중심 도체에 전압을 인가하고, 바깥쪽 선을 접지 반환 경로로 사용되는데 이를 단일 종단 신호 방식이라고 한다. 트위스트 페어 케이블에서도 동일한 작업을 수행하기 위해 송신 NIC가 서로 다른 2개의 전압을 두 도체에 인가한다. 0과 1은 절대 전압이 아닌 양수 및 음의 차이로 표시되므로 이를 차동 신호라고 부른다. 수신 NIC는 차동 증폭기를 사용해 인코딩된 데이터를 추출할 수 있다. 차동 증폭기는 입력 간의 전압차를 단일 출력으로 변환한다.

단단히 꼬인 쌍의 트위스트 페어를 통해 이동하는 자동 신호는 전자기 누설이 적다. 하나의 전선에서 발생하는 누설이 다른 전선의 누설로 인해 거의 상쇄되기 때문이다. 전자기 간섭에 대한 내성도 우수한데, 간섭이 두 전선에서 거의 동일한 전압 변화를 생성하므로 차동 전압에는 영향이 없기 때문이다. 평형 선로를 통한 차동 전송 방식을 묘사하면 그림 7-9와 같다.

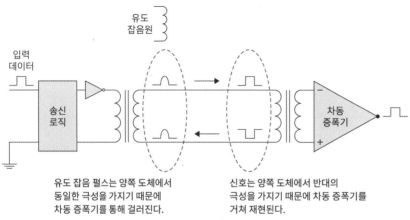

그림 7-9 평형 선로를 통한 데이터 전송

10BASE-T 케이블은 하나의 피복 내에 4개의 트위스트 페어가 내장된 구성이며 끝에는 8구짜리 모듈러 플러그가 달려 있다. ANSI/EIA-568 케이블링 표준에 따라 100MHz의 전송 속도로 테스트한 이러한 구조의 케이블을 카테고리 5(비공식적으로 'cat 5')로 간주한다. 카테고리 5 케이블은 오디오와 비디오를 포함한 다른 종류의 신호에도 사용할 수 있지만 현재 주된 용도는 이더넷이며, 플러그 호환이 가능하고 더 빠른 후속 케이블인 카테고리 5E 및 카테고리 6 역시 주로 이더넷에 쓰인다.

왜 하나의 피복에 4개의 트위스트 페어를 넣었을까? 앞에서 설명한 것처럼 가장 널리 쓰이는 기가비트 이더넷 기술인 1000BASE-T는 단일 데이터 스트림을 카테고리 5나 5E, 6 케이블에서 각각의 트위스트 페어가 있는 4개의 병렬 양방향 스트림으로 분할해서 더욱 높은 처리량을 달성한다. 느린 이더넷 기술은 네 쌍 모두를 사용하지 않을 수도 있고, 일부는 10BASE-T와 같이 단방향 페어 하나를 전송용으로, 한 개를 수신용으로 사용할 수도 있다.

버스 토폴로지에서 스타 토폴로지로

10BASE2에서 10BASE-T로 발달하는 과정에는 카테고리 5 케이블링 말고도 다른 요소가 있었다. 10BASE-T 네트워크는 형태 자체가 달랐다. '토폴로지(topology)'라는 용어는 노드가 네트워크에서 연결되는 방식을 뜻하는데, 10BASE5 및 10BASE2 네트워크는 버스 토폴로지를 사용했다. 버스 토폴로지의 모든 노드는 하나의 동축 케이블 경로를 따라 데이지 체인(daisy chain) 방식으로 연결됐다. 이와 대조적으로, 10BASE-T 네트워크는 모든 노드가 중앙 네트워크 허브에 연결되는 스타 토폴로지를 사용한다(그림 7-10).

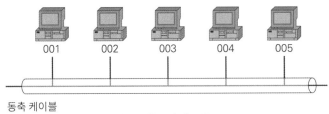

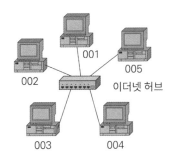

그림 7-10 버스 토폴로지와 스타 토폴로지

10BASE-T 네트워크는 전송 및 수신을 위해 별도의 차동 쌍을 사용하기 때문에 중앙 허브가 필요했다. 덕택에 노드가 동시에 데이터를 송수신할 수 있는 전이중 작업이 가능해졌다. 그러나 각 노드의 전송 회선은 다른 모든 노드의 수신 회선에 연결돼야 하며, 이 연결은 허브를 통해 이뤄졌다. 초기 이더넷의 허브는 각 노드의 회선을 적절히 연결하는 수동 커넥터에 불과했다. 이후에는 허브의 각 다리와 중앙 연결부 사이에 디지털 앰프를 추가해서 누화(유도성, 용량성 커플링으로 인한 인접 회선 간의 신호 간섭) 및 샷 노이즈(모터, 릴레이 및 이와 유사한 전기 장비로부터의 정적 잡음)를 줄일 수 있게 됐다. 이로 인해 패킷 손상이 줄어들고 전반적인 네트워크 처리량이 향상됐다. 이러한 능동형 허브는 원래 리피터

허브(repeater hub) 또는 리피터(repeater)라고 불렸는데, 오늘날에는 단순히 네트워크 허브 또는 이더넷 허브로 알려져 있다. 기존의 수동형 허브는 더 이상 사용되지 않는다.

사실 패킷을 강화하고 정리하는 앰프에 비해 허브는 그리 간단하지 않다. 두 네트워크 세그먼트 사이의 링크로 사용되는 허브는 불량 동축 커넥터와 같은 케이블 연결 중단이 있으면 세그먼트를 서로 격리시킨다.

이더넷 시스템에 10BASE-T 케이블링과 능동 허브가 구현된 이후에도 여전히 시스템의 모든 노드가 다른 모든 노드에 단일 충돌 도메인으로 연결됐다. 허브에서 계속 패킷 충돌이 문제가 됐기 때문에 충돌 감지 체계의 관리가 필요했다. 허브는 계층 1 장치이며, 물리 계층에서 허브의 역할은 신호를 증폭하고 정리하는 일이 대부분이다. 그 이상의 기능을 위해서는 허브 이상이 필요하다.

스위칭 이더넷

이더넷의 패킷 충돌 오버헤드에 대한 세련된 해결책은 1990년이 돼서야 등장했다. 이후에 시스코(Cisco)에 인수된 회사인 칼파나(Kalpana)는 이더넷 네트워크용 스위칭 허브를 발명했다. 네트워크의 모든 노드가 네트워크의 중심에 있는 스위칭 허브의 한 포트에 연결된다는 점에서 스위칭 허브는 기존의 허브와 스타 토폴로지 네트워크 내에서 동일한 위치를 가진다. 그러나 기존의 허브와 달리 스위칭 허브는 OSI 참조 모델의 제2계층에서 작동하며 데이터를 인식한다. 오늘날 이러한 장치를 네트워크 스위치(network switch)라고 하며 네트워크 스위치가 없는 이더넷 네트워크는 빠른 속도나 신뢰성을 얻을 수 없다.

네트워크 스위치 기술은 네트워크 브리지(network bridge)라고 하는 초기 개념에서 출발했다. 최초의 네트워크 브리지는 2개의 개별 네트워크 세그먼트가 서로 통신하게 해주는 2포트 장치였다. 두 세그먼트가 서로 다른 기술(예: 10BASE2와 10BASE-T)을 사용하거나, 동일한 기술임에도 작동 속도가 다르거나, 전체 네트워크의 크기가 해당 기술의 최대 허용 세그먼트 크기를 초과하는 경우(10BASE2의 경우 185m) 브리지가 필요하다. 네트워크 브리지는 하나의 세그먼트로부터 패킷을 수신하고 버퍼링하고, 해당 세그먼트의 매체가 조용할 때 다른 세그먼트로 패킷을 재전송한다. 이를 통해 브리지로 연결된 두 개의 네트워크 세그먼트가 단일 충돌 도메인으로 묶이지 않게 된다. 충돌이 브리지를 통해 전파되지 않으므로 브리지로 연결된 네트워크 세그먼트 각각은 단일 세그먼트에서 처리할 수 있는 것보다 더 많은 노드를 가질 수 있다.

간단히 설명하면, 네트워크 스위치는 2개의 네트워크 노드 사이에 일시적인 전용 연결을 생성한다. 한 노드가 스위치에 연결된 다른 노드로 패킷을 보내려고 하면 스위치는 그 사이에 패킷을 전달할 수 있는 최소한의 길이로 연결을 만든다. 두 개의 노드는 그 일시적인 순간에만 고립된 2노드 네트워크 상에 위치하므로 충돌이 불가능하며 충돌 감지 및 재전송에 소요되는 시간이나 대역폭이 없다. 네트워크의 다른 노드는 스위치를 통해 연결된 두 노드 사이에 전달된 패킷을 볼 수 없다. 가정용 네트워크 스위치에는 4개, 5개 또는 8개 포트가 있으며, 기업 환경에서 사용되는 스위치에는 수백 가지가 있을 수 있다. 네트워크 스위치의 도식은 그림 7-11과 같다.

알아두기

그림 7-11이 은유적 묘사라는 점에 주의하자. 네트워크 스위치는 완전히 전자식이며 내부에는 기계식 스위치 접점이 없다. 현대의 스위치는 여러 노드 쌍 사이에 여러 개의 동시 연결을 유지할 수 있으므로 특정 시점에 단일 패킷 이상이 스위치의 크로스바(crossbar, 포트를 서로 연결하는 전기 스위칭 논리의 행렬)를 통과할 수 있다.

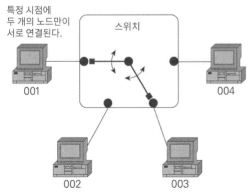

그림 7-11 네트워크 스위치의 작동 방식

이 같은 역할을 하려면 네트워크 스위치는 허브보다 똑똑해야 한다. 스위치는 포트에 연결된 모든 노드의 MAC 주소 테이블을 유지 관리해야 한다. 이 테이블을 사용하면 들어오는 패킷의 MAC 주소를 나가는 포트와 즉시 연결해서 두 호스트 사이에 임시 연결을 만들 수 있기 때문이다. 테이블을 만들고 유지하는 작업은 아래의 두 가지 방법으로 이뤄진다.

- 스위치가 예약된 MAC 주소인 FF:FF:FF:FF:FF:FF로 패킷을 브로드캐스트하면 스위치의 포트를 통해 도달할 수 있는 모든 노드가 MAC 주소로 응답하도록 요청할 수 있다. 일부 컴퓨터는 전원이 켜지거나 재부팅될 때 자체 MAC 주소를 네트워크에 브로드캐스트한다.

- 스위치가 처리하는 모든 패킷의 송신 및 수신 주소를 확인하다 보면 해당 포트에서 도달 가능한 MAC 주소를 확인할 수 있다.

단순한 스위치는 전체 패킷을 버퍼링하고, 전체 패킷을 수신하면 무결성을 확인한다. 여기까지 완료하고 나서야 패킷을 대상 호스트로 전달할 수 있으며, 이러한 방식을 저장 후 전달(store-and-forward) 스위칭이라 한다. 이 방식의 처리량을 향상시키기 위해 컷 스루(cut-through) 스위칭이라는 기술이 개발됐다. 컷 스루 스위칭 방식의 스위치는 들어오는 패킷에서 완전한 목적지 주소를 확인할 때까지만 검사한다. 그리고 목적지에 대한 다른 전송이 진행 중이지 않으면 패킷을 대상 호스트로 즉시 전달하기 시작한다. 이 방식을 통해 버퍼링 오버헤드 없이 가능한 최단 시간에 패킷을 목적지에 전달할 수 있다. 그러나 컷 스루 스위칭은 패킷의 무결성을 확인하지 않으며, 불완전하거나 손상된 패킷도 전달하기 때문에 대상 호스트가 손상된 패킷을 감지해서 버려야 한다. 이러한 상황이 자주 발생하면 컷 스루 스위칭의 처리량 절약에 대한 이점이 사라진다.

스위치와 허브는 배타적인 요소가 아니다. 그림 7-12와 같이 이더넷 네트워크에서 스위치와 허브를 자유롭게 조합할 수 있다. 그림에서는 네 개의 노드가 이더넷 스위치에 직접 연결돼 있으며, 3개의 추가 노드를 연결하는 허브도 스위치에 연결된다. 허브를 사용하면 허브가 연결된 네트워크의 브리지에서 충돌 발생이 다시 가능해진다는 문제가 있다. 그림 7-12의 강조 표시가 네트워크 내의 4노드 충돌 도메인을 보여준다. 스위치는 노드 003과 허브 사이에 전용 연결을 생성할 수 있지만, 허브는 노드 004, 005, 006을 연결해서 스위치가 3개 중 하나에 개별적으로 도달할 수 없게 한다. 노드 004와 006이 동시에 패킷 전송을 시작하면 패킷이 충돌하고, 충돌 오버헤드가 발생할 것이다.

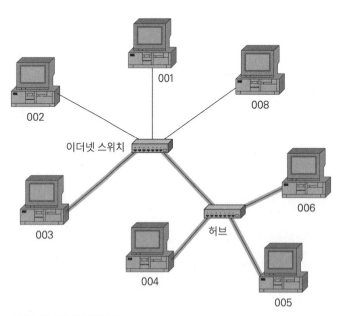

그림 7-12 스위치와 허브 믹싱

무선 액세스 포인트(AP)는 개념적으로 허브보다 스위치에 가깝기 때문에 그림 7-12의 상황은 무선 네트워킹에서 자주 발생한다.

라우터와 인터넷

LAN은 컴퓨터 간의 네트워크이고, WAN은 네트워크 간의 네트워크라고 생각하면 LAN과 WAN을 이해하기 쉬울 것이다. 처음에 WAN은 회사 또는 대학의 크고 외로운 컴퓨터를 다른 회사 및 대학의 크고 외로운 컴퓨터로 연결했을 뿐이다. 오늘날 컴퓨터가 하나 뿐인 조직은 거의 없고 이는 집이나 개인도 마찬가지다. 종류에 상관없이 모든 컴퓨터나 스마트폰, 태블릿 장치에는 유선 네트워크 포트나 무선 네트워크 포트, 또는 두 가지 모두가 장착돼 있다. 오늘날에는 어디에나 LAN이 있기 때문에 장치를 LAN에 연결한 다음 단계는 하나의 LAN을 다른 LAN과 네트워크로 연결하는 것이다. 바로 이것이 인터넷의 역할이다. 인터넷의 메커니즘은 이번 장의 주제(이더넷)를 훨씬 뛰어넘지만 인터넷 프로토콜은 인터넷에 연결된 가장 작은 LAN(단일 장치로 구성된 네트워크)과도 밀접한 연관이 있으므로 어느 정도 다룰 필요가 있다.

이름 vs. 주소

LAN 내의 노드는 MAC 주소로 식별된다. MAC 주소는 고유한 값으므로 (이상적으로), 이론적으로 어떤 노드든 멀리 떨어진 노드의 MAC 주소를 패킷에 삽입해서 전 세계의 다른 노드에 연결할 수 있어야 한다. 하지만 실제로 인터넷은 이런 식으로는 작동하지 않으며 그 이유도 명확하다. MAC 주소에는 노드가 실제로 어디에 있는지에 대한 정보가 없다. 회의 테이블 주위에 둘러앉은 사람들을 생각해 보자. 누구나 테이블 주변에 있는 사람들을 볼 수 있으며, 누구든지 이야기하면 모든 사람이 들을 수 있다. 이것이 LAN이 작동하는 방식이다. 같은 시간, 다른 사람들이 다른 건물의 다른 회의 테이블 주위에 앉아서 이야기하고 있다고 생각해 보자. 서로 다른 건물의 두 테이블에 둘러앉은 사람들이 대화하려면 어떻게 해야 할까? 양쪽 회의 테이블에 스피커폰이 있으면 하나의 테이블 전화기가 다른 테이블의 전화기를 호출해서 통신을 연결할 수 있을 것이다.

전화번호는 단순한 ID 코드가 아니다. 대부분 국가의 전화번호는 여러 부분으로 구성된다. 미국의 예를 들면, 전화번호는 국가 코드, 지역 번호, 교환 및 가입자 번호로 이뤄진다. 각 레벨에는 전화기의 물리적 위치에 대한 정보가 들어 있으며, 각 레벨은 위치를 더욱 좁힌다. 예를 들어, 미국(북미 코드 +1), 콜로라도 스프링스(지역 코드 719), 교환기(674), 해당 교환기 내 일부 4자리 가입자 번호로 위치를 좁힐 수 있다.

인터넷도 이와 비슷한 시스템을 사용한다. 이번 장의 앞부분에서 간략하게 언급했듯이 인터넷을 통한 패킷 기반 통신을 가능하게 하는 규칙 및 기술 모음은 인터넷 프로토콜(IP)이라고 불린다. 그리고 숫자 유형의 주소를 기반으로 하는 인터넷 프로토콜의 주소 지정 체계를 IP 주소라고 부른다. IP는 TCP(Transmission Control Protocol)라고 하는 상위 프로토콜과 밀접하게 연결돼 있다. 그림 7-1을 참조하면 OSI 참조 모델에서 TCP가 IP 바로 위에 있음을 알 수 있다.

IP는 패킷 주소 지정 및 라우팅을 위한 프로토콜이고, TCP는 패킷이 전송될 수 있도록 컴퓨터 간의 연결을 설정하고 유지하기 위한 프로토콜이다. TCP는 인터넷의 전달 메커니즘이라고도 표현할 수 있다. 패킷이 목적지로 제대로 갈 수 있게 하고, 패킷 스트림이 컴퓨터 사이를 이동하는 순서가 유지되게 하는 것이다. IP와 TCP는 함께 작동하며, 별도로 사용되는 일은 거의 없다. 그래서 인터넷 프로토콜을 보통 TCP/IP라고 부르는 것이다.

IP 주소와 TCP 포트

IP 주소에는 두 부분이 있다. 하나는 네트워크의 주소이고 다른 하나는 해당 네트워크에 있는 특정 노드(인터넷 용어로는 호스트)의 주소다. 주소라기보다는 이름이나 ID 코드의 용도를 가진 MAC 주소와 달리 IP 주소는 실제 주소이며, IP 주소를 기반으로 라우터라는 네트워크 장비가 네트워크와 호스트를 찾을 수 있다.

보통 IP 주소는 아래와 같은 형식을 띤다.

```
264.136.8.101
```

마침표로 구분된 각 숫자 그룹은 옥텟(octet)이라 하는데, 이 명칭은 컴퓨터 과학에서 8비트 수량을 의미한다. 이 시점에서 예리한 독자는 8비트로 264를 표현할 수 없다는 사실을 알고 의아해할 것이다. 위에서 예로 든 IP 주소는 사실 존재할 수 없는 가상의 주소다. 책이나 논문에 누군가의 실제 IP 주소를 예로 표시하는 것은 문제가 될 수 있기 때문에 첫 번째 옥텟에 255보다 큰 값을 사용해서 가상의 주소를 쓰는 것이 관례처럼 돼 있다.

IP 주소 내에 있는 하나 이상의 상위 옥텟은 네트워크 주소를 포함하며, 하나 이상의 하위 옥텟은 호스트 주소를 포함한다. 그림 7-13의 오른쪽에는 네 개의 호스트가 있는 LAN이 있고, LAN과 외부 세계 사이에는 라우터가 있다. 이 예에서 세 개의 상위 옥텟은 네트워크의 주소를 포함한다. 가장 낮은 옥텟은 특정 호스트의 주소를 포함한다. 264.136.8.101과 같은 주소가 주어지면, 전 세계의 어느 호스트라도 그림 7-13의 최상위 컴퓨터와 TCP 연결을 만들 수 있다.

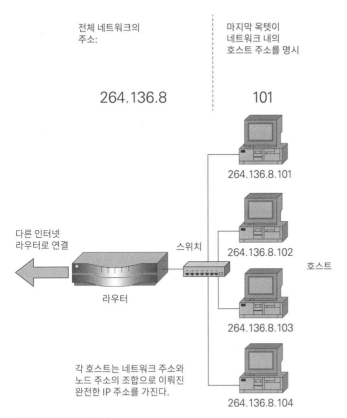

전체 네트워크의
주소:

마지막 옥텟이
네트워크 내의
호스트 주소를 명시

264.136.8

101

264.136.8.101

264.136.8.102

호스트

264.136.8.103

264.136.8.104

다른 인터넷
라우터로 연결

스위치

라우터

각 호스트는 네트워크 주소와
노드 주소의 조합으로 이뤄진
완전한 IP 주소를 가진다.

그림 7-13 IP 주소의 구성

255개 이상의 호스트를 가진 더 큰 네트워크가 IP 주소를 구성하는 방식은 조금 달라서 주소의 호스트 부분에 더 많은 옥텟을 할당하고 주소의 네트워크 부분에는 더 적은 수의 IP 주소를 할당한다. IP 주소의 네트워크 부분과 호스트 부분 사이의 분리는 서브네트워크 마스크(subnetwork mask)라고 하는 4옥텟 비트 패턴으로 지정된다(보통 '서브넷'으로 불리는 이름이 바로 서브네트워크를 의미한다). 마스크는 주소의 두 부분을 분리해서 추가 처리가 가능하게 한다. 네트워크가 다른 네트워크 안에 중첩돼 있으면 각각의 개별 네트워크에 별도의 서브넷 마스크가 사용된다.

인터넷 라우팅은 상당히 복잡해서 라우터의 내부 작동 원리는 이 책의 범위를 벗어난다. 이번 장 앞부분에서 언급했듯이 라우터는 내부의 라우팅 테이블을 사용해 목적지의 네트워크 주소를 검색하고 도달 방법을 찾는다. 라우팅 테이블의 개체는 라우터가 대상 네트워크에 도달할 수 있는 경로를 선택할 수 있는 정보를 담고 있다. 라우터가 하나의 연결만으로 모든 임의의 네트워크에 액세스할 수는 없다. 보통 목적지에 도달하기 위해 몇 개의 순차적인 연결이 필요한데, 이를 홉(hop)이라고 한다. 각 홉의 끝에는 다른 라우터가 있으며, 라우터는 경로를 따라 패킷을 다음 라우터로 전달한다. 마침내 패킷이 목적지 네트워크에 도착하면 해당 네트워크의 라우터가 패킷을 지정된 개별 호스트로 전달한다.

라우터에는 여러 종류가 있고, 손바닥에 들어갈 수 있는 홈 네트워크 라우터에서부터 무게가 수백 파운드에 이르는 냉장고 크기의 캐비닛에 이르기까지 그 크기가 다양하다. 대형 라우터의 라우팅 테이블에는 수십만 개의 개체가 있을 수 있다. 홈 라우터의 라우팅 테이블에는 보통 홈 ISP의 라우터 주소가 포함된 라우팅 테이블이 하나만 있다. 홈 라우터에서 시작된 모든 패킷은 반드시 홈 ISP를 통해서만 인터넷 내의 다른 목적지에 도달할 수 있다. 따라서 홈 라우터는 모든 패킷을 ISP의 훨씬 크고 강력한 라우터로 먼저 전달하고, 다음 라우터가 패킷의 다음 홉을 선택하게 된다.

TCP 프로토콜은 IP 주소를 사용해 두 호스트(또는 서버) 사이의 연결을 생성한다. 이렇게 생성된 연결은 단순히 컴퓨터 또는 다른 네트워크 장치 사이의 연결이 아니고, 해당 컴퓨터에서 실행되는 두 개의 소프트웨어 응용 프로그램 사이의 연결이다(그림 7-1 및 OSI 참조 모델의 응용 세트 참조). 예를 들어, 태블릿이나 컴퓨터의 웹 브라우저는 원격 호스트의 웹 서버에 연결되고, 태블릿 또는 컴퓨터의 이메일 클라이언트는 원격 호스트의 이메일 서버에 연결된다. 이 마지막 연결 대상에 대한 라우팅은 16비트 값인 포트 번호를 통해 이뤄진다. 포트 번호는 모든 IP 패킷에 있는 16비트 값으로, 호스트의 네트워크 스택이 각 패킷을 수신할 응용 프로그램을 식별할 수 있게 한다. 목적지 포트 번호 값을 통해 네트워크로부터 들어오는 패킷의 단일 스트림을 여러 개의 패킷 스트림으로 분할하는 작업을 디멀티플렉싱(demultiplexing)이라 한다.

클라이언트 응용 프로그램이 서버 응용 프로그램에 대한 TCP 연결을 설정하려면 사용되지 않는 임의의 로컬 포트 번호를 지정해서 연결의 끝을 고유하게 식별한다. 다음으로 대상 포트 번호를 지정해서 연결 요청을 보낸다. 대상 포트 번호는 임의의 번호가 아니라 상위 프로토콜에서 명시하는 몇 가지 잘 알려진 포트 번호 중 하나다. 예를 들어, HTTP는 포트 80, 이메일은 포트 25(SMTP를 통해 전송) 및 110(POP를 통해 수신), SSL은 포트 443, FTP은 포트 21 등을 사용한다. TCP가 해당 포트에 연결을 맺기 위해서는 서버 응용 프로그램이 해당 포트를 확인해야 한다. 예를 들어, 포트 80을 아무도 확인하고 있지 않다면 원격 호스트에서 작동 중인 웹 서버가 없다는 뜻이다. 연결이 수락되면 임의의 사용되지 않은 포트 번호가 연결의 서버 쪽 끝에 할당된다. 이후의 실제 통신은 이 임의의 포트 번호를 통해 이뤄지며, 이렇게 하면 알려진 포트를 통해 들어오는 연결을 더 받아들일 수 있다.

라우터는 권한이 없는 서버에 대한 원격 연결을 방지하기 위해 보안 조치를 통해 특정 포트 번호를 사용하는 연결을 차단할 수 있다. 예를 들어, 이메일 스팸을 차단하는 방법은 서비스를 호스팅해서 SMTP(Simple Mail Transfer Protocol)에 할당된 포트 25를 차단하도록 라우터를 구성하는 것이다. 그런데 어떤 소프트웨어는 '포트 탐색'을 통해 열린 포트를 사용할 수 있기 때문에 프로토콜이 포트 번호로 차단하기 어렵다. 이러한 소프트웨어는 기본적으로 두 호스트가 작동하는 포트를 찾을 때까지 포트 범위에서 연결을 시도하기 때문이다. 이러한 적응형 프로토콜의 대표적인 예가 비트토렌트(BitTorrent)다.

NAT(Network Address Translation)라는 라우터 기반 기능에서도 포트의 역할이 중요한데, 이 기능은 뒤의 '네트워크 주소 변환' 절에서 다룰 예정이다.

로컬 IP 주소와 DHCP

처음에 IP 주소 지정 시스템을 포함하는 인터넷 프로토콜 집합을 정의한 인터넷의 설계자는 언젠가 수십억의 일반 대중이 인터넷에 연결할 것이라고 결코 상상하지 못했다. 전화기, TV, 심지어 냉장고 같은 평범한 장치가 언젠가는 고유 IP 주소를 필요로 할 것이라고도 생각하지 못했다. 이로 인해 심각한 문제가 발생했다. 32비트 IP 주소는 43억 개에 불과해서 지구상의 모든 사람(또는 냉장고)에게 고유의 IP 주소를 1개씩 할당하기에 충분하지 않았던 것이다.

IP 주소의 부족을 극복하기 위한 여러 가지 작업이 진행 중이다. IPv6 프로젝트는 주소 공간을 넓혀서 완전히 새로운 주소 지정 체계를 만드는 것을 목표로 한다. 현재의 IP 주소 지정 시스템인 IPv4의 주소 공간이 32비트인 반면, IPv6의 주소 공간은 128비트다. 이를 통해 최대 2^{128}개의 서로 다른 주소를 지원할 수 있다. 이 수치는 3.4×10^{38}과 같은데, 이는 관찰 가능한 우주에서 별, 행성, 위성, 소행성의 총 개수를 센 것과도 같다.

이 책을 쓰고 있는 현재 전체 인터넷 트래픽의 약 10%만이 IPv6 주소를 사용하고 있다. IPv6는 결국 인터넷을 지배하게 될 것이라고 기대되고 있다. 한편, IPv6 이전에 IP 주소가 부족했던 문제는 로컬 IP 주소를 통해 어느 정도 개선됐다. IANA(Internet Assigned Numbers Authority)는 4개의 IP 주소 블록을 로컬로 설정해서 자체 로컬 네트워크에서만 볼 수 있고 라우팅이 불가능하도록 규정했다. 이러한 로컬 IP 주소는 LAN 내의 두 호스트가 라우터를 거치지 않고 TCP/IP 기반 인터넷 서비스를 사용할 수 있게 한다. 로컬 IP 주소는 로컬 네트워크 외부에서 볼 수 없으므로 재사용할 위험이 없다. 수억 명의 사람들이 192.168.1.100이라는 주소를 동시에 사용할 수 있는 것이다. 로컬 IP 주소의 네 블록은 아래와 같다.

```
10.0.0.0 - 10.255.255.255
169.254.0.1 - 169.254.255.254
172.16.0.0 - 172.31.255.255
192.168.0.0 - 192.268.255.255
```

라우터를 지나서는 로컬 IP 주소를 볼 수 없지만 라우터는 거의 모든 홈 네트워크에서 중요한 서비스를 수행한다. 바로 로컬 IP 주소를 자체 네트워크의 노드에 배포하는 역할을 하는 것이다. 노드가 온라인 상태가 되어 네트워크 구성을 요청하면 라우터에서 실행되는 DHCP(Dynamic Host Configuration Protocol) 서버라는 소프트웨어가 로컬 IP 주소 테이블 내에서 아직 사용되지 않은 주소를 찾아서 전송한다. 이때 서브넷 마스크를 포함해서 여러 가지 다른 구성 옵션을 로컬 IP 주소와 함께 전송한다.

요청을 하는 노드는 제한된 기간(보통 24 시간) 동안 IP 주소를 '임대'할 수 있다. 임대 기간이 만료되면 주소는 다시 사용 가능한 주소의 풀로 돌아간다. IP 주소 임대가 만료될 때 노드가 여전히 네트워크에 있다면 임대가 갱신되도록 요청하기만 하면 된다. DHCP가 허용하는 임대 기간이 합리적인 덕택에(24시간 이상) 노드가 임대한 IP 주소를 잃지 않고도 하룻밤 동안 전원을 끌 수 있다. 다음에 노드의 전원을 켜면 동일한 IP 주소를 갖게 된다.

DHCP는 로컬 IP 주소를 LAN에 분배하는 데만 쓰이는 것이 아니다. 인터넷 서비스 공급자(Internet service providers, ISP)도 DHCP 서버를 실행하며, 홈 라우터가 ISP에 연결할 때 ISP의 DHCP 서버는 글로벌 IP 주소를 포함하는 구성 정보를 홈 라우터로 보낸다. 이 주소는 LAN이 인터넷의 다른 네트워크에 스스로를 알리는 방식이기도 하다.

DHCP 서버에 의해 배포되는 IP 주소는 로컬, 글로벌을 통틀어 동적 IP 주소라고 불린다. 동적 IP 주소는 네트워크 작동을 방해하지 않고도 주소를 변경할 수 있는 상황에서 사용된다. 반면 인터넷에서 액세스할 수 있는 서버 소프트웨어에는 변경되지 않는 IP 주소가 필요하다. 이러한 주소는 정적 IP 주소라고 불린다. 인터넷에서 자신의 서버를 실행할 수 있는 인터넷 호스팅 서비스에는 정적 IP 주소 블록이 할당된다. 호스팅 서비스를 사용해서 계정을 만들면 서버의 고정 IP 주소를 얻을 수 있다. 하나의 고정 IP 주소만 있으면 사람들이나 다른 서버가 인터넷에서 해당 고정 IP의 서버를 찾을 수 있다.

정적 로컬 IP 주소를 LAN의 노드에 수동으로 할당할 수도 있다. 이러한 주소는 임대되는 것이 아니기에 만료 기한도 따로 없다. 이는 IP 주소를 통해 다른 네트워크 노드가 액세스하는 네트워크 프린터와 같은 노드에 유용하게 쓰일 수 있다. 네트워크 프린터의 IP 주소가 변경되면 네트워크의 일부 노드에서 IP 주소에 액세스하지 못할 수 있다. 대부분의 네트워크 프린터에는 명령어가 포함돼 있고, 때로는 정적 로컬 IP 주소를 프린터에 할당할 수 있는 소프트웨어도 포함돼 있다.

169.254로 시작하는 로컬 IP 주소는 특별한 용도로 쓰인다. 윈도우 2000 이후 버전의 모든 윈도우 OS는 APIPA(Automatic Private IP Addressing)라는 서비스를 탑재하고 있다. 이 서비스는 DHCP 서버를 사용할 수 없을 때 169.254 블록의 로컬 IP 주소를 제공한다. APIPA 주소를 가진 윈도우 노드는 APIPA 주소가 있는 로컬 네트워크 세그먼트의 다른 노드와 통신할 수 있다. 이렇게 하면 라우터 없이

소수의 컴퓨터를 스위치만으로 연결할 수 있다. 로컬 네트워크 주소 및 기타 구성 매개변수를 자동으로 제공하는 시스템을 일컫는 일반적인 용어는 무설정 네트워킹(zero-configuration networking)이다. 무설정 네트워킹을 제공하는 리눅스용 유틸리티로는 아바히(Avahi)가 있지만 라즈비안은 이 유틸리티를 포함하지 않으며, 필요하면 수동으로 설치해야 한다. 무설정 네트워킹은 주로 인터넷에 연결돼 있지 않은 소규모 네트워크와 로컬 세그먼트 구성을 처리하는 라우터 또는 DHCP 서버에서 유용하게 쓰인다.

네트워크 주소 변환

로컬 라우터 외의 다른 네트워크에서는 로컬 IP 주소를 볼 수 없다. 그렇다면 TCP/IP는 어떻게 로컬 IP 주소를 가진 노드를 인터넷에 연결할 수 있을까? 라우터에서 실행되는 소프트웨어 서비스인 NAT(Network Address Translation)가 바로 이 문제를 해결한다. NAT는 라우팅할 수 없는 로컬 IP 주소를 글로벌 라우팅 IP 주소로 변환한다. 또한 원하지 않는 로컬 네트워크 외부로부터의 연결을 막는 보호 기능도 가지고 있다. 그림 7-14는 네 대의 컴퓨터와 라우터, 스위치로 구성된 홈 네트워크 설정을 보여준다. 오늘날 대부분의 네트워크에서는 라우터와 스위치가 하나의 물리적 장비로 결합된다(개념을 명확히 표현하기 위해 그림에서는 분리돼 있다). 네트워크 상의 4대의 컴퓨터는 라우팅할 수 없는 로컬 IP 주소를 가지고 있고, 라우터 내부에서는 NAT가 실행 중이다. NAT는 각 컴퓨터의 로컬 IP 주소를 자신의 테이블에 보관한다.

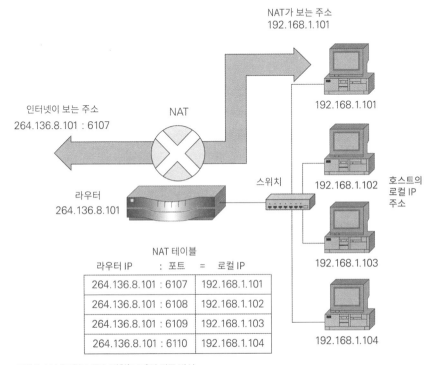

그림 7-14 네트워크 주소 변환(NAT)의 작동 방식

앞에서 설명했듯이 전체 네트워크는 공개 라우팅 IP 주소 하나를 가지고 있으며, 이 주소는 외부 세계에서 네트워크의 노드를 볼 수 있는 유일한 주소다. 이 주소는 네트워크의 라우터에 있으며, 홈 네트워크의 경우 보통 ISP의 DHCP 서버에서 제공한다. 로컬 IP 주소는 라우팅할 수 없으며, 로컬 네트워크 세그먼트의 개별 컴퓨터와 라우터의 다른 쪽 호스트의 연결을 만들기 위해서는 라우터가 TCP 포트 번호를 통해 로컬 장치에 할당된 로컬 IP 주소를 결합해서 '확장된' IP 주소를 만들어야 한다. 이때 쓰이는 TCP 포트 번호는 특정 네트워크의 다른 포트에서 이미 사용하고 있지만 않으면 어떤 것을 쓰더라도 문제가 없다(서로 다른 포트 번호가 65,000개가 넘기 때문에 작은 규모의 네트워크에서도 문제가 없다). NAT는 로컬 노드의 확장 IP 주소를 내부 테이블에 저장하는데, 이 테이블은 로컬 네트워크 세그먼트에 대한 일종의 '전화번호부' 역할을 하며 외부 인터넷에서는 액세스가 불가능하다. 오직 NAT만이 이 테이블을 읽거나 변경할 수 있다. 리눅스 시스템에서는 이러한 프로세스를 IP 마스커레이딩(IP masquerading)이라 한다. 어떻게 보면 라우터는 로컬 네트워크의 컴퓨터에 포트 번호를 ID 코드 용도로 할당하는 셈이다.

네트워크 내부의 컴퓨터 중 하나가 웹 서버에 연결하려고 하면 NAT는 웹 페이지 요청을 받아서 라우터 IP 주소와 요청 컴퓨터의 포트 번호로 구성된 확장 IP 주소를 조합한다. 웹 서버가 연결을 설정하면 NAT는 연결되는 컴퓨터의 내부 로컬 IP 주소가 아닌 확장 IP 주소를 사용한다. 즉, 컴퓨터가 아닌 라우터와의 연결이 이뤄진다. 라우터는 웹 서버에서 전달되는 자료를 컴퓨터에 연결할지를 결정한다. 웹 서버는 자기 포트 번호 한도보다 큰 포트 번호를 가진 컴퓨터를 인지할 수 없으며, 포트 번호만으로는 로컬 IP 주소에 연결할 수 없다. 로컬 네트워크 외부의 서버가 사용해야 하는 주소는 NAT에 의해 생성되기 때문에 로컬 네트워크 노드 중 하나와 협력해서 NAT를 통해 외부 서버와의 연결을 시작해야 한다. 그 덕택에 로컬 네트워크 외부로부터의 원하지 않는 연결을 방지할 수 있게 된다.

로컬 네트워크에 있는 컴퓨터의 사용자가 컴퓨터에서 공개적으로 사용 가능한 서버를 실행하려고 할 때는 NAT가 문제가 될 수 있다. 외부 사용자가 서버에 연결할 수 있어야 하므로 네트워크 외부에서 시작된 연결을 맺을 방법을 라우터에서 제공해야 한다. 이를 위해서는 서버가 실행 중인 컴퓨터의 로컬 IP 주소로 서버 연결에 대한 외부 요청을 전달하는 포트 전달(port forwarding) 기능이 필요하다. NAT를 사용하면 서버에 대한 연결만 가능하고, 서버를 실행하는 컴퓨터의 다른 소프트웨어에는 연결할 수 없다.

Wi-Fi

OSI 참조 모델의 장점 중 하나는 엔지니어가 인접한 계층 사이에 잘 정의된 인터페이스를 사용해서 네트워킹 하드웨어 및 소프트웨어에 대한 설계를 '계층화'할 수 있게 해 준다는 점이다. 계층화의 이점 중 하나는 응용 프로그램 계층의 관점에서 스택의 작동을 완전히 방해하지 않으면서도 일부 계층을 '교체'할 수 있다는 점이다.

이러한 계층 교체는 대부분 아래쪽의 데이터 링크 계층 및 특히 물리 계층에서 이뤄진다. 10BASE2와 10BASE-T는 네트워크 패킷 전송을 위한 서로 다른 두 가지 물리적 매체를 제공한다. 하나는 동축 케이블을 사용하는 반이중 시스템이고, 다른 하나는 트위스트 페어 전도체를 사용하는 전이중 시스템이다. 이더넷 네트워킹을 구현하고 TCP/IP 및 네트워크 애플리케이션을 구현하는 상위 계층의 관점에서는 두 가지 매체에 차이가 없다.

1980년대 중반, 연구자들은 전파나 적외선을 사용해서 이더넷과 같은 데이터 링크 및 물리 계층을 전선 없이 구성하는 개념을 연구하기 시작했다. 미국에서 무선 통신 사용을 관장하는 연방 통신위원회(Federal Communications Commission)는 1985년에 무면허로 사용할 수 있는 여러 주파수 대역을 개설했다. 1987년 NCR은 출납기 제품을 연결하기 위한 무선 기술을 개발했고, 이 기술은 WaveLAN이라는 상용 제품으로 1988년에 출시됐다. 캐나다의 텔레시스템스(Telesystems) SLW에서도 비슷한 시기에 거의 비슷한 시스템을 개발되어 출시했으나 WaveLAN과의 호환성은 없었고, 이 시스템은 Aironet이라는 이름의 회사로 분리된다. NCR은 자사의 기술이 IEEE 802 LAN 표준에 통합되기를 기대하면서 1990년에 802 표준 위원회에 이 설계를 제안한다. 그리하여 IEEE는 무선 이더넷에 대한 새로운 표준을 세우고 이를 802.11이라고 이름 붙여서 1997년에 발표한다. 초기의 802.11 스펙은 기존의 변조 기술, 비트 전송률 및 MAC 방식을 채택해서 표준보다 더 많은 선택의 여지를 담아냈다(예를 들어, 광범위하게 채택된 적이 없는 변조 적외선에 대한 물리 계층 사양도 포함됐다). 문제는 너무 선택의 여지가 많아서 표준을 완벽하게 준수하는 제품조차도 다른 준수 제품과 호환되지 않을 수 있었다는 점이다.

802.11 표준을 준수하는 대부분의 무선 네트워킹 제품은 초기 오디오 기술 용어였던 '하이파이(hi-fi)'의 이름을 비튼 Wi-Fi(와이파이)라는 이름을 사용했다. 이제 Wi-Fi는 Wi-Fi 연합이라는 무역 단체가 소유한 상표이며, IEEE 802.11 표준을 준수하는지 테스트를 마친 후에야 제품에 이 용어를 사용할 권한을 받을 수 있다.

표준 속의 표준

호환성 문제와는 별개로 '무선 이더넷'의 이름을 달고 나온 초기 802.11 제품은 1Mbps 또는 2Mbps의 비트 전송률을 가지고 있었다. 이것은 10BASE2 및 10BASE-T 같은 10Mbps 기술과 이를 따르는 100Mbps 및 1000Mbps 기술보다 훨씬 느렸다. 1997년 이후 IEEE 802.11 위원회는 처리량 향상에 초점을 맞춘 새로운 무선 기술을 정의하면서 802.11 표준에 대한 몇 가지 추가 사항 작업을 시작했다.

- 802.11a: 5GHz 대역에서 작동하며 공칭 비트 전송률은 54Mbps이고, 실제 TCP 처리량은 그 절반 정도다. 이 사양은 2000년에 완성됐다.

- 802.11b: 2.4GHz 대역에서 작동하며 공칭 비트 전송률은 11Mbps이고, 실제 TCP 처리량은 약 6Mbps다. 이 사양은 1999년에 완성됐다.

- 802.11g: 2.4GHz 대역에서 작동하지만 원래 802.11a 표준을 위해 개발된 여러 기술을 사용해 최대 54Mbps의 비트 전송률을 지원한다. 802.11a와 마찬가지로 실제 TCP 처리량은 약 22Mbps의 절반에도 미치지 못한다. 이 사양은 2003년 말에 완성됐다.

- 802.11n: 2.4GHz 대역 또는 5GHz 대역에서 작동한다. 가능한 경우 채널 대역폭을 두 배로(40MHz) 사용하고 MIMO(Multiple-Input, Multiple-Output) 기술이라는 다중 안테나를 사용해서 이전 기술보다 훨씬 높은 처리량을 구현했다. 이론적으로 최대 비트율은 600Mbps까지 가능하지만 실제 비트 전송률과 TCP 처리량은 로컬 채널 혼잡에 영향을 많이 받아 아무리 빨라도 100Mbps 정도가 한계다. 이 사양은 2009년에 완성됐다.

- 802.11ac: 5GHz 대역에서만 작동한다. 이 기술은 802.11n의 확장이며 추가 안테나를 사용하고 근접한 40MHz 채널을 80MHz 또는 160MHz 채널에 '결합'해서 로컬 스펙트럼 사용이 허용하는 1000BASE-T(기가비트 이더넷)에 가까운 처리량을 달성했다. 이 사양은 2014년 초에 승인됐으며, 그해 말에 이 표준을 탑재한 갖가지 상용 제품이 출시되기 시작했다.

IEEE는 위와 같은 사양을 공식적으로 더 큰 802.11 사양 내에서 비준하지만 기존 기술을 지원하지 않는 분화된 제품군을 지칭하는 무선 주파수 대역인 'Wireless-G' 같은 용어도 계속 쓰이고 있다. 실제로 이 책을 쓰는 시점에서 거의 모든 상용 제품은 2.4GHz의 표준 b, g, n을 지원하며 일부 제품군은 5GHz에서도 802.11a를 지원한다.

1997년부터 802.11에 대한 많은 추가 사항이 발표되고 비준됐으며, 이를 통해 모바일 장치 로밍, 서비스 품질, 브리징 네트워크, 보안과 같은 영역에서 기본 사양이 개선됐다.

현실 세계의 문제

무선을 활용하면 네트워킹이 여러모로 복잡해진다. 유선 이더넷은 일종의 케이블 안에 신호를 유지하며, 물리적 한계(특히 이더넷 케이블이 구부러질 수 있는 반경) 내에서 케이블이 갈 수 있는 곳에 신호를 전달한다. 반면 Wi-Fi는 공중을 통해 자유롭게 이동하는 마이크로파를 건물 및 기타 구조물 내에서 사용한다. 물리적 매개체로써의 마이크로파와 관련된 문제 몇 가지를 아래와 같이 나눌 수 있다.

- **감쇄**: 공간 내에서의 거리, 수분 요소(잎이 넓은 나무, 비 또는 눈), 벽 등이 감쇄를 발생시켜 신호 강도를 떨어뜨린다.
- **마이크로파 그림자**: 알루미늄 재질, 서류 캐비넷, 냉장고 및 산업용 장비와 같은 대형 금속 물체에 의해 발생한다.
- **다중 경로 간섭**: 송신 안테나에서 수신 안테나로 길이가 다른 경로를 취하는 신호가 다중 경로 간섭을 일으킬 수 있다. 수신 안테나에 도달하는 시점에서 보강 또는 상쇄 간섭이 일어난다.
- **채널 혼잡**: 동일한 또는 인접한 채널에서 Wi-Fi 신호가 서로 간섭을 일으킬 수 있다.
- **타 무선 기술과의 간섭**: 블루투스 장비, 무선 전화기, 의료 기기, 센서 네트워크, 일부 아마추어 무선 송수신 주파수 등 Wi-Fi와 동일한 주파수를 사용하는 다른 기술과 간섭이 일어날 수 있다.
- **숨겨진 노드 문제**: 네트워크에 참여하는 모든 단말기가 서로를 볼 수 있는 것이 아니기 때문에 MAC에 어려움이 있다.

무지향성 안테나로부터 장애물이 없는 경로를 따라 전송된 마이크로파도 거리에 따른 감쇄를 겪게 되며, 감쇄되는 양은 진행한 거리의 제곱에 비례한다. 건물 사이를 연결할 때처럼 Wi-Fi 하드웨어가 고정된 두 지점 사이의 서비스에 쓰이는 경우 지향성 안테나를 사용해서 링크의 두 끝점 사이의 경로를 따라 마이크로파 에너지를 집중시킬 수도 있다. 이는 무지향성 안테나를 사용할 때는 동일한 수준의 전력으로 불가능할 수도 있는 통신을 가능하게 한다.

마이크로파는 전자기 복사로, 송신기에서 수신기로 이동하는 과정에서 반사될 수도 있다. Wi-Fi 신호는 벽, 바닥, 천장 및 대형 물체, 특히 금속으로 만든 물체에서 잘 반사된다. 이로 인해 다수의 파면이 상이한 길이의 경로를 따라 수신기에 도달하게 되고, 따라서 수신기에 도달하는 시점에 아주 미세한 시간차가 발생한다. 2개 이상의 파면이 정확하게 '동위상'에 도달하면 이론적으로 수신 안테나에서 신호 강도가 높아질 수 있다. 그러나 사실상 대부분의 경우, 많은 파면이 예측할 수 없는 방식으로 서로 간섭해서 페이딩(fading)을 유발한다. 문제는 그뿐만이 아니다. 다중 경로 페이딩 효과는 주파수의 영향을 상당히 받기 때문에 페이딩뿐 아니라 광대역 신호의 왜곡이 발생할 수 있다. 그림 7-15는 다중 경로 간섭을 도식화한 것이다.

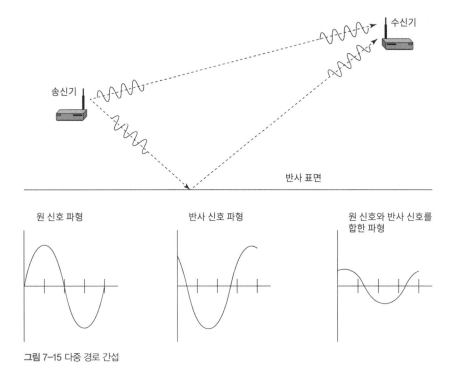

원 신호 파형 반사 신호 파형 원 신호와 반사 신호를
합한 파형

그림 7-15 다중 경로 간섭

초기 Wireless-B를 비롯한 대부분의 Wi-Fi 장비의 액세스 포인트와 무선 라우터는 다중 경로 간섭을 처리하기 위해 두 개의 안테나를 포함한다. 두 안테나 사이의 이상적인 거리는 통신 주파수의 1파장으로, 2.4GHz에서는 12.5cm 또는 5인치 정도에 해당한다. Wi-Fi 수신기는 두 안테나에서 지속적으로 신호를 샘플링하고 두 신호 중 더 강한 신호를 선택한다. 이러한 방법을 다이버시티 수신(diversity reception)이라고 한다. 한 파장 간격의 안테나가 있으면 다른 안테나가 다중 경로 간섭을 받을 때 다른 안테나가 가용 신호를 수신할 가능성이 높아진다.

채널 혼잡은 마이크로파 스펙트럼 공간이 소수의 고유 채널에 할당될 때 일어날 수 있는 현상이다. 2.4GHz의 각 Wi-Fi 채널들은 주파수 대역 내에서 일부 중첩된다. 전혀 겹치지 않는 채널은 단 3개가 존재한다. 바로 채널 1, 6, 11이 여기에 해당한다.

알아두기

채널 1, 6, 11은 서로 중첩되지 않지만 바로 인접하고 있는 채널과는 중첩된다. 예를 들면, 채널 5의 신호가 강하면 채널 6을 사용할 수 없게 될 수도 있다.

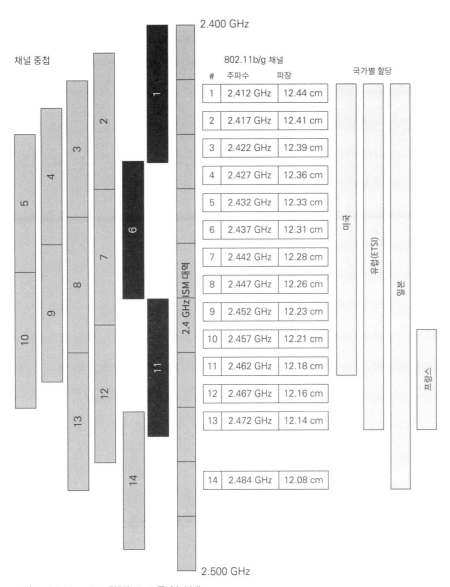

2.400 GHz

채널 중첩

802.11b/g 채널

국가별 할당

#	주파수	파장
1	2.412 GHz	12.44 cm
2	2.417 GHz	12.41 cm
3	2.422 GHz	12.39 cm
4	2.427 GHz	12.36 cm
5	2.432 GHz	12.33 cm
6	2.437 GHz	12.31 cm
7	2.442 GHz	12.28 cm
8	2.447 GHz	12.26 cm
9	2.452 GHz	12.23 cm
10	2.457 GHz	12.21 cm
11	2.462 GHz	12.18 cm
12	2.467 GHz	12.16 cm
13	2.472 GHz	12.14 cm
14	2.484 GHz	12.08 cm

2.4 GHz ISM 대역

미국

유럽(ETSI)

공용

프랑스

2.500 GHz

그림 7-16 2.4GHz ISM 대역의 Wi-Fi 주파수 분배

혼잡한 도시 지역에서는 인접한 채널의 Wi-Fi 장비로 인한 간섭 때문에 적합한 채널을 선택하기가 어렵다. 태블릿 및 스마트폰과 같은 모바일 장치용 Wi-Fi 테스트 앱은 2.4GHz 대역 Wi-Fi 신호를 샘플링하고 그래프를 통해 분포를 표시하는 기능을 가지고 있다. 이러한 테스트 앱으로 인접 Wi-Fi 장비가 어느 대역에서 작동하는지 파악하고 나면 현재 사용 가능한 가장 조용한 채널을 선택할 수 있다.

사용 가능한 채널은 각 국가의 무선 주파수 규정에 따라 다르다. 미국에서는 처음 11개 채널만 사용할 수 있다. 추가 채널 12, 13은 영국을 포함한 다른 여러 국가에서 사용할 수 있고, 채널 14는 일본에서만 사용할 수 있다. 프랑스는 채널 10~13만 허용하고 스페인은 채널 10~11만 허용한다. 5GHz 대역의 채널 할당은 더 복잡하고 요약하기 어렵다. 전체 대역과 개별 채널의 대역이 더 넓기 때문에 높은 비트 전송률을 보이는 Wireless-N과 같은 기술은 5GHz에서 가장 잘 작동한다.

2.4GHz ISM 대역은 Wi-Fi에만 속하는 것이 아니다. 이 대역의 정식 명칭은 산업용, 과학용, 의학용 대역으로, 많은 종류의 장치가 이 대역을 사용하기에 다양한 장치로부터의 간섭이 발생할 여지가 많다. 그중 가장 널리 알려진 것이 단거리 블루투스 무선 기술이다. 저가형 무선 전화기도 2.4GHz를 사용하며 전자기 오븐과 마찬가지로 간섭을 일으키기 때문에 마이크로파 누설 에너지를 쉽게 방출하고 그로 인해 연결 속도 저하와 프레임 재전송이 빈번하게 일어난다. ISM 대역 장비의 간섭이 발생하면 Wi-Fi 사용자는 장비를 다른 채널로 재배치할 수밖에 없다.

Wi-Fi 기기의 활용

무선 네트워크를 간단히 설명하면 기존 유선 이더넷 허브를 무선 액세스 포인트(AP)라는 Wi-Fi 기기로 대체한 것과 같다고 말할 수 있다. 그림 7-12의 네트워크는 그림 7-17과 매우 유사하다. Wi-Fi AP는 10BASE-T나 100BASE-TX, 1000BASE-T처럼 트위스트 페어 네트워크를 기반으로 한 데이터 링크 및 물리 계층 대신 Wi-Fi 데이터 링크 및 물리 계층을 사용하는 이더넷 허브다. 무선으로 연결되는 노드(기술 문서에서는 '스테이션'이라고도 한다)는 무선 클라이언트 어댑터라는 일종의 NIC를 사용한다. 여기서 '클라이언트'는 액세스 포인트를 일종의 서버로 간주하고 서버가 이더넷 연결을 노드에게 제공한다는 의미에서 붙인 용어로 생각하면 된다. 무선 클라이언트 어댑터는 일반적으로 데스크톱 컴퓨터에 있는 애드온 장치 또는 노트북, 태블릿 또는 스마트폰과 같은 모바일 장치에 통합된 구성 요소가 될 수 있다.

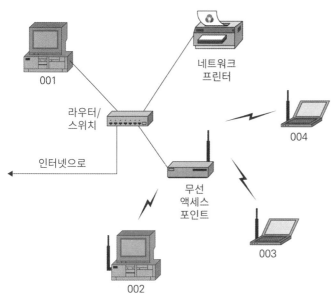

그림 7-17 단순한 무선 네트워크

무선 액세스 포인트를 통한 이더넷 스위칭을 지원하는 물리적 메커니즘이 없기 때문에 액세스 포인트를 통해 연결된 모든 노드는 단일 충돌 도메인의 일부가 된다. 또한 초기 10BASE5 또는 10BASE2 네트워크와 마찬가지로 Wi-Fi 네트워크도 반이중 방식으로 한 번에 한 방향으로만 데이터를 전송한다.

Wi-Fi 네트워크에서 액세스 포인트는 아래와 같은 많은 작업을 수행한다.

- **네트워크 브로드캐스트**: 비콘 프레임(beacon frame)이라는 802.11 관리 프레임 유형이 있다. 이 프레임은 주기적으로 자신을 브로드캐스트해서 특정 이름을 가진 네트워크가 있음을 알리고 각 스테이션이 연결할 수 있게 한다.

- **스테이션 인증 및 암호화**: 이는 EAP, WEP, WPA, WPA-2 같은 Wi-Fi 보안 프로토콜을 통해 이뤄진다. 후속 트래픽을 암호화하지 않고 스테이션을 인증하는 것이 가능하지만 일반적으로는 인증 및 암호화가 함께 처리된다. 예외적으로 레스토랑과 커피숍의 공공 핫스팟은 모든 사람이 AP를 열어 둘 수 있다. 이러한 개방 핫스팟을 통한 네트워크 트래픽은 '스니핑(sniffing)' 유틸리티를 통해 모니터링할 수 있으므로 보안 위험이 있다.

- **스테이션 간 프레임 전달**: 액세스 포인트와 연결된 스테이션 사이를 이동하는 모든 프레임은 두 스테이션이 전파 도달 범위 내에 있더라도 액세스 포인트를 거쳐서 이동한다. 액세스 포인트는 송신측으로부터 프레임을 수신하고 이를 수신측에 전달한다.

- **유선 네트워크 연결**: AP는 하위 네트워크를 스위치 네트워크에 연결하기 때문에 네트워크 브리지의 기능도 수행해야 한다.

- **미디어 액세스 제어(MAC)**: 액세스 포인트는 미디어 액세스에 대한 중앙 집중식 제어 기능도 가지고 있다. 실제로 이러한 중앙 집중식 포인트 조정 함수(point coordination function, PCF)를 구현하는 제품은 거의 없고, 보통은 그 대신 분산 방식을 이용하며 여기에 대해서는 뒤의 'Wi-Fi 분산 미디어 액세스' 절에서 설명하겠다.

Wi-Fi 시대 초반에 무선 액세스 포인트는 별도의 장치였으며, 자체 라우터/스위치 장치가 있는 기존 유선 네트워크에 추가로 장착되는 방식이 주로 쓰였다. 2000년대 중반 이후에는 라우터/스위치와 무선 액세스 포인트가 하나의 기기로 통합되는 것이 일반화됐고, 이러한 기기에는 인터넷 연결을 관리하는 네트워크 라우터, 카테고리 5 커넥터가 여럿 있는 유선 이더넷 스위치, 무선 액세스 포인트가 모두 포함된다. 이러한 기기를 무선 라우터(wireless router)라고 한다. 초기에는 무선 액세스 포인트와 무선 라우터에 조정 가능한 외부 안테나가 달려 있었다. 오늘날 대부분의 무선 장치(무선 라우터 또는 모바일 클라이언트)는 장치 케이스 안에 안테나를 숨기고 있다.

인프라 네트워크 vs. 애드혹 네트워크

그림 7-14에 나온 것과 같은 네트워크를 기술적 용어로 인프라 네트워크(infrastructure network)라고 한다. '인프라'라는 용어는 고속도로 시스템과 같이 계획적으로 구축된 네트워크라는 의미를 담고 있다. 액세스 포인트와 연결된 스테이션은 기본 서비스 집합, BSS(Basic Service Set)를 형성하며 여기에는 사람이 읽을 수 있는 SSID(Service Set Identifier)라는 고유한 이름이 부여된다. 이 이름은 무선 스테이션이 온라인 상태가 됐을 때 인프라 네트워크를 찾고 연결하는 데 사용된다. 각 스테이션이 AP에 연결하거나 연결을 끊을 수 있지만 네트워크의 전체 모양은 바뀌지 않는다. 현대의 인프라 네트워크는 대부분 라우터가 하나 이상의 액세스 포인트와 연결돼 있어 대형 유선 네트워크나 글로벌 인터넷에 연결할 수 있다.

802.11 표준에는 또 다른 네트워크가 정의돼 있는데, 바로 애드혹(ad hoc) 무선 네트워크다. 애드혹 네트워크에서 무선 스테이션은 액세스 포인트의 중재 없이 서로 연결되어 독립 BSS, 즉 IBSS(Independent Basic Service Set)를 형성한다. 이를 위해서는 스테이션이 인프라 모드가 아닌 애드혹 모드로 Wi-Fi 클라이언트 어댑터를 설정해야 한다. 여기서 '애드혹'은 네트워크가 계획된 구조를 가지지 않고 필요에 따라 형성됐음을 뜻하며, 스테이션 연결이 끊어지면 네트워크도 사라진다(이를테면, 회의가 끝나고 회의 문서를 공유하기 위해 노트북으로 조합한 네트워크를 예로 들 수 있다). 애드혹 네트워크의 모든 스테이션은 인프라 네트워크에서처럼 다른 네트워크 스테이션과 통신할 수 있지만 프레임이 액세스 포인트를 통하지 않고 송신자로부터 수신자로 직접 이동한다는 차이가 있다(그림 7-18).

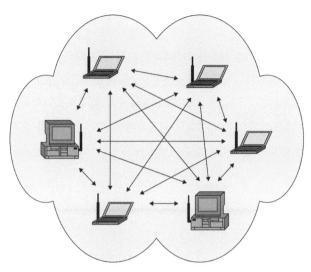

그림 7-18 애드혹 무선 네트워크

애드혹 네트워크는 인프라 네트워크에 비해 몇 가지 이점이 있다. 우선 수명이 짧은 네트워크의 경우 액세스 포인트를 구성하는 데 드는 비용과 노력을 절감할 수 있다. 또한 각 프레임이 액세스 포인트를 거치지 않고 송신자로부터 수신자로 곧바로 전송되기 때문에 조용한 네트워크에서 두 스테이션 간의 최대 처리량이 배가된다. 그러나 애드혹 네트워크에는 큰 단점도 몇 가지 있다.

- 모든 802.11 무선 네트워크는 각 스테이션이 정확한 현재 시간을 유지할 것을 필요로 한다. 이러한 기능은 전원 관리(스테이션이 유휴 상태일 때 절전 모드로 전환해야 함) 및 MAC에 사용된다. 인프라 네트워크에서 액세스 포인트가 전송하는 각 비콘 프레임에는 BSS의 다른 스테이션이 자신의 클록을 동기화하는 데 사용하는 시간이 포함돼 있다. 그런데 애드혹 네트워크에서 이 타이밍 동기화 기능(TSF)은 분산 방식으로 구현돼야 한다. 각 스테이션은 주기적으로 현재 시간을 포함하는 비콘 프레임 전송을 시도한다. 비콘 프레임을 수신한 스테이션이 현재 시간보다 비콘 프레임에 표시된 시간이 늦음을 확인하면 현재 시간을 업데이트한다. 이러한 방식은 네트워크의 스테이션 수에 따라 제대로 작동하지 않는 것으로 드러났다. 스테이션 수가 특정 제한을 초과하면 경합으로 인해 비콘 프레임이 손실되고, 일부 스테이션(보통 가장 빠른 클록을 가진 스테이션)이 나머지 네트워크와의 동기화를 잃을 수 있다.

- 애드혹 네트워크의 스테이션은 서로 통신하기 위해 서로 무선 범위 내에 있어야 하므로 스테이션 간의 최대 간격은 인프라 네트워크의 절반 정도다. 여기에 액세스 포인트를 잘 배치하면 액세스 포인트의 통신 구형 양 끝에 있는 스테이션 사이에 프레임을 전달할 수도 있다. 또한 액세스 포인트를 좋은 위치에 배치해서 수신 범위를 확장할 수 있는 경우도 종종 있다.

모든 운영체제가 애드혹 모드를 지원하지는 않는다. 클라이언트 어댑터 하드웨어가 완전히 Wi-Fi를 준수하더라도 마찬가지다.

Wi-Fi 분산 미디어 액세스

앞서 언급했듯이 MAC용 중앙 집중식 PCF 체계를 구현하는 제품은 거의 없다. PCF가 없어도 스테이션은 분산 조정 함수(Distributed Coordination Function, DCF)를 사용해 미디어에 대한 액세스를 규제할 수 있다. DCF는 유선 이더넷에서 사용되는 CSMA/CD 접근법과 몇 가지 유사점이 있지만 스테이션이 전송 중에 무선 매체를 감지하는 것이 불가능하다는 차이점이 있다. 이는 상대적으로 강한 로컬 전송 신호에 의해 다른 스테이션의 상대적으로 약한 신호가 묻히기 때문이다. 이 때문에 기존의 충돌 감지도 불가능해진다.

충돌 감지를 포기하는 대신 Wi-Fi 네트워크는 CSMA/CA(Carrier Sense Multiple Access/Collision Avoidance)를 사용한다. 이는 패킷 충돌 감지보다는 충돌 회피에 중점을 둔 방식이다. 이 방식에서는 스테이션이 먼저 다른 스테이션의 신호를 감지하기 위해 채널을 청취한다(여기까지는 CSMA/CD와 같다). 이것을 물리적 캐리어 감지(physical carrier sensing)라고 하는데, 스테이션이 실제로 매체 상의 신호를 감지하기 때문이다. 송신하려는 스테이션이 신호를 감지하면 다시 청취하기 전에 계산된 시간 동안 기다린다. 그리고 채널이 깨끗해질 때까지 기다린 다음 패킷을 전체적으로 전송한다. 이 방식에서는 사후 충돌 감지도, 잼 신호도 없다(Wi-Fi 라디오 매체가 반이중이기 때문에 잼 신호를 전송할 수 없으며, 전송 중인 스테이션은 잼 신호를 들을 수 없다).

DCF 구현에는 신경 쓸 점이 여러 가지 있다.

- 스테이션은 매체가 유휴 상태가 되는 즉시 전송하는 대신, 분산 인터 프레임 공간(distributed inter-frame space, DIFS)이라는 고정된 주기를 기다려야 한다. DIFS 동안 매체가 유휴 상태라고 해도 전송하기 전에 별도의 무작위 백오프 주기를 기다려야 한다. DIFS는 PCF 프레임 또는 승인 프레임과 같이 우선순위가 높은 트래픽을 우선적으로 매체에 액세스하도록 허용한다. 유선 이더넷에서와 마찬가지로 백오프 주기는 매체가 동시에 전송을 시작할 때까지 대기하는 두 스테이션이 충돌할 가능성을 줄여준다.

- 백오프 주기는 경쟁 윈도우 내에서 임의로 정해진다. 윈도우가 너무 작으면 두 스테이션이 동일한 백오프 값을 선택할 가능성이 높아진다. 윈도우가 너무 크면 매체가 너무 많은 유휴 시간을 소비하는 경향이 있으므로 효율성이 떨어진다. 동적 윈도우를 사용하면 두 가지를 모두 해결할 수 있다. 동적 윈도우의 크기는 경쟁이 발생하는 횟수에 따라 달라진다. 초기에는 스테이션의 윈도우가 고정된 최솟값으로 설정된다. 전송이 실패하면 윈도우의 크기가 고정된 최댓값까지 두 배로 늘어나는 반면, 전송이 성공하면 크기가 최솟값으로 다시 설정된다.

- 유선 네트워크보다 무선 네트워크에서 프레임 유실이 훨씬 자주 발생하므로 802.11은 MAC 수준의 확인 및 재전송 프로토콜을 구현한다. 스테이션이 프레임을 성공적으로 수신하면 짧은 프레임 간 공간, 즉 SIFS(Short Inter-Frame Space)를 기다린 다음 ACK(Acknowledgement) 프레임을 보낸다(SIFS는 DIFS보다 짧으며 우선순위가 보장된다). 송신 스테이션이 ACK를 수신하지 못하면 충돌 또는 다른 간섭 이벤트가 발생했다고 결론을 내리고 프레임을 재전송해야 한다.

물리적 매체 감지는 전력을 소비한다. 이를 완화하기 위해 802.11은 가상 캐리어 감지 메커니즘을 구현했다. 각 프레임에는 전송 기간 필드가 포함돼 있어 전송기가 매체를 차지할 기간(및 관련된 ACK 프레임)을 표시할 수 있다. 스테이션이 패킷을 수신하면 네트워크 할당 벡터(network allocation vector, NAV)라는 로컬 타이머에 기간 필드를 복사하고, 타이머가 만료될 때까지 모든 전송을 연기한다(수신한 패킷이 다른 스테이션을 위한 패킷일지라도 마찬가지다). 스테이션은 일반적으로 대기 중에 무선 하드웨어를 저전력 상태로 만든다.

캐리어 감지 및 숨겨진 노드 문제

인프라 및 애드혹 Wi-Fi 네트워크가 가진 공통의 문제가 있다. 네트워크에 참여하는 모든 스테이션이 다른 모든 스테이션을 '들을' 수 있지 않은 한 발생할 수밖에 없는 문제다. 가장 심각한 것은 'Wi-Fi 분산 미디어 액세스' 절에서 이미 설명한, 물리적/가상 캐리어 감지 메커니즘이 고장 나는 것이다. 이러한 고장은 패킷 충돌 속도를 높인다. 그림 7-19를 보자.

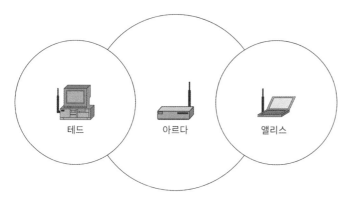

그림 7-19 숨겨진 노드 문제

그림 7-19에서 무선 스테이션 테드와 앨리스는 둘 다 아르다와 물리적으로 연결돼 있다. 테드와 앨리스는 서로 떨어져 있어 무선 도달 범위가 서로를 포함하지 않는다. 물리적인 거리로 인해 테드와 앨리스가 서로 숨겨지는 것인데, 이를 숨겨진 노드 문제(hidden node problem)라 한다. 두 개의 Wi-Fi 노드가 서로 숨겨져 있으면 서로의 전송을 위해 채널을 모니터링할 수 없으므로 충돌 패킷 전송을 피할 수 없다.

숨겨진 노드 문제를 해결하기 위해 802.11 표준에 정의된 가상 캐리어 메커니즘이 바로 RTS/CTS(Request To Send/Clear To Send)다. 송신자가 단순히 깨끗한 채널을 청취하는 대신 우선 RTS 프레임을 송신하고 응답으로 CTS 프레임을 대기함으로써 의도한 수신자와 핸드셰이크(handshake)를 수행한다. 핸드셰이크가 완료된 후에만 데이터가 전송된다. 이 방식은 숨겨진 노드 문제를 크게 완화한다. 예를 들어, 앨리스가 테드의 RTS 프레임을 수신할 수는 없지만 아르다의 CTS 응답을 수신하고 NAV 값을 업데이트할 수 있다. 그러면 테드가 송신을 완료할 때까지 앨리스가 전송을 연기할 수 있다.

RTS/CTS의 단계별 작동 방법은 아래와 같다(그림 7-20).

1. 스테이션이 패킷을 보내려고 하면 먼저 채널이 조용한지 확인하고 RTS 프레임을 보내기 전에 DIFS를 기다린다. RTS 프레임의 지속 시간 필드는 CTS, 데이터 전송, ACK를 완료하는 데 필요한 총 시간으로 설정된다.

2. RTS 프레임을 청취하는 모든 스테이션은 해당 지속 시간 필드를 NAV 타이머에 복사한다.

3. 수신자가 이 RTS를 청취하면 SIFS를 기다리고 CTS 프레임으로 응답한다. CTS 프레임의 지속 시간 필드는 데이터 전송을 완료하는 데 필요한 총 시간과 ACK(RTS 프레임보다 약간 작은 값)로 설정된다.

4. 일부 스테이션은 숨겨진 노드 문제로 인해 원래의 RTS 프레임을 듣지 못할 수 있다. 이들 스테이션이 CTS 프레임을 들으면 해당 지속 시간 필드를 각각의 NAV 타이머에 복사한다.

5. 송신자는 CTS를 수신한 후 SIFS만큼 기다린 후 데이터 프레임 송신을 시작한다.

6. 수신자가 데이터 패킷을 성공적으로 수신하면 다른 수신 SIFS만큼을 기다린 후 ACK 프레임을 송신자에게 보낸다.

7. ACK 프레임이 전송되고 나면 송수신과 관련된 모든 NAV 타이머가 타임아웃된다. 모든 스테이션은 DIFS만큼 대기한 후 채널의 유휴 상태 여부를 확인하고 프로세스를 다시 시작한다.

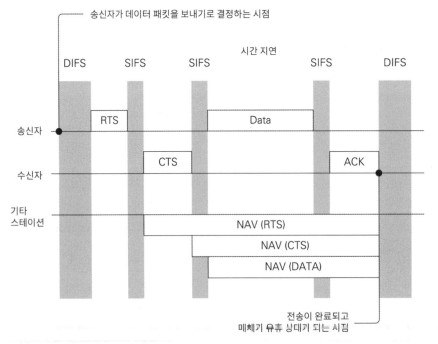

그림 7-20 DCF가 데이터 패킷 전송을 조정하는 방식

물론 서로 숨겨진 두 스테이션이 RTS 프레임을 전송해서 겹쳐질 수도 있다. 이러한 프레임 쌍은 충돌하고 삭제된다. RTS/CTS 프로토콜의 주된 이점은 숨겨진 노드 충돌이 발생할 수 있는 기간을 줄일 수 있다는 점이다. RTS/CTS 핸드셰이크는 상당한 오버헤드를 유발하고 프레임이 길수록 이 프로토콜의 이점이 빛을 발하기 때문에 프레임이 일정한 임곗값보다 작으면 핸드셰이크 없이 프레임을 전송하는 것이 일반적이다. 소규모 네트워크 및 스테이션 위치가 고정된 네트워크에서는 핸드셰이크를 아예 사용하지 않는 경우가 많다.

단편화

긴 프레임은 간섭 및 충돌이 발생할 확률이 짧은 프레임보다 높기 때문에 Wi-Fi 네트워크에서는 프레임의 최대 크기를 단편화 임곗값(fragmentation threshold)이라는 이름으로 설정할 수 있으며 이 단편화 임곗값보다 큰 프레임은 번호가 매겨진 일련의 조각으로 분리되어 개별적으로 전달된다. 단편화된 프레임 조각 각각은 수신 확인이 도착하지 않을 때 개별적으로 재전송될 수 있다.

단편화된 프레임 조각은 SIFS로 분리된 매체로 전송되므로 다른 DCF 조정 트래픽에 의해 중단되지 않는다. 전송된 각 조각의 기간 필드는 현재 조각이 아니라 나머지 모든 조각을 전송하는 데 필요한 시간을 지정한다. RTS/CTS 핸드셰이크에서 RTS 프레임의 지속 기간 필드는 CTS 및 모든 조각을 전송하는 데 필요한 총 시간을 지정하므로 프레임 조각 전체를 전송하는 기간 동안 매체를 점유하게 된다.

진폭 변조, 위상 변조, QAM

다양한 802.11 물리 계층에 대해 알아보기에 앞서 몇 가지 기본적인 무선 개념을 짚고 넘어가자.

모든 무선 기술은 전송하고자 하는 정보를 바탕으로 반송파, 즉 캐리어(carrier)의 특성을 하나 이상 변경하거나 변조함으로써 공중으로 정보를 전송한다. 그림 7-21은 대표적인 아날로그 변조 방식이자 일상에서 쉽게 접할 수 있는 진폭 변조(AM, amplitude modulation)와 주파수 변조(frequency modulation, FM)를 보여준다. 진폭 변조는 캐리어의 주파수를 일정하게 유지하고 진폭을 변화시킨다. 주파수 변조는 진폭을 일정하게 유지하고 캐리어의 주파수를 중심값에 대해 변화시킨다.

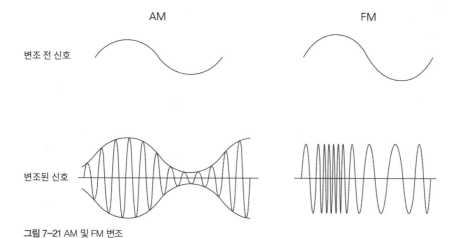

그림 7-21 AM 및 FM 변조

연속적이고 지속적으로 변화하는 신호를 인코딩하는 것이 목적인 아날로그 변조와 달리 디지털 변조 방식은 이산적인 기호열을 전송한다(가장 단순하게는 비트를 전송한다). 이번 장에서는 아날로그 변조보다는 디지털 변조에 중심을 두고 설명하겠다.

그림 7-22는 이진 데이터를 전송하기 위한 4가지 디지털 변조 방식을 보여준다. 처음 두 개는 익숙한 아날로그 방식의 디지털 버전이라고 할 수 있다. 이진 진폭 편이 방식, 즉 BASK(온오프 변조, OOK라고도 불린다)는 캐리어를 방출함으로써 이진수 1을 표현하고, 아무것도 전송하지 않음으로써 이진수 0을 표현한다. 이진 주파수 편이 방식(binary frequency-shift keying, BFSK)은 정의된 두 값 사이에서 캐리어 주파수를 변경해서 0과 1을 전송한다. 이진 위상 편이 방식(Binary phase-shift keying, BPSK)은 캐리어를 방출함으로써 이진수 0을 전송하고, 위상이 180° 바뀐(즉 반전된) 캐리어를 방출함으로써 이진수 1을 전송한다. 마지막으로 차동 BPSK(differential BPSK, DBPSK)는 종종 BPSK 대신에 사용된다. 이것은 고정된 위상 기준을 필요로 하지 않으며, 현재 위상을 갖는 캐리어를 계속해서 전송함으로써 이진수 0을 인코딩하고, 현재 위상을 180° 반전시켜 이진수 1을 인코딩한다.

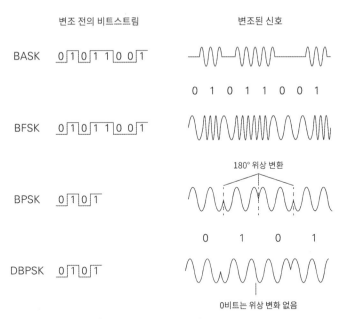

그림 7-22 BASK (OOK), BFSK, BPSK, DBPSK 변조

각 방식에서 이진법을 m진 기호(m개의 값을 취할 수 있는 기호)로 확장하는 것은 간단하다. m진 ASK, 즉 mASK는 캐리어가 m개의 진폭을 가지고 정보를 인코딩하며, mFSK는 m개의 주파수를 활용해 정보를 인코딩한다. mPSK는 180°보다 미세한 위상 이동을 통해 정보를 인코딩한다. m을 2에서 4로 두 배 늘리면 각 기호가 2비트를 나타낼 수 있으므로 동일한 채널에서 두 배의 데이터를 전송할 수 있으며, 다시 m을 두 배로 늘리면 각 기호가 3비트를 나타낼 수 있게 되기 때문에 용량이 50% 증가한다. 하지만 m을 무한정 늘릴 수는 없다. m이 너무 크면 잡음으로 인해 수신기가 점점 더 미세한 간격의 진폭, 주파수 또는 위상 변이를 정확하게 구분하지 못하게 되기 때문이다. 섀넌-하틀리(Shannon-Hartley) 정리에서는 채널의 정보 전달 능력이 채널의 신호 대 잡음비에 비례해서 감소한다고 기술하고 있다.

진폭 변조와 위상 변조 방식을 결합해서 사용할 수도 있다. 이러한 변조 방식의 대표적인 예가 바로 직교 진폭 변조, 즉 QAM(Quadrature Amplitude Modulation)이다. QAM은 진폭 및 위상을 함께 변조하며, 90° 위상차를 가지는(즉, 직교하는) 두 캐리어의 진폭을 서로 변조해서 결과를 합산하는 방식을 사용한다. 디지털 QAM 방식은 어떠한 이산 값의 집합(위상, 진폭)을 사용하느냐에 따라 그 특성이 결정된다. 이러한 특성은 그림 7-23과 같이 복소평면에서 성상도(constellation)로 표현된다. 그림 7-23에서 원점으로부터의 거리는 진폭에 대응하고, 각 위치는 위상 편이에 대응된다. 16QAM에는 진폭과 각도 위치의 가능한 조합이 16가지 있어서 16비트를 한 쌍의 위상 및 진폭 값으로 인코딩할 수 있다. QAM 시스템은 잡음에 대한 내성을 위해 신중하게 설계해야 한다. 성상도의 두 지점 사이의 기하학적 거리를 최대화하는 것이 설계자의 역할이며, 이를 통해 수신기가 잡음 환경 내에서도 의도한 지점을 식별할 수 있다.

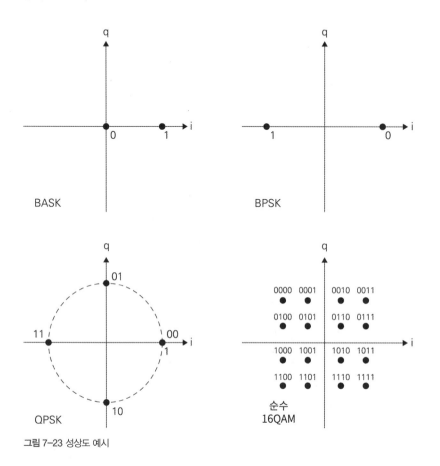

그림 7-23 성상도 예시

확산 스펙트럼 기법

Wi-Fi에서 사용되는 2.4GHz 및 5GHz ISM 주파수 대역은 데이터를 전송하기에 특히 어려운 환경이다. 이 대역에서 사용하기 위한 표준은 다양한 신호원으로부터의 간섭을 극복하기 위한 일정 수준의 복원력을 가져야 한다. 이 대역의 간섭 요인은 아래와 같다.

- 같은 대역을 사용하는 다른 통신 기술(블루투스, 지그비 등)

- 전자레인지와 같은 비 통신 장치

- 네트워크의 충돌 회피 체계에 참여하지 않는 중첩 채널 할당을 통해 다른 Wi-Fi 네트워크에 연결된 클라이언트

- 신호의 시간 지연 반사(다중 경로 간섭, 그림 7-15 참조)

또한 ISM 대역의 송신기는 특정 주파수 윈도우 내에서 방출할 수 있는 총 전력량에 대한 법적 규제도 받는다(스펙트럼 전력 밀도).

Wi-Fi 표준 제품군은 이러한 문제를 해결하기 위해 다양한 확산 스펙트럼 (spread-spectrum) 기법을 사용한다. 이름에서 알 수 있듯이 이 기법은 광범위한 대역폭에 걸쳐 신호를 분산시켜 간섭(특히 주파수 대역의 작은 부분만 차지하는 협대역 간섭)에 대한 복원력을 높이고 스펙트럼 전력 밀도를 감소시켰다. 대표적으로 아래와 같은 세 가지 기법이 주로 쓰인다.

- **주파수 도약 확산 스펙트럼(Frequency-hopping spread spectrum, FHSS)**: 이 방법은 원래 802.11 표준에 의해서만 1~2Mbps의 데이터 속도에서 쓰인다. 2단계 또는 4단계 FSK를 사용하고, 송신기와 수신기 모두가 알고 있는 순서대로 캐리어 주파수를 채널의 다른 지점으로 400ms마다 '도약'시킨다.

- **직접 시퀀스 확산 스펙트럼(Direct-sequence spread spectrum, DSSS)**: 데이터 비트 스트림을 더 빠른 칩(chip) 스트림과 결합하는 방법이다. 1Mbps 또는 2Mbps에서 작동하는 802.11b의 경우, 반복되는 11칩 바커 코드(Barker code)를 각 비트와 결합한다. 더 높은 데이터 속도에서는 유사한 상보적 코드 변조 방식이 사용된다.

- **직교 주파수 분할 다중화(Orthogonal frequency-division multiplexing, OFDM)**: 데이터를 다수의 스트림으로 분할하고, 대역을 가로질러 여럿 배치된 비교적 낮은 속도의 보조 캐리어 중 하나로 각 스트림을 변조한다. 802.11g 이후의 모든 표준은 저잡음 환경에서 높은 데이터 전송률을 제공하기 위해 더 넓은 대역, 조밀한 변조 및 공간 다이버시티(spatial diversity, 다음 절에서 자세히 설명할 예정이다)에 의존하는 OFDM을 사용한다.

Wi-Fi 변조와 코딩

이제 802.11b와 802.11g에서 사용되는 DSSS 및 OFDM 변조 방식을 자세히 살펴보자. Wi-Fi를 사용하기 위해 변조 방식을 철저히 이해해야 할 필요는 없지만 기존의 유선 이더넷과 비교해서 무선 네트워킹의 문제점을 이해해야 한다.

1Mbps의 데이터 속도로 들어오는 비트에 칩 속도 11Mbps의 확산 시퀀스(이 예시에서는 11자리 바커 코드)가 곱해진다. 신호원의 스트림 내에 있는 각 비트는 확산 스트림에서 11비트에 대응하게 된다. 확산된 스트림은 캐리어를 DBPSK 방식으로 변조하는 데 사용된다. DBPSK 대신 DQPSK를 사용하면 처리량이 두 배로 늘어나 2Mbps가 된다(그림 7-24). 확산 시퀀스로 쓰이는 11자리 바커 코드는 아래와 같다.

```
+1 -1 +1 +1 -1 +1 +1 +1 -1 -1 -1
```

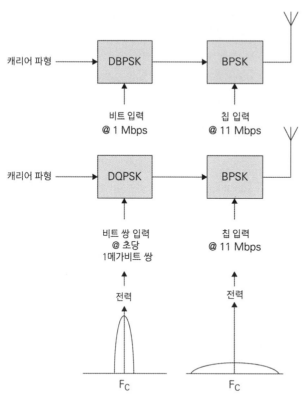

그림 7-24 11자리 바커 코드를 이용한 1Mbps 및 2Mbps 확산 스펙트럼 전송

이 바커 코드는 극도로 자기 상관 계수(autocorrelation)가 낮다. 즉, 수열을 시프트한 후 원래의 수열에 곱하면 11의 배수가 아닌 모든 시프트에 대해 수열 곱의 총합이 −1과 +1 사이에 있게 된다. 반면 시프트가 11의 배수일 때 수열을 곱한 총합은 +11이 된다. 2만큼 시프트해서 수열을 곱하고 총합을 구하면 아래와 같이 결과가 −1이 된다.

+1	−1	+1	+1	−1	+1	+1	+1	−1	−1	−1
×	×	×	×	×	×	×	×	×	×	×
+1	+1	−1	+1	+1	+1	−1	−1	−1	+1	−1
=	=	=	=	=	=	=	=	=	=	=
+1	−1	−1	+1	−1	+1	−1	−1	+1	−1	+1

수신기는 그림 7-25와 같이 들어오는 신호를 복조하고, 복조한 확산 스트림에 확신 시퀀스를 곱해서 원본 데이터를 복구한다. 이를 위해서는 송신기의 확산 시퀀스와 수신기의 확산 시퀀스를 동기화해야

하는데, 바커 코드의 자기 상관 계수가 낮은 덕택에 그 작업은 그리 복잡하지 않다. 수신기에서 확산 시퀀스를 곱하면 다중 경로 효과에 의한 기호 간 간섭을 억제할 수 있으며(낮은 자기 상관 계수 덕분에), 다른 잡음 역시 억제된다(잡음 스펙트럼을 넓혀 수신기가 잡음을 걸러낼 수 있게 한다).

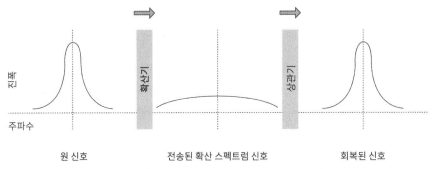

그림 7-25 직접 시퀀스 확산 스펙트럼(Direct-Sequence Spread-Spectrum, DSSS)

동일한 채널 대역폭으로 5.5Mbps 및 11Mbps의 데이터 전송률을 달성하려면 더 높은 스펙트럼 효율을 가진 접근 방식이 필요하다. 보완 코드(complementary code)는 바커 코드와 마찬가지로 자기 상관 계수가 낮고, 교차 상관(cross-correlation) 계수도 낮은 코드의 집합이다. 그러나 바커 코드와 달리 보완 코드는 다상(polyphaser) 코드다. 즉, 집합 {-1, 1}과 같은 실수 집합이 아니라, 집합 {-1, 1, -j, j} 같은 복소수 집합의 값을 사용한다. 보완 코드는 바커 코드와 마찬가지로 확산 시퀀스로 사용될 때 동기화 및 간섭 제거 효과를 얻을 수 있으며, 집합에 코드가 두 개 이상 있기 때문에 특정 기호에 대해 어떤 코드를 선택했느냐에 따라 정보를 추가로 전달할 수 있다.

11Mbps 전송의 예를 들어 보자. 우선 들어오는 비트를 8비트 바이트로 그룹화한다. 6비트는 64개의 8비트 상보 코드 중 하나를 선택하는 데 사용되며, 나머지 2비트는 전체 코드를 위상 변조하는 데 사용된다. 칩 속도는 11Mbps로 유지되고, 8칩마다 8비트가 전송되기 때문에 데이터 처리량도 11Mbps로 유지된다. 5.5Mbps로 전송할 때는 코드 수가 4로 줄어든다.

802.11g 표준은 2.4GHz 대역에서 최대 54Mbps의 데이터 속도를 지원한다. 이를 위해 802.11a의 5GHz 대역에서 처음 쓰였던 OFDM 변조 방식(5GHz 대역에서)이 사용됐다. 이 방식에서 각 20MHz 채널은 52개의 하위 채널로 분할된다. 4채널은 파일럿 신호용으로 보존되고 데이터는 64-QAM(52Mbps 및 48Mbps 모드), 16-QAM(36Mbps 및 24Mbps), QPSK(18Mbps 및 12Mbps) 또는 BPSK(9Mbps 및 6Mbps)를 통해 나머지 48개의 보조 캐리어로 변조된다. 각 기호는 4μs마다 전송되므로 64QAM 모드의 원시 처리량은 아래와 같이 계산할 수 있다.

```
48 channels × 250,000 symbols/s × 6 bits/symbol = 72Mbps
```

원시 처리량 72Mbps와 실제 처리량 54Mbps의 차이가 발생하는 이유는 부호율 3/4의 FEC 코드(즉, 3비트 데이터마다 4비트를 전송) 사용 때문이다. 802.11g는 데이터 속도에 따라 FEC 코드의 부호율을 다르게 적용한다. 데이터 속도 24Mbps, 12Mbps, 6Mbps에서는 1/2, 48Mbps에서는 2/3, 54Mbps, 36Mbps, 18Mbps, 9Mbps에서는 3/4를 적용하는 식이다.

OFDM 방식은 협대역 간섭과 주파수 선택적 페이딩(frequency-selective fading)에 대한 복원력을 갖추고 있다. FEC 코드는 수신기가 손상된 하나 이상의 보조 캐리어로부터 손실된 일정량의 데이터를 재구성할 수 있게 한다. 그리고 변조 속도가 상대적으로 느린 덕에 각 기호 사이에 보호 간격을 삽입해서 기호 간 간섭을 감소시켰다.

Wi-Fi 연결의 원리

Wi-Fi 장치를 무선 액세스 포인트(AP)에 연결하는 것은 보기보다 간단하지 않다. 같은 물리적 공간에 있는 AP와 클라이언트 어댑터가 여럿 보이게 될 것이고, AP와 클라이언트가 여러 채널에 분산돼 있을 수도 있다. 모든 클라이언트가 특정 AP에 연결할 권한이 있는 것은 아니다. 이러한 문제를 해결하는 과정은 아래와 같이 3단계로 진행된다.

1. 클라이언트 어댑터는 어떤 채널에서 어떤 AP를 사용할 수 있는지를 결정해야 한다. 이 과정을 스캔(scanning)이라 한다.

2. AP는 어떤 클라이언트가 자신의 클라이언트인지를 결정할 수 있어야 하며, 클라이언트 역시 어떤 AP가 자신의 AP인지를 결정할 수 있어야 한다. 이 과정을 인증(authentication)이라 한다.

3. 인증된 클라이언트는 인증된 AP에 연결할 수 있다. 이 과정을 결합(association)이라 한다.

스캔에는 능동 스캔과 수동 스캔이 있다. 수동 스캔을 사용하면 AP는 SSID가 포함된 프레임을 주기적으로 브로드캐스트하도록 설정한다. 클라이언트 어댑터는 모든 채널에서 이러한 브로드캐스트 프레임을 수신하고 목록을 생성한다. 이전에 연결했던 AP가 있으면 해당 AP를 선택한다. 이전에 연결한 SSID가 표시되지 않으면 가장 강한 신호의 AP에 연결을 시도한다. 연결이 이뤄지는 방법과 사용자 인터페이스는 구현에 따라 다르다. 대부분의 최신 Wi-Fi 소프트웨어에는 처음 연결할 때 '자동으로 연결하시겠습니까?' 대화상자가 나타나고 이후 해당 AP에 자동으로 연결할지 사용자에게 확인을 받는다. 클라이언트 어댑터 컴퓨터의 사용자는 클라이언트가 브로드캐스트 SSID 프레임에서 수집하는 목록에서 AP를 선택할 수도 있다.

능동 스캔에서 클라이언트 어댑터는 범위 내의 모든 AP에 프로브 요청 프레임(probe request frame)을 전송한다. 프로브 요청 프레임에는 선호 AP의 SSID가 포함될 수 있다. 말하자면, '블랙웨이브, 거기에 있나?' 하고 물어보는 것과도 같다. 블랙웨이브 AP가 있으면 클라이언트에게 프로브 응답을 보낼 것이다. 프로브 요청 프레임에는 빈 SSID 필드가 포함될 수도 있는데, 이러한 프레임은 '거기 누구 있나?'라고 물어보는 것과도 같다. 빈 SSID 필드가 담긴 프로브 요청 프레임을 보내면 범위 내의 모든 AP가 클라이언트에게 프로브 응답을 보내고 대부분의 경우 가장 강한 신호를 가진 AP를 클라이언트가 선택할 것이다.

일부 무선 네트워크에서는 AP가 SSID를 브로드캐스트하지 않도록 설정돼 있기 때문에 클라이언트가 빈 SSID로 능동 스캔을 해야 한다. 대부분의 홈 네트워크 및 커피숍 Wi-Fi의 AP는 SSID를 브로드캐스트하며 수동 스캔만으로도 연결이 가능하다.

클라이언트 어댑터가 연결할 AP를 식별하고 나면 인증을 진행해야 한다. 인증에는 공개키(open key)와 공유키(shared key)의 두 가지 유형이 있다. 공개키 인증에는 비밀번호가 필요하지 않다. 클라이언트는 인증 요청 프레임을 AP에 전송하고, 이 프레임에는 클라이언트의 MAC 주소가 포함된다. AP는 특정 클라이언트 MAC 주소를 제외하거나 특정 클라이언트 MAC 주소만 허용하도록 설정될 수 있다. 이러한 AP 설정에 따라 클라이언트의 인증 요청을 승인하거나 거절하게 된다. AP가 요청을 거절하면 연결이 불가능해지며, 요청을 승인하면 다음 절차인 결합 과정이 진행된다.

MAC 주소 기반 인증은 점점 줄어드는 추세인데, 클라이언트가 자신의 MAC 주소를 평문(즉, 암호화하지 않은 텍스트)으로 전송하고 공격자가 채널을 단순히 모니터링하는 소프트웨어로 유효한 MAC 주소 목록을 컴파일할 수 있기 때문이다. 많은 클라이언트 어댑터는 사용자가 MAC 주소를 임의의 값으로 변경할 수 있도록 하기 때문에 공격자는 합법적인 MAC 주소를 모방해서 네트워크에 연결할 수 있다.

공유키 인증은 암호화와 관련된 여러 프로토콜 중 하나를 사용한다. 오늘날 소규모 네트워크를 위한 가장 보편적인 프로토콜은 2006년 이후의 Wi-Fi 장비에 필수적으로 탑재되는 WPA-2다. WPA-2에 대해서는 다음 절에서 더 자세히 설명하겠다. 대기업 네트워크 및 강력한 보안이 필요한 네트워크는 802.1X라는 IEEE 인증 표준을 구현하는 별도의 인증 서버(RADIUS라고도 한다)를 사용한다. 소규모 네트워크는 AP와 클라이언트 사이에 직접 공유키 인증을 처리한다. AP와 클라이언트는 암호 해독을 완료하기 위해 통신을 주고받는다. AP와 클라이언트가 동일한 공유키를 가지고 있으면 암호 해독이 성공적으로 완료되고 인증이 완료된다. 이후 AP와 클라이언트 간의 모든 통신은 암호화된다.

인증이 끝나면 마지막으로 결합 과정이 진행된다. AP와 클라이언트 어댑터가 서로 인증한 후 클라이언트는 AP에 결합 요청 프레임(association request frame)을 전송한다. 결합 요청이 승인되면 연결이 완료되고, 클라이언트는 네트워크의 DHCP 서버를 통해 네트워크 구성 매개변수와 IP 주소를 얻을 수 있다. AP가 결합을 거부하는 경우도 있다. 예를 들어, 이미 결합된 클라이언트 수가 사전에 설정된 최댓값에 도달하면 결합을 거부하게 된다. 그러나 대부분의 상황에서는 결합 요청이 승인되고 클라이언트가 연결된다.

Wi-Fi 보안

유선 네트워크에는 본질적인 보안 요소가 몇 가지 있다. 네트워크 잭이나 네트워크 장비에 물리적으로 액세스하지 않으면 네트워크에 연결할 수 없기 때문이다. 반면 Wi-Fi 신호는 벽을 통과할 수 있으며 물리적인 잭과의 연결에 대한 제약이 없으므로 보안이 더욱 중요하다. 802.11 표준은 유선급 보호(wired equivalent privacy, WEP)라는 간단한 암호화 메커니즘을 정의했다. WEP의 키는 일반적인 암호가 아닌 16진수 문자열로 이뤄져 있다. 일부 Wi-Fi 하드웨어는 사람이 읽을 수 있는 암호 또는 암호문을 16진수 WEP 키로 변환하기 위해 키 생성기를 통합했다.

2001년에 보안 연구자들이 WEP의 암호화 알고리즘의 결함을 발견했다. 네트워크를 통과하는 암호화된 패킷을 검사한 후 10분 만에 WEP로 보호되는 무선 액세스 포인트가 깨진 것이다. 결함의 특성이 알려지자 WEP는 쓸모없는 메커니즘으로 전락했다. 2004년, 802.11 위원회는 WPA-2로 알려진 802.11i 표준을 비준했다. WPA-2는 보안이 약해 수명주기가 짧은 기술이었던 WPA를 대체했다(WPA도 WEP와 마찬가지로 더 이상 사용되지 않는다). WPA-2는 AES(Advanced Encryption Standard)라고 하는 256비트 암호화 프로토콜을 사용한다. AES는 한 번에 한 블록씩 데이터를 암호화하고 해독하는 블록 암호(block cipher)다. WEP와 WPA 같은 기존의 Wi-Fi 프로토콜은 한 번에 한 문자씩 처리하는 스트림 암호를 사용해서 공격에 훨씬 취약했다.

WPA-2는 최대 63자 길이의 ASCII 핵심어구(keyphrase)를 허용하며, 무작위 문자로 구성된 핵심어구는 20-30자 정도만 사용해도 충분하다. 참고로 공격자는 작동하는 라우터를 찾을 때까지 무선 라우터에 단순히 비밀번호를 계속 바꿔서 입력하지 않는다. 대신 패킷 스니퍼(packet sniffer)라는 유틸리티로 암호화된 패킷을 무선으로 캡처해서 디스크에 파일로 저장한다. 그런 다음 오프라인 무차별 대입 공격(offline brute-force attack)을 시도할 수 있다. 이 유형의 공격에서는 초당 수만 개의 암호를 시도할 수 있는 빠른 응용 프로그램을 사용해서 공격자의 컴퓨터에 저장된 암호화된 패킷에 대해 일반 단어 사전 및 일반적으로 사용되는 암호 조합 입력을 시도한다. 침입자가 소프트웨어를 수 주, 또는 수개월 동안 계속 사용할 수 있게 되면 약한 암호나 일반적인 사전 단어로 연결된 단어는 쉽게 뚫릴 수 있다. 짧거나 약한 암호를 사용하는 사람도 많기 때문에 공격자는 강력한 암호에 대한 무차별 공격에 몇 개월을 소비할 필요도 없다(물론 중요한 정보를 저장하는 기업 또는 군대 사이트가 아니라는 가정하에). 공격자가 시간을 들여 암호를 뚫고 나면 잃는 것은 단지 MP3 파일 몇 개 정도에 그치지 않을 것이다.

WPA-2의 모든 부분이 기본 암호화 알고리즘만큼 안전한 것은 아니다. 2011년, 무선 라우터의 펌웨어에서 실행되는 WPS(Wi-Fi Protected Setup)라는 WPA-2 보조 기술에서 치명적인 결함이 발견됐다(WPS는 소규모 네트워크에 쉽게 암호를 배포하기 위한 기술이다). WPS 프로토콜이 PIN 코드의 일부를 '유출'해서 무차별 대입 공격이 최소 2시간 만에 성공하게 만든다는 것이 알려졌다. 이제 WPS는 안전하지 않은 것으로 알려져 있고, 보안 전문가들은 WPS를 사용하지 않도록 권장하고 있다.

클라이언트 측에서 WPA-2는 클라이언트 어댑터 자체에 구현되지 않고, 네트워크에 연결하려는 컴퓨터에서 실행되는 요청자(Supplicant)라는 소프트웨어로 구현된다. 리눅스 배포판(라즈비안 포함)의 경우 요청자 소프트웨어는 wpa_supplicant라는 이름을 가지고 있으며, 그것의 설정 파일인 wpa_supplicant.conf는 /etc/wpa_supplicant 폴더에 있다. 요청자는 인증을 위해 선택한 AP에 요청을 전송한 다음 AP와 WPA-2 프로토콜을 연결한다. 일부 요청자 소프트웨어는 관리용 그래픽 사용자 인터페이스(graphical user interface, GUI)를 제공하기도 하지만 대다수는 편집 가능한 구성 파일에서 핵심어구를 읽는 커맨드 라인 기반 인터페이스를 제공한다.

라즈베리 파이의 Wi-Fi

대부분의 라즈베리 파이 모델에는 표준 유선 이더넷 포트가 있으며, 라즈비안과 같은 리눅스 배포판에서는 별도의 설정 없이도 잘 작동한다(구 모델 A 보드와 라즈베리 파이 제로에는 이더넷 포트가 없다). 실행 중인 DHCP 서버가 있는 라우터의 이더넷 포트에 라즈베리 파이를 케이블로 연결하면 라즈비안은 로컬 IP 주소가 포함된 DHCP 구성을 요청한다. DHCP가 라즈비안의 네트워킹 매개변수를 구성한 후에는 보드가 IP 주소를 사용해 인터넷 뿐만 아니라 로컬 네트워크의 다른 노드와도 통신할 수 있게 된다.

라즈비안(및 대부분의 유닉스 계열 운영체제)에는 ifconfig라는 커맨드 라인 유틸리티가 포함돼 있으며, 이를 실행하면 유선 이더넷 포트의 구성을 확인할 수 있다(Wi-Fi를 위한 설정 유틸리티는 별도로 있다). 터미널 창을 열고 아래 명령을 실행하기만 하면 된다.

```
ifconfig eth0
```

여기서 eth0은 라즈베리 파이 유선 이더넷 포트의 기본 이름이다. 이 유틸리티는 MAC 주소 및 IP 주소를 포함해서 포트의 현재 상태를 표시한다. 라즈베리 파이에서 유선 이더넷 포트를 사용하지 않는 경우, 특히 Wi-Fi 어댑터를 사용하려는 경우에는 사용하지 않는 것이 좋다. 아래와 같이 ifconfig를 사용해서 eth0를 비활성화할 수 있다.

```
sudo ifconfig eth0 down
```

매개변수를 변경하려면 sudo를 통해 관리자 권한을 사용해야 한다는 점에 유의하자. 포트를 다시 활성화하려면 아래 명령을 입력하자.

```
sudo ifconfig eth0 up
```

라즈베리 파이 3(Wi-Fi와 블루투스가 모두 회로 기판에 탑재됨)을 사용하는 것이 아니라면 USB Wi-Fi 클라이언트 어댑터를 구해야 한다. 그리고 보드에서 대부분의 Wi-Fi 드라이버 및 도구가 포함된 최신 라즈비안 이미지가 실행되고 있는지 확인해야 한다. 2개의 온보드 USB 포트 중 하나 또는 전원이 공급되는 USB 허브에 연결할 수 있는 소형 Wi-Fi 클라이언트 어댑터를 구해서 꽂자. http://elinux.org/RPi_USB_Wi-Fi_Adapters에서 호환 가능한 Wi-Fi 클라이언트 장치 목록을 확인해서 구하는 것도 좋은 방법이다.

보드의 전원이 충분한지도 잘 확인해야 한다. 아무리 작은 Wi-Fi 어댑터라도 마이크로파 무선 송신기가 포함돼 있으며 어느 정도의 전류를 소모한다. 필요한 전원을 간신히 공급받는 보드에 이러한 어댑터를 연결하면 문제가 생길 가능성이 크다. 라즈베리 파이의 전원 공급 장치를 선택할 때는 최대한 전류 공급량이 큰 것을 선택하자. 라즈베리 파이 시스템 작동에 관련된 공통적인 문제의 대부분은 전원 공급 장치의 전류 부족으로 발생한다.

라즈비안에 미리 설치된 WPA-2 요청자에는 GUI가 있으며, 라즈비안에 클라이언트 어댑터용 드라이버가 있는 경우 아래와 같은 방법을 통해 GUI만으로 액세스 포인트에 연결할 수 있다.

1. 라즈비안 데스크톱에서 Wi-Fi Config를 실행해 요청자 소프트웨어
   를 실행하자(그림 7-26).

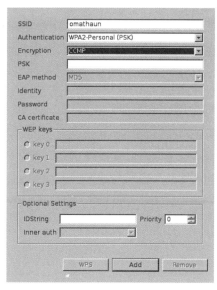

그림 7-26 wpa_gui 메인 창

2. 스캔(scan) 버튼을 클릭하자. 요청자가 사용 가능한 AP를 검색하고 목록을 새 창에 표시할 것이다(그림 7-27).

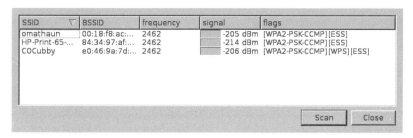

그림 7-27 Scan 창

3. 표시된 AP 중 맞는 AP를 찾으면 Scan(스캔) 창에서 해당 AP를 더
   블클릭하자. NetworkConfig 창이 열릴 것이다(그림 7-28). AP 목록
   에서 맞는 AP가 보이지 않는다면 보드와 AP의 물리적 거리가 너무
   멀거나 설정 충돌이 있다는 의미로 볼 수 있다.

그림 7-28 NetworkConfig 창

4. PSK 필드에 AP의 공유키를 입력하자.

5. Add(추가)를 클릭하자. 공유키를 올바르게 입력했다면 신청자가 AP에 연결을 진행할 것이다. 이 시점에서 wpa_gui 기본 창의 상태 탭에 'Completed(Station)'이 표시된다.

6. 미도리 웹 브라우저를 실행하고 웹 페이지에 액세스해서 연결을 테스트하자. 새로운 무선 액세스 포인트를 설치하거나 SSID 또는 공유키를 변경하는 경우, wpa_gui 응용 프로그램을 사용해서 설정을 변경할 수 있다. 간단하게 상태를 확인하는 용도로는 별도의 리눅스 커맨드 라인 유틸리티를 추천한다. Wi-Fi 연결을 설정하고 구성한 후 터미널 창을 열고 아래 명령을 입력하자.

```
iwconfig
```

이 유틸리티는 AP의 SSID, 무선 기술의 종류(a/b/g/n), AP의 MAC 주소, 현재 비트 속도, 신호 레벨, 링크 품질 및 다양한 오류에 대한 누적 계수를 8줄로 요약해서 출력한다.

그 밖의 네트워킹

네트워킹은 광범위하고 깊은 분야이며, 이번 장에서 다룬 내용은 그 넓이와 깊이의 극히 일부에 지나지 않는다. 네트워킹과 관련된 그 밖의 도움될 만한 주제는 아래와 같다.

- **삼바(Samba)**: 라즈비안 같은 리눅스 운영체제가 윈도우 또는 기타 운영체제에서 파일을 전송할 수 있게 해주는 소프트웨어 패키지다. 삼바는 무료이며 라즈베리 파이 저장소에서 무료로 설치할 수 있다.

- **이더넷 브리지**: 하나의 물리적 매체에서 다른 물리적 매체로 이더넷 프레임을 전달하는 특수 이더넷 장비다. 주로 카테고리 5 케이블과 Wi-Fi 사이의 연결을 중재하지만 주거용 전원 배선을 통해 이더넷을 구현할 수 있는 일부 브리지는 양쪽에 카테고리 5 케이블을 연결할 수 있다(이는 '파워라인 네트워킹'이라는 기술에 속하며 Wi-Fi가 도달할 수 없는 위치에 네트워크를 연결하는 데 자주 사용된다). 특수한 소프트웨어를 사용하면 라즈베리 파이를 통해서도 유선 이더넷과 Wi-Fi를 중재할 수 있다.

- **PoE(Power over Ethernet)**: 특수 어댑터를 사용해 사용되지 않는 카테고리 5 이더넷 케이블의 트위스트 페어를 통해 적당한 양의 전류를 보내거나, 모든 트위스트 페어가 사용 중인 경우 신호용 전도체를 통해 전류를 전송하는 기술이다. PoE의 전압은 데이터를 전송하는 트위스트 페어 쌍 모두에서 동일하기 때문에 NIC는 데이터를 간섭하지 않는 전압을 무시할 수 있다. PoE를 응용하면 이더넷 브리지 또는 라즈베리 파이 자체를 전원으로 사용할 수 있다.

카메라 및 센서와 같은 장치 중에도 카테고리 5 이더넷 케이블을 통해 컴퓨터 네트워크에 연결할 수 있는 종류가 있다. 점점 더 많은 일상 가정용 장치가 '사물 인터넷(Internet of Things)'에 도입되고 있으며, 컴퓨터에서 Wi-Fi를 통해 이러한 기기를 제어할 수 있다. 이더넷과 TCP/IP를 배우면 이더넷 케이블 또는 Wi-Fi 전파가 도달할 수 있는 곳 어디든 연결할 수 있게 될 것이다.

8장

운영체제

운영체제의 세계를 탐험하기 전에 먼저 운영체제의 정의를 명확히 하자. 메리암 웹스터 사전의 온라인 버전에 실린 기본 정의를 인용하면 다음과 같다.

> 컴퓨터의 작동 방식을 제어하는 컴퓨터의 주된 프로그램으로,
>
> 다른 프로그램의 작동을 가능하게 함.

운영체제(operating system, OS)는 컴퓨터 하드웨어 및 소프트웨어 리소스 사용을 제어하는 소프트웨어나 응용 프로그램(이하 프로그램)을 통한 사용자 상호작용을 가능하게 하는 소프트웨어, 프로그램 외부의 다양한 기능에 직접 액세스할 수 있는 소프트웨어로 구성되며, 파일 복사 또는 삭제, OS 자체를 업데이트하는 등의 작업을 수행한다. OS는 눈에 직접 보이는 요소가 아니지만 컴퓨터가 하는 모든 작업은 OS 덕분에 가능하다. 그림 8-1에서 기본적인 컴퓨터 시스템을 확인해 보자.

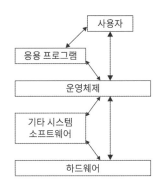

그림 8-1 기본적인 컴퓨터 시스템

이번 장에서는 운영체제의 역사와 운영체제의 일반적인 특징을 알아보자. 프로세서 시간, 메모리 사용량, 대용량 저장 장치 읽기 및 쓰기, 시스템의 다른 기능 및 리소스를 제어함으로써 멀티태스킹(둘 이상의 응용 프로그램을 동시에 실행)을 가능하게 하는 시분할(time sharing) 같은 개념도 이번 장에서 다루겠다. 시분할 기능을 사용하면 여러 사용자, 많게는 수백만 명(구글이나 페이스북을 예로 들 수 있다)이 하나 이상의 응용 프로그램을 동시에 실행하는 다중 사용자 모드(multiuser mode)가 가능해진다.

커널(kernel) 역시 OS의 중요한 요소다. 커널은 컴퓨터 하드웨어, 메모리 액세스, 중앙 처리 장치(CPU), 저장 장치, 파일 시스템 및 기타 모든 리소스를 감독하고 제어하는 소프트웨어다. OS의 커널은 응용 프로그램이 컴퓨터 하드웨어를 사용하는 데 필수적인 인터페이스를 제공한다. 워드 프로세서, 웹 브라우저, 이메일 클라이언트, 미디어 플레이어 등이 데이터에 액세스해서 데이터를 저장하고 조작할 수 없다면 소프트웨어로써 쓸모가 없을 것이다. 커널은 OS의 핵심이자 두뇌 역할을 한다. OS가 파일 시스템, 메모리 및 유사한 리소스를 관리하는 방법을 알아봄으로써 커널의 동작에 대해 자세히 알게 될 것이다.

'OS의 보조 구성 요소' 절에서는 OS가 CPU 시간, 메모리, 미디어 액세스 및 기타 모든 멀티 태스킹/시분할 기능에 액세스하고 관리하는 방법을 설명하겠다. 여기에는 컴퓨터의 하드웨어 및 소프트웨어를 완벽하게 제어하기 위한 인터페이싱 방식도 포함된다. 부팅과 커널 활성화에 사용되는 펌웨어(일반적으로 플래시 메모리 또는 다른 영구 저장 매체에 보관된 작은 프로그램), 키보드, 디스플레이, 마우스, 디스크 드라이브, 프린터, 스캐너, 그 밖의 USB 장치 등 다양한 하드웨어 주변장치에 대한 시스템 액세스를 제공하는 장치 드라이버에 대해서도 알아보겠다.

알아두기
모든 장치 드라이버가 펌웨어는 아니라는 점에 유의하자. 하드디스크에 담기는 장치 드라이버도 많고, 라즈베리 파이의 장치 드라이버는 SD 카드에 저장된다. 운영체제가 해당 유형의 저장소에 대한 액세스 권한을 설정함에 따라 저장된 장치 드라이버를 사용할 수 있게 된다.

이번 장의 마지막 절에서는 다시 라즈베리 파이로 다시 돌아가서 라즈베리 파이에서 쓸 수 있는 다양한 OS를 살펴보겠다. OS 다운로드 소스뿐 아니라 각 OS에서 쓸 수 있는 응용 프로그램 및 유틸리티 프로그램, 소스코드 및 장치 드라이버와 같은 기타 소프트웨어도 다룰 것이고, 라즈베리 파이의 컴퓨터 아키텍처와 라즈베리 파이에서 쓸 수 있는 데비안과 라즈비안 등의 리눅스 배포판에 대해서도 다룰 것이다. 또한 라즈베리 파이 2와 3의 새로운 쿼드코어 ARM 프로세서 덕분에 탄생한 라즈베리 파이용 우분투, 페도라, 젠투, 윈도우 10 등에 대해서도 살펴보겠다.

운영체제 개론

현대의 OS에 대한 제대로 이해하려면 OS가 어떻게 그리고 왜 생겨났는지 알아야 한다. 역사상 중요한 위치를 차지하는 OS로는 윈도우, 맥 OS 및 최근 스마트폰 OS에 큰 영향을 준 유닉스와 리눅스가 있다. 모든 운영체제는 이전에 존재했던 운영체제의 기반을 승계한다.

운영체제의 역사

초기의 컴퓨터는 한 번에 하나의 프로그램만 실행했다. 작업을 동시 처리할 OS가 없었기에 주어진 문제를 시작부터 끝까지 풀어 나갔다. 이러한 컴퓨터의 주 용도는 숫자 계산을 빠르게 수행하는 것이었고, 그 속도는 사람이 기계식 계산기를 사용했을 때보다도 훨씬 빨랐다. 즉, 초기 컴퓨터는 초보적인 메모리와 프로그램 제어 기능을 갖추고 있었지만 계산기의 주 기능인 수리 연산을 위한 최적의 설계를 가진 수퍼 계산기였다. 하지만 컴퓨터 사용을 강력하게 감독하는 진정한 운영체제의 출현으로 컴퓨터의 목적 자체가 바뀌었다.

일부 전문가들은 1937년 아이오와 주립대학교(Iowa State University)에서 개발한 Atanasoff-Berry 컴퓨터 또는 2차대전 중 블레츨리 파크(Bletchley Park)에서 사용된 콜로서스 마크 1이 최초의 디지털 전자 컴퓨터라고 주장하지만 대중의 주목을 가장 많이 끌었던 최초의 컴퓨터는 단연 ENIAC(Electronic Numerical Integrator and Computer의 약자)이다. ENIAC은 2차대전 중에 비밀리에 개발됐고 1946년에 공개적으로 발표됐다.

언론에서는 ENIAC을 '거대한 뇌(Giant Brain)'라고 불렀다. ENIAC은 기존의 전기 기계식 컴퓨터보다 1,000배 빠르게 수치 연산을 수행했다. ENIAC을 구성하는 거대한 랙 내부에는 17,468개의 진공관, 7,200개의 수정 다이오드, 1,500개의 릴레이, 70,000개의 저항기, 10,000개의 커패시터와 손으로 납땜한 500만 개의 땜납 접점이 있었다. 무게는 약 30톤에 달했고 1,800제곱피트의 공간을 차지하며 150킬로와트의 전력을 소비했다. 그림 8-2에서 볼 수 있는 ENIAC의 모습은 전체의 일부일 뿐이다.

그림 8-2 에니악(1940년)

메인프레임

메인프레임이라 불리는 거대한 컴퓨터는 대기업, 대학 및 정부 기관에 널리 보급됐고, 기존에 수많은 사람들이 손으로 계산했던 다양한 분야의 연산을 전산화했다. 하지만 이러한 큰 컴퓨터는 문제를 해결하면서 또 다른 큰 문제를 만들어냈다.

문제의 원인은 초기 메인프레임의 선형성이었다. 리소스를 관리하고 프로세스 속도를 높여야 할 필요성이 분명해졌다. 제조업체는 입력 및 출력 기능과 같은 작업을 제어하는 코드 라이브러리를 추가하기 시작했고, 프로그래머는 더 이상 자주 사용되는 루틴을 모든 프로그램에 작성하지 않아도 됐다. 대신 코드에 링크를 넣어 필요한 명령 라이브러리를 호출했다. 컴퓨터가 실제로 프로그램을 구동하기 전까지는 코드가 실행되지 않았기 때문에 미리 패키지된 이러한 루틴은 런타임 라이브러리라고 불렀다.

초기의 운영체제

무엇을 최초의 운영체제로 봐야 하는지는 컴퓨터 과학사의 다른 사건과 마찬가지로 논쟁의 소재다. 일부 역사학자들은 1950년에 전자 지연 저장 자동 계산기(electronic delay storage automatic calculator, EDSAC) 컴퓨팅 플랫폼을 위해 개발된 LEO 1(Lyons Electronic Office의 약자)이 최초라고 주장한다. 그러나 일부는 1956년 제너럴 모터스(General Motors)가 최초의 OS를 개발했으며 IBM 704 메인프레임을 위해 만들어진 것이라고 주장한다. 초기의 모든 운영체제는 본질적으로 메인프레임 사용자가 업계의 요구사항에 대응하는 과정에서 필요성이 형성된 것이다. 새 시스템을 구입할 때마다 시스템을 다시 작성하고 컴파일해야 했던 불편이 일종의 발단이었다.

1960년대에 이르러 컴퓨터 제조업체가 컴퓨터에 OS를 제공하기 시작했다. 초기 제조사 OS의 대표적인 예로는 IBM이 360 시리즈용으로 개발한 여러 가지 버전의 OS/360이 있다. OS/360은 하드웨어와 성능의 차이에 따라 버전이 달랐기 때문에 하나의 통합 운영체제라기보다는 OS 제품군에 가까웠다.

운영체제는 메인프레임을 판매하기 위한 경쟁에 힘입어 더욱 고도화됐고 쓸모도 점점 많아져서 컴퓨터에 유연성을 부여했다. UNIVAC, 버로우스(Burroughs), GE 등은 자체 OS를 선보였다.

소형 컴퓨터와 향상된 운영체제

1970년대에는 컴퓨터 역사의 큰 변화가 이뤄졌다. 그 첫 번째는 미니컴퓨터의 등장이다. 미니컴퓨터는 말 그대로 메인프레임보다 물리적으로 몇 배나 작은 크기다. 더 이상 배선용 마루와 특수 냉각 시스템이 설치된 대형 컴퓨터실이 필요하지 않게 됐다. 그리고 컴퓨터 사용자가 의사나 연구원 같은 흰 실험복을 착용할 필요도 없어졌다.

소규모 회사에서도 미니컴퓨터를 구입해서 사무실에 배치할 수 있게 됐다. 이 작은 컴퓨터의 냉각팬은 너무 시끄러워서 빈 사무실도 종종 대형 컴퓨터실처럼 보일 정도였다.

개인용 컴퓨터

개인용 또는 마이크로컴퓨터는 1970년대 후반에 등장했다. 컴퓨터 사용이 폭발적으로 증가하면서 사용 편의성에 대한 요구가 증가했다. 누구나 직장에 있는 책상에 컴퓨터를 두고, 가정용 또는 취미용 컴퓨터를 가지게 된 것이다. 이 작은(마이크로) 컴퓨터의 아키텍처는 속도 저하를 피하고 작업이나 게임 프로그램을 실행할 때 리소스를 엄격하게 제어해야 했다.

소비자 및 중소기업에 컴퓨터를 판매하려면 일반인에게 와 닿을 수 있는 다양한 기능(그래픽, 사운드 등)이 필요했다. 이 기능을 위해서는 운영체제가 빠르게 발전해야 했다.

코모도어(Commodore), 라디오세이크(Radio Shack), 애플과 같은 회사가 등장해서 개인용 컴퓨터를 만들기 시작했으며, IBM은 1982년부터 개인용 컴퓨터(PC)에 집중했다. 얼마 지나지 않아 많은 제조업체가 IBM PC를 모방해서 DOS(disk operating system, 디스크 운영체제)를 구동하는 PC를 만들어냈다. 그림 8-3은 1981년에 나온 IBM 최초의 PC를 보여준다.

그림 8-3 최초의 IBM PC 모델 5150과 모델 5151 모니터, IBM PC 키보드

PC가 급증하면서 디스플레이, 키보드, 프린터, 게임 컨트롤러 등 온갖 종류의 주변장치가 등장하고 달라붙었다. 이러한 모든 주변장치 연결에 대한 요구사항을 지원하기 위해 운영체제도 지속적으로 개선됐다.

제록스의 유명한 팔로 알토 연구 센터는 컴퓨터 마우스와 실행 가능한 그래픽 사용자 인터페이스(GUI)를 사용해 사용자가 보는 그대로를 출력하는 위지윅(WYSIWYG, what you see is what you get)을 가능하게 했다. 위지윅 방식은 화면에 표시되는 내용이 인쇄되거나 출력될 때와 같은 방식으로 보이는 것을 가능하게 했다. 예를 들어, 첫 번째 GUI가 나오기 전에 워드 프로세싱은 서식 지정을 위한 일종의 마크업(mark-up)에 의존했다. 그래서 최종 문서가 프린터에서 뽑히기 전까지는 결과물의 모양을 알 수 없었다. GUI는 위지윅을 통해 이런 불편을 개선함으로써 쉬운 컴퓨터를 향한 획기적인 발전을 가져왔다.

애플의 매킨토시와 마이크로소프트 윈도우의 OS는 제록스의 OS를 기반으로 앞선 대형 컴퓨터보다 훨씬 사용자 친화적인 개인용 컴퓨터를 만드는 데 일조했다. 컴퓨터의 사용 편의성이 크게 발전한 덕분에 더욱 많은 소비자들이 컴퓨터를 받아들였고 소형 컴퓨터 판매는 빠르게 성장했다. 이 폭발적인 성공의 밑바탕에는 모든 사람이 사용할 수 있는 새로운 마이크로컴퓨터 운영체제가 있었다.

오늘날 컴퓨터의 크기는 계속 줄어들고 동시에 속도는 빨라지고 있으며, 멀티코어 CPU는 점점 일반화되고 있다. 이와 동시에 이러한 하드웨어를 구동하는 OS의 성능도 확장되어 OS가 더 많은 일을 더 빠르게 수행하고 있다.

운영체제 기초

운영체제를 사용하는 주요 장점은 아래와 같다.

- 응용 프로그램이 하드웨어에 쉽고 안전하게 액세스할 수 있다. 여기서 '안전'은 시스템 충돌의 위험 없이 원하는 작업을 수행할 수 있다는 의미다.
- 무단 액세스 또는 데이터 손상을 방지하기 위해 데이터 공유 및 보안을 관리해서 더욱 효율적이고 정확한 시스템 작동이 가능하게 한다.
- 메모리, 스토리지, 네트워크 소켓 및 인터넷과 같은 리소스를 사용할 수 있다.

위 목록의 첫 번째 항목은 메인프레임 시대의 고질적 문제 중 하나였다. 이 문제는 일종의 리소스 관리를 개발하는 데 많은 자극을 줬다.

메인프레임 시대에 프로그래머는 자신의 프로그램을 종이 카드 더미에 천공해서 컴퓨터 운영자에게 전달했다. 운영자는 천공 판독기에 카드를 넣고, 당시 OS 없이 작동하던 프로그램은 컴퓨터 하드웨어를 직접 제어하면서 카드가 다 떨어지거나 충돌이 발생할 때까지 카드를 흡수했다.

수십 명 또는 수백 명의 프로그래머가 메인프레임용 프로그램 데크를 제출할 수도 있었다. 실제로 어떤 프로그래머가 프로그램을 제출했든, 해당 프로그램이 기계를 완전히 제어할 수 있었다. 프로그래머 한 명이 출력 카드 또는 테이프 드라이브에 쓰기를 요청하는 과정에서 오류가 발생하면 컴퓨터 전체가 충돌을 발생시켜 백만 달러 이상의 피해를 입힐 수도 있었다.

그 결과, 운영자가 충돌을 해결하기 위해 달려가서 전체 시스템을 재부팅하는 등의 시간적, 인적 낭비가 발생했다. 그런 상황이 발생하면 다른 프로그래머들이 작성한 카드가 대기열에 쌓이고 급한 업무 처리가 지연되어 실무자들을 괴롭히곤 했다.

오늘날의 컴퓨터에서는 사용자 프로그램, 즉 응용 프로그램이 하드웨어에 직접 명령을 내리거나 제어하지 못하도록 격리하는 것이 일반적이다. 제록스의 컴퓨터, 애플의 맥 OS(OS X 포함), 마이크로소프트 윈도우, 다양한 버전의 유닉스와 리눅스(그리고 X 윈도우) 등의 OS에 통합된 GUI는 응용 프로그램의 시스템 접근을 철저히 제한한다. 응용 프로그램이 파일을 읽거나 디스크에 저장하거나 출력하는 등의 작업은 반드시 OS를 통과해야 하도록 돼 있다.

오늘날의 운영체제는 데스크톱 컴퓨터, 노트북, 스마트폰 또는 수백 혹은 수천 개의 병렬 프로세서를 사용하는 거대한 머신에 이르기까지, 멀티태스킹(multitasking)을 기본적으로 지원한다. 멀티태스킹은 운영체제가 CPU의 시간을 작은 단위로 분할해서 여러 명의 사용자나 또는 백그라운드 프로세스에 할당하고 시스템 자원을 공유할 수 있게 하는 기능이다. 멀티태스킹은 인터럽트를 통해 이뤄지며, 오늘날 대부분의 컴퓨터 작동 방식은 인터럽트(interrupt)를 통해 설명할 수 있다.

인터럽트

컴퓨터는 한 번에 하나의 명령을 차례로 실행한다. 컴퓨터는 인터럽트 신호가 끝날 때까지 일련의 명령(프로그램)을 계속 실행한다. 인터럽트는 컴퓨터의 CPU 및 다른 하드웨어에 현재 진행 중인 작업을 중지시키거나 다른 명령 세트를 실행한 다음, 진행 중인 프로그램으로 돌아가도록 명령한다. 이를 통해 멀티태스킹의 기반인 타임 슬라이싱(time slicing)이 이뤄진다.

인터럽트는 컴퓨터의 속도로 이뤄지므로 보통 사용자는 컴퓨터가 다른 프로그램, 백그라운드 프로세스 등의 실행에 따른 응용 프로그램의 속도 저하를 느끼지 못한다. 운영체제는 이러한 방식으로 시스템의 '매니저' 역할을 수행한다.

백그라운드 프로세스에는 시간 및 날짜 유지, 소프트웨어 업그레이드 확인, 키보드 또는 기타 입력 모니터링 등의 일상적인 작업이 포함된다. 또한 응용 프로그램에서 주기적으로 서비스를 요청하고 데이터를 수신할 수도 있다. 대표적인 예로, 메시지를 찾고 수신하는 이메일 클라이언트를 들 수 있다.

OS에는 실행될 인터럽트를 순서대로 추적하고 우선순위를 설정하는 스케줄링 프로그램인 인터럽트 핸들러(interrupt handler)가 포함돼 있다. 운영체제는 스케줄러를 통해 어떤 프로그램이 런타임 슬라이스를 점유할지 결정할 수 있다.

또한 OS는 가동 중지 시간을 찾아내서 인터럽트를 밀어넣는 방식을 사용해 스케줄링 효율을 높이고 멀티태스킹의 속도를 높이기도 한다. 예를 들어, 워드 프로세서에 단어를 타이핑하는 동안 OS는 사용자가 타이핑을 중단하고 다음에 칠 글자를 생각하는 잠깐의 시간을 슬라이스로 쪼개서 대기열에 있는 다른 작업에 할당한다. 사용자는 쉬어갈지 몰라도, OS는 쉬지 않는 것이다.

OS에는 세 가지 유형의 인터럽트가 있다.

1. **하드웨어 인터럽트**: 디스크 드라이브, 키보드, 네트워크 카드 등 컴퓨터에 연결된 장치에서 발생한다. 이러한 인터럽트는 키보드의 키 눌림이나 마우스의 움직임, 네트워크를 통한 데이터 유입과 같은 이벤트를 통해 발동되며 OS에 경고를 전달하고 '이제 어떻게 해야 됩니까?'라고 OS에 묻는다.

2. **소프트웨어 인터럽트**: 응용 프로그램이 OS를 통해 수행해야 하는 작업(파일 저장 등)을 요청할 때 응용 프로그램이 발생시키는 인터럽트다.

3. **트랩**: CPU에서 오류가 감지되면 발생하는 인터럽트다. CPU는 이 인터럽트를 통해 OS에 오류를 알려주고 해결 방법을 묻는다.

인터럽트를 통해 응용 프로그램의 우선순위를 높일 수도 있다. 즉, OS가 특정 응용 프로그램을 실행하는 속도가 빨라지고, 백그라운드 프로세스에 슬라이스를 적게 할당해서 속도를 늦춤으로써 사용자가 집중하는 응용 프로그램에 리소스를 집중할 수 있는 것이다.

계층 구조

OS를 추상적으로 단순화하게 구조화하면 아래와 같이 네 개의 계층으로 나눌 수 있다(그림 8-1).

1. **사용자**: 사람뿐 아니라 로봇, 기계, 프로그래밍된 스위치 등이 데이터를 입력하고, 실행을 요청하며, 데이터 저장 또는 출력 생성을 요청한다.

2. **응용 프로그램**: 사용자의 요청(파일 저장 등)에 응답하고 요청을 OS에 전달한다.

3. **OS**: OS는 응용 프로그램 아래의 계층에서 하드웨어에 파일 쓰기를 지시하고 결과를 다시 응용 프로그램에 전달한다(저장 성공 표시 등). 사용자가 OS에 직접 명령을 내리기 위해 응용 프로그램을 우회할 수도 있다. 운영체제를 지원하는 드라이버와 같은 소프트웨어가 있는 하위 계층(그림 8-1에 '기타 시스템 소프트웨어'로 표시됨)도 있다.

4. **하드웨어**: 가장 낮은 단계는 실제 컴퓨터 하드웨어로, OS의 명령을 따르고 요청받은 작업(파일 복사, 디스크 쓰기, 인터럽트 수신, 멀티태스킹 수행 등)을 수행한다. 정확히 말하자면 커널(kernel)이 작업을 수행하는데, 커널은 OS의 구성 요소 중 하나다. 커널에 대한 자세한 내용은 이번 장 후반부에 '커널, 운영체제의 조력자' 절을 참조하자.

커널과 장치 드라이버는 위의 계층 중 가장 중요한 요소로서 하드웨어를 사용하기 위한 필수 요건이다. OS는 비싸고 쓸모없는 전자 부품 덩어리를 강력한 컴퓨팅 시스템으로 바꿔서 사용자의 요청을 처리하고 작업을 수행할 수 있게 만든다. 이 모든 것은 운영체제가 내부의 구성 요소에 무엇을 해야 하는지, 언제 해야 하는지 초당 수백만 회의 속도로 알려주기 때문이다.

예를 들어, 사용자가 워드프로세싱 소프트웨어에 글자를 입력하거나 스프레드시트에서 메뉴를 골라 클릭하면 응용 프로그램은 수행해야 할 작업을 결정하고, 하드웨어가 필요한 작업을 위해 OS에 도움을 요청한다.

OS는 인터럽트를 통해 하드웨어에 작업 명령을 내리는 동시에 응용 프로그램의 런타임에 자원을 할당하고, 하드웨어의 작업 결과를 수집해서 이를 응용 프로그램에 다시 전달한다. 예를 들어, 브라우저의 새 페이스북 게시물에 글자를 입력하면 글씨가 나타나거나, 또는 손목을 움직여 마우스를 움직이면 게임 캐릭터가 화면 상에서 움직이는 동작이 모두 이런 식으로 처리된다.

이러한 작업의 원천인 인터럽트는 커널의 깊은 곳에서 작동한다. 키를 누르거나 마우스를 움직이면 하드웨어 인터럽트가 발동된다. 이러한 인터럽트는 CPU에 키 입력 또는 마우스 위치를 읽도록 지시한다. 예를 들어, 키보드에서 A를 누르면 하드웨어 인터럽트가 발생하고, CPU는 해당 키 입력을 변환해서 응용 프로그램의 현재 커서 위치로 전달한다. 결과적으로, 사용 중인 응용 프로그램 내의 화면에 문자가 나타나고 커서 위치가 한 문자만큼 뒤로 이동해서 다음 입력을 준비하게 된다.

한편, 응용 프로그램과 사용자 요청 사이의 짧은 시간 동안 OS는 다른 일을 무수히 진행한다. OS는 항상 작업을 수행하고, 프로세스를 실행하며, 연결된 주변장치가 작동 중인지 확인하며, 그 밖의 다양한 작업을 한다.

컴퓨터 아키텍처

컴퓨터의 하드웨어(CPU, 관련 회로 및 부가적인 장치를 포함하는 물리적 구조)는 OS 또는 시스템 관리 소프트웨어의 설계를 결정하는 요소다. 가장 기본적인 형태의 컴퓨터는 아래와 같은 요소로 구성된다.

- CPU(싱글코어 또는 멀티코어)
- RAM과 같은 작업 메모리
- 저장소 장치 및 입력/출력 장치

CPU는 명령 및 데이터를 작업 메모리와 주고받으며(그림 8-4), 장치는 입출력 요청, 데이터 및 인터럽트를 CPU와 주고받는다. 일부 장치는 특정한 메모리 하위 시스템이 CPU와는 독립적으로 작업 메모리에 액세스할 수 있게 해주는 DMA(직접 메모리 액세스) 기능도 가지고 있다.

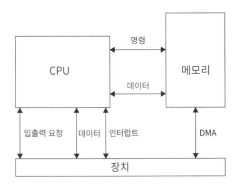

그림 8-4 기본 컴퓨터 아키텍처

보통 PC 마더보드에는 CPU가 포함돼 있으며, 코어 로직 칩셋이라는 CPU에 두 개의 추가 통합 칩이 연결되는 구조도 일반적이었다. 두 개의 칩은 각각 메모리 컨트롤러 허브에 해당하는 노스브리지(northbridge)와 입출력 컨트롤러 허브에 해당하는 사우스브리지(southbridge)로서, 노스브리지는 메모리 관련 작업(읽기, 쓰기 등)에서 CPU를 지원하고 사우스브리지는 컴퓨터의 다양한 하드웨어 장치와 포트에서 입출력을 처리한다. 즉, 두 칩은 CPU에 대한 통신을 관리했다.

CPU 속도가 빨라짐에 따라 이러한 작업을 별도의 칩에 구현함으로써 병목 현상이 발생하는 경우가 많아졌다. 그래서 단일 칩 시스템에 CPU가 탑재된 로직 칩을 포함시키는 것이 최근 컴퓨터 아키텍처의 추세이며, 이러한 단일 칩 시스템을 SoC(system-on-a-chip)라고 한다(이번 장 후반부에서 자세히 설명하겠다). 모든 라즈베리 파이 모델의 핵심 로직은 SoC에 있다.

CPU에는 자유 의지가 없다. 오로지 OS가 내린 명령을 수행할 뿐이다. CPU가 수행하는 명령의 종류는 기본적으로 아래와 같이 4가지로 나눌 수 있다.

- **산술**: 덧셈, 뺄셈, 곱셈 등을 수행하고 결과를 전송한다.
- **논리**: true, false, and, or, nor 연산을 처리하고 결과를 전송한다.
- **입출력(IO)**: 데이터를 이리저리 옮긴다.
- **제어**: 상황에 따라 장치에게 어떤 작업을 수행할지 지시하거나 장치의 특정 기능을 활성화한다.

CPU의 설계는 지난 수십 년 동안 변화하고 발전했다. 기본 작동 방식은 거의 동일하지만 물리적인 패키지의 크기는 이전의 메인프레임과 전혀 다르다. 현대의 CPU는 훨씬 더 빠르면서도 그 크기는 아주 작다. 소형화, 캡슐화된 패키지를 일반적으로 집적회로, 즉 IC라고 부르는데 이러한 IC는 그 크기가 엄지손가락 정도이거나 그보다 작다.

또한 이러한 CPU IC 패키지는 다른 CPU(코어), 작업 메모리, 읽기 전용 메모리, 장치 인터페이스 및 컴퓨터 시스템의 다른 구성 요소를 포함한다. 이 IC는 SoC라고도 불리며, 작은 크기 덕에 스마트폰이나 기타 정교한 소형 컴퓨터를 만들 수 있는 원동력이 된다.

CPU의 주요 구성 요소에는 산술 논리 장치(arithmetic logic unit, ALU), 프로세스 레지스터(ALU와 데이터를 직접 주고받는 소규모 작업 메모리), 제어 장지가 있다. 제어 장지는 OS가 내린 명령을 수행하며, ALU, 프로세스 레지스터 및 기타 구성 요소를 제어해서 프로그램 단계를 수행한다.

CPU의 구조와 기능은 이번 장의 범위에 해당하지 않으므로 원래의 주제인 OS로 다시 돌아가도록 하자.

운영체제의 목적

운영체제는 일반적으로 아래의 네 가지 주요 기능을 수행한다.

- **프로세스 관리**: 프로세스란 '프로그램'이라고도 하는 일련의 명령이다. 프로세스가 실행되려면 특정한 자원이 할당돼야 하며, 자원을 분배하고 프로세스의 실행을 제어하는 것이 OS의 역할이다.

- **메모리 관리**: OS는 다양한 시스템 요구에 따라 프로세스, 응용 프로그램 사이에 메모리를 공유하고, 작업에 필요한 메모리 공간을 할당한다. OS는 또한 작업 수행에 필요한 양의 메모리를 지속적으로 제공한다. 월급을 주는 사장님이나 마찬가지다.

- **파일 시스템 관리**: 컴퓨터의 저장 장치(대부분 하드디스크)에는 수백 또는 수천 개의 파일이 존재한다. 수많은 파일이 생성되고 사라지며, 특히 런타임에서 응용 프로그램 및 기타 프로세스가 생성하는 임시 파일의 수가 광장히 많다. OS는 모든 파일을 추적하고, 읽기나 쓰기로 인해 저장 매체가 손상되지 않도록 관리하며 각종 파일 호출을 순서대로 정렬한다.

- **장치 관리**: 이 기능은 OS가 시스템 호출(system call)을 사용할 때 쓰인다. 시스템 호출은 응용 프로그램 및 기타 프로세스가 하드웨어 또는 기타 서비스를 요청하기 위해 OS와 인터페이스하는 방법이며, OS는 장치 관리를 통해 하드디스크에 대한 액세스를 제공하거나 소프트웨어에 런타임을 제공해서 새 프로세스를 시작하고 실행할 수 있다.

위의 네 가지 작업을 수행하기 위해 OS에는 여러 구성 요소가 포함된다. 이미 그중 일부를 소개했지만, 이해를 높이기 위해 각 요소를 이제부터 자세히 알아보자.

운영체제의 구성 요소

OS의 구성 요소에는 프로그램, 프로세스, 서브루틴, 라이브러리 등이 있다.

구성 요소를 영역별로 나누면 크게 4가지 주요 영역으로 설명할 수 있다.

- **커널**: 커널은 모든 OS의 핵심이다. 커널은 응용 프로그램과 다른 프로세스 사이에 다리를 만들어서 실제 데이터 처리를 수행하는 CPU와 기타 하드웨어를 활성화하고 제어하며, 필요한 메모리, CPU 시간 등을 관리하고 할당한다. 다음 절에서 커널을 자세히 살펴보겠다.

- **네트워킹**: 커널의 제어하에 있는 복잡한 하위 시스템으로서, 커널 및 사용자 공간의 구성 요소 사이에서 이더넷 카드와 같은 다양한 네트워크 프로토콜과 장치를 제공하고 지원하며 클라이언트/서버 네트워킹을 가능하게 한다. 대부분 OS의 네트워킹 기능은 클라이언트와 서버 프로세스를 모두 실행할 수 있다.

- **보안**: 오늘날의 컴퓨터 리소스를 악의적인 목적으로 탈취하려는 세력으로부터 컴퓨터를 안전하게 지키기 위해서는 OS의 보안 기능이 매우 중요하다. OS는 시스템의 외부 및 내부 모두에 대해 끊임없이 경계를 갖춰야 하며 가짜 요청을 구별할 수 있어야 한다. 보안을 위한 하위 시스템은 인증, 감사, 로깅, 권한 관리와 같은 서비스를 제공한다.

- **사용자 인터페이스**: 사용자 인터페이스는 OS가 응용 프로그램의 결과를 사용자에게 전달하는 수단이며, 일반적으로 시각적으로 구현되지만 시각 장애인을 위해 청각적 수단이나 점자를 통해 인터페이스를 제공하는 경우도 있다. 사용자는 사용자 인터페이스를 통해 파일 디렉터리 목록과 같은 서비스를 OS에 직접 요청할 수도 있다. 초기의 컴퓨터에서는 커맨드 라인(명령을 타이핑하는 텍스트 기반 인터페이스)이 주류 인터페이스였으나 제록스가 GUI를 개발하고 1980년대 초 맥 OS가 출시된 이후로 오늘날 대부분의 컴퓨터 OS는 GUI 기능을 제공하고 있다.

지금까지 OS의 역사와 기초에 대해 다뤘다. 이제 OS의 중심인 커널에 대해 알아보자.

커널: 운영체제의 조력자

조잡한 과학 소설에 몰입된 비전문가들이 CPU를 컴퓨터의 '두뇌'라고 표현하는 경우가 많지만 이것은 진실과 거리가 멀다. 컴퓨터의 진짜 운영자는 커널이다. 커널은 다른 소프트웨어의 입출력 요청을 제어하고 이를 데이터 처리 명령으로 변환해서 CPU에 떠먹여 준다. 그림 8-5는 커널이 컴퓨터 리소스에 대한 액세스를 제어하는 방법을 보여준다.

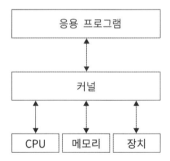

그림 8-5 커널은 컴퓨터의 리소스에 대한 액세스를 제어한다

또한 커널은 멀티태스킹이라는 마법을 부린다. OS가 인터럽트를 사용해 CPU의 시간을 비트 단위로 '슬라이스(slice)'해서 현재 실행 중인 각 프로세스로 할당함으로써 멀티태스킹이 이뤄진다. 덕분에 여러 사용자가 동시에 실행하는 수십, 심지어는 수백 가지 프로세스, 응용 프로그램, 요청을 동시에 실행할

수 있다. 이를 보조하는 것이 커널 드라이버(kernel driver)의 역할인데, 커널 드라이버는 커널과 응용 프로그램 사이에 있는 작은 프로그램이다. 커널 드라이버는 시스템 전체를 엮어주는 접착제 역할을 하는 동시에 프로세스가 OS와 통신하고 OS가 프로세스를 제어하게 하는 통신을 관장한다.

오늘날의 멀티코어 CPU는 여기서 한 단계 더 나아간다. 하나의 CPU에서 시간을 슬라이스하는 대신 멀티코어 CPU는 여러 개의 CPU를 가진다(라즈베리 파이 2부터는 4개의 CPU가 있다). 따라서 태스크를 병렬로 처리해서 더 빠른 속도로 태스크를 분할할 수 있다. 이를 위해서는 동시성(concurrency)이라는 프로세스 프로그래밍 속성이 필요하다.

동시성과 병렬 처리는 OS의 성능과 확장성을 끌어올리기 위한 다양한 기법, 즉 페트리 네트(petri net), 프로세스 계산법, 병렬 랜덤 액세스 시스템 모델, 액터 모델 및 레오(Reo) 조정 언어 등을 사용한다. 이러한 방법론을 프로세스에 적용하면 태스크를 부분으로 분해(분절성)해서 코어에서 동시에 작동 (병렬 처리)시킨 다음 결과를 다시 구성할 수 있다.

간단한 비유를 통해 설명해 보겠다. 4개의 흰색 카드 더미가 있고, 각 더미를 빨강, 초록, 파랑, 노랑색으로 칠하고자 한다. 4개의 마커가 있는 테이블에 앉아 있는 사람 한 명에게 카드를 한 더미씩 건네고, 채색이 끝나면 테이블의 다른 쪽에 색칠된 카드 더미를 하나씩 쌓는 절차로 진행할 수 있을 것이다. 물론 시간은 좀 걸릴 것이다.

다른 방법도 생각해 보자. 테이블에 사람 4명을 앉혀 놓는다. 각자에게 카드를 한 더미씩 건네준다. 그들은 각 카드에 각각의 색깔을 칠할 것이다. 이제 총 소요 시간이 4분의 1이 됐다. 병렬성을 통해 작업 속도를 줄인 것이다.

OS는 병렬 처리와 같은 작업을 수행하는 동시에 파일 시스템, 메모리 할당 등을 관리한다. 라즈베리 파이의 OS 커널도 일반적인 컴퓨터에서와 마찬가지로 멀티태스킹을 제공한다. 이번 절에서는 컴퓨터 아키텍처가 커널의 설계에 영향을 미치는 방식을 살펴보자.

OS의 커널은 여러 하위 시스템으로 묶인 일련의 프로그램으로 구성되며, OS의 다양한 관리 작업을 수행하는 데 필요한 프로세스를 실행한다. 커널을 다룬 뒤에는 소형 컴퓨터 아키텍처용으로 설계된 최신 OS의 프로그램 구성 요소에 대해 살펴보겠다.

운영체제 제어

앞에서 OS가 응용 프로그램 및 기타 프로세스에 시간을 할당하는 방식인 멀티태스킹에 대해 몇 차례 언급했다. 멀티태스킹 덕택에 많은 프로그램을 동시에 실행하는 듯한 효과를 낼 수 있다.

OS 자체도 많은 프로그램으로 구성돼 있으므로 OS 자신을 실행하기 위해서도 CPU의 시간 주기 일부를 할당한다. OS를 구성하는 작은 프로그램의 내부에는 OS가 컴퓨터를 관리하는 데 필요한 프로세스가 담겨 있다.

그림 8-6은 라즈베리 파이 2 모델 B를 부팅한 후 일부 프로세스를 화면에 출력한 모습이다. 이 그림은 윈도우 PC에서 SSH(Secure Shell)를 통해 접속한 후 커맨드 라인에서 출력한 것인데, 라즈베리 파이의 라즈비안 OS가 부팅 직후 이미 117개의 프로세스를 실행하고 있다는 점을 확인할 수 있다.

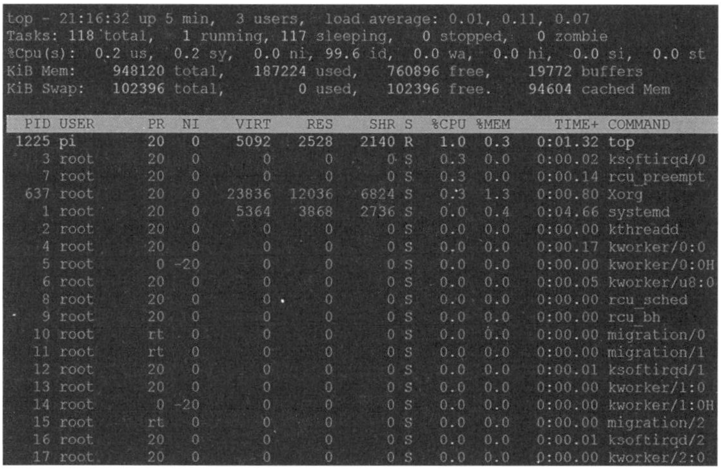

```
top - 21:16:32 up 5 min,  3 users,  load average: 0.01, 0.11, 0.07
Tasks: 118 total,   1 running, 117 sleeping,   0 stopped,   0 zombie
%Cpu(s):  0.2 us,  0.2 sy,  0.0 ni, 99.6 id,  0.0 wa,  0.0 hi,  0.0 si,  0.0 st
KiB Mem:    948120 total,    187224 used,    760896 free,    19772 buffers
KiB Swap:   102396 total,         0 used,    102396 free,    94604 cached Mem

  PID USER      PR  NI    VIRT    RES    SHR S  %CPU %MEM     TIME+ COMMAND
 1225 pi        20   0    5092   2528   2140 R   1.0  0.3   0:01.32 top
    3 root      20   0       0      0      0 S   0.3  0.0   0:00.02 ksoftirqd/0
    7 root      20   0       0      0      0 S   0.3  0.0   0:00.14 rcu_preempt
  637 root      20   0   23836  12036   6824 S   0.3  1.3   0:00.80 Xorg
    1 root      20   0    5364   3868   2736 S   0.0  0.4   0:04.66 systemd
    2 root      20   0       0      0      0 S   0.0  0.0   0:00.00 kthreadd
    4 root      20   0       0      0      0 S   0.0  0.0   0:00.17 kworker/0:0
    5 root       0 -20       0      0      0 S   0.0  0.0   0:00.00 kworker/0:0H
    6 root      20   0       0      0      0 S   0.0  0.0   0:00.05 kworker/u8:0
    8 root      20   0       0      0      0 S   0.0  0.0   0:00.00 rcu_sched
    9 root      20   0       0      0      0 S   0.0  0.0   0:00.00 rcu_bh
   10 root      rt   0       0      0      0 S   0.0  0.0   0:00.00 migration/0
   11 root      rt   0       0      0      0 S   0.0  0.0   0:00.00 migration/1
   12 root      20   0       0      0      0 S   0.0  0.0   0:00.01 ksoftirqd/1
   13 root      20   0       0      0      0 S   0.0  0.0   0:00.00 kworker/1:0
   14 root       0 -20       0      0      0 S   0.0  0.0   0:00.00 kworker/1:0H
   15 root      rt   0       0      0      0 S   0.0  0.0   0:00.00 migration/2
   16 root      20   0       0      0      0 S   0.0  0.0   0:00.01 ksoftirqd/2
   17 root      20   0       0      0      0 S   0.0  0.0   0:00.00 kworker/2:0
```

그림 8-6 멀티태스킹을 통한 다중 작업

모든 컴퓨터의 OS는 수면 아래에서 수많은 활동을 전개하고 있다. 이러한 프로세스 중 일부는 컴퓨터가 부팅된 후 영구적으로 실행된다. 라즈베리 파이에서 사용 가능한 몇 가지를 포함해서 대부분의 리눅스 기반 OS에서 사용되는 이러한 프로세스 중 하나가 'cron'이다. cron은 시스템에서 정기적인 작업을 지정된 시간에 처리하는 역할을 하며, 매주 금요일 오전 3시마다 파일을 백업하는 등의 역할을 cron이 수행할 수 있다.

그 밖의 프로세스는 필요에 따라 실행된다. 사용 중이 아닌 컴퓨터가 유휴 상태에 있는 것처럼 보여도 사실 OS는 소수의 프로그램을 가동시키며 컴퓨터의 상태를 계속 관리하고 데이터를 만지작거린다.

모드

큰 사무용 건물에 들어가면 입장할 수 없는 곳이나 출입 권한이 별도로 필요한 곳이 많다. 경비원이 지키고 있는 문이나 잠겨진 문 등, 접근이 제한된 민감한 구역도 많다. 컴퓨터에서도 비슷한 공간이 있다.

즉, 권한(permission)을 가지고 있어야 접근할 수 있는 파일 및 프로그램이 있다. OS는 사용자가 어떤 파일에 액세스하고 어떤 프로그램을 실행할 수 있는지 제어한다.

모드(mode)는 하위 수준에서 보안을 확보하는 방법이다. 보안을 위한 모드는 지하에 있는 비밀 금고에 빗댈 수 있다. 오늘날의 CPU는 여러 가지 작동 모드를 제공하는데 이 가운데 두 가지, 즉 감독자 모드와 보호 모드는 OS에 대한 엄청난 권력을 부여한다.

OS는 전지전능한 감독자 모드를 헤프게 사용하지 않는다. 그러나 감독자 모드가 OS의 통제 없이 지배적으로 쓰이는 부분이 하나 있는데, 바로 부트 프로세스다. OS가 아직 완전히 작동하지 않는 상태이기 때문에 통제력이 없는 것이다. 사실 전원이 인가될 때 시작되는 부트로더 루틴과 같은 초기 프로그램은 하드웨어에 자유롭게 액세스할 수 있어야 한다. 보호 모드에서 CPU의 기능 역시 감독자 모드에서만 설정할 수 있다.

OS가 작동을 시작하면 CPU는 보호 모드가 된다. 보호 모드의 기능은 제한된 CPU 명령어 집합으로 제한돼 있어서 모든 프로그램이 하드웨어에 자유롭게 액세스할 수 없게 만든다. OS는 대부분의 시간에 응용 프로그램 및 자체 프로세스에 대해서도 보호 모드를 적용한다.

OS가 CPU를 커널 모드로 실행하면 실행된 프로세스는 모든 하드웨어에 제약 없이 직접적으로 액세스할 수 있다. OS는 특정 작업에 무제한 액세스가 필요하면 이를 승인한다. 프로세스가 메모리에 데이터를 쓰거나 메모리에서 데이터를 지우는(그리고 이후에 정리하는) 것이 좋은 예다. 이러한 종류의 작업에는 감시가 필요하다. 작업 메모리를 엉망으로 만들면 프로세스가 완전히 중단되고 심지어는 컴퓨터를 완전히 파괴할 수도 있다. 디스플레이가 깨지거나 완전히 꺼질 수도 있고, 사용자 인터페이스가 잠기고 응용 프로그램을 사용할 수 없게 될 수도 있다.

물론 응용 프로그램은 종종 메모리 조작을 위해 하드웨어에 액세스하고, 그래픽 카드를 통해 화면을 업데이트해야 한다. 이러한 프로그램은 이번 장의 앞부분에서 설명한 인터럽트를 발동시켜서 하드웨어 액세스를 호출한다. OS 커널은 응용 프로그램을 위해 CPU의 보호 모드를 해제하되, 액세스의 제어권은 계속 유지한다.

하지만 감독자 모드나 보호 모드에서 응용 프로그램이 오류를 일으킨다면? 보통 CPU에는 프로그램이 변경할 수 없는 데이터를 담는 '보호 모드 리소스(protected mode resource)' 레지스터가 있다. 누군가 이 레지스터의 값을 변경하려고 시도하면 OS는 관리자 모드를 사용해 응용 프로그램이나 다른 프로세스를 종료해서 충돌을 방지한다.

메모리 관리

커널의 주요 기능 중 하나는 메모리 자원의 할당이다. 컴퓨터에서 실행되는 모든 프로세스와 프로그램은 작업 메모리에 상주하며, 데이터 역시 작업 메모리에 상주한다. OS는 이러한 모든 프로세스가 서로 메모리를 덮어쓰지 못하도록 정교하게 관리한다.

앞에서 설명한 CPU의 보호 모드 리소스 레지스터를 기억하는가? 커널은 메모리를 필요로 하는 프로세스가 너무 많은 메모리 위치를 차지하지 못하게 해서 충돌을 방지하게 하며, 보호 모드 리소스 레지스터도 그러한 방법 중 하나다. 그 밖에도 메모리 분할을 비롯해 메모리 제어와 할당을 돕는 페이징 하드웨어 등의 기법이 쓰인다.

가상 메모리

제2차 세계대전 당시의 낡은 잠수함 내부에는 공간이 제한돼 있어 승무원들은 교묘한 방법을 사용했다. 침대는 한 명 이상의 승무원에게 배정됐는데, 교대 시스템을 통해 한 명이 잠을 자는 동안 같은 침대에 배정된 다른 사람은 근무하는 방식을 통해 공간을 절약했고 덕택에 잠수함은 정원의 2~3배를 태울 수 있었다.

가상 메모리 기법은 특정 시점에 어떤 메모리 위치에서 액세스를 처리할지를 제어한다. 따라서 커널은 여러 프로세스에 대해 동일한 메모리 주소를 사용한다. 단지 시간의 차이만이 있을 뿐이다. 따라서 컴퓨터는 OS의 제어하에서 실제 메모리의 수 배를 프로그램을 실행하는 데 사용할 수 있다.

종종 다른 프로그램에 대해 동일한 메모리 주소를 효율적으로 사용하는 경우에도 메모리가 부족할 수 있다. 그러면 커널은 사용량이 적은 메모리를 디스크 드라이브의 파일(스왑 파일)로 옮겨 더 많은 메모리 공간을 추가한다. 프로세스가 스왑 파일의 메모리에 있는 데이터를 요구하면 커널은 해당 데이터를 작업 메모리로 가져오고 필요하면 작업 메모리에서 다른 것을 제거한다.

다시 말해, 가상 메모리 기법은 작업 메모리를 실제보다 훨씬 크게 보이게 한다(프로그램과 사용자 모두 실제보다 훨씬 큰 메모리를 인식하게 된다).

파편화 관리 역시 가상 메모리의 중요한 용도 중 하나다. OS는 비어 있는 모든 메모리에 프로세스와 데이터를 저장한다. 컴퓨터가 데이터의 왕래, 확장 및 축소를 통해 많은 프로세스를 동시에 실행하다 보면 곧 메모리 곳곳에 조각조각난 내용이 채워지며 각종 데이터와 프로세스가 파편화된다. 가상 메모리는 이러한 현실을 프로그램에 투명하게 유지하는 동시에 모든 데이터와 프로세스가 인접한 메모리에 위치하는 것처럼 작동하게 만든다.

커널이 타임 슬라이싱과 가상 메모리 기법을 관리한다는 점을 유념하며, 다시 멀티태스킹에 대해 자세히 알아보자.

멀티태스킹

카드 마술의 기본적인 비밀 중 하나는 '백 팜(back palm)'이라고 하는 손기술이다. 마술사는 청중에게 카드를 모두 보여준다. 마술사가 손재주를 부리면 카드가 사라진다. 그는 카드를 손바닥으로 미끄러뜨리며 청중에게 손등을 내밀어서 카드가 숨겨진 상태를 유지한다. 그리고 다시 손을 돌리면 사라졌던 카드가 나타난다. 마술사가 손등에 여러 장의 카드를 가지고 마술을 시작해서 공중에서 카드를 비처럼 쏟아낼 수도 있다. 수많은 유튜브 동영상에서 이러한 카드 마술 공략을 다루고 있다.

간단한 동작을 연습해서 점점 빠르게 하면 이는 마술처럼 보이게 된다. 바로 이것이 멀티태스킹의 원리다. OS 커널은 프로그램 단계 수행과 메모리 할당을 눈에 보이지 않는 엄청난 속도로 수행한다. 마치 수백 가지 일들이 동시에 일어나고 있는 것처럼 보이지만 실제로는 동시에 일어나는 것이 아니다.

결국 여기서 일어나는 마술은 타임 슬라이싱(time slicing)이다. 커널에는 프로그램이 받는 CPU 시간과 우선순위를 결정하는 스케줄링 프로그램이 있다. CPU가 여러 개의 코어를 가지고 있다면 앞서 살펴본 바와 같이 병렬 처리를 위해 동시성을 활용하는 것도 효과적이다. 이 스케줄링 프로그램을 통해 커널은 모든 프로세스의 CPU 시간과 메모리 액세스를 제어한다.

디스크 액세스와 파일 시스템

커널이 메모리를 점유하는 것처럼 프로세스도 작업 메모리를 차지할 수 있고 저장소도 차지할 수 있다. 최근 컴퓨터의 주요 저장소로는 하드디스크, 회전 디스크 또는 SSD가 쓰인다.

데이터는 파일의 형태로 하드디스크와 같은 매체에 저장된다. 컴퓨터 파일은 종이 파일 폴더와 유사하다. 종이 대신 컴퓨터 파일의 정보는 하드디스크나 SSD 같은 매체에 전기적, 자기적으로 기록된 이진수 1과 0으로 구성된다.

OS는 이진 정보를 관리 가능한 형식(파일)의 배열로 구성해서 OS가 다른 파일에 사용 가능한 공간을 작성, 검색, 관리할 수 있게 한다. 파일 조작에 사용되는 구성표는 파일 시스템(수백 또는 수천 개의 파일로 이뤄진 체계)이다. 그런 다음 OS는 응용 프로그램에서 필요한 파일을 찾고, 읽고, 쓰고, 제어한다.

파일 시스템은 실제 사무실 파일 캐비닛과 유사하다. 서랍은 디렉터리고 파일 폴더는 파일이다. 그런데 이 비유를 현대 파일 시스템에 적용하려면 서랍 속에 서랍이 있는 파일 캐비닛이 있어야 할 것이다. 또한 파일 캐비닛은 7,200rpm의 속도로 회전하면서 각 파일의 위치, 내용, 읽을 수 있는 권한 및 캐비닛에 남아 있는 공간을 파악할 수 있다.

수많은 유형의 파일 시스템이 존재한다. 현재의 많은 OS는 동시에 여러 유형의 파일 시스템을 읽고 관리할 수 있다. 예를 들어, 윈도우에서 포맷한 외장 드라이브를 리눅스 컴퓨터에 마운트한다면 OS는 리눅스 파일 시스템과 병행해서 윈도우 파일 시스템을 관리한다.

장치 드라이버

컴퓨터는 어떤 데이터를 입력하고 출력할 수 있느냐에 따라 그 유용함이 판가름난다. 이를 확장할 수 있는 방법은 응용 프로그램이고, 수백만 대의 컴퓨터에서 수백만 개의 응용 프로그램이 사용자의 필요를 충족시키는 과정에서 수백만 개의 주변장치가 개발되고 판매된다. 주변장치는 입력, 출력을 위해 컴퓨터에 설치되거나 컴퓨터에 연결되는 모든 종류의 하드웨어 장치다. 프린터, 스피커, 키보드, 다양한 마우스 모양의 포인터 장치, 외장 디스크 드라이브, 키보드, USB 장치 등은 모두 주변장치의 범주에 속한다.

OS에 현존하는 모든 주변장치와 향후 10년 동안 등장할 모든 주변장치를 위한 루틴을 탑재하려면 그 OS는 영국 국토의 25% 크기에 해당하는 하드디스크를 필요로 할 것이다. 이러한 문제를 위한 해결책이 바로 장치 드라이버다.

대부분의 주변장치에는 OS용으로 특별히 작성된 작은 프로그램이 있다. 이러한 작은 프로그램을 드라이버(driver)라고 한다. 드라이버가 설치되면 드라이버는 OS가 수행할 수 있는 작업을 표시하고, 주변장치에 대한 OS의 명령을 변환해서 프린터, 오디오 등이 가능한 작업을 수행하게 한다.

지금까지 OS 커널의 역할과 작동 방식을 간략하게 소개했다. 다음으로 하드웨어 리소스를 사용하는 응용 프로그램을 OS가 어떻게 활성화하는지 살펴보자.

OS의 보조 구성 요소

OS가 장치 드라이버를 사용해서 입력과 출력을 지원하는 한편, 다른 프로그램도 OS를 지원한다. 이번 절에서는 부팅 과정, 펌웨어, 그리고 OS가 메모리 및 저장소를 관리하는 방법을 알아보자.

OS 켜기

컴퓨터의 전원 스위치를 누르면 부팅이 시작된다. 부팅이라는 용어는 부트스트랩(bootstrap)에서 파생된 용어로, 부트스트랩은 원래 '불가능한 작업을 시도하는 사람'을 의미한다. OS에 의존하는 컴퓨터에서 부팅 직후에는 OS가 준비되지 않은 상황이기 때문에 OS를 준비하는 것이 불가능하다. OS는 아직 하드디스크나 다른 메모리 저장소 어딘가에 있고, 누군가가 OS를 불러와야 하는데, 그것이 부트스트랩의 역할인 것이다.

부팅

최신 컴퓨터에서 OS를 깨우는 것은 ROM(읽기 전용 메모리)에 저장된 '부트로더(bootloader 또는 bootstrap loader)'를 통해 이뤄진다. 부트로더는 전원을 켤 때 자동으로 실행되며, 액세스를 설정하고 필요한 데이터를 제공하고 OS의 프로그램이 작업 메모리에 로드되어 실행되게 만드는 역할을 한다.

부트로더가 포함된 ROM 및 컴퓨터에 대한 기타 정보는 BIOS(Basic Input / Output System)에 담겨 있다. BIOS는 컴퓨터가 부팅할 때마다 하드웨어 초기화를 수행한다. 최신 컴퓨터에는 BIOS를 대체하는 UEFI(Unified Extensible Firmware Interface)가 있다. BIOS와 UEFI는 모두 하드웨어 고유의 프로그램으로 ROM이나 EPROM, 플래시 메모리 같은 영구 메모리에 내장돼 있다.

일반적으로 부팅 순서는 아래와 같다.

1. BIOS 또는 UEFI 칩에 전원이 공급되고 하드웨어가 정상인지 확인하기 위한 진단 프로그램이 실행되면 구성 요소가 초기화되고 부트스트랩 프로그램이 시작된다.
2. 부트로더는 OS를 저장소에서 작업 메모리로 로드하고 시작한다.
3. OS는 작업 메모리에 데이터 구조를 만들고 CPU에 필요한 레지스터를 설정하며 사용자 프로그램을 시작한다. 이후 OS는 인터럽트를 받아들이고 컴퓨터 사용이 완전히 가능해진다.

이것은 부팅 과정의 가장 일반적인 내용만 요약한 것이다. 부팅에 쓰이는 대표적인 방법 두 가지를 추가로 알아보자.

2단계 부트로더

부트스트랩 프로그램이 가진 제약 중 하나는 ROM의 협소한 저장 공간에서 기인한다. 따라서 좀 더 정교한 부팅 과정이 필요한 상황에서는 2단계 부트로더를 통해 이를 해결할 수 있다. 2단계 부트로더의 개념과 효과는 아래와 같다.

- 부트스트랩 프로그램은 발전된 '2단계' 부트로더를 디스크에서 작업 메모리로 로드한다. 새 로더에는 추가 기능이 있어 옵션이 더 많다. 둘 이상의 OS 중 하나를 로드할 수도 있다.

  예를 들어, 이 방법을 사용해 사용자가 윈도우 또는 리눅스를 실행할 수 있는 듀얼 부팅 PC를 구성할 수도 있다. 또는 안전 모드 또는 복구 모드로 부팅하거나 2단계 로더가 제공하는 기본 셸로 부팅할 수도 있다.

  가장 널리 사용되는 2단계 로더 중 하나는 GNU 프로젝트와 자유 소프트웨어 재단(Free Software Foundation)의 GRUB(GRand Unified Bootloader)이다. GRUB은 대부분의 리눅스 OS에서 부팅 프로세스를 지원하며, 셸(shell)이 포함돼 있으므로 OS가 로드되기 전에 하위 수준의 작업이 가능하다. OS 로드가 불가능해진 시스템을 복구하는 데도 매우 유용하다. 이어질 라즈베리 파이의 부팅 순서에서 볼 수 있듯이 때로는 3단계 로더가 더 많은 역할을 하기도 한다.

- 2단계 로더는 네트워크 부팅을 용이하게 한다. 이어지는 절의 내용을 읽어보자.

네트워크 부팅

2단계 로더는 더 크고 복잡한 프로그램을 갖추고 있는 덕분에 네트워크 부팅도 가능하다. 네트워크를 통한 부팅은 로컬 컴퓨터의 하드디스크를 사용할 필요가 없으므로 기계, 장비 및 기타 용도의 소형 임베디드 컴퓨터에 유용하게 쓰일 수 있다.

네트워크 부팅을 사용하면 회사에서 수백 또는 수천 대의 컴퓨터를 관리하는 IT 관리자의 작업이 편리해진다. 네트워크의 모든 컴퓨터가 동일한 OS 사본을 통해 부팅되면 최신 보안 및 기타 업그레이드로 해당 OS를 업데이트하는 것이 쉬워진다.

네트워크 부팅 시 2단계 부트로더는 ROM에서 제공하는 간단한 프로토콜로 네트워크 드라이브에 저장된 OS 사본에 액세스한다. 그런 다음 필요한 부분을 로컬 컴퓨터의 작업 메모리로 전송하고, OS 로드가 완료되면 로컬 컴퓨터의 부팅이 끝난다.

이제 라즈베리 파이의 부팅에 대해 알아보자.

라즈베리 파이 부팅

라즈베리 파이의 부팅은 일반적인 부팅의 개념을 그대로 따르지만 싱글 보드 컴퓨터의 아키텍처로 인한 약간의 차이점은 있다.

그 차이점 중 하나는 비용 및 공간을 절약하기 위해 휘발성 메모리(ROM, 플래시 메모리 등)가 포함되지 않는다는 점이다. 그러나 라즈베리 파이도 부트 프로그램을 필요로 한다. 그래서 SoC에 부트 프로그램이 탑재된다. SoC에 작은 용량의 ROM도 함께 탑재되기 때문이다.

부팅하는 동안 많은 일이 이뤄진다. 그림 8-7은 라즈베리 파이 2의 부팅 과정으로, 설정 및 테스트되는 모든 프로세스를 볼 수 있다.

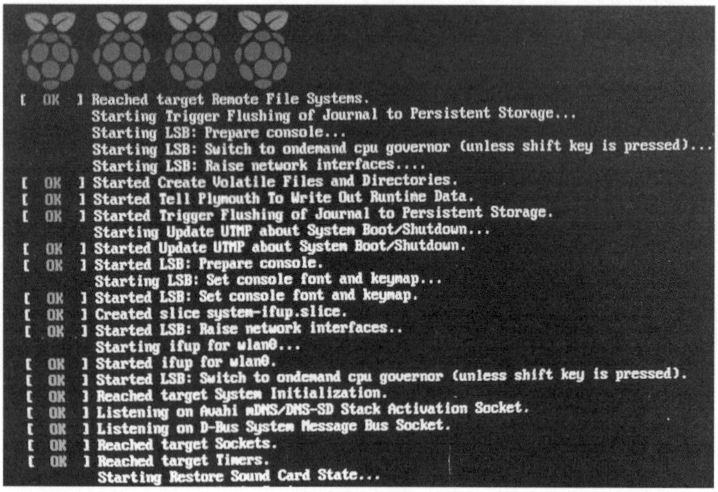

그림 8-7 라즈베리 파이 2를 부팅할 때 나타나는 메시지

라즈베리 파이 3의 CPU에는 1.2GHz로 실행되는 4개의 코어가 탑재돼 있다. OS가 작동 중인 상태에서는 GPU가 디스플레이를 구동한다. 그런데 부팅 중에는 GPU가 다른 역할을 한다.

모든 라즈베리 파이 보드는 ARM이 설계한 CPU를 탑재하고 있다. 전원을 켜면 부팅이 시작되어 아래와 같은 순서로 진행된다.

1. 라즈베리 파이의 설계상, 보드의 전원이 켜지면 ARM 코어는 꺼진 상태에서 GPU가 먼저 켜진다.

2. GPU는 SoC의 ROM에서 1단계 부트로더를 실행한다.

3. 1단계는 부트로더는 SD 또는 microSD 카드를 읽은 다음 카드에 있는 OS의 종류에 상관없이 2단계 부트로더인 bootcode. bin을 L2 캐시에 로드하고 실행한다.

4. 다음으로 bootcode.bin은 SDRAM(SoC 상단에 물리적으로 쌓여있는 별도의 메모리)을 켜고 3단계 부트로더인 loader.bin 을 로드하고 시작한다.

5. loader.bin은 GPU의 펌웨어인 start.elf를 읽는다(다음 절 참조).

6. start.elf는 config.txt, cmdline.txt, kernel.img를 읽고 OS를 시작한다(라즈비안과 같은 리눅스 기반 OS 기준으로, 다른 유형의 OS에서는 차이가 있을 수 있다).

위의 부팅 절차로 시작되는 OS가 라즈베리 파이에서 실행될 것이다. 선택 가능한 OS의 수는 계속 증가하고 있다. 이번 장의 마지막 절에서 선택 가능한 OS에 대해 알아보기 전에 펌웨어에 대해 간략하게 알아보자.

알아두기

ARM(ARM Holding plc)은 영국의 다국적 반도체/소프트웨어 기업이다. 주로 스마트폰, 태블릿, 라즈베리 파이 같은 싱글 보드 컴퓨터에서 자주 사용되는 저전력 CPU를 연구하고 설계하는 사업을 진행한다. 이 회사는 다른 제조업체에게 자사의 설계에 대한 라이선스를 제공한다.

펌웨어

펌웨어는 비휘발성 메모리(ROM, 플래시 등)의 장치에 내장된 제어, 모니터링 및 다양한 유형의 데이터 조작을 위한 소프트웨어 설계를 가리킨다. 펌웨어는 오늘날 다양한 장치를 제어하거나 지원한다. 전화기, 카메라, 시계, 온도 조절기, 냉장고, 스토브 등 거의 모든 디지털 제품에는 일종의 펌웨어가 설치돼 있다.

일부 펌웨어는 업데이트를 지원하지 않고 장치의 수명 기간 동안 영구적으로 작동한다. 예를 들어, 할인 마트에서 파는 저렴한 디지털 시계의 펌웨어 업그레이드를 지원하는 것은 어렵다. 컴퓨터 등의 고도화된 장치에서는 보통 펌웨어 업데이트를 지원하며, 이는 권고 사항이기도 하다.

컴퓨터에서 BIOS 또는 UEFI를 업그레이드하는 작업은 만만치 않다. 수동으로 업데이트하려면 장치의 EPROM에 있는 소프트웨어 개발사를 찾아야 한다. 그런 다음, 대체 코드를 EPROM에 쓰기 위한 유틸리티 프로그램을 구해야 한다. 이 프로세스는 고생스럽기도 하거니와, 자칫하면 실수로 BIOS 또는 UEFI를 삭제하게 되는 위험도 있다. 최신 컴퓨터나 펌웨어 업데이트 기능이 있는 기타 장치의 제조업체는 다운로드 및 업그레이드를 위한 자동화된 절차를 제공하는 경우가 많다.

라즈비안을 비롯한 여러 OS에서는 사용자를 위해 응용 프로그램, OS, 펌웨어 업데이트의 세부 사항을 처리한다. 그러나 OS를 통해 온라인 소프트웨어 보관소를 확인하고 사용 가능한 업데이트를 다운로드한 다음에도 해당 업데이트를 설치하도록 명령을 수동으로 입력해야 하는 경우가 종종 있다. 시스템 보안을 유지하고, 버그 수정을 적용하고 새로운 기능을 추가하기 위해서는 이러한 작업을 자주 해야 한다. 라즈베리 파이에서 가장 많이 사용되는 리눅스 OS인 라즈비안을 기준으로 하면 커맨드 라인에 아래와 같은 명령을 입력하면 업데이트가 가능하다.

```
sudo apt-get update && sudo apt-get upgrade
```

앞의 명령은 OS에 맞는 저장소를 검색하고 업데이트를 내려받기 위한 것이며, 뒤의 명령은 내려받은 업데이트를 설치하는(즉, OS 업그레이드) 명령이다.

이제 라즈베리 파이에서 사용할 수 있는 OS의 종류를 알아보자.

라즈베리 파이의 운영체제

이번 절에서는 라즈베리 파이의 다양한 OS에 대해 간략히 설명하고 라즈베리 파이 2의 새로운 4코어 ARM 프로세서 덕분에 사용 가능해진 다양한 OS의 모습을 살펴보자. 여기에는 윈도우 10뿐만 아니라 우분투, 페도라, 젠투(Gentoo)의 라즈베리 파이 전용 버전이 포함된다. 즉, ARM 아키텍처를 지원하는 모든 OS는 라즈베리 파이에서도 작동한다.

이번 절에서는 사용 가능한 모든 OS를 다루는 것은 아니며, 가장 주목할 만한 OS를 주로 다룰 것이다. 라즈베리 파이 전용으로 출시된 일부 OS는 싱글 보드 컴퓨터로서의 장점을 극대화하기 위해 최적화돼 있다.

라즈베리 파이를 위한 OS를 선택할 때는 보드를 어떤 용도로 사용할지 고려해야 한다. 라즈베리 파이의 장점 중 하나는 SD 또는 microSD 카드를 교체하기만 하면 바로 다른 OS를 사용할 수 있다는 점이다. 이러한 OS 전환의 편의성은 모든 종류의 가능성을 열어 준다.

NOOBS

NOOBS(New Out-Of-Box Software) 소프트웨어 패키지는 라즈베리 파이를 위해 최적화된 OS를 제공하며, 공식 라즈베리 파이 웹사이트(www.raspberrypi.org/downloads/)에서 무료로 내려받을 수 있다(그림 8-8). 또한 서드파티 OS 이미지(이미지는 부팅 및 실행을 위한 완전한 파일 시스템을 말한다)도 있다. NOOBS를 미리 탑재한 SD 또는 microSD 카드(최신 B+ 모델과 2.0, 3.0에서 가능)를 구입하는 것도 가능하다.

그림 8-8 라즈베리 파이 웹사이트의 다운로드 페이지에서 OS를 내려받을 수 있다.

NOOBS 카드를 실행하면 OS 설정 과정 안내가 시작된다. 6가지 선택 사항이 있다.

- **라즈비안**[1]: 가장 유명한 리눅스 배포판인 데비안을 라즈베리 파이 전용으로 최적화된 버전으로, 라즈베리 파이를 위한 최고의 OS로서 라즈베리 파이 재단에서도 추천하고 있다. 현재 최신 버전은 Debian 8, 'Jessie'다.

- **아치 리눅스(Arch Linux)**[2]: ARM 중앙 프로세서 칩에서 작동하도록 설계된 아치 리눅스의 라즈베리 파이 전용 버전이다.

- **파이도라(Pidora)**[3]: 레드헷(Red Hat)의 리눅스 배포판인 페도라(Fedora)의 라즈베리 파이 버전이다.

- **오픈엘렉(OpenELEC)**[4]: 미디어 센터에 최적화된 리눅스 배포판으로, 미디어 전용의 소형 OS라고 볼 수 있다. OS 자체를 위한 리소스를 최소한으로 사용하고, 영화나 음악 재생을 위한 메모리를 최대한 확보했다.

- **RaspBMC**[5]: 라즈비안을 기반으로 하는 미디어 센터 전용 배포판으로, 미디어 파일 제공을 위해 리소스를 절약한다.

- **RISC(Reduced Instruction Set Computing) OS**: ARM CPU를 설계한 팀에서 만든 OS다. 작은 하드웨어에서 빠른 실행이 가능해서 테스트할 가치가 있다.

---

1 http://raspbian.org/
2 http://archlinuxarm.org/platforms/armv6/raspberry-pi
3 http://pidora.ca/
4 http://wiki.openelec.tv/index.php?title=Raspberry_Pi_FAQ
5 http://www.raspbmc.com/

위에 나열된 여섯 개의 OS 중 가장 많이 쓰이는 것은 단연 라즈비안이다. 데비안 유형의 리눅스 배포판(데비안, 우분투 등)에 익숙하다면 쉽게 사용할 수 있을 것이다.

서드파티 운영체제

라즈베리 파이 공식 웹사이트에는 무료로 내려받을 수 있는 여러 서드파티 이미지가 포함돼 있다. 이미지를 내려받아 SD 또는 microSD 카드에 쓰면 라즈베리 파이에서 새로운 OS를 구동시킬 수 있다. OpenELEC 및 RISC OS는 앞 절에서 이미 언급했으므로 생략하고, 나머지 서드파티 운영체제를 확인해 보자. 놀랍게도 그중에는 윈도우도 있고, 심지어 무료다.

- **우분투 메이트(Ubuntu MATE)**: 우분투를 라즈베리 파이에 맞게 최적화한 버전이며, 메이트 데스크톱(GNOME 2의 코드베이스에서 갈라진 데스크톱 환경)을 특징으로 한다.

- **스내피 우분투 코어(Snappy Ubuntu Core)**: '스마트폰용 우분투'를 위해 등장한 배포판이다. 클라우드 응용 프로그램을 위한 플랫폼인 도커(Docker)를 지원한다.

- **윈도우 10 IoT 코어**: 마이크로소프트 OS의 최신 버전도 라즈베리 파이(2.0 이상 필요)에서 구동 가능하다. IoT는 사물 인터넷(Internet of Things)을 의미한다. 즉, 이 OS를 사용하면 라즈베리 파이에서 IoT 앱을 개발할 수 있다.

- **OSMC**: '사람들에 의한, 사람들을 위한' 무료 오픈소스 미디어 센터 OS로, 오픈엘렉과 비슷하지만 무료다.

- **파이넷(PiNet)**: 교육 목적의 라즈베리 파이 교실을 위한 중앙 집중식 사용자 계정 및 파일 저장 시스템을 제공한다.

그 밖의 운영체제

그 밖에도 다양한 라즈베리 파이용 OS 배포판이 있다. 아래에 흥미로운 OS 몇 종을 뽑아봤다. 대부분 라즈베리 파이 2 이상을 필요로 한다.

- **젠투(Gentoo)**: 무제한의 적응력을 가진 빠른 리눅스 배포판으로 인기가 많다. 젠투 웹사이트(https://wiki.gentoo.org/wiki/Raspberry_Pi)에서 라즈베리 파이 전용 버전을 내려받을 수 있다.

- **FreeBSD**: 리눅스 이전에는 유닉스가 있었고, 유닉스에서 파생된 FreeBSD는 여전히 널리 쓰이고 있다(www.FreeBSD.org 참조). https://www.raspberrypi.org/blog/freebsd-is-here/에서 라즈베리 파이용 FreeBSD를 내려받을 수 있다.

- **파이어폭스(Firefox) OS**: 모질라(Mozilla)의 파이어폭스 OS를 라즈베리 파이에서도 사용할 수 있다. https://wiki.mozilla.org/Fxos_on_RaspberryPi에서 자세한 정보를 참조하자.

- **IPFire**: 강력한 방화벽을 특징으로 하는 OS로, 외부 침입에 대한 보호 기능을 가짐과 동시에 사용 편의성을 유지하고, 기업 및 기관용으로 필요한 기능을 제공한다. ARM 버전은 www.ipfire.org에서 내려받을 수 있다.

- **오픈수세(OpenSUSE)**: 유럽에서 특히 많이 사용되는 리눅스 배포판으로, 라즈베리 파이에서 실행할 수 있는 ARM 버전은 https://en.opensuse.org/HCL:Raspberry_Pi에서 내려받을 수 있다.

- **플랜 9(Plan 9)**: 벨 연구소의 OS로서 누구나 좋아하지만 너무나도 형편없는 영화인 '외계로부터의 9호 계획(Plan 9 From Outer Space)'에서 이름을 딴 OS다. https://www.raspberrypi.org/forums/viewtopic.php?f=80&t=24480에서 자세한 설치 방법과 설명을 읽을 수 있다.

- **슬리타즈(SliTaz)**: 간단하고 빠른 리눅스 OS 시스템으로 알려졌으며, 서버 및 데스크톱에 대한 리소스 요구량이 적은 것을 특징으로 한다. www.slitaz.org/en/에 라즈베리 파이 버전 링크가 있다.

- **타이니 코어(Tiny Core)**: 메모리와 리소스를 적게 사용하는 단순하고 가벼운 리눅스 OS다. http://distro.ibiblio.org/tinycorelinux/ports.html에서 자세한 내용을 확인할 수 있다.

라즈베리 파이에서 사용할 수 있는 OS의 수는 계속 증가하고 있다. 구글에서 '라즈베리 파이용 OS(operating systems for Raspberry Pi)'를 검색하면 수많은 결과를 조회할 수 있다. 다시 한 번 말하지만 라즈베리 파이의 가장 큰 장점 중 하나는 OS를 몇 초 만에 변경할 수 있다는 점이다. SD 또는 microSD 카드를 분리하고 완전히 다른 OS가 담긴 SD 또는 microSD를 카드 슬롯에 꽂은 후 부팅하기만 하면 된다.

사용자가 라즈베리 파이에서 사용할 수 있는 OS의 수는 사용자가 보유한 SD 카드의 개수에 달려 있다. 그리고 SD와 microSD의 가격은 지속적으로 떨어지고 있다.

9장

비디오 코덱과 압축

비디오는 하나씩 차례대로 표시되는 이미지의 모음이다. 각 프레임에 사진을 하나씩 가지고 있는 디지털 사진첩이라고도 할 수 있다. 비디오를 저장하기 위해서는 (압축하지 않는다는 가정하에) 한 픽셀에 3바이트(각각 적색, 녹색, 청색에 해당)의 데이터가 있어야 사람이 인지할 수 있는 양자화 아티팩트(quantisation artifact)를 피할 수 있다. 비교적 낮은 해상도(640×480픽셀)의 비디오를 초당 25프레임으로 저장하려면 초당 3 * 640 * 480 * 25바이트의 메모리가 필요하며, 이는 초당 23메가바이트(MB)에 해당한다. 같은 방식으로 2시간짜리 영화를 저장하면 165기가바이트(GB) 이상이 필요하며, 이를 저장할 매체는 양면 2층 DVD 10장에 해당한다. ZIP과 같은 일반적인 무손실 압축 알고리즘을 적용하면 용량이 조금 작아질 수 있지만 여전히 여러 장의 광학 디스크가 필요하다.

이 같은 방식으로 디지털 비디오를 저장하면 비디오의 배포가 거의 불가능하다. 6분마다 DVD의 면을 바꿔야 하고, TV 프로그램을 내려받는 데는 며칠이 걸릴 것이다. 유튜브(YouTube) 클립은 몇 초 정도만 내려받을 수 있을 것이다. 비디오 채팅을 위해서는 해상도가 매우 낮은 영상을 사용해야 하고, 그렇지 않으면 엄청나게 빠른 인터넷 속도가 필요할 것이다.

디지털 비디오의 배포를 용이하게 하려면 비디오를 훨씬 더 작게 만드는 방법이 필수적이다. 파일을 줄이는 작업을 압축(compression)이라고 하는데, 압축에는 기본적으로 손실 압축과 무손실 압축의 두 가지 유형이 있다. 무손실 압축 파일은 원본 파일을 개별 비트 수준까지 완벽하게 다시 재현할 수 있는 방식으로 파일이 축소된다. .zip 또는 tar.gz 같은 파일 형식은 무손실 압축에 해당한다. 그러나 무손실 압축을 사용해서 파일을 만드는 방법에는 제한이 있으며, 일반적으로 대부분의 비디오 응용 프로그램에서는 무손실 압축만으로는 충분히 용량을 줄일 수 없다.

무손실 압축과 달리 손실 압축은 일부 정보를 제거해서 파일의 용량을 축소한다. 손실 압축 후에는 압축 파일로부터 원래의 파일을 완벽하게 복구할 수 없다. 손실이 많은 비디오 압축의 간단한 예로 비디오 스트림의 각 이미지의 수평 및 수직 해상도를 단순히 반으로 줄이는 방법을 상상해 보자. 이러한 압축의 결과, 비디오 파일은 시각적 인지율이 현저하게 줄어들고, 용량은 1/4로 축소될 것이다. 비디오의 손실 압축 알고리즘 및 인코더 구현을 설계하는 기술은 가능한 한 파일의 용량을 줄이면서 디코딩된 비디오 품질을 최대한 높게 유지하는 데 있다.

대부분의 비디오 인코더는 파일을 가능한 한 작게 만들기 위해 무손실 및 손실 압축 기술을 함께 사용한다.

최초의 비디오 코덱

1988년, ITU(International Telecommunication Union)는 ISDN(Integrated Services Digital Network) 회선을 통해 화상 통화를 할 수 있도록 널리 사용되는 비디오 압축 표준(H.261)을 개발했다. H.261은 최근의 표준에 비해 특정 비트 전송률에 대한 이미지 품질이 떨어지는 편이지만 미래의 비디오 압축 표준을 위한 기술적 토대를 마련했다는 점에서 주목할 만하다. 압축 표준은 비공식적으로 코덱(code)이라고 한다(코덱은 코더-디코더(coder-decoder)의 합성어다). 코덱은 공식적으로 소프트웨어나 하드웨어 또는 이 둘의 조합을 통한 표준 구현을 의미한다.

MPEG(Moving Picture Experts Group)는 ISO(International Organization for Standardization) 및 IEC(International Electrotechnical Commission)에 의해 1988년에 설립됐으며, ISDN 회선보다 높은 화질을 지원하는 표준을 개발하기 위해 만들어졌다. ITU와 MPEG 모두 코덱을 개발하고 있으며, 종종 상호 협력을 통해서도 코덱을 개발하고 있다. 2001년 이후에는 JVT(Joint Video Team)가 작업을 진행해서 H.264/MPEG-4 AVC 코덱이 성공적으로 완성됐다. MPEG 표준 시리즈는 단순히 비디오에 대한 것이 아니라 완전한 기능의 비디오 파일을 만드는 데 필요한 파일 구조, 오디오 구조 등이 함께 포함돼 있다.

첫 번째 MPEG 표준(MPEG-1로 알려짐)은 1993년에 발표됐다. MPEG-1은 아래와 같은 두 가지 방법을 통해 파일 크기를 최소화하면서 이미지 품질을 극대화했다.

- 사람이 감지하기 힘든 정보를 우선적으로 제거(사람의 눈)
- 비디오가 보유하고 있는 정보를 이용(비디오 데이터)

사람의 눈

우리의 눈에는 밝기를 감지하는 간세포(rod cell)와 색상을 감지하는 추세포(cone cell)의 두 가지 시각 수용체가 있다. 간세포는 추세포보다 더 민감해서 사람은 어둠 속에서 색상을 볼 수 없어도 형상은 인지할 수 있다. 사람의 눈에 있는 간세포의 수는 추세포의 수의 20배에 달한다. 그 덕분에 사람은 색상의 변화보다 밝기의 미세한 변화를 훨씬 잘 감지한다. 사람의 눈이 지닌 이러한 생리학적 특성을 고려하면 비디오 압축에 있어서 눈으로 볼 수 없는 정보를 굳이 저장하지 않아도 된다는 점을 이용할 수 있다.

코덱에서 밝기와 색상을 다르게 처리하려면 먼저 이미지에서 각 픽셀을 적색, 녹색, 청색 값으로 나타내는 RGB 색상 공간을 $Y'C_bC_r$ 색상 공간으로 변환하는 것이 좋다. 각 픽셀은 휘도(luma) 값 Y' 및 2개의 채도(Chroma) 값 Cb, Cr로 표현된다. 휘도는 사람이 인지하는 밝기에 해당하며, 원래 RGB 공간의 적색, 녹색, 청색 값의 가중 합으로 계산된다. YC_bC_r 색상 공간에는 여러 가지 종류가 있으며, 각각 용도가 다르다. 일반적으로 쓰이는 ITU-R BT.601 표준의 YC_bC_r 색상 공간에서 각각의 가중치와 합계는 아래와 같다.

```
Y' = 0.257R + 0.504G + 0.098B +16
Cr = 0.439R - 0.368G - 0.071B + 128
Cb = -0.148R - 0.219G + 0.439B + 128
```

24비트 RGB 색상 공간을 입방체로 시각화하면 휘도의 변화는 254단계로 표현할 수 있으며 검은색(0, 0, 0)에서 흰색(255, 255, 255)까지의 대각선을 차지하게 된다. 반면 채도의 변화는 대각선에서 멀어지는 움직임을 나타낸다. Cb와 Cr은 각각 색상의 파란색 또는 빨간색 농도를 나타내기 때문이다.

이처럼 색상 공간을 변경해도 이미지가 작아지지는 않는다. 각 픽셀은 여전히 세 개의 숫자로 표시되며, 각 숫자는 이전과 거의 동일한 정밀도의 비트 수를 필요로 하기 때문이다. 하지만 색상 공간을 변환함으로써 이미지에서 색상과 밝기가 분리된다. 즉, 하나의 이미지가 '휘도' 이미지, '적색' 이미지, '청색' 이미지라는 사실상 3개의 독립적인 이미지, 또는 채널로 분리되는 것이다. 이러한 채널을 구성하는 개별 픽셀 값을 샘플(sample)이라고 한다. 3가지 이미지는 함께 표시되지만 다른 방법으로 저장할 수도 있다. 사람의 눈에는 형상을 보는 간상 세포가 더 많기에 색상을 담는 이미지는 해상도가 낮아도 상관없다. 이 사실에 기인하는 MPEG-1 압축의 첫 단계는 크로마 서브샘플링(chroma subsampling)이다. 이 단계에서 휘도 채널은 최대 해상도로 유지되지만, 두 개의 채도 채널은 수평 및 수직 해상도가 각각 절반으로 줄어들어 용량이 ¼로 줄어든다(그림 9-1, 9-2, 9-3 참조). 따라서 이미지가 차지하는 전체 용량은 절반이 되는데(1 + ¼ + ¼ = ½ × 3), 그럼에도 시각적인 품질은 거의 희생되지 않는다. 첫 단계로서는 성공적이지 않은가?

그림 9-1 이미지의 휘도 채널

그림 9-2 이미지의 적색 채도 채널

그림 9-3 이미지의 청색 채도 채널

비디오 데이터

비디오 압축의 두 번째 기법은 전송되는 콘텐츠의 속성에 대한 가정을 기반으로 한다. 일반적으로 비디오의 각 이미지는 전후의 이미지와 완전히 다르지 않다. 각 이미지가 전후의 이미지와 완전히 다르면 서로 관련이 없는 이미지가 빠르게 연속적으로 표시되고 보는 사람은 어떤 일이 일어나고 있는지 인지할 수 없게 된다. 비디오에 있는 대부분의 프레임은 이전 프레임과 매우 유사하나. 득히 내부분의 배경은 거의 동일하거나, 천천히 변화하는 객체만 있거나, 카메라의 이동과 함께 전체 프레임이 변화하는 수준이다. 어느 쪽이든 이전 프레임이 담고 있는 대부분의 정보를 활용할 수 있을 것이다. 비디오가 새로운 장면으로 전환되면서 전체 이미지가 변경되는 경우도 있지만 1초에 24~60 프레임의 이미지가 담겨 있다는 점을 고려하면 이러한 경우는 매우 드물다.

비디오 데이터의 이러한 성질을 활용하기 위해 MPEG-1 인코더는 비디오의 프레임을 I 프레임, P 프레임, B 프레임으로 분할한다.

I 프레임

인트라 프레임(intra frame) 또는 I 프레임은 비디오의 다른 프레임을 참조하지 않고 자체적으로 디코딩할 수 있는 방식으로 저장된다. 기술적 관점에서 I 프레임은 정지 이미지를 저장하는 JPEG 형식과 매우 유사한 방식으로 인코딩된다. I 프레임에서 사용되는 압축 기술은 사진을 작게 유지하는 것과 거의 같은 방식이다.

I 프레임 인코딩의 첫 번째 단계에서는 이미지의 각 채널(Y', Cb, Cr)을 8×8 샘플 블록으로 분할한다. 채도 채널은 이미 서브샘플링이 됐으므로 채도 채널의 8×8 블록 하나는 휘도 채널의 인접한 8×8 블록 4개에 해당한다. 이 6개의 블록(하나의 Cb, 하나의 Cr, 4개의 Y')을 매크로블록(macroblock)이라고 한다. 이 매크로블록이 나중에 어떻게 사용되는지는 잠시 후에 살펴보기로 하고, 먼저 다른 유형의 프레임을 알아보자.

P 프레임

예측 프레임(predicted frame) 또는 P 프레임은 이전의 I 프레임 또는 P 프레임의 이미지 데이터에 따라 달라진다. P 프레임은 전체 이미지를 묘사하지 않고 변화된 부분만을 기술한다. 따라서 특정 P 프레임을 디코딩하려면 이전의 I 또는 P 프레임을 먼저 디코딩해야 한다. P 프레임은 I 프레임과 정확히 동일한 방식으로 매크로블록으로 나눈다.

앞에서 언급했듯이 비디오에 있는 각 이미지의 대부분은 이전 이미지와 거의 동일하고 약간의 차이만 있다. P 프레임을 인코딩할 때 인코더는 이미지의 각 매크로블록을 차례로 보고 앞의 프레임에서 비슷한 매크로블록 크기의 영역을 찾는다. 이 과정을 모션 검색(motion search)이라고 한다. 인코더가 비슷한 영역을 찾으면 새로운 매크로블록을 처음부터 인코딩하는 대신 이전 프레임에서 일치하는 항목을 찾은 위치를 나타내는 모션 벡터(motion vector)를 인코딩한다. 이러한 방식으로 인코딩된 매크로블록은 P 매크로블록이라고 한다. P 매크로블록을 디코딩할 때는 디코더가 모션 벡터를 디코딩하고 선행 프레임의 적절한 영역을 복사한다. 인코더가 앞 프레임에서 충분히 유사한 매크로블록을 찾지 못하면 I 프레임과 동일한 방식으로 매크로블록을 저장한다. 이러한 방식으로 인코딩된 매크로 블록은 I 매크로블록이라고 한다.

모션 검색을 통해 예측을 위한 좋은 후보를 식별했다 하더라도 현재 프레임과 앞 프레임의 해당 섹션 사이에 약간의 작은 차이가 있을 가능성이 있다. 예를 들어, 매크로블록에 화면을 가로지르는 새가 있을 수도 있다. 파리가 날 때 날개가 펴지면서 모양이 바뀔 수도 있다. 이러한 차이를 예측 오차(prediction error) 또는 잔차(residual)라고 한다. 인코더는 I 매크로블록과 같은 방식으로 잔차를 인코딩하고, 인코딩된 잔차를 모션 벡터와 함께 저장할 수 있다. 매크로블록을 디코딩할 때는 디코더가 잔차를 디코딩하고 앞 프레임으로부터 복사된 이미지 데이터와 전차를 결합한다.

잔차가 작을수록 저장할 정보가 적어지므로 파일의 크기도 작아진다. 영상의 움직임을 가능한 한 정확하게 캡처하기 위해 MPEG-1 모션 벡터를 x 방향과 y 방향 모두에서 하프 픽셀(half-pixel, 하프 펠(half-pel)이라고도 한다) 수준까지 지정할 수 있다. 매크로블록에 대해 하프 픽셀 모션 벡터를 디코딩할 때는 디코더가 앞 프레임의 픽셀을 복사하는 것 이상의 작업을 수행해야 한다. 또한 실제 픽셀 값의 중간에서 누락된 픽셀 값을 생성하는 체계가 있어야 한다. 이러한 과정을 보간(interpolation)이라고 한다. 하나의 채널에서 한 줄의 픽셀을 시각화하면 각 픽셀에 대해 하나의 샘플이 생성된다. 샘플 값이 픽셀 행을 따라 어떻게 변하는지를 그래프로 그려 볼 수도 있다. MPEG-1에서 사용되는 가장 쉬운 보간 체계는 두 점 사이에 직선을 그리고 이 선상에 중간점을 그리는 것이다(수학적으로는 두 인접 샘플의 평균을 취하는 것과 같다). 이를 선형 보간(linear interpliation)이라 한다.

물론, 영상은 2차원이기 때문에 이러한 작업을 수평 방향뿐 아니라 수직 방향으로도 진행해야 한다. x, y 중 정수 성분이 있는 모션 벡터(예: (1, ½) 또는 (3½, 2))는 한 방향으로만 선형 보간이 필요하기 때문에 직관적이다. 반면 x, y 성분이 모두 하프인(예: (2½, ½)) 모션 벡터는 소스 이미지에서 인접한 4개의 샘플에서 평균을 취해야 한다. 이러한 방법을 쌍선형 보간(bilinear interpolation)이라고 한다(그림 9-4).

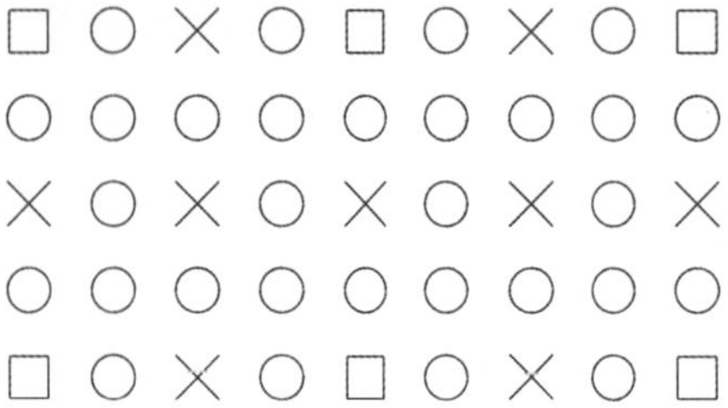

그림 9-4 2×1 격자 상에서 완전 픽셀의 위치(사각형)와 하프 픽셀의 위치(X). 최신 비디오 표준에서는 쿼터 픽셀(원)도 사용한다.

손상된 MPEG 비디오를 보면 이러한 움직임의 인코딩을 명확하게 이해할 수 있을 것이다. 프레임의 일부는 계속 움직이는데, 앞의 프레임이 잘못돼 있으면 움직임의 이미지가 잘못 표현될 것이다.

B 프레임

양방향 프레임(bi-directional frame) 또는 B 프레임은 P 프레임과 매우 유사한데, 차이가 있다면 앞의 I 프레임 또는 P 프레임 뿐 아니라 뒤의 I 프레임 또는 P 프레임의 요소를 포함할 수 있다는 점이다. B 프레임으로부터 예측된 프레임은 없다는 점에 유의하자.

B 프레임의 각 매크로블록은 전후의 프레임 중 한쪽 또는 전후 모두의 영역으로부터 예측할 수 있다. 양쪽 모두로부터 예측할 경우 인코더가 2개의 모션 벡터를 저장해야 하고, 잔차와 결합하기 전에 두 영역의 가중 평균을 계산해야 한다.

비디오 스트림에 많은 수의 B 프레임이 연속적으로 있으면 특정 B 프레임의 참조 프레임이 멀리 떨어져 있는 상황이 발생한다. 이것은 디코더에 문제를 야기할 수 있는데, 디코더가 B 프레임을 디코딩하기 위해 참조 프레임까지 계속해서 읽고 디코딩해야 하기 때문이다. 이 문제를 단순화하려면 인코더가 화면에 나타나는 순서대로 프레임에 파일을 쓰지 않게 하면 되는데, 이렇게 하면 참조 프레임은 항상 예측된 프레임보다 앞에 있게 된다. 표 9-1을 통해 비디오 스트림의 예를 볼 수 있다.

표 9-1 비디오를 구성하는 프레임 성분의 예

프레임 번호	1	2	3	4	5	6	7
프레임 성분	I	B	B	P	B	B	I

위와 같은 비디오 스트림은 1,4,2,3,7,5,6의 순서로 재정렬되어 저장된다. 먼저 디코더가 프레임 1을 디코딩할 때는 I 프레임의 특성상 독립적으로 디코딩할 수 있다. 다음으로 디코더가 프레임 4에 도달하는데, 이 프레임은 P 프레임이므로 이전 프레임에서 예측해야 한다. 그런데 프레임 2와 3은 B

프레임이므로 이미 디코딩된 프레임 1에서 예측해야 한다. 그러므로 디코더는 다음 순서에 프레임 2(B 프레임)로 이동한다. 2개의 참조 프레임(프레임 1과 4)은 이미 디코딩됐기에 프레임 2, 그리고 동일한 참조 프레임을 갖는 프레임 3도 디코딩할 수 있다. 동일한 방법을 사용해 프레임 7, 5, 6도 재정렬할 수 있다.

이러한 재정렬은 프레임이 화면에 표시되는 순서를 변경하지 않는다. 화면 출력은 여전히 프레임 번호 숫자 순서대로 진행된다. 재정렬은 디코더가 더 쉽게 사용할 수 있도록 저장 순서를 바꿀 뿐이다.

MPEG-1 인코더가 비디오를 I, P, B 프레임으로 분할하는 방법에 정해진 규칙은 없다. 인코딩 소프트웨어마다 조금씩 다른 방법을 사용한다. 대부분의 비디오는 I 프레임을 기본적으로 배치하고, I 프레임 사이에 P 프레임을 규칙적으로 삽입하고 나머지에는 B 프레임을 넣어 표 9-1과 같은 패턴을 따른다. I 프레임과 연결된 P, B 프레임의 집합은 GOP(Group of Pictures)라고 하며, P 프레임과 B 프레임이 형성하는 패턴은 GOP 구조(GOP structure)라고 한다. 그리고 I 프레임 사이의 갭의 크기는 GOP 크기(GOP size)라고 한다.

GOP 크기와 구조는 인코더에서 설정할 수 있으며, 필요한 비트 전송률과 비디오 탐색 용이성에 따라 바꿀 수 있다. I 프레임만이 독립적으로 디코딩될 수 있으므로 비디오 탐색은 GOP의 경계를 따라서만 가능하다. GOP 크기가 작으면 비용이 큰 I 프레임의 수가 늘어나고, 특정 품질에 대한 비트 전송률이 높아지는 비용 측면에서의 단점이 있는 반면 비디오에서 임의의 위치를 찾는 것은 쉬워진다.

대역폭 역시 중요하다. 비디오가 버퍼링 없이 재생되려면 대역폭이 넓어야 한다. 오늘날 일반적으로 대역폭이라는 용어는 인터넷 연결에 관련해서 쓰이지만 MPEG-1 코덱을 설계할 당시에는 웹을 통한 비디오 스트리밍이 아직 불가능했기 때문에 다른 요소가 더 중요했다. MPEG-1은 다양한 비트 전송률로 작동하도록 설계됐지만 설계에서 가장 중요한 요소는 CD-ROM 드라이브가 데이터를 읽을 수 있는 속도(1.5Mbps)다. MPEG-1은 이 비트 전송률에서 VHS 비디오 카세트와 거의 동일한 품질을 제공한다. DVD의 선구자인 비디오 CD 형식은 표준 CD에 74분 분량의 MPEG-1 비디오를 저장할 수 있다.

비디오 CD는 '고정 비트율(constant bit rate)' 형식의 좋은 예다. 비트 전송률을 높여서 빠르게 변화하는 장면을 인코딩하기 위해 CD를 빨리 재생하는 것은 불가능하며, 변화가 없는 장면을 줄여서 공간을 절약하기 위해 CD를 느리게 재생하는 것도 불가능하다. 최신 스트리밍 비디오 코덱은 영상이 얼마나 복잡한지에 따라 비트 전송률(제한 내에서)을 변경하기도 한다. 인코더가 필요한 비트 전송률에 따라 비디오 스트림을 유지하기 위한 기술에는 다양한 종류가 있다. 이러한 기술을 이해하려면 먼저 MPEG-1이 이미지 데이터와 잔차를 인코딩하는 방법을 이해해야 한다.

주파수 변환

앞에서 설명했듯이 MPEG-1은 사람의 눈이 채도에 덜 민감하다는 사실을 기반으로 채도를 서브샘플링한다. 그 밖에도 코덱 설계자가 이용할 수 있는 또 다른 사람의 시각 체계가 있다. 바로 사람의 눈이 밝기나 색상의 미세한(고주파) 변화보다는 거친(저주파) 변화를 더 쉽게 감지한다는 점이다. 즉, 이론적으로 비디오의 각 장면의 세부적인 고주파 요소를 정확하게 묘사하지 않거나 심지어 일부를 버려도 시각적 품질은 손상되지 않는다.

이 특성을 이용하려면 채도를 분리하고 서브샘플링할 수 있도록 이미지를 Y'CbCr 색 공간으로 변환했던 것처럼 데이터를 다시 변환해서 고주파 세부 정보를 삭제할 수 있게 해야 한다. 이번에는 매크로블록을 구성하는 4개의 8×8 휘도 블록과 2개의 8×8 채도 블록에 각각 이산 코사인 변환(discrete cosine transformation, DCT)을 적용한다. 수학적인 세부 사항은 생략하고 핵심만 설명하자면 DCT를 적용한 후에는 각 점(공간 표현)에 대해 8×8 샘플 값의 격자를 더는 저장하지 않고 각 샘플이 x 방향과 y 방향으로 블록을 가로지르면서 어떻게 변했는가를 저장하게 된다(주파수 표현).

DCT를 이해하려면 먼저 1차원 데이터를 통해 이해하는 것이 더 쉽다. 8×8 샘플 블록에서 하나의 행만을 생각해 보자. 이 한 행에는 그래프로 표시할 수 있는 8개의 샘플 값이 있다. DCT는 이 그래프를 다른 주파수의 여러 코사인 파형(기저 함수)의 가중치 합으로 분해한다. 각 코사인 파형을 모두 더하면 그 결과는 원래의 그래프와 동일하게 된다. 각 코사인 파형이 가지는 진폭은 계수라는 형태로 기술할 수 있다. 경험적으로 8개의 계수(8개의 서로 다른 주파수 파형)가 있으면 원래의 신호를 정확하게 복원할 수 있다고 한다. 즉, 8개의 공간 영역 샘플을 8개의 주파수 영역 계수로 변환하는 것이다. 이 개념을 2차원에 적용하면 64개의 2차원 코사인 파형(x와 y 방향 각각의 서로 다른 속도)과 64개의 계수가 필요하다는 것을 알 수 있다.

64개의 계수도 8×8 블록의 형태로 담을 수 있다. 그림 9-5에서 좌측 상단은 낮은 주파수를 나타내고, 우측 하단은 높은 주파수를 나타낸다. 가장 좌측에 있는 최상단의 값은 DC 계수로 알려져 있으며 블록의 모든 샘플을 평균한 값과 언제나 같다. 즉, 공간 변화를 고려하지 않은 블록의 값이다.

알아두기
DC는 직류(direct current)와 같은 의미로, 전자공학에서 쓰이는 DC와 마찬가지로 신호의 변화가 없는 주파수 0의 상태라는 의미다.

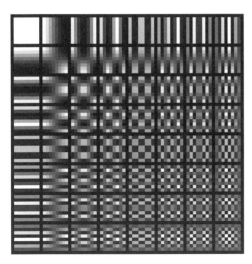

그림 9-5 각 계수가 표현하는 공간적 주파수

DC를 제외한 다른 모든 값은 AC(alternating current, 교류) 계수라고 한다. 그림 9-5에서 최상단 행은 순수한 수평 방향의 변화를 나타내며, 가장 좌측의 AC 계수(DC 옆)는 가장 낮은 주파수 데이터를, 가장 우측의 계수는 가장 높은 주파수 데이터를 나타낸다. 이와 비슷하게, 가장 좌측의 열은 순수한 수직 방향의 변화에 관한 정보만 가지고 있다. 다른 값은 양방향의 변화에 대한 정보를 담고 있다. 예를 들어, 2번째 행에서 가장 우측의 값은 수평 방향의 고주파 변화와 수직 방향의 저주파 변화에 해당한다.

RGB에서 Y'CbCr로 변환할 때와 마찬가지로 DCT는 이미지 자체를 압축하지 않는다. 코사인 계수는 원본 데이터와 거의 비슷한 공간을 차지한다. 그러나 코사인 변환 후에는 사람의 인지에 영향을 최소한으로 미치면서 시각적 품질을 줄이는 손실 압축 단계를 적용할 수 있게 된다. 주파수 변환을 통한 손실 압축을 위한 방법은 양자화(quantisation)다. 즉, 인코딩할 때는 각 계수를 일정한 숫자로 나누어 반올림하고, 디코딩할 때는 동일한 숫자로 곱해서 비슷한(그러나 완전히 동일하지는 않은) 값을 얻는 것이다. 인간의 눈은 고주파 데이터보다 저주파 데이터에서 오류를 더 많이 감지할 수 있으므로 일반적으로 인코더는 고주파수 계수를 더 조악하게 정량화한다.

그림 9-6, 그림 9-7, 그림 9-8을 보면 압축률이 큰 프레임이 포함돼 있다. 파일 크기가 작아지면 점점 더 많은 오류가 이미지의 고주파 부분으로 들어가기 시작한다.

그림 9-6 최고 품질에서는 양자화가 거의 적용되지 않기 때문에 이미지의 고주파와 저주파 부분 모두가 잘 표현된다. 이 이미지는 픽셀당 대략 6비트의 공간을 차지한다.

그림 9-7 양자화가 시작되면 이미지의 고주파 성분이 뭉개지기 시작한다. 이 단계에서의 이미지는 픽셀당 대략 0.9비트의 공간을 차지한다.

그림 9-8 양자화가 상당히 진행되면 저주파 성분만 식별할 수 있게 되며, 이미지의 매크로블록 경계가 눈에 보이기 시작한다. 이 단계에서의 이미지는 픽셀당 대략 0.3비트를 차지한다.

계수별로 양자화를 진행하기 위해 양자화 행렬(quantisation matrix)을 만들어 적용하며, 이 행렬은 목표 비트율에 따라 프레임 단위로 변할 수 있다. 이 행렬은 DCT의 출력을 보유하는 행렬과 동일한 차원을 가지며, 양자화 행렬의 각 원소는 DCT 출력의 해당 계수에 대한 양자화 레벨 값에 해당한다. DCT 값은 양자화 값으로 나눠지고 유효 숫자 아래는 버려진다. 이렇게 하면 숫자가 작은 범위로 축소되고, 저장할 공간을 절약할 수 있다.

일반적으로, 양자화는 대개 DCT의 고주파 부분 중 많은 부분을 0으로 줄인다. 동일한 값이 많아질수록 다음 단계인 엔트로피 코딩(entropy coding)의 효율성이 높아진다.

그림 9-9, 그림 9-10, 그림 9-11은 그림 9-6, 9-7, 9-8에서 각각 사용된 양자화 행렬을 보여준다. 이러한 행렬을 JPEG 파일(MPEG-1의 I 프레임과 거의 동일하다)로부터 추출하려면 라즈베리 파이에서 djpeg 유틸리티를 실행하면 된다. 먼저 아래와 같은 명령으로 유틸리티를 설치하자.

```
sudo apt-get install libjpeg-progs
```

```
1    1    1    1    1    1    1    1
1    1    1    1    1    1    1    1
1    1    1    1    1    1    1    1
1    1    1    1    1    1    1    1
1    1    1    1    1    1    1    1
1    1    1    1    1    1    1    1
1    1    1    1    1    1    1    1
1    1    1    1    1    1    1    1
```

그림 9-9 양자화를 전혀 하지 않는 행렬로, 데이터의 모든 주파수 성분이 보전된다.

```
16   11   10   16   24   40   51   61
12   12   14   19   26   58   60   55
14   13   16   24   40   57   69   56
14   17   22   29   51   87   80   62
18   22   37   56   68  109  103   77
24   35   55   64   81  104  113   92
49   64   78   87  103  121  120  101
72   92   95   98  112  100  103   99
```

그림 9-10 상당한 양자화를 담는 행렬로, 고주파 성분에 큰 값이 집중돼 있다.

```
 80   55   50   80  120  200  255  255
 60   60   70   95  130  255  255  255
 70   65   80  120  200  255  255  255
 70   85  110  145  255  255  255  255
 90  110  185  255  255  255  255  255
120  175  255  255  255  255  255  255
245  255  255  255  255  255  255  255
255  255  255  255  255  255  255  255
```

그림 9-11 고주파 성분이 거의 제거된 행렬이다.

그런 다음, 파일명이 image.jpeg인 이미지에 대해 아래 명령을 실행하자.

```
djpeg -verbose -verbose image.jpeg > /dev/null
```

이 명령은 이미지의 휘도 값과 채도 값을 담는 두 개의 행렬을 출력하지만 이 이미지는 흑백이므로 휘도 값만 있다. 라즈베리 파이 카메라 모듈의 출력을 테스트하는 경우 raspistill 명령으로 품질 옵션(예: -q 50)을 지정하지 않으면 양자화가 전혀 일어나지 않도록 설정된다. 즉, 양자화 행렬의 모든 값이 1이 된다.

그림 9-10과 9-11에서 볼 수 있듯 양자화 값은 대각선 방향을 따라 거의 동일한 값을 가진다. 이것은 사람의 눈이 대각선 방향에 대해서는 대략 동일한 감도를 갖기 때문이다. 예를 들어, 그림 9-11에서 최상단 행의 왼쪽에서 4번째 값은 가장 좌측 열의 위에서 4번째 값에 대응된다. 하나는 양자화 계수가 80이고 다른 하나는 70이다. 연구를 통해 경험적으로 알려진 바에 따르면 행렬이 가지는 약간의 비대칭성이 특정 비트율에서 시각 품질을 조금 더 낮게 만든다는 것이 알려졌기 때문에 두 값이 정확히 동일하지는 않다. 두 계수 사이에 있는 대각선 내의 계수(65와 70)는 수평 주파수가 약간 낮고 수직 주파수가 약간 높은 DCT 기저 함수에 해당하며, 그 크기는 비슷하다.

양자화된 DCT 계수의 행렬은 파일에 저장되거나 네트워크를 통해 전송되기 위해 하나의 숫자 스트림으로 직렬화해야 한다. 일반적으로 이 같은 행렬을 직렬화하면 각 행이 하나씩 차례로 전송된다. 그러나 이 경우에는 행렬을 지그재그 패턴으로 직렬화하면 최종 단계(엔트로피 코딩)를 더 효율적으로 만들 수 있다.

이 지그재그 패턴은 우리의 눈이 가장 민감한 영역의 계수로부터 시작해서 감도가 떨어지는 영역으로 이동한다. 즉, 양자화 레벨이 점점 더 높아지는 방향으로 이동하는 것이다. 양자화 레벨이 높을수록 더 많은 값이 양자화를 거쳐 0이 되며, 0으로 이뤄진 문자열은 다음 단계에서 매우 효과적으로 압축될 수 있다(그림 9-12 참조).

DCT 계수

34	27	101	129	42	9	30	19
21	92	47	23	107	134	21	10
119	15	137	191	105	104	110	168
45	49	52	29	40	28	21	46
4	41	73	203	37	73	33	84
17	111	67	55	69	73	20	1
121	22	172	89	81	80	56	50
38	72	71	94	99	95	99	92

양자화 행렬

16	11	10	16	24	40	51	61
12	12	14	19	26	58	60	55
14	13	16	24	40	57	69	56
14	17	22	29	51	87	80	62
18	22	37	56	68	109	103	77
24	35	55	64	81	104	113	92
49	64	78	87	103	121	120	101
72	92	95	98	112	100	103	99

1단계

양자화 계수

2	2	10	8	1	0	0	0
1	7	3	1	4	2	0	0
8	1	8	7	2	1	1	2
3	2	2	1	0	0	0	0
0	1	1	3	0	0	0	0
0	3	1	0	0	0	0	0
2	0	2	1	0	0	0	0
0	0	0	0	0	0	0	0

2단계

3단계

직렬화, 양자화된 계수

2 2 1 8 7 10 8 3 1 3 0 2 8 1 1 0 4 7 2 1 0 2 3 1 1 2 2 0 0 0 1 0 3 1 0 0 0 2 0 0 0 1 0 2 0 0 0 0 0 0 0 0 0 0 0 0 0 0 0 0

그림 9-12 MPEG-1 I 프레임의 DCT 출력을 양자화하고 직렬화하는 예

무손실 압축

MPEG-1 인코딩 프로세스의 마지막 부분에서는 양자화된 계수와 모드 선택 플래그, 모션 벡터를 포함한 기타 데이터에 무손실 압축 기술을 적용한다. MPEG-1은 파일 크기를 최대한 줄이기 위해 아래와 같은 세 가지 방법을 사용한다.

- 차동 펄스 코드 변조(Differential pulse-code modulation, DPCM)

- RLE(Run-length encoding)

- 허프만 코딩(Huffman coding)

특정 파라미터, 특히 DC 계수 및 모션 벡터는 연속적인 매크로 블록 사이에 높은 상관 관계를 보인다. DPCM은 이 상관 관계를 이용해 마지막 값과 현재 값의 차이만 저장한다. 차이만 저장하면 그 분포가 원래의 값 자체보다 더 가파르게 되므로 허프만 코딩에 대한 응답성이 향상된다.

RLE는 단순히 동일한 값의 문자열을 줄이는 방식이다. 예를 들어, 양자화된 DCT 행렬이 연속된 40개의 '0'으로 끝나는 경우, 0을 40번 반복해서 이를 표현할 수도 있지만 RLE에서는 0을 한 번만 표시하고 그 개수인 40을 이어서 표시한다. 양자화 레벨이 높을수록 지그재그 패턴으로 배열한 계수에 동일한 값이 연속해서 많이 나타나므로 RLE를 MPEG 인코딩에서 효과적으로 사용할 수 있다.

허프만 코딩은 같은 위치에서 연속적으로 중복된 데이터를 제거할 뿐 아니라 같은 위치가 아닌 다른 위치에 있는 동일한 기호에 대해서도 적용될 수 있다. 자주 발생하는 시퀀스에는 짧은 이진 표현이 할당되는 반면, 드물게 발생하는 시퀀스에는 긴 표현이 할당된다. 예를 들어, 9장의 텍스트에 허프만 코딩을 적용한다면 인코더는 '인코더'라는 단어가 여러 번 반복된다는 것을 알 수 있으므로 이 단어를 1바이트 길이의 표현으로 바꾸면 공간을 절약할 수 있다. MPEG-1 기호 스트림의 통계는 허프만 인코딩의 효율을 극대화할 수 있는 영역이다.

표준의 변화

아래와 같은 MPEG-1의 기본 기술은 처음 도입된 지 20년이 지났지만 오늘날에도 여전히 현대 비디오 압축의 기초를 형성한다.

- 휘도와 채도에 대한 눈의 감도 차이를 활용하기 위해 RGB 색상 공간에서 들어오는 데이터를 Y'CbCr 색상 공간으로 변환하고 서브샘플링하는 색상 공간 변환

- 대다수의 프레임이 서로 비슷한 정보를 담는다는 점을 이용해 프레임을 I, P, B 프레임으로 구성된 GOP로 분할하고 모션 보정을 적용

- 공간 표현을 주파수 표현으로 변환하는 주파수 영역 변환(DCT 등)

- 고주파 및 저주파 데이터에 대한 눈의 감도 차이를 활용해 DCT 계수 행렬의 데이터 양을 줄이는 양자화

- 엔트로피 코딩

그런데 최신 비디오 코덱에는 위의 각 작업을 더 효율적으로 수행할 수 있는 방법이 담겨 있다.

MPEG-1은 디지털 비디오 혁명을 시작했지만 몇 가지 한계가 빠르게 드러났다. 2개의 오디오 채널(스테레오)을 지원하지만 서라운드 사운드는 지원하지 못했다. 또한 인터레이스 비디오를 제대로 지원하지 못했다.

알아두기

인터레이스 비디오(interlaced video)는 비디오의 프레임률을 높이기 위한 기법으로 TV에 널리 쓰인다.

MPEG-2는 이러한 약점을 극복했고, 대중적인 인기를 얻은 최초의 디지털 비디오 형식이 됐다. 이 글을 쓰는 시점에서 MPEG-2는 이미 20년의 역사를 가지고 있지만 여전히 방송용 디지털 TV 및 DVD

같은 상업용 비디오 압축의 기초를 형성하고 있으며 적절한 파일 크기로도 높은 영상 품질을 구현한다. MPEG-2 비디오 압축 표준은 ITU의 H.262 표준과 동일하다.

MPEG-3 비디오 인코딩 표준은 처음에 MPEG-2의 확장으로 설계됐다. 그러나 제안된 기술 중 많은 부분이 MPEG-2에 통합됐으며, 공식 MPEG-3 지정은 폐기됐다. 보통 MPEG-3로 알려진 오디오 표준은 사실 MPEG-1 레이어 3이며, MPEG-1 표준과 함께 지정된 세 가지 오디오 인코딩 기법 중에서 가장 정교하다.

새로운 표준의 개발과 함께 새로운 표준뿐 아니라 구형 표준에서도 압축 또는 시각 품질을 향상시키는 데 사용할 수 있는 다양한 인코더 기법이 개발됐다.

우리의 눈은 낮은 공간 주파수에 더 민감하며, 중간 정도의 밝기(휘도) 변화에 더 민감하다. 휘도 마스킹(Lumi masking)은 매우 밝거나 매우 어두운 이미지 영역의 세부 정보를 우선적으로 제거하는 방식이다. 이렇게 하면 중간 영역 밝기의 블록을 인코딩하는 데 더 많은 비트 스트림 공간을 할당할 수 있다. 즉, 특정 비트 전송률에서 프레임이 더 잘 보이게 된다.

인코더가 개별 변환 계수를 양자화하는 방식은 다양하다. 앞의 '주파수 변환' 절에서 설명한 간단한 반올림 방식은 오류를 최소화하지만 더 작은 계수를 선택함으로써 생기는 비트율의 이점을 고려한 방식은 아니다. 계수가 작으면 엔트로피 코드가 짧아지고, 0이 아닌 격리된 값을 버려서 RLE가 인코딩할 수 있는 연속된 0의 양을 늘릴 수 있기 때문이다. 균일 불감대(uniform deadzone), 적응 불감대(adaptive deadzone), 트렐리스 양자화(trellis quantisation) 같은 기법은 계수를 0으로 조정하는 경향을 통해 이러한 이점을 활용한다. 유명한 x264 인코더에 의해 구현된 트렐리스 양자화는 코덱의 RLE 및 엔트로피 코딩의 상세한 모델을 사용해 최적의 양자화를 이루고 상당한 비트 전송률을 절감한다.

휘도 마스킹 및 트렐리스 양자화는 구형 및 신형 MPEG 표준 모두에서 사용될 수 있다.

최신 MPEG 표준

MPEG-2가 디지털 비디오에 혁신을 불러왔던 것처럼 가정용 인터넷이 비디오를 내려받을 수 있을 정도로 빨라지면서 기술의 지형도도 달라지기 시작했다.

DVD에 영화를 수록할 경우 디스크의 용량(디스크 유형에 따라 한 면에 4.7~9.4GB)보다 파일의 크기를 줄이기 위해 많은 노력을 기울일 필요가 없다. 그러나 인터넷을 통해 비디오를 스트리밍할 때는 1메가바이트라도 줄이기 위해 모든 노력을 기울여야 한다. 파일 크기가 작을수록 저장소 비용이 줄어들고, 뷰어에 대한 버퍼링이 줄어들며 대역폭도 낮아진다. 게다가 인터넷 시청을 위한 재생 장치는 디지털 TV 셋톱박스보다 보통 성능이 더 높아서 복잡한 디코딩을 수행하는 것이 가능하다.

MPEG-4에는 파트 2와 파트 10의 두 가지 비디오 압축 섹션이 있다. 파트 2가 먼저 널리 확산됐으며 쿼터-펠(quarter-pel) 모션 벡터 및 글로벌 모션 보정(global motion compensation)과 같은 여러 새로운 기능을 도입했다. MPEG-4라는 용어는 보통 비공식적으로 파트 2의 표준을 가리킨다. 이를 구현한 두 가지 코덱인 Xvid와 DivX는 불법 파일을 공유하던 초기에 특히 인기가 있었다. 이 코덱으로 인코딩한 파일이 MPEG-2 DVD 추출에 비해 파일 크기가 작았기 때문이다. 표준과는 약간 다르게 구현됐기 때문에 표준 파일을 항상 재생하지는 못한다.

MPEG는 한 번에 전체 MPEG-4 표준을 발표하지 않았다. MPEG-4 파트 2는 1999년에 발표됐지만 파트 10(ITU H.264로 더 잘 알려짐)은 4년 뒤에나 발표됐다. 파트 10이 이전의 표준보다 복잡하고(그만큼 압축 성능이 향상됨), 하드웨어가 이를 가능하게 할 정도로 발전하기까지 시간이 걸렸기 때문이다.

H.264는 기존의 표준에 비해 모션 보정 체계의 유연성과 정밀도를 향상시켰다.

이전의 표준에서는 B 프레임을 예측하기 위해 두 개의 인접한 프레임을 참조했다. H.264는 해상도에 따라 최대 16개의 프레임을 참조해서 B 프레임을 예측하게 했다. 모션 벡터는 MPEG-4와 마찬가지로 쿼터-펠 정밀도로 지정된다. 앞에서 설명했듯이 MPEG-1은 정수 샘플 위치의 중간값을 계산하기 위해 쌍선형 보간법을 사용한다. 쿼터-펠 모션 벡터를 사용하면 임의의 두 픽셀 사이에서 세 개의 위치를 잡을 수 있다. 이 위치에서 쌍선형 보간법을 사용할 수도 있지만 고급 보간 방법을 사용하면 더 나은 결과를 얻을 수 있다. 픽셀 한 행을 따라 단일 채널의 샘플 값을 보여주는 그래프를 다시 생각해 보자. 선형 보간법은 인접한 샘플 사이에 직선을 그어 그 값을 읽는 것과 같다. 이보다 효과적인 방법으로 인접한 두 개의 값 이상을 사용해 샘플 라인에 부드러운 곡선을 맞추고 이를 이용해 중간 값을 계산하는 것이 가능하다.

H.264에서 서브-펠(sub-pel) 값은 2단계로 계산된다. 먼저, 6화소 탭 필터를 이용해 하프-펠(half-pel) 값을 계산한다. 여섯 개의 탭을 사용했으므로 하나의 값을 계산할 때 주변의 여섯 개 샘플 값을 고려하게 된다. 이와 대조적으로 이중 선형(bilinear) 필터에는 두 개의 탭이 있다. 이렇게 하면 하프-펠 값을 더욱 정확하게 계산할 수 있지만 더 많은 시간과 에너지가 소요될 수 있다. 따라서 일단 하프-펠 값을 계산하고 나면 선형 보간법을 사용해 인접한 두 개의 전체 화소 값 또는 하프-펠 값의 평균으로 쿼터-펠 값을 유도한다.

MPEG-1이 전체 매크로블록에 대해 모션 보정을 한 번에 수행하는 반면, H.264에서는 매크로블록을 더 작은 파티션으로 분할해서 모션 보정을 수행할 수 있다. 가장 작은 파티션은 4×4 휘도 픽셀까지 가능하다(이는 서브샘플링의 결과이므로 2×2 채도 픽셀에 해당한다). 이렇게 작은 영역은 일부 모션을 더 잘 캡처할 수 있지만 작은 파티션을 사용할수록 더 많은 모션 벡터를 저장해야 하므로 반환 횟수가 줄어든다.

또한 H.264는 CABAC(Context Adaptive Binary Arithmetic Coding), CAVLC(Context Adaptive Variable Length Coding) 등의 더욱 효율적인 엔트로피 코딩 방법을 담고 있다. 이 두 방법 모두 다른 주변 데이터의 내용에 따라 특정 데이터가 나타날 가능성이 더 높다는 사실을 이용하는 방법이다. 예를 들어, 아래 문장을 보자.

```
Europe and America are separated by the ********* ocean.
(유럽과 미국은 *********양을 사이에 두고 분리돼 있다.)
```

아마도 빠진 단어가 '대서', 즉 대서양이라고 추측할 수 있을 것이다. 또한 '양'이라는 음절을 통해 대서양, 태평양, 인도양 등을 유추할 수 있다. 즉 단어의 맥락을 기반으로 단어의 의미에 대한 정보를 얻게 되는 것이다. CABAC과 CAVLC는 이러한 맥락 정보를 사용해 이전의 비디오 압축 표준에서 쓰이는 허프만 코딩보다 효율적으로 최종 무손실 압축을 수행한다. 이러한 방식은 인코딩 및 디코딩에 훨씬 더 많은 처리 능력이 필요하다는 단점이 있다.

DCT 기반 비디오 압축 방법은 양자화 레벨이 높을 때 블로킹 아티팩트(blocking artifact)가 생기는 경향이 있다. 이러한 아티팩트는 변환 블록(MPEG-1의 경우 8×8 픽셀 DCT 블록)의 경계에 나타나며, 휘도 또는 채도가 갑작스럽게 변하는 모습을 보인다. H.264가 도입되기 전에 일부 디코더는 디블로킹(deblocking) 필터를 구현했다. 디블로킹 필터는 일종의 맥락 인식형 저역 통과 필터로서, 변환 블록 경계의 양쪽 면에서 샘플 값을 조정해서 블로킹 현상을 줄이는 역할을 한다. 이러한 필터는 표준화된 것이 아니고, 일반적으로 프레임이 표시되기 직전에 적용되며, 다른 프레임을 참조하는 P 또는 B 프레임은 디블로킹되지 않은 이미지를 가져오게 된다.

H.264는 정교하고 표준화된 디블로킹 필터를 도입했으며, 프레임이 메모리에 기록되기 전에 프레임 디코딩의 마지막 절차로 디블로킹을 적용되므로 P 또는 B 프레임도 디블로킹을 거친 이미지에서 모션 보정 데이터를 가져올 수 있게 됐다.

그림 9-13과 그림 9-14를 보면 MPEG-1과 MPEG-4 파트 10을 통한 I 프레임 압축 향상을 비교할 수 있다. 두 가지 모두 동일한 비트 전송률(픽셀당 0.9비트)로 압축한 것이며, 둘 다 I 프레임이기 때문에 개선된 모션 보정으로 인해 이미지 품질이 나아지지는 않았다.

그림 9-13 MPEG-4 파트 10으로 압축한 I 프레임. 아티팩트의 양이 적다(줌인 때문에 조금 뭉개져 보일 수도 있다).

그림 9-14 MPEG-1로 압축한 I 프레임. 압축으로 인한 양자화 오차가 크다.

이러한 개선 사항이 비디오 코덱 파이프라인의 전체적인 형태를 근본적으로 변화시키지는 않았다. 사실, MPEG-1 이후로는 근본적인 변화가 없었다. 그러나 이러한 여러 개선 덕택에 인코딩 및 디코딩 모두에 훨씬 더 많은 계산량을 투입해서 압축률을 크게 높일 수 있었다.

라즈베리 파이의 VideoCore는 비디오 디코딩 작업 대부분을 어느 정도 수행할 수 있다. 이를 제어할 수 있는 것이 OpenMAX(Open Media Acceleration) API로서, 이 API는 프로그래머가 하드웨어 가속을 표준 방식으로 사용할 수 있게 해 준다. 라즈베리 파이의 모든 비디오 소프트웨어가 VideoCore 기능을 완벽하게 사용하는 것은 아니지만 라즈비안에 포함된 간단한 H.264 플레이어의 소스코드를 이용하면 VideoCore 사용법을 익힐 수 있다.

라즈베리 파이에서 비디오 인코딩을 테스트하려면 먼저 예제 코드를 컴파일해야 한다. LXTerminal을 실행하고 아래 명령을 입력하자.

```
cd /opt/vc/src/hello_pi
./rebuild.sh
```

예제 비디오를 실행하려면 아래 명령을 입력하자.

```
cd hello_video
./hello_video.bin test.h264
```

H.264 비디오는 전체 화면 모드로 재생된다. 비디오 재생이 끝날 때 CPU 사용량이 그리 많지 않다는 것을 먼저 알 수 있다(오른쪽 하단의 녹색 그래프가 매우 낮게 유지된다).

마찬가지로 OpenMAX를 사용해 비디오를 인코딩할 수 있다. 아래와 같이 hello_encode 예제 프로그램을 사용해 테스트해보자.

```
cd ../hello_encode
./hello_encode.bin
```

모든 인코딩 기능을 GPU에서 실행시킬 수 있는 것은 아니기 때문에 이 프로세스도 CPU를 몇 초 동안 점유한다. 그래도 여전히 CPU 전용 인코딩보다는 훨씬 빠르다.

이제 test.h264라는 파일이 만들어졌을 것이다. 아래 명령을 사용해 hello_video 플레이어로 이 파일을 재생할 수 있다.

```
../hello_video/hello_video.bin test.h264
```

H.265

H.264는 현재 가장 많이 사용되는 비디오 코덱이다. 그러나 비디오 압축 기술의 발전이 이 코덱으로 끝난 것은 아니다. ITU H.265로 알려진 고효율 비디오 코덱(High Efficiency Video Codec, HEVC) 표준에 대한 작업이 최근에 완료됐다.

H.265의 목표는 디코딩 프로세스의 계산적 복잡성을 크게 높이지 않고 품질을 유지하면서도 H.264의 비트 전송률을 50%까지 줄이는 것이다.

이 목표를 달성하기 위해 H.265는 정보를 저장하는 새로운 구조를 도입했다. 매크로블록 대신 CTU(coding tree units, 코딩 트리 단위)를 사용한 것이다. CTU는 모션 보정에서 매크로블록과 거의 동일한 역할을 수행하지만 최대 크기가 훨씬 크고(최대 64×64 휘도 픽셀), 필요에 따라 재귀적으로 나눠질 수도 있다. 큰 CTU를 사용하면 맑은 푸른 하늘이나 밋밋한 벽과 같이 단순한 영역을 간단히 인코딩할 수 있으며, 작은 CTU를 사용하면 정밀한 이미지를 가진 영역도 적절히 캡처할 수 있다.

최종 ITU H.265 표준은 2013년 4월에 발표됐지만 널리 보급되기 시작한 시점은 얼마 되지 않았다. 그 이유 중 하나는 사용 가능한 디코딩 하드웨어가 부족했기 때문이다. 최신 데스크톱 컴퓨터에서 볼 수 있는 고성능 CPU는 HEVC를 디코딩할 수 있지만 스마트폰이나 라즈베리 파이 같은 저전력 장치는 GPU의 도움이 필요하다. 구형 GPU는 H.265를 디코딩할 수 없다.

모션 검색

앞서 살펴본 바와 같이 인코더가 비디오를 압축하는 핵심적인 방법 중 하나는 이전 프레임과의 비교를 통해 한 블록의 움직임을 정확하게 묘사하는 모션 벡터를 찾아 잔류와 비트스트림 필요량을 최소화하는 것이다.

여기서 한 가지 질문이 생겨난다. 어떻게 이러한 모션 벡터를 계산할까? 이론적으로 P 프레임은 계산하기 쉽다. 먼저 각 블록을 가져와 이전의 I 또는 P 프레임(또는 압축 표준에 따라 다른 적합한 프레임)의 모든 잠재적 위치와 비교한다. 그리고 각 위치에 대해 잔차를 계산하고, 인코딩에 필요한 비트스트림의 길이를 계산한다. 모션 벡터를 인코딩하는 데 필요한 비트도 추가해야 한다. MPEG-1의 DPCM 및 허프만 코딩이 벡터 성분에 적용되는데, 일반적으로 이전 매크로블록과 매우 유사한 벡터를 인코딩하는 것이 가장 비용이 적게 들기 때문이다. 가장 작은 전체 비트 수가 나오는 위치를 선정하고, 최종 스트림을 구성하는 데 사용하면 된다(단, 그 비용이 단순히 I 매크로블록 하나를 인코딩하는 비용을 초과하지 않아야 한다).

이러한 방식의 문제는 모든 차이를 계산하는 데 너무 오랜 시간이 걸린다는 점이다. 그래서 인코더는 계층적 접근 방식을 사용해 검색 영역을 어떤 식으로든 줄이는 알고리즘을 사용한다.

이를 위한 옵션 중 하나가 다이아몬드 검색(diamond search)이다. 다이아몬드 검색에서는 참조 프레임 상에서 인코딩할 프레임 주변으로 다이아몬드 패턴을 이루는 점 9개를 선택한 후 검색 단계를 수행한다. 검색 단계는 아래와 같다.

- 중심점의 오류가 가장 적은 경우 마지막 단계로 바로 진행하고, 그렇지 않으면 오류율이 가장 낮은 지점을 중심으로 새 다이아몬드를 배치한다.
- 중심점의 오류가 가장 낮은 다이아몬드를 찾으면, 더 작은 다이아몬드로 전환한다. 즉, 다이아몬드의 중심을 5개의 섹션으로 나누고, 가장 작은 차이를 가진 것을 선택한다.

이 알고리즘의 작동 과정은 그림 9–15와 같다. 1단계에서는 중심점(원) 주위의 첫 그리드가 설정된다. 2단계에서 중심점이 이동하며, 그리드도 함께 이동한다. 3단계에서 오류가 가장 작은 점을 중심점으로 설정하고, 마지막 단계인 4단계에서는 더 작은 그리드가 적용된다. 작은 그리드는 4단계에서 한 번만 쓰이며, 가장 작은 오류를 가지는 지점으로 중심점이 이동한다.

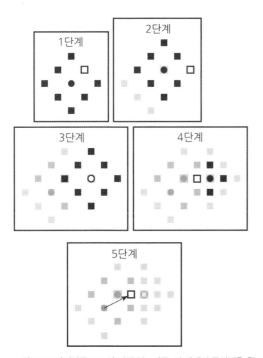

그림 9–15 다이아몬드 모션 검색 알고리즘. 각 단계의 중심점은 원으로 표시되며 가장 오류가 작은 점은 속이 빈 원이나 사각형으로 표시됐다.

이 알고리즘이 실제 모션을 놓칠 것이라고 생각할 수도 있다. 특히 프레임당 많은 픽셀이 변화하는 빠른 움직임을 놓칠 수도 있다. 이것은 사실이지만 여기서 요점은 완벽한 알고리즘을 만드는 것이 아니다.

알고리즘은 성능뿐 아니라 실행 속도도 중요하다. 다이아몬드 검색은 실행 속도가 빠르지만 항상 최적의 모션 벡터를 찾지는 못한다. 모션 추정이 완벽하지 않더라도 인코딩된 잔차(모션 보정 결과와 실제 소스 프레임 간의 차이)가 있으므로 프레임이 여전히 높은 이미지 품질을 유지할 수 있다. 각 프레임에 더 많은 데이터를 포함하기만 하면 된다.

비디오를 인코딩할 때 모션 추정의 품질과 인코딩에 소요되는 속도를 둘 나 만족시킬 수는 없다. 모션 추정의 품질이 낮으면 비디오의 품질이 낮거나 파일의 크기가 커지게 되지만(인코더 설정 방법에 따라 다름), 결과적으로 실행 시간은 더 짧아진다.

라즈베리 파이에서 avconv 명령을 사용해 비디오의 인코딩 시간과 파일 크기의 차이를 비교한 결과는 표 9-2와 같다.

표 9-2 모션 검색 알고리즘 비교

모션 검색 알고리즘	파일 크기(바이트)	인코딩 시간(초)
전역 탐색 알고리즘(esa)	89961	39
다이아몬드(dia)	90713	23
아다마르 전역 탐색(tesa)	90004	44

표 9-2의 시간은 라즈베리 파이의 카메라 모듈에 기록된 200×200픽셀의 2초짜리 비디오를 기준으로 한 것이다. 비디오의 길이가 더 짧음에도 hello_encode.bin보다 인코딩이 오래 걸리는데, 이를 통해 GPU가 인코더에 속도를 얼마나 향상시키는지 알 수 있다.

avconv 명령을 사용해 직접 실험해볼 수 있다. 우선 아래와 같이 필요한 도구를 설치하자.

```
sudo apt-get install libav-tools
```

기본 사용법은 아래와 같다.

```
avconv -i inputfile -vcodec libx264 -me_method method-name -crf 15 -g GOPsize
outputfilename.mp4
```

여기서 'method-name'을 dia나 esa, tesa로 대체하고 'GOPsize'를 원하는 이미지 그룹 크기로 대체하면 된다.

인코딩이 끝나면 프레임 유형의 세부 정보를 비롯해 다양한 정보가 출력된다. 출력 중 일부는 아래와 같다.

```
[libx264 @ 0x8b6360] frame I:3     Avg QP:12.69  size:  3229
[libx264 @ 0x8b6360] frame P:32    Avg QP:15.66  size:  2050
[libx264 @ 0x8b6360] frame B:13    Avg QP:18.11  size:   973
```

평균적인 프레임 크기뿐 아니라 프레임 유형의 수를 확인할 수 있다. QP는 양자화 파라미터(quantisation parameter)로, 프레임 또는 매크로블록 단위로 양자화 행렬을 선택하는 데 사용된다. QP가 높을수록 양자화 레벨이 높다. P 프레임과 B 프레임은 P 매크로블록뿐 아니라 I 매크로블록을 사용할 수 있으므로 앞의 P 프레임의 크기를 고려해야 한다.

품질 설정(-crf 다음의 숫자)을 바꿔가며 직접 테스트할 수도 있다. 0(매우 작은 압축률)에서 51(매우 높은 압축률)까지 숫자를 바꿔가며 실행해 보자.

-g GOPsize 없이 명령을 입력하면 어떤 크기가 가장 좋을지 인코더가 직접 계산한다. CRF 값을 바꾸며 테스트해 보자.

비디오 품질

지금까지 인코더가 파일의 크기를 줄이기 위해 정보를 제거하는 방법에 대해 살펴봤다. 파일 크기를 줄이다 보면 점점 더 많은 정보가 제거되면서 비디오 화질은 악화될 것이 자명하다. 그런데 과연 얼마나 더 나빠질까?

어려운 질문이다. 사람이 비디오의 품질을 얼마나 잘 인지할 수 있는가에 관련된 문제이기 때문이다. 채도 서브샘플링 같은 방법은 컴퓨터 입장에서는 분명 왜곡을 일으키지만 사람의 눈으로는 그 차이를 인지하기 어렵다. 반면 사람의 눈에는 차이가 뚜렷한데 인공적인 품질 지표상으로는 큰 차이가 없는 변화도 있다.

비디오 품질을 평가하는 가장 좋은 방법은 사람이 비디오 샘플을 보고 품질을 상대적으로 평가하도록 하는 방법이다. MPEG 역시 표준에 포함시킬 여러 제안을 비교할 때 이러한 방식을 사용한다. 그러나 실제로 대부분의 비디오 인코딩에서 이러한 방식은 비효율적이다. 계산적으로 품질을 평가할 방법이 필요하다. 계산적으로 품질을 정량화하는 가장 일반적인 방법은 피크 신호대 잡음비(Peak Signal to Noise Ratio, PSNR)다.

PSNR은 원래의 이미지(신호)와 압축 후의 이미지(노이즈) 사이의 오차를 비교해서 계산한 비율이다. 오차율에는 제곱을 취하는데, 이를 수식으로 표현하면 아래와 같다.

```
PSNR = 20 * log₁₀(Max/squareroot(MSE))
```

평균 제곱 오차(Mean Squared Error, MSE)는 각 픽셀에 대한 원래의 값과 압축 후의 값의 자이를 취해 이 값을 제곱한 다음 모든 픽셀에 대해 평균을 취하는 방법으로 계산한다. 위 식의 Max는 픽셀이 취할 수 있는 최댓값에 해당한다. 대부분의 비디오는 색상 채널당 8비트를 가지므로 Max 값에 255를 대입하면 된다.

그러나 주의할 점이 하나 있다. PSNR은 눈으로 감지되는 이미지 품질과 관련이 없다는 점이다.

PSNR은 컴퓨터처럼 데이터의 격자로써 이미지를 인식한다. 이것의 대안으로, 사람의 눈이 이미지를 인지하듯이 이미지를 측정하는 방법인 구조적 유사성(SSIM, Structural Similarity) 인덱스 방식이 있다. 이 방법은 픽셀 단위로 이미지를 보는 대신 이미지를 휘도, 대비, 구조의 3가지 방법으로 비교한다. 압축 후의 이미지에서 각 요소를 계산한 후, 압축 전 프레임의 이미지에서 각 요소를 계산해서 비교한다.

처리 능력

비디오 재생은 컴퓨터의 기본 기능으로 간주될 때가 많다. 저렴한 DVD 플레이어도 아무 문제 없이 비디오를 재생하는 것이 사실이다. 그러나 실제로 비디오 재생에는 고도의 처리 능력이 필요하며, 고해상도 비디오를 재생하려 할수록 처리 능력이 더 필요하다. 많은 컴퓨터가 비디오를 신속하게 재생할 수 있도록 GPU의 도움을 받는다. GPU는 비디오 재생 외에도 다양한 용도로 활용되며, 이에 대해서는 다음 장에서 더 자세히 살펴보겠다.

# 10장

3D 그래픽

역사적으로 고전적인 컴퓨터 시스템 아키텍처에 대한 이해는 중앙 처리 장치(central processing unit, CPU)와 메모리 인프라 사이의 상호작용에 초점을 맞추고 있다. 그러나 최근 컴퓨터 시스템의 추세에서는 그래픽 처리 장치(graphics processing unit, GPU)가 필수적인 역할을 하며 새로운 핵심 구성 요소가 됐다.

소프트웨어 개발자와 소비자가 게임에서의 사실적인 표현, 사용자 인터페이스의 복잡성과 유동성을 필요로 하면서 컴퓨터 그래픽의 요구사항도 많아졌다. 초기에 단순한 선 그리기 정도를 가속시키던 GPU는 이제 고도의 병렬 멀티스레드 하위 시스템을 갖추고 현대 컴퓨터 아키텍처에 필수적인 계산 능력을 제공한다.

그러나 이러한 그래픽 기술의 잠재력을 이해하기 위해서는 3D 그래픽과 관련된 원래의 주 목적에 초점을 맞춰 이해해야 한다.

3D 그래픽의 역사

'컴퓨터 그래픽'이라는 용어를 처음 창안한 사람은 윌리엄 페터(William Fetter)이며, 1960년대 초에 보잉(Boeing)과 함께 인체 애니메이션 작업을 기술하면서 이 용어를 사용했다. 하지만 3D 그래픽의 기원은 1950년대 군사 비행 시뮬레이터로 거슬러 올라간다(그림 10-1). 1951년 초 MIT의 월윈드(Whirlwind) 컴퓨터가 시각화 도구로 사용됐다. 월윈드 컴퓨터는 라이트 펜과 유사한 장치를 통해 사용자 입력이 가능한 오실로스코프 스타일의 그래픽을 가지고 있었다. 월윈드는 미 해군의 ASCA(Airplane Stability and Control Analyzer) 프로젝트의 일환으로 개발됐으며, 디지털 컴퓨터는 프로그래밍 가능한 비행 시뮬레이션 환경을 제공해서 사전에 프로그래밍된 지리 정보 위에서 레이더 정보를 사용해 항공기 기호를 겹쳐 표현했다. 그 결과는 CRT(cathode-ray tube) 디스플레이에 출력됐다. 라이트 펜을 CRT로 향하게 해서 위치나 속도 같은 항공기의 상태를 조회할 수 있었다.

알아두기

라이트 펜(light pen)은 광 감지 센서 장치로, 현대의 터치스크린에 손가락을 가져다 대듯 CRT 스크린 위에 라이트 펜을 가져다 대서 특정 객체를 가리키고 활성화할 수 있었다.

1950년대부터 1960년대에 걸쳐 여러 가지 연구 집단이 CAD(Computer-Aided Design)와 시각화를 위한 연구를 진행했다. IBM은 1950년대 중반에 벡터 그래픽을 표시할 수 있는 첫 번째 시스템을 시연했으며, IBM 740(CRT 레코더)을 IBM 701(데이터 처리 시스템)에 연결해서 35mm 사진 필름에 일련의 포인트를 기록했다. 노출의 변화에 따라 이러한 점을 선과 곡선으로 캡처할 수 있었으며, 특수 프로그래밍 기술을 사용해 알파벳, 숫자, 그래프, 간단한 모양을 표시하는 데 사용할 수도 있었다. CAD의 기원이라고도 할 수 있지만 한 달에 2,850달러의 임대료가 필요했기에 상업적 용도로 쓰이기에는 비용이 컸다. 제너럴 모터스는 IBM과 함께 CAD에 대한 연구를 시작했으며, 이 협력의 결과로 1960년대 초에 사용자가 입력한 도면을 스캔할 수 있는 세계 최초의 CAD 시스템인 DAC-1이 탄생했다.

알아두기

벡터 그래픽은 수학적 표현을 기반으로 한 기하학적 기본 요소(간단한 그래픽 블록)를 사용해 그래픽 이미지를 나타낸다.

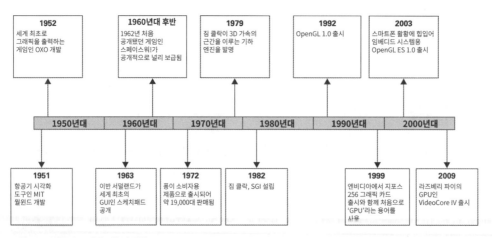

그림 10-1 컴퓨터 그래픽 기술의 진화

그래픽 사용자 인터페이스(GUI)

1963년, MIT 박사과정의 이반 서덜랜드(Ivan Sutherland)는 1950년대 후반의 많은 연구를 통합하고 그래픽 사용자 인터페이스(graphical user interface, GUI)를 최초로 소개하는 'Sketchpad : A Man-Machine Graphical Communication System'이라는 논문을 발표했다. 그가 소개한 시스템에서, 사용자는 라이트 펜을 사용해 포인트 플로터 디스플레이에 선과 곡선을 직접 그릴 수 있었으며 그래픽 통신 시스템이 장착된 MIT의 TX-2 컴퓨터가 시스템을 구성했다. 이 시스템은 컴퓨터를 위한 최초의 완전한 GUI였을 뿐 아니라 사용자가 선의 길이와 그 사이의 각도 등 화면에 나타나는 도형의 기하학적 특성을 제어할 수 있었다. 이후 서덜랜드는 객체지향 프로그래밍(object-oriented programming, OOP) 및 현대 GUI의 창시자로 널리 알려졌으며, 1960년대 중반에는 컴퓨터가 생성한 장면을 통해 카메라 이미지를 대체하기 위한 '원격 현실(remote reality)'에 대한 연구를 시작했다. 현재를 기준으로 그의 연구를 보면 와이어프레임(wireframe) 모델 수준에 불과하지만 가상현실 분야의 시초가 된 연구로서 의미가 있으며 데이비드 에반스(David Evans) 박사와 함께 주문형 하드웨어 및 소프트웨어를 사용해 이러한 벡터 시스템을 판매하는 회사를 설립하기도 했다.

1960년대 후반에서 1970년대에 이르기까지 컴퓨터 그래픽 기술은 다양한 분야에 적용됐다. 예를 들어, 의료용 영상 분야에서 X선 이미지는 디지털 방식으로 캡처되어 컴퓨터에서 처리된 후 출력된다. 또한 NASA는 GE에게 우주 비행사 훈련 모니터를 위한 실시간 컬러 래스터 그래픽 시스템의 개발을 의뢰했다(래스터 그래픽에 대한 설명은 아래 참조). 이러한 컴퓨터 그래픽 시스템을 구축하는 비용은 점점 낮아졌지만 여전히 군사용이나 고도의 기업용으로만 운용이 가능했다. 하지만 PC의 출현 전에 이미 컴퓨터 그래픽에 대한 대중적 관심이 상당히 늘어났고, 그 결과 시장을 장악하려는 기업의 노력을 통해 상당한 발전이 이뤄졌다.

래스터 그래픽 vs. 벡터 그래픽

현대의 모든 디스플레이는 각 픽셀이 화면의 특정 위치에서 점(도트) 발광을 하는 발광 픽셀의 행렬이다. 도트가 이미지를 형성하기 위해 화면 상에 배열되는 두 가지 방법이 있다. 각 방법으로 형성된 이미지를 래스터 그래픽 또는 벡터 그래픽이라고 한다.

래스터 그래픽 이미지는 아래와 같은 특징을 가진다.

- 픽셀 배열로 저장되며, 각 픽셀에는 빨강-녹색-파랑(RGB) 색상값과 투명도 값(선택)이 지정된다.
- 개념적으로 벡터 그래픽보다 간단하다. 픽셀이 도트 행렬(격자)로 배열돼 있기 때문이다. 모눈종이의 칸에 색상을 배치하는 것과 비슷하다. 그러나 큰 이미지는 각 개별 픽셀의 위치와 색상을 모두 담아야 하므로 많은 데이터 공간을 필요로 하게 된다.

- 해상도는 일반적으로 인치당 도트 수(dpi)로 결정된다. 그림 10-2와 같이 이미지를 크게 만들면 품질이 떨어지고 이미지가 흐려질 수 있다.

- 일반적으로 연속적인 톤이 필요한 사진이나 이미지에 쓰인다. 즉, 윤곽선이 예리하지 않고 색상과 음영을 부드럽게 합치는 형태가 된다.

벡터 그래픽 이미지는 아래와 같은 특성을 가진다.

- 수학적으로 정의된 점, 선, 곡선, 채우기의 모음으로 저장된다.

- 각 픽셀의 위치와 색상을 정의하는 대신 수학 공식으로 점, 경로, 채우기를 지정하기 때문에 일반적으로 파일 크기가 작다.

- 그림 10-2와 같이 품질 저하 없이 확대할 수 있다.

- 부드럽고 잘 정의된 모서리와 평면적인 색상을 가지는 글꼴이나 로고, 삽화에서 선호하는 형식이다.

그림 10-2 벡터 그래픽 이미지(좌측)와 래스터 그래픽 이미지(우측)를 확대한 모습

비디오 게임의 3D 그래픽

1950년대 초의 컴퓨터 그래픽 연구와 더불어, 학자들은 컴퓨터 과학 및 인공지능 연구의 일환으로 게임을 실험하기 시작했다. 1952년 그래픽 출력으로 OXO를 기록한 첫 번째 컴퓨터 게임은 플레이어가 회전식 전화 다이얼을 사용해 사각형의 이동 방향을 결정하는 십자형 퍼즐이었다. 케임브리지의 알렉산더 더글라스(Alexander Douglas)가 개발한 이 게임은 사용자가 컴퓨터를 상대하는 게임이었으며, 간단한 CRT 디스플레이에 동그라미와 십자 기호가 표시됐다.

그래픽 출력을 탑재한 또 다른 초기 컴퓨터 게임은 테니스 포 투(Tennis for Two)다. 브룩헤이븐 국립 연구소(Brookhaven National Laboratory) 방문객들의 지루함을 완화하기 위해 윌리엄 히긴보덤(William Higinbotham)이 개발한 이 게임은 사용자끼리 서로 대결을 펼칠 수 있는 게임이었다. 오실로스코프에 테니스 코트의 측면도가 표시되며, 각 사용자는 자신의 컨트롤러를 사용해 움직이는 공을 서로 굴릴 수 있다. 노브를 움직여 위치를 정하고, 푸시 버튼으로 공을 칠 수 있었다. 게임의 회로는 스크린이나 네트의 가장자리를 타격할 때 공의 경로를 정확하게 모델링하고 공중에서 이동하는 공의 궤적을 시뮬레이션했다. 이 게임은 일반인들에게 인기가 있었지만 반 년 뒤에 다른 프로젝트에서 하드웨어를 재사용하기 위해 해체됐다. 이 게임은 다른 초기의 게임과 마찬가지로 상업화보다는 연구 자체에 많은 관심과 자원이 투입됐다.

널리 보급된 최초의 게임을 뽑자면 아마도 스페이스워!(Spacewar!)가 그 자리를 차지할 것이다. MIT의 스티브 러셀(Steve Russell)과 친구들은 DEC PDP-1의 고화질 벡터 디스플레이로부터 영감을 받아 해킹을 통해 이 게임을 개발했다. 이 게임은 2인용 게임으로, 태양의 중력 우물 주위를 이동하는 우주선을 사용자가 제어하며 서로 미사일을 발사할 수 있었다. 1960년대 말, DEC가 이 게임을 모든 PDP-1에 테스트 소프트웨어로 배포하기로 결정함에 따라 대부분의 미국 대학 컴퓨터 연구실에 게임의 사본이 설치됐다. 그러나 120,000달러라는 엄청난 가격 때문에 실제로 제작된 PDP-1은 50대에 불과했고, 게임의 인기가 상당했음에도 상업적으로 생존하기는 어려웠다.

컴퓨터 하드웨어가 저렴해짐에 따라 오락실 게임 시장에서 일반 대중에게 비디오 게임을 보급하는 것이 가능해졌다. 1970년대 초 아케이드 게임 개발자들은 대중의 상상력을 사로잡기 위해 풍부한 시각적 디스플레이와 전자 음향 효과를 개척했다. 개발자 놀란 부쉬넬(Nolan Bushnell)과 테드 데브니(Ted Dabney)는 스페이스워!를 계승한 컴퓨터 스페이스(Computer Space)를 캘리포니아의 오락실에 도입했으나 게임의 복잡성과 비싼 가격 때문에 성공을 거두지는 못했다. 두 사람은 1972년 아타리(Atari Inc.)를 설립하고 퐁(Pong)을 제작했다. 퐁은 탁구와 비슷한 2인용 공 튀기기 게임으로, 각 플레이어의 목표는 움직이는 볼을 네트의 건너편 상대방이 지키는 라인으로 넘기는 것이다. 세계 최초의 가정용 콘솔인 마그나복스 오딧세이(Magnavox Odyssey)의 간단한 게임에서 파생된 이 게임은 일반인용 게임기로 제작하기로 결정됐으며, 결국 19,000대를 판매하며 상업적인 성공을 거둔 최초의 아케이드 게임이 됐다. 아케이드 게임은 1970년대와 1980년대 초반에 걸쳐 번성하며 비디오 게임의 인기를 높였고 컴퓨터 그래픽에 대한 밝은 미래를 약속했다.

PC와 그래픽 카드

1970년대 초의 비디오 게임은 단일 게임기로 제조되어 오로지 하나의 게임만 플레이할 수 있는 기기로 보급됐다. 이 접근법의 문제는 소비자가 새로운 게임을 하고 싶을 때마다 새로운 장치를 구입해야 한다는 점이었다(위에서 설명한 퐁 역시 마찬가지다). 1970년대 중반, 게임 제조사들은 이 문제의 해결책으로 마이크로프로세서를 도입했다. 범용 컴퓨팅 하드웨어에서 게임을 실행할 수 있게 된 것이다. 각 게임은 본질적으로 시스템 내의 마이크로프로세서에 의해 실행되는 새로운 명령 세트였고, 게임 유닛과 별도로 판매될 수 있었다. 이러한 종류의 첫 번째 콘솔은 1976년 페어차일드가 출시한 VES(Video

Entertainment System)였다. 각 게임은 ROM을 포함하는 카트리지로 출시됐으며, VES 콘솔에 카트리지를 교체해서 끼우면 플러그 연결을 통해 하나의 게임 시스템을 이루는 전기 회로가 구성되는 구조였다. 게임 설계와 ROM 코드로의 변환은 매우 전문적인 기술이었지만 결국 마이크로프로세서와 컴퓨터는 차세대 게임 플랫폼으로 자리 잡았다.

1970년대 후반부터 3D 그래픽은 더욱 몰입감 높은 경험, 실제와 같은 모델링과 애니메이션에 대한 사용자의 요구에 의해 급속도로 발전했다. 많은 산업이 이 급속한 발전에 기여했다. 그 역사를 간략하게 짚기 위해 개인용 컴퓨터를 위한 하드웨어 측면의 발달을 중심으로 살펴보자.

영화 산업과 컴퓨터 그래픽

컴퓨터 생성 이미지(computer generated images, CGI)에 대한 수요는 영화 산업이 현대 3D 그래픽 하드웨어를 뒷받침하는 기술을 개척하게 만들었다. 1977년 스타워즈(Star Wars)의 데스 스타(Death Star) 모델링에 사용된 GRASS(GRAphics Symbiosis System) 기반 변형으로부터 1984년의 트론(Tron)에 등장한 깊이 큐를 사용하는 15분짜리 컴퓨터 애니메이션, 1993년 쥬라기 공원의 극사실적인 공룡 묘사에 이르기까지 영화 산업이 일군 컴퓨터 그래픽의 발전은 획기적이었다. 영화 외에 산업용으로도 이에 못지않은 발전이 있었다. 앨런 서트클리프(Alan Sutcliffe)는 1979년에 은선 소거(hidden live removal)를 통한 와이어프레임 지형 모델을 시연했고, 에반스와 서덜랜드의 픽처 시스템(Picture System) 시리즈와 깊이 표시(depth cueing)를 사용한 비행 시뮬레이터는 대형 와이어프레임 모델을 실시간으로 조작할 수 있었다. 이러한 기술 개발은 게임 및 개인용 컴퓨터보다 거의 15년을 앞섰기 때문에 3D 그래픽 표준에 상당한 기여를 했다고 볼 수 있다.

영화 산업에 기여했거나 영화 산업을 통해 유명해진 그래픽 기술은 아래와 같다.

- GRASS는 2D 벡터 그래픽 애니메이션을 제작하기 위한 프로그래밍 언어로, 스케일링, 회전, 변환, 시간 경과에 따른 색상 변경이 가능하다. 1974년 톰 데판티(Tom DeFanti)가 처음 개발했으며 영화 스타워즈의 전투 장면에서 데스 스타를 회전시키고 확대 및 축소하는 데 가장 많이 사용됐다.

- 은선 소거(Hidden line removal)는 와이어프레임 모델링의 최적화 방법으로, 눈에 보이는 표면 뒤에 있는 가장자리와 선을 그리지 않고 숨길 수 있다. 즉, 눈에 보일 수 없는 부분을 그리지 않음으로써 계산량과 전력을 절약하자는 원칙을 가지고 있다. 여기서 와이어프레임(wireframe)이란 객체의 세부 사항을 전혀 포함하지 않는 골격 모양을 가리킨다.

- 깊이 표시(Depth-cueing)는 특정한 장면에서 보는 사람의 눈에 깊이 감각을 부여하는 과정이다. 사람의 눈은 3차원 세계 내의 물체를 인지하기 위해 많은 '큐(cue)' 또는 '힌트'를 사용한다. 여기에는 원근감(먼 물체는 가까운 물체보다 작음), 폐색(가까운 물체에 의해 먼 물체가 가려짐), 거리 안개(대기에 의한 광산란으로 인해 먼 물체가 더 흐리게 보임)가 포함된다. 영화 트론은 가장 원시적인 형태의 거리 안개를 사용했다. 멀리 있는 물체는 점차 검은색과 섞이면서 장면에서 서서히 사라졌다.

컴퓨터 그래픽과 애니메이션은 연구용으로 쓰이는 비싸고 거대한 주문형 장비뿐 아니라 범용 프로세서용으로 작성된 복잡한 알고리즘을 필요로 했으며, 단순한 비디오 주소 생성기조차도 CPU 및 디스플레이 사이의 인터페이스 역할을 해야 했다. 점차 복잡해지는 그래픽의 처리 요건을 지원하기 위해서는 하드웨어 가속이 뒤따를 수밖에 없었다.

1979년, 캘리포니아 스탠퍼드 대학교의 전기공학 부교수인 짐 클락(Jim Clark)은 3D 모델링을 가속화하기 위해 현대 하드웨어의 기초가 되는 기하학 엔진을 개발했다. 이 엔진은 개체의 독립적인 모델을 컴퓨터 화면의 위치 및 방향으로 변환했다. 조명 및 음영 처리 단계는 여전히 메인 프로세서에서 처리했다. 클락은 이 엔진의 상업적 성공을 예견하고, 1982년 실리콘 그래픽스(Silicon Graphics Inc., SGI)를 창립했다. 이 회사는 3D 컴퓨터 그래픽을 대중 시장에 도입하는 데 큰 역할을 했다.

같은 시기에 대성공을 거둔 IBM PC 및 애플 II와 함께 가정용 PC 시장이 본격적으로 시작됐다. 이 두 제품에는 컬러 디스플레이를 지원하는 그래픽 카드가 함께 제공됐다. 1984년에는 최초의 그래픽 사용자 인터페이스를 갖추고 가정과 기업 모두에서 인기를 끈 애플 맥킨토시가 등장했다. 이후 많은 경쟁 플랫폼이 공격적인 광고 캠페인을 통해 컴퓨팅 및 게임의 붐을 일으켰고, 그 덕택에 그래픽 업계의 진보도 가속화됐다. 엘리트(Elite) 같은 인기 있는 크로스 플랫폼 게임은 은선 제거 같은 와이어프레임 모델과 기술을 사용하기 시작했다. 알파 웨이브(Alpha Waves)는 단순한 3D 세계에서 게이머와 3D 객체와의 상호작용을 통해 최초의 완전 몰입형 3D 경험을 제공했다. 그리고 고성능 3D 그래픽은 개인용 컴퓨터의 필수 사항이 됐다.

한편, SGI는 범용 컴퓨터에 연결할 수 있는 고성능 그래픽 단말기용 제품 개발을 시작했으며 그 시초는 맞춤형 하드웨어인 IRIS(Integrated Raster Imaging System)였다. 개발자는 IRIS 그래픽 언어(IRIS GL)라는 SGI 고유의 API(Application Programming Interface)를 통해 이 하드웨어를 사용할 수 있었다. IRIS GL은 클락의 기하학 엔진을 통해 효율적인 부동 소수점 수학(3가지로 정점을 지정해서 객체의 모양을 표현하는 데 사용됨)을 구현했다. 후속 제품인 IRIS 2000 시리즈는 완전한 기능을 갖춘 유닉스 워크스테이션의 일부를 구성했으나, 3D 렌더링 및 기하 처리를 가속화하는 시스템이 발전함에 따라 PC 및 소비자용 기기 전반에 걸쳐 교차 플랫폼을 지원하는 API의 필요성이 대두됐다. 또한 IBM 및 썬마이크로시스템즈 같은 회사가 IRIS와 직접 경쟁하는 3D 하드웨어 출시를 계획하고 있었기 때문에 SGI는 제조사와 무관하게 호환 가능한 첫 번째 2D 및 3D용 API인 OpenGL이라는 IRIS GL을 파생시켜 시장 점유율을 공고히 하려 했다. OpenGL을 사용하면 개발자가 이를 지원하는 모든 하드웨어 플랫폼에 액세스할 수 있었으며, 지원되지 않는 하드웨어 기능은 주 프로세서에서 실행되는 소프트웨어로 넘길 수 있었다.

알아두기

UNIX는 널리 사용되는 멀티태스킹, 다중 사용자 운영체제다. 운영체제에 대한 자세한 내용은 8장을 참조하자.

표준 경쟁

이제 그래픽 하드웨어에 대한 논의를 마무리하고 그래픽 표준에 대해 이야기해 보자. 1992년 OpenGL 1.0이 출시됨에 따라 SGI는 애플, ATI, 썬마이크로시스템즈, 마이크로소프트 같은 다양한 회사의 지원을 받았다. SGI는 공개 표준의 홍보 및 개발을 위해 그해 말에 ARB(Architecture Review Board)를 구성했으며, OpenGL에 대한 수많은 개정이 이어졌다. OpenGL 1.0은 모델 공간 형상, 스크린 공간으로의 변환, 색상 및 깊이 정보, 텍스처, 조명, 재질의 개념을 도입했다. 그 목표는 기본 하드웨어 위에 추상화 계층을 제공해서 개발자가 코드를 다시 작성하지 않고도 다양한 플랫폼에 응용 프로그램을 포팅(전송)할 수 있게 하는 것이었다. 이 접근법은 비록 목적을 이뤘지만 성능 비용이 꽤 들었고 초기 하드웨어 플랫폼에 많은 부하를 줬다.

프로그래밍 기법 중 하나인 추상화 계층(abstraction layer)은 동일한 코드를 여러 번 사용하거나 여러 플랫폼에서 사용할 수 있도록 구현 세부 사항을 숨기는 역할을 한다. 예를 들어, 누군가가 하루에 할 일 목록을 만들었는데 그중 하나가 빨래라고 가정하자. 이 작업의 결과물은 깨끗한 옷이다. 물론 옷이 줄거나 색상이 흐트러지지 않도록 품질 보증을 설정할 수도 있지만 이 수준에서는 세탁 방법에 신경 쓰지 않아도 된다. 또한 동일한 목록을 다른 사람에게 전달할 수 있으며(동일한 보증이 적용됨) 동일한 결과를 얻을 수 있다. 어떤 세탁기를 썼는지, 어떤 세제를 썼는지, 건조를 어떻게 했는지 등은 중요하지 않다. 추상화 수준에 있기 때문이다.

마이크로소프트는 1993년 초에 OpenGL 작업 그룹을 탈퇴했다. 마이크로소프트는 시장 경쟁에서 이기기 위해 윈도우 95용 3D 그래픽 작업을 위해 렌더모픽스(RenderMorphics)라는 회사를 인수했다. 렌더모픽스는 CAD 및 의료 이미징 분야의 API를 개발하는 기업이었으며, 마이크로소프트는 1995년에 렌더모픽스의 소프트웨어를 기반으로 하는 Direct3D API의 첫 번째 버전인 Direct X 2.0과 Direct X 3.0을 출시했다. 이 API에 대해 개발자들은 직접 모드(immediate mode)를 통해 직접적인 하드웨어 제어가 가능하다는 점을 높이 평가했지만, 프로그래밍 난이도가 높다는 점 때문에 OpenGL이 진정한 하나의 표준으로 인정받길 원했다. 또한 3Dfx라는 회사는 부두(Voodoo) 하드웨어를 위해 개발한 독점적인 API인 글라이드(Glide)를 성공적으로 출시했지만 1996년에 이드 소프트웨어(id Software)라는 회사가 퀘이크(Quake)를 출시하고 OpenGL을 윈도우에 포팅하는 바람에 OpenGL의 하위 기능(Mini GL)을 재탄생할 수밖에 없었다.

프로세싱 기능이 향상됨에 따라 OpenGL에서 제공하는 Direct 3D 및 크로스 플랫폼 지원의 유연성에 대한 선호도가 상승했고, 독점적 API의 인기는 점점 떨어졌다. 남은 것은 OpenGL과 Direct3D 사이의 대결이었다. OpenGL은 많은 하드웨어 공급업체가 선호하는 API였지만 Direct3D 4는 임의의 표면을 렌더링할 수 있다는 측면에서 혁신적인 기술이었다. OpenGL은 경쟁자의 기술을 따라잡기 위해 확장됐으며, 기존의 고정 함수 파이프라인에서 프로그래밍 가능한 처리 단계로 옮겨가는 변화도 함께 이뤄졌다. 이렇게 OpenGL의 첫 번째 개정이 이뤄졌으며, 이후 두 API는 독립적으로 발전하면서도 그 기능 세트는 유사하게 유지됐다. 그러나 가장 큰 차이는 OpenGL은 리눅스, 안드로이드, iOS 같은 다양한 OS에서 지원되는 유일한 크로스 플랫폼 그래픽 API이고, Direct3D는 순수하게 마이크로소프트 윈도우를 위한 API라는 점이다. 2003년에는 OpenGL 1.3에서 파생된 임베디드 장치용 OpenGL ES 1.0이 출시됐다. 이 버전은 스마트폰, 태블릿, 모바일 플랫폼의 확산에 맞춰 출시됐고, 그 후 몇 가지 주요 개정을 거쳤다.

OpenGL을 더 자세히 살펴보기 전에 먼저 '그래픽 처리 장치'(GPU)라는 용어를 만든 엔비디아(NVIDIA)에 대해 언급할 필요가 있다. GPU라는 용어는 기하 처리, 변형 및 조명, 텍스처 매핑, 셰이딩 처리를 위한 단일 칩 프로세서를 가리키는 말로 널리 사용되고 있다. 엔비디아는 1999년에 지포스 256 코어 및 Direct3D 7용 하드웨어 가속기를 최초로 출시하면서 이 용어를 처음 사용했다. 라즈베리 파이에는 브로드컴의 VideoCoreIV GPU가 포함돼 있다.

OpenGL 그래픽 파이프라인

이번 절에서는 OpenGL 그래픽 파이프라인에 대해 자세히 설명하겠다. 데스크톱 PC에서 스마트폰에 이르는 모든 최신 컴퓨터 하드웨어에는 가장 단순한 종류의 3D 그래픽 작업을 가속하기 위해 특별히 설계된 GPU가 포함돼 있다. GPU가 이러한 작업을 가속하는지 알아보기에 앞서 고전적인 그래픽 파이프라인의 주요 단계를 살펴보고 핵심 개념을 이해하자.

OpenGL은 특별한 하드웨어를 통한 가속화를 필요로 하지 않으며, 최소 성능 목표를 명시하지도 않는다. OpenGL은 단지 사양을 준수하기 위해 충족해야 하는 요구사항을 설정할 뿐이다. 그래서 범용 CPU에서 실행되는 소프트웨어로 API를 완전히 구현하는 것이 바람직하지는 않음에도 받아들이는 데는 문제가 없는 것이다. OpenGL은 입력 데이터가 파이프라인으로 전달되는 방식이나 이미지가 화면에 표시되는 방식이 아닌 3D 렌더링만 지정한다는 점도 짚고 넘어가야 한다.

OpenGL은 교과서 몇 권에 걸쳐 다뤄야 할 정도로 거대한 주제다. OpenGL ES 버전을 기준으로 삼아 그래픽 파이프라인의 기본을 다루면서 표준이 어떻게 발전하며 개발자의 유연성을 개선했는지, 그리고 어떻게 더 높은 하드웨어 요구사항을 만들어냈는지 살펴보자. 참고로 라즈베리 파이 GPU는 OpenGL ES 1.1 및 OpenGL ES 2.0 표준을 모두 지원한다.

그림 10-3은 그래픽 파이프라인의 전체적인 구조를 아래와 같은 4단계로 나눠서 보여준다.

1. **정점 처리(Vertex processing)**: 정점은 대상의 위치와 모양을 정의하기 위해 배치된다.

2. **래스터화(Rasterization)**: 프리미티브(연결된 정점)는 프리미티브의 한 픽셀을 생성하는 데 필요한 데이터가 포함된 각 단편으로 변환된다.

3. **프래그먼트 처리(Fragment processing)**: 프래그먼트는 컬러 픽셀로 변환하기 위해 텍스처링 및 블렌딩을 포함하는 일련의 작업을 거친다.

4. **출력 병합(Output merging)**: 3차원 공간에서 프리미티브의 단편을 결합해서 2차원 화면에 3차원 객체를 렌더링한다. 예를 들어, 한 객체의 일부가 3차원 공간에서 다른 객체의 뒤에 있는 경우, 뒤의 객체에 해당하는 부분의 픽셀이 객체 앞에 있는 픽셀 뒤에 숨겨진다.

그림 10-3 간단한 그래픽 파이프라인 도식

프로세스가 선형적이기 때문에 파이프라인으로 설명할 수 있다. 즉, 데이터는 일련의 단계를 통과하며, 각 단계는 이전 단계가 완료된 후에만 시작할 수 있다. 그러나 파이프라인은 다음 단계에서 데이터를 받아들일 준비를 하기 위해 처리 단계를 대기열에 넣기 때문에 많은 단계가 동시에 활성화될 수 있다. 그림 10-4와 같이 세탁, 건조, 다림질의 세 단계를 대표하는 파이프라인을 생각해 보자. 하나의 옷을 세탁하고, 세탁한 옷을 건조한 뒤 건조된 옷을 다림질할 수도 있지만 이렇게 하면 3개의 프로세스마다 하나의 옷만 처리할 수 있다. 만약 세탁, 건조, 다림질을 병렬로 수행할 수 있다고 가정하면 세탁이 끝난 옷을 건조시키면서 새로운 옷을 또 세탁할 수 있다. 건조 및 다림질 단계에서도 마찬가지다. 파이프라인을 채우기 위한 초기 시간만 제외하면 하나의 프로세스마다 하나의 옷을 처리할 수 있는 것이다.

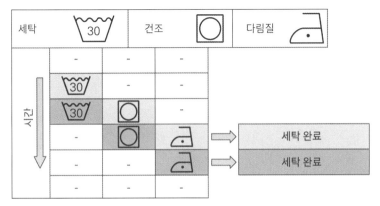

그림 10-4 계산적 효율을 위해 몇 개의 단계를 병렬적으로 처리하는 파이프라인의 시각적 비유

기하학적 사양 및 특성

OpenGL ES의 객체는 점, 선, 삼각형으로 구성된다. 이러한 기본 구성 요소, 즉 프리미티브(primitive)를 통해 복잡한 모양을 만들 수 있다. OpenGL ES에 대한 입력하는 값은 이 구성 요소 정점의 3차원 좌표다. 한 점에는 하나의 정점이 있고, 한 선에는 두 개의 정점이 있으며, 삼각형에는 세 개의 정점이 있다. 정점에는 모델 뷰 공간에서의 위치와 별도로 다른 데이터가 포함될 수도 있다. 각 정점과 연관된 데이터를 속성(attribute)이라고 한다.

3차원 세계에서 정점의 위치를 지정하기 위해서는 세 개의 좌표로 x, y, z(그림 10-5 참조)가 필요하다. 좌표의 3가지 성분을 3개의 원소를 가지는 벡터로 그룹화할 수 있다. 아무 변환이 적용되지 않았다는 전제하에 좌표축의 기본 방향은 x가 화면 내의 수평, y가 화면 내의 수직, z가 화면을 관통하는 방향 축에 해당한다. 축의 기본 범위는 −1에서 +1까지다. 이러한 축 범위 내에 정의된 정방형 내에 있는 모양은

2차원 표면(즉, 화면)에 투영될 수 있다. 도형의 일부가 이 범위를 벗어나면 해당 부분은 잘려서 화면에 전혀 보이지 않게 된다.

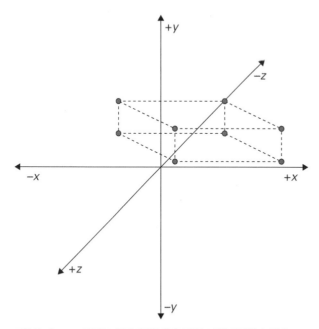

그림 10-5 x, y, z 좌표로 지정된 정점을 통해 3차원 도형을 정의할 수 있다.

OpenGL ES는 좀 더 복잡한 모양을 만드는 데 사용할 수 있는 7개의 프리미티브를 지원한다. 이러한 프리미티브의 종류는 그림 10-6과 같다.

- **점**: 기본 크기가 1픽셀인 단일 정점으로, 사용자가 포인트 프리미티브의 크기를 변경할 수 있다.

- **선**: 두 개의 연결된 정점으로 정의된다.

- **선 스트립**: 세 개 이상의 꼭짓점을 연결하되 첫 번째 정점과 마지막 정점을 연결하지 않은 상태의 열린 도형이다.

- **선 루프**: 선 스트립의 첫 번째 정점과 마지막 정점이 연결되어 닫힌 형태의 도형이다.

- **삼각형**: 세 개의 정점을 모두 연결한 도형이다.

- **삼각형 스트립**: 삼각형을 이루는 세 정점 중 두 개가 새로운 정점과 함께 새로운 삼각형을 형성하는 형태의 삼각형의 모음이다.

- **삼각형 팬**: 삼각형 스트립과 유사하지만 삼각형 팬을 이루는 모든 삼각형은 하나의 공통 정점을 공유한다.

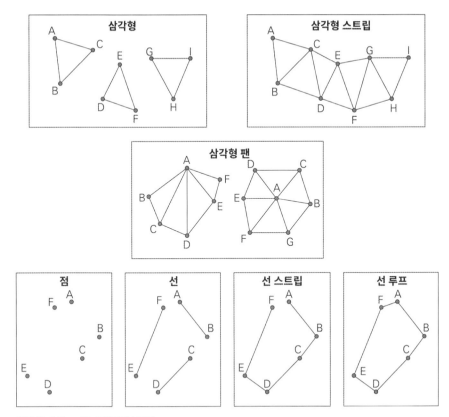

그림 10-6 OpenGL 프리미티브 타입

OpenGL ES의 모든 도형은 이러한 기본 유형을 통해 구성되며 개발자가 유형을 지정할 수 있다. 좌표의 기본 형식은 32비트 부동 소수점 형식이다(정확한 위치 지정을 지원하기 위해 넓은 동적 범위의 값을 제공). 사용자가 다른 데이터 형식을 지정할 수도 있다.

각 정점에 대한 위치 이외의 데이터도 사용자가 지정할 수 있다. 이 데이터는 후속 3D 렌더링 단계에서 사용될 데이터이며, 색상, 법선 벡터(조명 계산에 사용됨), 텍스처 좌표(텍스처링에 사용됨)가 포함될 수 있다. OpenGL ES의 각 정점에는 색상이 지정된다. 서로 다른 정점에 대해 다른 색상이 설정되면 파이프라인은 자동으로 각 색상을 섞어서 도형 내부에 있는 화면 픽셀에 입힌다. 색상은 최대 네 가지 구성 요소, 즉 빨강, 초록, 파랑, 투명도(알파)로 지정되며 투명도는 선택적이다. 여러 객체가 한 장면의 한 픽셀을 오버레이하면 객체의 상대적인 깊이와 구성 요소의 투명도에 따라 색상을 혼합하는 방법이 결정된다.

> **알아두기**
>
> 법선 벡터(또는 법선)는 물체의 표면에 수직인 방향을 나타낸다.

추가 속성 정의는 OpenGL ES 1.1에서 잘 정의돼 있지만 고정 함수 렌더링 파이프라인만을 노출한다. 반면 OpenGL ES 2.0 파이프라인은 융통성이 있어서 추가 속성을 파이프라인에서 후속 처리할 수도 있다. 이에 대한 자세한 내용은 이번 장의 뒷부분에서 다루겠다.

기하학적 변환

컴퓨터 그래픽에서 변환이란 기본적으로 좌표계의 변경을 의미한다. OpenGL ES에서의 입력은 장면의 각 구성 요소에 대한 추상적인 객체 좌표지만 각 객체는 그 외관을 변경하거나 객체를 '화면'에서 완전히 제거할 수 있는 여러 변환을 거친다. 실제로 이와 관련된 수학적 논리는 하드웨어, 즉 GPU가 대부분 처리하지만, 왜 GPU가 이러한 방식으로 변환 과정을 돕는지 이해하려면 기본적인 개념을 이해할 필요가 있다.

> **알아두기**
>
> 여기서 '화면'이란 용어를 사용하기는 하지만 렌더링의 출력이 반드시 디스플레이에 이뤄져야 할 필요는 없다. 많은 응용 프로그램은 이미지를 화면에 출력하기 전에 처리하며, 각 중간 처리 단계(또는 렌더링)는 사용자에게 보이지 않을 수 있다.

변환의 종류

첫 번째 정점 처리 단계는 전체 장면의 컨텍스트에서 개체의 위치를 지정하고 크기를 지정하는 모델링 변환이다. 3D 세계에서 생성되는 이러한 객체의 상대적 위치를 정의할 때는 기본적으로 세계 좌표(world coordinate)계가 사용된다. 이어서 장면의 관찰자가 실제로 보는 모습을 기술하기 위한 두 번째 변환이 발생한다. 관찰자의 관점에서 바라본 세계만을 화면에 표시하기 위해 시각 변환을 거치면 눈 좌표(eye coordinate)계로 좌표계가 바뀐다. 사실 OpenGL ES는 두 단계를 출력과 구분할 수 없으므로 이 두 변환을 분리하지 않는다. 예를 들어, 여성이 개를 앞에 두고 산책시키는 장면을 상상해 보자. 다음 프레임에서 개는 여자의 왼쪽에 있다. 이것은 개가 고정된 여성의 왼쪽으로 이동했기 때문일까(개의 모델링 변형)? 아니면 여성이 개의 오른쪽으로 이동했기 때문일까(여성의 시각 변환)? 이 차이는 순수하게 개념적이므로 OpenGL ES는 이 둘을 구분하지 않는다. 단 하나의 모델뷰 변환(modelview transformation)이 있을 뿐이다(그림 10-7).

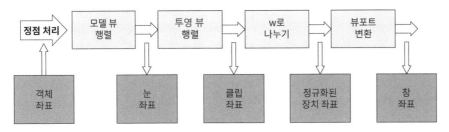

그림 10-7 OpenGL ES는 시각 변환을 위해 하나의 모델뷰를 사용한다.

OpenGL ES는 세 가지 기본적인 모델 뷰 변환, 즉 좌표 이동, 스케일링, 회전을 지원한다.

- 좌표 이동(Translation)은 위치 벡터의 각 구성 요소에 오프셋을 추가하는 작업으로, 새 좌표계로의 이동에 해당한다. 예를 들어 (-off_x, +off_y, +off_z) 오프셋의 경우 벡터 (x, y, z)는 (x-off_x, y+off_y, z+off_z)가 된다. 전체 객체의 크기는 변경되지 않는다.

- 스케일링(scaling)은 위치 벡터의 각 구성 요소에 배율을 곱해서 전체 객체의 크기를 조정한다. 예를 들어, 배율이 (sf_x, sf_y, sf_z)라면 벡터 (x, y, z)는 (sf_x*x, sf_y*y, sf_z*z)가 된다.

- 회전에 대해 알기 위해서는 3차원 좌표계에 대한 이해가 필요하다. 2차원에서는 점을 중심으로 회전이 발생하는 반면 3차원에서는 축을 중심으로 회전이 일어난다. 일단 축이 정의되면 이 축을 중심으로 양의 회전 값이 시계 방향 회전을 일으키는지 또는 시계 반대 방향 회전을 일으키는지 명시하는 규칙을 적용해야 한다. OpenGL ES는 오른손 좌표계를 사용하므로 오른쪽 규칙이 적용된다. 즉, 축 방향으로 오른손 엄지손가락을 세우고 오른손의 다른 손가락을 말면 엄지를 제외한 손가락이 말리는 방향이 양의 회전 방향이 된다. 예를 들어, 원점(dx, dy, dz 중 적어도 하나가 0이 아닌)에 대해 벡터(dx, dy, dz)로 정의된 축은 사용자가 각 정점을 정해진 각도(이를 θ라고 한다)만큼 회전시킬 수 있는 축을 정의한다(그림 10-8).

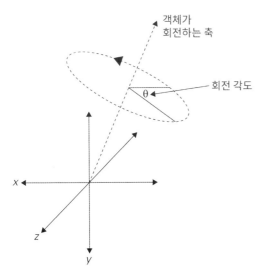

그림 10-8 회전은 객체가 회전할 수 있는 축과 회전 각도에 의해 정의된다.

OpenGL ES 1.1은 glTranslate, glScale, glRotate 같은 다양한 변환을 설명하는 고정된 함수 집합을 제공하며, OpenGL ES 2.0은 형상을 처리할 수 있는 프로그래밍 가능한 단계를 더 다양하게 제공함으로써 개발자에게 더 많은 제어권을 제공한다.

이 가상의 3D 세계 내에 물체를 위치시킨 후 가상의 세계에 대한 시야가 2차원 관찰면으로 투영돼야 하며 이를 위해서는 2단계의 추가 변환이 필요하다. 투영 변환(projection transformation)은 먼저 눈 좌표를 클립 좌표(clip coordinate)로 옮기는데, 이 변환이 필요한 이유는 아래와 같다.

- 관측자는 3차원 세계 전체를 볼 수 없으므로, 이 2D 장면을 볼 수 있는 한계, 즉 뷰포트(viewport)는 디스플레이에 렌더링되는 객체 세트로 한정된다.
- 관찰자는 특정 거리 범위 내에서만 사물을 볼 수 있으므로 변환된 구성 요소의 깊이에 한계를 둬야 한다.

이 범위를 벗어나는 객체는 잘려나가며(clipped), 클립 좌표라는 용어는 여기서 비롯된다. 장면을 표시해야 하는 2D 직사각형 대신, 보기 볼륨(viewing volume)이 장면의 객체 깊이를 고려한 관찰 가능 영역을 정의하게 된다.

이론적으로 이 보기 볼륨은 무한히 '깊은' 직사각형을 닮았고, 그 횡단면은 장면을 관통하는 2D 창과 같을 것이다. 하지만 실제 보기 볼륨은 이론적으로 생각할 수 있는 창과는 다른데, 그 이유는 아래와 같다.

- 원근법: 관찰자에게서 먼 사물은 더 작은 것처럼 보인다.
- 시야(field-of-view)는 관찰자와의 거리가 멀어짐에 따라 늘어난다.

실물과 같은 모든 이미지는 원근 투영을 사용해 뷰어와의 거리를 계산한다. 투시 투영(Perspective projection)은 관측자로부터 연장되는 무한히 깊은 피라미드 형태의 보기 볼륨을 의미한다. 그 깊이값이 무한이 될 수는 없으므로 객체를 관찰할 수 있는 동안 이 피라미드의 영역은 제한된다. 실제로 볼 수 있는 볼륨은 그림 10-9와 같이 잘린 피라미드다. 이것은 절두체(frustrum)라고도 하며 이번 장의 뒷부분에서 자세히 다루겠다.

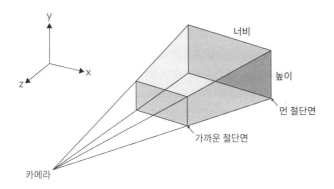

그림 10-9 OpenGL ES 절두체. 시점 경계 외에도 가까운 절단면과 먼 절단면이 있어야 투영 결과의 변환을 위한 유효한 클립 좌표계를 구성할 수 있다. 절단면은 절두체를 지나며, 가까운 절단면보다 뷰포트에 가깝거나 먼 절단면보다 멀리 있는 객체는 장면에 나타날 수 없다.

최종 변환은 2D 클립 좌표를 장면이 표시되는 장치(예: 화면의 픽셀 사각형)에 맞게 조정된 좌표 집합으로 변환하는 작업이다. 여기에 해당하는 변환은 뷰포트 변환(viewport transformation)이며, 이것이 정점 처리의 마지막 단계를 구성한다.

변환의 수학 – 변환 행렬

좌표 평면에서의 기하학적 변환에 대한 일반적인 설명을 마쳤으므로 이제 변환과 관련된 수학을 자세히 알아보자. 앞서 언급했듯이 3D 좌표 공간에서 정점의 위치는 3개의 성분을 가지는 벡터에 의해 데카르트 좌표계 내에서 표현된다. 여기서 각 구성 요소의 크기는 x, y, z축으로 이뤄진 차원의 원점에서 벡터에 이르는 각 축 내의 거리를 나타낸다. 이제부터는 (x, y, z) 같은 형태로 각 정점을 표현할 것이다.

변환을 거치고 나면 그래픽 객체의 위치(좌표 이동), 크기(스케일링), 회전축에 대한 각도 등이 변한다(회전). 이러한 변환을 수행하려면 객체의 정점을 좌표 평면에서 특정 방향과 크기로 이동시켜야 한다. 정점의 새로운 위치를 결정하기 위해서는 정점의 x, y, z 값을 수식에 대입해서 계산해야 하는데, 행렬을 사용하면 이러한 수학적 연산이 수월해진다.

행렬은 숫자의 직사각형 배열이며, 앞에서 설명한 모델 뷰 변환을 나타내는 데 사용된다. 행렬은 동일한 차원의 출력 벡터를 계산하기 위해 각 벡터를 구성 요소별로 미리 곱하기 위해 사용된다. 두 개의 행렬을 곱할 수 있으려면 첫 번째 행렬의 열 수가 두 번째 행렬의 행 수와 같아야 한다. 조건을 만족하는 두 행렬을 곱할 때는 첫 행렬의 첫 번째 행에 있는 각 값에 두 번째 행렬의 첫 번째 열에 각 해당 값을 곱한 다음 그 결과를 합한다. 그리고 아래와 같이 모든 행과 열에 대해 이 계산을 반복한다.

$$\begin{pmatrix} a & b & c \\ d & e & f \\ g & h & i \end{pmatrix} \begin{pmatrix} x \\ y \\ z \end{pmatrix} = \begin{pmatrix} ax + by + cz \\ dx + ey + fz \\ gx + hy + iz \end{pmatrix}$$

다음은 배율을 sf_x, sf_y, sf_z로 해서 3차원 벡터를 스케일링하기 위한 곱셈 행렬 연산의 예다.

$$S = \begin{pmatrix} sf_x & 0 & 0 \\ 0 & sf_y & 0 \\ 0 & 0 & sf_z \end{pmatrix} \begin{pmatrix} x \\ y \\ z \end{pmatrix} = \begin{pmatrix} sf_x * x \\ sf_y * y \\ sf_z * z \end{pmatrix}$$

행렬 사용의 가장 강력한 장점은 일련의 연속된 행렬 곱셈으로 여러 변환을 결합할 수 있다는 점이다. 이를 통해 정점 처리의 모든 단계를 하나의 행렬 곱셈으로 축소할 수 있으므로 전체 프로세스를 더욱 효율적으로 수행할 수 있고, 전용 하드웨어로 처리할 수 있게 된다.

알아두기

위의 행렬 예제는 3개의 축 x, y, z에 해당하는 3×3 행렬을 보여주지만 실제로는 4×4 행렬이 많이 쓰인다. 네 번째 열은 원점(세 축이 교차하는 점)을 나타낸다. 이 네 번째 열을 사용하면 좌표 이동을 수행하는 데 필요한 좌표 원점의 위치를 변경할 수 있다.

광원과 재질

광원과 재질은 실제로 화면에 보이는 물체의 사실감에 직접적으로 기여하는 요소다. OpenGL ES의 주요 개정 과정에서 광원과 재질에 관련된 부분이 상당히 바뀌었다. 이번 절에서는 OpenGL ES 1.1에서 볼 수 있는 기본적인 광원 개념에 대해 설명하겠다. OpenGL ES 2.0 이후에는 광원 시스템이 (앞 절에서 설명한 기하학적 변환 단계와 함께) 완전히 프로그래밍 가능한 파이프라인으로 대체되어 더 많은 사용자 정의가 가능해졌다. 이전에는 응용 프로그램 개발자가 제한된 고정 함수 호출 집합만 사용할 수 있었다.

관측자가 세계를 인식하는 방법의 핵심은 물체와 물체의 상호작용이다. 거울은 많은 빛을 반사하기 때문에 반짝반짝 빛난다. 울 스웨터는 더 많은 빛을 흡수하고 소재의 표면 윤곽에 따라 확산 반사를 생성하기 때문에 푹신푹신하다. 실제처럼 보이는 3D 세계를 구현하려면 이러한 효과를 매일 볼 수 있는 객체로부터 예상 가능한 속성에 적합한 방식으로 모델링해야 한다. 광원은 객체의 정점마다 계산되며, 그 속성은 다른 정점 속성과 같은 전체 프리미티브 요소에 보간된다.

OpenGL ES는 장면에 배치된 광원 및 객체에 대해 정의해야 하는 일련의 속성을 정의한다. 두 가지 유형의 반사, 즉 정반사와 확산 반사가 정의돼 있다(그림 10-10).

- **정반사(Specular reflection):** 빛의 광선은 표면에 의해 거의 모든 방향으로 반사되며, 관찰자는 관찰자의 정확한 위치에 따라 색이 짙은 영역을 보게 된다. 거울에서 반사되는 햇빛이 대표적인 예다. 정반사는 한쪽으로 약간 움직이면 쉽게 피할 수 있다. 이러한 방식으로 색이 강렬해지는 물체의 영역을 반사 하이라이트(specular highlight)라고 한다.

- **난반사(Diffuse reflection):** 물질이 모든 방향으로 빛을 분산시켜 물질이 흐릿하고 뭉툭하게 보이게 된다. 관찰자는 전체 표면을 통해 색상을 인지한다.

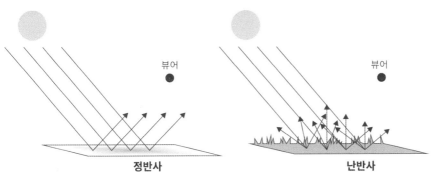

그림 10-10 정반사와 난반사

이러한 속성을 통해 재질의 반사도를 관리할 수 있다. OpenGL ES는 두 개의 추가적인 색상을 통해 객체의 반사 색상과 확산 색상을 정의한다. 주변색(ambient color)은 간접 조명에 의해 비춰질 때 물체가 반사하는 색이며, 방출색(emission color)은 외부 조명 없이 물체에서 방출되는 '광선'에 해당한다.

표면의 특성 외에도 빛이 방출되거나 반사되는 각도에 따라서도 물체의 색상이 달라진다. 평면 음영 곡면은 빛이 반사되는 각도에 따라 색상이 달라진다. OpenGL ES는 객체의 표면에 수직인 방향을 나타내는 법선 벡터를 통해 이 정보를 포착한다. 실제로 법선 벡터는 색상 및 텍스처 좌표와 마찬가지로 각 정점에 대해 정의되며, 다른 정점 속성과 마찬가지로 프리미티브 유형에 대해 변형되고 보간된다. 이는 삼각형이 평면이지만 곡면을 중심으로 모양이 형성될 수 있고, 법선 벡터가 원시의 길이와 너비에 따라 점진적으로 바뀌기 때문이다. 법선 벡터가 변하기 때문에 이 값을 사용하는 계산 결과가 달라지므로 자연스럽게 예상되는 계산된 색상에 영향을 준다. 법선 벡터에는 벡터가 가리키는 방향도 포함된다. 법선 벡터의 방향은 프리미티브가 정면인지 후면인지에 따라 결정된다. 정면을 향한 프리미티브는 뷰어를 향하는 객체의 면을 형성해서 법선 벡터가 뷰어를 향하게 한다. 후면을 향한 프리미티브는 뷰어로부터 멀어지는 방향을 가리키는 법선 벡터를 가지고 있다. 프리미티브의 면이 기하학적 형상 지정 단계에서 포착되기 위해서는 정점의 와인딩 순서(winding order)가 정리돼 있어야 한다. 기본적으로 반시계 방향 와인딩 순서로 정의된 정점은 정면을 향한 기본 모양을 형성하고, 시계 방향 와인딩 순서로 정의된 정점은 뒷면을 향한 기본 모양을 형성한다. 그림 10-11은 정면 및 후면을 향한 프리미티브의 와인딩 순서의 예를 보여준다.

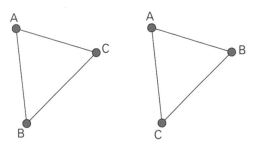

그림 10-11 왼쪽 사각형은 반시계 방향 와인딩 순서로 정의됐다. 즉 정면을 향하는 프리미티브 유형에 해당한다. 오른쪽의 사각형은 시계 방향 와인딩 순서로 정의됐기 때문에 후면을 향하는 프리미티브 유형에 해당한다.

알아두기

실제 표면, 특히 NURBS(non-uniform rational basis spline, 곡선과 곡면을 생성하기 위한 수학적 모델) 변환을 거친 CAD 모델의 실제 표면은 OpenGL에서 정점과 삼각형으로만 근사될 수 있다. 실제로 이 모델에 부드러운 연속적 형상을 부여하는 것은 컴퓨터가 생성하는 것처럼 이미지의 자연스러움을 낮추는 텔테일 테셀레이션(tell-tale tessellation), 즉 기하학적 모양이 있는 표면의 바둑판식 배열이 아니라 정점 사이의 반사를 보간하는 것이다.

재질 및 광원 속성이 정의되면 광원 계산 세트를 수행하고 각 정점의 색상을 산출하게 된다. 정점의 색상은 본질적으로 재질의 주변 색상, 발광 색상, 장면에 대한 광원 각각의 기여도로 구성된다. 이러한 기여도는 광원에 대한 표면의 방향(법선 벡터 사용), 표면에 대한 뷰어의 위치(반사 기여), 광원 및 뷰어와 표면 사이의 거리를 통해 그 강도가 조정된다. 특히 표면으로부터의 거리 요소를 이해하려면 빛의 영향이 본질적으로 광원으로부터 퍼져 나가는 에너지의 원추라는 점을 이해해야 한다. 빛의 상대적 강도는 역제곱 법칙을 따르고, 원뿔의 밑면으로 갈수록 강도가 약해진다. 정점의 색상은 재질과 광원의 색상, 재질의 광택, 반사 광선과 뷰어 사이의 각도를 통해 더욱 개선되며, 이 각도가 커짐에 따라 가시광선의 양이 줄어든다. 확산 기여도도 마찬가지로 확산 색상 구성 요소에서 파생되는데, 차이가 있다면 광원 광선과 표면 법선 사이의 각도가 사용된다는 점이다. 결과적으로 광원에 평행한 표면에는 빛이 전혀 비춰지지 않는다.

정점의 색상은 모든 광원의 기여도 합계이므로 모든 기여도가 결합된 강도로 인해 장면의 모든 색상 세부 사항이 쉽게 손실될 수 있다. 이는 과다 노출되는 사진의 개념과 유사하다. 원하는 출력을 얻으려면 광원의 레벨을 신중하게 조정해야 한다.

이전에 설명했듯이 OpenGL ES 2.0 및 이후 버전에서는 변환 및 광원 처리 프로세스가 훨씬 유연해졌다. 이 프로세스는 이제 정점 셰이딩(vertex shading)으로 알려져 있으며, 사용자가 완전히 프로그래밍할 수 있다. GSLS(GL Shader Language)이라는 OpenGL ES 관련 셰이더 언어로 지정된 프로그램은 이러한 변환을 수행하기 위해 구현됐으며, 하드웨어가 있으면 GLSL 프로그램이 계산적인 필요에 따라 컴파일되는 GLSL 전용 프로세서의 형태를 취할 수 있다.

원시 어셈블리와 래스터화

이 시점까지는 애플리케이션에 의해 정점 속성의 목록이 새로운 속성의 목록으로 변환되어 대상 디스플레이 장치를 위한 좌표계에 반영되고 있다. 그러나 이러한 정점은 화면에서 볼 때 모양을 구성하는 데 사용돼야 한다. 표시할 도형을 준비하는 과정은 두 단계로 이뤄진다.

1. **프리미티브 어셈블리**: 각 모양의 정점을 그룹화해서 모든 모양이 최종 출력 이미지에 표시되는 방식을 파이프라인이 계산할 수 있게 한다.

2. **래스터화**: 도형이 픽셀의 모임으로 변환되어 화면에 표시되거나 추가 렌더링 단계에서 처리된다(그림 10-12).

래스터화에서는 도형의 경계 안에 있는 모든 픽셀이 정점과 관련된 데이터를 사용해 음영처리(셰이딩)돼야 한다. 외부에 있는 픽셀은 변함없이 그대로 둬야 한다. 이러한 픽셀이 결정된 후에 각 정점과 관련된 속성이 보간돼야 하므로 도형 내의 각 픽셀은 모서리와의 거리에 따라 프리미티브에 속한 픽셀의 가중 평균을 상속받는다. 색상, 법선 벡터(조명에 사용됨), 텍스처 좌표 같은 속성이 모두 같은 방식으로 보간되고, 이후 픽셀 단위 처리(OpenGL ES 2.0에서 프래그먼트 셰이딩이라고 함)에 사용된다. 이러한 속성값은 도형에 따라 다양하기 때문에 이를 프래그먼트 셰이딩 단계에 입력할 때는 가변값(varying)이라고 한다.

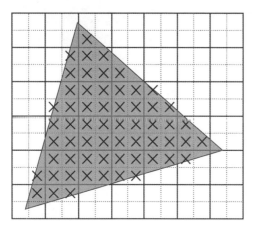

그림 10-12 래스터화. 각각의 십자 표시는 프래그먼트 처리 단계에서 셰이딩이 이뤄질 프리미티브 샘플에 해당한다.

비록 래스터화 과정이 OpenGL ES 사용자에게 보이지 않거나 숨겨져 있더라도 이 단계가 어떻게 작동하는지 알면 도움이 된다. 출력 프레임 버퍼(output frame-buffer)가 화면에 표시될 각 픽셀을 나타내는 사각형 격자로 나눠진 것을 상상해 보자(출력 프레임 버퍼는 완전한 데이터 프레임을 가진 비트맵을 포함하는 RAM의 일부). 프리미티브에 의한 픽셀의 커버리지는 픽셀이 나타내는 '사각형' 내의 하나 이상의 샘플 포인트에 의해 결정된다. 한 픽셀에 두 개 이상의 샘플 포인트가 사용되는 것을 멀티샘플링(multi-sampling)이라 하며, 이는 출력 이미지 품질을 향상시키는 데 사용될 수 있다. 멀티샘플링이 활성화되지 않은 경우 픽셀의 중앙에 있는 단일 샘플 지점을 사용해 정확한 위치를 나타내게 된다. 2개의 프리미티브가 특정 픽셀을 통해 모서리를 공유하는 경우 단일 출력 부분만 생성해야 한다. 타이 브레이크 규칙(tie break rule)이라는 규칙 세트를 통해 다양한 경우에 어떤 프리미티브가 선택되는지 결정할 수 있으며, 이러한 규칙은 래스터화 과정의 일관성을 보장한다. 또한 이 단계에서 포함된 픽셀은 단순한 색상 정보 이상을 포함하기 때문에 프래그먼트(fragment)라고 한다. 텍스처 좌표, 깊이, 스텐실 정보도 각 프레임 버퍼 위치와 관련된다.

멀티샘플링을 사용하면 각 픽셀에 샘플 포인트가 많아서 프레임 버퍼에 부분적으로 적용될 수 있다. 픽셀당 단일 커버리지 값은 샘플 포인트당 1비트를 포함한다. 모든 샘플의 색상 및 텍스처 좌표는 동일할 수 있지만 깊이 및 스텐실 정보는 샘플마다 저장된다. 이러한 방식에서는 색상 계산(텍스처 샘플링 포함)을 픽셀 단위로 수행하면 되므로 성능 저하 없이 경계 부분의 앤티 앨리어싱(anti-aliasing)을 달성할 수 있다. 출력 픽셀은 단순히 포함된 샘플 포인트 수의 평균이다.

특정 픽셀에 의해 덮여있는 픽셀을 결정한 후에는 전체 픽셀에 대한 정점 속성에서 이러한 픽셀과 관련된 모든 속성(프래그먼트)을 계산해야 한다. 이것은 보간과 각 프리미티브의 정점의 중심 좌표(barycentric coordinate)를 통해 이뤄진다(그림 10-13). 정점에서 각 프래그먼트까지의 거리를 결정하면 단순 선형 보간을 사용해 픽셀 처리에 필요한 다른 정점 속성과 함께 색상 및 텍스처 좌표를 계산할 수 있다. 그러나 한 가지 문제가 있다. 원근 투영 자체는 선형 변환이 아니기 때문에 원근 투영에 이어지는 장치 좌표의 선형 보간은 일관된 결과를 보장하지 않는다. 이 지점에서 w가 등장한다. 각 정점 속성을 각각의 w 항으로 나누면 $1/w$ 항을 보간한 다음 이 보간된 $1/w$ 원근감 보정 보간법으로 각 보간된 속성을 나누게 된다.

중심 좌표는 객체 정점의 영향에 상대적인 객체 내부의 한 점의 위치를 나타낸다. 일반적으로 점이 전체 객체의 질량 중심에 놓이도록 각 꼭짓점에 배치된 질량의 크기로 간주된다. 삼각형의 경우 부피가 아닌 영역을 사용해 더욱 쉽게 시각화할 수 있다. 그림 10-13에서 삼각형 ABC 내부의 일반 점 P의 중심 좌표는 각각 PBC, PCA, PAB 영역의 상대적 비율을 나타낸다. 정의에 따라 점 P의 좌표는 최대 1을 더한다. 이렇게 하면 계산된 출력이 각 꼭짓점 특성에 중심 좌표 구성 요소를 곱한 값의 합계이기 때문에 다양한 보간법을 쉽게 만들 수 있다. 원근-정확한 계산(Perspective-correct computation)은 $1/w$ 보간법을 포함해야 하며, 이는 변화하는 각 표본이 결정된 후에 나눠져야 한다.

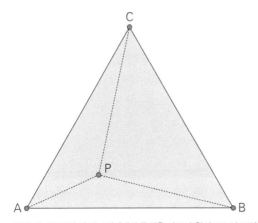

그림 10-13 중심 좌표는 질점계의 중심을 좌표의 원점으로 하고 관성계 공간에 대해 좌표축 방향이 바뀌지 않게 한 좌표를 말한다.

픽셀 처리(프래그먼트 셰이딩)

프래그먼트가 프리미티브의 내부에 있고, 모든 보간된 가변값을 계산했다면 픽셀 단위로 처리할 수 있다. 그러나 프래그먼트가 동일한 프래그먼트의 위치와 겹치는 다른 도형 뒤에 있으면 여전히 보이지 않을 수 있다. 이 상태를 폐색(occlusion)이라고 한다. 또한 투명성은 프래그먼트와 연관된 색상 값이 프레임 버퍼에 기록된 최종 색상이 아님을 의미할 수도 있다. 이 색상은 뷰어에게도 부분적으로 보이기 때문에 뒤의 객체와 섞어야 한다. 이러한 결정은 일련의 테스트에 의해 처리되며, 프레임 버퍼에 대한 결과적인 연산에 영향을 준다. OpenGL ES 1.1에서는 샘플 데이터 계산이 일련의 고정 함수 연산으로 제한되는 반면, OpenGL ES 2.0에서는 응용 프로그램 작성자가 범용 프래그먼트 셰이딩을 통해 각 프래그먼트와 관련된 색상, 깊이, 스텐실 값을 계산할 수 있다. 우선 OpenGL ES 1.1을 중심으로 기능을 알아보자.

래스터화 파이프라인을 빠져나오는 프래그먼트는 먼저 래스터화 파이프라인에 바인딩된 텍스처를 사용한다. 다음 절에서 더 자세히 설명하겠지만 메모리에 저장된 텍스처의 맵은 직접 적용되거나 프래그먼트 샘플의 색상을 수정하는 데 사용된다. 텍스처링은 낮은 계산 비용으로 생생한 시각화를 달성하기 위해 다양한 방법으로 사용될 수 있다. 그런 다음 OpenGL ES 1.1의 고정 함수 파이프라인은 색상 합 단계(color sum stage)를 적용해 프래그먼트 색상에 2차 색상을 추가하거나 텍스처 색상을 추가로 수정한다(예: 반사 하이라이트). 프래그먼트 처리의 마지막 단계로, 안개를 적용해 뷰어에서 멀리 떨어져 있는 객체의 가시성을 줄여 객체가 멀리 있는 절단면에 접근할 때 사라지게 하는 작업이 이어진다.

특정 샘플 위치에 대해 이러한 색상 값이 어떻게 업데이트되는지 다루기에 앞서 이 색상이 업데이트되는지 여부에 영향을 미치는 것은 깊이 및 스텐실 데이터라는 점을 짚고 넘어가자. 하나의 장면은 3차원 객체를 묘사하므로 객체의 일부 또는 객체 전체가 다른 객체 뒤에 놓이게 되고 프레임 버퍼에 표시되지 않을 수 있다. 화가 알고리즘(painter's algorithm)이라고 하는 이 기법을 처리하는 한 가지 방법은 전방에 있는 그림을 나중에 렌더링해서 처음부터 표시할 수 있게 하는 기본 요소의 순서를 뒤에서 앞으로 변경하는 방식이다. 그러나 객체의 다른 부분이 교차하고 이미지의 다른 부분에서 겹칠 때는 화가 알고리즘이 실패할 뿐만 아니라 보기 위치가 변경될 때마다 이 순서를 다시 계산해야 한다.

OpenGL ES는 깊이 버퍼(depth buffer)를 사용해 보이는 각 프레임 버퍼 샘플의 위치를 장면에 저장한다. 각 프리미티브에서 업데이트할 샘플의 깊이를 프레임 버퍼의 깊이와 비교하고, 폐색돼 있으면 색상 값을 업데이트하지 않는다. 폐색되지 않았다면 색상을 프레임 버퍼에 기록하고 깊이 값을 업데이트한다. 그런데 이 기법에는 또 하나의 문제가 있다. 변환 및 래스터화 이후에 두 개의 프리미티브가 같은 평면에 있어도 깊이의 보간이 일관되게 계산되지 않는다는 점이다. 이것은 한 객체의 픽셀이 다른 동일 평면 객체의 픽셀로 '새어나갈' 수 있는 깊이 문제로 이어질 수 있다. 특히 프레임마다 변환이 미묘하게 바뀔 가능성이 있는 애니메이션에서 이런 문제가 심각해질 수 있다. OpenGL ES는 기울기 또는 바이어스를 기반으로 프리미티브의 변위를 설정하는 폴리곤 오프셋(polygon offset)이라는 메커니즘을 제공하는데 이것이 문제를 심화시킬 수도 있다. 그러나 응용 프로그램 작성자가 일관된 가변량 보간법을 사용하면 이러한 영향을 최소화할 수 있다.

깊이 테스트는 프래그먼트 테스트의 한 예이며, 최종 프레임 버퍼에서 샘플의 업데이트를 제어하는 데 사용될 수 있다. 다른 테스트도 있지만 일반적인 원칙은 계산된 값과 프레임 버퍼의 기존 값을 비교하는 것이다. 결과에 따라 값이 업데이트될 수도, 업데이트되지 않을 수도 있다.

다른 프래그먼트 테스트 중 살펴볼 만한 것으로 알파 테스트와 스텐실 테스트가 있다. 알파 테스트는 특정 샘플의 알파 채널에 대한 단편 테스트를 수행하며, 테스트 결과에 따라 원시 픽셀의 일부를 픽셀별로 버릴 수 있다. 스텐실 테스트는 기준값과 저장된 프레임 버퍼 값의 비교를 기반으로 프래그먼트를 제거하는 데 사용될 수 있다. 그러나 깊이 및 스텐실 테스트의 결과에 따라 샘플의 스텐실 버퍼 내용을 수정할 수도 있다.

프래그먼트 테스트 후에 프레임 버퍼의 최종 색상은 직접 교체될 수도 있고, 사용자가 지정한 구성에 따라 추가로 수정할 수 있다. 블렌딩은 이러한 단계 중 하나이며 샘플 픽셀 색상과 기존 프레임 버퍼 색상의 선형 조합으로 출력 픽셀 색상을 유도한다. 블렌드 계수는 더하기 또는 빼기 전에 원본(샘플) 및 대상(프레임 버퍼) 색상에 개별적으로 적용되어 프레임 버퍼에 쓸 새로운 색상을 만든다.

사용자는 블렌딩 외에도 논리 연산 세트를 사용할 수 있으며, 이를 통해 소스 및 대상 색상을 사용해 프레임 버퍼의 내용을 수정하는 데 사용할 수 있는 일련의 비트 연산이 가능하다. 각 작업은 각 색상 구성 요소에 개별적으로 적용되며, 샘플 색상이 프레임 버퍼에 바로 쓰여지도록 비활성화할 수도 있다.

OpenGL ES 2.0은 각 샘플을 처리할 수 있는 범용 플랫폼을 제공함으로써 프래그먼트 처리 파이프라인을 완전히 변형시켰다. GLSL 함수의 추가 세트는 파이프라인의 고정 함수 텍스처 환경, 색상 합, 안개 구성 요소를 완전히 대체한다. 하드웨어에서 구현하면 이러한 GLSL 함수가 사용자 정의 셰이더 프로세서 코어에서 실행되도록 필요에 따라 다시 컴파일된다. 이 프로세스의 일부는 이제 프래그먼트 셰이딩이라고 불린다.

텍스처링

텍스처 매핑(Texture mapping)은 렌더링된 표면의 색상을 메모리의 이미지에서 직접 계산하거나, 이미지나 형상 데이터를 바탕으로 추가적으로 처리하기 위해 광범위하게 사용되는 기본적인 리소스다. 텍스처 매핑을 사용하면 정점의 좌표가 텍스처의 좌표와 일치한다. OpenGL ES 프로그래머가 사용할 수 있는 기능은 지난 몇 년 동안 극적으로 향상됐지만 기본 개념은 동일하다.

텍스처(texture)는 메모리에 저장된 디지털 이미지다. 프레임 버퍼에 기록 할 각 샘플 또는 각 픽셀의 색상을 파생시키기 위해 프래그먼트 처리의 일부로 텍스처를 샘플링할 수 있다. 텍스처를 입히는 텍스처링(texturing)은 객체의 표면을 세부적으로 다듬는 방법 중 가장 간단하고 계산량이 적은 방법이다. 벽돌로 지은 집의 3차원 모델을 렌더링하는 상황을 생각해 보자. 벽돌을 하나하나 쌓아 벽을 만들 수 있으며, 각 벽돌은 주변 모르타르와 함께 개별적으로 변형되고 색이 입혀진다. 이렇게 하면 장면의 품질은 높겠지만 복잡한 기하 구조가 발생하며, 장면을 애니메이션으로 계산할 때의 계산량도 상당히 크다. 접근 방식을 바꿔보자. 벽 자체는 완벽한 개체다. 각 벽돌은 다른 벽돌과 고정된 거리를 두고 있다. 그럼 벽돌과 모르타르의 반복되는 패턴을 전체 벽 모델에 붙여 넣으면 어떨까? 벽돌과 모르타르의 이미지를 메모리에 저장하고, 전체 벽에 걸친 픽셀이 프리미티브를 통해 렌더링될 때 메모리에 저장된 다음 색상을 샘플링하기만 하면 된다. 실제로 메모리에 저장된 이미지는 프레임 버퍼의 객체 표면에 복사된다. 장면 내에서 벽이 변형되면 이 이미지의 크기를 조정하고 필터링해야 하는데, 이는 텍스처 매핑(texture mapping)을 통해 가능하다. 텍스처를 이용하면 기존의 객체 표면에 효과를 적용할 수 있고, 최신 OpenGL ES 2.0 프래그먼트 셰이더에 데이터의 일반적인 소스로 적용하기 위해 오브젝트의 색상을 지정하는 데 사용할 수도 있다.

텍스처는 프레임 버퍼에 이미지 데이터가 저장되듯이 이미지 데이터의 직사각형 배열로 메모리에 저장된다. 텍스처의 각 요소는 텍셀(texel)이라고 한다. 원래 텍스처의 크기는 샘플링 계산을 단순화하기 위해 2의 거듭제곱(폭, 높이가 32, 64 또는 2^n 텍셀로 이뤄짐)으로 제한됐지만 OpenGL ES 2.0에서는 이러한 제한이 풀렸다. 텍스처 이미지를 참조할 때는 텍스처 좌표(texture coordinate), 즉 각 정점에서 텍스처를 샘플링하는 위치를 자세히 설명하는 속성을 이용한다. 전체 텍스처는 [0,1] 범위의 좌표 내에서 참조할 수 있다. 개별적인 텍셀에 액세스하기 위해서는 좌표에 이미지의 크기를 곱해야 한다. 좌표가 [0,1]의 범위를 벗어나면 벌어지는 현상이 몇 가지 있다. 래핑(wrapping)이 가능한 상태에서는 텍스처가 반복될 수 있고(좌표의 전체 부분을 무시하고 소수 부분을 사용해 샘플링), 가장 바깥쪽의 텍셀이 샘플링되거나 경계 텍셀이 샘플링될 수도 있다. 이것은 원하는 출력에 따라 응용 프로그램 작성자가 구성할 수 있다.

텍스처의 샘플링은 지정된 필터링 모드에 따라 달라질 수도 있다. 텍스처 좌표는 메모리에 저장된 이미지를 샘플링하는 정확한 위치를 지정하지만 특정 텍셀의 중심에 떨어지지는 않는다. 최근접 필터링(nearest filtering)을 사용하면 샘플링 포인트에 가장 가까운 텍셀이 선택되는데, 이는 구현의 편의성과 연산량 절감을 위한 방식이다. 더 정확한 결과를 얻으려면 샘플링 포인트에 가장 가까운 네 개의 텍셀을 선택하고 각 샘플링 포인트의 거리에 따라 2차원에서 이들의 가중 평균을 취하면 된다. 그림 10-14와 같이 간단한 2×2 상자 필터를 사용해 적절한 텍셀 색상을 유도하는 방식을 겹선형 필터링(bilinear filtering)이라고 한다.

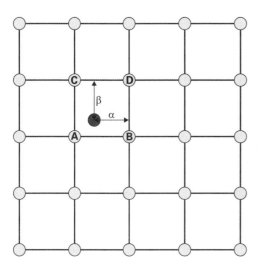

그림 10-14 암회색 점은 메모리 내의 텍스처에 대한 샘플 위치를 가리킨다. 최근접 필터링 방식에서는 텍셀 A가 선택된다. 겹선형 필터링 방식에서는 텍셀 A, B, C, D의 값에서 α와 β 거리값을 고려해서 선형적으로 평균을 취한다.

텍스처 이미지는 뷰어에 가깝고 큰 객체, 또는 멀리 떨어져 있는 작은 객체에 적용될 수 있다. 멀리 있는 물체에 대한 텍셀 샘플링 속도는 눈에 띄는 시각적인 아티팩트(왜곡)를 유발할 수 있다. 먼 거리에 있는 물체 내의 인접한 두 픽셀은 동일한 텍스처에서 멀리 떨어져 있는 텍셀과 일치할 수 있다. 연속적인 픽셀에 대해 겹선형 필터링을 적용하면 세부적인 묘사가 손실될 수 있고 원치 않는 무아레(moiré) 무늬가 나타날 수도 있다. 이를 방지하려면 각 샘플 포인트를 둘러싼 모든 텍셀의 평균을 계산해서 연속 샘플이 모든 이미지 데이터를 캡처하게 해야 한다. 고해상도에서 이러한 방법을 사용하면 엄청난 연산량을 투입해서 평균 수백 개의 텍셀을 생성하게 된다. 이러한 방식을 밉맵(mipmapping)이라고 한다. 밉맵은 텍스처를 다운필터링해서 미리 계산하고 원래의 이미지와 함께 저장한 시퀀스다. 각 밉맵은 원래 이미지의 절반에 해당하는 높이와 너비를 가진다(그림 10-15 참조). 완전한 한 세트의 밉맵은 바로 1×1 텍셀 이미지로 계산된다. 1/4 크기 이미지의 전체 세트를 저장하는 데 드는 비용은 33%이지만, 텍스처 계산의 품질을 향상시키고 필터링 계산을 줄일 수 있다.

그림 10-15 밉맵의 집합. 각 밉맵은 앞 단계의 ½에 해당하는 높이 및 너비를 가진다.

밉맵을 이용하려면 텍스처를 샘플링하기에 적당한 크기를 계산해야 한다. 이 크기를 LOD(Level-of-detail)라 한다. 세부 사항이 그대로 보전된 이미지는 LOD 0에 해당한다. 레벨이 올라감에 따라 이미지 크기가 줄어들고 세부적인 내용이 안 보이게 된다. 적절한 LOD를 찾기 위해서는 프리미티브에 인접한 스크린 공간 픽셀을 선택하고 각 차원에서 해당 픽셀의 텍스처 좌표 간격을 계산해야 한다. 이러한 텍스처 좌표는 좌표를 구성하는 정점의 원래 텍스처 좌표에서 보간된 것이다. 그런 다음 텍셀 간격이 인접한 픽셀 간격과 가장 가까워질 때까지 LOD를 증가시킨다. LOD가 증가함에 따라 인접한 텍셀들은 연속적인 평균화를 통해 원래 이미지의 모든 픽셀로부터의 정보를 포함하게 되고, 시각적인 아티팩트의 가능성은 감소한다. 이렇게 정해진 LOD에서는 겹선형 필터링을 해도 문제가 없다.

그러나 겹선형 필터링에는 한계가 있다. 피사체가 뷰어로부터 멀리 떨어지면서 LOD가 바뀌다 보면 샘플링된 이미지의 선명도가 떨어진다. 이를 완화할 수 있는 방법이 삼선형 필터링이다. 픽셀 간격과 가장 근접하게 일치하는 LOD를 선택하는 대신, 최적의 간격 바로 아래와 바로 위의 LOD를 선택하고 각 LOD에서 겹선형 필터링을 수행한 다음 이 두 결과를 혼합한다. 이렇게 하면 선택한 밉맵 사이에 부드러운 전환이 보장된다.

지금까지 단순한 2차원 검색을 위한 텍스처링 과정을 설명했다. 픽셀과 그 이웃들에 대한 텍스처 좌표를 기반으로, 메모리에 저장된 이미지에서 가져와야 하는 텍셀에 대해 샘플 포인트가 도출되는 적절한 LOD를 선택하는 것이 요지다. 일단 LOD를 도출하고 나면 사용자가 지정한 필터링 모드에 따라 블렌딩될 수 있다.

또한 OpenGL ES 2.0은 큐브 맵(cube-map) 텍스처도 지원한다. 큐브 맵은 각 면에 동일한 장면의 다른 이미지가 배치된 6면짜리 블록이다. 큐브 구조는 조명 맵 및 반사 맵(표면에 적용되어 밝기를 제어하는 역할)을 만드는 데 특히 유용하다. 큐브의 중심에서 특정한 면을 가리키는 정규화된 벡터를 가리키기 위해 세 개의 텍스처 좌표(s, t, r)가 사용된다. 가장 큰 구성 요소의 크기는 면을 선택하는 데 사용되며, 나머지 두 좌표는 원하는 2D 이미지의 샘플 점을 참조하는 데 사용된다. 큐브 맵을 사용하면 입방체면의 모서리(또는 이음매)가 바람직하지 않은 시각 효과를 초래할 수도 있지만 빌딩 반사 및 복잡한 조명 지도의 계산을 효율적으로 할 수 있다는 장점이 있다.

OpenGL ES 1.1에서 텍셀을 가져와서 필터링하고 나면 이 데이터는 텍스처 환경을 통해 프래그먼트 처리 파이프라인에 투입된다. 이 최종 단계에서 프래그먼트 색상은 고정된 함수 조합 세트 중 하나에 따라 필터링된 텍셀 값, 그리고 (선택적으로) 환경 색상과 결합된다. 이러한 색상 조절은 기존의 단편 색상을 알파 블렌딩된 값으로 바꾸는 정도일 수도 있고, 텍스처 색상으로 완전히 대체하는 수준이 될 수도 있다. OpenGL ES 1.1에서는 여러 텍스처를 독립적으로 샘플링하고 특정 프래그먼트의 출력 색상을 계산하는 데 사용할 수 있는 멀티 텍스처링(multi-texturing)도 지원한다. 텍스처 파이프라인은 개념적으로 분리돼 있지만 텍스처 색상 조합은 하나의 텍스처 환경에서 텍스처 단위의 오름차순으로 이뤄진다. 그러나 그 단계의 수는 제한돼 있으며 텍스처 단계 사이에서 데이터를 이동시킬 수 없다는 한계가 있기 때문에 복잡한 텍스처링 효과를 얻기 위해서는 멀티패스(multi-pass) 방식을 사용해야 한다.

OpenGL ES 2.0에서는 일반 프래그먼트 셰이딩 파이프라인을 통해 텍스처 색상 조합에 완전한 유연성을 제공한다. 개발자는 프래그먼트 셰이더를 통해 텍스처 유닛에 액세스할 수 있다.

그래픽 하드웨어

이제 OpenGL ES 그래픽 파이프라인에 대해 이해했으므로 다양한 하드웨어 가속화에 대해 알아볼 시간이다. 하드웨어 가속을 위해서는 표준 OpenGL ES API와 GPU 사이의 소프트웨어 계층이 필요하다. 이를 드라이버(driver)라고 하며 메인 CPU에서 실행된다. 드라이브는 그래픽 하드웨어로 가속화되지 않는 기능을 CPU에 구현하고, API 호출을 해석하고 제어 세트로 변환해서 실제 렌더링을 수행하는 GPU를 설정하고 초기화한다. 정점 속성 버퍼, 텍스처, 프로그램은 메모리에서 파생되고 배치돼야 하며, 그래픽 코어에 액세스할 수 있어야 한다.

API 수준의 기능과 마찬가지로 성능 및 비용의 균형을 감안해서 기능을 특수 하드웨어로 분산시킬 수도 있는데, OpenGL ES는 이러한 점을 감안해서 구현자에게 다양한 접근 방식을 자유롭게 선택할 수 있도록 충분히 느슨하게 정의돼 있다.

이번 절의 마지막 부분에서는 라즈베리 파이의 그래픽 하드웨어인 VideoCore IV GPU에 대해 자세히 살펴보겠다.

타일 렌더링

그래픽 하드웨어 설계의 난제 중 하나는 메모리에서 주고받는 엄청난 양의 데이터를 처리하는 방법이다. 프레임 버퍼 트래픽만을 고려할 때 1080p 해상도로 렌더링하면 32비트 색상 및 32비트 깊이 스텐실 데이터가 있는 4× 다중 샘플 버퍼가 약 64MB의 데이터를 구성한다. 이 버퍼를 초당 60프레임(매끄러운 사용자 인터페이스 전환에 필요한 수준의 프레임 속도)으로 업데이트하려면 주 메모리의 대역폭이 초당 3.6기가 바이트(GB/s) 이상이어야 한다. 그러나 이것은 각 프래그먼트 샘플이 한 번만 렌더링될 때의 이야기다. 파이프라인에서 더 일찍 폐기될 수 없는 투명한 객체 또는 폐색된 객체는 기본적으로 2× 오버드로우(overdraw)로 각 샘플을 프레임당 두 번 렌더링해야 하고, 메모리에서 각 샘플을 한 번 읽고 두 번을 써야 한다. 이때 필요한 대역폭은 원하는 프래그먼트 데이터를 계산하는 데 필요한 정점 속성 및 텍스처를 읽지 않아도 10GB/s를 넘어선다.

직접 모드 렌더러(Immediate mode renderer)는 프레임 버퍼 데이터를 프로세서에 내장돼 있지 않은 칩 밖의 메모리에 저장하므로 그리기 호출(이미지 렌더링을 위한 GPU 요청) 각각을 처리할 때 색상, 깊이, 스텐실 데이터를 즉시 업데이트한다. 이를 효율적으로 수행하려면 그래픽 하드웨어(GPU)와 그래픽 메모리 사이의 대역폭이 엄청나게 넓어야 하며, 이는 큰 비용과 전력을 필요로 한다. PC 및 콘솔 기기의 그래픽 카드는 32GB/s까지 액세스할 수 있는 최대 8GB 주소 지정 가능 메모리와 전용 DRAM을 포함하는 구성을 가지고 있다. 그러나 모바일 장치에서는 이러한 거대한 구성을 기대하기 어렵다. 모바일 장치에서는 사용 가능한 전력도 작고 대역폭도 좁기 때문에 이에 대처하기 위한 방법이 필요한데 여기에 해당하는 것이 바로 타일 기반 렌더링(tile-based rendering)이다.

> **알아두기**
>
> 대역폭은 정보가 제공되는 링크의 용량이다.

타일 렌더러는 출력 프레임 버퍼를 타일(tile)이라는 사각형 배열로 나눈다. 각 타일에는 장면에 렌더링할 픽셀의 하위 집합이 들어있다. 타일은 일반적으로 작으며(약 16×16 또는 32×32 픽셀), 타일이 꼭 정사각형일 필요는 없다. 각 타일은 개별적으로 렌더링되지만 이미지의 특정 부분에 기여하는 모든 기본 요소에 대해 한 번만 렌더링된다. 이를 위해 GPU는 먼저 어떤 프리미티브가 이미지의 각 타일에 기여하는지 알아야 한다. 이 프로세스를 타일 비닝(tile binning)이라 한다(그림 10-16). 하드웨어는 장치 좌표에서 각 프리미티브의 위치를 계산하고, 어떤 부분이 타일 경계 내에 있으면 그 타일에 렌더링될 프리미티브 목록에 추가한다. 이후에는 해당 타일의 출력 이미지에 기여하는 기하학에만 초점을 맞춰 타일별로 렌더링이 진행된다. 칩 상의 메모리가 즉각적인 대역폭을 제공하고, 메인 프레임 버퍼는 한 번만 쓰면 되므로 칩 밖의 DRAM 액세스와 관련된 전력을 절약할 수 있다.

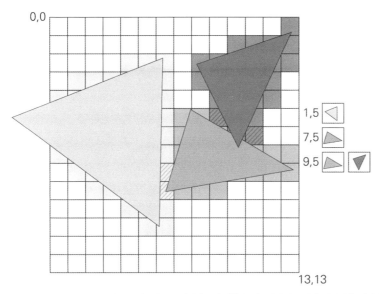

그림 10-16 타일 비닝. 각 타일에 겹쳐지는 프리미티브의 집합이 메모리에 기록된다. 렌더링은 겹쳐지는 각 프리미티브를 바탕으로 타일 하나 하나에 대해 이뤄진다.

비닝 단계의 계산량은 아키텍처마다 다를 수 있다. 수신되는 프리미티브를 앞에서 뒤로 정렬함으로써 렌더링 단계에서 완전히 폐색된 객체를 제거할 수 있으므로 나중에 파이프라인에서 처리 능력과 메모리 대역폭을 추가로 절약할 수 있다. 이 기법은 타일 기반 지연 렌더링(tile-based deferred rendering)으로 알려져 있다. 유사한 다른 기법은 다음 절에서 다룰 예정이다.

지오메트리 리젝션

3D 렌더링과 관련된 많은 양의 데이터 외에도 지오메트리 메시, 광원, 프래그먼트 처리의 복잡성이 늘어나면 각 출력 픽셀에 필요한 계산량으로 인해 최신 응용 프로그램의 프레임 속도도 떨어질 수 있다. 그러므로 파이프라인에서 가능한 한 일찍 뷰어에게 보이지 않는 객체를 버리는 것이 유리하다. 이렇게 객체를 버리는 작업은 보통 컬링(culling)이라고 하는 선택 작업을 통해 이뤄진다.

최신 하드웨어 GPU의 핵심 요구사항 중 하나는 OpenGL ES 2.0에서 정점 셰이딩(vertex shading)으로 알려진 프로세스를 사용해 파이프라인의 광원 및 변환 부분을 효율적으로 가속화하는 것이다. 이를 위해 정점 참조 형식의 프리미티브 데이터를 이러한 정점과 관련된 특성의 메모리에 있는 주소와 함께 하드웨어에 전달해서 장면에서 물체의 위치를 결정하기 위해 이 데이터를 처리해야 한다. 타일 렌더러의 경우 이 작업은 타일 비닝에 필수적이다. 전용 메모리 인출 엔진은 이러한 속성을 축적해서 OpenGL ES API를 통해 설정에 따라 메모리의 배열 구조 전반에 속성을 확산시킨다. 이 단계에서 캐싱이 이뤄질 수도 있다. 정점 참조와 프리미티브 유형의 순서에 따라 원시 스트림에서 두 번 이상 참조될 가능성이 있는 일부 정점 속성은 재사용될 수 있다. 참조 자체는 표면이 뷰어를 향하거나 뷰어로부터 멀어지는 방향을 지정하는 규칙을 따른다. 반시계 방향 와인딩 순서를 사용해 앞을 향한 다각형을 정의하면 화면 공간에서 시계 방향으로 정렬된 정점을 사용해 지정된 모든 프리미티브가 표시되지 않을 수 있다. 이 정보는 뒷면을 향한 프리미티브 요소가 앞면을 향한 요소에 의해 가려진 불투명 객체에 특히 유용하다. 하드웨어는 프리미티브의 표면 법선 벡터를 계산하고, 뷰어의 위치와 관련해서 방향을 계산해서 이를 발견할 수 있다. 도형이 뷰어로부터 멀어지면 파이프라인에서 버려질 수 있는 것이다. 이를 후면 컬링(back-face culling)이라 한다. 이렇게 하면 래스터화 및 단편 처리 단계를 방지할 수 있으므로 출력 이미지에 아무런 영향을 미치지 않고도 성능이 향상된다.

보이지 않는 기하 구조를 버릴 수 있는 다른 방법도 있다. 앞에서 언급한 보기 볼륨을 떠올려 보자. 이것은 관찰자가 볼 수 있는 3차원 영역이며, 절두체(frustrum)라는 잘린 피라미드로 근사된다. 절두체는 어떤 물체가 포함되고 어떤 물체를 잘라내는지를 결정한다. 기하학적 변환을 거친 객체는 절두체 외부에서 완전히 끝날 수 있으며, 래스터화 전에 완전히 삭제될 수 있다. 멀리 있는 절단면 안쪽에 놓여 있음에도 객체가 먼 거리까지 놓여 있어서 픽셀의 색상에 영향을 미치지 않을 수도 있다.

물론, 객체가 부분적으로만 보기 볼륨 밖에 있을 수도 있다. 이 경우 프리미티브의 보이는 부분만 렌더링하고 나머지는 버려야 한다. 이 과정을 클리핑(clipping)이라고 한다. 프리미티브가 잘리면 원래 정점을 사용해 삼각형으로 표현할 수 없게 되고, 1개 또는 2개의 새로운 삼각형이 필요할 수 있다(그림 10-17). 새 정점에는 클리핑되지 않은 원래의 프리미티브에서 보간된 속성이 들어있다. 이 정점은 원래의 프리미티브 대신에 파이프라인으로 공급되어 래스터라이저(rasteriser)가 프래그먼트 처리를 준비하기 위해 가시적인 샘플만 채울 수 있게 한다. 새로 만들어진 가장자리를 따라 가변량이 일관성 있게 유지되도록 주의를 기울여야 한다.

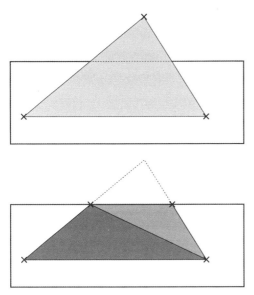

그림 10-17 위의 그림은 보기 볼륨을 부분적으로 벗어나는 삼각형을 보여준다. 클리핑 이후에는 절두체 경계에 두 개의 정점이 생겨나며, 원래 하나였던 삼각형은 두 개가 된다.

래스터화는 주로 고정 함수 작업이며, 파이프라인을 통과하는 기본 요소에 포함된 픽셀을 계산하기 위한 벡터 산술 연산의 전용 하드웨어 가속화에 적합하다. 변환 후, 다각형이 래스터화됨에 따라 각 정점과 관련된 깊이값이 보간되고, 각 샘플의 깊이값이 장면의 프리미티브 위치에 대해 산출된다. 다른 불투명한 객체 뒤에 놓인 샘플은 표시되지 않으므로 버려질 수 있지만 메모리 트래픽을 줄이고 성능을 향상시키려면 프래그먼트 처리 전에 이를 제거해야 한다. 프래그먼트 처리가 샘플의 깊이를 업데이트하지 않고 장면의 기존 객체가 불투명하다면, 깊이가 현재 프레임 버퍼를 차지하고 있는 샘플의 깊이값보다 작다는 조건하에 샘플을 일찍 폐기할 수 있다. 이러한 방법은 초기 심도 제거(early depth rejection, early z)로 알려져 있는데, 이 방법에는 명백한 대기 시간(지연) 문제가 있다. 깊이 버퍼는 하드웨어 파이프라인에서 이미 처리되고 있는 프래그먼트에 의해 업데이트될 수도 있지만 이들은 기존 샘플보다 뷰어에 더 가깝다. 기존 샘플 뒤에 있는 것은 아무런 문제 없이 안전하게 제거할 수 있지만 초기 깊이 테스트와 깊이 업데이트 사이의 시간을 줄이면 초기 심도 제거의 효율성이 향상된다. 제한된 객체를 사용해 초기 심도 제거 테스트를 수행하는 방식으로 구현하면 정확성을 일부 희생하고 심도 제거의 처리량을 향상시킬 수도 있다. 일부 하드웨어 아키텍처는 멀티패스 접근법을 사용하는데, 이는 모든 프리미티브 요소에 대한 모든 샘플의 깊이 구성 요소를 프래그먼트 처리 전에 계산하는 방식이다. 그다음으로 가장 가까운 픽셀의 프래그먼트만 처리하면 되므로 작업량이 크게 줄어든다. 이 기법을 지연 렌더링(deffered rendering)이라 한다.

셰이딩

이미 설명했듯이 OpenGL ES 2.0은 프로그래밍 가능한 정점 및 프래그먼트 셰이더를 통해 훨씬 더 유연한 변환, 광원, 픽셀 처리 파이프라인을 도입했다. 이러한 프로그램은 원시 GL 셰이딩 언어(GL shading language, GLSL)에서 파생된 범용 프로세서에서 실행되도록 설계됐다. OpenGL ES 2.0 파이프라인의 하드웨어는 일반적으로 이러한 단계에서 데이터를 주고받는(소스 또는 싱크) 파이프라인 기능과 밀접하게 결합된 맞춤형 디지털 신호 프로세서(digital signal processor, DSP)를 포함한다. 정점 셰이더는 정점 위치와 속성, 유니폼(uniforms)이라고 알려진 매트릭스 곱셈 계수와 광원 모델 상수를 받는다. 이러한 데이터는 프래그먼트 셰이딩에서 사용되는 보간(가변량)을 출력한다. 프래그먼트 셰이더는 가변량을 수신하고, 내장된 텍스처 룩업 기능을 통해 메모리의 텍스처에 액세스해서 프레임 버퍼에 색상, 깊이, 스텐실 데이터를 출력할 수 있다. 정점 셰이더와 프래그먼트 셰이더 모두 동일한 기본 언어에서 파생되므로 같은 DSP에서 구동될 수 있고, 작업 부하에 따라 셰이딩 리소스를 동적으로 파티셔닝할 수 있다. 이 구조는 통합 셰이더 아키텍처(unified shader architecture)로 알려져 있으며, 많은 GPU 셰이더 프로세서에 공통적으로 사용된다. 이러한 DSP는 정수 지원을 필요로 하지 않는 단정도 부동 소수점 프로세서이며, 낮은 전력을 소모하면서도 벡터 및 행렬 연산에 고도로 최적화돼 있다.

셰이딩은 그래픽 처리의 가장 두드러진 특징 중 하나이며, 많은 작업을 병렬로 수행할 수 있는 방법이기도 하다. 정점 셰이더는 각 정점에 대해 독립적으로 실행되며, 프래그먼트 셰이더는 각 샘플에 대해 독립적으로 실행되므로 동일한 작업이 여러 입력에 동시에 적용되는 고도로 병렬화된 아키텍처가 됐다. 이를 단일 명령어, 다중 데이터 아키텍처(single-instruction, multiple data, SIMD)라고 한다. 이러한 SIMD DSP는 모든 요소(즉, 정점 또는 프래그먼트 샘플)에 대해 동일한 명령이 여러 데이터에서 여러 번 실행될 수 있기 때문에 상대적으로 적당한 명령 대역폭에 대해 엄청난 양의 계산 기능을 갖추고 있다. 이러한 이유 덕분에 GPU는 그래픽 외의 계산을 위해서도 매우 유용한 플랫폼이 됐다.

셰이딩은 병렬성이 매우 높은 작업이기 때문에 성능 병목은 흔히 메모리의 특수 기능이나 텍스처 같은 공유 리소스에 대한 액세스로 인해서만 발생한다. 멀티스레딩은 이러한 액세스와 관련된 대기 시간을 숨기는 데 사용되므로 프로그램이 액세스에서 멈추면 작업 스위치가 다른 프로그램을 진행시켜 대기 시간을 숨길 수 있게 한다. 그림 10-18의 예를 보자. 스레드 0은 프로그램의 중간 단계에서 텍스처 요청을 보낸다. 요청이 내려지면 스레드 0이 정지돼 있는 동안 프로세서를 사용하기 위해 스레드 1로 전환하고, 스레드 1이 정지하거나 종료할 때만 반환한다. 스레드 0으로 돌아가면 텍스처 액세스가 완료되고 대기 시간이 감춰진다. 셰이더 프로세서에는 두 개 이상의 스레드가 있으며, 일반적으로 프로세서 코어를 사용하기에 충분한 병렬 처리로 복잡성을 배제한다. 이와 비슷하게 프래그먼트 셰이딩과 관련된 매우 많은 수의 샘플이 존재할 때는 SIMD 프로세서 코어의 많은 인스턴스가 모두 동시에 작동한다. 라즈베리 파이 GPU에는 총 12개의 셰이더 프로세서 코어가 있으며, 일반적인 PC 그래픽 카드에는 수백 개의 코어가 있다.

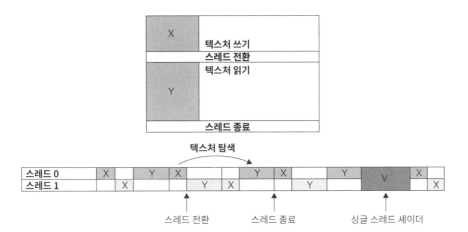

그림 10-18 멀티스레딩 셰이더는 2개의 섹션(X, Y)으로 나뉘며, 각 섹션은 서로 다른 프로세스가 같은 데이터에 액세스할 때의 대기 시간을 줄이거나 감추기 위해 순서대로 데이터를 처리한다.

캐싱

그래픽 처리는 많은 양의 데이터를 메모리로 자주 이동시키는 메모리 집약적인 작업이다. 변동하는 수요와 제한된 대역폭 덕에 그래픽 처리에서 메모리 리소스의 이용은 까다로운 편이다. 최신 GPU는 캐시의 계층 구조를 광범위하게 사용해서 가장 낮은 수준의 즉각적인 대역폭 요구사항을 충족시키면서 충분한 로컬 메모리를 제공하므로 메인 시스템 메모리에 대한 스트레스가 줄어든다. 멀티스레드 셰이더와 고도의 병렬 아키텍처 덕택에 시스템 메모리 대기 시간이 길어도 GPU에는 큰 문제가 없다.

완전한 하드웨어 가속화를 받은 OpenGL ES 파이프라인은 각 프레임 동안 다양한 데이터 스트림을 읽고 써야 한다. 이러한 스트림의 대부분은 하드웨어 캐시가 뒷받침한다. 주 메모리에서 코어로 정점 위치 및 속성을 인출해야 하고, 프리미티브가 지정된 순서에 따라 기본 스트림이 처리될 때 이를 다시 사용할 수 있다. OpenGL ES 2.0 코어의 경우 정점 셰이딩을 통해 변환 및 광원 처리가 수행되므로 프로그램 명령 및 유니폼을 주 메모리에서 가져와야 한다. 이러한 프로그램의 SIMD 특성 덕분에 데이터의 캐싱이 더욱 높은 효율을 발휘하게 된다.

프래그먼트 처리 중의 광범위한 텍스처 사용과 그에 내재된 셰이딩 병목 현상은 텍스처 캐싱의 크기와 조정이 시스템 성능에 중요하다는 의미를 내포한다. 텍스처는 유한 컨텍스트를 가질 가능성이 높으며, 이는 장면의 특정 객체의 지역성에 크게 의존한다. 예를 들어, 집의 벽을 렌더링할 때(LOD가 적절하다면) 인접한 프레임 버퍼 샘플이 인접한 텍스처 샘플에 해당할 가능성이 높다. 그래서 하드웨어 설계자는 일반적으로 2D 액세스 패턴의 효율성을 최적화하거나 메모리의 연속 주소에 매핑할 2D 데이터 블록을 생성한다. 이렇게 하면 텍스처 캐시 효율성이 향상되므로 시스템 메모리 대역폭에 미치는 영향을 줄일 수 있다.

직접 모드 렌더러도 메인 메모리 시스템의 부하를 줄이기 위해 프레임 버퍼와 주 메모리 사이에 캐시를 구현할 수 있다. 그러나 이미지와 색상 수의 해상도가 높아지면서 이 캐싱의 효과는 떨어지게 됐다. 이러한 아키텍처의 효율을 늘리기 위해서는 큰 용량의 로컬 프레임 버퍼 메모리를 할당하는 것이 일반적이다. Xbox 360 및 플레이스테이션(Playstation) 3 같은 다양한 7세대 콘솔은 이러한 목적으로 내장형 DRAM을 사용한다.

라즈베리 파이 GPU

라즈베리 파이는 브로드컴의 BCM2835 AP(라즈베리 파이 2에서는 BCM2836)를 기반으로 제작됐으며, 둘 다 임베디드 시스템용으로 최적화된 하드웨어 그래픽 엔진인 VideoCore IV GPU를 내장하고 있다. 이 GPU는 OpenGL ES 1.1 및 OpenGL ES 2.0의 하드웨어 가속을 지원하며, 이번 절의 앞부분에서 설명한 다양한 기법과 최적화를 사용한다.

VideoCore IV GPU(V3D라고도 함)는 정점 및 프리미티브 파이프라인, 래스터라이저, 타일 메모리로 구성된 단일 코어 모듈(단일 처리 엔티티)과 슬라이스(slice)라고 하는 여러 계산 장치로 나눠져 있다. 슬라이스에는 네 개의 맞춤형 32비트 부동 소수점 프로세서, 캐시, 특수 기능 유닛 및 최대 두 개의 텍스처 페치 및 필터링 엔진에 이르기까지 다양한 장치가 들어있다. BCM2835와 BCM2836은 3개의 슬라이스가 있는 V3D를 포함하며, 각각은 4개의 부동 소수점 셰이더 프로세서와 2개의 텍스처 유닛을 내장하고 있다.

또한 VideoCore IV는 지연 정점 셰이딩을 사용하는 타일 기반 렌더러이므로 타일 비닝 후에 전체 정점 셰이딩이 각 타일마다 이뤄진다. 실제로는 각 타일에 어떤 프리미티브가 놓여있는지 알아보기 위해 능률화된 정점 셰이더를 사용해 변환된 정점의 위치만 계산한다. 이 정보는 다른 정점 속성과 함께 후속 패스에서 렌더링하는 동안 다시 계산되어 메모리에 저장되고, 로드되는 데이터의 양을 최소화한다.

이처럼 비닝 중에 이뤄지는 위치 계산을 좌표 셰이딩(coordinate shading)이라 한다. 하드웨어의 앞단은 두 개의 별개의 파이프라인으로 분할된다. 하나는 비닝에, 다른 하나는 렌더링에 쓰인다. 두 파이프라인은 그래픽 코어 전체에서 사용 가능한 리소스를 동시에 동적으로 공유할 수 있다.

CLE(Control List Executor)는 하드웨어에 대한 진입점이며, 코어를 구성하는 데 필요한 메모리에서 제어 항목 목록을 가져온다. 이 구성 정보를 GPU 내의 다른 하드웨어 블록에 전달해서 OpenGL ES API를 통해 설정된 모든 상태가 이후의 하드웨어 프로세스에 반영되게 한다. 제어 항목과 명령의 구분에 유의하자. GLSL 셰이더에서 컴파일되고 정점 및 프래그먼트 셰이딩에서 사용되는 정보는 명령으로 구성되는 반면, 전체적으로 GPU 파이프라인을 구성하는 데 사용되는 정보는 제어 항목을 통해 전달된다.

비닝 파이프라인 초반부의 하드웨어 모듈 몇 개는 좌표 셰이딩을 준비하기 위해 메모리에서 정점 속성을 로드하는 작업과 관련돼 있다. 정점 속성에 대한 참조는 색인 목록 형식의 CLE를 통해 하드웨어에 제공된다. 이 색인 목록은 사실상 OpenGL ES 드라이버를 통해 설정된 배열 집합 내의 속성에 대한 포인터로, 정점 캐시 직접 메모리 액세스 엔진(Vertex Cache Direct Memory Access engine, VCD)과 함께 정점 캐시 관리자(Vertex Cache Manager, VCM)에 공급되어 GPU 메모리에서 정점 속성을 가져와 정점 파이프라인 메모리(Vertex Pipeline Memory, VPM)에 저장한다. VCM은 정점을 삼각형 스트립과 팬에서 재사용하기 때문에 이러한 포인터를 정점 속성에 캐싱한다. 이 캐싱은 GPU 메모리의 동일한 정점 정보에 대한 액세스 수를 줄여 필요한 전력 및 메모리 대역폭 요구사항을 절감한다. 또한 VCM은 사용자 정의 셰이더 프로세서(QPU)의 셰이딩 처리를 위해 SIMD 배치에 정점 특성을 입력한다. 동일한 좌표 셰이더가 다른 정점에 대해 여러 번 실행될 수 있으므로 하나의 명령 스트림을 공유하는 배치로 정점 데이터를 그룹화할 수 있다. VPM은 2차원으로 액세스할 수 있는 칩 상의 SRAM의 12KB 블록이다. 정점과 관련된 모든 정보는 하나의 열에 세로로 저장되어 하나의 배치가 일련의 VPM 열로 저장된다. 색상 구성 요소, 텍스처 좌표 같은 개별 속성은 메모리의 특정 행을 통해 액세스할 수 있다. 이는 좌표 및 정점 음영 처리에서 전체 SIMD 배치의 정점에서 속성별 데이터를 계산할 때 특히 유용하다.

모든 정점 속성이 VPM에 입력되면 좌표 셰이딩을 시작할 수 있다. 좌표 셰이딩은 QPU 중 하나에서 이뤄지며, QPU 스케줄러(QPU Scheduler, QPS)를 통해 시작된다. QPS는 모든 셰이딩 작업을 제어하고 사용 가능한 모든 프로세서에서 좌표, 정점, 프래그먼트 셰이더를 공평하게 분배한다(비닝과 렌더링은 병렬로 진행 가능함). 드라이버는 QPU에서 실행될 셰이더 프로그램을 컴파일하고 링크하는 일을 담당한다. 이 배치와 연관된 좌표 셰이더에 대한 특정 명령 및 데이터의 위치가 CLE를 통해 제공된다. 좌표 셰이딩은 정점 배치의 변환된 위치를 계산한 다음, 각 프리미티브가 교차하는 타일을 계산하는 데 사용된다. 이 정점 정보는 VPM의 다른 영역(또는 세그먼트)에 저장되며, PTB(Primitive Tile

Binner)에 의해 직접 액세스될 수 있다. PTB는 타일 비닝을 담당하며, 기본적으로 각 타일을 렌더링할 때 처리해야 하는 설정 데이터와 프리미티브 목록을 생성한다. PTB는 위치 데이터에 액세스할 수 있기 때문에 클리핑의 첫 번째 단계를 수행해서 보기 볼륨 외부에 있는 프리미티브를 제거하고 클리핑 경계를 교차하는 프리미티브 요소에 대한 새 정점을 생성할 수도 있다. PTB는 타일 목록을 GPU 메모리에 저장하는데, 여기에는 CLE의 렌더링 스레드가 직접 읽을 수 있는 타일별 제어 항목 및 프리미티브가 포함된다. 일단 이 데이터가 메모리에 쓰여지고 나면 차례대로 각 타일에 대한 렌더링을 시작할 수 있다. 또한 코어는 다음 프레임을 위해 동시에 비닝을 시작할 수 있다.

렌더링 파이프라인의 첫 단계는 비닝과 매우 유사하다. CLE에는 타일 단위 제어 목록을 처리하고 각 타일에 있는 프리미티브 집합에 대한 인덱스를 가져오는 별도의 하드웨어 스레드가 있다. 정점 속성 데이터는 별도의 VCM 및 단일 공유 VCD를 통해 메모리로부터 다시 채워진다. VPM으로 모든 정점 속성(현재 위치 구성 요소뿐 아니라 모든 정점 데이터를 포함)을 가져오고 나면 QPS가 12개의 사용 가능한 QP 중 하나에서 정점 셰이딩을 스케줄링한다. 정점 셰이딩은 변환된 정점 위치와 텍스처 좌표 및 광원을 포함한 기타 속성을 계산해서 이 데이터를 별도의 VPM 세그먼트에 저장한다. 하지만 차이가 있다면 PTB 대신 PSE(Primitive Setup Engine)가 VPM에서 셰이딩 처리된 정점 데이터를 읽고 기본 어셈블리를 시작한다는 점이다. CLE에서 가져온 인덱스와 VPM의 관련 정점 데이터를 사용해 PSE는 각 입력 프리미티브의 가장자리에 대한 방정식과 이후 보간 단계에 필요한 평면 방정식을 계산한다. PSE는 필요할 경우 보기 볼륨에 고정된 PTB 생성 정점을 가져와 후속 보간을 위해 연관된 속성을 준비하고 클리핑의 두 번째 단계를 수행한다. FEP(Front-end Pipe)는 래스터화를 수행해서 프레임 버퍼 내의 픽셀과 관련된 일련의 2×2 프래그먼트, 즉 쿼드(quad)를 생성한다. 쿼드는 이어지는 프래그먼트 셰이딩 단계에서 텍스처링에 필요할 수 있는 LOD 계산을 단순화하기 위해 쓰인다. 또한 FEP는 버퍼에 각 프래그먼트의 깊이를 저장해서 나중에 래스터화된 프리미티브가 파이프라인의 초기에 폐기될 수 있게 한다. 이렇게 하면 프래그먼트 셰이딩 중에 불필요한 계산이 생략되므로 성능이 향상되고 전력을 절약할 수 있다.

쿼드는 프래그먼트 셰이딩을 위해 SIMD 크기의 배치로 모이는 한편, 원래의 기본 정점에 대한 위치는 보간된 속성 또는 가변값을 계산하는 데 사용되며 프래그먼트 셰이더에서도 사용할 수 있다. 이 계산은 각 슬라이스에 있는 VRI(Varyings Interpolator)에 의해 수행되며, 4개의 QPU 간에 공유된다. 배치가 셰이딩 처리될 준비가 되면 QPS는 샘플을 처리할 QPU를 할당한다. 프래그먼트 셰이더 자체는 드라이버에 의해 컴파일 및 링크되고 GPU 메모리에 저장되는 명령과 데이터의 모음이다. 이것들의 위치는 다시 CLE를 통해 QPU에서 이용할 수 있다. 또한 프래그먼트 셰이더는 스레딩이 가능하다. 즉 동일한 QPU에서 다른 프래그먼트 셰이더와 병렬로 실행될 수 있다. 이렇게 하면 메모리에 대한 액세스 대기 시간을 숨기고 프로세서의 사용률을 높일 수 있다.

프래그먼트 셰이딩은 기본적으로 프레임 버퍼의 각 샘플에 대한 색상(깊이 및 스텐실도 가능) 구성 요소를 계산한다. 각 셰이더는 대수, 지수, 역수 같은 복잡한 수학 표현을 위한 특수한 공유 함수 장치(special functions unit, SFU)와 텍스처 데이터를 검색하고 필터링하기 위한 특수 텍스처 및 메모리 인출 장치(memory fetch unit, TMU)에 액세스할 수 있다.

프래그먼트 셰이딩이 완료되면 프래그먼트 정보는 각 프래그먼트를 테스트하고 샘플 데이터를 업데이트하기 전에 추가 작업을 수행하는 타일 버퍼(tile buffer, TLB)에 쓰여진다. 여기서 샘플 데이터는 버려지거나, 깊이 및 스텐실 테스트에 따라 기존 프레임 버퍼 내용을 수정하는 데 사용될 수 있다. 타일의 모든 프리미티브가 처리되고 프래그먼트 셰이딩이 완료되면 전체 타일이 GPU 메모리로 옮겨진다. 멀티샘플링을 통해 하나의 출력 픽셀당 4개의 샘플을 평균하게 되며, 이 작업은 타일 데이터가 주 메모리에 기록될 때 자연스럽게 이뤄진다. 라즈베리 파이의 타일은 64×64픽셀(멀티샘플링 모드에서 32×32픽셀)이다. 타일이 옮겨진 후에는 다음 타일이 처리된다. 참고로, 투명한 객체가 서로 위에 렌더링될 때 조각이 셰이딩 처리되는 순서는 혼합된 출력 색상에 영향을 준다. 이때 하드웨어 스코어 보드(hardware scoreboard, SCB)를 사용하면 병렬로 셰이딩 처리되는 조각이 TLB를 지정된 순서대로 업데이트하게 만들 수 있다.

VideoCore IV의 GPU에서 정점 및 프래그먼트 프로세싱의 핵심은 QPU(Quad Processing Unit), 즉 쿼드 프로세싱 장치다. QPU는 그래픽 프로그램용 사용자 정의 명령 세트를 가진 멀티스레드 16방향 SIMD 32비트 부동 소수점 프로세서다. QPU는 물리적으로는 4방향 SIMD이지만 동시에 2×2 프래그먼트에서 작동하고 4개의 연속적인 클록 사이클 동안 동일한 명령어를 수행하도록 설계됐기에 프로그래머에게는 16방향 SIMD로 표시된다. 이를 통해 부동 소수점 연산을 여러 사이클에 걸쳐 수행할 수 있어 전력 소비도 줄일 수 있다. 각 QPU는 32개의 범용 레지스터를 가지고 있으며, 특히 지연 허용 오차가 필요한 부분 셰이딩을 위해 두 개의 스레드로 분할될 수 있다. 또한 QPU는 여러 가지 하드웨어 주변 장치에 밀접하게 연결돼 있고 액세스가 가능한데, 이러한 주변 장치에는 단일/공유 SFU, VRI, TMU 등이 있다(QPU 2개마다 하나의 TMU가 있다). 이러한 유닛에 액세스하는 데는 특정 명령이 사용되며, 각 유닛이 출력하는 결과는 스레드 간에 공유되는 5개의 임시 작업 레지스터(누적기) 중 2개로 매핑된다. 두 개의 ALU 파이프라인(덧셈용과 곱셈용)은 VideoCore IV GPU가 초당 24억 개의 부동 소수점 연산(24 GFLOPs)을 처리할 수 있게 한다. 소프트웨어 개발자가 OpenCL과 같은 범용 컴퓨팅 전용 API를 이용하면 엄청난 컴퓨팅 성능을 끌어낼 수 있다.

VideoCore IV 아키텍처의 일반적인 기조는 가능한 한 소프트웨어의 부담을 줄이고 드라이버와 하드웨어 자체 간의 상호작용을 최소화하는 것이다. 결과적으로 나머지 칩 인프라 구조에 대한 인터페이스는 코어와 통신하는 간단한 프로그래밍 인터페이스, GPU 메모리에서 읽고 쓰는 메모리 액세스 인터페이스, 비닝 및 렌더링 작업을 수행하고 그 결과를 CPU에 알리는 인터럽트로 제한된다. V3D는 병렬 처리 및 저전력 기술의 광범위한 사용 덕에 모바일 장치용 고효율 GPU로 활용될 수 있으며, OpenGL ES 파이프라인을 가속화하고 고품질 GUI 및 몰입형 게임을 임베디드 시스템에 적용하는 데 매우 효과적으로 쓰일 수 있다.

OpenVG

지금까지 3D 그래픽 렌더링을 가속화하기 위해 OpenGL과 초창기 그래픽 전용 하드웨어를 집중적으로 다뤘다. 그러나 2D 그래픽의 효율적인 구현 또한 매우 필요하다. 웹 브라우저의 출현으로 확장성 있는 글꼴 렌더링의 중요성이 높아져서 사용자가 성능 비용을 거의 소모하지 않고도 페이지 내용을 이동, 확대, 축소할 수 있어야 한다는 요구사항은 이제 기본이다. 마찬가지로 현대의 스마트폰에서도 지도 또는 내비게이션 기능을 표시하거나 그래픽 디자인 소프트웨어에서 직접 표시하는 등, 다양한 응용 프로그램에서 부드러운 곡선과 가장자리를 저렴하게 계산할 수 있어야 한다. 그래서 벤더 간 지원이 가능한, 벡터 그래픽을 위한 별도의 공개 표준인 Open VG(Open Vector Graphics)가 개발됐다. 라즈베리 파이 GPU는 OpenVG 1.1을 지원한다.

벡터 그래픽은 경로, 스트로크, 채우기 같은 몇 가지 주요 개념을 기반으로 한다. 경로(path)는 둘 이상의 고정점으로 연결된 하나 이상의 선분으로 구성된다. 이 선분이 직선일 필요는 없다. 곡선 세그먼트(curved segment)는 수학 방정식과 경로와 연관된 제어점으로 기술되는 두 점 사이를 이을 수 있다(그림 10-19). 이 곡선 부분은 베지어 곡선(Bézier curve)으로 알려져 있으며, 프랑스 수학자 피에르 베지어(Pierre Bézier)의 이름을 딴 것이다. 곡선 사이의 영역은 평면 셰이딩 또는 그레이디언트 색상으로 채워질 수 있다. 열린 경로(open path)는 서로 만나지 않는 시작점과 끝점으로 구성된다. 닫힌 경로(closed path)는 시작점과 끝점을 합류시킨다. 경로 정의(path definition)에는 점 사이의 점프, 합류점에 대한 2차/3차 방정식, 경로를 따라 보간된 위치를 얻는 방법, 경로 경계 상자 또는 특정 위치에서의 경로 접선이 포함된다.

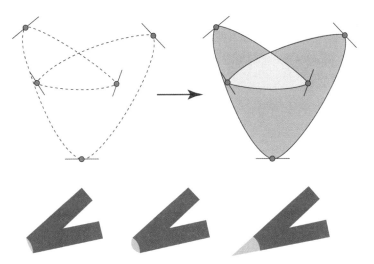

그림 10-19 OpenVG에서는 베지어 곡선으로 기술되는 경로와 이러한 경로가 연결하는 점으로 도형을 구성한다.

스트로크(stroking)는 선 너비, 두 선분의 합류점 형식(예: 경사 연결, 둥근 연결, 연귀 연결), 모든 선의 끝 모양과 같이 경로 주위의 윤곽 형태를 정의하는 과정이다. 이러한 윤곽선은 경로 정의와 함께 OpenGL ES와 비슷한 방식으로 변형 및 래스터화할 준비가 된 객체를 형성한다. 그러나 여기서 래스터화의 목적은 OpenGL ES와는 달리 주변 기하 구조에 따라 각 픽셀에 대해 필터링된 알파값을 계산하는 것이다. 이것은 사실상 이어지는 그리기 단계에 대한 가중치를 제공한다. 그리기 이전에 클립 직사각형을 사용하면 색상이 적용되는 영역을 제한할 수도 있다. 이러한 제한은 OpenGL ES의 스텐실 버퍼와 마찬가지로 픽셀별 마스크로 수정할 수도 있고, 응용 프로그램 제공 값에 더하거나 빼는 일련의 고정 함수 연산을 통해 명시적으로 추가하거나 지울 수도 있다.

그리기(painting)는 플랫 셰이딩이나 선형 그레이디언트, 방사형 그레이디언트, 또는 메모리에서 인출한 이미지의 샘플링과 배열을 통해 기하 구조에 색상을 적용하는 프로세스다. 그려진 색상 값과 래스터화 출력을 혼합하면 픽셀당 색상이 프레임 버퍼로 출력된다. 채우기(filling)는 경로 내의 모든 영역에 그리기를 적용하는 프로세스다. 스트로크와 채우기 모두 그리기를 포함할 수 있으며, 별도의 처리 단계에서 별도의 객체를 통해 수행된다.

OpenVG는 하드웨어 가속을 염두에 두고 OpenGL ES와 유사한 API와 함께 정의됐다. OpenGL ES와는 완전하게 분리돼 있지만 유사점이 많은 덕에 OpenGL ES를 지원하기 위한 동일한 하드웨어의 용도를 변경해서 OpenVG를 지원할 수 있다. OpenVG 드라이버는 먼저 기존 CLE를 통해 GPU를 구성하기 위해 OpenVG 관련 제어 항목 목록을 조합해야 한다. 각 경로 세그먼트의 베지어 곡선은 드라이버가 생성한 QPU 프로그램을 통해 일련의 직선 섹션으로 분할된다. 이렇게 하면 칠해야 하는 영역이 하나의 공통 중앙 정점이 있는 팬에서 파생되는 일련의 삼각형으로 덮여진다. 이 삼각형의 정점은 VPM에 저장된다. 참고로 타일 비닝은 여기에도 적용할 수 있다. 각 삼각형의 위치를 계산하면 각 타일을 덮는 이러한 프리미티브 세트가 저장되어 렌더링을 타일 단위로 진행할 수 있다.

렌더링은 두 번째 단계로 수행되며, 변환된 정점 세트는 래스터라이저에 의해 삼각형 팬으로 처리된다. 그러나 경로에 따라 여러 삼각형이 서로 겹칠 수 있으며, 픽셀이 채우기 영역 내부에 있는지 또는 외부에 있는지를 나타낼 수 있다. 압축된 커버리지 버퍼는 각 픽셀 위치에서 카운트를 누적함으로써 그리기 중에 셰이딩 처리돼야 하는 프래그먼트에 마스크를 제공한다. 이 커버리지 축적 파이프(CAP)는 OpenVG용으로만 제공된다. 그리기 및 프레임 버퍼 수정은 OpenGL ES 2.0의 프래그먼트 셰이딩 프로세스에 매핑되므로 필요한 모든 색상 효과를 얻을 수 있는 충분한 유연성을 가지고 있다. 이를 통해 채우기 영역 내에 이미지 데이터를 타일링할 수도 있으며, TMU의 추가 하위 이미지 모드가 이를 지원하므로 사용자는 메모리에서 샘플링할 텍스처 내에 임의의 창을 생성할 수 있다.

OpenVG는 OpenGL ES 2.0을 지원하는 데 필요한 하드웨어 아키텍처의 유연성 덕택에 추가적인 하드웨어 비용을 거의 들이지 않고도 지원할 수 있다. OpenVG가 예전의 OpenGL만큼 인기 있지는 않지만 섬세한 아키텍처가 기본 요구사항을 뛰어넘는 기능을 제공하는 가치 있는 플랫폼을 제공하는 좋은 예다. 이러한 예는 GPU가 범용 컴퓨팅에 쓰이게 되는 사례에서도 찾을 수 있다.

범용 GPU(GPGPU)

그래픽 API의 요구가 증가함에 따라 GPU 하드웨어 아키텍처는 병렬로 정점 및 프래그먼트 셰이딩을 수행할 수 있는 다수의 범용 프로세서를 제공하기 위해 진화해왔다. 그 덕분에 응용 프로그램 개발자와 연구자가 그래픽 외의 기능을 위해 활용할 수 있는 엄청난 부동 소수점 계산이 가능해졌다. 12개의 QPU와 3개의 SFU가 탑재된 라즈베리 파이 GPU는 초당 최대 270억 부동 소수점 연산이 가능한 컴퓨팅 플랫폼을 제공한다. PC의 그래픽 카드에는 수백 개의 셰이더 프로세서와 32비트 부동 소수점 연산을 1테라플롭(초당 1조 번)의 속도로 수행할 수 있는 GPU가 탑재돼 있다. 복잡한 물리 시뮬레이션이나 고품질 이미지 처리 알고리즘을 구현하는 데 이미 이러한 GPU의 능력이 사용되고 있다.

이종 아키텍처

GPU의 컴퓨팅 성능을 활용하려면 시스템 아키텍처가 GPU로 계산량을 간단하게 이전할 수 있도록 설계돼 있어야 한다. 이렇게 CPU와 GPU를 함께 사용해서 컴퓨팅 효율을 극대화하는 아키텍처를 이종 아키텍처(Heterogeneous architecture)라 한다. 이 시스템의 목적은 CPU와 GPU 사이에 공유 메모리를 통해 효율적으로 데이터를 전달하도록 만드는 것이다.

전통적인 컴퓨터 아키텍처에서는 알고리즘 설계자가 CPU 메모리(CPU에 의해서만 액세스 가능)에 데이터 구조를 설정하고, 이를 GPU가 액세스할 수 있는 메모리 영역에 복사해야 한다. GPU는 데이터를 처리하고 그 결과를 GPU 메모리에 다시 쓴다. 이 결과를 GPU 메모리에서 다시 CPU 메모리로 복사한 후에야 프로그램이 계속 진행된다. 이러한 구조에서 대용량 데이터 세트가 포함된 복잡한 알고리즘을 사용하면 많은 양의 데이터를 이동시켜야 하므로 속도가 느릴뿐더러 메모리 대역폭과 전력 측면에서 비용이 많이 든다.

이 문제의 해결책은 데이터 복사가 더 이상 필요하지 않도록 CPU 및 GPU가 공유 메모리 영역에 액세스할 수 있게 하는 방법이다. 이 기능을 구현하려면 몇 가지 기능이 필요하다. 첫 번째 기능은 가상 메모리다. 가상 메모리는 프로세싱 유닛이 참조하는 데이터 구조의 위치가 한 차례 변환된 후에 메모리 자체의 물리적 위치에 액세스하기 위해 사용되는 방식을 말한다. 결과적으로, CPU 또는 GPU가 동작하는 주소 공간은 메모리 내 데이터 구조의 주소 공간에 직접 대응하지 않는다. 이 주소 변환은 메모리 관리 장치(memory management unit, MMU)에 의해 이뤄진다. CPU 및 GPU는 가상 메모리의 주소를 지정하고 각 MMU는 가상 메모리 주소를 주 메모리의 실제 주소에 매핑한다. 개념적으로 메모리 블록은 CPU와 GPU에 동일한 MMU 매핑을 제공함으로써 공유될 수 있다. 메모리에 대한 포인터는 데이터 자체가 아닌 장치 사이에 효율적으로 전달된다. 두 번째 기능은 메모리 일관성(memory coherence)이다. CPU와 GPU는 주 메모리에 대한 동일한 뷰를 제공할 수 있지만 각각은 데이터 재사용을 위해 캐시의 계층 구조를 포함한다. 두 장치 모두 로컬 캐시에 동일한 데이터의 복사본이 있고, 그중 하나가 데이터를 업데이트하는 경우 다른 장치가 복사본을 업데이트하는 것을 어떻게 알 수 있을까? 하드웨어 브로드캐스트를 모든 사용자에게 보내서 데이터를 주 메모리에서 다시 가져오거나(즉, 시스템의 일관성 보장), 개발자가 버퍼 사용을 추적해서 업데이트가 제대로 되지 않은 사본이 포함된 캐시를 명시적으로 삭제해야 한다. 두 문제 모두 해결하기가 쉽지 않다.

이제 CPU와 GPU가 동일한 메모리에 대한 액세스를 공유하기 때문에 GPU에 이전할 작업과 이를 관리하는 방법을 결정해야 한다. 셰이더 프로세서는 병렬 처리를 염두에 두고 설계됐으므로 소프트웨어가 계산을 독립적인 그룹으로 분리해서 동시에 실행할 수 있게 하는 것이 일반적이다. 작업 그룹은 대개 제공되는 병렬 처리를 최대한 활용하기 위해 각 셰이더 코어의 SIMD 너비와 일치하는 크기로 만들어진다. 이미지 처리는 필터 커널이 많은 픽셀에서 동시에 작동해야 하므로 자연스럽게 GPU 가속화에 도움이 된다. 이 커널은 그래픽에서 사용되는 텍스처 캐싱 하드웨어의 이점을 최대한 활용한다. 각 이미지 샘플은 동시에 여러 커널에서 사용될 수 있다. 그러나 항상 독립적인 작업 그룹을 파견할 수 있는 것은 아니다. 프로그램의 다음 단계를 시작하기 전에 그룹의 모든 요소가 완료됐는지 확인해야 할 수도 있다. 이 경우를 처리하기 위해 동기화 프리미티브(Synchronisation primitive)가 쓰인다. 장벽(barrier)은 프로그램의 실행이 계속되기 전에 모든 요소가 도달해야 하는 지점을 가리키며, 이것은 여러 가지 방법으로 구현할 수 있지만 드라이버 소프트웨어의 부담을 줄이기 위해 이러한 경우를 처리하는 전용 하드웨어가 점점 더 보편화되고 있다.

알아두기

CPU 및 GPU가 메모리에 대한 액세스를 공유하도록 허용하는 것은 제한된 대역폭 및 처리 성능과 관련된 문제를 해결하기 위한 여러 가지 해결책 중 하나일 뿐이다. 다른 해결책은 병목 현상을 우회하는 데 중점을 둔다. 예를 들어, DMA(Direct Memory Access)는 입출력 장치가 CPU를 우회해서 주 메모리와 직접 데이터를 교환할 수 있게 해주는 방법으로, CPU가 입출력 장치 및 메모리와의 통신 등 다른 작업에 더 많은 자원을 할당할 수 있게 해 준다. 또 다른 해결책은 GPU가 시스템 메모리를 우회하기 위해 PCIe(PCI Express) 버스를 통해 FPGA(개발자가 직접 설정할 수 있는 집적 회로)와 직접 통신하는 방법이다.

OpenCL

OpenCL(Open Computing Language)은 CPU, GPU, FPGA, DSP를 포함한 서로 다른 시스템에서 프로그램을 실행할 수 있는 독립적 프레임워크로서 2009년 애플에서 처음 출시됐다. 즉, 병렬 컴퓨팅을 위한 표준 인터페이스라고 할 수 있다. 또한 네 가지 수준의 메모리 계층, 즉 전역 메모리, 읽기 전용 메모리(CPU만 쓰기 가능), 로컬 메모리(처리 요소에 의해 공유됨), 개별 메모리를 정의한다. 그러나 메모리 계층의 각 수준이 하드웨어로 구현될 필요는 없으며, CPU와 GPU 간의 공유 메모리도 명시적으로 요구되지 않는다. 이러한 완화는 허용 가능한 구현 범위를 넓혔고, 그로 인해 보장할 수 있는 성능은 어느 정도 희생됐다. 그러나 OpenGL ES가 API 버전 3.1에서 계산 셰이더 개념을 도입한 것처럼 범용 컴퓨팅 기능을 공개하는 것은 인기를 끌기 좋은 요소다. OpenCL은 이제 표준 그래픽 파이프라인의 정점 및 프래그먼트 셰이더와 공존하고 있다.

라즈베리 파이 GPU가 OpenCL을 기본적으로 지원하지는 않지만 VideoCore IV에서 사용자 셰이더(user shader)로 알려진 범용 셰이더를 실행하는 메커니즘을 제공한다. 사용자 셰이더는 QPU에서 실행하기 위해 작성된 프로그램으로, 메모리에서 가져올 데이터 및 명령어의 시작 주소를 프로그래밍해서 하드웨어에서 직접 구동시킬 수 있다. 사용자 셰이더는 라즈베리 파이 웹사이트(https://www.raspberrypi.org/blog/accelerating-fourier-transforms-using-the-gpu/)에서 구할 수 있는 VideoCore IV V3D용 FFT(Fast-Fourier Transform) 라이브러리를 작성하는 데 사용됐다.

# 11장

오디오

사운드 기능은 컴퓨터에서 가장 중요한 기능 중 하나다. 영화, 비디오 업계에서는 오래 전부터 '사운드가 제작의 70%'라고 말해왔다. 사운드는 시각적 효과를 강조하고, 분위기를 설정하며, 흥분을 일으키고, 사용자를 고무시킨다. 컴퓨터 게임은 사운드의 중요성을 보여주는 좋은 예다.

이번 장에서는 컴퓨터의 사운드 기능에 대해 알아보고, 특히 라즈베리 파이의 아키텍처가 음악 및 모든 종류의 다른 사운드 조작을 어떻게 지원하는지 다룰 것이다. 아날로그 오디오와 디지털 오디오를 비교하고, HDMI, 1비트 DAC, 신호 및 사운드 처리 및 I²S에 대해서도 살펴보겠다.

마지막으로는 라즈베리 파이의 내장 사운드, 입력 및 출력 기능을 알아본다. 우선 컴퓨터 음향의 기초와 관련된 역사를 알아보자.

들리십니까?

2차대전이 종결된 직후, 최초의 컴퓨터는 침묵을 지켰다. 물론 기계식 컴퓨터의 기어가 덜그럭거리고, 전원 공급 장치가 소음을 내기는 했다. 당시 컴퓨터는 소프트웨어의 충돌 복구 및 관리를 위한 운영체제가 없었고, 프로그램의 충돌이 일어난 이후에는 오퍼레이터들이 온갖 형형색색의 언어를 주고받았으며, 오랜 재부팅 과정 없이는 다시 컴퓨터를 살릴 수 없었다.

지금 말하는 '언어'는 COBOL이나 포트란이 아니다. 파이썬이나 자바스크립트는 더더욱 아니다. 이 언어는 전쟁 중에 군사 분야에서 쓰였던 전문 용어라고 할 수 있으며, 이러한 용어는 데이터 처리 분야가 성장하면서 후배 오퍼레이터들에게 계승되어 내려갔다.

여기까지 읽다 보면 머릿속에서 소리가 들리는 기분이 들지 않는가? 소리는 무대를 설정하고 분위기를 만든다. 소리는 중요하다. 고전 명화인 2001년 스페이스 오딧세이(A Space Odyssey)에서 컴퓨터 HAL 9000이 '데이지 벨'을 부르는 모습을 생각해 보자. 1961년의 IBM 7094에서 영감을 얻은 HAL은 영화사에서 중요한 위치를 차지하는 동시에 컴퓨터에서 생성된 사운드 및 음성에 있어서도 중요한 이정표를 차지한다. 당시에는 특수 효과가 사용됐지만 컴퓨터의 사운드 기능은 실제로 빠르게 현실로 다가왔다.

MIDI

컴퓨터 음향의 기원은 개인용 컴퓨터의 출현과 함께한다고 볼 수 있다. 그 시점은 1980년대, 코모도어 64, 라디오섁의 TRS-80 및 애플 II가 인기를 구가했던 시기라고 볼 수 있다. 1981년 IBM의 첫 번째 IBM PC가 출시되면서, 많은 사람들이 게임을 즐기는 동시에 실제 업무에 활용하기 위해 개인용 컴퓨터를 사용하기 시작했다. 결과적으로, 개인용 컴퓨터에서 내는 음향의 중요성은 점점 커졌다. 특히 음악에 관심이 있는 사람들은 컴퓨터를 통해 음악 작업을 지원하는 방법을 찾아나서기 시작했다.

1981년 발표된 MIDI(Musical Instrument Digital Interface)는 음악 산업에 큰 영향을 불러일으켰다. 프로 음악인과 아마추어 음악인 모두 MIDI의 등장으로 흥분했다. 음악을 개인용 컴퓨터의 데이터로 바꿀 수 있게 된 것이다. 이 음악 데이터를 시퀀서라는 장치에서 읽고, 편집하고, 저장한 다음 나중에 다시 재생할 수 있다. 굉장하지 않은가?

물론 많은 사람들이 개인용 컴퓨터에서도 시퀀서를 사용하기를 원했고, 그 덕택에 얼마 지나지 않아 PC용 미디 확장 카드와 시퀀싱 소프트웨어가 출시됐다. 사람들은 컴퓨터에 미디 플레이어를 추가하고, PC 통신 게시판(인터넷의 선구자)에서 모든 종류의 미디 음악을 내려받을 수 있었다.

사운드 카드

물론 음악을 들을 수 없다면 음악을 즐길 수 없다. IBM PC 같은 초기 컴퓨터에는 작은 스피커가 내장돼 있었다. 이들은 시스템에서 나오는 진단음보다 약간 소리가 좋은 정도였다. 사실 당시 스피커의 품질은 설계상의 제약 조건에 갇혀 있었다. 전력을 많이 소모할 수 없었기에 제한된 오디오 주파수 범위만 출력할 수 있었다. 괜찮은 음악을 재생하기 위한 용도로는 도저히 맞지 않았다.

한동안 개인용 컴퓨터에서 좋은 사운드를 얻기 위해서는 사운드 확장 카드를 설치해야 했다. 사운드 카드가 컴퓨터의 일반적인 내장 기능이 되기까지 약 6년이 걸렸다.

1988년 경부터 사운드 카드가 보편적으로 채택되어 디지털 오디오가 컴퓨터의 필수 사항이 됐다. 이 카드에는 사운드 증폭 기능이 포함돼 있으며, 오늘날 개인용 컴퓨터의 표준이 된 외부 스피커 연결을 지원한다.

대부분의 최신 개인용 컴퓨터에는 사운드 카드, 스피커, 네트워크 어댑터 등 예전에는 확장 카드로 구입해야 했던 주변 장치가 내장돼 있다. 그러나 최상의 사운드를 위해서는 외부 스피커에서부터 집을 통째로 흔들 수 있는 서브 우퍼베이스 박스에 이르기까지 여러 가지 훌륭한 대안이 있다.

확장 사운드 카드가 장착된 컴퓨터는 스피커에서 마이크 입력으로 디지털 출력을 녹음할 수 있는 기능이 있다. 전문가용 사운드 카드를 설치하면 컴퓨터를 스튜디오 수준의 사운드 편집기 및 믹서로 사용할 수 있다.

오늘날의 컴퓨터 음향은 충분히 발전했다. 이제 그 작동 방식을 이해해 보자.

아날로그 vs. 디지털

사람들은 19세기에 알렉산더 그레이엄 벨(Alexander Graham Bell)의 전화(그림 11-1), 토마스 에디슨(Thomas Edison)의 축음기 등을 사용해서 소리를 녹음하고 전달하기 시작했다. 사운드를 녹음하는 데는 트랜스듀서(transducer)가 쓰였는데, 트랜스듀서는 음압의 변화를 실제 사운드와 일치하는 전기적 파형으로 바꾸는 소자로서 마이크도 트랜스듀서의 일종이다. 트랜스듀서의 반대 역할을 하는 스피커를 통해 녹음한 사운드를 재생할 수 있었고, 재생된 사운드는 사람들의 귀에 원음과 아주 유사하게 들렸다. 이러한 유형의 녹음을 아날로그(analog) 방식이라 한다.

그림 11-1 벨이 최초로 통화를 시도하던 1876년의 기념비적인 사진. 그가 수화기를 들고 말한 "왓슨, 이리 좀 봐보게. 얼굴 좀 보게."는 모두 아날로그 사운드로 전달됐다.

이후 백 년에 걸쳐 아날로그 사운드 녹음 기술은 굉장히 진보했다. 하이엔드 스테레오 장비를 통해 재생된 테이프 및 레코드는 마치 현장에 있는 듯한 실감 나는 음향을 만들어낸다. 그래서 반문하는 사람도 있을 것이다. '아날로그가 그렇게 좋으면 왜 굳이 바꾸나?'

답은 간단하다. 아날로그로 녹음된 사운드의 훌륭함은 1세대(원본)까지만 유지된다. 레코딩 스튜디오에서 나온 마스터 테이프를 다른 테이프에 복사하면 약간의 노이즈가 발생하고, 오디오 파형이 약간 왜곡된다. 복사본을 복사하면 더 많은 노이즈가 발생한다. 정전기, 파열음, 경적음 등이 삽입될 수도 있다. 게다가 컴퓨터는 디지털이기 때문에 아날로그로 녹음된 사운드를 조작할 수 없다.

디지털 방식으로 오디오를 녹음하면 노이즈 문제를 해결하고 다양한 방법으로 쉽게 편집할 수 있다. 마이크나 녹음된 아날로그 테이프, 기타 매체를 통해 디지털 레코더에 사운드를 입력하면 레코더는 컴퓨터가 이해할 수 있도록 파형을 이진수 1과 0으로 변경한다. 즉, 사운드가 데이터가 되는 것이다. 이러한 사운드 데이터는 .wav나 .mp3 같은 오디오 파일로 저장할 수 있다.

디지털 오디오 파일은 수백, 수천, 수백만 번 복사할 수 있으며, 1세대 파일과 동일한 품질을 유지할 수 있다. 복사 과정에서 노이즈가 삽입되지도 않는다. 디지털 형식이기 때문에 편집, 자르기 등이 가능하며 다양한 방법으로 믹싱할 수도 있다.

사람이 실제로 들을 수 있는 소리를 녹음하는 아날로그 기술이 모든 전자 음향을 커버한다는 것은 한때 사실이었다. 하지만 더 이상은 사실이 아니다. 소프트웨어는 음악과 기타 사운드를 디지털 방식으로 처음부터 만들 수 있다. 인터넷에서 사용 가능한 수백 가지의 음악 제작 프로그램은 가상 음악, 음향 효과 및 인공 음성 합성까지도 기원한다.

요약하자면 아날로그와 디지털 오디오를 비교할 때 디지털이 가지는 강점은 아래와 같다.

- 사운드, 음악을 컴퓨터 데이터로 가공하므로 조작하기 쉽다.

- 복사 횟수에 관계없이 노이즈가 유입되지 않는다.

- 아무런 아날로그 입력 없이 소프트웨어만으로 디지털 음악 및 사운드를 생성할 수 있다.

음향과 신호 처리

오디오 처리에는 여러 가지 종류가 있으며, 대부분 녹음되거나 생성된 디지털 오디오 파일을 의도적으로 수정하는 과정을 가리킨다. 이번 절에서는 일반적인 오디오 처리에 대해 소개하고자 한다. 사운드, 입력 및 출력을 가능하게 하는 하드웨어 사양 및 컴퓨터 아키텍처에 대한 설명은 이번 장의 뒷부분에서 다룰 예정이다. 이번 장 마지막 부분에서는 실제 라즈베리 파이의 온보드 사운드 하드웨어를 사용해 사운드를 편집하는 방법을 설명하겠다.

디지털 오디오의 출현과 함께 컴퓨터로 오디오를 조작하면 예전의 방식이 빠르게 대체되고, 디지털 오디오는 이제 음악 산업, 방송, 홈 레코딩 등을 지배하고 있다. 라디오 프로그램과 같이 녹음해서 온라인으로 스트리밍하는 팟캐스트(Podcast)는 이미 인터넷의 대세이고, 음악 애호가는 매일 수백만 개의 음악 파일을 내려받는다.

전산화된 오디오 조작에는 여러 가지 형식이 있다.

- 파일을 편집해서 소리를 삭제하거나 추가하고, 볼륨을 조절하는 등의 작업을 할 수 있다.

- 특수한 이펙트(예 : 리버브)를 사용해 오디오를 녹음하거나 편집하는 동안 효과를 추가할 수 있다.

- 압축을 통해 파일의 진폭을 고르게 만들고 사운드를 개선할 수 있다.

- 오디오를 디코딩하고 인코딩해서 컴퓨터가 이를 처리하거나 다양한 데이터 수집 및 디지털 통신에 활용하기 쉽게 만들 수 있다.

편집

아날로그 전용 사운드 시대에는 편집이 어려웠다. 레코딩에서 약간의 성가신 소음을 제거하려면 문제의 사운드가 어디에 위치하는지 추측하고 면도날이나 가위로 섹션을 잘라낸 다음 다시 테이프로 붙여야 했다(필름 편집도 같은 절차를 이용했다). 정확도는 그저 그런 수준이었다.

오늘날 디지털 오디오를 편집할 때는 파형을 보고 마우스 포인터를 사용해 처리해야 할 부분을 강조 표시한 다음 삭제 버튼을 누르기만 하면 된다. 파일을 재생할 때는 편집한 부분이 어디였는지 드러나지 않는다.

편집 기능을 사용하면 볼륨을 조절하고 노이즈를 줄이고(야외에서 녹음할 때의 바람 소리, 콘서트 중의 기침 소리 등), 다양한 이펙트를 추가하는 등의 작업을 할 수 있다.

편집에는 많은 트랙의 믹싱(오디오 파형 결합)이 포함된다. 예를 들어, 오케스트라를 녹음하는 동안 서로 다른 트랙을 녹음하기 위해 20개 이상의 마이크를 분산시켜 놓을 수도 있다. 최종 녹음 음원을 편집하는 사람은 다양한 트랙을 결합하거나 강조함으로써 더 즐겁고 영감을 주는 갖가지 마법을 부릴 수 있다.

압축

오디오 파형에 압축을 적용하면 전송 매체의 오디오 품질이 향상되는 효과가 있다. 옛날 AM 방송과 1930~1940년대의 영화에서의 녹음을 예로 들면, 현대의 방송 및 영화에 담긴 녹음보다 음성에 금속 느낌이 나고 음색이 풍부하지 못했다. 라디오의 경우, 과도한 변조 손상으로부터 송신기를 보호하고 왜곡을 방지하도록 설계된 오디오 제한 회로에 의해 이러한 금속성 소리가 두드러졌다. 이런 시스템에서 아나운서가 마이크에 대고 소리를 지르면 값비싼 송신기가 망가지고 방송국이 문을 닫아야 할 수도 있는 것이다.

1960년대 CBS 라디오 네트워크의 Audimax 시스템은 오디오 압축을 시도한 초기 시스템으로, 위와 같은 문제를 개선하기 시작했다. 압축 기술을 사용하면 음성과 음악을 더욱 정확하게 재현하고, 왜곡 없이 재생할 수 있다.

압축에는 널리 사용되는 두 가지 유형이 있으며, 라즈베리 파이의 경우 오다시티(Audacity) 같은 소프트웨어에서 사용할 수 있다.

- **오디오 압축**: 오디오 파일의 데이터 양을 줄여 CD, MP3, 인터넷 라디오 등을 통해 품질 손실 없이 정확한 재생을 가능하게 한다.
- **동적 범위 압축**: 오디오 데이터에서 큰 소리와 작은 소리의 차이를 줄여 정확한 재생을 가능하게 한다.

녹음과 이펙트

사운드 파일 전체 또는 일부를 수정할 수 있는 기능을 이펙트(effect)라고 한다. 이펙트는 원래 녹음에 존재하지 않는 공간감, 흥분, 충만감 등을 사운드에 추가할 수 있다. 이펙트는 생기 없는 녹음을 환상적인 가상 사운드 파노라마로 가공할 수 있다. 사운드에 둘 이상의 이펙트를 사용할 수도 있다. 일반적인 이펙트의 몇 가지 예는 아래와 같다.

- **에코(Echo)**: 대형 홀이나 동굴 벽에서 소리가 울리는 효과다.

- **코러스(Chorus)**: 녹음된 음성에 약간의 지연을 추가해서 한 명이 녹음한 음성도 많은 사람이 녹음한 것처럼 증폭시키는 이펙트다.

- **피치 이동(Pitch shift)**: 음악 또는 다른 소리의 피치를 위 또는 아래로 이동한다. 예를 들어, 트랙을 복사하고 복사본의 피치를 한 옥타브 위로 올리거나 원래 트랙과 믹스하면 흥미로운 효과를 낼 수 있다. 배우 음성의 피치를 변경하면 만화 캐릭터에 사용할 수도 있다. 피치 이동을 통해 가수의 음이탈을 보정해서 훌륭한 가수처럼 만들 수도 있다.

알아두기

최근 노래방 기계 중에는 가수를 돕기 위해 실시간 피치 이동을 사용해 실제보다 더 나은 소리를 내는 것도 있다. 오토튠 (autotune)이라고 하는 이 기술은 요즘 팝 문화에서 흔히 볼 수 있으며, 전문 가수도 애용하는 기술이다.

- **로봇 음성 효과**: 사람의 음성을 기계적 합성 음성으로 변환한다. 여기에 피치 이동을 함께 적용하면 무서운 음성을 만들 수도 있다.

- **시간 스트레칭**: 피치에 영향을 주지 않고 오디오 신호의 속도를 높이거나 낮춘다.

이펙트에는 수백 가지 종류가 있으며, 오디오 편집 소프트웨어에 내장된 것뿐 아니라 필요에 따라 다운로드해서 추가할 수 있는 이펙트도 많다. 그림 11-2는 어도비(Adobe)사의 크리에이티브 클라우드(Creative Cloud) 제품군 중 하나로, 광범위한 사운드 편집 기능을 제공하는 소프트웨어인 오디션(Audition)의 예를 보여준다.

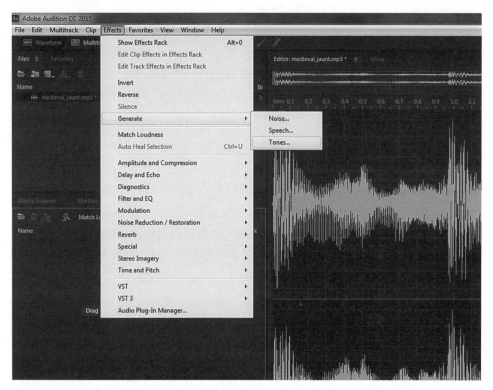

그림 11-2 전문가용 어도비 오디션을 사용하면 다양한 이펙트를 적용할 수 있다.

통신을 위한 정보 인코딩과 디코딩

음성 인식은 소프트웨어 및 컴퓨터를 제어하기 위해 정보를 인코딩하는 방식의 한 예다. 예를 들어 '정지'라고 말하면 그 음성이 컴퓨터에 저장된 '정지'의 인코딩된 정보와 비교되고, 일치한다고 판단되면 컴퓨터의 프로그램이 끝나는 식이다(물론, 컴퓨터에 단어를 식별하고 인코딩된 버전과 비교하기 위해 마이크가 부착된 소프트웨어가 있어야 한다).

인터넷의 센서, 산업용 계측기, 인공위성을 비롯한 수천 가지 종류의 장치는 다양하게 변조된 오디오 신호를 사용해 정보를 수신하고 반환한다. 이러한 오디오 신호는 오디오 파형으로 인코딩된 다양한 명령 및 기타 데이터로서 반드시 단어일 필요는 없다. 디코딩은 정보가 추출되고 처리되는 과정이다.

라디오 방송 및 TV 방송국은 변조된 음파를 무선 주파수 캐리어에 실어서 음성 및 음악을 전송한다. 라디오 파형은 프로그램 내용으로 인코딩된다. 수신기는 인코딩된 파형을 받아서 디코딩하고, 내재된 음성과 음악을 소리로 변환해서 라디오 청취자들에게 즐거움을 준다.

또 다른 예도 있다. 아마추어 무선 통신 사업자가 모스 부호를 전송하는 경우 역시 사운드 조작에 해당한다. 모스 부호는 공중을 통해 수백, 수천 마일 떨어진 다른 라디오 햄 수신자에게 전송된 후 '돈(dit)'과 '쓰(dah)'로 변환되어 재생된다. 그림 11-3과 같이 RTTY나 JT65, JT9 등의 첨단 기술(대륙 간 통신을 가능하게 하는 저전력 모드)의 경우에도 마찬가지다.

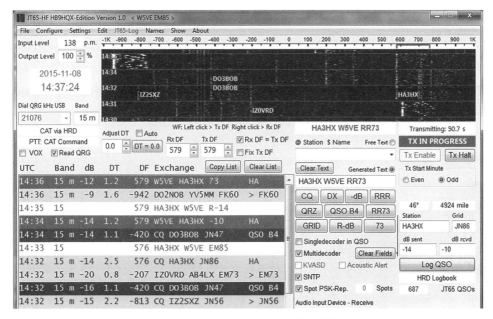

그림 11-3 노스캐롤라이나의 라디오 햄이 헝가리의 라디오 햄과 연결되어 디지털 파형을 주고받고 디코딩하는 모습.

지금도 수많은 사운드 및 신호 처리 응용 프로그램은 계속해서 빠른 속도로 늘어나고 있다.

1비트 DAC

DAC는 디지털-아날로그(digital-to-analog converter) 변환기를 의미하며, ADC는 아날로그-디지털 변환기(analog-to-digital converter)를 의미한다. DAC는 비트스트림 변환기라고도 불린다.

이번 장 앞부분에서는 아날로그 오디오보다 디지털 오디오의 장점에 대해 논의했으나 디지털 오디오가 아날로그 오디오를 완전히 대체한 것은 아니다. 그 이유는 매우 근본적인 물리학으로 설명할 수 있다. 사람이 들을 수 있는 소리는 아날로그의 형태이기 때문이다. 결국 소리를 듣기 위해서는 라즈베리 파이 보드의 3.5mm 오디오 잭에 헤드폰을 연결해야 한다. 헤드폰은 녹음된 아날로그 파형을 음파(공기 중의 진동)로 변환하고 이를 우리의 고막에 전달한다. 이를 위해서는 라즈베리 파이 보드에서 일종의 디지털-아날로그 변환이 필요하다. 라즈베리 파이 2 또는 B+의 오디오 잭을 통해 비디오와 오디오를 모두 사용하려면 그림 11-4 같은 커넥터가 필요하다.

알아두기

그림 11-4에 표시된 커넥터 유형에는 비디오 및 오디오에 대한 규정이 포함돼 있는 반면 구형 모델 B의 오디오 잭은 컴포지트 비디오 잭이 분리된 표준 스테레오 구성이다.

라즈베리 파이 2 이전에는 스테레오 잭이 '3극'이 아니었으며 오디오용으로만 사용됐다. 하지만 그림 11-4와 같은 4극 플러그(팁, 링, 링, 슬리브로 이뤄진 TRRS 구성)및 기존의 3극 스테레오 플러그(헤드폰 등)도 모두 호환이 가능하다. 비디오를 사용할 때만 4극 커넥터가 필요하다.

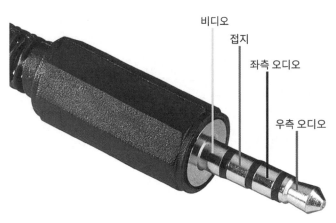

그림 11-4 라즈베리 파이에 연결되는 3.5mm 플러그의 접점

라즈베리 파이의 가격을 감안하면 최상의 오디오 품질을 기대하기에는 무리가 있다. 그럼에도 HDMI 커넥터는 꽤나 만족스러운 사운드를 제공하는 반면, 3.5mm 스테레오 오디오 잭의 오디오는 품질이 별로 좋지 않다. 둘의 차이점은 무엇일까? 바로 3.5mm 잭은 아날로그 오디오를 출력하고 HDMI 잭은 디지털 오디오를 출력한다는 점이다.

라즈베리 파이의 온보드 DAC 변환은 펄스폭 1비트 변조(Pulse Width Modulation, PWM) 모듈에 의해 생성된다. 많은 CD 플레이어, 붐박스, 기타 음향 가전 제품 역시 1비트 DAC 또는 이와 동등한 제품을 사용해 좋은 사운드를 출력한다. 1비트 DAC는 오디오를 실제 속도의 여러 배로 샘플링해서 16~20비트와 유사한 품질로 변환한다. 그러나 라즈베리 파이의 1비트 DAC는 11비트에 해당하는 것으로 명시돼 있다. 1비트 DAC는 저렴한 가격 덕분에 제조사 입장에서 매력적인 선택이 아닐 수 없다.

ADC는 아날로그 오디오 진폭을 매초 여러 번 측정해서 그 숫자를 파일에 저장한다. 컴퓨터에서 사용되는 가장 일반적인 형식은 펄스 코드 변조(pulse code modulation, PCM) 방식이다. 라즈베리 파이 보드의 1비트 DAC PWM 에뮬레이션과 같은 DAC는 PCM 오디오 파일을 샘플링하고, PCM 파일의 숫자 데이터에 따라 아날로그 파형을 재구성한다.

ADC를 이해하려면 음파의 형태를 이해해야 한다. 음파의 진폭은 시간의 흐름에 따라 연속적으로 변화한다. ADC는 매초 여러 번 파형을 빠르게 측정해서 매번 파형의 진폭을 기록한다. 기록된 데이터 포인트는 디지털 펄스 폭으로 이뤄진 파형으로 인코딩된다. PWM 파형을 디코딩하면 원래의 아날로그 파형을 재구성할 수 있고, 스피커나 헤드폰을 통해 원래의 사운드를 재생할 수 있다.

여기서 문제는 스튜디오에서 제작된 아름다운 음악은 24비트 오디오 파일로 이뤄져 있을 수 있다는 점이다. 1비트 DAC는 파일을 정상적으로 읽을 수 있지만 파일의 원래 해상도인 24비트가 아닌 20비트(라즈베리 파이의 11비트를 오버레이트 샘플링한 해상도) 해상도로 음악의 아날로그 파형을 재구성하게 된다. 이 빠른 샘플링으로 인해 일부 왜곡이 발생할 수도 있다.

알아두기
오버레이트(overrate)는 앞에서 설명한 DAC에 의해 생성된 대역폭 제한 파형에서 중요한 요소다. 나이키스트 주파수 (Nyquist rate)라는 신호처리 용어는 특정 파형에서 가장 높은 주파수의 두 배를 가리킨다. 이론적으로는, 나이키스트 주 파수 이상으로 샘플링하면 파형을 정확하게 디코딩할 수 있으므로 노이즈 및 왜곡이 줄어든다. 오버레이트 기술은 1비트 DAC 인코딩 파일에서 동일한 11비트 속도를 달성하는 방법이다.

라즈베리 파이를 하이엔드 앰프 및 스피커 시스템을 구동하는 미디어 센터로 사용하려면 최상의 사운드가 필요할 것이다. 라즈베리 파이를 통한 구현이 불가능한 것은 아니지만 고품질의 DAC가 필요하다. 24비트 DAC를 사용하면 더 선명하고 깊이 있는 사운드를 얻을 수 있다.

그럼 라즈베리 파이가 고품질 DAC와 통신하게 하려면 어떻게 해야 할까? 이는 I²S라는 사운드 전송 프로토콜을 통해 가능하다.

I²S

I²S(IIS라고도 함)는 IC 간 사운드(Inter-IC Sound, Interchip Sound)의 약자로, 디지털 오디오 장치를 서로 연결하는 일종의 직렬 버스 인터페이스 표준이다. 예를 들어, I²S를 통해 라즈베리 파이를 외부 DAC에 연결할 수 있다.

하지만 라즈베리 파이 보드에 'I²S 커넥터'가 달려 있는 것은 아니다. PCM 오디오를 DAC로 출력하기 위해 USB 포트 중 하나를 사용할 수 있지만 이는 왜곡을 발생시킬 수 있다. 가장 좋은 해결책은 라즈베리 파이 보드의 범용 입출력(GPIO) 핀을 사용하는 것이다. 또한 가능한 한 최단 경로를 사용하는 것이 가장 좋다. 결과적으로 라즈베리 파이용 외부 DAC 보드는 GPIO 핀에 직접 연결하는 것을 권장한다.

아래 DAC 보드 목록은 저렴한 가격으로 사용할 수 있는 라즈베리 파이 호환 보드의 목록이다.

- 라즈베리 파이 2용 SainSmart HIFI DAC 오디오 사운드 카드 모듈[1]: 라즈베리 파이 보드에 직접 연결 가능하다.

- HiFiBerry DAC +[2]: 라즈베리 파이 A, B, B+, 2에 연결할 수 있으나 일부 구형 A 및 B 모델에서는 작동하지 않을 수 있다.

- Eleduino HIFI DAC 오디오 사운드 카드 모듈[3]

- Arducam HIFI DAC 오디오 사운드 카드 모듈[4]

알아두기

'Raspberry Pi DAC'로 검색하면 사용 가능한 다른 DAC 보드에 대한 정보도 찾을 수 있다.

라즈베리 파이의 사운드 입출력

라즈베리 파이는 오디오 출력 잭과 HDMI 잭으로 두 가지 유형의 사운드 커넥터를 내장하고 있다.

오디오 출력 잭

라즈베리 파이 보드에는 표준 3.5mm 오디오 스테레오 잭이 있다. 헤드폰, 전원형 스피커 등 오디오 입력을 재생하는 모든 기기를 잭에 연결해서 사운드를 만들어낼 수 있다.

하지만 이 잭에서 출력하는 사운드에는 품질의 한계가 있다. 라즈베리 파이의 사양에 따르면 이 커넥터에서 출력되는 오디오 해상도는 11비트다(괜찮은 사운드를 원한다면 16비트 또는 24비트가 필요하다).

1　 www.sainsmart.com/sainsmart-hifi-dac-audio-sound-card-module-i2s-interface-for-raspberry-pi-2-b.html

2　 www.hifiberry.com/dac/

3　 http://www.eleduino.com/HIFI-DAC-Audio-Sound-Card-Module-I2S-interface-for-Raspberry-pi-B-Raspberry-Pi-2-Model -B-p10546.html

4　 http://www.amazon.com/Arducam-Audio-Module-Interface-Raspberry/dp/B013JZI3DS

하지만 걱정할 필요는 없다. 다양한 해결책이 있다. 예를 들어, 일반 USB/오디오 어댑터를 추가할 수도 있다. 이러한 어댑터 중에는 더 좋은 사운드를 내고 마이크 입력이 가능한 것도 있다. 이를 통해 라즈베리 파이를 음성 또는 음악 레코더로 사용하거나, 음성 명령을 통해 작동하게 만들 수도 있다. 또는 이번 장의 앞부분에서 설명한 것처럼 외부 DAC 보드를 달아서 고품질 사운드를 구현할 수도 있다.

HDMI

HDMI는 고품질 비디오 및 오디오를 재생 장치로 전송하는 방법으로 2000년대 초에 개발됐다. HDMI에는 여러 버전이 있지만 모두 동일한 케이블과 커넥터를 사용한다. 라즈베리 파이 보드에도 HDMI 커넥터가 포함돼 있다.

알아두기

HDMI는 대형 평면 TV 제조업체의 컨소시엄이 소유한 독점적인 인터페이스다. HDMI 기술의 발전은 이러한 대형 엔터테인먼트 장치의 등장과 함께 이뤄졌다. 큰 화면에는 더 좋은 화질이 필요하며, 홈시어터 사운드 시스템에는 더 나은 오디오가 필요하기 때문이다.

라즈베리 파이의 다채로운 그래픽 사용자 인터페이스(GUI)를 즐기고, 비디오를 보고 게임을 하기 위해 멋진 대형 디스플레이만큼이나 훌륭한 것은 없다. 최고의 방법은 이러한 디스플레이를 HDMI에 연결하는 것인데, 그 이유는 두 가지다.

- HDMI 연결이 가능한 컴퓨터 모니터, 프로젝터, 디지털 TV, 오디오 장치를 HDMI 호환 디스플레이 컨트롤러(즉 라즈베리 파이)에 연결하면 비디오와 오디오를 함께 전송할 수 있다.

- HDMI 품질은 컴포지트 비디오보다 압도적으로 훌륭하다. 또한 눈을 편안하게 하는 디스플레이를 제공해서 컴포지트 비디오의 시끄럽고 왜곡된 비디오/오디오보다 높은 해상도를 즐길 수 있다.

WARNING

HDMI-HDMI 연결에는 비디오와 오디오가 모두 포함돼 있다는 점을 놓치지 말자. HDMI를 DVI(디지털 비디오 인터페이스) 또는 VGA(비디오 그래픽 배열)로 변환하면 비디오 데이터만 전송할 수 있다. 오디오를 연결하기 위한 방법으로 라즈베리 파이의 오디오 출력 포트와 별도의 오디오 케이블을 활용할 수도 있으며, 이번 장 앞부분에서 소개한 일부 어댑터 중 오디오 포트가 있는 종류를 사용할 수도 있다. 변환기의 커넥터에서 모니터의 오디오 입력이나 별도의 스피커로 오디오 케이블을 연결해야 한다.

라즈베리 파이의 HDMI 오디오 출력은 3.5mm 오디오 출력 잭보다 우수한 품질을 보여준다. 내장형 앰프 또는 다른 전원 스피커가 포함된 멋진 컴퓨터 스피커를 연결하는 방식도 있지만 최상의 방법은 별도의 DAC에 라즈베리 파이의 온보드 I²S를 사용하는 방식이다.

라즈베리 파이의 사운드

외부 DAC가 필요하다는 사실을 라즈베리 파이의 사운드가 좋지 않다는 사실로 오해할 수도 있지만 그렇지 않다. 라즈베리 파이의 사운드 기능은 훌륭하다. 이번 절에서는 라즈베리 파이의 온보드 사운드 하드웨어를 살펴본 후에 이 환상적인 작은 컴퓨터로 사운드를 조작하는 다양한 방법을 살펴보겠다.

라즈베리 파이 온보드 사운드

라즈베리 파이 2를 기준으로, 모든 마술이 일어나는 근원은 보드에 장착된 브로드컴 BCM2535 SoC다. 무엇보다 이 칩은 라즈베리 파이 2의 오디오 기능에 있어 아래의 세 가지를 제공한다.

- 3.5mm 잭에 스테레오 아날로그 오디오를 제공하는 DAC 변환
- HDMI 디지털 오디오
- I²S 오디오 전송 지원

이제 사운드의 근원을 파악했으니 오디오 편집과 같은 실용적인 작업을 어떻게 하는지 알아보자.

라즈베리 파이에서 사운드 다루기

8장에서 언급했듯이 라즈비안(라즈베리 파이용으로 최적화된 데비안 리눅스)은 라즈베리 파이에 설치할 첫 운영체제로 좋은 출발점이다. 이번 절에서 다룰 오디오 편집 기술은 라즈베리 파이에서 설치 가능한 대부분의 리눅스 배포판에서 작동 가능하지만 이어질 예제는 라즈비안을 기준으로 한다.

오디오 장치 선택

강력한 최신 운영체제를 갖춘 많은 컴퓨터와 마찬가지로 라즈베리 파이도 특정 작업을 위한 여러 가지 솔루션을 가지고 있다. 예를 들어, 오디오 장치를 선택하는 방법에도 여러 가지가 있다.

라즈베리 파이에는 두 가지 오디오 재생 방법이 있다. 첫 번째는 헤드폰이나 스피커로 작동하도록 디지털 파일을 변환하는 아날로그 스테레오다. 두 번째는 고품질 디지털 사운드를 특징으로 하는 HDMI다. 아날로그 오디오 출력은 4극 커넥터가 호환되며, TV, 스테레오 시스템, 기타 HDMI 지원 장치에 케이블을 연결하기 위한 HDMI 커넥터도 있다.

기본적인 출력 방법은 라즈베리 파이 보드에 4극 3.5mm 소켓을 연결하는 방식이다(소리 외에 비디오 출력도 가능). 이번 장 앞부분에서 설명한 것처럼 헤드폰이나 컴퓨터 스피커의 끝에 있는 것과 같은 표준 3극 미니 스테레오 플러그도 라즈베리 파이와 호환되며 이를 통해 전원형 스피커를 연결하면 라즈베리 파이로 충분히 좋은 사운드를 즐길 수 있다.

영구적인 출력 장치 변경

라즈베리 파이를 TV 및 스테레오 시스템에 연결된 엔터테인먼트 센터 컨트롤러로 사용한다고 가정해 보자. 이 경우, 라즈베리 파이를 부팅한 후 수동으로 HDMI를 선택하는 것은 고생스러운 과정이 될 것이다. 해결책은 다음과 같다.

1. 커맨드 라인 터미널(일반적으로 검은색 작은 TV 모양 아이콘)을 연다.

2. sudo raspi-config 명령을 입력한다(sudo는 '슈퍼 유저'를 의미하며 설정 변경 권한을 얻기 위한 것이다).

3. 라즈베리 파이 소프트웨어 구성 도구 화면이 나타나면(그림 11-5 참조) 아래쪽 화살표 키를 사용해 '9 Advanced Options(고급 옵션)'를 선택하고 엔터 키를 누른다.

4. 'A9 Audio'를 선택한다.

5. 오디오 출력 선택 화면에서 '2 Force HDMI'를 선택한다.

6. OK를 클릭한 다음 Finish(마침)를 클릭한다.

7. 라즈베리 파이를 재부팅한다.

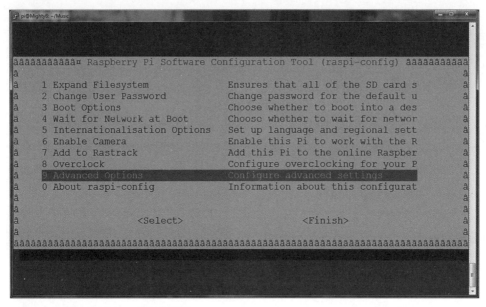

그림 11-5 라즈베리 파이의 소프트웨어 설정 도구

이제 라즈베리 파이는 HDMI를 기본 오디오 출력 장치로 삼아 부팅할 것이다.

수동 출력 설정

라즈베리 파이의 사운드 출력 방식을 수동으로 선택할 수도 있다. 간단한 방법으로 라즈비안에 포함된 omxplayer 유틸리티를 사용할 수 있다. 이 플레이어는 .wav나 .mp3 같은 표준 오디오 디지털 파일 형식을 재생할 뿐 아니라 .mp4나 .avi를 비롯한 비디오 형식도 재생한다.

알아두기

.mp3는 음악에 매우 널리 사용되는 포맷임에도 독점 포맷이라는 한계가 있어서 이를 재생하려면 인코더/디코더를 설치해야 한다. mp3 인코더/디코더는 무료이며 아래 명령으로 설치할 수 있다.

```
sudo apt-get install lame
```

omxplayer를 통해 별도의 설정 없이 mp3 파일을 재생할 수 있다.

---

omxplayer 유틸리티에는 GUI 기능이 없으므로 터미널에서 커맨드 라인으로 명령을 입력해야 한다. 예를 들어, 아래와 같이 디지털 파일의 이름만 사용해서 omxplayer를 호출할 수 있다.

```
omxplayer Beethoven_Ode_To_Joy.wav
```

이렇게 하면 앞 절에서 설정한 대로 기본 오디오 재생 장치에서 파일을 재생할 것이다.

아래와 같은 명령을 사용하면 3.5mm 오디오 단자로 파일을 재생할 것이다.

```
omxplayer -local Beethoven_Ode_To_Joy.wav
```

또한 아래 명령을 사용하면 HDMI 단자로 파일을 재생할 것이다.

```
omxplayer -hdmi Beethoven_Ode_To_Joy.wav
```

omxplayer 유틸리티에는 다른 옵션도 많다. 매개변수 없이 터미널에 omxplayer만 입력하면 사용 가능한 매개변수 목록을 확인할 수 있다.

오디오 재생

라즈베리 파이에는 오디오 및 비디오 파일을 재생하는 여러 미디어 플레이어가 있으며, 운영체제의 데스크톱에서 사용할 수 있다. 라즈비안에서는 XiX가 대표적이다. 리눅스 ARM 버전과 설치 방법을 www.xixmusicplayer.org에서 내려받을 수 있다.

알아두기

미디어 플레이어를 미디어 센터 소프트웨어와 혼동해서는 안 된다. 미디어 센터 소프트웨어는 엔터테인먼트를 선택하고 제공하는 데 있어 미디어 센터에서 기대하는 라이브러리 및 기타 모든 기능을 설정하는 데 훨씬 많은 시간을 할애한다. PC 및 맥용 주요 소프트웨어 패키지 중에는 XBMC나 Kodi 같은 라즈베리 파이에서 실행되는 버전이 있다.

앞에서 언급했듯이 라즈베리 파이에서 3.5mm 오디오 커넥터 또는 HDMI 출력을 통해 출력하는 것보다 우수한 사운드를 내는 것이 가능하다. 저렴한(진짜 저렴한!) 방법은 USB 사운드 카드를 구입해서 연결하는 방법이다. 대부분은 스피커/헤드폰 출력 외에 마이크 입력도 있다. PC의 사운드 카드와 비슷하지만 작은 크기에도 많은 기능을 제공한다.

이러한 USB 사운드 카드 동글에는 드라이버도 필요없다. 설치하려면 라즈베리 파이의 전원을 *끄고*, 동글을 USB 소켓에 꽂은 다음 라즈베리 파이를 부팅하기만 하면 된다.

물론 오디오 출력 장치를 USB 사운드 카드로 전환하는 작업이 필요하다. omxplayer 유틸리티는 현재 USB 사운드를 지원하지 않기 때문에 사용할 수 없다. 대신 aplay라는 플레이어를 사용하자. omxplayer와 마찬가지로 aplay도 터미널 유틸리티를 연 후 커맨드 라인으로 제어할 수 있다.

라즈비안에서 aplay를 설치하려면 아래 단계를 따르면 된다.

1. 커맨드 라인에 아래 명령을 입력한다.

   ```
   sudo apt-get install aplay
   ```

2. 커맨드 라인에 아래 명령을 입력해서 USB 사운드 카드의 장치 번호를 확인한다.

   ```
   aplay -l
   ```

알아두기

위 명령에서 매개변수로 들어가는 문자는 숫자 1이 아니라 알파벳 소문자 엘(l)이다.

USB 사운드 카드의 장치 번호를 찾아 적어두자. 여러 줄의 목록이 나오는데, 그중 사운드 장치에 해당하는 것은 아래의 두 줄이다.

```
card 0: ALSA [bcm2835 ALSA], device 1: bcm2835 ALSA [bcm2835 IEC958/HDMI]
card 1: Device [C-Media USB Audio Device], device 0: USB Audio [USB Audio]
```

첫 번째 카드 0에 2835가 있다. 이는 브로드컴 SoC의 숫자에 해당하므로 라즈베리 파이에 탑재된 기본 사운드 출력이라고 추정할 수 있다. 두 번째 카드 1은 C-미디어 USB 오디오 장치라고 기재돼 있다.

3. 장치 번호를 기록하자. 카드 번호는 1이지만 장치 번호는 0이므로 혼동될 수 있으니 주의하자. 이제 헤드폰이나 전원 스피커를 USB 동글에 연결해서 음악을 듣기 위한 정보가 모두 준비됐다.

4. 아래 명령을 입력해서 USB 사운드 카드의 PCM 방식을 찾는다(이번에는 대문자 'L' 사용).

   ```
   aplay -L
   ```

알아두기

PCM은 라즈베리 파이가 디지털 파일을 아날로그 사운드 출력으로 변환할 때 생성하는 형식이다. -D 옵션을 사용해 PCM 방식을 지정할 수 있다.

몇 줄의 출력 결과가 나타나는데, USB 장치의 이름을 보여주는 두 개의 행을 찾을 수 있을 것이다. 이 예시에서는 C-미디어를 사용하므로 첫 번째 행은 변환 없이 디지털 신호를 보낸다. 이 방식은 DAC 같은 장치가 연결된 경우에 유용하다. 그러나 TV 오디오 입력, 스테레오 헤드폰, 스피커 등은 일반적으로 아날로그이므로 USB 동글에서 PCM 오디오가 출력되는 것이 바람직할 것이다.

```
    hw:CARD=Device,DEV=0
        C-Media USB Audio Device, USB Audio
        Direct hardware device without any conversions
    plughw:CARD=Device,DEV=0
        C-Media USB Audio Device, USB Audio
        Hardware device with all software conversions
```

예제에서 plughw:CARD=Device,DEV=0은 원하는 디지털 파일(예제의 경우 Beethoven Ode to Joy.wav)에 필요한 -D 매개변수에 필요한 정보에 해당한다.

5. 아래 명령을 사용해 USB 사운드 카드를 통해 오디오 파일을 재생한다.

```
aplay -D plughw:CARD=Device,DEV=0 Beethoven_Ode_To_Joy.wav
```

하지만 정보가 하나 더 필요한데, 위의 -D에 있다. omxplayer 및 기타 여러 유틸리티에서와 마찬가지로 매개변수 없이 이름을 입력하면 사용 가능한 명령 목록이 출력된다. 출력된 목록에서 -D로 시작하는 행을 찾아보면 아래와 같은 결과를 볼 수 있을 것이다.

```
-D --device=NAME select PCM by name
```

아마 멋진 GUI를 가진 플레이어를 설치해서 사용하고 싶은 독자도 많을 것이다. 실제로 많은 플레이어가 마우스 클릭으로 오디오를 출력할 수 있는 데스크톱 아이콘을 가지고 있다.

무료 사운드 편집기 설치

라즈비안에서 실행 가능한 대표적인 사운드 편집기로 오다시티(Audacity, www.audacityteam.org에서 내려받을 수 있음)가 있다.

오다시티는 블로그 제작, 사운드 이펙트 제작, 프레젠테이션 오디오 클립 제작 등 여러 가지 목적에 유용하게 쓸 수 있는 도구다.

라즈베리 파이에 오다시티를 설치하려면 보드가 인터넷에 연결돼 있는지 확인하고 아래 명령을 입력하자.

```
sudo apt-get install audacity
```

라즈비안 GUI에서 메뉴 버튼을 클릭하고 실행 상자에 audacity라고 입력하자. 프로그램이 시작되고 그림 11-6과 같은 화면이 표시될 것이다. 베토벤의 'Ode to Joy'(.wav 디지털 오디오 파일)의 오디오 파일이 이미 로드되어 편집할 준비가 끝난다.

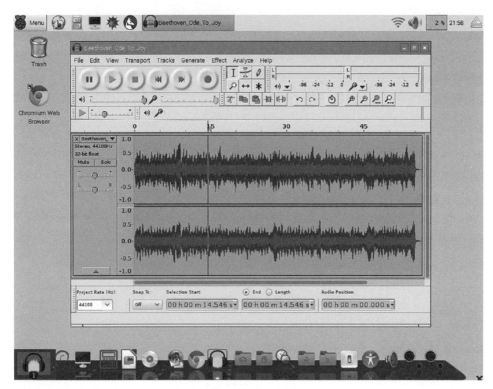

그림 11-6 라즈베리 파이 2 모델 B의 라즈비안 데스크톱에서 실행한 오다시티

오디오 파일 편집은 워드 프로세서를 사용해서 텍스트 문서를 편집하는 것과 매우 유사하다. 변경하려는 위치에 커서를 삽입하고 마우스 왼쪽 버튼을 누른 채 드래그해서 파형의 영역을 선택한다. 선택한 부분을 지우려면 삭제 버튼을 클릭하기만 하면 된다. 복사, 붙여넣기, 실행 취소 기능도 모두 워드 프로세서와 동일하게 사용할 수 있다.

오다시티에는 많은 이펙트가 포함돼 있으며, 필요하면 더 많은 이펙트를 다운로드해서 설치할 수 있다. 그림 11-7은 기본적으로 내장된 몇 가지 이펙트를 보여준다. 메뉴 표시 줄에서 도움말을 누르면 사용법을 확인할 수 있다.

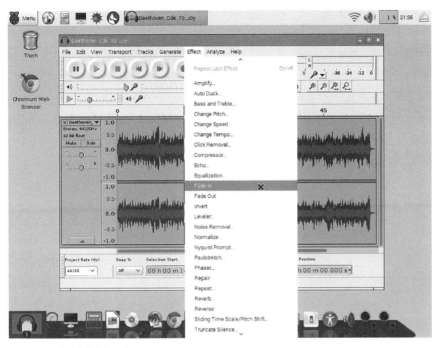

그림 11-7 오다시티의 이펙트 메뉴

그림 11-6은 왼쪽 및 오른쪽 채널로 이뤄진 두 개의 트랙이 있는 스테레오 파형을 보여준다. 이는 예시일 뿐, 트랙 수가 두 개로 제한되는 것은 전혀 아니다. 기타 연주를 녹음하자. 같은 음악을 반조, 트럼펫, 드럼 등으로 연주하는 다른 트랙을 추가하자. 각 트랙을 동기화하고, 몇 가지 이펙트를 추가하면 음악 프로듀서가 된 자신을 발견할 수 있을 것이다. 모든 트랙을 스테레오용으로 좌우로 믹스하면 히트곡이 탄생할지도 모른다.

그림 11-8은 오다시티에서 4개 트랙을 보여준다. 원래 두 개의 'Ode to Joy' 트랙을 복사해서 두 트랙을 추가하고 약간 오프셋시켰다. 결과를 재생하면 묘한 느낌의 재미있는 사운드가 들릴 것이다.

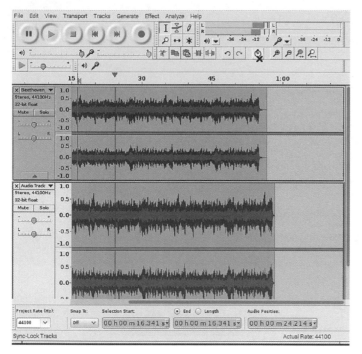

그림 11-8 오다시티의 멀티트랙 작업

인코딩과 디코딩

오디오 및 비디오 파일은 코덱이라는 표준을 사용한다. 코덱은 디지털 스트림 또는 신호를 인코딩 또는 디코딩하는 장치 또는 소프트웨어다. 인코딩과 디코딩이 필요한 이유는 공간을 절약하기 위해 파일을 압축하고, 복사 방지를 위해 암호화하고 재생 품질을 향상시키기 위해서다. 라즈베리 파이 하드웨어는 기본적으로 일반적인 파일 형식을 디코딩할 수 있으며, 필요에 따라 다른 형식을 추가할 수도 있다.

# 12장

전산화된 데이터 처리에서 컴퓨터에 필요한 요소는 오직 두 가지다. 입력과 출력, 즉 I/O가 그것이다. 데이터와 명령을 입력하면 처리된 데이터가 수신된다. 개념적으로는 단순하지만 70년 이상 계속된 컴퓨터와 주변장치의 생태계 확대로 그 복잡성은 계속 증가하고 있다.

이번 장에서는 I/O의 개요와 그 이면의 컴퓨터 아키텍처를 통해 이러한 복잡성을 풀어헤치겠다. 물론, 라즈베리 파이를 통해 실용적인 활용법을 다루는 순서 역시 포함될 것이다.

처음에는 인터페이스와 관련 프로토콜의 짧은 역사부터 소개하고, 다음으로 UART, USB, SCSI, IDE / PATA, SATA, I^2S, I^2C, SPI, GPIO 등과 관련된 다양한 I/O 체계를 살펴보자. 대부분 알파벳 약자로 돼 있는 이러한 인터페이스는 대부분 특정 I/O 요구사항에 대한 세련된 해결책을 제공한다.

이번 장의 마지막에는 라즈베리 파이에서 GPIO(General Purpose Input Output)를 사용하는 예시를 통해 마무리하겠다. 모든 라즈베리 파이 모델이 가진 GPIO 핀은 대부분의 컴퓨터에 대해 차별성을 지닌 요소다. GPIO를 통해 프로그램 가능한 입력 및 출력을 사용하면 작은 신용카드 크기의 보드를 사용해 작은 LED부터 수천 와트의 전력을 소모하는 대형 전기 모터에 이르기까지 모든 것을 제어할 수 있다.

먼저, 입력과 출력에 대해 알아보자.

입출력이란?

컴퓨팅 장치는 많은 사람들의 생각보다 훨씬 오랜 역사를 가지고 있다. 줄에 매달린 구슬을 사용하는 단순한 계산 도구인 주판은 기원전 몇 세기에 걸쳐 사용돼 왔으며, 바빌론에서 유래했을 가능성이 가장 크다. 고대 난파선에서 발견된 유명한 안티키테라(Antikythera) 장치는 기원전 1세기 경 별과 행성의 움직임을 예측하기 위해 사용됐다. 이러한 도구의 작동 방식은 최신 컴퓨터와 완전히 다르지만 입력과 출력을 모두 사용한다는 점은 동일하다.

현대 컴퓨터에서 I/O의 출현은 마우스로부터 시작됐다.

초기의 컴퓨팅은 컴퓨터가 잘 작동하는 데 초점을 뒀다. 본질적으로 산술 계산과 데이터 처리를 잘 하는 것이 가장 중요했다. 그러나 오늘날처럼 컴퓨터가 보편적인 도우미가 되기 위해서는 더 나은 입출력 방법이 필요했다. 천공 카드와 자기 테이프는 속도가 느렸다. 터미널이 등장함으로써 오퍼레이터가 키보드를 통해 텍스트를 입력하고 컴퓨터에서 단어를 화면에 표시할 수 있게 됐지만 키보드가 컴퓨터에 연결돼도 이러한 입출력은 편리한 인터페이스라 하기 어려웠다.

사람들은 더 나은 컴퓨터 인터페이스가 필요했다. 또한 컴퓨터는 다른 컴퓨터와 대화하고(네트워크) 다양한 형태의 데이터를 빠른 속도로 정확하게 교환해야 했다. 그리하여 다양한 하드웨어 I/O 방법과 통신 프로토콜이 개발됐다. 이러한 결과물이 이번 장에서 주로 다룰 주제인데, 먼저 인간-컴퓨터 인터페이스(computer/human interface)에 대해 살펴보자.

컴퓨터의 얼굴을 바꿔놓은 두 가지 위대한 발명은 그래픽 사용자 인터페이스(GUI)와 마우스라고 할 수 있다. 둘 중 어느 쪽이 먼저일까? 놀랍게도 먼저 발명된 쪽은 마우스다. 심지어 군사용 기밀 기술이었다.

마우스

마우스는 평평한 표면 상에서 장치의 2차원 운동을 감지해서 커서(컴퓨터 화면의 화살표 또는 기타 그래픽)의 움직임으로 변환하는 컴퓨터 주변장치다. 마우스의 버튼을 클릭하면 다양한 명령이 컴퓨터로 전송된다.

초기 마우스는 움직임을 감지하기 위한 센서로 작은 고무공을 사용했다. 오늘날 대부분의 마우스는 LED 광원과 광 센서 어레이를 사용한다. 많은 사람들이 무선 마우스를 사용하는 추세여서 실제 쥐의 꼬리처럼 생긴 케이블도 점점 자취를 감추고 있다.

더글러스 엥겔바트(Douglas Engelbart)와 스탠퍼드 연구소 팀은 1960년대에 최초의 마우스를 개발하고 마우스라는 이름을 붙였다(그림 12-1). 엥겔바트는 마우스의 발명 외에도 다양한 업적을 이뤘지만 지금 전 세계인이 사용하는 마우스의 아버지라는 점에서 위대한 영웅이라고 할 수 있다.

그림 12-1 상업용 GUI, 제록스 스타 8010

마우스가 그렇게 좋은 장치라면 왜 그렇게 빨리 발명되지 않았을까? 사실, 마우스에도 선구자가 있었다. 1941년 랄프 벤자민(Ralph Benjamin)은 왕립 해군의 소방용 레이더 계획 시스템을 제어하기 위한 트랙볼을 개발했다. 소방 시스템은 원래 조이스틱 장치와 아날로그 컴퓨터를 사용해 항공기의 조준을 위한 다음 위치를 계산했다. 벤자민은 더 나은 입력 방법을 필요로 했고, 트랙볼을 발명하기로 결정했다. 이 트랙볼은 '롤러 볼(roller ball)'이라고 불렸다. 1950년대에는 캐나다 해군이 디지털 컴퓨터 시스템을 트랙볼로 제어했다. 두 가지 용도 모두 군사용 기밀 기술에 해당했기에 다른 컴퓨팅 세계로 확산될 수 없었다.

그래서 엥겔바트는 독자적으로 마우스를 발명했다. 슬프게도 그는 로열티로 1센트도 받지 못했지만 컴퓨터 입출력에 그가 기여한 부분은 의심의 여지 없이 거대하다. 엥겔바트의 발명으로 우리는 훌륭한 입력 수단을 갖게 됐고, 컴퓨터는 입력 수단을 유용하게 활용하기 위한 인터페이스를 갖게 됐다. 이제 그 인터페이스인 GUI에 대해 알아볼 차례다.

그래픽 사용자 인터페이스

그래픽 사용자 인터페이스(GUI, 영미권에서는 '구이'라고도 부름)를 사용하면 텍스트, 아이콘 및 기타 시각적 표시기를 사용해 컴퓨터 및 기타 장치와 상호작용할 수 있다. 이전의 텍스트 전용 디스플레이는 주로 길고 직관적이지 않은 명령을 입력하는 방식으로 사용해야 했기에 포인팅과 클릭을 통해 빠르게 이용할 수 있는 GUI 솔루션과는 대조적이다.

더글러스 앵겔바트는 GUI에도 공헌했다. 이번에는 선구자의 역할인데, 마우스로 클릭함으로써 다른 화면으로 이동하거나 명령을 수행할 수 있는 텍스트 기반 하이퍼링크/하이퍼텍스트(인터넷의 그것과 같다)를 만든 것이다.

제록스의 팔로 알토 연구소(이하 PARC)와 PARC의 핵심 연구원인 앨런 케이(Alan Kay)는 텍스트 기반 하이퍼링크를 넘어선 GUI의 세계로 컴퓨터를 인도했다. 1973년 출시된 제록스의 알토 컴퓨는 GUI를 기본 인터페이스로 사용하는 최초의 컴퓨터였으며, 키보드와 포인팅 장치에서 입력을 받았다. PARC 사용자 인터페이스라고 하는 이 GUI에는 현재 우리에게 친숙한 요소, 즉 창, 메뉴, 버튼, 체크박스를 모두 가지고 있었다.

GUI가 시장에 출시되기까지는 몇 년이 걸렸다. GUI를 탑재한 첫 상용 컴퓨터는 1981년에 출시된 제록스 스타(Star) 8010이었다(그림 12-1). 1983년 애플도 자사 최초의 GUI 컴퓨터인 리사(Lisa)를 출시했다. 리사는 큰 성공을 거두지는 못했지만 현재의 GUI에서 당연한 요소가 된 메뉴 막대와 윈도우 컨트롤을 도입했다.

1984년, 애플은 맥킨토시(Macintosh) 컴퓨터를 출시했다. 이 컴퓨터는 GUI 세계의 판도를 바꿨다. 맥킨토시의 성공 이후 다른 컴퓨터 제조업체와 소프트웨어 회사들도 GUI를 도입하기 시작했다. 아타리(Atari)와 코모도어(Commodore)가 1985년에 합류했으며, 마이크로소프트도 같은 해 말에 윈도우 1.0을 출시했다. 그 이후로 모두가 GUI 컴퓨터만을 만들어냈다.

오늘날 대부분의 운영체제(윈도우, 리눅스, 맥, 안드로이드, iOS 등)는 GUI를 기본 사용자 인터페이스로 지원한다. GUI의 이점은 아래와 같다.

- 사용하기 쉽다. 특히 컴퓨터 초보자에게는 더더욱 쉽다.

- 보는 것 그대로를 얻을 수 있다(WYSIWYG, '위지윅'이라고 발음함). 이는 화면에 보이는 그대로 정확하게 인쇄할 수 있기 때문에 미리 출력 형태를 예상할 수 있다.

- 일반적으로 도움말을 제공한다.

- 긴 명령문 없이 사용할 수 있다. 메뉴를 가리키고 클릭하면 실행 가능한 명령의 목록을 볼 수 있다.

알아두기

전 세계적으로 서버 설치는 여전히 커맨드 라인 시스템을 기반으로 하고 있기 때문에 텍스트 기반 사용자 인터페이스도 여전히 유용하며 배울 가치가 있다.

- 드래그 앤드 드롭(drag and drop) 또는 복사해서 붙여넣기처럼 응용 프로그램 간에 데이터를 이동시키는 간단한 방법을 지원한다.

- 사진 및 기타 그래픽을 쉽게 조작할 수 있다.

물론 GUI에도 단점이 있다.

- 많은 RAM(작업 메모리) 용량을 필요로 한다.

- 하드디스크나 다른 영구 저장 장치(예: 라즈베리 파이의 microSD)에서 더 많은 공간을 차지한다.

- 소프트웨어 개발에 많은 자원을 필요로 한다.

GUI가 컴퓨터 운영체제를 지배하면서 사람과 컴퓨터의 상호작용은 더욱 쉬워졌다. 하지만 컴퓨터는 사람뿐 아니라 네트워크를 통해 연결된 다른 장치와도 상호작용한다. 그러므로 이제부터 중요한 I/O 유형과 이를 지원하는 컴퓨터 아키텍처에 대해 알아보자.

입출력

컴퓨터 주변장치(peripheral)라고도 하는 컴퓨터 I/O 장치의 개념에는 데이터 입력을 받아들이고, 처리된 데이터를 출력하고, 내부 및 외부 기능을 수행하는 장치라는 의미가 담겨 있다.

I/O 장치가 작동하는 방식을 단순하게 살펴보자. 우선 물리적 환경에서의 입력을 감지하고 이에 응답하는 장치인 센서(sensor)가 포함돼 있다. 센서는 동작이나 온도, 공기, 가스 압력 변화 등을 감지하고, 컴퓨터에 데이터나 명령을 전달해서 센서가 감지한 값을 처리하고, 저장하고, 명령을 수행하게 한다. 그럼 컴퓨터는 센서로부터 받은 결과를 사람 또는 자신이 제어하는 장치에 전달할 수 있다. 이 과정에서 아래의 두 가지 기능이 발생한다.

- **입력**: 장치가 아날로그 또는 디지털 데이터 및 명령을 변환해서 이진수 형식(1과 0의 디지털 형식)의 전기 신호를 컴퓨터로 보낸다.

- **출력**: 컴퓨터가 디지털 신호를 다시 장치로 보내고, 장치는 이 신호를 장치가 이해하는 형식으로 변환한다.

표 12-1을 통해 I/O 장치의 예시 일부를 확인할 수 있다.

표 12-1 I/O 장치

입력	출력	I/O
마우스: 2차원 표면 상에서의 움직임을 입력으로 받는 장치.	프린터: 컴퓨터가 전송한 페이지를 인쇄하는 장치.	네트워크 카드: 컴퓨터가 인터넷 상의 다른 컴퓨터와 지속적인 통신을 주고받을 수 있게 하는 장치.
키보드: 눌린 키의 종류를 입력으로 받는 장치.	디스플레이: 윈도우, 메뉴, 버튼, 마우스 커서 등을 GUI 형태로 표시하는 장치.	디스크 드라이브: SATA 등의 인터페이스를 통해 데이터를 수신하고 저장하는 장치.
동작 감지 센서: 움직임 발생 여부를 참/거짓의 데이터로 인식하고 보고하는 장치.	사운드: 동작 감지 센서와 함께 쓰이면 보안 구역에서 동작을 감지했을 때 경고음을 발생시킬 수 있다.	USB 주변장치: OS와 상태 및 명령을 주고받으며 장치 드라이버를 통해 구동됨.

다음 절에서는 I/O 인터페이스 방식을 알아보자.

범용 직렬 버스

범용 직렬 버스(USB)는 입출력의 대표적인 방법 중 하나다. 라즈베리 파이의 경우 USB가 필수 요소가 됐기 때문에 최신 모델에는 4개의 USB 소켓이(그림 12-2) 기본적으로 장착돼 있다. 많은 프로젝트에서 최소 4개의 USB 소켓을 필요로 한다.

그림 12-2 라즈베리 파이 2에 달린 4개의 USB 소켓

USB를 사용하면 키보드, 마우스 및 기타 포인팅 장치, 휴대용 하드디스크 및 USB 메모리 스틱, 네트워크 어댑터, 마이크, CD 및 DVD 드라이브 등과 같은 온갖 장치를 쉽고 편리하게 연결할 수 있다. 최근에는 스마트폰과 게임 콘솔에도 USB 소켓이 포함돼 있다.

먼저 USB의 역사와 다양한 버전(1.0, 1.1, 2.0, 3.0, 3.1)을 통해 그 진화 과정을 알아보고, 라즈베리 파이에서 USB를 활용하는 방법을 알아보자.

USB의 역사

개인용 컴퓨터가 1980년대 초반부터 폭발적으로 대중화되면서 이 시장의 수익성 역시 검증됐고, 컴퓨터 주변장치 시장도 광범위하게 확산되기 시작했다. 다양한 주변장치는 종종 컴퓨터 뒤에 케이블과 전원 공급 장치로 얽힌 난장판을 만들기도 했다.

이 혼란을 표준화하고 제거하기 위해 USB가 등장했다. USB는 이전의 많은 인터페이스를 대체하고 통합했다. 병렬 포트, 직렬 포트 및 여러 별도의 전원 공급 장치가 USB 플러그나 전원, 기타 표준 덕분에 컴퓨터 역사의 뒤안길로 사라졌다.

업계 표준으로서의 USB는 1990년대 중반에 처음 출시됐다. 이 표준은 컴퓨터와 주변장치 사이에 필요한 케이블, 커넥터, 통신 프로토콜, 전원 공급 장치를 규정했다. 위의 모든 사양은 USB를 많은 제조업체가 구현하고 상호 호환이 가능할 수 있도록 만들어졌다.

원래 USB 개발을 추진했던 주체는 컴팩(Compaq), DEC, IBM, 인텔, 마이크로소프트, NEC, 노텔(Nortel) 등 7개 회사로 이뤄진 컨소시엄이었다. 현재 USB 표준(최신 버전은 버전 3.1)의 개발 및 유지보수는 비영리 조직인 USB 사용자 포럼(USB Implementers Forum)이 진행하고 있다.

USB의 버전

USB 표준의 주요 버전은 3단계에 거쳐 출시됐다.

- USB 1.x: USB 1.0은 1996년에 처음 출시됐다. 낮은 대역폭에서는 1.5Mbit/s(초당 메가비트), 전체 대역폭(또는 'full speed')에서는 12Mbit/s의 데이터 전송 속도를 보인다. 1998년에 USB 1.1이 이어 출시됐고, 1.0에서 드러난 문제, 특히 허브와 관련된 문제가 수정됐다.

  USB 1.1은 기존의 문제를 해결했을 뿐 아니라 다양한 컴퓨터 제조사에 의해 널리 수용되고 구현되어 '레거시 프리(legacy-free)' PC를 탄생시켰다. 레거시 프리 PC는 플로피 드라이브 컨트롤러, 병렬 프린터 포트, RS-232 직렬 포트, 게임 포트, ISA(Industry Standard Architecture) 확장 버스가 모두 USB 포트로 교체된 PC를 말한다. 이를 통해 더욱 단순한 PC를 만들 수 있게 됐고, 결국 USB는 PC의 가격 인하에도 기여했다.

- **USB 2.0:** 2001년에 출시된 이 버전은 480Mbit/s의 높은 데이터 전송 속도를 특징으로 하며, 1.1과 비교하면 40배 빠르다.

- **USB 3.0:** 2008년 발표된 이 USB 표준은 다시 한 번 엄청난 속도 증가를 가져왔다. 이 버전의 최대 데이터 전송 속도는 5Gbit/s(초당 기가비트)다. 또한 USB 3.0은 전력 소비량이 적은 동시에 출력은 높았으며, USB 2.0과의 하위 호환성도 보장됐다. 슈퍼시드(SuperSpeed) 포트라고 불리는 실제 3.0 포트를 탑재한 첫 번째 컴퓨터와 장치는 2010년에 도입됐다. 컴퓨터에 USB 포트가 있고, 그 위에 'SS' 표시와 파란색 플라스틱 가이드가 있으면 USB 3.0 포트에 해당한다. 물론 'USB 3.0'이라고 명시돼 있는 친절한 경우도 있다. 2014년 12월에는 USB 3.1 표준이 인기되어 데이터 전송 속도가 10Gbit/s로 빨라졌다.

USB의 아키텍처

USB 설계에는 호스트 컨트롤러가 포함돼 있으며, 이 호스트 컨트롤러는 여러 개의 USB 포트를 통해 복수의 장치를 받아들여 스타 토폴로지(star topology) 형태를 구성할 수 있다. 스타 토폴로지 네트워크(그림 12-3)는 중앙 컴퓨터나 허브가 주변장치와의 통신을 제어하는 가장 일반적인 구성 중 하나로, 클라이언트-서버 구성과 거의 같다. 이 구성의 최대 장점은 안정성에 있다. 한 클라이언트와의 연결이 끊어져도 다른 클라이언트와의 연결이 영향을 받지 않는다.

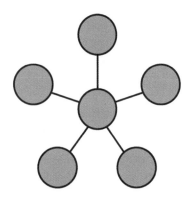

그림 12-3 스타 토폴로지 구성

네트워크 토폴로지의 유연성에 더해 모든 물리적 USB 장치는 하위 장치를 가질 수 있다. 즉, 하나의 USB 장치가 여러 기능을 가질 수 있다. 예를 들어, 마이크가 내장된 웹캠에는 비디오 장치 기능과 오디오 기능이 있다. 이러한 장치를 복합 장치(composite device)라 한다.

USB 표준에는 클래스 코드를 위한 소프트웨어 드라이버인 장치 클래스(device class)가 포함돼 있어서 USB 호스트가 특정 장치 클래스를 지원하면 해당 장치를 쉽게 연결할 수 있다. 덕택에 호스트는 표준 장치 코드를 제공하는 다른 제조업체의 장치를 인식할 수 있다.

장치 클래스에는 아래와 같은 종류가 있다.

- **오디오**: 스피커, 마이크, 사운드 카드, MIDI

- **통신**: 모뎀, 네트워크 어댑터, Wi-Fi, RS232 직렬 어댑터

- **휴먼 인터페이스**: 마우스, 키보드, 조이스틱, 트랙볼

- **이미지**: 웹캠, 스캐너

- **프린터**: 자동화 기계에 사용되는 레이저 프린터, 잉크젯 및 CNC(Computer Numerical Control)

- **대용량 저장 장치**: USB 플래시 드라이브, 메모리 카드 판독기, 디지털 오디오 플레이어, 디지털 카메라, 외장 하드디스크

- **USB 허브**: 허브에 연결된 연결된 USB 장치를 제어한다.

- **비디오**: 웹캠, 감시 카메라, 비디오 카메라 등

또한 개인용 건강 관리 장치, 적합성 검사 장치, 스마트 카드 판독기, 지문 판독기, 계측기 같은 다른 클래스도 있다.

라즈베리 파이 보드에는 두 개의 큰 IC 칩이 장착돼 있다. 가장 큰 IC 부품은 브로드컴 SoC 2835이며(라즈베리 파이 2, 3의 경우 2836) 두 번째로 큰 칩은 SMSC LAN9512 USB 허브와 이더넷 컨트롤러다. 이 두 번째 칩은 USB 및 네트워킹 서비스를 처리한다.

USB 허브

USB 포트를 사용하면 키보드, 마우스, 기타 대용량 하드디스크를 포함한 모든 장치를 연결해서 실행할 수 있다. 라즈베리 파이의 온보드 USB는 전류 공급에 한계가 있다. 모델 B의 경우 저전력 장치만 연결해서 사용할 수 있다.

경고
온보드 USB의 전력 제한을 초과하면 라즈베리 파이의 구성 요소가 손상될 수도 있다. 필요한 전류의 양이 크다면 전원 공급형 USB 허브를 추가하는 방법을 고려해야 한다.

라즈베리 파이 모델 B를 사용한다면 USB 포트(정식 명칭은 '리셉터클(receptacle)')의 부족을 더 심하게 느낄 수 있다. 키보드와 마우스를 꽂으면 더 이상 꽂을 자리가 없기 때문이다. 또한 잘못된 마우스 또는 키보드(즉, 전류를 많이 끌어쓰는)를 사용하면 보드의 전원 공급 장치가 종료될 수도 있다.

USB 전원

USB 사용자 포럼에서 승인한 USB 1.x 및 2.0 사양은 USB 연결 장치에 전원을 공급하기 위해 USB 허브에서 5V 직류(VDC) 공급을 허용한다. 공급 전압의 범위는 4.75VDC ~ 5.25VDC 범위로 제한된다. USB 3.0부터는 그 범위가 4.25VDC에서 5.25VDC로 늘어났다.

라즈베리 파이 모델 B의 공급 전류는 최신 모델에 비해 제한적이다. 이후에 나온 '+' 모델에는 적절한 USB 전원 처리 기능이 내장돼 있다. 2.0 이전의 허브는 연결된 장치에 최대 500mA를 할당하고, USB 3.0에서는 750mA를 할당한다. 그런데 USB 장치에도 저전력 및 고전력의 두 가지 유형이 있다. 저전력 장치는 최대 하나의 장치 부하만 소비할 수 있다. 고전력 장치는 일반적으로 저전력 장치로 작동하지만 필요에 따라 더 많은 전류를 요청할 수 있으며, 허브가 공급할 수 있기만 하면 요청한 전류를 끌어갈 수 있다.

알아두기

대부분 USB 포트의 전류 공급 기능은 표준상의 사양과 다르다. 예를 들어, 표준상에서는 USB 2.0 장치가 일반적으로 100mA만을 공급하고 최대 공급 전류는 500mA로 제한된다. 일반적인 전류 이상을 공급받기 위해서는 추가 전원 공급을 제어하기 위한 양방향 데이터 채널을 통해 인터페이스되는 전원 전달 프로토콜을 통해 USB 장치가 요청을 진행해야 한다.

실제로 대부분의 보드 및 전원 공급 장치는 이 사양을 무시하고 시스템에서 사용할 수 있는 5V VDC를 제공한다. 고속 외장 하드디스크 같은 장치는 라즈베리 파이의 USB를 통해 공급받을 수 있는 것보다 큰 전류가 필요하다. 이 경우 장치에 2개의 USB 플러그가 있는 Y 케이블을 사용할 수도 있다. 최소한 두 개의 USB 포트에 연결하면 USB 2.0 및 이전 버전의 경우 최대 전류로드를 1A까지, USB 3.0의 경우 1.5A까지 공급받을 수 있다.

물론 허브를 사용하는 것이 가장 좋은 해결책이다. 라즈베리 파이에서 USB 컨트롤러를 사용하면 무제한적인 전류 공급이 불가능하다. 그러므로 자체 전원 공급 장치를 가진 외부 허브를 추가해서 자체적으로 라즈베리 파이보다 큰 전류 공급이 가능하게 만드는 것이 좋다.

라즈베리 파이 USB 전원

라즈베리 파이 모델 B+와 라즈베리 파이 2에는 4개의 USB 포트가 있다. 하지만 마냥 즐거워할 일은 아니다. 2개 대신 4개의 USB 포트를 가지고 있어도 여전히 공급 전류에는 한계가 있다. 이러한 제약을 해결하려면 그림 12-4와 같이 적절한 전원형 USB 허브를 사용해야 한다.

그림 12-4 전원형 USB 허브

이러한 허브는 일반적으로 7개 이상의 포트를 가지고 있으며 콘센트를 통해 전원을 공급받는다. 따라서 라즈베리 파이 보드의 제한된 리소스에 과부하를 주지 않고 하드디스크 등의 고전력 장치를 실행할 수 있다.

알아두기

라즈베리 파이를 지원하는 전원형 USB 허브를 골라야 한다. 인터넷에서 'powered USB hub'를 검색해서 제조업체 및 모델 번호 목록을 찾아보자.

이더넷

이더넷은 여러 가지 컴퓨터 네트워킹 기술로 구성된다. 이더넷은 1980년에 처음 소개됐으며, 1983년에 IEEE 802.3으로 표준화됐다. 이후로도 그 발전은 계속됐다. 이더넷의 속도는 2.94Mbit/s에서 100Gbit/s까지 증가했고, 2017년까지 400Gbit/s까지 증가할 예정이다.

네트워크를 오가는 이더넷 스트림 데이터는 '프레임'이라는 짧은 부분 단위로 나뉜다. 프레임에는 출발지 주소(보낸 곳)와 목적지 주소(도착할 곳)가 포함된다. 오류 검사 데이터도 포함돼 있어 프레임이 손상된 경우 폐기된다. 프레임 손상이 감지되면 해당 데이터가 손실되지 않도록 재전송 요청이 발생한다.

네트워크 설정

USB 허브가 스타 토폴로지 구성으로 장치를 제어하는 방식과 비슷하게 네트워크(스타 토폴로지를 가장 먼저 사용함)도 클라이언트가 허브에 연결돼 있다. 허브는 로컬 및 원격 네트워크를 추가하기 위해 다른 허브로도 연결될 수 있다. 그 결과물이 바로 인터넷이라는 상호 연결된 네트워크의 광대한 집합이다.

라즈베리 파이 네트워크

라즈베리 파이의 네트워크 연결을 설정하는 방법에는 두 가지가 있다. 첫 번째는 라즈베리 파이의 이더넷 소켓을 사용하는 유선 연결이다(이더넷 소켓이 없는 라즈베리 파이 제로 제외). 그림 12-5는 표준 네트워크 케이블 플러그를 소켓에 연결한 모습이다. 라즈베리 파이의 이더넷 포트는 100Mbit/s의 속도를 지원한다.

그림 12-5 라즈베리 파이 2 모델 B의 이더넷 포트

네트워크에 연결하는 두 번째 방법은 USB 포트를 사용하는 방법이다. 무선 USB 동글(플러그인 장치) 또는 USB-이더넷 어댑터를 사용할 수 있다. USB 무선 장치를 사용하면 해당 지역의 Wi-Fi 네트워크에 쉽게 연결할 수 있으며, USB 이더넷은 표준 이더넷 케이블용 소켓을 제공해서 물리적 연결을 형성할 수 있다.

라즈베리 파이를 휴대용으로 사용하려 한다면 무선 동글이 제격이다. 외부 배터리 전원 공급 장치와 무선 동글을 사용하면 라즈베리 파이를 어디에나 들고 다니면서 사용할 수 있다. 무선 연결이 가능한 장소는 점점 더 늘어나는 추세다.

어떤 작업을 하든 로컬 네트워크와 인터넷 모두에 연결돼 있어야 한다. SD 카드를 교체하지 않는 한 운영체제와 라즈베리 파이의 펌웨어를 업그레이드하려면 인터넷에 연결돼 있어야 한다. 프로그램 다운로드 및 설치, 웹 서핑, 미디어 센터로써의 활용 등 많은 작업이 네트워크를 필수 요소로 활용한다.

범용 비동기 송수신기

범용 비동기 송수신기(UART)는 데이터 수신 및 출력을 위해 일련의 레지스터를 사용한다. 기존의 UART는 병렬 및 직렬 형식간에 데이터를 변환할 수 있었지만 최신 UART에는 이 기능이 사라졌다. 과거의 개인용 컴퓨터는 직렬 포트를 표준 기능으로 사용했다. 고전 컴퓨터 시대의 RS-232 시리얼 통신은 이제 UART를 통해 구현되고 있다. 이러한 시리얼 포트는 다양한 산업용 계측기에서 여전히 활용되고 있다.

UART는 데이터의 바이트를 개별 비트로 나누어 직렬로, 즉 하나씩 순서대로 전송한다. 그리고 목적지에서는 수신 UART가 받은 바이트를 다시 이어붙인다. 병렬 전송에 비해 직렬 전송이 가지는 장점은 주로 비용 측면의 장점이다. 전선이 하나만 있어도 되기 때문이다. 라즈베리 파이의 브로드컴 SoC에는 두 개의 UART가 있다.

UART는 일반적으로 마이크로컨트롤러에 쓰이며, 그 덕분에 라즈베리 파이는 마이크로컨트롤러를 쉽게 제어할 수 있다. 라즈베리 파이의 내장 UART는 CPU, GPU, 기타 모든 기능이 포함된 브로드컴 SoC 내부에 탑재돼 있다. GPIO의 9번 핀(전송) 및 10번 핀(수신)을 사용해 UART에 액세스하고 프로그래밍할 수 있다.

GPIO에 대해서는 이번 장 말미에서 자세히 다루겠다.

SCSI

SCSI(소형 컴퓨터 시스템 인터페이스, Small Computer Systems Interface)는 컴퓨터 및 주변장치, 특히 하드디스크(스캐너 등의 장치에도 쓰임)와 데이터를 주고받는 표준이다. SCSI는 1980년대 초반부터 사용돼 왔으며, 한때는 하드디스크 인터페이스의 대세였다.

SCSI는 데이터를 병렬로 전송한다. 라즈베리 파이에 SCSI 드라이브를 연결하는 것은 기본적으로 USB를 통해 가능하지만 직렬-병렬 어댑터 케이블도 함께 필요하다. 이러한 어댑터 케이블의 가격은 2만원대 정도이며 주요 온라인 컴퓨터 부품 사이트에서 쉽게 구할 수 있다.

PATA

PATA(Parallel Advanced Technology Attachment) 표준은 아래와 같은 다른 이름으로도 알려져 있다.

- IDE(Integrated Drive Electronics)

- EIDE(Extended Integrated Drive Electronics)

- 울트라 ATA(Ultra Advanced Technology Attachment)

이처럼 다양한 이름으로 불리는 PATA는 컴퓨터의 하드디스크, 플로피 디스크 드라이브, 광학 디스크 드라이브와 데이터를 연결하고 전달하기 위한 인터페이스 표준이다. 점진적으로 많은 개발을 거쳤으며, SCSI와 마찬가지로 다른 표준으로 대체됐다(다음 절의 SATA 참조).

PATA 케이블에는 한 가지 중요한 제약이 있다. 케이블 길이가 18인치를 넘을 수 없다는 조건이다. 이러한 제한으로 인해 PATA는 컴퓨터 케이스 내부의 인터페이스로 주로 사용됐다. 특히 1980년대 후반에서 1990년대 초반까지는 PATA 케이블이 하드디스크에서 데이터를 주고받는 가장 저렴한 방식이었기 때문에 널리 사용됐다.

라즈베리 파이 보드에 오래된 PATA 드라이브를 연결하고 싶다면 변환 케이블을 사용하면 된다. IDE/PATA/SATA를 처리할 수 있는 변환 케이블 세트를 15파운드(한화로 약 2만 2천 원) 미만의 비용으로 구입할 수 있다.

SATA

SATA(Serial Advanced Technology Attachment) 장치는 두 쌍의 도체를 포함한 직렬 케이블을 통해 통신한다. SATA는 주로 컴퓨터의 기타 장치를 하드디스크나 광학 드라이브에 연결하기 위해 쓰인다. SCSI와 PATA에 비해 SATA가 지닌 중요한 장점은 더 빠르고 더 적은 배선을 사용한다는 점이다.

1980년대 후반에서 1990년대까지는 드라이브가 평평한 회색 리본 케이블을 통해 PC에 연결됐다. 케이블은 일반적으로 한쪽 면에 빨간색 줄무늬가 있어 리본 커넥터의 연결 방향(하드웨어 손상을 방지하기 위해)을 알 수 있었다. 병렬 인터페이스로 데이터를 교환했기 때문에 이러한 케이블에는 많은 도체가 필요했다. SATA의 등장 이후 대부분의 컴퓨터에서 SATA가 PATA를 대체했다. 그러나 임베디드 플래시 메모리를 사용하는 기기 및 일부 산업용 기기에서는 여전히 PATA 인터페이스를 사용하고 있다.

SATA의 현재 버전인 3.2는 통신 속도가 16Gbit/s에 달하고, 실제 데이터 전송 속도는 1969MB/s 정도다. 앞에서 언급했듯이 SATA 드라이브를 USB로 변환하기 위한 몇 가지 저렴한 어댑터가 있으므로 이를 이용하면 SATA 장치를 라즈베리 파이에 연결할 수 있다. 물론 (다시 강조하지만) 드라이브에 충분한 전력을 공급하고 라즈베리 파이에 과부하가 걸릴 가능성을 줄이려면 전원형 USB 허브를 사용해야 한다.

RS-232 시리얼 통신

RS-232는 데이터의 직렬 전송을 위한 오랜 표준으로, 1980년대에서 1990년대에 이르기까지 많은 PC에서 공통 표준으로 사용됐다. PC가 나오기 전에는 RS-232로 메인 프레임과 미니 컴퓨터를 연결해서 터미널 통신을 가능하게 했다.

프린터, 마우스, 기타 포인팅 장치, 모뎀 등 RS-232 시리얼 포트를 통해 다양한 주변장치를 연결할 수 있었다. 그러나 RS-232에는 몇 가지 단점이 있었다.

- 케이블이 길거나 송수신기가 불일치하면 전압 변동이 일어남
- 속도가 느림
- 커넥터가 굵고 부피가 큼

USB가 등장한 이유도 이 세 가지 단점과 무관하지 않다. 하지만 RS-232는 산업용 기계의 커넥터, 대형 네트워킹 장치, 과학용 계측기기 제어 포트 등에 여전히 사용되고 있다.

알아두기

TTL(Transistor-Transistor Logic) 레벨 직렬 연결은 대다수의 사람들이 사용하고 있는 방식으로, 이를 RS2232라고 잘못 지칭하는 경우도 많다.

HDMI

HDMI(High Definition Multimedia Interface)를 이용하면 HDMI 호환 디스플레이 컨트롤러(라즈베리 파이에 해당)의 비디오 및 오디오를 호환되는 컴퓨터 모니터나 프로젝터, 디지털 TV, 디지털 오디오 장치로 전송할 수 있다.

HDMI의 품질은 컴포지트 비디오보다 훨씬 뛰어나다. HDMI는 컴포지트 비디오의 잡음이 많은 왜곡된 영상 대신 깔끔한 고해상도를 제공한다.

오늘날 판매되는 대부분의 TV에는 하이엔드 비디오 모니터와 마찬가지로 HDMI 입력 포트가 포함돼 있다. HDMI 포트가 있는 TV가 없어도 괜찮다. HDMI 출력을 비 HDMI 장치로 연결하기 위한 해결책은 아래와 같다.

- DVI(Digital Video Interface): 아직은 HDMI를 지원하는 컴퓨터 모니터보다 DVI 입력을 지원하는 컴퓨터 모니터가 더 많을 것이다. 'HDMI female to DVI male'이라고 검색하면 저렴한 가격의 여러 케이블 및 어댑터 플러그를 찾을 수 있다.
- VGA(Video Graphics Array): VGA는 가장 일반적인 비디오 전송 규격이다. 'hdmi female to vga male'을 검색하면 저렴한 어댑터를 구할 수 있는데, 이 경우 디지털 신호를 아날로그로 변환하는 어댑터이므로 실제로 내부에 능동 회로가 탑재돼 있다. HDMI-DVI는 디지털 신호를 다시 매핑하는 단순한 구조지만 HDMI to VGA는 디지털을 아날로그로 변환하므로 더 복잡하고 안정성이 떨어진다.

HDMI-HDMI 연결에는 비디오와 오디오가 모두 포함돼 있다. HDMI를 DVI 또는 VGA로 변환하면 비디오만 전송할 수 있게 된다. 오디오를 별도로 전송하려면 라즈베리 파이의 오디오 출력 포트와 별도의 오디오 케이블을 사용하거나 오디오 포트를 가진 어댑터를 사용할 수 있다. 변환기의 커넥터에서 모니터의 오디오 입력으로 오디오 케이블을 연결하거나 스피커를 분리해야 한다. 하지만 라즈베리 파이의 HDMI 출력을 활용하는 방법이 더 높은 품질을 가져오며, 더 쉬운 방법이기도 하다.

I²S

디지털 오디오 신호를 전달하기 위한 통신 프로토콜인 I²S(Inter-IC Sound)는 디지털 오디오 장치를 함께 연결하는 일종의 직렬 버스 인터페이스 표준이다(I²S에 대한 자세한 내용은 11장 참조). 이 프로토콜은 1986년 네덜란드의 필립스에서 CD 플레이어의 내부 기능으로 개발한 것이다. 최신 표준 개정은 1996년에 나왔지만 큰 변화는 없다.

그럼 이제 라즈베리 파이의 오디오 출력을 위한 방법을 정리해 보자. 아래의 항목 중 가장 좋은 품질을 얻을 수 있는 방법은 무엇인가?

A. 3.5mm 오디오 잭의 오디오 출력을 통해 PWM 디지털-아날로그 변환을 이용한 출력을 사용. 약 11비트로 제한됨.

B. HDMI.

C. USB.

D. I²S를 지원하는 우수한 디지털 오디오 변환(DAC)을 라즈베리 파이에 직접 연결.

정답은 물론 'D'다.

그런데 I²S 기기를 어디에 연결해야 할까? 라즈베리 파이 보드에는 별도의 I²S 커넥터가 없다. 사실 GPIO 핀을 사용해서 연결이 가능하다. 이때 어려운 방법과 쉬운 방법이 있다

어려운 방법은 점퍼 케이블을 사용해 필요한 GPIO 핀에 직접 액세스하는 방법이다. 4개의 핀을 통해 브로드컴 SoC 칩의 I²S 인터페이스에 액세스할 수 있다.

쉬운 방법은 11장 말미에 언급된 DAC 장치 중 하나를 구입하는 방법이다. 라즈베리 파이 보드의 GPIO 핀 위에 얹어서 간단하고 노이즈 없는 연결을 만들 수 있다.

I²S 인터페이스를 켜고 설정하려면 설정 작업이 조금 필요하다. 한 가지 방법은 라즈비안에서 파이썬을 사용하거나 라즈비안과 유사한 라즈베리 파이 전용 리눅스 기반 운영체제를 사용하는 방법이다. 라즈베리 파이를 통해 훌륭한 사운드를 얻는 방법은 웹에서 쉽게 찾을 수 있다. 인터넷에서 'raspberry pi sound'로 검색하면 많은 정보를 얻을 수 있다.

I²C

I²C(Inter-Integrated Circuit) 통신 프로토콜은 필립스에서 만든 것이다. I²C는 인쇄 회로 기판 상에서 칩 사이에 통신을 하기 위한 통신 버스다. 라즈베리 파이 보드와 외부의 센서를 연결하는 데 많이 사용된다.

처음 개봉한 라즈베리 파이는 I²C가 활성화되지 않은 상태다. I²C를 활용하려면 라즈비안 OS(및 다른 운영체제)의 터미널에서 raspi-config 명령을 실행하면 설정할 수 있다. 커맨드 라인에 아래 명령을 입력하자.

```
sudo raspi-config
```

아래쪽 화살표 키를 사용해 '9 Advanced Options(고급 옵션)'를 선택하고 Enter 키를 누르자. 다음 화면에서 'A7 I2C'를 선택해 I²C 자동 로드를 켜거나 끌 수 있다. 새로운 설정을 적용하려면 재부팅이 필요하다(그림 12-6).

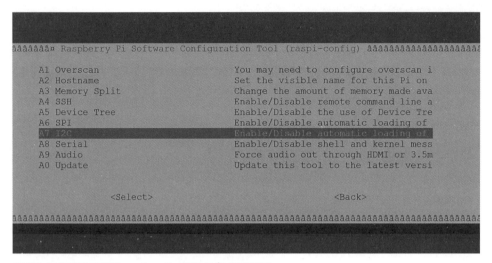

그림 12-6 라즈베리 파이에서 raspi-config 명령으로 I²C 활성화하기

I²C를 사용할 때도 브로드컴 SoC의 서비스에 연결된 다른 GPIO 핀 인터페이스와 마찬가지로 프로그래밍이 필요하다. 셸 스크립트나 파이썬(GPIO 프로그래밍 컨트롤에서 자주 쓰이는 언어 중 하나)에 대해 다루는 것은 이 책의 범위를 벗어나므로 인터넷의 많은 예제를 활용하자. 'raspberry pi gpio python scripts'를 검색하면 된다.

라즈베리 파이 디스플레이, 카메라 인터페이스, JTAG

GPIO에 앞서 다뤄야 할 인터페이스가 두 가지 더 있다. 이 두 인터페이스는 리본 케이블 커넥터와 연결된다.

- 카메라 직렬 인터페이스(Camera Serial Interface, CSI; MIPI CSI-2 표준): 이 인터페이스는 카메라 연결을 위한 것으로서, 라즈베리 파이 전용 카메라를 연결할 수 있다. 리본 케이블을 연결하는 것이 조금 불편할 수도 있지만 일단 제대로 연결되면 라즈베리 파이를 프로그래밍해서 디지털 사진과 비디오 등 다양한 작업을 처리할 수 있다. 카메라 보드/모듈의 가격은 4만 원 정도이므로 실험하기에 적합하다.

- 디스플레이 직렬 인터페이스(Display Serial Interface, DSI): 이 인터페이스를 통해 라즈베리 파이에 작은 디스플레이를 연결할 수 있다. 배터리와 함께 휴대 가능한 진정한 휴대용 컴퓨터가 되는 것이다. 단순한 LED 장치의 가격은 1만 5천 원 징도이며, 라즈베리 파이용 공식 7인치 터치스크린 LCD 모니터의 가격은 10만 원 정노나.

알아두기

초기 라즈베리 파이 보드에는 디버깅을 위한 JTAG 헤더가 있었지만 라즈베리 파이 2부터는 없어졌다. JTAG는 코드를 단계별로 실행하고 디버깅을 위한 중단점(코드의 특정 위치에서 실행을 중지)을 설정하는 등의 작업이 가능한 인터페이스다. 라즈베리 파이 2 이후의 JTAG는 GPIO 핀을 통해 사용할 수 있다.

GPIO

범용 입출력(general purpose input output, GPIO)은 라즈베리 파이를 현실 세계에 연결하기 위한 마법의 근원이다. 이 핀을 통해 라즈베리 파이가 초인종, 전구, 모형 항공기 컨트롤, 잔디깎이 기계, 로봇, 자동 온도 조절 장치, 커피 포트, 다양한 모터와 같은 다양한 실제 장치와 마이크로컨트롤러를 제어하도록 프로그래밍할 수 있다. 보통의 컴퓨터에는 연결조차 불가능한 경우가 대부분이다.

우선 초기 모델인 라즈베리 파이 모델 B를 기준으로 GPIO 컨트롤 방식을 알아보자. 모델 B(그림 12-7 참조)는 이후에 출시된 모델 B+ 및 라즈베리 파이 2보다 GPIO 핀 수가 적다. 추가된 핀은 작동 방식이 동일하며 확장성을 제공하지만 학습 측면에서는 우선 단순한 구조를 기준으로 하는 편이 좋다. 처음 26개의 핀에 대한 기능 지정은 모든 라즈베리 파이 모델에서 동일하게 유지된다.

그림 12-7 라즈베리 파이 2의 GPIO 핀

GPIO 개요 및 브로드컴 SoC

라즈베리 파이를 놀라울 정도의 저렴한 가격으로 만들 수 있는 열쇠는 브로드컴 SoC다. 앞서 언급했듯이 이 칩은 UART, I2C, SPI 등의 다양한 인터페이스를 지원한다. GPIO 핀을 사용하면 이러한 인터페이스를 프로그래밍하고 다양한 작업을 수행할 수 있다.

GPIO 핀(이전 모델에는 26개, 최신 모델에는 40개가 장착됨)은 아래와 같은 여러 가지 방법으로 설정할 수 있다(즉, 프로그래밍이 가능하다).

- 범용 입력

- 범용 출력

- 핀에 따라 최대 6개의 대체 기능 설정 가능

다음 기능은 대부분의 핀에 적용되지만 일부는 양의 전압 소스 또는 접지로만 사용된다.

- **전원 상태**: 보드가 재부팅될 때 범용 입력으로 재설정되는 GPIO(사용 중인 운영체제 및 펌웨어에 따라 다름).

- **인터럽트**: 각 핀은 브로드컴의 CPU/GPU에 대한 인터럽트를 생성하도록 프로그래밍할 수 있다. 이러한 인터럽트는 아래와 같이 설정할 수 있다.

  - 레벨 감도

  - 상승/하강 에지

  - 비동기 상승/하강 에지.

- **대체 기능**: 앞에서 언급했듯이 거의 모든 GPIO 핀은 간단한 스위칭 동작 외에도 대체 기능을 가지고 있다. 여기에는 핀을 통한 브로드컴 SoC로의 직접 연결이 포함된다. SoC의 주변장치(예: UART 및 I²C 버스)는 최소 3세트의 핀에서 프로그래밍할 수 있다.

알아두기

저수준 주변장치 연결에 대해 더 자세히 알아보고 싶다면 http://elinux.org/RPi_Low-level_peripherals를 방문해 보자.

GPIO 헤더 1

GPIO 1은 모델 A와 모델 B의 26핀, 또는 B+, 라즈베리 파이 제로, 라즈베리 파이 2 모델 B의 40핀 P1 커넥터를 가리킨다.

GPIO 헤더 5

GPIO 5는 P5 헤더를 통해 모델 A 및 모델 B에서 추가 GPIO 연결을 제공한다. 이 헤더에는 핀이 없으므로 보드에 커넥터를 납땜해야 한다. 모델 B+ 이후로는 P1 헤더에 추가된 핀이 P5 헤더를 대체한다.

GPIO 다루기

GPIO는 라즈베리 파이를 실제 세계에 연결하는 마법의 원천이다. 이 핀을 통해 라즈베리 파이를 프로그래밍해서 모든 종류의 실제 장치를 제어할 수 있다. 먼저 GPIO의 핀을 하나씩 살펴보며 그 단순함과 강력함을 알아보고, 이후 라즈베리 파이를 프로그래밍해서 입출력 및 제어하는 방법을 알아보자.

핀 배열

그림 12-8은 라즈베리 파이 모델 B의 GPIO 핀이다.

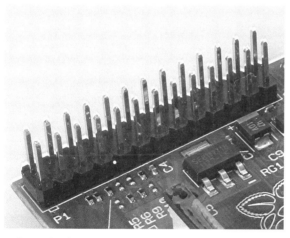

그림 12-8 라즈베리 파이 모델 B의 GPIO 핀 26개를 가까이에서 본 모습

총 26개의 핀이 있으며, 각각 13개의 핀을 가진 두 개의 행이 위아래로 배치돼 있다. 하단의 행은 홀수 핀 번호를 가지고 있으며, 각 번호는 왼쪽에서 오른쪽으로 1, 3, 5, 7, 9, 11, 13, 15, 17, 19, 21, 23, 25에 해당한다. 상단의 행은 짝수 번호를 가지고 있으며, 각 번호는 왼쪽에서 오른쪽으로 2, 4, 6, 8, 10, 12, 14, 16, 18, 20, 22, 24, 26에 해당한다.

핀을 출력으로 설정하면 스위치처럼 작동해서 전원을 공급하므로 라즈베리 파이가 다른 장치와 상호작용할 수 있으며, 경우에 따라 장치가 작동하는 데 필요한 전기를 공급할 수도 있다. 이번 장의 뒷부분에서는 라즈베리 파이를 이용해 조명을 제어하는 예를 보여주겠다.

GPIO라는 이름에서 IO는 입/출력을 의미하므로 출력뿐 아니라 입력도 가능하다. 스위치 등 열고 닫을 수 있는 전기적, 기계적 외부 장치를 라즈베리 파이에 연결하면 이는 입력이라고 볼 수 있다. 이를 통해 라즈베리 파이에서 실행되는 프로그램이 특정한 외부의 힘에 반응해서 작동하게 만들 수 있다.

라즈베리 파이를 이용한 홈 시큐리티 프로젝트를 통해 입력과 출력을 동시에 활용하는 예를 들어 보자. 누군가가 집의 문을 연다. 그와 함께 무선 마그네틱 스위치가 닫힌다. 라즈베리 파이가 신호를 들으면 회로가 닫히고 낮에는 초인종을, 야간에는 사이렌을 울린다. 문의 스위치는 문이 열려 있는 것을 감지하고 그 상태를 닫힌 상태에서 열린 상태로 변경한다. 라즈베리 파이의 프로그램은 스위치를 닫는 제어 신호를 발생시킴으로써 초인종이나 사이렌 소리를 낸다. 두 가지 작업 모두 GPIO 핀 연결을 통해 이뤄지며, 서로 다른 두 개의 다른 회로가 작동하게 된다.

> **알아두기**
>
> 라즈베리 파이가 무선, 블루투스 또는 인터넷과 같은 다양한 기능을 가지고 통신할 수 있는 덕택에 입력 및 출력은 통신망을 통해서도 가능하다. 세계 어디서나 장치 및 프로그램을 제어할 수 있다!

회로의 닫힘과 열림은 전자공학적 제어에 해당한다. 회로에 대한 추가 설명은 아래의 '회로' 박스를 참조하자.

> **회로**
>
> 전기는 순환적으로 작동한다('회로'는 사실상 '폐쇄 회로(closed loop)'다). 그림 12-11에서 볼 수 있듯 단순한 회로는 배터리(전압원)와 저항(또는 부하)으로 구성된다. 부하는 전압과 전류의 흐름에 저항해서 작업을 수행하며 배터리가 저항을 극복함으로써 회로의 동작이 완성된다.
>
> 회로의 어느 곳에서나 스위치(스위치가 'off' 위치에 있으면 회로를 끊고 'on' 위치에 있으면 연결)를 사용해서 회로를 제어할 수 있다.
>
> (저항과 같은) 부하에 해당하는 요소가 없다면 배터리의 양극 단자에서 음극 단자까지의 전선이 단락 회로(short circuit)를 생성하고 배터리에 저장된 모든 에너지가 빠르게 소모된다.

GPIO 핀을 사용하려면 회로가 단락되지 않도록 구성하고 라즈베리 파이의 전류 공급 용량에 과부하가 걸리지 않게 해야 한다. 이번 장의 뒷부분에서 다룰 안전 지침만 잘 따르면 문제는 없을 것이다.

모델 B의 26개 GPIO 핀 중 17개는 프로그래밍 가능한 스위치다. 구체적으로는 3, 5, 7, 8, 10, 11, 12, 13, 15, 16, 18, 19, 21, 22, 23, 24, 26번 핀이 여기에 해당한다.

접지 핀(회로를 완성하기 위한 0V 지점)은 6, 9, 14, 20, 25번이다.

2번 및 4번 핀은 5V를 공급한다(배터리의 양극 단자와 같다). 1번 핀과 17번 핀은 3.3V를 공급한다. 두 가지 전압원 모두 부하를 거쳐 접지 핀에 연결돼야 완전한 회로를 구성할 수 있다.

GPIO의 동작

프로그래밍 가능한 스위치인 라즈베리 파이 B 보드의 26개 핀 중 17개 GPIO 핀은 이진 모드로 작동한다. 즉, '켜짐'과 '꺼짐'의 두 가지 상태만 가질 수 있다. 이것은 디지털 컴퓨터가 계산하는 방법과도 같다. 컴퓨터 상에서 0은 꺼짐을, 1은 켜짐을 나타낸다. 전자공학적으로는 이를 회로의 '상태'라고 하며, 회로의 HIGH 상태가 1(켜짐)에, 회로의 LOW 상태가 0(꺼짐)에 대응한다.

알아두기

HIGH/LOW라는 용어는 하드웨어의 'active high'와 'active low'와 엄격하게 대응하는 용어는 아니다. 예를 들어, SPI에서 칩 선택 핀(CS)이 'active low'일 때는 CS 핀에 LOW(0V)를 인가해야 칩이 활성화된다.

그렇다면 라즈베리 파이는 실제 장치와 어떻게 통신할까? 17개의 GPIO 핀은 라즈베리 파이의 내부 전압 3.3VDC로 작동한다. 논리 상태가 HIGH일 때 핀은 3.3VDC 전압을 가진다. 논리 상태가 LOW로 전환되면 전압은 0VDC다. 이 전압을 통해 라즈베리 파이가 명령과 정보를 주고받을 수 있다.

이것이 얼마나 간단한지 파악하려면 역시 직접 만들어 봐야 한다. 만들 수 있는 가장 기본적인 회로 중 하나는 전원과 빛을 활용하는 회로다. GPIO 핀으로 이를 쉽게 만들 수 있다.

그림 12-9는 간단한 이진 온/오프 회로다. 출력 핀 중 하나를 고르고 점퍼 케이블을 통해 LED 조명의 한쪽에 연결하자(LED는 전류가 적어서 표시등으로 사용하기에 편리하다). LED의 반대쪽은 220옴 저항에 연결되며, 저항의 반대쪽은 접지 핀에 연결된다.

그림 12-9 GPIO를 활용한 간단한 LED 회로

출력 핀이 HIGH(전압 있음) 상태이면 LED가 켜지고, LOW(0V) 상태이면 LED가 꺼진다. 이후 파이썬으로 프로그램을 작성하면 라즈베리 파이가 GPIO 핀을 제어하게 할 수 있다.

알아두기

그림 12-12의 회로에 사용된 저항은 전류 제한 소자이며, 이는 라즈베리 파이와 LED를 모두 보호하는 역할을 한다.

물론 일반적으로 17개의 핀을 모두 사용하지는 않는다. 경험적으로 허용되는 법칙은 각 핀의 전류 공급을 최대 약 16mA 로 제한하고, 총 전류 공급이 50mA를 초과하지 않게 하는 것이다. 라즈베리 파이는 정확한 전력 사양이 없다. 보드에 전원을 공급하는 방법과 컴퓨터에 연결하는 방법(USB 포트를 사용하거나 벽면 콘센트에 연결된 변환기에 연결하는 등)이 너무 많아서 모든 경우에 대해 사양을 명시할 수 없기 때문이다. 그러나 많은 라즈베리 파이 사용자가 측정을 수행한 바는 위와 같고, 이 책의 예시에서 사용하는 수치는 안전하다고 말할 수 있다.

전원 관리

라즈베리 파이의 전원 관리 문제는 사실 작은 크기 때문에 발생한다. 신용카드 크기의 보드에는 거대한 전원 처리 회로를 담을 공간이 없기 때문이다.

하지만 그렇다고 해서 충분한 전력을 절대 활용할 수 없는 것은 아니다. 안전 사항만 준수하면 라즈베리 파이와 함께 강력한 기계를 제어할 수도 있다. 단, 직접 연결할 수는 없다! GPIO를 사용하려면 릴레이나 스테핑 스위치, 기타 유형의 외부 컨트롤러, 전력 트랜지스터, 마이크로컨트롤러 보드 등 라즈베리 파이가 높은 전류를 제어할 수 있게 하는 외부 제어 회로를 사용해야 한다.

라즈베리 파이가 공급하는 전류가 안전한 수준인지 확인하는 두 가지 방법이 있다. 바로 계산과 측정이다. 계산에 대해 알아보자. 계산에 필요한 공식은 아래와 같다.

$$I = V / R$$

위 식에서 I는 전류(A, 암페어)를 나타내고, V는 전압(V, 볼트)을 나타내고, R은 저항(옴)을 나타낸다. 따라서 전압(3.3 VDC)과 저항을 알면 공식에 값을 대입해서 전류를 결정할 수 있다. 산출된 전류에 1,000을 곱하면 밀리암페어(mA)가 된다.

예를 들어, 220옴 저항이 있다고 가정해 보자. 3.3(전압)을 220으로 나누면 0.015가 된다. 0.015에 1,000을 곱하면 15, 즉 15mA가 된다. 이 정도 전류 공급은 하나의 핀에서도 문제가 없다(전체 공급 전류가 50mA를 넘지 않는 한).

알아두기

GPIO 핀에서 직접 안전하게 전력을 공급할 수 있는 유일한 장치는 LED다. 그렇다고 해도 220옴 저항을 LED와 직렬로 연결해서 전류를 안전한 수준으로 제한하는 것을 권장한다.

방금 사용한 공식을 옴의 법칙(Ohm's Law)이라 한다(그림 12-10). 이 공식은 프로젝트의 안전 한도를 계산하는 데 유용한 도구다. 물론 라즈베리 파이를 사용하면 밀리와트 및 밀리암페어 단위를 더 자주 사용하게 될 것이고, 전압은 대부분 3.3VDC가 될 것이다.

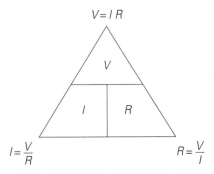

그림 12-10 옴의 법칙. V는 전압(V, 볼트), I는 전류(A, 암페어), R은 저항(옴)을 나타낸다.

전류 수준을 테스트하는 두 번째 방법은 전압, 전류, 저항을 측정하는 멀티미터(그림 12-11)를 이용하는 측정 방법이다. 스파크펀(www.sparkfun.com), 에이다프루트(www.adafruit.com) 등의 온라인 판매점에서 6천 원에서 2만 원대 정도의 가격으로 저렴한 디지털 멀티미터를 구입할 수 있다.

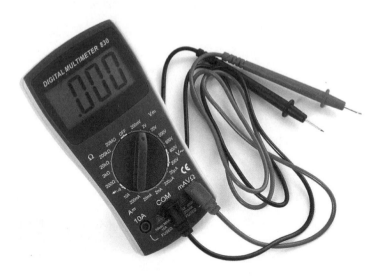

그림 12-11 멀티미터

회로를 연결하기 전에 멀티미터로 테스트해야 하는데, 이때 두 가지 방식이 있다.

- 전원이 공급되지 않는 회로의 양극 리드와 음극 리드에 멀티미터(저항 측정 모드)를 연결해서 회로의 저항을 측정한다. 220옴 이상이 읽히면 회로가 안전하다고 볼 수 있다.

팁

저항을 측정할 때 무한대 표시가 나타나면 회로가 개방돼 있다는 뜻이므로 회로가 작동하지 않을 것이다. 회로 배선이 정상적인지 확인하자.

- 전원 공급 핀으로 3.3 VDC를 출력하자. 멀티미터를 전류 측정 모드(암페어)로 설정해서 회로에 직렬로 연결하고(회로의 일부로 연결) 전류를 확인하자. 읽히는 값이 16mA보다 큰 경우 회로를 라즈베리 파이에 연결하기 전에 전류를 16mA 이하로 제한하는 저항을 추가해야 한다. 그림 12-12는 배터리, 저항, 전류 측정기(전류 측정 모드로 설정된 멀티미터)를 연결하는 예를 보여준다. 멀티미터를 회로와 직렬로 연결하면 저항이 소모하는 전류의 양을 읽을 수 있다. 그림 12-12에서 R1(오른쪽)은 저항에 해당하는 표준 기호로 표시돼 있다. 왼쪽의 배터리는 플러스(+)가 있는 방향이 양극을 표시하고, A는 전류를 측정하기 위한 측정기를 나타낸다.

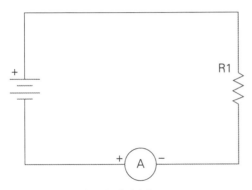

그림 12-12 멀티미터로 전류 측정하기

팁

멀티미터는 저항 측정용으로도 사용할 수 있다. 저항에는 색상 띠가 있어서, 이를 통해 저항의 값을 해석할 수 있다. 하지만 저항의 포장을 잃어버렸고, 색상 코드도 모른다면 멀티미터로 저항을 측정하는 편이 가장 손쉬운 방법이다. 물론 멀티미터를 언제나 가지고 있다는 보장은 없기 때문에 색상 코드를 익혀 놓는 편이 유리하다.

이번 절에 제공한 모든 정보는 두 개의 3.3V 핀과 17개의 스위칭 핀에 적용된다. 두 개의 5VDC 핀은 라즈베리 파이의 5VDC '레일(rail, 모든 보드의 회로가 전원을 공급받는 곳)'을 통해 실제 전원(USB 포트, 컴퓨터, 외부 배터리, 콘센트의 변환기 등)에서 전류를 끌어온다. 하지만 전류 공급이 매우 가변적이기 때문에 전류 공급량을 낮게 유지하는 편이 좋다. 안전한 3.3VDC 핀보다 많은 전력이 필요한 경우 5V 핀이 유용할 수 있다.

주의

물론 USB 전원 케이블을 분리하고 5VDC를 5V GPIO 핀 중 하나에 연결할 수도 있다. 이렇게 구성하면 라즈베리 파이에 전원을 공급하면서 GPIO 작업에 더 많은 전류를 공급할 수도 있을 것이다. 문제는 이렇게 하면 라즈베리 파이의 내장 퓨즈 보호를 우회하게 된다는 점이다. 이는 안전한 수준 이상의 전류를 허용할 수 있고, 결과적으로 라즈베리 파이의 구성 요소에 손상을 줄 수 있으므로 권장하지 않는 방법이다.

한편 GPIO는 실제로 진짜 장치를 제어할 수 있는 환상적인 기능을 제공한다. 이제부터 그 방법을 알아보자.

모델 B+와 라즈베리 파이 2의 GPIO

신형 모델 B+ 또는 라즈베리 파이 2 모델 B에는 현재 40개의 GPIO 핀이 있다. 프로그래밍 가능한 핀이 17개에서 26개로 늘어났으며, 2개의 추가 접지와 특수 플러그인 보드를 위해 쓰이는 2개의 추가 핀(27, 28번 핀)이 포함돼 있다. 그림 12-13은 모델 B+의·GPIO 핀을 보여준다.

그림 12-13 라즈베리 파이 2 모델 B의 GPIO

GPIO 프로그래밍

파이썬 스크립팅 언어는 GPIO 프로그래밍을 위한 가장 쉬운 언어다. 라즈비안 같은 운영체제에서 배우기가 쉽고, 표준 언어로 OS에 탑재돼 있다. 현재 파이썬의 버전을 확인하려면 커맨드 라인에서 'python'을 입력하자. 아래와 같이 버전이 출력된다.

```
python
Python 2.7.9 (default, Mar 8 2015, 00:52:26)
[GCC 4.9.2] on linux2
```

라즈비안을 업데이트하면(정기적 업데이트 권장), 최신 버전의 파이썬을 비롯해 여타 라즈비안의 모든 최신 업데이트를 다운로드해서 설치하게 된다. 라즈비안을 업데이트하고 업그레이드하려면 커맨드 라인에서 아래 명령을 입력하자(GUI를 실행하는 경우 터미널 사용).

```
sudo apt-get update && sudo apt-get upgrade
```

팁

라즈베리 파이에서 수백 가지 소프트웨어 패키지의 지속적인 개선을 활용하면서 시스템을 안전하게 유지하려면 라즈비안을 정기적으로 업데이트해야 한다.

또한 GPIO를 처음 사용하는 경우 아래 명령을 사용해 파이썬 GPIO 라이브러리를 설치해야 한다.

```
sudo apt-get install rpi.gpio
```

파이썬을 이용해 GPIO 핀을 제어하는 스크립트를 작성하자. 첫 번째 단계는 GPIO 라이브러리를 가져와 GPIO 관련 스크립트 액세스 기능을 nano 같은 텍스트 편집기에 입력하는 단계다. 편집기 창에 아래 문장을 입력하자.

```
import RPi.GPIO as GPIO
```

다음 행에서는 GPIO 핀의 레이아웃을 지정한다(변경도 가능하다). 두 가지 방법이 있는데, 보드 레이아웃에 일치시킬 수도 있고 브로드컴 SoC의 핀과 일치하는 번호 구성을 사용할 수도 있다.

```
GPIO.setmode(GPIO.BOARD)
```

이제 핀 프로그래밍을 시작할 수 있다. 12번 핀을 출력으로 설정하려면 아래 행을 추가하자.

```
GPIO.setmode(GPIO.BOARD)
GPIO.setup(12,GPIO.OUT)
```

입력으로 설정하려면 아래와 같은 행을 작성하면 된다.

```
GPIO.setup(12,GPIO.IN)
```

이것으로 끝났다. 파이썬 스크립트에서 세 줄의 코드로 GPIO를 활용할 수 있게 설정했다. 대체 모드를 포함한 GPIO 핀 프로그래밍에 대해 공부하고 싶다면 'Raspberry Pi GPIO Pins and Python'[1]을 통해 학습할 수 있다.

---

1   http://makezine.com/projects/tutorial-raspberry-pi-gpio-pins-and-python/

라즈비안 제시(Jessie, 최신 배포판)를 라즈베리 파이 2에서 사용하면 GPIO 핀 설정을 쉽게 확인할 수 있다. 터미널에 아래 명령을 입력하자.

```
gpio readall
```

그림 12-14와 같은 출력을 확인할 수 있다.

BCM	wPi	Name	Mode	V	Physical	V	Mode	Name	wPi	BCM
		3.3v			1 || 2			5v		
2	8	SDA.1	ALT0	1	3 || 4			5V		
3	9	SCL.1	ALT0	1	5 || 6			0v		
4	7	GPIO. 7	IN	1	7 || 8	1	ALT0	TxD	15	14
		0v			9 || 10	1	ALT0	RxD	16	15
17	0	GPIO. 0	IN	0	11 || 12	0	IN	GPIO. 1	1	18
27	2	GPIO. 2	IN	0	13 || 14			0v		
22	3	GPIO. 3	IN	0	15 || 16	0	IN	GPIO. 4	4	23
		3.3v			17 || 18	0	IN	GPIO. 5	5	24
10	12	MOSI	IN	0	19 || 20			0v		
9	13	MISO	IN	0	21 || 22	0	IN	GPIO. 6	6	25
11	14	SCLK	IN	0	23 || 24	1	IN	CE0	10	8
		0v			25 || 26	1	IN	CE1	11	7
0	30	SDA.0	IN	1	27 || 28	1	IN	SCL.0	31	1
5	21	GPIO.21	IN	1	29 || 30			0v		
6	22	GPIO.22	IN	1	31 || 32	0	IN	GPIO.26	26	12
13	23	GPIO.23	IN	0	33 || 34			0v		
19	24	GPIO.24	IN	0	35 || 36	0	IN	GPIO.27	27	16
26	25	GPIO.25	IN	0	37 || 38	0	IN	GPIO.28	28	20
		0v			39 || 40	0	IN	GPIO.29	29	21
BCM	wPi	Name	Mode	V	Physical	V	Mode	Name	wPi	BCM

그림 12-14 라즈베리 파이의 GPIO 핀 기능 목록

간단한 회로 만들기

이제 실제로 프로젝트를 만들어 보자. LED를 켜고 깜박이는 것은 어떨까? 앞서 LED 조명에 대해 언급한 실험을 여기서는 실습이 가능하도록 더 자세히 설명하겠다. 실험을 시작하기 전에 아래와 같은 준비물이 필요하다.

- 작은 LED(색상은 자유)

- 200옴 저항

- 연결을 위한 브레드보드(breadboard) 또는 악어 클립

- 얇은 피복선 또는 점퍼선

더 낮은 값의 저항을 사용할 수도 있지만 200옴 정도의 저항을 사용하면 LED가 충분히 밝게 빛나면서도 회로의 전류 소모가 적다.

아래와 같은 단계를 거쳐 간단한 회로를 만들어 보자.

1. 점퍼선을 사용해 GPIO 7번 핀(회로의 양극 쪽)을 저항의 한쪽 끝에 연결하자.

2. LED를 보면 대개 다리 하나가 다른 다리보다 길거나 중간에 구부러져 있을 것이다. 이쪽이 LED의 양극에 해당한다. 이를 GPIO에 연결되지 않은 저항의 반대쪽 끝에 연결하자.

3. LED의 음극을 GPIO 6번 핀에 연결하자. 이 핀은 접지에 해당한다.

회로가 완성됐다! 그림 12-15와 비슷한지 확인해 보자.

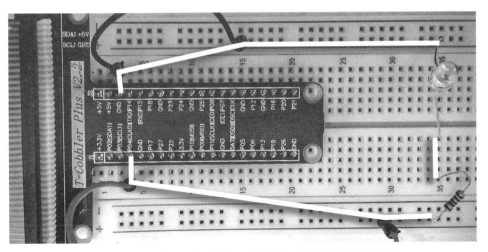

그림 12-15 LED 점멸을 위한 간단한 브레드보드 회로. 흰색으로 표시된 경로가 실제 회로 경로에 해당한다.

출력 응용 예시

이제 LED 점멸을 제어하는 간단한 파이썬 스크립트를 작성해야 한다. nano 같은 텍스트 편집기를 사용해 파이썬 스크립트를 작성하자. 주석을 포함한 전체 스크립트는 아래와 같다.

```
## LED 점멸 ##############################
import RPi.GPIO as GPIO      ## GPIO 라이브러리 임포트
import time                  ## 점멸 지연 시간을 위한 라이브러리
```

```
GPIO.setmode(GPIO.BOARD)      ## 보드 기준 핀 번호 배열 사용
GPIO.setwarnings(False)       ## '이미 사용 중인 채널' 경고를 비활성화

led = 7                       ## 핀 번호 변수
GPIO.setup(led, GPIO.OUT)     ## 핀을 출력 모드로 설정

## LED 2초 주기로 60회 점멸(총 2분 소요)

print "Blinking"              ## 점멸 상태 출력
for x in range(0, 59):        ## 60회 반복
    GPIO.output(led, 1)       ## LED 켜기
    time.sleep(1)             ## 1초간 지연
    GPIO.output(led, 0)       ## LED 끄기
    time.sleep(1)             ## 1초간 지연

GPIO.cleanup()                ## 프로그램 종료 전에 GPIO 설정 해제
```

팁

위 스크립트가 작동하지 않으면 먼저 회로에 문제가 없는지 확인하고 다음으로 스크립트에 오타가 있는지 확인하자. 보통 오타가 가장 큰 문제의 원인이다. 어떤 코드든지 제대로 작동하려면 정확하게 기입해야 한다.

스크립트 자세히 보기

위 스크립트를 좀 더 자세히 이해해 보자. 먼저 GPIO.setwarnings() 행을 보자. GPIO 스크립트가 중단되면 시스템에서 충돌한 프로그램이 여전히 GPIO 서비스를 사용하고 있다고 생각하기 때문에 다음 스크립트를 실행했을 때 이 경고가 발생할 수 있다. 경고일 뿐 스크립트를 중단하지는 않지만 이 행을 통해 사소한 불편을 줄일 수 있다.

또한 GPIO.cleanup()은 GPIO 사용을 해제해서 이후에 실행되는 스크립트가 GPIO를 충돌 없이 사용할 수 있게 한다. 이러한 행을 스크립트에 포함시키는 것이 좋은 프로그래밍 습관이다.

입력 응용 예시

핀을 출력으로 사용하는 것은 생각보다 간단하지 않을 수 있다. 핀이 입력으로 설정되면 핀에서 접지로 연결된 스위치를 눌렀을 때 회로가 닫히고 입력이 발생한다. 그런데 문제는 실제로 사용할 때 라즈베리

파이가 스위치가 열려 있는지 또는 닫혀 있는지 분간하지 못할 수도 있다는 점이다. 이런 현상을 플로팅(floating)이라 한다.

입력 핀은 실제로 켜짐, 꺼짐, 플로팅(논리가 명확하지 않은 경우)의 세 가지 상태를 가진다. 입력 로직을 사용해 실제 결과를 얻으려면 라즈베리 파이가 켜짐 또는 꺼짐 상태(참 또는 거짓)만 인식해야 한다.

이러한 문제의 해결책은 '풀업(pull up)' 및 '풀다운(pull down)' 기준 전압을 제공해서 라즈베리 파이가 입력을 받았을 때 확실히 알 수 있게 하는 방법이다. 파이썬 스크립트 같은 프로그래밍을 통해 GPIO 핀의 내부 풀업/풀다운 저항을 활성화할 수 있다.

알아두기

풀업은 스위치 또는 다른 입력 장치가 풀업 저항의 음극 끝에 연결된다는 의미이며, 풀다운은 저항의 양극 끝에 연결된다는 의미다. 그림 12-16에서 풀업 및 풀다운을 시각화해서 보여준다.

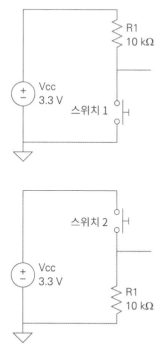

그림 12-16 풀업(상단)과 풀다운(하단)

그림 12-16에서 Vcc는 양의 전압원을 나타낸다. 라즈베리 파이의 3.3VDC가 여기에 해당한다. 이 연결과 풀업 저항은 보드 내부에 있기 때문에 이를 입력 핀으로 활용하려면 파이썬 코드만 입력하면 된다.

예를 들어, 아래와 같은 스크립트를 통해 버튼 누르기를 감지하도록 프로그래밍할 수 있다.

```
## Input Using Pullup ###########################################
######## 풀업을 통한 입력 #########
import RPi.GPIO as GPIO              ## GPIO 라이브러리 임포트
import time                         ## 지연 시간을 위한 라이브러리
GPIO.setmode(GPIO.BOARD)            ## 보드 기준 핀 번호 배열 사용
GPIO.setup(15, GPIO.IN)
                                    ## 15번 핀을 풀업 입력으로 설정
## 버튼이 눌리면 즉시 출력문 생성 ################
print "Push this button"
while True:
    button_pressed = GPIO.input(15)
    if button_pressed == False:
        print("DING DONG, button pressed!")
        time.sleep(0.3)

GPIO.cleanup()                      ## 프로그램 종료 전에 GPIO 설정 해제
```

악어 클립 또는 브레드보드를 사용하면 물리적 회로를 최소한으로 구성할 수 있다. 점퍼선을 15번 핀에서 스위치의 한쪽 면으로 연결하고, 다른 점퍼선을 스위치의 다른 쪽에서 접지로 연결하자. 스크립트를 실행하고 버튼을 세 번 누르면 다음과 같은 결과가 출력된다.

```
Push this button
DING DONG, button pressed!
DING DONG, button pressed!
DING DONG, button pressed!
```

대체 모드

앞에서 GPIO 핀의 대체 모드에 대해 언급했다. 이론적으로는 특정 핀에서 최대 여섯 가지 대체 기능을 사용할 수 있다. 대체 기능(ALT 모드)은 핀에 따라 다르다. 특정 시점에 개별 핀이 서로 다른 대체 모드로 동작하도록 설정할 수도 있다. 즉, 모든 핀이 동시에 ALT 1 모드에 있어야 하는 것은 아니다. 일부 핀은 ALT 0 모드에 있고, 다른 핀은 ALT 4 모드에 있을 수도 있다.

팁

'Raspberry Pi GPIO Pin Alternative Functions'[2]를 참조하면 대체 모드 사용법을 쉽고 빠르게 익힐 수 있다. 자세한 정보는 브로드컴의 2835 및 2836 문서(후자가 라즈베리 파이 2 모델 B에 해당)를 참조하자.

2835 칩에 관한 자세한 정보는 브로드컴의 205쪽짜리 데이터시트 PDF[3]를 내려받아 확인할 수 있다. 2836은 아직 이 정도로 상세한 자료가 공개되지 않았다.

GPIO 실험 쉽게 하기

GPIO 헤더는 소켓이 아니라 핀이라는 점에 주의해야 한다. 특히 라즈베리 파이의 GPIO는 핀 간격이 넓은 편이 아니기 때문에 실험하는 과정에서 단락이 발생하지 않도록 주의해야 한다. 주요 온라인 부품 사이트를 통해 저렴한 비용으로 브레이크 아웃 보드, 브레드보드, 프로토타이핑 보드 등을 구입하면 편리하게 실험을 진행할 수 있다.

이러한 보드에는 P1에 연결 가능한 커넥터가 있으며, 점퍼, 저항, 기타 부품을 추가할 수 있는 훨씬 많은 공간을 확보할 수 있다.

---

2 www.dummies.com/how-to/content/raspberry-pi-gpio-pin-alternative-functions.html

3 www.alldatasheet.com/datasheet-pdf/pdf/502533/BOARDCOM/BCM2835.html